高等数学辅导与习题精解(下册)

辅导分册

主　编　王顺凤　吴亚娟　朱　建
副主编　刘小燕　朱晓欣　冯秀红

东南大学出版社
SOUTHEAST UNIVERSITY PRESS
·南京·

内容提要

本书根据编者多年的教学实践与教改经验,结合教育部高教司颁布的最新本科非数学专业理工类、经济管理类《高等数学课程教学基本要求》,并结合近年来考研大纲编写而成,是纸质+数字资源的多媒体高等数学习题课教材.

全书分上、下册出版.本书为下册部分.下册包括与多元函数微分学及其应用、重积分、曲线与曲面积分、无穷级数与微分方程等五章内容相配套的内容提要与归纳、典型例题分析、基础练习、强化训练,每章配有两份能力测试卷A与卷B,其中卷A对应基本教学要求,卷B对应较高能力要求,书后给出了本书所有练习与能力测试卷的详细参考答案.下册还配备了我校高等数学课程使用的教材《高等数学》(理工类)与《微积分》(文科类)书后全部习题的参考答案.此外,书中还提供两类内容丰富的数字教学资源,分别是与每讲相配套的设计新颖、具有总领性的知识结构思维导图和典型例题讲解视频等,读者可扫描二维码反复学习.

本书突出基本概念、基本公式与理论知识的应用,本书每章的内容提要与归纳帮助学生梳理、归纳基本内容与知识点,每个例题都代表一类重要题型,不仅对它们都给出分析,还在题后给出小结或注意点,帮助学生把握解题方向,掌握解题技巧;基础练习与测试卷A便于学生对基础知识与基本技能的自我练习与测试;强化训练与测试卷B则侧重于帮助自我要求较升的学生进一步训练提高自身的数学解题能力与技巧,满足优秀学生的学习高等数学的要求.

全书例题丰富,层次分明,突出重点与难点,较系统地介绍了高等数学中常用的解题技巧与分析方法,为教师因材施教以及学生自主学习与考研复习都提供了丰富的内容.

本书逻辑清晰、通俗易懂,习题答案完整,便于学生自学.本书与目前大多数高校的高等数学教材与教学进度均同步,适合作为与各高等院校理、工、经管各类专业的高等数学教材配套的教辅使用,也可作为学生考研复习与工程技术人员的参考书.

图书在版编目(CIP)数据

高等数学辅导与习题精解.下册.2,辅导分册/王顺凤,吴亚娟,朱建主编.--南京:东南大学出版社,2024.9. -- ISBN 978-7-5766-1483-1

Ⅰ.O13

中国国家版本馆CIP数据核字2024EL7714号

高等数学辅导与习题精解(下册) 辅导分册
Gaodeng Shuxue Fudao Yu Xiti Jingjie(Xiace) Fudao Fence

主　　编:	王顺凤　吴亚娟　朱　建
责任编辑:	张　烨　　责任校对:韩小亮　　封面设计:毕　真　　责任印制:周荣虎
出版发行:	东南大学出版社
社　　址:	南京市四牌楼2号　　邮编:210096　　电话:025-83793330
网　　址:	http://www.seupress.com
电子邮件:	press@seupress.com
经　　销:	全国各地新华书店
印　　刷:	常州市武进第三印刷有限公司
开　　本:	787 mm×1092 mm　1/16
印　　张:	26
字　　数:	666千字
版　　次:	2024年9月第1版
印　　次:	2024年9月第1次印刷
书　　号:	ISBN 978-7-5766-1483-1
定　　价:	68.00元(全两册)

本社图书若有印装质量问题,请直接与营销部联系,电话:025-83791830.

前 言

本教材是按照教育部提出的高等教育面向21世纪教学内容和课程体系改革计划的精神,以二十大关于人才培养的精神为指导,参照教育部制定的全国硕士研究生入学考试理、工、经管类数学考试大纲和南京信息工程大学理、工、经管类高等数学教学大纲,以及最新的教育部高教司颁布的本科非数学专业理工类、经济管理类《高等数学课程教学基本要求》,并汲取近年来南京信息工程大学高等数学课程教学改革实践的成果,借鉴国内外同类院校数学教学改革的成功经验,在原《高等数学辅导》的基础上编写而成.书中不仅涵盖了高等数学全套的知识点归纳,还配有大量层次分明的例题,无论知识点归纳还是习题解答都简明、扼要,为读者点拨学习的思路,指明解题的方向,有较好的参考性与可读性.

本书具有以下特点:

1. 与当前大多数高等数学教材教学进度同步并可配套使用;
2. 整合并提炼高等数学的基本内容与知识点;
3. 归纳常见题型,强调解题技巧;
4. 既考虑基本技能的练习与测试,也提供综合与技能的训练;
5. 配套的数字资源融进立德树人、授人以渔的教学理念,旨在进一步帮助学生归纳知识结构、综合提升高等数学的解题能力.

本书逻辑清晰、通俗易懂,习题答案完整,便于学生自学.为了方便使用,书中标注(理)的内容与习题仅适合理工类各专业使用,标注(文)的内容与习题仅适合经管文科类各专业使用,标注(*)的内容与习题则作为拓展类内容,不作教学要求;没有标注(理)与(文)的内容与习题,适合理、工、经管类专业共同使用.

本书习题精解部分包含理科用教材《高等数学》(王顺凤、朱建、吴亚娟等编写)与文科用教材《微积分》(王顺凤、朱建、吴亚娟等编写)中习题的全部题解.需要说明的是,为方便读者使用,习题精解中有些题后标注如(理2文3),表示该题对应理科用教材《高等数学》中相应章节习题的第2题,同时也是文科用材料《微积分》中相应章节的第3题;没有标注(理)与(文)的习题,则为理科用教材《高等数学》与文科用教材《微积分》的共有习题.本书兼顾了理、工、经管各类专业的教学要求,在使用本书时,请参照各专业对数学的要求进行取舍.

本书适合作为与各高等院校理、工、经管各类专业的高等数学教材配套的教辅使用,也可作为学生考研复习与工程技术人员的参考书.

本书得到了南京信息工程大学2023年校教材基金项目的资助.全书由南京信息工程大

学王顺凤、朱建、吴亚娟、陈丽娟、刘小燕、官元红、朱晓欣、冯秀红、符美芬等老师编写,由王顺凤老师统稿,全书的所有编写人员集体、认真讨论了各章的书稿,陈群、张天良、陆盈、黄瑜、石兰芳、张雨田等许多老师提出了宝贵的修改意见.

南京信息工程大学薛巧玲教授仔细审阅了全部书稿,提出了宝贵的修改意见,在此向薛巧玲教授致以衷心的感谢.

由于编者水平所限,书中必有不少缺点和错误,敬请各位专家、同行和广大读者批评指正.

编者

2024 年 2 月

目 录

第14讲 多元函数微分(一)
——多元函数、偏导数、全微分、多元复合函数求导法则 …………… 1

14.1 内容提要与归纳 …………………………………………………… 1
    14.1.1 多元函数、极限、连续 …………………………………… 1
    14.1.2 多元函数微分学 …………………………………………… 2
14.2 典型例题分析 ……………………………………………………… 4
基础练习 14 …………………………………………………………… 9
强化训练 14 …………………………………………………………… 13

第15讲 多元函数微分(二)
——隐函数(组)导数、方向导数与梯度、多元函数微分的应用 …… 16

15.1 内容提要与归纳 …………………………………………………… 16
    15.1.1 隐函数的求导公式 ………………………………………… 16
    15.1.2 方向导数与梯度(理) ……………………………………… 17
    15.1.3 多元函数微分学的几何应用(理) ………………………… 18
    15.1.4 多元函数的极值问题 ……………………………………… 19
    *15.1.5 二元函数的二阶泰勒公式 ………………………………… 19
15.2 典型例题分析 ……………………………………………………… 20
基础练习 15 …………………………………………………………… 28
强化训练 15 …………………………………………………………… 31

第14—15讲阶段能力测试 …………………………………………… 34

阶段能力测试 A ……………………………………………………… 34
阶段能力测试 B ……………………………………………………… 36

第16讲 重积分(一)
——二重积分 …………………………………………………………… 39

16.1 内容提要与归纳 …………………………………………………… 39
    16.1.1 二重积分的概念与性质 …………………………………… 39
    16.1.2 二重积分的计算 …………………………………………… 40
    16.1.3 二重积分的应用 …………………………………………… 41
16.2 典型例题分析 ……………………………………………………… 43

基础练习 16 ·· 50
　　强化训练 16 ·· 53

第17讲　重积分(二)(理)
　　　　　　——三重积分 ·· 56
　17.1　内容提要与归纳 ·· 56
　　17.1.1　三重积分的概念、性质 ·· 56
　　17.1.2　三重积分的计算 ·· 56
　　17.1.3　对称性、轮换性在三重积分计算中的应用 ·· 58
　　17.1.4　三重积分的应用 ·· 59
　17.2　典型例题分析 ·· 60
　　基础练习 17 ·· 69
　　强化训练 17 ·· 73

第16—17讲阶段能力测试
　　阶段能力测试 A ·· 77
　　阶段能力测试 B ·· 80

第18讲　曲线积分与曲面积分(一)(理)
　　　　　　——曲线积分 ·· 84
　18.1　内容提要与归纳 ·· 84
　　18.1.1　对弧长的曲线积分(第一型曲线积分) ··· 84
　　18.1.2　对坐标的曲线积分(第二型曲线积分) ··· 85
　　18.1.3　两类曲线积分之间的关系 ·· 87
　　18.1.4　格林公式 ·· 87
　　18.1.5　平面上曲线积分与路径无关的等价条件 ·· 87
　　18.1.6　第一型曲线积分的对称性 ·· 88
　　18.1.7　曲线积分的代入性 ·· 88
　18.2　典型例题分析 ·· 89
　　基础练习 18 ·· 98
　　强化训练 18 ·· 101

第19讲　曲线积分与曲面积分(二)(理)
　　　　　　——曲面积分 ·· 104
　19.1　内容提要与归纳 ·· 104
　　19.1.1　对面积的曲面积分(第一型曲面积分) ··· 104
　　19.1.2　对坐标的曲面积分(第二型曲面积分) ··· 106
　　19.1.3　两类曲面积分之间的关系 ·· 107

　　　　　19.1.4　曲面积分的代入性 ··· 108
　　　　　19.1.5　高斯公式、通量和散度 ·· 108
　　　　　19.1.6　斯托克斯公式、环流量和旋度 ·· 108
　　19.2　典型例题分析 ··· 109
　　基础练习19 ··· 120
　　强化训练19 ··· 123

第18—19讲阶段能力测试（理） ·· 126
　　阶段能力测试A ·· 126
　　阶段能力测试B ·· 129

第20讲　无穷级数（一）
　　　　　——数项级数 ··· 132
　　20.1　内容提要与归纳 ·· 132
　　　　　20.1.1　基本概念与性质 ··· 132
　　　　　20.1.2　正项级数审敛法 ··· 133
　　　　　20.1.3　交错级数审敛法 ··· 134
　　　　　20.1.4　一般数项级数的审敛法 ·· 134
　　　　　20.1.5　几个常用级数的敛散性 ·· 135
　　20.2　典型例题分析 ··· 135
　　基础练习20 ··· 141
　　强化训练20 ··· 145

第21讲　无穷级数（二）
　　　　　——幂级数与傅里叶级数 ·· 149
　　21.1　内容提要与归纳 ·· 149
　　　　　21.1.1　函数项级数 ··· 149
　　　　　21.1.2　幂级数 ··· 149
　　　　　21.1.3　函数展开成幂级数 ·· 151
　　　　　21.1.4　傅里叶级数（理） ·· 151
　　21.2　典型例题分析 ··· 153
　　基础练习21 ··· 159
　　强化训练21 ··· 162

第20—21讲阶段能力测试 ·· 165
　　阶段能力测试A ·· 165
　　阶段能力测试B ·· 169

第22讲 微分方程(一)

——一阶微分方程及可降阶的高阶微分方程 …………………………………… 172
- 22.1 内容提要与归纳 …………………………………………………………………… 172
  - 22.1.1 基本概念 ………………………………………………………………………… 172
  - 22.1.2 一阶微分方程 …………………………………………………………………… 172
  - 22.1.3 可降阶的高阶微分方程 ………………………………………………………… 175
  - 22.1.4 简单应用 ………………………………………………………………………… 175
- 22.2 典型例题分析 …………………………………………………………………… 175
- 基础练习22 …………………………………………………………………………… 182
- 强化训练22 …………………………………………………………………………… 186

第23讲 微分方程(二)

——高阶线性微分方程及差分方程 ………………………………………………… 191
- 23.1 内容提要与归纳 …………………………………………………………………… 191
  - 23.1.1 高阶线性微分方程 ……………………………………………………………… 191
  - 23.1.2 常系数线性微分方程 …………………………………………………………… 192
  - 23.1.3 欧拉(Euler)方程(理) ………………………………………………………… 193
  - 23.1.4 差分方程(文) ………………………………………………………………… 194
- 23.2 典型例题分析 …………………………………………………………………… 196
- 基础练习23 …………………………………………………………………………… 202
- 强化训练23 …………………………………………………………………………… 205

第22—23讲阶段能力测试 …………………………………………………………… 209
- 阶段能力测试A …………………………………………………………………………… 209
- 阶段能力测试B …………………………………………………………………………… 213

参考答案 ………………………………………………………………………………… 217

第 14 讲 多元函数微分(一)

—— 多元函数、偏导数、全微分、多元复合函数求导法则

14.1 内容提要与归纳

14.1.1 多元函数、极限、连续

多元函数微分(一)
思维导图

1) 多元函数的定义

设 D 为某平面非空点集,f 为对应法则,如果对于 D 上的每一个点 $P(x,y)$ 都有唯一确定的实数 z 与之对应,则称 z 为定义在 D 上的二元函数. 记作 $z=f(x,y)$(或 $z=f(P)$),其中 x,y 称为自变量,函数 z 称为因变量,D 称为该函数的定义域.

类似可定义三元及三元以上的函数,二元及二元以上的函数统称为多元函数.

注:二元函数的几何图形是空间的一张曲面.

2) 二元函数的极限

设函数 $z=f(x,y)$ 在点 $P_0(x_0,y_0)$ 的去心邻域内有定义,当点 $P(x,y)$ 以任意方式趋近于 P_0 时,函数 $f(x,y)$ 都趋于同一个确定的常数 a,则称 a 为函数 $f(x,y)$ 当 $(x,y) \to (x_0,y_0)$ 时的极限,记作 $\lim\limits_{(x,y) \to (x_0,y_0)} f(x,y) = a$. 二元函数的极限也叫二重极限.

注意:① $\lim\limits_{(x,y) \to (x_0,y_0)} f(x,y) = A$ 中,$(x,y) \to (x_0,y_0)$ 的方式是任意的,有无数多种,而 $\lim\limits_{x \to x_0} f(x) = A$ 中 $x \to x_0$ 的方式仅包含 $x \to x_0^+, x \to x_0^-$ 两种. 对这个区别在学习中要注意比较、体会.

② 若当点 $P(x,y)$ 以某些特殊方式趋于点 $P_0(x_0,y_0)$ 时,即使函数 $f(x,y)$ 都趋于 A,也不能断言 $\lim\limits_{(x,y) \to (x_0,y_0)} f(x,y) = A$.

③ 若当点 $P(x,y)$ 以不同方式趋于点 $P_0(x_0,y_0)$ 时,函数 $f(x,y)$ 趋于不同的常数;或者当点 $P(x,y)$ 以某种方式趋于点 $P_0(x_0,y_0)$ 时,函数 $f(x,y)$ 不趋于任何常数,则可以断言 $\lim\limits_{(x,y) \to (x_0,y_0)} f(x,y)$ 不存在. 特殊路径法是判断 $\lim\limits_{(x,y) \to (x_0,y_0)} f(x,y)$ 不存在的常用方法.

④ 求二元函数的极限:可以应用适当的一元函数求极限方法计算二元函数的极限. 如:四则运算法则、夹逼准则、两个重要极限、变量代换、等价无穷小代换、有理化、无穷小性质、连续性等.

3) 二元函数的连续性

① 若 $\lim\limits_{(x,y) \to (x_0,y_0)} f(x,y) = f(x_0,y_0)$,则称二元函数 $z=f(x,y)$ 在点 $P_0(x_0,y_0)$ 处连续.

② 若 $f(x,y)$ 在区域 D 内的每一点都连续,则称 $f(x,y)$ 在区域 D 内连续.

③ 若 $f(x,y)$ 在点 $P_0(x_0,y_0)$ 不连续,则称点 $P_0(x_0,y_0)$ 是二元函数 $z=f(x,y)$ 的不连续点或间断点.

二元函数的间断点可能是曲面上的洞,也可能连成一条缝.

④ 若 $f(x,y)$ 在有界闭区域 D 上连续,则在 D 上必有最大值 M 及最小值 m.

⑤ 若 $f(x,y)$ 在有界闭区域 D 上连续,则在 D 上必有界.

⑥ 若 $f(x,y)$ 在有界闭区域 D 上连续,则在 D 上能取到介于最大值与最小值之间的任何值.

14.1.2 多元函数微分学

1) 偏导数

(1) 偏导数的定义

设函数 $z=f(x,y)$ 在点 $P_0(x_0,y_0)$ 的某一邻域内有定义,如果极限

$$\lim_{\Delta x \to 0} \frac{f(x_0+\Delta x, y_0)-f(x_0,y_0)}{\Delta x} \text{ 或 } \lim_{x \to x_0} \frac{f(x,y_0)-f(x_0,y_0)}{x-x_0}$$

存在,则称此极限为 $z=f(x,y)$ 在点 P_0 处对 x 的偏导数,记作 $\frac{\partial z}{\partial x}\Big|_{\substack{x=x_0\\y=y_0}}$,$\frac{\partial f}{\partial x}\Big|_{\substack{x=x_0\\y=y_0}}$ 或 $f_x(x_0,y_0)$;称极限

$$\lim_{\Delta y \to 0} \frac{f(x_0, y_0+\Delta y)-f(x_0,y_0)}{\Delta y} \text{ 或 } \lim_{y \to y_0} \frac{f(x_0,y)-f(x_0,y_0)}{y-y_0}$$

为 $f(x,y)$ 在点 P_0 处对 y 的偏导数,记作 $\frac{\partial z}{\partial y}\Big|_{\substack{x=x_0\\y=y_0}}$,$\frac{\partial f}{\partial y}\Big|_{\substack{x=x_0\\y=y_0}}$ 或 $f_y(x_0,y_0)$.

特别地,有:

$$f_x(0,0)=\lim_{\Delta x \to 0}\frac{f(\Delta x, 0)-f(0,0)}{\Delta x}=f_x(x,y)\Big|_{(0,0)}=\frac{\mathrm{d}f(x,0)}{\mathrm{d}x}\Big|_{x=0}$$

$$f_y(0,0)=\lim_{\Delta y \to 0}\frac{f(0,\Delta y)-f(0,0)}{\Delta y}=f_y(x,y)\Big|_{(0,0)}=\frac{\mathrm{d}f(0,y)}{\mathrm{d}y}\Big|_{y=0}$$

注:① $z=f(x,y)$ 的偏导数 $f_x(x_0,y_0)$ 实质为一元函数导数,常用计算方法有先代后求即求一元函数 $z=f(x,y_0)$ 在 $x=x_0$ 处的导数,先求后代即求出 $f_x(x,y)$ 后代入 (x_0,y_0),以及按定义计算.

② 偏导数的几何意义:$f_x(x_0,y_0)$ 是指函数 $z=f(x,y)$ 在点 (x_0,y_0) 处沿平行于 x 轴方向的变化率,$f_y(x_0,y_0)$ 是指函数 $z=f(x,y)$ 在点 (x_0,y_0) 处沿平行于 y 轴方向的变化率.

(2) 高阶偏导数的定义及性质

① 高阶偏导数的定义:一阶偏导数 $f_x(x,y)$,$f_y(x,y)$ 的偏导数称为函数 $f(x,y)$ 的二阶偏导数,记为:

$$\frac{\partial^2 z}{\partial x^2} \text{ 或 } f_{xx}(x,y) \text{ 或 } \frac{\partial}{\partial x}\left(\frac{\partial z}{\partial x}\right) \text{ 或 } f''_{11}$$

$$\frac{\partial^2 z}{\partial x \partial y} \text{ 或 } f_{xy}(x,y) \text{ 或 } \frac{\partial}{\partial y}\left(\frac{\partial z}{\partial x}\right) \text{ 或 } f''_{12}$$

$$\frac{\partial^2 z}{\partial y \partial x} \text{ 或 } f_{yx}(x,y) \text{ 或 } \frac{\partial}{\partial x}\left(\frac{\partial z}{\partial y}\right) \text{ 或 } f''_{21}$$

$$\frac{\partial^2 z}{\partial y^2} \text{ 或 } f_{yy}(x,y) \text{ 或 } \frac{\partial}{\partial y}\left(\frac{\partial z}{\partial y}\right) \text{ 或 } f''_{22}$$

其中 $f_{xy}(x,y), f_{yx}(x,y)$ 称为 $f(x,y)$ 的二阶混合偏导数.

类似地,可定义三阶及三阶以上的偏导数,二阶及二阶以上的偏导数统称为高阶偏导数.

② 二阶混合偏导数的常用性质:若函数 $z=f(x,y)$ 的两个混合偏导数在点 (x,y) 处连续,则在点 (x,y) 处有 $\frac{\partial^2 z}{\partial x \partial y}=\frac{\partial^2 z}{\partial y \partial x}$.

2) 全微分定义及公式

(1) 全微分定义

如果函数 $z=f(x,y)$ 在点 $P_0(x_0,y_0)$ 处的全增量可表示为

$$\Delta z = A \Delta x + B \Delta y + o(\rho)$$

其中 A,B 不依赖于 $\Delta x, \Delta y$, $\rho=\sqrt{(\Delta x)^2+(\Delta y)^2}$,则称 $z=f(x,y)$ 在点 $P_0(x_0,y_0)$ 处可微. 其中的线性部分 $A\Delta x+B\Delta y$ 叫做函数 $f(x,y)$ 在点 $P_0(x_0,y_0)$ 处的全微分,记作 $\mathrm{d}z|_{(x_0,y_0)}$,即 $\mathrm{d}z|_{(x_0,y_0)}=A\Delta x+B\Delta y$ 或 $\mathrm{d}z|_{(x_0,y_0)}=A\mathrm{d}x+B\mathrm{d}y$.

函数 $z=f(x,y)$ 可微 $\Leftrightarrow \Delta z = A\Delta x+B\Delta y+o(\rho)$

$\Leftrightarrow \Delta z - A\Delta x - B\Delta y = o(\rho)$

$\Leftrightarrow \lim\limits_{\substack{\Delta x \to 0 \\ \Delta y \to 0}} \frac{\Delta z - z_x \Delta x - z_y \Delta y}{\rho} = 0$

(2) 二元函数的连续性、可偏导性、可微性、一阶连续偏导性之间的关系

① $z=f(x,y)$ 在点 (x,y) 处的可偏导性与连续性之间无必然联系.

② 若 $z=f(x,y)$ 在点 (x,y) 处可微,则函数在该点处必连续且可偏导,且有全微分公式:

$$\mathrm{d}z = \frac{\partial z}{\partial x}\mathrm{d}x + \frac{\partial z}{\partial y}\mathrm{d}y$$

③ 若 $z=f(x,y)$ 在点 (x,y) 有一阶连续偏导数,则函数在该点必可微.

(3) 全微分形式的不变性

若函数 $z=f(x,y)$ 在点 (x,y) 处有一阶连续偏导数,而函数 $x=\varphi(u,v), y=\psi(u,v)$ 在相应的点 (u,v) 处可微,则 $z=f(\varphi(u,v),\psi(u,v))$ 在点 (u,v) 处可微,且有相同的微分形式:

$$\mathrm{d}z = \frac{\partial z}{\partial x}\mathrm{d}x + \frac{\partial z}{\partial y}\mathrm{d}y = \frac{\partial z}{\partial u}\mathrm{d}u + \frac{\partial z}{\partial v}\mathrm{d}v$$

即不论 u,v 是自变量还是中间变量,全微分的形式都为同一形式,这一性质就是全微分形式的不变性.

3) 多元复合函数求导法:链式法则

(1) 多元与一元复合函数求导法则

设函数 $z=f(u,v)$ 在点 (u,v) 处具有一阶连续偏导数,函数 $u=u(x), v=v(x)$ 在相应

的点 x 处可导,则复合函数 $z=f[u(x),v(x)]$ 在 x 处可导,且

$$\frac{\mathrm{d}z}{\mathrm{d}x}=\frac{\partial f}{\partial u}\cdot\frac{\mathrm{d}u}{\mathrm{d}x}+\frac{\partial f}{\partial v}\cdot\frac{\mathrm{d}v}{\mathrm{d}x}$$

(2) 多元与多元复合函数求导法则

设函数 $z=f(u,v)$ 在点 (u,v) 处具有一阶连续偏导数,函数 $u=\varphi(x,y),v=\psi(x,y)$ 在相应的点 (x,y) 处可偏导,则复合函数 $z=f[\varphi(x,y),\psi(x,y)]$ 在点 (x,y) 处可偏导,且

$$\frac{\partial z}{\partial x}=\frac{\partial f}{\partial u}\cdot\frac{\partial u}{\partial x}+\frac{\partial f}{\partial v}\cdot\frac{\partial v}{\partial x}$$

$$\frac{\partial z}{\partial y}=\frac{\partial f}{\partial u}\cdot\frac{\partial u}{\partial y}+\frac{\partial f}{\partial v}\cdot\frac{\partial v}{\partial y}$$

特别地,若 $z=f(u,x,y)$ 有连续偏导数,$u=u(x,y)$ 在点 (x,y) 处可偏导,则复合函数 $z=f(u(x,y),x,y)$ 在点 (x,y) 处可偏导,且

$$\frac{\partial z}{\partial x}=\frac{\partial f}{\partial u}\cdot\frac{\partial u}{\partial x}+\frac{\partial f}{\partial x}$$

$$\frac{\partial z}{\partial y}=\frac{\partial f}{\partial u}\cdot\frac{\partial u}{\partial y}+\frac{\partial f}{\partial y}$$

注意区分 $\frac{\partial z}{\partial x}$ 与 $\frac{\partial f}{\partial x}$ 之间的差别,其中:

① $\frac{\partial z}{\partial x}$ 是对二元函数 $z=f(u(x,y),x,y)$ 求 x 的偏导(y 不变);

② $\frac{\partial f}{\partial x}$ 是对三元函数 $z=f(u,x,y)$ 求 x 的偏导(u、y 都不变).

14.2 典型例题分析

例 1 已知 $f(x+y,\mathrm{e}^y)=x^2y$,求 $f(x,y)$.

分析 问题即已知复合函数的解析式,求函数表达式.解此类题目的关键是进行适当的换元.

解 令 $x+y=u,\mathrm{e}^y=v$,解得 $x=u-\ln v,y=\ln v$. 代入所给等式,得

$$f(u,v)=(u-\ln v)^2\ln v$$

因此 $f(x,y)=(x-\ln y)^2\ln y$.

注:二元函数 $z=f(x,y)$ 的图像为三维空间的曲面 Σ,二元函数 $z=f(x,y)$ 的定义域为 xOy 坐标面上的平面区域 D_{xy},D_{xy} 为 Σ 在 xOy 坐标面上的投影区域.

例 2 求下列极限:

(1) $\lim\limits_{(x,y)\to(0,0)}\dfrac{xy}{\sqrt{x^2+y^2}}$;(2) $\lim\limits_{\substack{x\to+\infty\\y\to+\infty}}\dfrac{x+y}{x^2-xy+y^2}$;(3) $\lim\limits_{(x,y)\to(0,0)}(x^2+y^2)^{x^2+y^2}$.

分析 二元函数极限的计算类同一元函数极限的计算:① 判断极限类型;② 选择合适的方法.

解 (1) 因为 $0\leqslant\left|\dfrac{xy}{\sqrt{x^2+y^2}}\right|\leqslant\dfrac{1}{\sqrt{x^2+y^2}}\cdot\dfrac{x^2+y^2}{2}=\dfrac{\sqrt{x^2+y^2}}{2}$,而 $\lim\limits_{(x,y)\to(0,0)}\dfrac{\sqrt{x^2+y^2}}{2}=$

0,由夹逼准则,得 $\lim\limits_{(x,y)\to(0,0)} \dfrac{xy}{\sqrt{x^2+y^2}} = 0$.

(2) 原式 $= \lim\limits_{\substack{x\to+\infty \\ y\to+\infty}} \dfrac{x}{\left(y-\dfrac{1}{2}x\right)^2 + \dfrac{3}{4}x^2} + \lim\limits_{\substack{x\to+\infty \\ y\to+\infty}} \dfrac{y}{\left(x-\dfrac{1}{2}y\right)^2 + \dfrac{3}{4}y^2} = 0 + 0 = 0$.

(3) 设 $r = \sqrt{x^2+y^2}$,则原式 $= \lim\limits_{r\to 0^+}(r^2)^{r^2} = \lim\limits_{r\to 0^+} e^{2r^2 \ln r}$. 又

$$\lim_{r\to 0^+} 2r^2 \ln r = \lim_{r\to 0^+} \dfrac{2\ln r}{r^{-2}} = \lim_{r\to 0^+} \dfrac{\dfrac{2}{r}}{-2r^{-3}} = \lim_{r\to 0^+}(-r^2) = 0$$

所以,原式 $= e^0 = 1$.

注:计算多元函数极限常用的方法有:① 利用不等式,使用夹逼准则;② 变量替换,化为已知极限或化为一元函数极限;③ 利用极坐标;④ 利用初等函数的连续性,利用极限的四则运算性质;⑤ 利用初等变形,特别对于指数形式可先求其对数的极限.

例 3 证明下列函数在(0,0)处极限不存在:

(1) $\lim\limits_{(x,y)\to(0,0)} \dfrac{x^3 - y^3}{x^3 + y^3}$;   (2) $\lim\limits_{(x,y)\to(0,0)} \dfrac{\sin(x+y)}{x - y}$.

分析 特殊路径法是证明二元函数极限不存在的重要方法,特殊路径的取法根据函数的形式灵活选取.

证明 (1) 沿路径 $x = 0$ 趋于(0,0),原式 $= \lim\limits_{y\to 0} \dfrac{0^3 - y^3}{0^3 + y^3} = -1$;

沿路径 $y = 0$ 趋于(0,0),原式 $= \lim\limits_{x\to 0} \dfrac{x^3 - 0^3}{x^3 + 0^3} = 1$.

因为沿两条特殊路径时极限不等,故 $\lim\limits_{(x,y)\to(0,0)} \dfrac{x^3 - y^3}{x^3 + y^3}$ 不存在.

(2) 沿路径 $y = -x$ 趋于(0,0),原式 $= \lim\limits_{x\to 0} \dfrac{\sin(x-x)}{x-(-x)} = 0$;

沿路径 $y = x - \sin x$ 趋于(0,0),原式 $= \lim\limits_{x\to 0} \dfrac{\sin(2x - \sin x)}{\sin x} = \lim\limits_{x\to 0} \dfrac{2x - \sin x}{x} = 1$.

因为沿两条特殊路径时极限不等,故 $\lim\limits_{(x,y)\to(0,0)} \dfrac{\sin(x+y)}{x-y}$ 不存在.

注:① 证明二元函数极限不存在的方法通常有:证明某个特殊路径的极限不存在;证明两个特殊路径下极限存在但不等;极坐标法,即若代入极坐标后,函数化简后表达式的极限与极角的取值有关,也说明极限不存在.

② 常用的特殊路径有:沿坐标轴方向、沿直线 $y = kx$ 方向、沿抛物线 $y = kx^2$ 方向等.

例 4 设 $f(x,y) = \sqrt{x^2 + y^4}$,求 $f_x(1,1)$,$f_x(0,0)$ 和 $f_y(0,0)$.

分析 计算该二元函数在某一点处的偏导数,可先求出偏导函数 $f_x(x,y)$,再代入具体点的坐标. 不难看出在点(0,0)处偏导函数没有定义,故点(0,0)处的偏导数需要回到定义进行检验.

解 因为 $f_x(x,y) = \dfrac{1}{2\sqrt{x^2+y^4}}(x^2+y^4)_x' = \dfrac{x}{\sqrt{x^2+y^4}}$,所以 $f_x(1,1) =$

$\left.\dfrac{x}{\sqrt{x^2+y^4}}\right|_{\substack{x=1\\y=1}} = \dfrac{\sqrt{2}}{2}.$

显然利用偏导函数 $f_x(x,y) = \dfrac{x}{\sqrt{x^2+y^4}}$ 无法求得 $f_x(0,0)$，必须用偏导数的定义来计算：$f_x(0,0) = \lim\limits_{\Delta x \to 0} \dfrac{f(\Delta x, 0) - f(0,0)}{\Delta x} = \lim\limits_{\Delta x \to 0} \dfrac{\sqrt{\Delta x^2} - 0}{\Delta x} = \lim\limits_{\Delta x \to 0} \dfrac{|\Delta x|}{\Delta x}.$

右端极限不存在，所以偏导数 $f_x(0,0)$ 不存在.

$f_y(0,0) = \lim\limits_{\Delta y \to 0} \dfrac{f(0, \Delta y) - f(0,0)}{\Delta y} = \lim\limits_{\Delta y \to 0} \dfrac{\sqrt{\Delta y^4} - 0}{\Delta y} = \lim\limits_{\Delta y \to 0} \dfrac{(\Delta y)^2}{\Delta y} = 0$

注：① 与一元函数一样，多元函数在某一点的偏导数等于偏导函数在该点的函数值，即 $f_x(x_0, y_0) = f_x(x,y)\Big|_{\substack{x=x_0\\y=y_0}}.$

② 若利用偏导函数求不出多元函数在某一点的偏导数值，不能断言在该点处偏导数不存在，必须利用偏导数的定义作进一步的考察.

例 5 设在全平面上有 $f_x(x,y) < 0, f_y(x,y) > 0$，使 $f(x_1, y_1) < f(x_2, y_2)$ 成立的是 （　　）

A. $x_1 < x_2, y_1 < y_2$　　　　B. $x_1 < x_2, y_1 > y_2$

C. $x_1 > x_2, y_1 < y_2$　　　　D. $x_1 > x_2, y_1 > y_2$

分析 多元函数偏导数在某区域上的正负号不能直接决定该函数在此区域上的单调性，解决问题的关键是找到中间桥梁把 $f(x_1, y_1), f(x_2, y_2)$ 联系起来，而起到中间桥梁作用的是一元函数.

解 因为 $f_x(x,y) < 0$，所以当 $f(x_1, y_1) < f(x_2, y_1)$ 时，有 $x_1 > x_2$；因为 $f_y(x,y) > 0$ 所以当 $f(x_2, y_1) < f(x_2, y_2)$ 时，有 $y_1 < y_2$.

故由 $f(x_1, y_1) < f(x_2, y_1) < f(x_2, y_2)$，易得 $x_1 > x_2, y_1 < y_2$，故选 C.

类似地，由 $f(x_1, y_1) < f(x_1, y_2) < f(x_2, y_2)$ 也可得到相同结果.

例 6 设函数 $z = f(x,y)$ 在点 (x_0, y_0) 处有 $f_x(x_0, y_0) = a, f_y(x_0, y_0) = b$，则下列结论中正确的是 （　　）

A. $\lim\limits_{(x,y) \to (x_0, y_0)} f(x,y)$ 存在，但 $f(x,y)$ 在点 (x_0, y_0) 处不连续

B. $f(x,y)$ 在点 (x_0, y_0) 处连续

C. $\mathrm{d}z = a\mathrm{d}x + b\mathrm{d}y$

D. $\lim\limits_{x \to x_0} f(x, y_0), \lim\limits_{y \to y_0} f(x_0, y)$ 都存在，且相等

典型例题讲解

分析 本题主要考察了二元函数的极限、连续、偏导数、可微几个概念之间的关系.

解 $f_x(x_0, y_0) = a, f_y(x_0, y_0) = b$ 仅刻画了函数 $z = f(x,y)$ 在点 (x_0, y_0) 处沿坐标轴方向的变化率大小；$\lim\limits_{(x,y) \to (x_0, y_0)} f(x,y)$ 存在，要求 (x,y) 趋于 (x_0, y_0) 的路径是任意的；当且仅当 $\lim\limits_{(x,y) \to (x_0, y_0)} f(x,y) = f(x_0, y_0)$ 成立时，有 $f(x,y)$ 在点 (x_0, y_0) 处连续；偏导数存在是可微的必要不充分条件. 由上可知选项 A、B、C 都不成立.

由 $f_x(x_0, y_0) = a$ 可知，$f(x, y_0)$ 在点 (x_0, y_0) 处连续，故 $\lim\limits_{x \to x_0} f(x, y_0) = f(x_0, y_0)$.

由 $f_y(x_0,y_0)=b$ 可知，$f(x_0,y)$ 在点 (x_0,y_0) 处连续，故 $\lim\limits_{y\to y_0}f(x_0,y)=f(x_0,y_0)$.

故选 D.

注：二元函数的极限、连续、可微的抽象定义与一元函数的相同，而偏导数与一元函数导数的概念差异较大，需好好体会，厘清关系.

例 7 已知函数 $f(x,y)$ 的二阶偏导数皆连续，且 $f_{xx}(x,y)=f_{yy}(x,y)$，$f(x,2x)=x^2$，$f_x(x,2x)=x$，试求 $f_{xx}(x,2x)$ 与 $f_{xy}(x,2x)$.

分析 偏导数为沿坐标轴方向的变化率，实质为一个数，根据已知条件，得到关于偏导数的二元方程组是解决这个问题的关键.

解 在等式 $f(x,2x)=x^2$ 两边对 x 求全导数得

$$f_x(x,2x)+2f_y(x,2x)=2x$$

两边再对 x 求全导数得

$$f_{xx}(x,2x)+2f_{xy}(x,2x)+2f_{yx}(x,2x)+4f_{yy}(x,2x)=2$$

由条件得

$$5f_{xx}(x,2x)+4f_{xy}(x,2x)=2$$

在 $f_x(x,2x)=x$ 两边对 x 求全导数得

$$f_{xx}(x,2x)+2f_{xy}(x,2x)=1$$

将上两式联立解得 $f_{xx}(x,2x)=0$，$f_{xy}(x,2x)=\dfrac{1}{2}$.

注：在等式两边同时求导的过程中，一定要分清对哪个变量求导，有复合关系时，注意链式法则.

例 8 设函数 $f(x,y)=\begin{cases}\dfrac{xy(x^2-y^2)}{x^2+y^2}, & (x,y)\neq(0,0)\\ 0, & (x,y)=(0,0)\end{cases}$，求 $f_{xy}(0,0)$，$f_{yx}(0,0)$.

分析 分段函数在分段点处的偏导数通过定义计算. 以 $f_{xy}(0,0)$ 为例，$f_{xy}(0,0)$ 为函数 $f_x(x,y)$ 在点 $(0,0)$ 处关于 y 的偏导数，即 $f_x(0,y)$ 在 $y=0$ 处的导数，也等于 $\lim\limits_{y\to 0}\dfrac{f_x(0,y)-f_x(0,0)}{y}$.

解 $f_x(0,y)=\lim\limits_{x\to 0}\dfrac{f(x,y)-f(0,y)}{x-0}=\lim\limits_{x\to 0}\dfrac{\dfrac{xy(x^2-y^2)}{x^2+y^2}-0}{x}=-y$

$$f_{xy}(0,0)=\dfrac{\mathrm{d}}{\mathrm{d}y}[f_x(0,y)]\Big|_{y=0}=-1$$

同理可得 $f_y(x,0)=x$，因此 $f_{yx}(0,0)=\dfrac{\mathrm{d}}{\mathrm{d}x}[f_y(x,0)]\Big|_{x=0}=1$.

从这里可以看出 $f_{xy}(0,0)\neq f_{yx}(0,0)$.

注：此例说明，不是所有情况下都有 $f_{xy}(x_0,y_0)=f_{yx}(x_0,y_0)$，当函数 $f(x,y)$ 的二阶偏导数 $f_{xy}(x,y)$，$f_{yx}(x,y)$ 在点 (x_0,y_0) 处都连续时，才有 $f_{xy}(x_0,y_0)=f_{yx}(x_0,y_0)$.

例 9 设函数 $u=f(x,y)$ 具有二阶连续偏导数，且满足等式 $4\dfrac{\partial^2 u}{\partial x^2}+12\dfrac{\partial^2 u}{\partial x\partial y}+5\dfrac{\partial^2 u}{\partial y^2}=$

$0(*)$，确定 a,b 的值，使等式在 $\xi=x+ay, \eta=x+by$ 变换下化简为 $\dfrac{\partial^2 u}{\partial \xi \partial \eta}=0$.

分析 此题为变量代换下方程的化简问题，厘清函数的复合关系是关键. 本题中 $u=u(\xi(x,y),\eta(x,y))$ 是由 $u=u(\xi,\eta), \xi=\xi(x,y), \eta=y(x,y)$ 复合而成，借助于多元复合函数求导公式，给出 $\dfrac{\partial^2 u}{\partial x^2}, \dfrac{\partial^2 u}{\partial x \partial y}, \dfrac{\partial^2 u}{\partial y^2}$，代入原方程整理即可.

解 $\dfrac{\partial u}{\partial x} = \dfrac{\partial u}{\partial \xi} + \dfrac{\partial u}{\partial \eta}, \quad \dfrac{\partial^2 u}{\partial x^2} = \dfrac{\partial^2 u}{\partial \xi^2} + 2\dfrac{\partial^2 u}{\partial \xi \partial \eta} + \dfrac{\partial^2 u}{\partial \eta^2}$

$\dfrac{\partial u}{\partial y} = a\dfrac{\partial u}{\partial \xi} + b\dfrac{\partial u}{\partial \eta}, \quad \dfrac{\partial^2 u}{\partial y^2} = a^2 \dfrac{\partial^2 u}{\partial \xi^2} + 2ab\dfrac{\partial^2 u}{\partial \xi \partial \eta} + b^2 \dfrac{\partial^2 u}{\partial \eta^2}$

$\dfrac{\partial^2 u}{\partial x \partial y} = a\dfrac{\partial^2 u}{\partial \xi^2} + (a+b)\dfrac{\partial^2 u}{\partial \xi \partial \eta} + b\dfrac{\partial^2 u}{\partial \eta^2}$

将以上各式代入（*）式，得

$(5a^2+12a+4)\dfrac{\partial^2 u}{\partial \xi^2} + [10ab+12(a+b)+8]\dfrac{\partial^2 u}{\partial \xi \partial \eta} + (5b^2+12b+4)\dfrac{\partial^2 u}{\partial \eta^2} = 0$

令 $\begin{cases} 5a^2+12a+4=0 \\ 5b^2+12b+4=0 \\ 10ab+12(a+b)+8 \neq 0 \end{cases}$，解得

$\begin{cases} a=-2 \\ b=-\dfrac{2}{5} \end{cases}, \begin{cases} a=-\dfrac{2}{5} \\ b=-2 \end{cases}, \begin{cases} a=-2 \\ b=-2 \end{cases}(舍去), \begin{cases} a=-\dfrac{2}{5} \\ b=-\dfrac{2}{5} \end{cases}(舍去)$

故

$\begin{cases} a=-2 \\ b=-\dfrac{2}{5} \end{cases}$ 或 $\begin{cases} a=-\dfrac{2}{5} \\ b=-2 \end{cases}$

注：复合函数的偏导数计算是解决该问题的关键，其实质为在某一变换下化简偏微分方程. 这个思想在解决偏微分方程问题中有重要的应用. 此题是 2010 年数学二的考研真题，一部分考生计算偏导数出现错误，一些考生忽略了 $10ab+12(a+b)+8 \neq 0$ 而没有舍去错误的答案. 根据 2011 年教育部考试中心的大样本数据，本题难度为 0.331，得分较低.

例 10 求方程 $\dfrac{\partial^2 z}{\partial x \partial y} = x+y$ 满足条件 $z(x,0)=x, z(0,y)=y^2$ 的解 $z=z(x,y)$.

分析 此题为已知二元函数的偏导数求原函数，解决此类问题的思路类同于已知一元函数的导数求原函数，实质为导数的逆运算——积分运算.

解 将 $\dfrac{\partial^2 z}{\partial x \partial y} = x+y$ 两端对 y 积分，得 $\dfrac{\partial z}{\partial x} = xy + \dfrac{1}{2}y^2 + \varphi(x)$. 再对 x 积分，得 $z = \dfrac{1}{2}x^2 y + \dfrac{1}{2}xy^2 + \varphi(x) + \psi(y)$，下面来确定 $\varphi(x), \psi(y)$.

由于已知 $z(x,0)=x, z(0,y)=y^2$，故有 $x = \varphi(x) + \psi(0), y^2 = \varphi(0) + \psi(y)$，于是

$z = x + y^2 + \dfrac{1}{2}x^2 y + \dfrac{1}{2}xy^2 - [\varphi(0)+\psi(0)]$

又因 $z(0,0)=0$，故 $\varphi(0)+\psi(0)=0$，故 $z=x+y^2+\dfrac{1}{2}x^2y+\dfrac{1}{2}xy^2$.

注：导函数已知，那么原函数有无穷多个，任意两个原函数之间只会相差一个常数；而偏导函数已知，那么原函数也有无穷多个，任意两个原函数之间相差的不仅仅是常数，而是关于另外一个变量的函数.

例 11 设 $z=f[x\varphi(y),x-y]$，其中 f 具有二阶连续偏导数，$\varphi(y)$ 可导，求 $\dfrac{\partial^2 z}{\partial y \partial x}$.

分析 此题为抽象复合函数的二阶导数问题，可先求一阶偏导数 $\dfrac{\partial z}{\partial y}$，再求二阶偏导数 $\dfrac{\partial^2 z}{\partial y \partial x}$. 计算过程中可以画出复合关系图，帮助理清复合关系，同时注意偏导数记号的表示.

解 $\dfrac{\partial z}{\partial y}=f_1' \cdot x\varphi'(y)+f_2' \cdot (-1)=x\varphi'(y)f_1'-f_2'$

$\dfrac{\partial^2 z}{\partial y \partial x}=\varphi'(y)f_1'+x\varphi'(y)[\varphi(y)f_{11}''+f_{12}'']-f_{21}''\varphi(y)-f_{22}''$

$=f_1'\varphi'(y)-f_{22}''+x\varphi(y)\varphi'(y)f_{11}''+[x\varphi'(y)-\varphi(y)]f_{12}''$

注：抽象复合函数的各阶导函数具有相同的复合关系.

例 12 设二元函数 $f(x,y)$ 有一阶连续偏导数，且 $f(0,1)=f(1,0)$，证明：单位圆周上至少存在两点满足方程 $y\dfrac{\partial}{\partial x}f(x,y)-x\dfrac{\partial}{\partial y}f(x,y)=0$.

分析 由所需证明的结论易知，这是关于中值点的证明问题. 构造怎样的辅助函数？在哪个区间上用中值定理？观察等式左边，首先构造出合适的辅助函数.

证明 令 $g(t)=f(\cos t,\sin t)$，则 $g(t)$ 一阶连续可导，且 $g(0)=f(1,0)$，$g\left(\dfrac{\pi}{2}\right)=f(0,1)$，$g(2\pi)=f(1,0)$，所以 $g(0)=g\left(\dfrac{\pi}{2}\right)=g(2\pi)$. 分别在区间 $\left[0,\dfrac{\pi}{2}\right]$ 与 $\left[\dfrac{\pi}{2},2\pi\right]$ 上应用罗尔定理，则存在 $\xi_1\in\left(0,\dfrac{\pi}{2}\right),\xi_2\in\left(\dfrac{\pi}{2},2\pi\right)$，使得 $g'(\xi_1)=0,g'(\xi_2)=0$.

记 $(x_1,y_1)=(\cos\xi_1,\sin\xi_1),(x_2,y_2)=(\cos\xi_2,\sin\xi_2)$，由于

$$g'(t)=-\sin t\dfrac{\partial}{\partial x}f(\cos t,\sin t)+\cos t\dfrac{\partial}{\partial y}f(\cos t,\sin t)$$

所以

$$-\sin\xi_i\left.\dfrac{\partial f}{\partial x}\right|_{(\cos\xi_i,\sin\xi_i)}+\cos\xi_i\left.\dfrac{\partial f}{\partial y}\right|_{(\cos\xi_i,\sin\xi_i)}=0$$

即单位圆周上至少存在两点满足方程 $y\dfrac{\partial}{\partial x}f(x,y)-x\dfrac{\partial}{\partial y}f(x,y)=0$.

注：利用二元函数与一元函数复合成一元函数是解决这个问题的关键.

基础练习 14

1. 填空题.

(1) 设 $z=(x^2+y^2)^{xy}$，则 $\dfrac{\partial z}{\partial x}=$ _____.

(2) 设 f 二阶可导，且 $z = \dfrac{y}{x}f(xy)$，则 $\dfrac{\partial^2 z}{\partial x \partial y} = $ _____．

(3) 设 $z = f(x,y)$ 连续，且 $f(x,y) = 3x + 4y + 6 + o(\rho)$，其中 $\rho = \sqrt{(x-1)^2 + y^2}$，则 $dz|_{(1,0)} = $ _____．

(4) 设 $z = f(x,y)$ 二阶连续可导，且 $\dfrac{\partial^2 z}{\partial x \partial y} = x + 1$，$f_x(x,0) = 2x$，$f(0,y) = \sin 2y$，则 $f(x,y) = $ _____．

(5) $\lim\limits_{\substack{x \to 0 \\ y \to e}} (1 + xy)^{\frac{1}{\ln(1+2x)}} = $ _____．

2. 选择题．

(1) 设 $f(x,y) = \sin\sqrt{x^2 + y^4}$，则 $f(x,y)$ 在 $(0,0)$ 处 （　　）
A. 对 x 可偏导，对 y 不可偏导
B. 对 x 不可偏导，对 y 可偏导
C. 对 x 可偏导，对 y 也可偏导
D. 对 x 不可偏导，对 y 也不可偏导

(2) 设 $f_x(x_0, y_0)$，$f_y(x_0, y_0)$ 都存在，则 （　　）
A. $f(x,y)$ 在 (x_0, y_0) 处连续
B. $\lim\limits_{(x,y) \to (x_0, y_0)} f(x,y)$ 存在
C. $f(x,y)$ 在 (x_0, y_0) 处可微
D. $\lim\limits_{x \to x_0} f(x, y_0)$ 存在

(3) 设 $f(x,y) = \arcsin\sqrt{\dfrac{y}{x}}$，则 $f_x(2,1) = $ （　　）
A. $-\dfrac{1}{4}$　　B. $\dfrac{1}{4}$　　C. $-\dfrac{1}{2}$　　D. $\dfrac{1}{2}$

(4) 极限 $\lim\limits_{(x,y) \to (0,0)} \dfrac{3x - y}{x + y}$ （　　）
A. 等于 0　　B. 不存在
C. 等于 $\dfrac{1}{2}$　　D. 存在但不等于 $\dfrac{1}{2}$ 也不等于 0

(5) 若 $f(x, x^2) = x^2 e^{-x}$，$f_x(x, x^2) = -x^2 e^{-x}$，则 $f_y(x, x^2) = $ （　　）
A. $2x e^{-x}$　　B. $(-x^2 + 2x)e^{-x}$　　C. e^{-x}　　D. $(-1 + 2x)e^{-x}$

3. 判断下列极限是否存在？若存在，求极限值．

(1) $\lim\limits_{(x,y) \to (0,0)} \dfrac{x^3 + y^5}{x^2 + y^2}$．

(2) $\lim\limits_{(x,y) \to (0,0)} \dfrac{1 - \cos(x^2 + y^2)}{(x^2 + y^2)e^{xy}}$．

(3) $\lim\limits_{(x,y)\to(0,0)} (1+xy)^{\frac{1}{x+y}}$.

4. 设 $\lim\limits_{\substack{x\to+\infty \\ y\to+\infty}} \left(\dfrac{x+y+2a}{x+y-a}\right)^{x+y}=8$,求 a.

5. 设 $z=(1+xy)^y$,求 $\mathrm{d}z|_{(0,1)}$.

6. 计算下列偏导数:

(1) 设 $f(x,y)=\sqrt{|xy|}$,求 $f_x(0,0)$.

(2) 设 $z=\ln(\sqrt{x}+\sqrt{y})$,求 $x\dfrac{\partial z}{\partial x}+y\dfrac{\partial z}{\partial y}$.

(3) $f(x,y)=x^2\arctan\left(\dfrac{y}{x}\right)-y^2\arctan\left(\dfrac{x}{y}\right)$,求 $\dfrac{\partial^2 f}{\partial y\partial x}$.

(4) 设 $u=\mathrm{e}^{-x}\sin\left(\dfrac{x}{y}\right)$,求 $\dfrac{\partial^2 u}{\partial x\partial y}$ 在点 $\left(2,\dfrac{1}{\pi}\right)$ 处的值.

(5) 设 $z = \dfrac{1}{x}f(xy) + y\varphi(x+y)$,其中 f,φ 具有二阶连续偏导数,求 $\dfrac{\partial z}{\partial x}$.

(6) 设 $z = \sin(xy) + \varphi\left(x,\dfrac{x}{y}\right)$,其中 $\varphi(u,v)$ 具有二阶连续偏导数,求 $\dfrac{\partial^2 z}{\partial y \partial x}$.

7. 设 $z = \dfrac{2x}{x^2 - y^2}$,求 $\left.\dfrac{\partial^n z}{\partial y^n}\right|_{(2,1)}$.

8. 设 $z = x \cdot f\left(\dfrac{y}{x}\right)$,其中 $x \neq 0$,如果当 $x=1$ 时,$z = \sqrt{1+y^2}$,试确定 $f(x)$ 及 z.

9. 证明:函数 $f(x,y) = \begin{cases} (x^2+y^2)\sin\dfrac{1}{x^2+y^2}, & x^2+y^2 \neq 0 \\ 0, & x^2+y^2 = 0 \end{cases}$ 在点$(0,0)$处连续且偏导数存在,但偏导数在点$(0,0)$处不连续,而 f 在原点$(0,0)$处可微.

强化训练 14

1. 填空题.

    (1) 函数 $u = \arcsin\left(\dfrac{\sqrt{x^2+y^2}}{z}\right)$ 的定义域为 _____.

    (2) 设 $u = \arctan\dfrac{x+y}{1-xy}$,则 $\dfrac{\partial^2 u}{\partial x \partial y}\bigg|_{(1,0)} =$ _____.

    (3) 设 $u = \dfrac{x}{\sqrt{x^2+y^2}}$,则在极坐标下 $\dfrac{\partial u}{\partial \theta} =$ _____.

    (4) 设 $f(x,y) = \begin{cases} \dfrac{1}{xy}\sin(x^2 y), & xy \neq 0 \\ 0, & xy = 0 \end{cases}$,则 $f_x(0,1) =$ _____.

    (5) 设一元函数 $f(t)$ 可导,$u = f(ax+by+cz)$,则 $\mathrm{d}u =$ _____.

2. 选择题.

    (1) 设 $u = f(x+y, xz)$ 有二阶连续偏导数,则 $\dfrac{\partial^2 u}{\partial x \partial z} =$ (   )

        A. $f_2' + xf_{11}'' + (x+z)f_{12}'' + xzf_{22}''$ B. $xf_{12}'' + xzf_{22}''$

        C. $f_2' + xf_{12}'' + xzf_{22}''$ D. xzf_{22}''

    (2) 函数 $f(x,y) = \begin{cases} \dfrac{xy}{x^2+y^2}, & x^2+y^2 \neq 0 \\ 0, & x^2+y^2 = 0 \end{cases}$ 在点 $(0,0)$ 处   (   )

        A. 连续、偏导数存在   B. 连续、偏导数不存在

        C. 不连续、偏导数存在   D. 不连续、偏导数不存在

    (3) 极限 $\lim\limits_{(x,y)\to(0,0)} \dfrac{x^2 y}{x^4+y^2}$ (   )

        A. 等于 0   B. 不存在

        C. 等于 $\dfrac{1}{2}$ D. 存在且不等于 0 及 $\dfrac{1}{2}$

    (4) 函数 $f(x,y) = \sqrt{|xy|}$ 在点 $(0,0)$ 处   (   )

        A. 偏导数不存在   B. 偏导数存在,但不可微

        C. 可微,但偏导数不连续   D. 偏导数连续

3. 设 $u = \ln\sqrt{(x-a)^2 + (y-b)^2}$,求证:$\dfrac{\partial^2 u}{\partial x^2} + \dfrac{\partial^2 u}{\partial y^2} = 0$.

4. 计算下列各题：

(1) 设 $z = e^{x^2+y^2}\sin xy$，求 $\dfrac{\partial z}{\partial x}, \dfrac{\partial z}{\partial y}, \dfrac{\partial^2 z}{\partial x \partial y}$.

(2) 设 $z = \displaystyle\int_0^{x^2 y} f(t, e^t)\,dt$，$f$ 有一阶连续偏导数，求 $\dfrac{\partial^2 z}{\partial x \partial y}$.

(3) 设 $z = f[x + \varphi(x-y), y]$，其中 f 二阶连续可导，φ 二阶可导，求 $\dfrac{\partial^2 z}{\partial y^2}$.

(4) 设 $\displaystyle\lim_{(x,y)\to(0,0)} \dfrac{f(x,y) + 3x - 4y}{x^2 + y^2} = 2$，求 $2f_x(0,0) + f_y(0,0)$.

5. 设 $z = f(x,y)$ 在点 $(1,1)$ 处可微，$f(1,1) = 1$，$f_1'(1,1) = a$，$f_2'(1,1) = b$，又 $u = f[x, f(x,x)]$，求 $\dfrac{du}{dx}\bigg|_{x=1}$.

6. 证明:函数 $f(x,y)=\begin{cases}\dfrac{x^2y}{x^2+y^2}, & x^2+y^2\neq 0\\ 0, & x^2+y^2=0\end{cases}$ 在点$(0,0)$处连续且偏导数存在,但f在原点$(0,0)$处不可微.

7. 已知函数 $z=f(x,y)$ 的全微分 $\mathrm{d}z=2x\mathrm{d}x+\sin y\mathrm{d}y$,且 $f(1,0)=2$,求 $f(x,y)$.

8. 设 $z=f(x,y)$ 可微,且 $f'_1(-1,3)=-2$,$f'_2(-1,3)=1$,令 $z=f\left(2x-y,\dfrac{y}{x}\right)$,求 $\mathrm{d}z\big|_{(1,3)}$.

9. 设函数 $f(x,y,z)$ 一阶连续可偏导且满足 $f(tx,ty,tz)=t^kf(x,y,z)$,证明:$x\dfrac{\partial f}{\partial x}+y\dfrac{\partial f}{\partial y}+z\dfrac{\partial f}{\partial z}=kf(x,y,z)$.

第 15 讲 多元函数微分(二)

—— 隐函数(组)导数、方向导数与梯度、多元函数微分的应用

15.1 内容提要与归纳

15.1.1 隐函数的求导公式

1) 一个方程的情形

一个方程在满足一定的条件下可确定一个单值连续且有一阶连续偏导的隐函数. 求隐函数的导数或偏导数的方法是:对方程两边同时求关于自变量的导数或偏导数,就可得到一个包含隐函数的导数或偏导数的方程,然后解出所求的隐函数的导数或偏导数.

① 设二元函数 $F(x,y)$ 有连续的偏导数,且 $F_y(x,y) \neq 0$,则方程 $F(x,y)=0$ 唯一确定一个单值连续、有连续导数的隐函数 $y=y(x)$,且 $\dfrac{\mathrm{d}y}{\mathrm{d}x} = -\dfrac{F_x(x,y)}{F_y(x,y)}$.

② 设三元函数 $F(x,y,z)$ 有连续的偏导数,且 $F_z(x,y,z) \neq 0$,则方程 $F(x,y,z)=0$ 唯一确定一个单值连续、有连续偏导数的隐函数 $z=z(x,y)$,且

$$\frac{\partial z}{\partial x} = -\frac{F_x(x,y,z)}{F_z(x,y,z)}, \quad \frac{\partial z}{\partial y} = -\frac{F_y(x,y,z)}{F_z(x,y,z)}$$

2) 方程组的情形(理)

对由两个方程组成的方程组,在满足一定的条件下可确定两个单值连续且有一阶连续偏导的隐函数. 求隐函数的导数或偏导数的方法是:对方程组的每个方程的两边求关于自变量的导数或偏导数,就可得到一个包含隐函数的导数或偏导数的方程组,然后解出所求的隐函数的导数或偏导数.

例如:若方程组 $\begin{cases} F(x,y,z)=0 \\ G(x,y,z)=0 \end{cases}$ 确定了隐函数 $z=z(x),y=y(x)$,则在方程组两边分别对 x 求导,就可得到关于 $\dfrac{\mathrm{d}y}{\mathrm{d}x},\dfrac{\mathrm{d}z}{\mathrm{d}x}$ 的线性方程组,利用加减消元、代入消元或克莱姆法则解出 $\dfrac{\mathrm{d}y}{\mathrm{d}x},\dfrac{\mathrm{d}z}{\mathrm{d}x}$ 即可.

又例如:若方程组 $\begin{cases} F(x,y,u,v)=0 \\ G(x,y,u,v)=0 \end{cases}$ 确定了隐函数 $u=u(x,y),v=v(x,y)$,则在方程组两边分别对 x 与 y 求导,就可得到关于 $\dfrac{\partial u}{\partial x},\dfrac{\partial v}{\partial x};\dfrac{\partial u}{\partial y},\dfrac{\partial v}{\partial y}$ 的线性方程组,利用加减消元、代入消元或克莱姆法则解出 $\dfrac{\partial u}{\partial x},\dfrac{\partial v}{\partial x};\dfrac{\partial u}{\partial y},\dfrac{\partial v}{\partial y}$ 即可.

15.1.2 方向导数与梯度(理)

1) 方向导数

(1) 方向导数定义

① 设函数 $z=f(x,y)$ 在点 $P(x,y)$ 的某一邻域内有定义,自点 P 引射线 l,$P_1(x+\Delta x,y+\Delta y)$ 为射线 l 上的一点,$\rho=\sqrt{(\Delta x)^2+(\Delta y)^2}$,若极限

$$\lim_{\rho \to 0} \frac{f(x+\Delta x,y+\Delta y)-f(x,y)}{\rho}$$

存在,则称这个极限为函数 $z=f(x,y)$ 在点 $P(x,y)$ 沿射线 l 方向的方向导数,记作 $\dfrac{\partial f}{\partial l}$,即

$$\frac{\partial f}{\partial l}=\lim_{\rho \to 0} \frac{f(x+\Delta x,y+\Delta y)-f(x,y)}{\rho}$$

② 类似地可以定义三元函数 $u=f(x,y,z)$ 的方向导数为

$$\frac{\partial u}{\partial l}=\lim_{\rho \to 0} \frac{f(x+\Delta x,y+\Delta y,z+\Delta z)-f(x,y,z)}{\rho}$$

其中 $P_1(x+\Delta x,y+\Delta y,z+\Delta z)$ 是沿射线 l 上的一点,$\rho=\sqrt{(\Delta x)^2+(\Delta y)^2+(\Delta z)^2}$.

(2) 方向导数的计算公式

① 若 $z=f(x,y)$ 在点 $P(x,y)$ 处可微,设 α 为射线 l 与 x 轴正向的夹角,β 为射线 l 与 y 轴正向的夹角,则

$$\frac{\partial f}{\partial l}=\frac{\partial f}{\partial x}\cos\alpha+\frac{\partial f}{\partial y}\sin\alpha \quad 或 \quad \frac{\partial f}{\partial l}=\frac{\partial f}{\partial x}\cos\alpha+\frac{\partial f}{\partial y}\cos\beta$$

② 若 $u=f(x,y,z)$ 在点 $P(x,y,z)$ 处可微,α,β,γ 为射线 l 的方向角. 则

$$\frac{\partial u}{\partial l}=\frac{\partial u}{\partial x}\cos\alpha+\frac{\partial u}{\partial y}\cos\beta+\frac{\partial u}{\partial z}\cos\gamma.$$

2) 梯度(gradient)

(1) 梯度的定义

设函数 $z=f(x,y)$ 在点 $P(x,y)$ 的某邻域内可偏导,则向量 $\dfrac{\partial f}{\partial x}\boldsymbol{i}+\dfrac{\partial f}{\partial y}\boldsymbol{j}$ 称为 $z=f(x,y)$ 在点 $P(x,y)$ 处的梯度,记作 $\mathbf{grad}f(x,y)$,即

$$\mathbf{grad}f(x,y)=\frac{\partial f}{\partial x}\boldsymbol{i}+\frac{\partial f}{\partial y}\boldsymbol{j}$$

推广:设函数 $u=f(x,y,z)$ 可偏导,则

$$\mathbf{grad}f(x,y,z)=\frac{\partial f}{\partial x}\boldsymbol{i}+\frac{\partial f}{\partial y}\boldsymbol{j}+\frac{\partial f}{\partial z}\boldsymbol{k}$$

其模为 $|\mathbf{grad}u|=\sqrt{f_x^2+f_y^2+f_z^2}$.

(2) 梯度与方向导数的关系

$$\frac{\partial u}{\partial l}=(f_x,f_y,f_z)\cdot(\cos\alpha,\cos\beta,\cos\gamma)=\mathbf{grad}u \cdot \boldsymbol{l}^0=|\mathbf{grad}u|\cos\theta$$

其中 $\boldsymbol{l}^0=(\cos\alpha,\cos\beta,\cos\gamma)$ 为与射线 l 同向的单位向量,θ 为梯度与向量 $\boldsymbol{l}^0$ 之间的夹角.

当 $\theta=0$，即 $\boldsymbol{l}^0$ 与 $\mathbf{grad}u$ 的方向一致时，$\dfrac{\partial u}{\partial l}=|\mathbf{grad}u|$ 为函数 f 在点 P 处方向导数的最大值.

当 $\theta=\pi$，即 $\boldsymbol{l}^0$ 与 $\mathbf{grad}u$ 的方向相反时，$\dfrac{\partial u}{\partial l}=-|\mathbf{grad}u|$ 为函数 f 在点 P 处方向导数的最小值.

15.1.3 多元函数微分学的几何应用（理）

1) 空间曲线的切线与法平面

(1) 空间曲线用参数方程表示

设空间曲线的参数方程为 $\Gamma: x=\varphi(t), y=\psi(t), z=\omega(t)$，其切向量为 $\boldsymbol{s}=[\varphi'(t), \psi'(t), \omega'(t)]$，则曲线上的点 (x_0, y_0, z_0) 处的切线方程为

$$\frac{x-x_0}{\varphi'(t_0)}=\frac{y-y_0}{\psi'(t_0)}=\frac{z-z_0}{\omega'(t_0)}$$

法平面方程为

$$\varphi'(t_0)(x-x_0)+\psi'(t_0)(y-y_0)+\omega'(t_0)(z-z_0)=0$$

(2) 空间曲线用一般式方程表示

设空间曲线的一般式方程为 $\Gamma: \begin{cases} F(x,y,z)=0 \\ G(x,y,z)=0 \end{cases}$，则可将曲线看作由该方程组确定的隐函数构成的参数方程 $\Gamma: x=x, y=y(x), z=z(x)$，其切向量为 $\boldsymbol{s}=[1, y'(x), z'(x)]$，其中 $y'(x), z'(x)$ 由方程组 $\begin{cases} F_x+F_y\dfrac{\mathrm{d}y}{\mathrm{d}x}+F_z\dfrac{\mathrm{d}z}{\mathrm{d}x}=0 \\ G_x+G_y\dfrac{\mathrm{d}y}{\mathrm{d}x}+G_z\dfrac{\mathrm{d}z}{\mathrm{d}x}=0 \end{cases}$ 确定.

2) 曲面的切平面与法线

(1) 曲面用三元方程表示

过曲面 $F(x,y,z)=0$ 上的点 (x_0, y_0, z_0) 处的切平面方程为
$F_x(x_0,y_0,z_0)(x-x_0)+F_y(x_0,y_0,z_0)(y-y_0)+F_z(x_0,y_0,z_0)(z-z_0)=0$
法线方程为

$$\frac{x-x_0}{F_x(x_0,y_0,z_0)}=\frac{y-y_0}{F_y(x_0,y_0,z_0)}=\frac{z-z_0}{F_z(x_0,y_0,z_0)}$$

(2) 曲面用二元函数表示

设曲面方程为 $z=f(x,y)$，则切点 (x_0, y_0, z_0) 处的切平面方程为

$$z-f(x_0,y_0)=f_x(x_0,y_0)(x-x_0)+f_y(x_0,y_0)(y-y_0)$$

法线方程为

$$\frac{x-x_0}{f_x(x_0,y_0)}=\frac{y-y_0}{f_y(x_0,y_0)}=\frac{z-z_0}{-1}$$

15.1.4 多元函数的极值问题

1) 无条件极值问题

(1) 极值点的必要条件

设函数 $z=f(x,y)$ 在点 (x_0,y_0) 具有偏导数,且在点 (x_0,y_0) 处有极值,则它在该点的偏导数必为零,即 $f_x(x_0,y_0)=0$, $f_y(x_0,y_0)=0$.

称同时满足 $f_x(x,y)=0$, $f_y(x,y)=0$ 的点 (x_0,y_0) 为 $z=f(x,y)$ 的驻点.

(2) 无条件极值的判别法(极值点的充分条件)

设函数 $z=f(x,y)$ 在点 (x_0,y_0) 的某邻域内具有二阶连续偏导数,又 $f_x(x_0,y_0)=0$, $f_y(x_0,y_0)=0$,令 $f_{xx}(x_0,y_0)=A$, $f_{xy}(x_0,y_0)=B$, $f_{yy}(x_0,y_0)=C$,则在 (x_0,y_0) 处:

① 当 $AC-B^2>0$ 时 $f(x,y)$ 具有极值,且当 $A<0$ 时有极大值,当 $A>0$ 时有极小值;

② 当 $AC-B^2<0$ 时 $f(x,y)$ 没有极值;

③ 当 $AC-B^2=0$ 时 $f(x,y)$ 可能有极值,也可能没有极值,还需另作讨论.

2) 条件极值的求法(拉格朗日乘数法)

带有约束条件的极值问题称为条件极值.求条件极值常用的方法之一是化为无条件极值;方法之二是运用拉格朗日乘数法.

例如:求函数 $u=f(x,y,z)$ 在条件 $\varphi(x,y,z)=0$ 下的极值.

运用拉格朗日乘数法的解题步骤如下:

① 先构造辅助函数: $F(x,y,z)=f(x,y,z)+\lambda\varphi(x,y,z)$,其中 λ 称为拉格朗日乘子.

② 对辅助函数分别求 x,y,z,λ 的偏导数,得方程组

$$\begin{cases} f_x(x,y,z)+\lambda\varphi_x(x,y,z)=0 \\ f_y(x,y,z)+\lambda\varphi_y(x,y,z)=0 \\ f_z(x,y,z)+\lambda\varphi_z(x,y,z)=0 \\ \varphi(x,y,z)=0 \end{cases}$$

解得 x,y,z,λ,求得的驻点 (x,y,z) 就是可能极值或最值点.

③ 若该问题的极值或最值确实存在,而所求驻点是唯一的,则求得的驻点 (x,y,z) 就是极值点或最值点.

该方法可推广到自变量多于三个而条件多于一个的情形.

*15.1.5 二元函数的二阶泰勒公式

二元函数有与一元函数相仿的泰勒公式.

定理(泰勒定理) 若函数 $z=f(x,y)$ 在点 $P_0(x_0,y_0)$ 的某邻域 $U(P_0)$ 内具有直到 $n+1$ 阶的连续偏导数,则对 $U(P_0)$ 内任一点 (x_0+h,y_0+k),存在相应的 $\theta\in(0,1)$,使得

$$f(x_0+h,y_0+k)=f(x_0,y_0)+\left(h\frac{\partial}{\partial x}+k\frac{\partial}{\partial y}\right)f(x_0,y_0)+$$

$$\frac{1}{2!}\left(h\frac{\partial}{\partial x}+k\frac{\partial}{\partial y}\right)^2 f(x_0,y_0)+\cdots+$$

$$\frac{1}{n!}\left(h\frac{\partial}{\partial x}+k\frac{\partial}{\partial y}\right)^n f(x_0,y_0)+$$

$$\frac{1}{(n+1)!}\left(h\frac{\partial}{\partial x}+k\frac{\partial}{\partial y}\right)^{n+1} f(x_0+\theta h,y_0+\theta k)$$

上式称为二元函数 $z=f(x,y)$ 在点 $P_0(x_0,y_0)$ 的 n 阶泰勒公式,其中

$$\left(h\frac{\partial}{\partial x}+k\frac{\partial}{\partial y}\right)^m f(x_0,y_0)=\sum_{i=0}^{m}C_m^i h^i k^{m-i}\frac{\partial^m f}{\partial x^i \partial y^{m-i}}\bigg|_{(x_0,y_0)}$$

特别地有:

(1) 二元函数的二阶泰勒公式

若函数 $z=f(x,y)$ 在点 $P_0(x_0,y_0)$ 的某邻域 $U(P_0)$ 内具有直到3阶的连续偏导数,则对 $U(P_0)$ 内任一点 (x_0+h,y_0+k),存在相应的 $\theta\in(0,1)$,使得

$$f(x_0+h,y_0+k)=f(x_0,y_0)+\left(h\frac{\partial}{\partial x}+k\frac{\partial}{\partial y}\right)f(x_0,y_0)$$

$$+\frac{1}{2!}\left(h\frac{\partial}{\partial x}+k\frac{\partial}{\partial y}\right)^2 f(x_0,y_0)$$

$$+\frac{1}{3!}\left(h\frac{\partial}{\partial x}+k\frac{\partial}{\partial y}\right)^3 f(x_0+\theta h,y_0+\theta k)$$

上式称为二元函数 $z=f(x,y)$ 在点 $P_0(x_0,y_0)$ 的二阶泰勒公式.

(2) 二元函数的二阶麦克劳林公式

若函数 $z=f(x,y)$ 在原点的某邻域 $U(o)$ 内具有直到3阶的连续偏导数,则对 $U(o)$ 内任一点 (x,y),存在相应的 $\theta\in(0,1)$,使得

$$f(x,y)=f(0,0)+\left(x\frac{\partial}{\partial x}+y\frac{\partial}{\partial y}\right)f(0,0)+\frac{1}{2!}\left(x\frac{\partial}{\partial x}+y\frac{\partial}{\partial y}\right)^2 f(0,0)$$

$$+\frac{1}{3!}\left(x\frac{\partial}{\partial x}+y\frac{\partial}{\partial y}\right)^3 f(\theta x,\theta y)$$

上式称为二元函数 $z=f(x,y)$ 在点 $(0,0)$ 的二阶麦克劳林公式.

或

$$f(x,y)=f(0,0)+\left(x\frac{\partial}{\partial x}+y\frac{\partial}{\partial y}\right)f(0,0)+\frac{1}{2!}\left(x\frac{\partial}{\partial x}+y\frac{\partial}{\partial y}\right)^2 f(0,0)+o(\rho),$$

其中 $\rho=\sqrt{x^2+y^2}$

15.2 典型例题分析

例1 设 $x=x(y,z),y=y(x,z),z=z(x,y)$ 都是方程 $F(x,y,z)=0$ 所确定的具有连续偏函数的隐函数,证明: $\dfrac{\partial x}{\partial y}\cdot\dfrac{\partial y}{\partial z}\cdot\dfrac{\partial z}{\partial x}=-1$.

分析 计算 $\dfrac{\partial x}{\partial y}$ 时, x 是由 $F(x,y,z)=0$ 定义的一个以 y,z 为自变量的函数,因此可用隐函数求导公式求出 $\dfrac{\partial x}{\partial y}$. 计算 $\dfrac{\partial y}{\partial z},\dfrac{\partial z}{\partial x}$ 时也应作相应的理解.

证明 由隐函数求导公式,得 $\dfrac{\partial x}{\partial y}=-\dfrac{F_y}{F_x}, \dfrac{\partial y}{\partial z}=-\dfrac{F_z}{F_y}, \dfrac{\partial z}{\partial x}=-\dfrac{F_x}{F_z}$,从而

$$\dfrac{\partial x}{\partial y} \cdot \dfrac{\partial y}{\partial z} \cdot \dfrac{\partial z}{\partial x} = \left(-\dfrac{F_y}{F_x}\right)\left(-\dfrac{F_z}{F_y}\right)\left(-\dfrac{F_x}{F_z}\right) = -1$$

注:一元函数的导数 $\dfrac{\mathrm{d}y}{\mathrm{d}x}$ 可看成微分 $\mathrm{d}y$ 与 $\mathrm{d}x$ 的商,例1表明多元函数的偏导数如 $\dfrac{\partial x}{\partial y}$ 是一个整体记号,不能看成 ∂x 与 ∂y 的商.

例2 设 $u=f(x,y,z), \varphi(x^2, \mathrm{e}^y, z)=0, y=\sin x$,其中 f, φ 都有一阶连续的偏导数,且 $\dfrac{\partial \varphi}{\partial z} \neq 0$,求 $\dfrac{\mathrm{d}u}{\mathrm{d}x}$.

分析 这是一个既有复合函数求导又有隐函数求导的综合性试题. 首先要厘清关系:三元方程 $\varphi(x^2, \mathrm{e}^y, z)=0$ 确定 z 为 x, y 的函数,由于 y 是 x 的函数,故 $z = z[x, y(x)]$ 为 x 的一元函数,从而 $u = f[x, y(x), z(x)]$ 为 x 的一元函数.

解 由链式法则,得

$$\dfrac{\mathrm{d}u}{\mathrm{d}x} = \dfrac{\partial f}{\partial x} + \dfrac{\partial f}{\partial y}\dfrac{\mathrm{d}y}{\mathrm{d}x} + \dfrac{\partial f}{\partial z}\dfrac{\mathrm{d}z}{\mathrm{d}x}, \text{其中} \dfrac{\mathrm{d}y}{\mathrm{d}x} = \cos x$$

为求出 $\dfrac{\mathrm{d}z}{\mathrm{d}x}$,在方程 $\varphi(x^2, \mathrm{e}^y, z)=0$ 两边同时对 x 求偏导,得 $\varphi_1' 2x + \varphi_2' \mathrm{e}^y \cos x + \varphi_3' \dfrac{\mathrm{d}z}{\mathrm{d}x} = 0$,

解得

$$\dfrac{\mathrm{d}z}{\mathrm{d}x} = -\dfrac{\varphi_1' 2x + \varphi_2' \mathrm{e}^y \cos x}{\varphi_3'}$$

因此

$$\dfrac{\mathrm{d}u}{\mathrm{d}x} = \dfrac{\partial f}{\partial x} + \dfrac{\partial f}{\partial y}\cos x - \dfrac{\varphi_1' 2x + \varphi_2' \mathrm{e}^y \cos x}{\varphi_3'}\dfrac{\partial f}{\partial z}$$

注:对于同时涉及复合函数求导与隐函数求导的问题,先从所求问题出发,确认函数与自变量的关系,进而深入分析各变量之间的关系.

例3 设 $z = f(u)$,方程 $u = \varphi(u) + \displaystyle\int_y^x p(t)\mathrm{d}t$ 确定 u 为 x, y 的函数,其中 $f(u), \varphi(u)$ 可微,$p(t)$ 连续,且 $\varphi'(u) \neq 1$,求 $p(y)\dfrac{\partial z}{\partial x} + p(x)\dfrac{\partial z}{\partial y}$.

分析 因为 $\dfrac{\partial z}{\partial x} = f'(u)\dfrac{\partial u}{\partial x}, \dfrac{\partial z}{\partial y} = f'(u)\dfrac{\partial u}{\partial y}$,故解此题的关键是求 $\dfrac{\partial u}{\partial x}$ 和 $\dfrac{\partial u}{\partial y}$. 由于方程 $u = \varphi(u) + \displaystyle\int_y^x p(t)\mathrm{d}t$ 确定 u 为 x, y 的二元函数,所以 $\dfrac{\partial u}{\partial x}, \dfrac{\partial u}{\partial y}$ 可由此方程求出.

解 $\dfrac{\partial z}{\partial x} = f'(u)\dfrac{\partial u}{\partial x}, \dfrac{\partial z}{\partial y} = f'(u)\dfrac{\partial u}{\partial y}$. 在方程 $u = \varphi(u) + \displaystyle\int_y^x p(t)\mathrm{d}t$ 的两边分别对 x, y 求偏导,得

$$\dfrac{\partial u}{\partial x} = \varphi'(u)\dfrac{\partial u}{\partial x} + \left(\int_y^x p(t)\mathrm{d}t\right)_x' = \varphi'(u)\dfrac{\partial u}{\partial x} + p(x)$$

$$\dfrac{\partial u}{\partial y} = \varphi'(u)\dfrac{\partial u}{\partial y} + \left(\int_y^x p(t)\mathrm{d}t\right)_y' = \varphi'(u)\dfrac{\partial u}{\partial y} - p(y)$$

因为 $\varphi'(u) \neq 1$,解得 $\dfrac{\partial u}{\partial x} = \dfrac{p(x)}{1-\varphi'(u)}, \dfrac{\partial u}{\partial y} = \dfrac{-p(y)}{1-\varphi'(u)}$,所以

$$\dfrac{\partial z}{\partial x} = \dfrac{f'(u)p(x)}{1-\varphi'(u)}$$

$$\dfrac{\partial z}{\partial y} = \dfrac{-f'(u)p(y)}{1-\varphi'(u)}$$

于是

$$p(y)\dfrac{\partial z}{\partial x} + p(x)\dfrac{\partial z}{\partial y} = p(y)\dfrac{f'(u)p(x)}{1-\varphi'(u)} + p(x)\dfrac{-f'(u)p(y)}{1-\varphi'(u)} = 0$$

注:变限积分函数实质为用积分形式表示的函数,解题中须分清积分的积分变量以及函数的自变量.

例 4 设二元隐函数 $z = z(x,y)$ 由方程 $\dfrac{x}{z} - \ln\dfrac{z}{y} = 0$ 所确定,求 $\dfrac{\partial^2 z}{\partial x \partial y}$.

分析 此题为由三元方程确定二元隐函数的二阶偏导数问题,其中 z 是函数,x,y 是自变量,求导过程中需注意链式法则.

解 由 $\dfrac{x}{z} - \ln\dfrac{z}{y} = 0$ 得 $\dfrac{x}{z} = \ln z - \ln y$. 在该式两边对 x,y 求偏导,得

$$\dfrac{z - \dfrac{\partial z}{\partial x}x}{z^2} = \dfrac{1}{z} \cdot \dfrac{\partial z}{\partial x}, \quad \dfrac{-x\dfrac{\partial z}{\partial y}}{z^2} = \dfrac{1}{z} \cdot \dfrac{\partial z}{\partial y} - \dfrac{1}{y}$$

解得

$$\dfrac{\partial z}{\partial x} = \dfrac{z}{x+z}, \quad \dfrac{\partial z}{\partial y} = \dfrac{z^2}{y(x+z)}$$

典型例题讲解

再在 $\dfrac{\partial z}{\partial x} = \dfrac{z}{x+z}$ 的两边对 y 求偏导,得

$$\dfrac{\partial^2 z}{\partial x \partial y} = \dfrac{\dfrac{\partial z}{\partial y}(x+z) - z\dfrac{\partial z}{\partial y}}{(x+z)^2} = \dfrac{x\dfrac{\partial z}{\partial y}}{(x+z)^2} = \dfrac{xz^2}{y(x+z)^3}$$

注:求隐函数的高阶导数时,一般采取对方程两边继续求导或对已求出的一阶导数继续求导的方法.

例 5 求曲线 $\begin{cases} x^2 + y^2 + z^2 = 50 \\ x^2 + y^2 = z^2 \end{cases}$ 过点 $P_0(3,4,5)$ 处的切线方程和法平面方程.

分析一 此曲线由一般方程给出,解题的关键是求出切向量 l. 在表示曲线的两个方程中,视 y,z 为 x 的函数,则切向量 $l = \left\{1, \dfrac{dy}{dx}, \dfrac{dz}{dx}\right\}_{P_0}$.

解法一 对表示曲线的方程组两边微分,得 $\begin{cases} 2x\,dx + 2y\,dy + 2z\,dz = 0 \\ 2x\,dx + 2y\,dy = 2z\,dz \end{cases}$,解得

$$\dfrac{dy}{dx}\bigg|_{P_0} = -\dfrac{x}{y}\bigg|_{P_0} = -\dfrac{3}{4}, \quad \dfrac{dz}{dx}\bigg|_{P_0} = 0$$

故点 $P_0(3,4,5)$ 处的切向量为 $\left\{1, -\dfrac{3}{4}, 0\right\}$,因此所求切线方程为

$$\begin{cases} \dfrac{x-3}{1} = \dfrac{y-4}{-\dfrac{3}{4}} \\ z = 5 \end{cases}$$

故法平面方程为 $4x - 3y = 0$.

解法二 在方程组两边对 x 求偏导,得

$$\begin{cases} 2x + 2y \dfrac{dy}{dx} + 2z \dfrac{dz}{dx} = 0 \\ 2x\,dx + 2y \dfrac{dy}{dx} = 2z \dfrac{dz}{dx} \end{cases}$$

解得 $\left.\dfrac{dy}{dx}\right|_{P_0} = -\left.\dfrac{x}{y}\right|_{P_0} = -\dfrac{3}{4}, \left.\dfrac{dz}{dx}\right|_{P_0} = 0$,余下解法同解法一.

分析二 由于曲线由一般式方程给出,曲线可看成两曲面的交线,故切向量 l 与两平面在 P_0 点的切平面的法向量 n_1, n_2 均垂直,可取 l 为两法向量 n_1, n_2 的向量积.

解法三 由曲线的方程,该曲线可看作以下两曲面的交线:

$$S_1 : x^2 + y^2 + z^2 = 50, \quad S_2 : x^2 + y^2 = z^2$$

在点 $P_0(3,4,5)$ 处两曲面的法向量分别为

$$\boldsymbol{n}_1 = \{2x, 2y, 2z\}|_{P_0} = \{6, 8, 10\}, \quad \boldsymbol{n}_2 = \{2x, 2y, -2z\}|_{P_0} = \{6, 8, -10\}$$

取曲线的切向量为 $\boldsymbol{l} = \boldsymbol{n}_1 \times \boldsymbol{n}_2 = \{6,8,10\} \times \{6,8,-10\} = 40\{-4,3,0\}$,因此曲线过点 $P_0(3,4,5)$ 的切线方程为

$$\begin{cases} \dfrac{x-3}{-4} = \dfrac{y-4}{3} \\ z = 5 \end{cases}$$

故法平面方程为 $4x - 3y = 0$.

注:切线方程和法平面方程的讨论可以利用多元函数微分的几何应用转化为切线方向向量的计算,也可从空间解析几何中直线和平面的方程角度出发,借助于几何意义解决问题.

例 6 试证:所有与曲面 $z = xf\left(\dfrac{y}{x}\right)$ 相切的平面都交于一点.

分析 首先求出曲面 $z = xf\left(\dfrac{y}{x}\right)$ 上任一点的切平面方程,再找出所有切平面的公共点即可.

证明 设 $F(x,y,z) = xf\left(\dfrac{y}{x}\right) - z$,并设 $P_0(x_0, y_0, z_0)$ 为切点,则

$$F_x = f\left(\dfrac{y}{x}\right) - \dfrac{y}{x} f'\left(\dfrac{y}{x}\right), \quad F_y = f'\left(\dfrac{y}{x}\right), \quad F_y = -1$$

则过点 $P_0(x_0, y_0, z_0)$ 的切平面方程为

$$\left[f\left(\dfrac{y_0}{x_0}\right) - \dfrac{y_0}{x_0} f'\left(\dfrac{y_0}{x_0}\right)\right](x - x_0) + f'\left(\dfrac{y_0}{x_0}\right)(y - y_0) - (z - z_0) = 0$$

注意到 $z_0 = x_0 f\left(\dfrac{y_0}{x_0}\right)$,化简上式,得

$$\left[f\left(\frac{y_0}{x_0}\right) - \frac{y_0}{x_0}f'\left(\frac{y_0}{x_0}\right)\right]x + f'\left(\frac{y_0}{x_0}\right)y - z = 0$$

显然 $(0,0,0)$ 满足切平面方程,即所有的切平面相交于原点.

注:对于平面经过定点的问题证明,一般先求出平面方程,然后观察平面方程特点代入点的坐标,使得方程成立,经过的定点往往都是特殊位置的点.

例7 求 $u = e^{xyz} + x^2 + y^2$ 在点 $P(1,1,1)$ 处沿曲线 $x = t, y = 2t^2 - 1, z = t^3$ 过点 P 的切线正方向的方向导数.

分析 解此题的关键是求出曲线过点 P 的切向量,进而求出切线的方向余弦.

解 当 $(x,y,z) = (1,1,1)$ 时,由曲线的参数方程解得 $t = 1$. 又

$$x'(t)\big|_{t=1} = 1, \quad y'(t)\big|_{t=1} = 4, \quad z'(t)\big|_{t=1} = 3$$

所以曲线的切向量为 $\boldsymbol{l} = \{1,4,3\}$,其方向余弦为

$$\cos\alpha = \frac{1}{\sqrt{26}}, \quad \cos\beta = \frac{4}{\sqrt{26}}, \quad \cos\gamma = \frac{3}{\sqrt{26}}$$

又因为

$$\mathbf{grad}\,u(1,1,1) = \{yze^{xyz} + 2x, xze^{xyz} + 2y, xye^{xyz}\} = \{e+2, e+2, e\}$$

所以,所求的方向导数为

$$\frac{\partial u}{\partial \boldsymbol{l}}\bigg|_{(1,1,1)} = \frac{\sqrt{26}}{13}(4e + 5)$$

注:切线的正方向为曲线参数方程中参数 t 增大的方向.

例8 设一金属板在 xOy 平面上占有区域 $D: 0 \leqslant x \leqslant 1, 0 \leqslant y \leqslant 1$,已知板上各点处的温度分布函数是 $T = xy(1-x)(1-y)$,问在点 $\left(\frac{1}{4}, \frac{1}{3}\right)$ 处沿什么方向温度升高最快?沿什么方向温度下降最快?沿什么方向温度变化率为零?

分析 温度沿温度分布函数的梯度方向升高最快,沿梯度的相反方向下降最快,沿与梯度垂直的方向变化率为零.

解 由 $\frac{\partial T}{\partial x}\bigg|_{\left(\frac{1}{4},\frac{1}{3}\right)} = y(1-y)(1-2x)\bigg|_{\left(\frac{1}{4},\frac{1}{3}\right)} = \frac{1}{9}, \frac{\partial T}{\partial y}\bigg|_{\left(\frac{1}{4},\frac{1}{3}\right)} = x(1-x) \cdot (1-2y)\bigg|_{\left(\frac{1}{4},\frac{1}{3}\right)} = \frac{1}{16}$,求得

$$\mathbf{grad}\,T\left(\frac{1}{4}, \frac{1}{3}\right) = \left(\frac{1}{9}, \frac{1}{16}\right)$$

所以在点 $\left(\frac{1}{4}, \frac{1}{3}\right)$ 处,温度 T 沿方向 $\frac{1}{9}\boldsymbol{i} + \frac{1}{16}\boldsymbol{j}$ 升高最快;沿方向 $-\frac{1}{9}\boldsymbol{i} - \frac{1}{16}\boldsymbol{j}$ 下降最快;沿方向 $\frac{1}{16}\boldsymbol{i} - \frac{1}{9}\boldsymbol{j}$ 或 $-\frac{1}{16}\boldsymbol{i} + \frac{1}{9}\boldsymbol{j}$ 的变化率为零.

注:函数 $u = f(x,y,z)$ 的 $\mathbf{grad}\,u$ 为一个向量,当 $\boldsymbol{l}$ 与 $\mathbf{grad}\,u$ 的方向一致时,函数 f 在点 P 处的方向导数取最大值;当 $\boldsymbol{l}$ 与 $\mathbf{grad}\,u$ 的方向相反时,函数 f 在点 P 处的方向导数取最小值;当 $\boldsymbol{l}$ 与 $\mathbf{grad}\,u$ 的方向垂直时,函数 f 在点 P 处的方向导数为零.

例9 求由 $x^2 + y^2 + z^2 - 2x + 2y - 4z - 10 = 0$ 确定的函数 $z = f(x,y)$ 的极值.

分析 此问题为求隐函数的极值,解题思路有:① 根据求极值的必要条件、充分条件,

在函数求导时涉及隐函数求偏导;② 若三元方程对应的曲面已知,则可以根据几何意义来解决.

解法一 在方程两边分别对 x,y 求偏导,得
$$\begin{cases} 2x+2zz_x-2-4z_x=0 \\ 2y+2zz_y+2-4z_y=0 \end{cases}$$
设在点 (x_0,y_0) 处达到极值,则在该点处 $z_x=z_y=0$,代入上式得
$$\begin{cases} 2x_0-2=0 \\ 2y_0+2=0 \end{cases}, \quad 解得 \begin{cases} x_0=1 \\ y_0=-1 \end{cases}$$
代入到原方程中得 $z=6, z=-2$,则最大值为 6,最小值为 -2.

解法二 原方程可改写成 $(x-1)^2+(y+1)^2+(z-2)^2=4^2$,由方程确定的函数为
$$z=z_1(x,y)=\sqrt{4^2-(x-1)^2-(y+1)^2}+2$$
$$z=z_2(x,y)=-\sqrt{4^2-(x-1)^2-(y+1)^2}+2$$
显然 $x=1,y=-1$ 是 z_1 的最大值点,是 z_2 的最小值点.

注: ① 解法二中不难看出 $z=z(x,y)$ 对应两个不同的函数,一个表示上半球面,一个表示下半球面,由几何图像不难给出答案;② 区域内的最值一定是极值.

例 10 已知曲面 $4x^2+4y^2-z^2=1$ 与平面 $x+y-z=0$ 的交线在 xOy 平面上的投影为一椭圆,求此椭圆的面积.

分析 由题意可得 xOy 平面上椭圆的方程,又椭圆面积公式已知,故此题需要解决的是椭圆的长半轴和短半轴的长度,而椭圆的长半轴和短半轴的长度即椭圆上各点到坐标原点距离的最大值和最小值.

解法一 椭圆的方程为 $3x^2+3y^2-2xy=1$. 椭圆的中心在原点,在椭圆上任取一点 (x,y),它到原点的距离 $d=\sqrt{x^2+y^2}$.

令
$$F=x^2+y^2+\lambda(3x^2+3y^2-2xy-1)$$
则
$$\begin{cases} F_x=2(1+3\lambda)x-2\lambda y=0 & ① \\ F_y=2(1+3\lambda)x-2\lambda x=0 & ② \\ F_\lambda=3x^2+3y^2-2xy-1=0 & ③ \end{cases}$$
由 ① 和 ② 两式推得 $y=x$ 或 $y=-x$,故驻点为
$$P_1\left(\frac{1}{2},\frac{1}{2}\right), P_2\left(-\frac{1}{2},-\frac{1}{2}\right), P_3\left(\frac{\sqrt{2}}{4},-\frac{\sqrt{2}}{4}\right), P_4\left(-\frac{\sqrt{2}}{4},\frac{\sqrt{2}}{4}\right)$$
因此 $d(P_1)=d(P_2)=\frac{\sqrt{2}}{2}, d(P_3)=d(P_4)=\frac{1}{2}$ 分别为椭圆的长轴和短轴,于是椭圆的面积为 $S=\pi\frac{\sqrt{2}}{2}\cdot\frac{1}{2}=\frac{\sqrt{2}}{4}\pi$.

解法二 椭圆的方程为 $3x^2+3y^2-2xy=1$. 椭圆的中心在原点,作坐标系的旋转变

换,令 $\begin{cases} x = \dfrac{1}{\sqrt{2}}u - \dfrac{1}{\sqrt{2}}v \\ y = \dfrac{1}{\sqrt{2}}u + \dfrac{1}{\sqrt{2}}v \end{cases}$,代入椭圆方程得 $2u^2 + 4v^2 = 1$,因此 $a = \dfrac{1}{\sqrt{2}}$,$b = \dfrac{1}{2}$ 分别为椭圆的长轴和短轴,于是椭圆的面积为 $S = \pi \dfrac{\sqrt{2}}{2} \cdot \dfrac{1}{2} = \dfrac{\sqrt{2}}{4}\pi$.

注:将椭圆面积的计算归结为多元函数最值问题是关键,类似地,一些不等式的证明、距离问题也都可以转化为最值问题来解决.

例 11 求内接于椭球 $\dfrac{x^2}{a^2} + \dfrac{y^2}{b^2} + \dfrac{z^2}{c^2} = 1$ 的体积最大的长方体的体积,长方体的各个面平行于坐标面.

分析 显然这是一道最大值计算问题,首先根据题意假设出合适的未知量,然后确定目标函数以及限制条件.目标函数及限制条件的取法不同,解法会有所差异.

解法一 设内接于椭球且各个面平行于坐标面的长方体在第一卦限的顶点的坐标为 (x,y,z),则长方体的体积为 $V = 8xyz$.

拉格朗日函数为

$$F = xyz + \lambda\left(\dfrac{x^2}{a^2} + \dfrac{y^2}{b^2} + \dfrac{z^2}{c^2} - 1\right)$$

根据拉格朗日乘数法,需解下列方程组:

$$\begin{cases} yz + \lambda \dfrac{2x}{a^2} = 0 & \text{①} \\ xz + \lambda \dfrac{2y}{b^2} = 0 & \text{②} \\ xy + \lambda \dfrac{2z}{c^2} = 0 & \text{③} \\ \dfrac{x^2}{a^2} + \dfrac{y^2}{b^2} + \dfrac{z^2}{c^2} = 1 & \text{④} \end{cases}$$

①$\times x +$②$\times y +$③$\times z$ 可得

$$3xyz = -2\lambda$$

将 λ 分别代入式①,②,③ 可得

$$x = \dfrac{a}{\sqrt{3}}, y = \dfrac{b}{\sqrt{3}}, z = \dfrac{c}{\sqrt{3}}$$

不难证明,当长方体在第一卦限的顶点的坐标为 $\left(\dfrac{a}{\sqrt{3}}, \dfrac{b}{\sqrt{3}}, \dfrac{c}{\sqrt{3}}\right)$ 时,内接于椭球的长方体的体积最大,$V = \dfrac{8}{3\sqrt{3}}abc$.

解法二 任意固定 z_0,$0 < z_0 < c$,首先在所有高为 $2z_0$ 的内接长方体中求体积最大者.因为高是固定的,所以当底面积最大时体积最大.

椭圆方程为

$$\begin{cases}\dfrac{x^2}{\left(a\cdot\sqrt{1-\dfrac{z_0^2}{c^2}}\right)^2}+\dfrac{y^2}{\left(b\cdot\sqrt{1-\dfrac{z_0^2}{c^2}}\right)^2}=1\\ z=z_0\end{cases}$$

对于内接于椭圆且四边平行于 x 轴或 y 轴的长方形,由一元函数最值可得,当长方形的两边长度分别为 $\sqrt{2}a\cdot\sqrt{1-\dfrac{z_0^2}{c^2}}$ 与 $\sqrt{2}b\cdot\sqrt{1-\dfrac{z_0^2}{c^2}}$ 时长方形面积最大.

故 z_0 固定时,$V(z_0)=4ab\left(1-\dfrac{z_0^2}{c^2}\right)z_0$. 又

$$\frac{\mathrm{d}V}{\mathrm{d}z_0}=4ab\left[\left(1-\frac{z_0^2}{c^2}\right)-\frac{2z_0^2}{c^2}\right]$$

可知,当 $z_0=\dfrac{c}{\sqrt{3}}$ 时,$V(z_0)$ 最大,这时长方体在第一卦限的顶点的坐标为 $\left(\dfrac{a}{\sqrt{3}},\dfrac{b}{\sqrt{3}},\dfrac{c}{\sqrt{3}}\right)$.

解法三 作变换:$X=\dfrac{x}{a},Y=\dfrac{y}{b},Z=\dfrac{z}{c}$. 问题变为:在 $X^2+Y^2+Z^2=1$ 上,求 XYZ 的最大值. 易知最大值点为 $\left(\dfrac{1}{\sqrt{3}},\dfrac{1}{\sqrt{3}},\dfrac{1}{\sqrt{3}}\right)$,即 $x=\dfrac{a}{\sqrt{3}},y=\dfrac{b}{\sqrt{3}},z=\dfrac{c}{\sqrt{3}}$.

解法四 原问题等价于求 $\dfrac{x^2}{a^2}\cdot\dfrac{y^2}{b^2}\cdot\dfrac{z^2}{c^2}$ 的最大值,而此三个数之和等于 1,又

$$\sqrt[3]{\frac{x^2}{a^2}\cdot\frac{y^2}{b^2}\cdot\frac{z^2}{c^2}}\leqslant\frac{1}{3}\left(\frac{x^2}{a^2}+\frac{y^2}{b^2}+\frac{z^2}{c^2}\right)=\frac{1}{3}$$

另外,不难验证,当 $\dfrac{x^2}{a^2}=\dfrac{y^2}{b^2}=\dfrac{z^2}{c^2}=\dfrac{1}{3}$ 时,即当 $x=\dfrac{a}{\sqrt{3}},y=\dfrac{b}{\sqrt{3}},z=\dfrac{c}{\sqrt{3}}$ 时,内接长方体体积最大,体积最大值为 $V=\dfrac{8}{3\sqrt{3}}abc$.

注:① 为简化计算,目标函数及限制条件可以进行适当的等价变形;② 最值计算与不等式证明两类问题之间可以灵活转换.

例 12 设 $f(x,y)$ 在点 $O(0,0)$ 的某邻域 U 内连续,且 $\lim\limits_{(x,y)\to(0,0)}\dfrac{f(x,y)-xy}{x^2+y^2}=a$,常数 $a>\dfrac{1}{2}$. 试讨论 $f(0,0)$ 是否为 $f(x,y)$ 的极值?是极大值还是极小值?

分析 利用极限与无穷小的关系,写出 $f(x,y)$ 的表达式讨论之.

解 由 $\lim\limits_{(x,y)\to(0,0)}\dfrac{f(x,y)-xy}{x^2+y^2}=a$ 知,$\dfrac{f(x,y)-xy}{x^2+y^2}=a+\alpha$,其中 $\lim\limits_{(x,y)\to(0,0)}\alpha=0$. 再令 $a=\dfrac{1}{2}+b,b>0$,于是上式可改写成

$$f(x,y)=xy+\left(\frac{1}{2}+b+\alpha\right)(x^2+y^2)=\frac{1}{2}(x+y)^2+(b+\alpha)(x^2+y^2)$$

由 $f(x,y)$ 的连续性,有

$$f(0,0)=\lim_{(x,y)\to(0,0)}f(x,y)=0$$

另一方面,由 $\lim\limits_{(x,y)\to(0,0)}\alpha=0$ 知,存在点 $(0,0)$ 的去心邻域 $\overset{\circ}{U}_\delta(0)$,当 $(x,y)\in\overset{\circ}{U}_\delta(0)$ 时,$|\alpha|<\dfrac{b}{2}$,故在 $\overset{\circ}{U}_\delta(0)$ 内,$f(x,y)>0$,所以 $f(0,0)$ 是 $f(x,y)$ 的极小值.

注:条件 $a>\dfrac{1}{2}$ 十分重要. 若 $a=\dfrac{1}{2}$,则 $b=0$,取 $y=-x$,$f(x,-x)=0+2\alpha x^2$. 无法知道它的符号,所以并不能断言 $f(0,0)$ 为极小值.

基础练习 15

1. 填空题.

   (1) 若函数 $z=2x^2+2y^2+3xy+ax+by+c$ 在点 $(-2,3)$ 处取得极小值 -3,则常数 a,b,c 的乘积 $a\cdot b\cdot c=$ _____.

   (2) 曲面 $z=e^{yz}+x\cdot\sin(x+y)$ 在 $\left(\dfrac{\pi}{2},0,1+\dfrac{\pi}{2}\right)$ 处的法线方程为 _____.

   (3) 设函数 $z=z(x,y)$ 由方程 $\sin x+2y-z=e^z$ 所确定,则 $\dfrac{\partial z}{\partial x}=$ _____.

   (4) 设 $f(z),g(y)$ 都是可微函数,则曲线 $\begin{cases}z=g(y)\\x=f(z)\end{cases}$ 在点 (x_0,y_0,z_0) 处的法平面方程为 _____.

   (5) 设 $y=y(x)$ 由 $x-\int_1^{x+y}e^{-t^2}dt=0$ 确定,则 $\dfrac{dy}{dx}\bigg|_{x=0}=$ _____.

2. 选择题.

   (1) 设函数 $z=1-\sqrt{x^2+y^2}$,则点 $(0,0)$ 是函数 z 的 ( )

   A. 极小值点且是最小值点   B. 极大值点且是最大值点

   C. 极小值点但非最小值点   D. 极大值点但非最大值点

   (2) 设 $u=\arcsin\dfrac{x}{\sqrt{x^2+y^2}}(y<0)$,则 $\dfrac{\partial u}{\partial y}=$ ( )

   A. $\dfrac{x}{x^2+y^2}$ B. $\dfrac{-x}{x^2+y^2}$ C. $\dfrac{|x|}{x^2+y^2}$ D. $\dfrac{-|x|}{x^2+y^2}$

   (3) 设 $f(x,y)$ 在 $(0,0)$ 的某邻域内连续,且满足 $\lim\limits_{(x,y)\to(0,0)}\dfrac{f(x,y)-f(0,0)}{|x|+y^2}=-3$,则 $f(x,y)$ 在 $(0,0)$ 处 ( )

   A. 取极大值   B. 取极小值

   C. 不取极值   D. 无法确定是否取极值

   (4) 曲线 $x=t,y=-t^2,z=t^3$ 的所有切线中,与平面 $x+2y+z-4=0$ 平行的切线有 ( )

   A. 只有一条   B. 只有两条   C. 至少有三条   D. 不存在

   (5) $f(x,y)=\arctan\dfrac{x}{y}$ 在 $(0,1)$ 处的梯度为 ( )

   A. $\boldsymbol{i}$ B. $-\boldsymbol{i}$ C. $\boldsymbol{j}$ D. $-\boldsymbol{j}$

3. 求曲线 $x=2t^2, y=\cos(\pi t), z=2\ln t$ 在对应于 $t=2$ 的点处的切线及法平面方程.

4. 设 $z=e^x f(x,y)+g(u,v), u=x^3, v=x^y$, 其中 f,g 具有一阶连续偏导数, 求 $\dfrac{\partial z}{\partial x}, \dfrac{\partial z}{\partial y}$.

5. 求函数 $u=e^{-2y}\ln(x+z)$ 在点 $(e,1,0)$ 沿曲面 $z=x^2-e^{3y-1}$ 的法线方向的方向导数.

6. 讨论函数 $z=xy^2-4xy-y^2+4y$ 的极值.

7. 设 $f(x,y)=x^2+(x+3)y+ay^2+y^3$,已知两曲线 $\dfrac{\partial f}{\partial x}=0$ 和 $\dfrac{\partial f}{\partial y}=0$ 相切,求 a.

8. 设 $z=z(x,y)$ 由方程 $z+\ln z-\displaystyle\int_y^x e^{-t^2}\,dt=1$ 确定,求 $\left.\dfrac{\partial^2 z}{\partial x\partial y}\right|_{(0,0)}$.

9. 设 x,y 为任意正数,求证:$\dfrac{x^n+y^n}{2}\geqslant\left(\dfrac{x+y}{2}\right)^n$.

10. 试求 $z=f(x,y)=x^3+y^3-3xy$ 在矩形闭区域 $D=\{(x,y)\mid 0\leqslant x\leqslant 2,-1\leqslant y\leqslant 2\}$ 上的最大值、最小值.

强化训练 15

1. 填空题.
   (1) 设 $f(u,v)$ 一阶连续可偏导,$f(tx,ty)=t^3 f(x,y)$,且 $f'_1(1,2)=1, f'_2(1,2)=4$,则 $f(1,2)=$ _____.
   (2) 函数 $u=x^2-2yz$ 在点 $(1,-2,2)$ 处的方向导数的最大值为 _____.
   (3) 曲线 $L:\begin{cases} 4x^2+9y^2=25 \\ z=0 \end{cases}$ 绕 y 轴一周所得旋转曲面在点 $(0,-1,2)$ 处指向外侧的单位法向量为 _____.
   (4) 曲面 $z=1-x^2-y^2$ 上与平面 $x+y-z+3=0$ 平行的切平面为 _____.

2. 选择题.
   (1) 设函数 $u(x,y)=\varphi(x+y)+\varphi(x-y)+\int_{x-y}^{x+y}\psi(t)dt$,其中函数 φ 具有二阶导数,ψ 具有一阶导数,则必有 ( )
   A. $\dfrac{\partial^2 u}{\partial x^2}=-\dfrac{\partial^2 u}{\partial y^2}$ B. $\dfrac{\partial^2 u}{\partial x^2}=\dfrac{\partial^2 u}{\partial y^2}$ C. $\dfrac{\partial^2 u}{\partial y^2}=\dfrac{\partial^2 u}{\partial x \partial y}$ D. $\dfrac{\partial^2 u}{\partial x^2}=\dfrac{\partial^2 u}{\partial x \partial y}$

   (2) 设可微函数 $f(x,y)$ 在点 (x_0,y_0) 处取得极小值,则下列结论中正确的是 ( )
   A. $f(x_0,y)$ 在 $y=y_0$ 处导数为零 B. $f(x_0,y)$ 在 $y=y_0$ 处导数大于零
   C. $f(x_0,y)$ 在 $y=y_0$ 处导数小于零 D. $f(x_0,y)$ 在 $y=y_0$ 处导数不存在

   (3) 设 $f(x,y)$ 在有界闭区域 D 上二阶连续可偏导,且在区域 D 内恒有条件 $\dfrac{\partial^2 f}{\partial x \partial y}>0, \dfrac{\partial^2 f}{\partial x^2}+\dfrac{\partial^2 f}{\partial y^2}=0$,则 ( )
   A. $f(x,y)$ 的最大值点和最小值点都在 D 内
   B. $f(x,y)$ 的最大值点和最小值点都在 D 的边界上
   C. $f(x,y)$ 的最小值点在 D 内,最大值点在 D 的边界上
   D. $f(x,y)$ 的最大值点在 D 内,最小值点在 D 的边界上

   (4) 设函数 $f(x)$ 具有二阶连续导数,且 $f(x)>0, f'(0)=0$,则函数 $z=f(x)\ln f(y)$ 在 $(0,0)$ 处取得极小值的一个充分条件是 ( )
   A. $f(0)>1, f''(0)>0$ B. $f(0)>1, f''(0)<0$
   C. $f(0)<1, f''(0)>0$ D. $f(0)<1, f''(0)<0$

3. 设 $u=f(x,y,xyz)$,函数 $z=z(x,y)$ 由 $e^{xyz}=\int_{xy}^{z}h(xy+z-t)dt$ 确定,其中 f 连续可偏导,h 连续,求 $x\dfrac{\partial u}{\partial x}-y\dfrac{\partial u}{\partial y}$.

4. 设函数 $z = f(x, x+y)$，其中 f 具有二阶连续偏导数，而 $y = y(x)$ 是由方程 $x^2(y-1) + e^y = 1$ 确定的隐函数，求 $\dfrac{d^2 z}{dx^2}\bigg|_{x=0}$.

5. 已知函数 $z = f(x, y)$ 的全微分 $dz = 2x\,dx - 2y\,dy$，并且 $f(1,1) = 2$，求 $f(x, y)$ 在椭圆域 $D = \left\{(x, y) \,\bigg|\, x^2 + \dfrac{y^2}{4} \leqslant 1\right\}$ 上的最大值和最小值.

6. 设 $F(u, v)$ 可微，试证：曲面 $F\left(\dfrac{x-a}{z-c}, \dfrac{y-b}{z-c}\right) = 0$ 上任一点处的切平面都通过定点.

7. 求函数 $f(x, y) = xe^{-\frac{x^2+y^2}{2}}$ 的极值.

8. 已知函数 $z=z(x,y)$ 由方程 $(x^2+y^2)z+\ln z+2(x+y+1)=0$ 确定,求 $z=z(x,y)$ 的极值.

9. 某厂家生产的一种产品同时在两个市场上销售,售价分别为 p_1,p_2,销售量分别为 q_1,q_2,需求函数分别为 $q_1=24-0.2p_1$, $q_2=10-0.05p_2$,总成本函数为 $C=35+40(q_1+q_2)$,问:厂家如何确定两个市场的销售价格,能使其获得的总利润最大?最大利润为多少?（文）

10. 设有一小山,取它的底面所在的平面为 xOy 坐标面,其底部所占的区域为 $D=\{(x,y) \mid x^2+y^2-xy \leqslant 75\}$,小山的高度函数为 $h(x,y)=75-x^2-y^2+xy$.
    (1) 设 $M(x_0,y_0)$ 为区域 D 上的一个点,问 $h(x,y)$ 在该点沿平面上什么方向的方向导数最大?若记此方向导数的最大值为 $g(x_0,y_0)$,试写出 $g(x_0,y_0)$ 的表达式.
    (2) 现欲利用此小山开展攀岩活动,为此需要在山脚寻找一上山坡度最大的点作为攀登的起点,也就是说,要在 D 的边界曲线 $x^2+y^2-xy=75$ 上找出使(1)中的 $g(x,y)$ 达到最大值的点,试确定攀登起点的位置.（理）

第14—15讲阶段能力测试

阶段能力测试 A

一、填空题(每小题 3 分,共 15 分)

1. 已知 $z = \arcsin\dfrac{x^2+y^2}{4} \arccos\dfrac{1}{x^2+y^2}$,其定义域为 _____.

2. $z = (x^2+y^2)\mathrm{e}^{-\arctan\frac{y}{x}}$,则 $\dfrac{\partial^2 z}{\partial x \partial y} =$ _____.

3. 已知 $f(x,y,z) = \dfrac{x\cos y - 2y\cos z + 3z\cos x}{1+\sin x + \sin y + \sin z}$,则 $\mathrm{d}f\Big|_{(0,\frac{\pi}{2},0)} =$ _____.

4. 设曲面 $z = xy$,则曲面在 $(1,2,2)$ 处的切平面方程为 _____.

5. 函数 $z(x,y) = \displaystyle\int_0^{x+2y} \mathrm{e}^{-\frac{t^2}{2}} \mathrm{d}t$ 在点 $P(0,1)$ 处的方向导数的最大值为 _____.

二、选择题(每小题 3 分,共 15 分)

1. 下列函数中有且仅有一个间断点的为 ( )
   A. $\dfrac{y}{x}$ B. $\mathrm{e}^{-x}\ln(x^2+y^2)$ C. $\dfrac{x}{x+y}$ D. $\arctan(xy)$

2. 下列极限中存在的是 ( )
   A. $\displaystyle\lim_{(x,y)\to(0,0)} \dfrac{x}{x+y}$ B. $\displaystyle\lim_{(x,y)\to(0,0)} \dfrac{1}{x+y}$
   C. $\displaystyle\lim_{(x,y)\to(0,0)} \dfrac{x^2}{x+y}$ D. $\displaystyle\lim_{(x,y)\to(0,0)} x\sin\dfrac{1}{x+y}$

3. 函数 $z = f(x,y)$ 在点 (x_0,y_0) 处具有偏导数是它在该点存在全微分的 ( )
   A. 必要而非充分条件   B. 充分而非必要条件
   C. 充分必要条件   D. 既非充分又非必要条件

4. 设 $z = y^x$,则 $\left(\dfrac{\partial z}{\partial x} + \dfrac{\partial z}{\partial y}\right)\Big|_{(2,1)} =$ ( )
   A. 2   B. $1+\ln 2$ C. 0   D. 1

5. 曲面 $z = F(x,y,z)$ 的一个法向量为 ( )
   A. $\{F_x, F_y, F_z - 1\}$ B. $\{F_x - 1, F_y - 1, F_z - 1\}$
   C. $\{F_x, F_y, F_z\}$ D. $\{-F_x, -F_y, -1\}$

三、计算题(每小题 6 分,共 18 分)

1. 设 $u = \arctan(x-y)^z$,求 $\dfrac{\partial u}{\partial x}, \dfrac{\partial u}{\partial y}, \dfrac{\partial u}{\partial z}$.

2. 设 $z = f(u,x,y), u = xe^y$，其中 f 具有二阶连续偏导数，求 $\dfrac{\partial^2 z}{\partial x \partial y}$.

3. 设 $z^3 - 3xyz = a^3$，求 $\dfrac{\partial^2 z}{\partial x \partial y}$.

四、(本题 10 分) 设函数 $u = xy^2 z$，问：函数 $u = xy^2 z$ 在点 $P(1,-1,2)$ 处沿什么方向的方向导数最大？求此方向导数的最大值.

五、(本题 10 分) 设函数 $z = f[xy, yg(x)]$，其中 f 具有二阶连续偏导数，函数 $g(x)$ 可导，且在 $x = 1$ 处取得极值 $g(1) = 1$，求 $\dfrac{\partial^2 z}{\partial x \partial y}\bigg|_{\substack{x=1 \\ y=1}}$.

六、(本题 10 分) 试证：曲面 $\sqrt{x} + \sqrt{y} + \sqrt{z} = \sqrt{a}\,(a > 0)$ 上任何点处的切平面在各坐标轴上的截距之和等于 a.

七、(本题 10 分) 抛物面 $z=x^2+y^2$ 被平面 $x+y+z=1$ 截成一椭圆,求原点到该椭圆的最长与最短距离.

八、(本题 12 分) 设 $u=u(x,y,z)$ 连续可偏导,令 $\begin{cases} x=r\cos\theta\sin\varphi \\ y=r\sin\theta\sin\varphi \\ z=r\cos\varphi \end{cases}$.

(1) 若 $x\dfrac{\partial u}{\partial x}+y\dfrac{\partial u}{\partial y}+z\dfrac{\partial u}{\partial z}=0$,证明:$u$ 仅为 θ 与 φ 的函数.

(2) 若 $\dfrac{1}{x}\dfrac{\partial u}{\partial x}=\dfrac{1}{y}\dfrac{\partial u}{\partial y}=\dfrac{1}{z}\dfrac{\partial u}{\partial z}$,证明:$u$ 仅为 r 的函数.

阶段能力测试 B

一、填空题(每小题 3 分,共 15 分)

1. 设 $f(x,y)=\dfrac{y}{1+xy}-\dfrac{1-y\sin\dfrac{\pi x}{y}}{\arctan x}$,$x>0,y>0$,则 $\lim\limits_{y\to+\infty}f(x,y)=$ _____.

2. 设 $z=z(x,y)$ 由方程 $F\left(\dfrac{y}{x},\dfrac{z}{x}\right)=0$ 确定(F 为任意可微函数),且 $F'_2\neq 0$,则 $x\dfrac{\partial z}{\partial x}+y\dfrac{\partial z}{\partial y}=$ _____.

3. 若函数 $z=z(x,y)$ 由方程 $e^{x+2y+3z}+xyz=1$ 确定,则 $dz|_{(0,0)}=$ _____.

4. 函数 $f(x,y)=e^{-x}(ax+b-y^2)$ 中常数 a,b 满足条件 _____ 时,$f(-1,0)$ 为其极大值.

5. 函数 $u=xy^2z^3$ 在点 $(1,2,-1)$ 处沿曲面 $x^2+y^2=5$ 的外法向量的方向导数为 _____.

二、选择题(每小题 3 分,共 15 分)

1. $\lim\limits_{(x,y)\to(0,0)}\dfrac{\sin(x+y)}{x-y}$ ( )

    A. 等于 1   B. 等于 0   C. 等于 -1 D. 不存在

2. 设函数 $z=f(x,y)$，若 $\dfrac{\partial f}{\partial x}>0$，则下列结论中正确的是 （   ）

   A. $f(x,y)$ 关于 x 为单调递增函数   B. $f(x,y)>0$

   C. $\dfrac{\partial^2 f}{\partial x^2}>0$ D. $f(x,y)=x(y^2+1)$

3. 设函数 $f(x,y)=\sqrt{x^2+y^2}$，则错误的命题是 （   ）

   A. $(0,0)$ 是驻点   B. $(0,0)$ 是极值点   C. $(0,0)$ 是最小值点   D. $(0,0)$ 是极小值点

4. 设函数 $f(x,y)$ 在 $(0,0)$ 的某邻域内有定义，且 $f_x(0,0)=3, f_y(0,0)=-1$，则有

   （   ）

   A. $\mathrm{d}z\big|_{(0,0)}=3\mathrm{d}x-\mathrm{d}y$

   B. 曲面 $z=f(x,y)$ 在点 $(0,0,f(0,0))$ 的一个法向量为 $(3,-1,1)$

   C. $\begin{cases} z=f(x,y) \\ y=0 \end{cases}$ 在点 $(0,0,f(0,0))$ 的一个切向量为 $(1,0,3)$

   D. $\begin{cases} z=f(x,y) \\ y=0 \end{cases}$ 在点 $(0,0,f(0,0))$ 的一个切向量为 $(3,0,1)$

5. 设平面点集 $D=\{(x,y)\mid 0<y<x^2, -\infty<x<+\infty\}$，函数 $f(x,y)=\begin{cases} 1, & (x,y)\in D \\ 0, & (x,y)\notin D \end{cases}$，则在点 $(0,0)$ 处 （   ）

   A. $\lim\limits_{(x,y)\to(0,0)} f(x,y)$ 存在   B. $f(x,y)$ 连续

   C. $f(x,y)$ 的偏导数存在   D. $f(x,y)$ 可微

三、计算题(每小题 6 分，共 18 分)

1. 设 $z=xf\left(\dfrac{y}{x}\right)+g(x,xy)$，其中 $f(t)$ 二阶可导，$g(u,v)$ 具有二阶连续偏导数，求 $\dfrac{\partial^2 z}{\partial x \partial y}$．

2. 设 $z=z(x,y)$ 是由方程 $\mathrm{e}^{2yz}+x+y^2+z=\dfrac{7}{4}$ 确定的函数，求 $\mathrm{d}z\big|_{(\frac{1}{2},\frac{1}{2})}$．

3. 设 $\begin{cases} z = xf(x+y) \\ F(x,y,z) = 0 \end{cases}$，其中 f, F 分别具有一阶连续导数和一阶连续偏导数，求 $\dfrac{\mathrm{d}z}{\mathrm{d}x}$.

四、(本题 10 分) 设 $f(x,y) = |x-y|\varphi(x,y)$，其中 $\varphi(x,y)$ 在点 $(0,0)$ 的某邻域内连续，问：

(1) $\varphi(x,y)$ 在什么条件下，偏导数 $f_x(0,0), f_y(0,0)$ 存在.

(2) $\varphi(x,y)$ 在什么条件下，$f(x,y)$ 在 $(0,0)$ 处可微.

五、(本题 10 分) 证明：旋转曲面 $z = f(\sqrt{x^2+y^2})\,(f' \neq 0)$ 上任一点处的法线与旋转轴相交.

六、(本题 10 分) 设函数 $f(u)$ 在 $(0, +\infty)$ 内具有二阶导数，且 $z = f(\sqrt{x^2+y^2})$ 满足等式 $\dfrac{\partial^2 z}{\partial x^2} + \dfrac{\partial^2 z}{\partial y^2} = 0$，证明：$f''(u) + \dfrac{f'(u)}{u} = 0$.

七、(本题 10 分) 求过第一卦限中点 (a,b,c) 的平面，使之与三个坐标平面所围成的四面体的体积最小.

八、(本题 12 分) 设函数 $f(x,y)$ 在点 $O(0,0)$ 及其邻域内连续，且 $\lim\limits_{(x,y) \to (0,0)} \dfrac{f(x,y) - f(0,0)}{x^2 + 1 - x\sin y - \cos^2 y} = A < 0$. 讨论 $f(x,y)$ 在点 $O(0,0)$ 是否有极值，如果有，是极大还是极小.

第 16 讲　重积分(一)
—— 二重积分

16.1　内容提要与归纳

16.1.1　二重积分的概念与性质

1) 二重积分的定义

设函数 $f(x,y)$ 在闭区域 D 上有界,将 D 任意分割为 n 个小区域,用 $\Delta\sigma_i$ 表示第 i 个小区域及其面积,在 $\Delta\sigma_i$ 内任意取一点 (ξ_i,η_i),令 $\lambda = \max\limits_{1\leqslant i\leqslant n}\{\Delta\sigma_i \text{ 的直径}\}$,若极限 $\lim\limits_{\lambda\to 0}\sum\limits_{i=1}^n f(\xi_i,\eta_i)\Delta\sigma_i$ 存在,则称此极限为 $f(x,y)$ 在 D 上的二重积分,记作 $\iint\limits_D f(x,y)\mathrm{d}\sigma$,即

$$\iint\limits_D f(x,y)\mathrm{d}\sigma = \lim_{\lambda\to 0}\sum_{i=1}^n f(\xi_i,\eta_i)\Delta\sigma_i$$

2) 二重积分的几何意义

在区域 D 上,当 $f(x,y)\geqslant 0$ 时,$\iint\limits_D f(x,y)\mathrm{d}\sigma$ 表示以曲面 $z=f(x,y)$ 为顶,区域 D 为底,所对应的曲顶柱体的体积. 一般地, $\iint\limits_D f(x,y)\mathrm{d}\sigma$ 表示曲面 $z=f(x,y)$ 在区域 D 上所对应的曲顶柱体的体积的代数和.

3) 二重积分的基本性质

设 $f(x,y),g(x,y)$ 在平面区域 D 上可积,则二重积分有如下性质:

① 设 k 为常数,则 $\iint\limits_D kf(x,y)\mathrm{d}\sigma = k\iint\limits_D f(x,y)\mathrm{d}\sigma$;

② $\iint\limits_D [f(x,y)\pm g(x,y)]\mathrm{d}\sigma = \iint\limits_D f(x,y)\mathrm{d}\sigma \pm \iint\limits_D g(x,y)\mathrm{d}\sigma$;

③ 如果在区域 D 上 $f(x,y)=1$,则 $\iint\limits_D f(x,y)\mathrm{d}\sigma = S_D$,其中 S_D 表示区域 D 的面积;

④ 如果在区域 D 上 $f(x,y)\geqslant 0$,则 $\iint\limits_D f(x,y)\mathrm{d}\sigma \geqslant 0$;

⑤ 如果 D 被分为两个区域 D_1,D_2(且 D_1 与 D_2 的交集的面积为零),则

$$\iint\limits_D f(x,y)\mathrm{d}\sigma = \iint\limits_{D_1} f(x,y)\mathrm{d}\sigma + \iint\limits_{D_2} f(x,y)\mathrm{d}\sigma$$

⑥ 如果 m 和 M 分别是 $f(x,y)$ 在闭区域 D 上的最小值和最大值,S_D 是区域 D 的面积,则

$$mS_D \leqslant \iint\limits_D f(x,y)\mathrm{d}\sigma \leqslant MS_D$$

⑦ (二重积分的中值定理) 如果 $f(x,y)$ 在闭区域 D 上连续,S_D 是区域 D 的面积,则至少存在一点 $(\xi,\eta) \in D$,使 $\iint\limits_D f(x,y)\mathrm{d}\sigma = f(\xi,\eta) \cdot S_D$ 成立.

16.1.2 二重积分的计算

1) 二重积分的计算

(1) 直角坐标系下的计算(表 16-1)

直角坐标系下的面积元素 $\mathrm{d}\sigma = \mathrm{d}x\mathrm{d}y$,则

$$I = \iint\limits_D f(x,y)\mathrm{d}\sigma = \iint\limits_D f(x,y)\mathrm{d}x\mathrm{d}y$$

表 16-1 直角坐标系下二重积分的计算公式

区域 D 的类型	D 表示为不等式组	I 化为二次积分
矩形	$a \leqslant x \leqslant b$ $c \leqslant y \leqslant d$	$I = \int_a^b \mathrm{d}x \int_c^d f(x,y)\mathrm{d}y = \int_c^d \mathrm{d}y \int_a^b f(x,y)\mathrm{d}x$
X 型	$a \leqslant x \leqslant b$ $\varphi_1(x) \leqslant y \leqslant \varphi_2(x)$	$I = \int_a^b \mathrm{d}x \int_{\varphi_1(x)}^{\varphi_2(x)} f(x,y)\mathrm{d}y$
Y 型	$c \leqslant y \leqslant d$ $\psi_1(y) \leqslant x \leqslant \psi_2(y)$	$I = \int_c^d \mathrm{d}y \int_{\psi_1(y)}^{\psi_2(y)} f(x,y)\mathrm{d}x$

(2) 极坐标系下的计算(表 16-2)

极坐标系下的面积元素 $\mathrm{d}\sigma = \rho\mathrm{d}\rho\mathrm{d}\theta$,极坐标与直角坐标的关系 $\begin{cases} x = \rho\cos\theta \\ y = \rho\sin\theta \end{cases}$,则

$$I = \iint\limits_D f(x,y)\mathrm{d}x\mathrm{d}y = \iint\limits_D f(\rho\cos\theta, \rho\sin\theta)\rho\mathrm{d}\rho\mathrm{d}\theta$$

表 16-2 极坐标系下二重积分的计算公式(D 为 θ 型时)

极点与 D 的关系	D 表示为不等式组	I 化为二次积分
极点在 D 内	$0 \leqslant \theta \leqslant 2\pi$, $0 \leqslant \rho \leqslant \varphi(\theta)$	$I = \int_0^{2\pi} \mathrm{d}\theta \int_0^{\varphi(\theta)} f(\rho\cos\theta, \rho\sin\theta)\rho\mathrm{d}\rho$
极点在 D 的边界上	$\alpha \leqslant \theta \leqslant \beta$, $0 \leqslant \rho \leqslant \varphi(\theta)$	$I = \int_\alpha^\beta \mathrm{d}\theta \int_0^{\varphi(\theta)} f(\rho\cos\theta, \rho\sin\theta)\rho\mathrm{d}\rho$
极点在 D 外	$\alpha \leqslant \theta \leqslant \beta$, $\varphi_1(\theta) \leqslant \rho \leqslant \varphi_2(\theta)$	$I = \int_\alpha^\beta \mathrm{d}\theta \int_{\varphi_1(\theta)}^{\varphi_2(\theta)} f(\rho\cos\theta, \rho\sin\theta)\rho\mathrm{d}\rho$

2) 二重积分的换元法

二重积分有如下换元公式:设点 $M(x,y)$ 的坐标变换 $T: x = x(u,v), y = y(u,v)$,$x = x(u,v)$ 与 $y = y(u,v)$ 具有一阶连续偏导数,且 $J = \dfrac{\partial(x,y)}{\partial(u,v)} = \begin{vmatrix} \dfrac{\partial x}{\partial u} & \dfrac{\partial x}{\partial v} \\ \dfrac{\partial y}{\partial u} & \dfrac{\partial y}{\partial v} \end{vmatrix} \neq 0$,则有

$$\iint_D f(x,y)\mathrm{d}x\mathrm{d}y = \iint_{D_{uv}} f(x(u,v),y(u,v))|J|\mathrm{d}u\mathrm{d}v$$

其中 D_{uv} 为 D 在坐标系 uOv 面上的区域.

3) 对称性、轮换性在二重积分计算中的应用

(1) 对称性在二重积分计算中的应用(表 16-3)

表 16-3 对称性在二重积分计算中的应用

D 的对称性	$f(x,y)$ 的奇偶性	$I = \iint_D f(x,y)\mathrm{d}x\mathrm{d}y$	备注
D 关于 x 轴对称	f 关于 y 是奇函数	$I = 0$	
	f 关于 y 是偶函数	$I = 2\iint_{D_1} f(x,y)\mathrm{d}x\mathrm{d}y$	D_1 为 D 的上半部分
D 关于 y 轴对称	f 关于 x 是奇函数	$I = 0$	
	f 关于 x 是偶函数	$I = 2\iint_{D_1} f(x,y)\mathrm{d}x\mathrm{d}y$	D_1 为 D 的右半部分

(2) 轮换性在二重积分计算中的应用

例如,平面区域 $D = \{(x,y) \mid x+y \leqslant a, x \geqslant 0, y \geqslant 0, a > 0\}$,$D = \{(x,y) \mid x^2+y^2 \leqslant a^2\}$ 与 $D = \{(x,y) \mid x^2+y^2 \leqslant a^2, x \geqslant 0, y \geqslant 0\}$ 都是关于直线 $y = x$ 对称的图形. 若区域 D 关于 $y = x$ 直线对称,则称 D 的图形具有轮换对称性,这时,有

$$\iint_D f(x,y)\mathrm{d}x\mathrm{d}y = \iint_D f(y,x)\mathrm{d}x\mathrm{d}y = \frac{1}{2}\iint_D [f(x,y) + f(y,x)]\mathrm{d}x\mathrm{d}y$$

$$\iint_D f(x)\mathrm{d}x\mathrm{d}y = \iint_D f(y)\mathrm{d}x\mathrm{d}y = \frac{1}{2}\iint_D [f(x) + f(y)]\mathrm{d}x\mathrm{d}y$$

16.1.3 二重积分的应用

1) 二重积分在几何上的应用

(1) 平面图形 D 的面积

$$A = \iint_D \mathrm{d}x\mathrm{d}y$$

(2) 曲顶柱体 Ω 的体积

若曲顶柱体 Ω 是由以 xOy 面上的闭区域 D 的边界曲线为准线而母线平行于 z 轴的柱面,与顶部曲面 $z = z_2(x,y)$ 及底部曲面 $z = z_1(x,y)$ 围成,且 $z = z_1(x,y), z = z_2(x,y)$ 均在 D 上连续,则曲顶柱体 Ω 的体积为

$$V = \iint_D |z_2(x,y) - z_1(x,y)|\mathrm{d}\sigma$$

(3) 曲面 Σ 的面积

① 若有界光滑曲面 Σ 的方程为 $z = f(x,y), (x,y) \in D_{xy}$,则曲面 Σ 的面积为

$$A = \iint_{D_{xy}} \sqrt{1 + z_x^2 + z_y^2}\mathrm{d}x\mathrm{d}y$$

② 当有界光滑曲面 Σ 的方程为 $x = x(y,z), (y,z) \in D_{yz}$，则曲面 Σ 的面积为

$$A = \iint\limits_{D_{yz}} \sqrt{1 + x_y^2 + x_z^2}\, dy\, dz$$

③ 当有界光滑曲面 Σ 的方程为 $y = y(x,z), (x,z) \in D_{xz}$，则曲面 Σ 的面积为

$$A = \iint\limits_{D_{zx}} \sqrt{1 + y_x^2 + y_z^2}\, dx\, dz$$

其中 D_{xy}, D_{yz}, D_{xz} 分别是 Σ 在 xOy, yOz, zOx 面上的投影区域.

2) 二重积分在物理上的应用

设平面薄片型物件在 xOy 平面上占有的区域为 D，密度为 $\rho(x,y)$，则

(1) 物体的质量

该平面薄片型物件的质量为

$$M = \iint\limits_{D} \rho(x,y)\, d\sigma$$

(2) 物体的质心（形心）坐标

① 设平面薄片 D 的质量为 M，质心为 $(\overline{x}, \overline{y})$，则

$$\overline{x} = \frac{1}{M}\iint\limits_{D} x\rho(x,y)\, d\sigma, \quad \overline{y} = \frac{1}{M}\iint\limits_{D} y\rho(x,y)\, d\sigma$$

② 如果平面薄片 D 是均匀的，其面积为 A，则形心为

$$\overline{x} = \frac{1}{A}\iint\limits_{D} x\, d\sigma, \quad \overline{y} = \frac{1}{A}\iint\limits_{D} y\, d\sigma$$

(3) 物体的转动惯量

下面用 I_x, I_y 及 I_O 分别表示对应物体关于 x 轴、y 轴及坐标原点的转动惯量，则平面薄片型物体的转动惯量为

$$I_x = \iint\limits_{D} y^2 \rho(x,y)\, d\sigma$$

$$I_y = \iint\limits_{D} x^2 \rho(x,y)\, d\sigma$$

$$I_O = \iint\limits_{D} (x^2 + y^2) \rho(x,y)\, d\sigma = (I_x + I_y)$$

(4) 平面薄片物体对质点的引力

密度为 $\rho(x,y)$ 的平面薄片型物体对位于点 $M(x_0, y_0)$，质量为 m 的质点的引力微元为

$$d\mathbf{F} = \frac{km\rho(x,y)\, d\sigma}{(x-x_0)^2 + (y-y_0)^2}\mathbf{e}_r$$

其中

$$\mathbf{e}_r = \frac{(x-x_0)\mathbf{i} + (y-y_0)\mathbf{j}}{\sqrt{(x-x_0)^2 + (y-y_0)^2}}$$

在 D 上积分，得

$$\mathbf{F} = \iint\limits_{D} \frac{km\rho(x,y)[(x-x_0)\mathbf{i} + (y-y_0)\mathbf{j}]}{[\sqrt{(x-x_0)^2 + (y-y_0)^2}]^3}\, d\sigma$$

16.2 典型例题分析

例 1 如图 16-1 所示,正方形 $\{(x,y) \mid |x| \leqslant 1, |y| \leqslant 1\}$ 被其对角线划分为四个区域 $D_k(k=1,2,3,4)$,$I_k = \iint\limits_{D_k} y\cos x \, \mathrm{d}x \mathrm{d}y$,则 $\max\limits_{1 \leqslant k \leqslant 4}\{I_k\} = $ （ ）

A. I_1 B. I_2 C. I_3 D. I_4

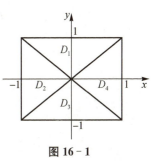

图 16-1

分析 比较二重积分的大小时常利用奇偶函数在对称区域上的积分性质以及积分的保号性.

解 区域 $D_k(k=1,3)$ 关于 y 轴对称,区域 $D_k(k=2,4)$ 关于 x 轴对称,而函数 $y\cos x$ 是关于 x 的偶函数,关于 y 的奇函数. 故

$$I_k = \iint\limits_{D_k} y\cos x \, \mathrm{d}x \mathrm{d}y = 0 \quad (k=2,4)$$

即

$$I_2 = I_4 = 0$$

$$I_1 = \iint\limits_{D_1} y\cos x \, \mathrm{d}x \mathrm{d}y = 2\iint\limits_{D_{1\text{右}}} y\cos x \, \mathrm{d}x \mathrm{d}y > 0$$

$$I_3 = \iint\limits_{D_3} y\cos x \, \mathrm{d}x \mathrm{d}y = 2\iint\limits_{D_{3\text{右}}} y\cos x \, \mathrm{d}x \mathrm{d}y < 0$$

故 $\max\limits_{1 \leqslant k \leqslant 4}\{I_k\} = I_1$,选 A.

> **小贴士** 用奇偶函数在对称区域上的积分性质可化简二重积分的计算. 必须注意:只有当二重积分的被积函数具有奇偶性且积分区域具有相应坐标轴的对称性时才能用该性质.

例 2 交换二次积分的积分次序: $\int_0^1 \mathrm{d}x \int_{x^2}^{3-x} f(x,y) \mathrm{d}y = $ _____.

分析 本题要把 X 型的二次积分次序化为 Y 型的二次积分次序,先作出由所给二次积分对应的积分区域 D 的图形,然后将该图形看作 Y 型,写出 D 为 Y 型时对应的不等式组,就可确定交换积分次序后的二次积分的上、下限.

解 由题设可知

$$\int_0^1 \mathrm{d}x \int_{x^2}^{3-x} f(x,y) \mathrm{d}y = \iint\limits_D f(x,y) \mathrm{d}x \mathrm{d}y$$

其中 D 是由曲线 $x=0, x=1, y=x^2, y=3-x$ 所围的积分区域,如图 16-2 所示. 把 D 看作 Y 型时,$D = D_1 + D_2 + D_3$,分别表示为下面三个不等式组:

$$D_1: \begin{cases} 0 \leqslant y \leqslant 1 \\ 0 \leqslant x \leqslant \sqrt{y} \end{cases}, D_2: \begin{cases} 1 \leqslant y \leqslant 2 \\ 0 \leqslant x \leqslant 1 \end{cases}, D_3: \begin{cases} 2 \leqslant y \leqslant 3 \\ 0 \leqslant x \leqslant 3-y \end{cases}$$

图 16-2

则
$$\int_0^1 dx \int_{x^2}^{3-x} f(x,y) dy = \iint_D f(x,y) dx dy$$
$$= \iint_{D_1} f(x,y) dx dy + \iint_{D_2} f(x,y) dx dy + \iint_{D_3} f(x,y) dx dy$$
$$= \int_0^1 dy \int_0^{\sqrt{y}} f(x,y) dx + \int_1^2 dy \int_0^1 f(x,y) dx + \int_2^3 dy \int_0^{3-y} f(x,y) dx$$

> **小贴士** 把一个 X 型二次积分化为三个 Y 型二次积分之和.

例 3 计算累次积分 $I = \int_{\frac{1}{4}}^{\frac{1}{2}} dy \int_{\frac{1}{2}}^{\sqrt{y}} e^{\frac{y}{x}} dx + \int_{\frac{1}{2}}^1 dy \int_y^{\sqrt{y}} e^{\frac{y}{x}} dx$.

分析 由于 $\int e^{\frac{y}{x}} dx$ 不能用初等函数表示,而 $\int e^{\frac{y}{x}} dy$ 容易积出,故须先改变积分次序再积分.

解 $I = \iint_{D_1} e^{\frac{y}{x}} dx dy + \iint_{D_2} e^{\frac{y}{x}} dx dy = \iint_D e^{\frac{y}{x}} dx dy$

$D = D_1 + D_2$;看作 X 型时,可表示为下面的不等式组:
$$D: \begin{cases} \dfrac{1}{2} \leqslant x \leqslant 1 \\ x^2 \leqslant y \leqslant x \end{cases}$$

故
$$I = \int_{\frac{1}{2}}^1 dx \int_{x^2}^x e^{\frac{y}{x}} dy = \int_{\frac{1}{2}}^1 \left[x e^{\frac{y}{x}}\right]_{x^2}^x dx = \int_{\frac{1}{2}}^1 x(e - e^x) dx$$
$$= e\left[\frac{x^2}{2}\right]_{\frac{1}{2}}^1 - [(x-1)e^x]_{\frac{1}{2}}^1 = \frac{3}{8}e - \frac{1}{2}\sqrt{e}$$

> **小贴士** 当被积函数对已有的积分次序不能积出时,往往要改变原积分的积分次序才能积出.

例 4 设 $f(x) = \int_x^1 e^{\frac{x}{y}} dy$,求 $\int_0^1 f(x) dx$.

分析 由于被积函数 $f(x) = \int_x^1 e^{\frac{x}{y}} dy$ 为变限函数,故 $\int_0^1 f(x) dx$ 可化为二次积分:$\int_0^1 f(x) dx = \int_0^1 \left(\int_x^1 e^{\frac{x}{y}} dy\right) dx$. 又由于 $\int e^{\frac{x}{y}} dy$ 不能用初等函数表示,而 $\int e^{\frac{x}{y}} dx$ 容易积出,故须先改变积分次序再积分(图 16-3).

图 16-3

解 $\int_0^1 f(x) dx = \int_0^1 \left(\int_x^1 e^{\frac{x}{y}} dy\right) dx = \int_0^1 dx \int_x^1 e^{\frac{x}{y}} dy$
$$= \int_0^1 dy \int_0^y e^{\frac{x}{y}} dx$$
$$= \int_0^1 \left[y e^{\frac{x}{y}}\right]_0^y dy$$

$$= \int_0^1 y(e-1)dy = \frac{1}{2}(e-1)$$

> **小贴士** 当被积函数为变限函数时,可化为二次积分,再根据被积函数的特点选取适当的积分次序,就可积出.

例 5 计算 $\iint\limits_{D} \sin\dfrac{\pi x}{2y} dx dy$,其中 D 是由曲线 $y=\sqrt{x}$,$y=x$ 与 $y=2$ 所围成的区域(图 16-4).

图 16-4

分析 由于被积函数 $\sin\dfrac{\pi x}{2y}$ 关于变量 x 容易积出,关于变量 y 不容易积出,故须选 Y 型积分次序.

解 把 D 看作 Y 型时,可表示为不等式组:$D:\begin{cases} 1 \leqslant y \leqslant 2 \\ y \leqslant x \leqslant y^2 \end{cases}$,则

$$\iint\limits_D \sin\frac{\pi x}{2y} dx dy = \int_1^2 dy \int_y^{y^2} \sin\frac{\pi x}{2y} dx = \int_1^2 -\frac{2y}{\pi}\left[\cos\frac{\pi x}{2y}\right]_y^{y^2} dy$$

$$= \int_1^2 -\frac{2y}{\pi}\cos\frac{\pi}{2}y\, dy \xrightarrow{\diamondsuit t=\frac{\pi}{2}y} -\frac{8}{\pi^3}\int_{\frac{\pi}{2}}^{\pi} t\cos t\, dt = -\frac{8}{\pi^3}\int_{\frac{\pi}{2}}^{\pi} t\, d\sin t$$

$$= -\frac{8}{\pi^3}\left\{[t\sin t]_{\frac{\pi}{2}}^{\pi} - \int_{\frac{\pi}{2}}^{\pi} \sin t\, dt\right\} = -\frac{8}{\pi^3}\left\{\left(0-\frac{\pi}{2}\right) + [\cos t]_{\frac{\pi}{2}}^{\pi}\right\}$$

$$= -\frac{8}{\pi^3}\left(-\frac{\pi}{2}-1\right) = \frac{4}{\pi^2}\left(1+\frac{2}{\pi}\right)$$

> **小贴士** 在把二重积分化为二次积分时,须先根据被积函数和积分区域,选择恰当的坐标系与适当的积分次序.

例 6 计算 $\int_0^{a\sin\varphi} e^{-y^2} dy \int_{\sqrt{a^2-y^2}}^{\sqrt{b^2-y^2}} e^{-x^2} dx + \int_{a\sin\varphi}^{b\sin\varphi} e^{-y^2} dy \int_{y\cot\varphi}^{\sqrt{b^2-y^2}} e^{-x^2} dx$ $\left(0 < a < b, 0 < \varphi < \dfrac{\pi}{2}$ 均为常数$\right)$.

典型例题讲解

分析 先将二次积分化为二重积分,并将两个被积函数相同的二重积分合并为一个二重积分计算,再根据被积函数含有 x^2+y^2 因式,积分区域为部分圆环域的特点,选择极坐标系计算,如图 16-5 所示.

解 原式 $=\iint\limits_{D_1} e^{-x^2} e^{-y^2} dx dy + \iint\limits_{D_2} e^{-x^2} e^{-y^2} dx dy$

$$=\iint\limits_D e^{-(x^2+y^2)} dx dy$$

其中区域 $D=D_1+D_2$,化为极坐标计算,有

$$D:\begin{cases} 0 \leqslant \theta \leqslant \varphi \\ a \leqslant \rho \leqslant b \end{cases}$$

图 16-5

故原式 $= \iint\limits_{D} e^{-(x^2+y^2)} dx dy = \iint\limits_{D} e^{-\rho^2} \rho d\rho d\theta = \int_0^\varphi d\theta \int_a^b \rho e^{-\rho^2} d\rho$

$= \varphi \left[-\frac{1}{2} e^{-\rho^2} \right]_a^b = \frac{e^{-a^2} - e^{-b^2}}{2} \varphi.$

> **小贴士** 若两个二重积分的被积函数相同或积分区域相同，都可将其合并为一个二重积分计算.

例 7 计算 $\int_0^a dx \int_0^a \frac{dy}{(a^2+x^2+y^2)^{\frac{3}{2}}}$ $(a > 0)$.

分析 本题的积分区域关于直线 $y = x$ 对称，且被积函数含有 $x^2 + y^2$ 因子，故可先根据轮换对称性化简积分，再选极坐标系计算.

解 $\int_0^a dx \int_0^a \frac{dy}{(a^2+x^2+y^2)^{\frac{3}{2}}} = \iint\limits_{D} \frac{dx dy}{(a^2+x^2+y^2)^{\frac{3}{2}}}$，其中 D 为正方形区域，且关于直线 $y = x$ 对称，设 $D_1: \begin{cases} 0 \leq x \leq a \\ 0 \leq y \leq x \end{cases}$，则

$$D_1: \begin{cases} 0 \leq \theta \leq \frac{\pi}{4} \\ 0 \leq \rho \leq \frac{a}{\cos\theta} \end{cases}$$

故

$$\int_0^a dx \int_0^a \frac{dy}{(a^2+x^2+y^2)^{\frac{3}{2}}} = 2\iint\limits_{D_1} \frac{dx dy}{(a^2+x^2+y^2)^{\frac{3}{2}}}$$

$$= 2\int_0^{\frac{\pi}{4}} d\theta \int_0^{\frac{a}{\cos\theta}} \frac{\rho d\rho}{(a^2+\rho^2)^{\frac{3}{2}}}$$

$$= \int_0^{\frac{\pi}{4}} \left[-2(a^2+\rho^2)^{-\frac{1}{2}} \right]_0^{\frac{a}{\cos\theta}} d\theta$$

$$= 2\int_0^{\frac{\pi}{4}} \left[\frac{1}{a} - \left(a^2 + \frac{a^2}{\cos^2\theta} \right)^{-\frac{1}{2}} \right] d\theta$$

$$= \frac{2}{a} \int_0^{\frac{\pi}{4}} \left[1 - \left(\frac{\cos\theta}{\sqrt{1+\cos^2\theta}} \right) \right] d\theta$$

$$= \frac{2}{a} \left(\frac{\pi}{4} - \int_0^{\frac{\pi}{4}} \frac{d\sin\theta}{\sqrt{2-\sin^2\theta}} \right)$$

$$= \frac{2}{a} \left[\frac{\pi}{4} - \left(\arcsin \frac{\sin\theta}{\sqrt{2}} \right)_0^{\frac{\pi}{4}} \right] = \frac{2}{a} \left(\frac{\pi}{4} - \frac{\pi}{6} \right) = \frac{\pi}{6a}$$

> **小贴士** 在极坐标系下计算二重积分时，要把面积元素 $d\sigma$ 换成 $\rho d\rho d\theta$，把被积函数 $f(x, y)$ 换成 $f(\rho\cos\theta, \rho\sin\theta)$，再定出 ρ 与 θ 的积分上、下限.

例 8 计算 $\iint_D (x^2+y^2+x^5y+1)\mathrm{d}x\mathrm{d}y$,其中 $D=\{(x,y)\,|\,|x|+|y|\leqslant 1\}$.

分析 先利用积分区域的对称性与被积函数的奇偶性化简该积分再计算.

解 $\iint_D (x^2+y^2+x^5y+1)\mathrm{d}x\mathrm{d}y = \iint_D (x^2+y^2+1)\mathrm{d}x\mathrm{d}y + \iint_D x^5 y \mathrm{d}x\mathrm{d}y$

由于积分区域 D 同时关于 x 轴与 y 轴都对称,且被积函数中 $x^5 y$ 关于变量 x 与 y 都是奇函数,故

$$\iint_D x^5 y \mathrm{d}x\mathrm{d}y = 0$$

又被积函数 x^2+y^2+1 关于变量 x 与 y 都是偶函数,设 $D_1=\{(x,y)\,|\,x+y\leqslant 1, x\geqslant 0, y\geqslant 0\}$,且由于 D_1 为三角形区域,故选择直角坐标系计算,则

$$\text{原式}=\iint_D (x^2+y^2+1)\mathrm{d}x\mathrm{d}y = 4\iint_{D_1}(x^2+y^2+1)\mathrm{d}x\mathrm{d}y$$

$$=4\int_0^1 \mathrm{d}x \int_0^{1-x}(x^2+y^2+1)\mathrm{d}y = 4\int_0^1\left[(x^2+1)(1-x)+\frac{1}{3}(1-x)^3\right]\mathrm{d}x$$

$$=4\int_0^1\left(\frac{4}{3}-2x+2x^2-\frac{4}{3}x^3\right)\mathrm{d}x = 2\frac{2}{3}.$$

> **小贴士** 本题若根据被积函数含有 x^2+y^2 因式而选择极坐标系计算,较烦琐.

例 9 试求二次积分 $\int_{-1}^1 \mathrm{d}x \int_x^{2-|x|}[\mathrm{e}^{|y|}+\sin(x^3y^3)]\mathrm{d}y$.

分析 函数 $\sin(x^3y^3)$ 与 $\mathrm{e}^{|y|}$ 分别关于 x 与 y 为奇、偶函数;用直线 $y=-x$ 可将积分区域 D 分割为两个关于坐标轴对称的区域 D_1,D_2.

解 原式 $=\iint_D [\mathrm{e}^{|y|}+\sin(x^3y^3)]\mathrm{d}x\mathrm{d}y$.

用 $y=-x$ 将区域 D 分为 D_1,D_2(如图 16-6 所示),区域 D_1 关于 $x=0$ 对称,$\mathrm{e}^{|y|}$ 关于 x 与 y 均为偶函数;区域 D_2 关于 $y=0$ 对称,$\sin(x^3y^3)$ 关于 x 与 y 均为奇函数,则应用二重积分的分块积分法性和对称性得

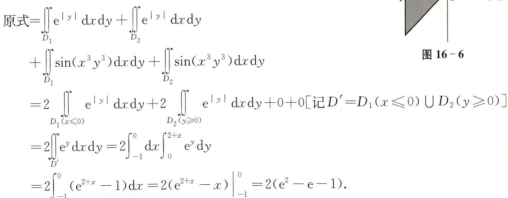

图 16-6

$$\text{原式}=\iint_{D_1}\mathrm{e}^{|y|}\mathrm{d}x\mathrm{d}y + \iint_{D_2}\mathrm{e}^{|y|}\mathrm{d}x\mathrm{d}y$$
$$+\iint_{D_1}\sin(x^3y^3)\mathrm{d}x\mathrm{d}y + \iint_{D_2}\sin(x^3y^3)\mathrm{d}x\mathrm{d}y$$

$$=2\iint_{D_1(x\leqslant 0)}\mathrm{e}^{|y|}\mathrm{d}x\mathrm{d}y + 2\iint_{D_2(y\geqslant 0)}\mathrm{e}^{|y|}\mathrm{d}x\mathrm{d}y + 0 + 0\;[\text{记}\,D'=D_1(x\leqslant 0)\cup D_2(y\geqslant 0)]$$

$$=2\iint_{D'}\mathrm{e}^y \mathrm{d}x\mathrm{d}y = 2\int_{-1}^0 \mathrm{d}x\int_0^{2+x}\mathrm{e}^y \mathrm{d}y$$

$$=2\int_{-1}^0(\mathrm{e}^{2+x}-1)\mathrm{d}x = 2(\mathrm{e}^{2+x}-x)\Big|_{-1}^0 = 2(\mathrm{e}^2-\mathrm{e}-1).$$

> **小贴士** 引入某辅助曲线,将一个本无对称性的区域分成了具有对称性的区域,再利用奇偶函数在对称区域上的积分性质化简,是计算本题的关键.

例 10 计算 $I = \iint\limits_{D} \sqrt{1-\sin^2(x+y)}\,dx\,dy$,其中 $D: 0 \leqslant x \leqslant \dfrac{\pi}{2}, 0 \leqslant y \leqslant \dfrac{\pi}{2}$.

分析 被积函数化简后含有绝对值,可利用分区域积分法(如图 16-7 所示),先去掉绝对值,再计算积分.

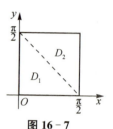

图 16-7

解 $D_1 = \left\{(x,y) \,\middle|\, 0 \leqslant x \leqslant \dfrac{\pi}{2}, 0 \leqslant y \leqslant \dfrac{\pi}{2}-x\right\}$,$D_2 = \left\{(x,y) \,\middle|\, 0 \leqslant x \leqslant \dfrac{\pi}{2}, \dfrac{\pi}{2}-x \leqslant y \leqslant \dfrac{\pi}{2}\right\}$,则

$$I = \iint\limits_{D_1} \cos(x+y)\,dx\,dy - \iint\limits_{D_2} \cos(x+y)\,dx\,dy$$

$$= \int_0^{\frac{\pi}{2}} dx \int_0^{\frac{\pi}{2}-x} \cos(x+y)\,dy - \int_0^{\frac{\pi}{2}} dx \int_{\frac{\pi}{2}-x}^{\frac{\pi}{2}} \cos(x+y)\,dy$$

$$= \int_0^{\frac{\pi}{2}} (1-\sin x)\,dx - \int_0^{\frac{\pi}{2}} (\cos x - 1)\,dx$$

$$= (x+\cos x)\Big|_0^{\frac{\pi}{2}} - (\sin x - x)\Big|_0^{\frac{\pi}{2}} = \pi - 2$$

> **小贴士** 被积函数为分段函数时,常分区域积分.

例 11 计算 $\iint\limits_{D}(x-y)\,dx\,dy$,其中 $D = \{(x,y) \,|\, (x-1)^2+(y-1)^2 \leqslant 2, y \geqslant x\}$.

分析一 D 易于用极坐标表示为:$D = \left\{(x,y) \,\middle|\, \dfrac{\pi}{4} \leqslant \theta \leqslant \dfrac{3\pi}{4}, 0 \leqslant \rho \leqslant 2(\cos\theta + \sin\theta)\right\}$.

解法一 利用极坐标,由 $D = \left\{(x,y) \,\middle|\, \dfrac{\pi}{4} \leqslant \theta \leqslant \dfrac{3\pi}{4}, 0 \leqslant \rho \leqslant 2(\cos\theta + \sin\theta)\right\}$,得

$$\iint\limits_{D}(x-y)\,dx\,dy = \int_{\frac{\pi}{4}}^{\frac{3\pi}{4}} d\theta \int_0^{2(\sin\theta+\cos\theta)} (\rho\cos\theta - \rho\sin\theta)\rho\,d\rho$$

$$= \dfrac{1}{3}\int_{\frac{\pi}{4}}^{\frac{3\pi}{4}} \left[(\cos\theta - \sin\theta)\rho^3 \Big|_0^{2(\sin\theta+\cos\theta)}\right]d\theta$$

$$= \dfrac{8}{3}\int_{\frac{\pi}{4}}^{\frac{3\pi}{4}} (\cos\theta - \sin\theta)(\cos\theta + \sin\theta)^3\,d\theta$$

$$= \dfrac{8}{3}\int_{\frac{\pi}{4}}^{\frac{3\pi}{4}} (\cos\theta + \sin\theta)^3\,d(\cos\theta + \sin\theta)$$

$$= \dfrac{8}{3} \times \dfrac{1}{4}(\cos\theta + \sin\theta)^4 \Big|_{\frac{\pi}{4}}^{\frac{3\pi}{4}} = -\dfrac{8}{3}$$

图 16-8

分析二 如图 16-8 所示,可用平移变换将半圆域 $D = \{(x,y) \,|\, (x-1)^2+(y-1)^2 \leqslant 2, y \geqslant x\}$ 平移到圆心在原点处的半圆域,再积分.

解法二　设变量代换 $u=x-1, v=y-1$，则 $D_{uv}=\{(u,v)\,|\,u^2+v^2\leqslant 2, v\geqslant u\}$。

由 $J=\begin{vmatrix}1&0\\0&1\end{vmatrix}=1\neq 0$，故

$$\iint\limits_{D}(x-y)\mathrm{d}x\mathrm{d}y=\iint\limits_{D_{uv}}(u-v)\mathrm{d}u\mathrm{d}v=\int_{\frac{\pi}{4}}^{\frac{5\pi}{4}}\mathrm{d}\theta\int_{0}^{\sqrt{2}}(\rho\cos\theta-\rho\sin\theta)\rho\mathrm{d}\rho$$

$$=\frac{2\sqrt{2}}{3}\int_{\frac{\pi}{4}}^{\frac{5\pi}{4}}(\cos\theta-\sin\theta)\mathrm{d}\theta$$

$$=\frac{2\sqrt{2}}{3}(\sin\theta+\cos\theta)\bigg|_{\frac{\pi}{4}}^{\frac{5\pi}{4}}=-\frac{8}{3}$$

> **小贴士**　利用变换计算积分时要注意：坐标变换后的图形表示也跟着改变。

例 12　设 $f(u)$ 为可微函数，$f(0)=0$，求 $\lim\limits_{t\to 0^+}\dfrac{\iint\limits_{x^2+y^2\leqslant t^2}f(\sqrt{x^2+y^2})\mathrm{d}x\mathrm{d}y}{\pi t^3}$。

分析　先利用极坐标将题设中的二重积分化为二次积分，并化为含有变上限函数的 "$\dfrac{0}{0}$" 型极限，再用洛必达法则求解。

解　设 $F(t)=\iint\limits_{x^2+y^2\leqslant t^2}f(\sqrt{x^2+y^2})\mathrm{d}x\mathrm{d}y=\int_{0}^{2\pi}\mathrm{d}\theta\int_{0}^{t}f(r)r\mathrm{d}r=2\pi\int_{0}^{t}f(r)r\mathrm{d}r$，则

$$原式=\lim_{t\to 0^+}\frac{F(t)}{\pi t^3}=\lim_{t\to 0^+}\frac{2\pi\int_{0}^{t}f(r)r\mathrm{d}r}{\pi t^3}=\lim_{t\to 0^+}\frac{2f(t)t}{3t^2}=\lim_{t\to 0^+}\frac{2f(t)}{3t}$$

$$=\frac{2}{3}\lim_{t\to 0^+}\frac{f(t)-f(0)}{t-0}=\frac{2}{3}f'(0)$$

> **小贴士**　本题中对 $\lim\limits_{t\to 0^+}\dfrac{f(t)}{t}$ 不能用洛必达法则求解，请读者思考其中的原因。

例 13　求腰长为 3 的等腰直角三角形的形心。

分析　形心即均匀物体的质心，须建立适当的坐标系后再利用形心坐标公式计算。

解　设等腰直角三角形的两直角边分别为 OA 和 OB，建立如图 16-9 所示的坐标系，则斜边 AB 的方程为 $x+y=3$，由于图形关于直线 $y=x$ 对称，可知形心必在直线 $y=x$ 上。设形心 $(\bar{x},\bar{y})$，则 $\bar{x}=\bar{y}$。由形心公式有：

图 16-9

$$\bar{x}=\iint\limits_{D}x\mathrm{d}\sigma\bigg/\iint\limits_{D}\mathrm{d}\sigma$$

其中

$$D:\begin{cases}0\leqslant x\leqslant 3\\0\leqslant y\leqslant 3-x\end{cases},\quad \iint\limits_{D}\mathrm{d}\sigma=\frac{9}{2}$$

$$\iint_D x\,d\sigma = \int_0^3 dx \int_0^{3-x} x\,dy = \int_0^3 x(3-x)\,dx = \frac{27}{6}$$

因此 $\bar{x} = \frac{27}{6} / \frac{9}{2} = 1$，则 $\bar{y} = \bar{x} = 1$. 故形心为 $(1,1)$.

> **小贴士** 利用二重积分计算物理量时，常选择适当的坐标系后利用平面图形的对称性求解，以减少积分计算量.

基础练习 16

1. 填空题与选择题.

   (1) 设区域 $D: \frac{1}{2} \leqslant |x| + |y| \leqslant 1$，则积分 $\iint_D \ln(x^2 + y^2)\,dx\,dy$ 的符号为 _____.

   (2) 设 D 是圆域：$x^2 + y^2 \leqslant 1$，则 $\iint_D \sqrt{x^2 + y^2 + 1}\,dx\,dy$ 与 $\iint_D \sqrt{x^4 + y^4 + 1}\,dx\,dy$ 两者中值比较大的是 _____.

   (3) 设 D 是区域 $\{(x,y) \mid x^2 + y^2 \leqslant a^2\}$，又有 $\iint_D (x^2 + y^2)\,dx\,dy = 8\pi$，则 $a = $ _____.

   (4) 设 $I = \iint_D (2x^3 + 3y^5 + \sin^3 x)\,dx\,dy$，$D$ 是圆域：$x^2 + y^2 \leqslant 1$，则 $I = $ _____.

   (5) 设有平面区域 $D = \{(x,y) \mid -a \leqslant x \leqslant a, x \leqslant y \leqslant a\}$，$D_1 = \{(x,y) \mid 0 \leqslant x \leqslant a, x \leqslant y \leqslant a\}$，则 $\iint_D (xy + \cos x \sin y)\,dx\,dy = $ ( )

   A. $2\iint_{D_1} \cos x \sin y\,dx\,dy$ B. $2\iint_{D_1} xy\,dx\,dy$ C. $4\iint_{D_1} (xy + \cos x \sin y)\,dx\,dy$ D. 0

2. 用二重积分的几何意义计算：$\iint_D \sqrt{R^2 - x^2 - y^2}\,dx\,dy$，其中 $D = \{(x,y) \mid x^2 + y^2 \leqslant R^2\}$.

3. 交换下列积分次序：

(1) $\int_0^2 \mathrm{d}y \int_{y^2}^{2y} f(x,y)\mathrm{d}x.$ (2) $\int_{\frac{1}{2}}^1 \mathrm{d}y \int_{\frac{1}{y}}^2 f(x,y)\mathrm{d}x + \int_1^{\sqrt{2}} \mathrm{d}y \int_{y^2}^2 f(x,y)\mathrm{d}x.$

4. 将下列二重积分化为极坐标系下的二次积分：

(1) $\iint\limits_D f(x,y)\mathrm{d}x\mathrm{d}y$，其中 D 是由 $(x-a)^2+y^2 \leqslant a^2$ 及 $y \geqslant x$ 围成的区域.

(2) $\iint\limits_D f(x^2+y^2)\mathrm{d}x\mathrm{d}y$，其中 $D: 0 \leqslant x \leqslant 1, 0 \leqslant y \leqslant 1.$

5. 计算：$\int_1^3 \mathrm{d}x \int_{x-1}^2 \sin y^2 \mathrm{d}y.$

6. 计算下列二重积分：

(1) $\iint\limits_D \dfrac{x^2}{y^2}\mathrm{d}x\mathrm{d}y$，其中 D 是由直线 $x=2, y=x$ 和曲线 $xy=1$ 所围成的区域.

(2) $\iint\limits_D e^{x+y}\mathrm{d}\sigma$，其中 $D: |x|+|y| \leqslant 1.$

(3) $\iint\limits_{D} \sin(x^2+y^2)\mathrm{d}x\mathrm{d}y$，其中 D 是由 $x^2+y^2=1$ 和 $x^2+y^2=4$ 所围成的区域.

7. 计算 $\iint\limits_{D}(|x|+|y|)\mathrm{d}x\mathrm{d}y$，其中 D 是由 $|x|+|y|\leqslant 1$ 所确定的区域.

8. 计算 $\iint\limits_{D} e^{\max(x^2,y^2)}\mathrm{d}x\mathrm{d}y$，其中 D 是由 $0\leqslant x\leqslant 1, 0\leqslant y\leqslant 1$ 所确定的区域.

9. 求上半球体 $0\leqslant z\leqslant \sqrt{a^2-x^2-y^2}$ 被含在圆柱体 $x^2+y^2=ax(a>0)$ 内的那部分的体积.

10. 设区域 $D=\{(x,y)\mid x^2+y^2\leqslant 4, x\geqslant 0, y\geqslant 0\}$，$f(x)$ 为 D 上的正值连续函数，a,b 为常数，计算 $\iint\limits_{D} \dfrac{a\sqrt{f(x)}+b\sqrt{f(y)}}{\sqrt{f(x)}+\sqrt{f(y)}}\mathrm{d}\sigma$.

强化训练 16

1. 填空题和选择题.

   (1) 交换积分次序：$\int_0^{\frac{1}{4}} dy \int_y^{\sqrt{y}} f(x,y) dx + \int_{\frac{1}{4}}^{\frac{1}{2}} dy \int_y^{\frac{1}{2}} f(x,y) dx = $ _____ .

   (2) $\int_0^2 dx \int_x^2 e^{-y^2} dy = $ _____ .

   (3) 设 D 为 $x^2 + y^2 \leqslant a^2$, $\iint\limits_D \sqrt{a^2 - x^2 - y^2}\, dx\, dy = \pi$, 则 $a = $ _____ .

   (4) 设 $I_1 = \iint\limits_D \ln^3(x+y)\, d\sigma$, $I_2 = \iint\limits_D (x+y)^3\, d\sigma$, $I_3 = \iint\limits_D [\sin(x+y)]^3\, d\sigma$, 其中 D 由直线 $x=0, y=0, x+y=\dfrac{1}{2}$ 和 $x+y=1$ 围成, 则 I_1, I_2, I_3 的大小顺序为 （　　）

   A. $I_1 < I_2 < I_3$ B. $I_3 < I_2 < I_1$
   C. $I_1 < I_3 < I_2$ D. $I_3 < I_1 < I_2$

   (5) 设平面区域 $D = \left\{(x,y) \,\middle|\, x^2 + y^2 \leqslant \left(\dfrac{\pi}{4}\right)^2\right\}$, 则下列三个二重积分 $M = \iint\limits_D (x^3 + y^3)\, dx\, dy$, $N = \iint\limits_D \cos(x+y)\, dx\, dy$, $P = \iint\limits_D (e^{-\sqrt{x^2+y^2}} - 1)\, dx\, dy$ 的大小关系是 （　　）

   A. $M > P > N$ B. $M > N > P$
   C. $N > M > P$ D. $N > P > M$

2. 用二重积分的几何意义计算：$\iint\limits_D (1 - \sqrt{x^2 + y^2})\, dx\, dy$, 其中 $D = \{(x,y) \mid x^2 + y^2 \leqslant 1\}$.

3. 设 $f(x,y)$ 为 D 上的连续函数, $f(x,y) = \sqrt{1 - x^2 - y^2} - \dfrac{8}{\pi} \iint\limits_{D: x^2+y^2 \leqslant y, x \geqslant 0} f(x,y)\, dx\, dy$, 求 $f(x,y)$.

4. 交换二次积分 $\int_0^a dy \int_{\sqrt{a^2 - y^2}}^{y+a} f(x,y)\, dx\, (a > 0)$ 的积分次序.

5. 计算 $\int_0^1 \mathrm{d}x \int_x^1 x^2 \mathrm{e}^{-y^2} \mathrm{d}y$.

6. 计算下列积分：

   (1) $\iint\limits_D xy \mathrm{d}\sigma$，其中 D 由 $y=x, x=0, x^2+(y-b)^2=b^2$ 和 $x^2+(y-a)^2=a^2 (0<a<b)$ 围成.

   (2) $\iint\limits_{D: x^2+y^2 \leqslant x+y} (x+y) \mathrm{d}x \mathrm{d}y$.

7. 计算下列积分：

   (1) $\iint\limits_D (x+y) \mathrm{d}x \mathrm{d}y$，其中 $D = \{(x,y) \mid x^2+y^2-2ax \leqslant 0\}$.

   (2) $I = \iint\limits_D (xy + \cos x \sin y) \mathrm{d}\sigma$，其中 D 是以 $A(1,1), B(-1,1), C(-1,-1)$ 为顶点的三角形区域.

8. 计算 $\iint\limits_{D} f(x,y)\mathrm{d}\sigma$，其中 $f(x,y)=\begin{cases} x^2+y^2, & |y|>|x| \\ xy, & \text{其他} \end{cases}$，$D$ 为 $x^2+y^2\leqslant 1$.

9. 设 $f(x)=\begin{cases} x, & 0\leqslant x\leqslant 1 \\ 0, & \text{其他} \end{cases}$ 且 D 为 $-\infty<x<+\infty, -\infty<y<+\infty$，求 $\iint\limits_{D} f(y)f(x+y)\mathrm{d}x\mathrm{d}y$.

10. 计算 $\lim\limits_{t\to 0^+}\dfrac{1}{t^6}\int_0^t \mathrm{d}x\int_x^t \sin(xy)^2\mathrm{d}y$.

11. 证明：抛物面 $z=1+x^2+y^2$ 上任一点处的切平面与曲面 $z=x^2+y^2$ 所围成的立体的体积为一定值.

12. 设 $f(x)$ 在 $[0,1]$ 上连续，证明：$\int_a^b \mathrm{d}y\int_a^y (y-x)^n f(x)\mathrm{d}x=\dfrac{1}{n+1}\cdot\int_a^b (b-x)^{n+1}f(x)\mathrm{d}x$ $(n>0)$.

第 17 讲 重积分(二)(理)

—— 三重积分

17.1 内容提要与归纳

三重积分思维导图

17.1.1 三重积分的概念、性质

1) 三重积分的定义

设函数 $f(x,y,z)$ 在闭区域 Ω 上有界,将 Ω 任意分割为 n 个小闭区域,用 Δv_i 表示第 i 个小闭区域及其体积,在 Δv_i 内任意取一点 (ξ_i,η_i,ζ_i),令 $\lambda = \max\limits_{1\leqslant i\leqslant n}\{\Delta v_i \text{ 的直径}\}$,则三重积分的定义为

$$\iiint\limits_{\Omega} f(x,y,z)\mathrm{d}v = \lim_{\lambda \to 0}\sum_{i=1}^{n} f(\xi_i,\eta_i,\zeta_i)\Delta v_i$$

2) 三重积分存在的充分条件

$\iiint\limits_{\Omega} f(x,y,z)\mathrm{d}v$ 存在的充分条件为:$f(x,y,z)$ 在闭区域 Ω 上连续.

3) 三重积分有与二重积分类似的基本性质

线性性、对于区域的可加性、保号性、估值性、积分中值定理.

17.1.2 三重积分的计算

1) 直角坐标系下的计算

直角坐标系下的体积元素 $\mathrm{d}v = \mathrm{d}x\mathrm{d}y\mathrm{d}z$.

(1) 投影法(先一后二型)

若将 Ω 投影到 xOy 平面上的区域 D_{xy},且对 $\forall (x,y) \in D_{xy}$,过该点并平行于 z 轴的直线穿过 Ω 内部时与 Ω 的边界曲面至多有两个交点,分别为 $(x,y,z_1(x,y))$ 与 $(x,y,z_2(x,y))$,则称 Ω 为关于 xOy 面的曲顶柱体. 当区域 Ω 为关于坐标面的曲顶柱体时常用投影法计算.

例如,当区域 Ω 为关于 xOy 面的曲顶柱体时(如图 17-1 所示),有

$$\Omega: \forall (x,y) \in D_{xy}, \quad z_1(x,y) \leqslant z \leqslant z_2(x,y)$$

则

$$\iiint\limits_{\Omega} f(x,y,z)\mathrm{d}v = \iint\limits_{D_{xy}} \mathrm{d}x\mathrm{d}y \int_{z_1(x,y)}^{z_2(x,y)} f(x,y,z)\mathrm{d}z$$

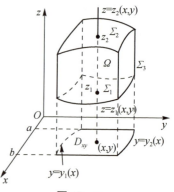

图 17-1

又若 D_{xy} 为 X 型: $a \leqslant x \leqslant b, y_1(x) \leqslant y \leqslant y_2(x)$, 则

$$\iiint_\Omega f(x,y,z)\mathrm{d}v = \int_a^b \mathrm{d}x \int_{y_1(x)}^{y_2(x)} \mathrm{d}y \int_{z_1(x,y)}^{z_2(x,y)} f(x,y,z)\mathrm{d}z$$

若 D_{xy} 为 Y 型: $c \leqslant y \leqslant d, x_1(y) \leqslant x \leqslant x_2(y)$, 则

$$\iiint_\Omega f(x,y,z)\mathrm{d}v = \int_c^d \mathrm{d}y \int_{x_1(y)}^{x_2(y)} \mathrm{d}x \int_{z_1(x,y)}^{z_2(x,y)} f(x,y,z)\mathrm{d}z$$

特别地,若 Ω 为长方体: $a \leqslant x \leqslant b, c \leqslant y \leqslant d, l \leqslant z \leqslant m$, 且

$$f(x,y,z) = f_1(x)f_2(y)f_3(z)$$

则

$$\iiint_D f(x,y,z)\mathrm{d}v = \left[\int_a^b f_1(x)\mathrm{d}x\right] \cdot \left[\int_c^d f_2(y)\mathrm{d}y\right] \cdot \left[\int_l^m f_3(z)\mathrm{d}z\right]$$

(2) 截面法(先二后一型)

若 Ω 在 z 轴上的投影区间为 $[c_1,c_2]$, 且 Ω 上过 $[c_1,c_2]$ 的任意点 z 的水平截面区域 D_z 较规则时(如图 17-2 所示),常用截面法计算.

这时 $\Omega: c_1 \leqslant z \leqslant c_2, (x,y) \in D_z$, 则

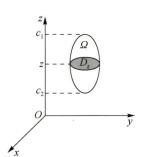

图 17-2

$$\iiint_\Omega f(x,y,z)\mathrm{d}v = \int_{c_1}^{c_2} \mathrm{d}z \iint_{D_z} f(x,y,z)\mathrm{d}x\mathrm{d}y$$

2) 柱面坐标系下的计算

柱面坐标与直角坐标的关系为 $\begin{cases} x = \rho\cos\theta \\ y = \rho\sin\theta \\ z = z \end{cases}$,柱面坐标系下的体积元素 $\mathrm{d}v = \rho\mathrm{d}\rho\mathrm{d}\theta\mathrm{d}z$,则

$$\iiint_\Omega f(x,y,z)\mathrm{d}v = \iiint_\Omega f(\rho\cos\theta,\rho\sin\theta,z)\rho\mathrm{d}\rho\mathrm{d}\theta\mathrm{d}z$$

若 $\Omega: \alpha \leqslant \theta \leqslant \beta, \rho_1(\theta) \leqslant \rho \leqslant \rho_2(\theta), z_1(\rho,\theta) \leqslant z \leqslant z_2(\rho,\theta)$, 则

$$\iiint_\Omega f(x,y,z)\mathrm{d}v = \int_\alpha^\beta \mathrm{d}\theta \int_{\rho_1(\theta)}^{\rho_2(\theta)} \rho\mathrm{d}\rho \int_{z_1(\rho,\theta)}^{z_2(\rho,\theta)} f(\rho\cos\theta,\rho\sin\theta,z)\mathrm{d}z$$

若 $\Omega: c \leqslant z \leqslant d, \alpha \leqslant \theta \leqslant \beta, \rho_1(\theta,z) \leqslant \rho \leqslant \rho_2(\theta,z)$, 则

$$\iiint_\Omega f(x,y,z)\mathrm{d}v = \int_c^d \mathrm{d}z \int_\alpha^\beta \mathrm{d}\theta \int_{\rho_1(\theta,z)}^{\rho_2(\theta,z)} f(\rho\cos\theta,\rho\sin\theta,z)\rho\mathrm{d}\rho$$

3) 球面坐标系下的计算

球面坐标与直角坐标的关系为 $\begin{cases} x = r\sin\varphi\cos\theta \\ y = r\sin\varphi\sin\theta \\ z = r\cos\varphi \end{cases}$,其中 $0 \leqslant \theta \leqslant 2\pi, 0 \leqslant \varphi \leqslant \pi, 0 \leqslant r \leqslant +\infty$,球面坐标系下的体积元素 $\mathrm{d}v = r^2\sin\varphi\mathrm{d}r\mathrm{d}\varphi\mathrm{d}\theta$,则

$$\iiint_\Omega f(x,y,z)\mathrm{d}v = \iiint_\Omega f(r\sin\varphi\cos\theta, r\sin\varphi\sin\theta, r\cos\varphi) r^2 \sin\varphi \mathrm{d}r\mathrm{d}\varphi\mathrm{d}\theta$$

若 $\Omega: \alpha \leqslant \theta \leqslant \beta, \varphi_1(\theta) \leqslant \varphi \leqslant \varphi_2(\theta), r_1(\varphi,\theta) \leqslant r \leqslant r_2(\varphi,\theta)$，则

$$\iiint_\Omega f(x,y,z)\mathrm{d}v = \int_\alpha^\beta \mathrm{d}\theta \int_{\varphi_1(\theta)}^{\varphi_2(\theta)} \mathrm{d}\varphi \int_{r_1(\varphi,\theta)}^{r_2(\varphi,\theta)} f(r\sin\varphi\cos\theta, r\sin\varphi\sin\theta, r\cos\varphi) r^2 \sin\varphi \mathrm{d}r$$

4) 三重积分的坐标变换公式

定理： 设函数 $\varphi(u,v,\omega), \psi(u,v,\omega), \chi(u,v,\omega)$ 都具有一阶连续偏导数，且雅可比行列式

$$J(u,v,\omega) = \frac{\partial(\varphi,\psi,\chi)}{\partial(u,v,\omega)} = \begin{vmatrix} \frac{\partial\varphi}{\partial u} & \frac{\partial\varphi}{\partial v} & \frac{\partial\varphi}{\partial \omega} \\ \frac{\partial\psi}{\partial u} & \frac{\partial\psi}{\partial v} & \frac{\partial\psi}{\partial \omega} \\ \frac{\partial\chi}{\partial u} & \frac{\partial\chi}{\partial v} & \frac{\partial\chi}{\partial \omega} \end{vmatrix} \neq 0$$

则变换 $T: x = \varphi(u,v,\omega), y = \psi(u,v,\omega), z = \chi(u,v,\omega)$ 是 xyz 空间到 $uv\omega$ 空间的一一对应的变换。若函数 $f(x,y,z)$ 在区域 Ω 上连续，区域 Ω 关于变换 T 的像为区域 Ω'，则有

$$\iiint_\Omega f(x,y,z)\mathrm{d}v = \iiint_{\Omega'} f[\varphi(u,v,\omega), \psi(u,v,\omega), \chi(u,v,\omega)] |J| \mathrm{d}u\mathrm{d}v\mathrm{d}\omega$$

17.1.3 对称性、轮换性在三重积分计算中的应用

1) 对称性在三重积分计算中的应用(表 17-1)

表 17-1　对称性在三重积分计算中的应用

Ω 的对称性	$f(x,y,z)$ 的奇偶性	$I = \iiint_\Omega f(x,y,z)\mathrm{d}v$	备注
Ω 关于 xOy 面对称	f 关于 z 是奇函数	$I = 0$	
	f 关于 z 是偶函数	$I = 2\iiint_{\Omega_1} f(x,y,z)\mathrm{d}v$	Ω_1 为 Ω 的上半部分
Ω 关于 xOz 面对称	f 关于 y 是奇函数	$I = 0$	
	f 关于 y 是偶函数	$I = 2\iiint_{\Omega_1} f(x,y,z)\mathrm{d}v$	Ω_1 为 Ω 的右半部分
Ω 关于 yOz 面对称	f 关于 x 是奇函数	$I = 0$	
	f 关于 x 是偶函数	$I = 2\iiint_{\Omega_1} f(x,y,z)\mathrm{d}v$	Ω_1 为 Ω 的前半部分

2) 轮换性在三重积分计算中的应用

若空间区域的边界曲面方程(组)中，用 $x \to y, y \to z, z \to x$ 轮换后，该空间区域的边界曲面方程(组)不变，则称该空间区域的图形具有轮换对称性。

例如，空间区域：

$$\Omega = \{(x,y,z) \mid x+y+z \leqslant a, x \geqslant 0, y \geqslant 0, z \geqslant 0, a > 0\}$$

或

$$\Omega = \{(x,y,z) \mid x^2+y^2+z^2 \leqslant a^2\}$$

或

$$\Omega = \{(x,y,z) \mid x^2+y^2+z^2 \leqslant a^2, x \geqslant 0, y \geqslant 0, z \geqslant 0\}$$

显然这些空间区域的图形具有轮换对称性.

当空间区域的图形具有轮换对称性时,则有

$$\iiint_\Omega f(x,y,z)\mathrm{d}v = \iiint_\Omega f(y,z,x)\mathrm{d}v = \iiint_\Omega f(z,x,y)\mathrm{d}v,$$

及

$$\iiint_\Omega f(x)\mathrm{d}v = \iiint_\Omega f(y)\mathrm{d}v = \iiint_\Omega f(z)\mathrm{d}v.$$

一般地,三重积分的计算步骤概括如下:

(1) 首先,利用对称性与轮换对称性化简积分.

(2) 然后,选择恰当的坐标系. 一般根据被积函数和积分区域两个因素,用如下的方法选择:

① 当积分区域是球域或由球面与锥面围成的区域,或被积函数含有因式 $x^2+y^2+z^2$ 时,常选择球面坐标系;

② 当积分区域是由圆柱面或旋转曲面围成的区域,或被积函数含有因式 x^2+y^2 时,常选择柱面坐标系;

③ 其余的积分区域常选择直角坐标系.

(3) 最后,选择适当的积分次序就可把三重积分化为累次积分计算.

① 球面坐标系下的积分次序为:一般按先 r 后 φ 再 θ 的积分次序进行.

② 柱面坐标系下的积分次序为:如选择投影法,则按先 z 后 ρ 再 θ 的积分次序;如选择截面法,则按先 ρ 后 θ 再 z 的积分次序.

③ 直角坐标系下的积分次序为:如选择投影法,则按先一后二的积分次序;如选择截面法,则按先二后一的积分次序.

注意:选择积分次序的原则是,应选择可积或计算较为简单的积分次序;特别地:当被积函数为 $f(z)$ 且水平截面较规则时,常选择直角坐标系下的截面法计算.

17.1.4 三重积分的应用

1) 三重积分在几何上的应用

立体 Ω 的体积为

$$V = \iiint_\Omega \mathrm{d}v$$

2) 三重积分在物理上的应用

设空间立体型物体对应的空间区域为 Ω,密度函数为 $\rho(x,y,z)$,则

(1) 物体 Ω 的质量

空间立体型物体 Ω 的质量为

$$M = \iiint_\Omega \rho(x,y,z)\mathrm{d}v$$

(2) 物体 Ω 的质心(形心)坐标

设立体 Ω 的质量为 M, 质心为 $(\overline{x}, \overline{y}, \overline{z})$, 则

$$\overline{x} = \frac{1}{M} \iiint\limits_{\Omega} x\rho(x,y,z)\mathrm{d}v$$

$$\overline{y} = \frac{1}{M} \iiint\limits_{\Omega} y\rho(x,y,z)\mathrm{d}v$$

$$\overline{z} = \frac{1}{M} \iiint\limits_{\Omega} z\rho(x,y,z)\mathrm{d}v$$

如果立体 Ω 的质量是均匀分布的,其体积为 V,则立体 Ω 的形心为

$$\overline{x} = \frac{1}{V} \iiint\limits_{\Omega} x\,\mathrm{d}v$$

$$\overline{y} = \frac{1}{V} \iiint\limits_{\Omega} y\,\mathrm{d}v$$

$$\overline{z} = \frac{1}{V} \iiint\limits_{\Omega} z\,\mathrm{d}v$$

(3) 物体的转动惯量

用 I_x, I_y, I_z 及 I_O 分别表示对应立体 Ω 对 x 轴、y 轴、z 轴及坐标原点的转动惯量,则

$$I_x = \iiint\limits_{\Omega} (y^2 + z^2)\rho(x,y,z)\mathrm{d}v$$

$$I_y = \iiint\limits_{\Omega} (x^2 + z^2)\rho(x,y,z)\mathrm{d}v$$

$$I_z = \iiint\limits_{\Omega} (x^2 + y^2)\rho(x,y,z)\mathrm{d}v$$

$$I_O = \iiint\limits_{\Omega} (x^2 + y^2 + z^2)\rho(x,y,z)\mathrm{d}v = \frac{1}{2}(I_x + I_y + I_z)$$

(4) 空间立体型物体 Ω 对质点的引力

设密度为 $\rho(x,y,z)$ 的立体 Ω 对质量为 m、位于点 $M(x_0, y_0, z_0)$ 处的质点的引力微元为

$$\mathrm{d}\boldsymbol{F} = \frac{km\rho(x,y,z)\mathrm{d}v}{(x-x_0)^2 + (y-y_0)^2 + (z-z_0)^2} \boldsymbol{e}_r$$

其中

$$\boldsymbol{e}_r = \frac{(x-x_0)\boldsymbol{i} + (y-y_0)\boldsymbol{j} + (z-z_0)\boldsymbol{k}}{\sqrt{(x-x_0)^2 + (y-y_0)^2 + (z-z_0)^2}}$$

在 Ω 上积分,得空间立体型物体 Ω 对该质点的引力为

$$\boldsymbol{F} = \iiint\limits_{\Omega} \frac{km\rho(x,y,z)[(x-x_0)\boldsymbol{i} + (y-y_0)\boldsymbol{j} + (z-z_0)\boldsymbol{k}]}{[\sqrt{(x-x_0)^2 + (y-y_0)^2 + (z-z_0)^2}]^3} \mathrm{d}v$$

17.2 典型例题分析

例1 设 $\Omega: x^2 + y^2 + z^2 \leqslant 1$, 证明: $\dfrac{4\sqrt{3}\pi}{3} \leqslant \iiint\limits_{\Omega} \sqrt{x + 2y - 2z + 6}\,\mathrm{d}v \leqslant 4\pi$.

分析 证明带等号的积分不等式时可利用积分估值定理. 故本题转化为求函数 $f(x,y,z)$ 在闭区域 Ω 上的最大值与最小值问题,即先求出 $f(x,y,z)$ 在 Ω 内与 Ω 的边界曲面上的驻点与不可偏导点,再比较对应值的大小即可以求出 $f(x,y,z)$ 在 Ω 上的最大值与最小值,其中边界曲面上的驻点可利用拉格朗日乘数法求出.

证明 设 $f(x,y,z) = x + 2y - 2z + 6$. 由于 $f'_x = 1 \neq 0, f'_y = 2 \neq 0, f'_z = -2 \neq 0$,所以函数 $f(x,y,z)$ 在区域 Ω 内无驻点,因此 $f(x,y,z)$ 的最值必在 Ω 的球面上取得.

故令 $F(x,y,z,\lambda) = x + 2y - 2z + 6 + \lambda(x^2 + y^2 + z^2 - 1)$,由

$$\begin{cases} f_x = 1 + 2\lambda x = 0 \\ f_y = 2 + 2\lambda y = 0 \\ F'_z = -2 + 2\lambda z = 0 \\ F'_\lambda = x^2 + y^2 + z^2 - 1 = 0 \end{cases}$$

即

$$\begin{cases} y = 2x \\ y = -z \\ x^2 + y^2 + z^2 = 1 \end{cases}$$

解得驻点为: $P_1\left(\dfrac{1}{3}, \dfrac{2}{3}, -\dfrac{2}{3}\right), P_2\left(-\dfrac{1}{3}, -\dfrac{2}{3}, \dfrac{2}{3}\right)$.

而 $f(P_1) = 9, f(P_2) = 3$,由于函数 $f(x,y,z)$ 在闭区域 Ω 上的最大值与最小值都必存在,所以函数 $f(x,y,z)$ 在闭区域 Ω 上的最大值为 9,最小值为 3.

所以函数 $\sqrt{f(x,y,z)}$ 的最大值为 3,最小值为 $\sqrt{3}$,又 $v_\Omega = \dfrac{4\pi}{3}$,由估值定理得

$$\iiint_\Omega \sqrt{3}\,\mathrm{d}v \leqslant \iiint_\Omega \sqrt{x + 2y - 2z + 5}\,\mathrm{d}v \leqslant \iiint_\Omega 3\,\mathrm{d}v$$

即有

$$\dfrac{4\sqrt{3}}{3}\pi \leqslant \iiint_\Omega \sqrt{x + 2y - 2z + 5}\,\mathrm{d}v \leqslant 4\pi$$

> **小结** ① 对于不带等号的积分不等式,常根据积分的比较性质证明:若是两个相同区域上的积分,被积函数值大则其对应的积分值也大;若是两个相同非负函数的积分,积分区域大则对应的积分值也大;
> ② 对于带等号的积分不等式,可利用积分估值定理证明.

例 2 计算 $I = \iiint_\Omega (x^2 + y^2)\,\mathrm{d}v$,其中积分区域 Ω 是由 $z = \sqrt{x^2 + y^2}$ 与 $z = a(a > 0)$ 所围成的区域.

分析一 由于 Ω 可看作由上界面 $z = a$ 与下界面 $z = \sqrt{x^2 + y^2}$ 围成的区域(如图 17-3 所示),其交线在 xOy 平面上投影围成的区域 D_{xy} 即为 Ω 在 xOy 平面上的投影区域,故可选直角坐标系下的投影法计算.

解法一 采用直角坐标系下的投影法计算.

Ω:在 xOy 平面上投影区域 $D_{xy}: x^2 + y^2 \leqslant a^2$, z 的范围为 $\sqrt{x^2 + y^2} \leqslant z \leqslant a$,则

$$I = \iiint_\Omega (x^2+y^2)\mathrm{d}v = \iint_{D_{xy}} \mathrm{d}x\mathrm{d}y \int_{\sqrt{x^2+y^2}}^{a} (x^2+y^2)\mathrm{d}z$$

$$= \iint_{D_{xy}} (x^2+y^2)(a-\sqrt{x^2+y^2})\mathrm{d}x\mathrm{d}y$$

$$= \int_0^{2\pi} \mathrm{d}\theta \int_0^a \rho^2(a-\rho)\rho\mathrm{d}\rho$$

$$= 2\pi \int_0^a (a\rho^3 - \rho^4)\mathrm{d}\rho = \frac{\pi}{10}a^5$$

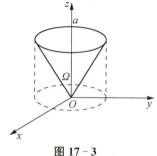

图 17-3

分析二 由于 Ω 的水平截面是规则的圆域,故可采用直角坐标系下的截面法计算.

解法二 将 Ω 投影到 z 轴上,得 $z:0\leqslant z\leqslant a$,又过$[0,a]$上任意点 z 的水平截面是圆域 $D_z:x^2+y^2\leqslant z^2$,利用直角坐标系下的截面法,得

$$I = \iiint_\Omega (x^2+y^2)\mathrm{d}v = \int_0^a \mathrm{d}z \iint_{D_z} (x^2+y^2)\mathrm{d}x\mathrm{d}y$$

$$= \int_0^a \mathrm{d}z \int_0^{2\pi} \mathrm{d}\theta \int_0^z \rho^3 \mathrm{d}\rho$$

$$= 2\pi \int_0^a \frac{1}{4}z^4 \mathrm{d}z = \frac{\pi}{10}a^5$$

分析三 由于 Ω 是由旋转曲面与水平面所围成的区域,被积函数含有因式 x^2+y^2,故可采用柱面坐标系计算.

解法三 在柱面坐标系下,$\Omega:0\leqslant\theta\leqslant 2\pi, 0\leqslant\rho\leqslant a, \rho\leqslant z\leqslant a$,则

$$I = \iiint_\Omega (x^2+y^2)\mathrm{d}v = \int_0^{2\pi}\mathrm{d}\theta \int_0^a \rho\mathrm{d}\rho \int_\rho^a \rho^2\mathrm{d}z$$

$$= 2\pi \int_0^a \rho^3(a-\rho)\mathrm{d}\rho = \frac{\pi}{10}a^5$$

分析四 由于 Ω 是由圆锥面 $z=\sqrt{x^2+y^2}$ 与平面 $z=a$ 围成的区域,故可采用球面坐标系计算.

解法四 在球面坐标系下,$\Omega:0\leqslant\theta\leqslant 2\pi, 0\leqslant\varphi\leqslant\frac{\pi}{4}, 0\leqslant r\leqslant\frac{a}{\cos\varphi}$,则

$$I = \iiint_\Omega (x^2+y^2)\mathrm{d}v = \int_0^{2\pi}\mathrm{d}\theta \int_0^{\frac{\pi}{4}} \mathrm{d}\varphi \int_0^{\frac{a}{\cos\varphi}} r^2\sin^2\varphi \cdot r^2\sin\varphi\mathrm{d}r$$

$$= 2\pi \int_0^{\frac{\pi}{4}} \frac{1}{5}\sin^3\varphi \frac{a^5}{\cos^5\varphi}\mathrm{d}\varphi = \frac{\pi}{10}a^5$$

> **小贴士** 在计算三重积分时,可根据积分区域与被积函数的不同特点选用不同的方法计算,显然本题用柱面坐标系计算(解法三)较简单.请读者比较它们的不同之处.

例3 计算 $I = \iiint_\Omega (x^2+y^2)z\mathrm{d}v$,其中 Ω 是由 yOz 平面内直线 $z=0, z=2$ 与曲线 $y^2-(z-1)^2=1$ 所围成的平面闭区域绕 z 轴旋转而成的立体区域(图 17-4).

分析 由于 Ω 是由旋转曲面围成的区域,且被积函数含有因式 x^2+y^2, z,故选用柱面坐标系的截面法计算较简便.

解 用与 z 轴垂直的平面截立体Ω,得截面 $D_z:x^2+y^2\leqslant 1+$

图 17-4

$(z-1)^2$,故 Ω 可表示为:$0 \leqslant z \leqslant 2, \forall (x,y) \in D_z : x^2 + y^2 \leqslant 1 + (z-1)^2$,由截面法,得

$$I = \int_0^2 dz \iint_{D_z} (x^2 + y^2) z \, dx \, dy$$

显然 D_z 是圆心为 $(0,0,z)$,半径为 $\rho = \sqrt{1 + (z-1)^2}$ 圆域,所以

$$I = \int_0^2 z \, dz \int_0^{2\pi} d\theta \int_0^{\sqrt{1+(z-1)^2}} \rho^3 d\rho$$

$$= 2\pi \int_0^2 \frac{1}{4} z [1 + (z-1)^2]^2 dz$$

$$\xrightarrow{\text{令 } z-1=t} 2\pi \int_{-1}^1 \frac{1}{4} (t+1)(1+t^2)^2 dt$$

$$= \pi \int_0^1 (1 + 2t^2 + t^4) dt$$

$$= \pi \left(1 + \frac{2}{3} + \frac{1}{5}\right) = \frac{28\pi}{15}$$

> **小贴士** 由于区域 Ω 不能看作曲顶柱体,故本题不适合用投影法计算.

例 4 计算 $I = \iiint\limits_\Omega (x-y)^2 dv$,其中 Ω 由不等式组 $x^2 + y^2 + (z-a)^2 \leqslant a^2 (a > 0)$ 与 $z \geqslant \sqrt{x^2 + y^2}$ 确定.

分析 先利用奇偶函数在对称区域上的积分性质化简积分,又由于 Ω 为球面与锥面围成的区域(如图 17-5 所示),故选用球面坐标系计算较简单.

解 由于 Ω 关于 xOz 面对称,故

$$I = \iiint\limits_\Omega xy \, dv = 0$$

则

$$I = \iiint\limits_\Omega (x-y)^2 dv$$

$$= \iiint\limits_\Omega (x^2 + y^2) dv - 2 \iiint\limits_\Omega xy \, dv$$

$$= \iiint\limits_\Omega (x^2 + y^2) dv$$

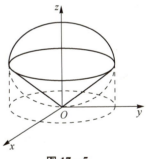

图 17-5

利用球坐标系,有 $\Omega: \begin{cases} 0 \leqslant \theta \leqslant 2\pi \\ 0 \leqslant \varphi \leqslant \dfrac{\pi}{4} \\ 0 \leqslant r \leqslant 2a\cos\varphi \end{cases}$,故

$$I = \iiint\limits_\Omega (x^2 + y^2) dv = \int_0^{2\pi} d\theta \int_0^{\frac{\pi}{4}} d\varphi \int_0^{2a\cos\varphi} r^4 \sin^3\varphi \, dr$$

$$= \frac{1}{5} \cdot 2\pi \int_0^{\frac{\pi}{4}} 32a^5 \cos^5\varphi \sin^3\varphi \, d\varphi$$

$$= \frac{1}{5} \cdot 2\pi \int_0^{\frac{\pi}{4}} 32a^5 \cos^5\varphi (1-\cos^2\varphi) \sin\varphi \, d\varphi$$

$$= -\frac{64}{5}\pi a^5 \int_0^{\frac{\pi}{4}} (\cos^5\varphi - \cos^7\varphi) \, d\cos\varphi$$

$$= -\frac{64}{5}\pi a^5 \left[\frac{\cos^6\varphi}{6} - \frac{\cos^8\varphi}{8} \right]_0^{\frac{\pi}{4}} = \frac{11\pi a^5}{30}$$

小贴士 由于区域 Ω 也可看作由旋转曲面围成的区域,且被积函数含有因式 $x^2 + y^2$,故本题选用柱面坐标系计算也较简便,请读者一试.

例 5 $\iiint_\Omega z^2 \, dx \, dy \, dz$,其中 Ω 是由椭球面 $\frac{x^2}{a^2} + \frac{y^2}{b^2} + \frac{z^2}{c^2} = 1$ 所围成的空间闭区域.

分析 由于被积函数为 $f(z)$ 形式,且积分区域 Ω 的水平截面为椭圆,其面积易求出,故选用直角坐标系下的截面法计算较简便.

解 Ω 可表示为

$$\left\{ (x,y,z) \,\middle|\, -c \leqslant z \leqslant c, \frac{x^2}{a^2} + \frac{y^2}{b^2} \leqslant 1 - \frac{z^2}{c^2} \right\}$$

则

$$\iiint_\Omega z^2 \, dx \, dy \, dz = \int_{-c}^c z^2 \, dz \iint_{D_z} dx \, dy = \pi ab \int_{-c}^c \left(1 - \frac{z^2}{c^2}\right) z^2 \, dz$$

$$= 2\pi ab \int_0^c \left(z^2 - \frac{z^4}{c^2}\right) dz = \frac{4}{15}\pi abc^3$$

小贴士 本题若选用直角坐标系下的投影法,计算较烦琐,请读者一试,并加以比较.

例 6 $\iiint_\Omega \left(\frac{x^2}{a^2} + \frac{y^2}{b^2} + \frac{z^2}{c^2}\right) dv$,其中 $\Omega: x^2 + y^2 + z^2 \leqslant 1$.

分析 区域 $\Omega: x^2 + y^2 + z^2 \leqslant 1$ 具有轮换对称性,即有

$$\iiint_\Omega x^2 \, dv = \iiint_\Omega y^2 \, dv = \iiint_\Omega z^2 \, dv = \frac{1}{3} \iiint_\Omega (x^2+y^2+z^2) \, dv$$

典型例题讲解

这时选用球面坐标系计算较简便.

解 由于 $\Omega: x^2 + y^2 + z^2 \leqslant 1$ 具有轮换对称性,故

$$\iiint_\Omega x^2 \, dv = \iiint_\Omega y^2 \, dv = \iiint_\Omega z^2 \, dv = \frac{1}{3} \iiint_\Omega (x^2+y^2+z^2) \, dv$$

故原式 $= \frac{1}{3}\left(\frac{1}{a^2} + \frac{1}{b^2} + \frac{1}{c^2}\right) \iiint_\Omega (x^2+y^2+z^2) \, dx \, dy \, dz$

$$= \frac{1}{3}\left(\frac{1}{a^2}+\frac{1}{b^2}+\frac{1}{c^2}\right)\int_0^{2\pi}\mathrm{d}\theta\int_0^{\pi}\mathrm{d}\varphi\int_0^1 r^4\sin\varphi\,\mathrm{d}r$$

$$=\frac{4}{15}\pi\left(\frac{1}{a^2}+\frac{1}{b^2}+\frac{1}{c^2}\right).$$

> **小贴士** 本题也可利用直角坐标系下的截面法先计算 $\iiint\limits_{\Omega} z^2\mathrm{d}v$，再利用对应性求出 $\iiint\limits_{\Omega} x^2\mathrm{d}v$ 和 $\iiint\limits_{\Omega} y^2\mathrm{d}v$，即可求出本题，读者不妨一试，并比较两种方法的特点.

例7 $I=\iiint\limits_{\Omega}(x+y+z)^2\mathrm{d}x\mathrm{d}y\mathrm{d}z$，其中 Ω 为曲线 $\begin{cases} x^2=2z \\ y=0 \end{cases}$ 绕 z 轴旋转一周生成的曲面与平面 $z=4$ 所围成的区域(图 17-6).

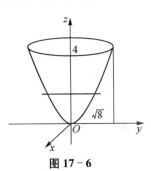

图 17-6

分析一 先利用旋转抛物体：$\frac{1}{2}(x^2+y^2)\leqslant z\leqslant 4$ 的对称性化简积分，再根据积分区域与被积函数的特点选用适当的坐标系计算.

解法一 Ω 关于 xOz 面与 yOz 面都对称，故

$$\iiint\limits_{\Omega}xy\,\mathrm{d}x\mathrm{d}y\mathrm{d}z=\iiint\limits_{\Omega}yz\,\mathrm{d}x\mathrm{d}y\mathrm{d}z=\iiint\limits_{\Omega}zx\,\mathrm{d}x\mathrm{d}y\mathrm{d}z=0$$

于是

$$I=\iiint\limits_{\Omega}(x+y+z)^2\mathrm{d}x\mathrm{d}y\mathrm{d}z=\iiint\limits_{\Omega}(x^2+y^2+z^2+2xy+2yz+2xz)\mathrm{d}x\mathrm{d}y\mathrm{d}z$$

$$=\iiint\limits_{\Omega}(x^2+y^2+z^2)\mathrm{d}x\mathrm{d}y\mathrm{d}z$$

又 Ω 为旋转抛物面围成的区域，Ω 在 xOy 平面上的投影区域为 $x^2+y^2\leqslant 8$，且 z 的范围为：$\frac{1}{2}(x^2+y^2)\leqslant z\leqslant 4$，故 Ω：$0\leqslant\theta\leqslant 2\pi$，$0\leqslant\rho\leqslant\sqrt{8}$，$\frac{1}{2}\rho^2\leqslant z\leqslant 4$. 由柱面坐标系，得

$$I=\int_0^{2\pi}\mathrm{d}\theta\int_0^{\sqrt{8}}\rho\,\mathrm{d}\rho\int_{\frac{1}{2}\rho^2}^4(\rho^2+z^2)\mathrm{d}z=2\pi\int_0^{\sqrt{8}}\left(\rho^3 z+\frac{1}{3}\rho z^3\right)\Big|_{\frac{1}{2}\rho^2}^4\mathrm{d}\rho$$

$$=2\pi\int_0^{\sqrt{8}}\left(4\rho^3+\frac{64}{3}\rho-\frac{1}{2}\rho^5-\frac{1}{24}\rho^7\right)\mathrm{d}\rho=\frac{512}{3}\pi$$

分析二 将 $\iiint\limits_{\Omega}(x^2+y^2+z^2)\mathrm{d}x\mathrm{d}y\mathrm{d}z$ 分成两项 $\iiint\limits_{\Omega}(x^2+y^2)\mathrm{d}x\mathrm{d}y\mathrm{d}z+\iiint\limits_{\Omega}z^2\mathrm{d}x\mathrm{d}y\mathrm{d}z$ 计算，对 $\iiint\limits_{\Omega}(x^2+y^2)\mathrm{d}x\mathrm{d}y\mathrm{d}z$，由于其被积函数含有因式 x^2+y^2，故选用柱面坐标系的投影法计算较适合；对 $\iiint\limits_{\Omega}z^2\mathrm{d}x\mathrm{d}y\mathrm{d}z$，由于其被积函数为 $f(z)$ 形式且水平截面都为圆域，故选用截面法计算更简单.

解法二 由旋转抛物体 $\frac{1}{2}(x^2+y^2)\leqslant z\leqslant 4$ 关于 xOz 面与 yOz 面对称可知：

$$I = \iiint_\Omega (x+y+z)^2 \, dx\,dy\,dz = \iiint_\Omega (x^2+y^2+z^2) \, dx\,dy\,dz$$

$$= \iiint_\Omega (x^2+y^2) \, dx\,dy\,dz + \iiint_\Omega z^2 \, dx\,dy\,dz = I_1 + I_2$$

利用柱面坐标系的投影法计算 I_1：由 $\Omega: 0 \leqslant \theta \leqslant 2\pi, 0 \leqslant \rho \leqslant \sqrt{8}, \frac{1}{2}\rho^2 \leqslant z \leqslant 4$，则

$$I_1 = \iiint_\Omega (x^2+y^2) \, dx\,dy\,dz = \int_0^{2\pi} d\theta \int_0^{\sqrt{8}} r\,dr \int_{\frac{1}{2}\rho^2}^4 \rho^2 \, dz$$

$$= 2\pi \int_0^{\sqrt{8}} \rho^3 \left(4 - \frac{1}{2}\rho^2\right) d\rho$$

$$= 2\pi \left(\rho^4 - \frac{1}{12}\rho^6\right)\Big|_0^{\sqrt{8}} = \frac{128}{3}\pi$$

利用直角坐标系的截面法计算 I_2：由 $\Omega: 0 \leqslant z \leqslant 4$，且水平截面为圆域 $D_z: x^2+y^2 \leqslant 2z$，其截面积为 $S_{D_z} = 2\pi z$，故

$$I_2 = \iiint_\Omega z^2 \, dx\,dy\,dz = \int_0^4 z^2 \, dz \iint_{D_z} dx\,dy = \int_0^4 2\pi z^3 \, dz = \frac{256}{2}\pi$$

故

$$I = I_1 + I_2 = \frac{128}{3}\pi + \frac{256}{2}\pi = \frac{512}{3}\pi$$

> **小贴士** ① 和定积分计算一样，在重积分计算中，应用对称性时不仅要考虑积分区域的对称性，还必须同时考虑被积函数的奇偶性.
>
> ② 注意：本题虽然可化为被积函数中含有因式 $x^2+y^2+z^2$ 的积分，但 Ω 为旋转抛物面围成的区域，故不适合用球面坐标系计算！

例 8 设 Ω 是由 xOy 面上抛物线 $y^2 = 2x$ 绕 x 轴旋转一周而成的旋转曲面与 $x=a (a>0)$ 围成的立体.

（1）写出旋转曲面方程并求 Ω 的体积.

（2）求使三重积分 $I(a) = \iiint_\Omega \left(y^2+z^2-\frac{x}{a}\right) dv$ 最小的 a 的值.

分析 计算三重积分时，若曲面方程或被积函数中仅含有因式 y^2+z^2 与 x，可选用关于 yOz 面的投影法或平行于 yOz 面的截面法计算.

解 （1）旋转曲面方程为 $y^2+z^2 = 2x$，利用定积分法求旋转体的体积，得 Ω 的体积为

$$V = \pi \int_0^a 2x \, dx = \pi a^2$$

（2）选用平行于 yOz 面的截面法计算.

由于 $\Omega: 0 \leqslant x \leqslant a$ 且平行于 yOz 面的截面为圆域 $D_x: y^2+z^2 \leqslant 2x$，其面积为

$$S_{D_z} = 2\pi x$$

故

$$I(a) = \iiint_\Omega \left(y^2+z^2-\frac{x}{a}\right) dv$$

$$=\int_0^a dx \iint_{D_x}\left(y^2+z^2-\frac{x}{a}\right)d\sigma = \int_0^a dx \int_0^{2\pi}d\theta\int_0^{\sqrt{2x}}\left(\rho^2-\frac{x}{a}\right)\rho d\rho$$

$$=2\pi\int_0^a dx\int_0^{\sqrt{2x}}\left(\rho^2-\frac{x}{a}\right)\rho d\rho = 2\pi\int_0^a\left(\frac{\rho^4}{4}-\frac{x}{a}\frac{\rho^2}{2}\right)\Big|_0^{\sqrt{2x}}dx$$

$$=2\pi\left(1-\frac{1}{a}\right)\int_0^a x^2 dx = \frac{2\pi}{3}(a^3-a^2)$$

则 $\dfrac{dI}{da}=\dfrac{2\pi}{3}(3a^2-2a)=\dfrac{2\pi a}{3}(3a-2)$. 由 $\dfrac{dI}{da}=0$，解得 $a=\dfrac{2}{3}$，又 $I\left(\dfrac{2}{3}\right)=-\dfrac{8\pi}{81}$，且 $\lim\limits_{a\to 0^+}I(a)=0$, $\lim\limits_{a\to+\infty}I(a)=+\infty$，比较可知，当 $a>0$ 时，$I(a)$ 在 $a=\dfrac{2}{3}$ 时取得最小值.

> **小贴士** 本题也可选用关于 yOz 面的投影法计算，请读者一试.

例 9 设函数 $f(x)$ 连续且恒大于零，$F(t)=\dfrac{\iiint\limits_{\Omega(t)} f(x^2+y^2+z^2)dv}{\iint\limits_{D(t)} f(x^2+y^2)d\sigma}$，$\Omega(t)=\{(x,y,z)\mid x^2+y^2+z^2\leqslant t^2\}$，$D(t)=\{(x,y)\mid x^2+y^2\leqslant t^2\}$，证明：$F(t)$ 单调上升.

分析 要证明 $F(t)$ 单调上升，只需证明 $F'(t)>0$.

证明 因为

$$\iiint\limits_{\Omega(t)} f(x^2+y^2+z^2)dxdydz=\int_0^{2\pi}d\theta\int_0^\pi \sin\varphi d\varphi\int_0^t f(r^2)r^2 dr = 4\pi\int_0^t f(r^2)r^2 dr$$

$$\iint\limits_{D(t)} f(x^2+y^2)dxdy=\int_0^{2\pi}d\theta\int_0^t f(r^2)r dr = 2\pi\int_0^t f(r^2)r dr$$

所以

$$F(t)=\frac{4\pi\int_0^t f(r^2)r^2 dr}{2\pi\int_0^t f(r^2)r dr}=2\frac{\int_0^t f(r^2)r^2 dr}{\int_0^t f(r^2)r dr}$$

由于函数 $f(x)$ 连续且 $f(x)>0$，于是

$$F'(t)=2\cdot\frac{f(t^2)t^2\int_0^t f(r^2)r dr - f(t^2)t\int_0^t f(r^2)r^2 dr}{\left[\int_0^t f(r^2)r dr\right]^2}$$

$$=\frac{2tf(t^2)}{\left[\int_0^t f(r^2)r dr\right]^2}\left[t\int_0^t f(r^2)r dr - \int_0^t f(r^2)r^2 dr\right]$$

$$=\frac{2tf(t^2)}{\left[\int_0^t f(r^2)r dr\right]^2}\left[\int_0^t f(r^2)r(t-r)dr\right]>0$$

则 $F(t)$ 单调上升.

> **小贴士** ① 本题需先分别利用球面坐标系和极坐标系将题设中的两个重积分化为变上限积分,再求导.
>
> ② 判定积分的正负性常利用积分的保号性.
>
> ③ 因为 t 相对于积分 $\int_0^t f(r^2) r \mathrm{d}r$ 是常数,故有 $t\int_0^t f(r^2) r \mathrm{d}r = \int_0^t t f(r^2) r \mathrm{d}r$.

例 10 某物体所在的空间区域为 $\Omega : x^2 + y^2 + 2z^2 \leqslant x + y + 2z$,密度函数为 $\rho(x, y, z) = x^2 + y^2 + z^2$,求 Ω 的质量 M.

分析 利用 Ω 的质量计算公式:$M = \iiint_\Omega \rho(x, y, z) \mathrm{d}V$,并通过变换将椭球体 Ω 变为球体 $\Omega_1 : u^2 + v^2 + w^2 \leqslant R^2$ 后,再用球面坐标系计算积分.

解 $M = \iiint_\Omega (x^2 + y^2 + z^2) \mathrm{d}x \mathrm{d}y \mathrm{d}z$. 椭球体 $\Omega : \left(x - \frac{1}{2}\right)^2 + \left(y - \frac{1}{2}\right)^2 + 2\left(z - \frac{1}{2}\right)^2 \leqslant 1$,作变换:

$$u = x - \frac{1}{2}, v = y - \frac{1}{2}, w = \sqrt{2}\left(z - \frac{1}{2}\right)$$

则将 Ω 变为单位球体 $\Omega_1 : u^2 + v^2 + w^2 \leqslant 1$,其体积为 $V = \frac{4\pi}{3}$,又

$$J = \frac{\partial(u, v, w)}{\partial(x, y, z)} = \begin{vmatrix} 1 & 0 & 0 \\ 0 & 1 & 0 \\ 0 & 0 & \sqrt{2} \end{vmatrix} = \sqrt{2}$$

故 $\mathrm{d}u \mathrm{d}v \mathrm{d}w = \sqrt{2} \mathrm{d}x \mathrm{d}y \mathrm{d}z$,则 $\mathrm{d}x \mathrm{d}y \mathrm{d}z = \frac{1}{\sqrt{2}} \mathrm{d}u \mathrm{d}v \mathrm{d}w$,故

$$M = \frac{1}{\sqrt{2}} \iiint_{\Omega_1} \left[\left(u + \frac{1}{2}\right)^2 + \left(v + \frac{1}{2}\right)^2 + \left(\frac{w}{\sqrt{2}} + \frac{1}{2}\right)^2\right] \mathrm{d}u \mathrm{d}v \mathrm{d}w$$

由 $\Omega_1 : u^2 + v^2 + w^2 \leqslant 1$ 的对称性,可知其一次项积分都是 0,故

$$M = \frac{1}{\sqrt{2}} \iiint_{\Omega_1} \left[u^2 + v^2 + \frac{w^2}{2}\right] \mathrm{d}u \mathrm{d}v \mathrm{d}w + A$$

其中 $A = \frac{1}{\sqrt{2}}\left(\frac{1}{4} + \frac{1}{4} + \frac{1}{4}\right) V = \frac{\pi}{\sqrt{2}}$,记

$$I = \iiint_{\Omega_1} (u^2 + v^2 + w^2) \mathrm{d}u \mathrm{d}v \mathrm{d}w = \int_0^{2\pi} \mathrm{d}\varphi \int_0^\pi \mathrm{d}\theta \int_0^1 r^2 \cdot r^2 \sin\theta \mathrm{d}r = \frac{4\pi}{5}$$

由 $\Omega_1 : u^2 + v^2 + w^2 \leqslant 1$ 的轮换对称性,则

$$\iiint_{\Omega_1} u^2 \mathrm{d}V = \iiint_{\Omega_1} v^2 \mathrm{d}V = \iiint_{\Omega_1} w^2 \mathrm{d}V = \frac{1}{3} \iiint_{\Omega_1} (u^2 + v^2 + w^2) \mathrm{d}V = \frac{I}{3}$$

故

$$M = \frac{1}{\sqrt{2}}\left(\frac{1}{3} + \frac{1}{3} + \frac{1}{6}\right) I + A = \frac{5\sqrt{2}}{6}\pi$$

> **小贴士** ① 须熟悉物理应用的相关计算公式.
> ② 当积分区域为椭球体时,可通过坐标变换化为形如 $\Omega_1: u^2+v^2+w^2 \leqslant R^2$ 的球体后,就可用球面坐标系计算积分.

基础练习 17

1. 填空题.

   (1) 设 Ω 是由平面 $x+y+z=1$ 与三个坐标平面所围成的空间区域,则 $\iiint\limits_{\Omega}(x+2y+3z)\mathrm{d}v = \underline{\qquad}$.

   (2) 设 $I = \iiint\limits_{\Omega:\,\begin{array}{l}|x|\leqslant 1\\|y|\leqslant 1\\|z|\leqslant 1\end{array}}(\mathrm{e}^{y^2}\sin^3 y + z^2\tan x + 3)\mathrm{d}v$,则 $I = \underline{\qquad}$.

   (3) 由不等式 $\sqrt{x^2+y^2} \leqslant z \leqslant 2-x^2-y^2$ 确定的立体 Ω 的体积为 $V = \underline{\qquad}$.

   (4) 设 $\Omega: x^2+y^2+z^2 \leqslant 1, z \leqslant 0$,则三重积分 $I = \iiint\limits_{\Omega} z\mathrm{d}V = \underline{\qquad}$.

   (5) 设 Ω 由 $z=x^2+y^2$ 与 $z=\sqrt{2-x^2-y^2}$ 所围成,在柱面坐标下将 $\iiint\limits_{\Omega}f(x,y,z)\mathrm{d}v$ 化成三次积分: $\iiint\limits_{\Omega}f(x,y,z)\mathrm{d}v = \underline{\qquad}$.

2. 选择题.

   (1) 设有空间闭区域 $\Omega_1 = \{(x,y,z) \mid x^2+y^2+z^2 \leqslant R^2, z \geqslant 0\}$, $\Omega_2 = \{(x,y,z) \mid x^2+y^2+z^2 \leqslant R^2, x \geqslant 0, y \geqslant 0, z \geqslant 0\}$,则有 ( )

   A. $\iiint\limits_{\Omega_1} x\mathrm{d}v = 4\iiint\limits_{\Omega_2} x\mathrm{d}v$
   B. $\iiint\limits_{\Omega_1} y\mathrm{d}v = 4\iiint\limits_{\Omega_2} y\mathrm{d}v$
   C. $\iiint\limits_{\Omega_1} z\mathrm{d}v = 4\iiint\limits_{\Omega_2} z\mathrm{d}v$
   D. $\iiint\limits_{\Omega_1} xyz\mathrm{d}v = 4\iiint\limits_{\Omega_2} xyz\mathrm{d}v$

   (2) 球面 $x^2+y^2+z^2=4a^2$ 与柱面 $x^2+y^2=2ax$ 所围成立体的体积 $V = $ ( )

   A. $4\int_0^{\frac{\pi}{2}}\mathrm{d}\theta\int_0^{2a\cos\theta}\sqrt{4a^2-r^2}\,\mathrm{d}r$
   B. $4\int_0^{\frac{\pi}{2}}\mathrm{d}\theta\int_0^{2a\cos\theta}r\sqrt{4a^2-r^2}\,\mathrm{d}r$
   C. $8\int_0^{\frac{\pi}{2}}\mathrm{d}\theta\int_0^{2a\cos\theta}r\sqrt{4a^2-r^2}\,\mathrm{d}r$
   D. $\int_{-\frac{\pi}{2}}^{\frac{\pi}{2}}\mathrm{d}\theta\int_0^{2a\cos\theta}r\sqrt{4a^2-r^2}\,\mathrm{d}r$

   (3) $\Omega: x^2+y^2+z^2 \leqslant 1$,则 $\iiint\limits_{\Omega}\dfrac{z\ln(x^2+y^2+z^2+1)}{x^2+y^2+z^2+1}\mathrm{d}x\mathrm{d}y\mathrm{d}z = $ ( )

   A. 1
   B. π
   C. 0
   D. $\dfrac{4\pi}{3}$

   (4) 设 Ω 是由曲面 $z=\sqrt{x^2+y^2}$ 与 $z=\sqrt{1-x^2-y^2}$ 所围成的空间区域,$\iiint\limits_{\Omega}z^2\mathrm{d}v$ 在球坐标系下化成的累次积分是 ( )

A. $\int_0^{2\pi} d\theta \int_0^{\frac{\pi}{2}} d\varphi \int_0^1 r^4 \sin\varphi \cos^2\varphi \, dr$ B. $\int_0^{2\pi} d\theta \int_0^{\frac{\pi}{4}} d\varphi \int_0^1 r^4 \sin\varphi \cos^2\varphi \, dr$

C. $\int_0^{2\pi} d\theta \int_0^{\frac{\pi}{2}} d\varphi \int_0^1 r^2 \sin\varphi \cos\varphi \, dr$ D. $\int_0^{2\pi} d\theta \int_0^{\frac{\pi}{4}} d\varphi \int_0^1 r^2 \sin\varphi \cos\varphi \, dr$

(5) 设 Ω 是由曲面 $z=x^2+y^2, y=x, y=0, z=1$ 在第一卦限所围成的闭区域，$f(x,y,z)$ 在 Ω 上连续，$\iiint_\Omega f(x,y,z) dv$ 等于 (　　)

A. $\int_0^1 dy \int_y^{\sqrt{1-y^2}} dx \int_{x^2+y^2}^1 f(x,y,z) dz$ B. $\int_0^{\frac{\sqrt{2}}{2}} dx \int_x^{\sqrt{1-x^2}} dy \int_{x^2+y^2}^1 f(x,y,z) dz$

C. $\int_0^{\frac{\sqrt{2}}{2}} dy \int_y^{\sqrt{1-y^2}} dx \int_{x^2+y^2}^1 f(x,y,z) dz$ D. $\int_0^{\frac{\sqrt{2}}{2}} dy \int_y^{\sqrt{1-y^2}} dx \int_0^1 f(x,y,z) dz$

3. 计算三重积分 $I_i = \iiint_{\Omega_i} (x+y+z)^2 dv \ (i=1,2)$，其中：

(1) $\Omega_1: 0 \leqslant x \leqslant 1, 0 \leqslant y \leqslant 1, 0 \leqslant z \leqslant 1.$

(2) $\Omega_2:$ 由 $z=\sqrt{x^2+y^2}$ 和 $x^2+y^2+z^2=4$ 围成.

4. 计算下列三重积分：

(1) $I = \iiint_\Omega (x^2+y^2+z^2) dx dy dz$，其中 Ω 是锥面 $x^2+y^2=z^2$ 与平面 $z=a(a>0)$ 所围成的立体.

(2) $\iiint_\Omega (x^2+y+z)\mathrm{d}v$,其中 Ω 是由 $x^2+y^2 \leqslant a^2$ 与 $x^2+z^2 \leqslant a^2 (a>0)$ 所围成的立体.

(3) $I = \iiint_\Omega z^2 \mathrm{d}x\mathrm{d}y\mathrm{d}z$,其中 Ω 是两个球体 $x^2+y^2+z^2 \leqslant 4$ 与 $x^2+y^2+z^2 \leqslant 4z$ 的公共部分.

5. 设一球缺高为 h,所在球的半径为 R,证明:该球缺的体积为 $\dfrac{\pi}{3}(3R-h)h^2$.

6. 求空间立体 Ω 的体积,其中 Ω 是由 $z=\sqrt{x^2+y^2}$ 与 $z=1+\sqrt{1-x^2-y^2}$ 所围成的区域.

7. 计算 $I = \iiint_\Omega \dfrac{\sqrt{x^2+y^2}}{z} dxdydz$，其中 $\Omega: \left\{(x,y,z) \Big| \sqrt{x^2+y^2} \leqslant z, x^2+y^2+z^2 \leqslant 2z\right\}$.

8. 设 $F(t) = \iiint\limits_{x^2+y^2+z^2 \leqslant t^2} f(x^2+y^2+z^2) dv$，$f(u)$ 为连续函数，且 $f'(0) = 5, f(0) = 0$，求 $\lim\limits_{t \to 0^+} \dfrac{F(t)}{t^5} (t > 0)$.

9. 已知球体 $x^2+y^2+z^2 \leqslant 2Rz(R>0)$，其上任一点的密度在数量上等于该点到原点距离的平方，求球体的质量及质心.

强化训练 17

1. 填空题.

   (1) 设 Ω 是由三个坐标平面和三个平面: $x=1, y=1, z=1$ 围成, 则 $\iiint\limits_{\Omega}(x^3+y^3+z^3+3)\mathrm{d}v=$ _____.

   (2) 设 Ω 是由 $\sqrt{x^2+y^2}=z$ 与 $z=1$ 所围成的区域, 则 $I=\iiint\limits_{\Omega}z\sqrt{x^2+y^2}\,\mathrm{d}x\mathrm{d}y\mathrm{d}z=$ _____.

   (3) 积分 $\iiint\limits_{\Omega: x^2+y^2+z^2\leqslant R^2}f(x^2+y^2+z^2)\mathrm{d}x\mathrm{d}y\mathrm{d}z$ 可化为定积分 $\int_0^R\varphi(x)\mathrm{d}x$, 则 $\varphi(x)=$ _____.

   (4) 设 Ω 是由 $z=x^2+y^2, z=1, z=4$ 所围成的区域, 则 $\iiint\limits_{\Omega}f(x,y,z)\mathrm{d}x\mathrm{d}y\mathrm{d}z$ 在柱面坐标系中的三次积分表达式为 _____.

   (5) 设 $\Omega: 0\leqslant z\leqslant 1-\sqrt{x^2+y^2}$, 则其形心坐标为 _____.

2. 选择题.

   (1) 设 $\Omega: x^2+y^2+z^2\leqslant 1, z\geqslant 0$, 则三重积分 $I=\iiint\limits_{\Omega}z\mathrm{d}v$ 等于 (   )

   A. $4\int_0^{\frac{\pi}{2}}\mathrm{d}\theta\int_0^{\frac{\pi}{2}}\mathrm{d}\varphi\int_0^1 r^3\sin\varphi\cos\varphi\,\mathrm{d}r$
   B. $\int_0^{\frac{\pi}{2}}\mathrm{d}\theta\int_0^{\pi}\mathrm{d}\varphi\int_0^1 r^2\sin\varphi\,\mathrm{d}r$

   C. $\int_0^{2\pi}\mathrm{d}\theta\int_0^{\frac{\pi}{2}}\mathrm{d}\varphi\int_0^1 r^3\sin\varphi\cos\varphi\,\mathrm{d}r$
   D. $\int_0^{2\pi}\mathrm{d}\theta\int_0^{\pi}\mathrm{d}\varphi\int_0^1 r^3\sin\varphi\cos\varphi\,\mathrm{d}r$

   (2) 将 $I=\int_0^a\mathrm{d}x\int_{-\sqrt{a^2-x^2}}^{\sqrt{a^2-x^2}}\mathrm{d}y\int_{a-\sqrt{a^2-x^2-y^2}}^{a+\sqrt{a^2-x^2-y^2}}f(x,y,z)\mathrm{d}z$ 化为球面坐标系下的三次积分, 则 $I=$ (   )

   A. $\int_0^{\pi}\mathrm{d}\theta\int_0^{\pi}\mathrm{d}\varphi\int_0^{2a\cos\varphi}r^2\sin\varphi f(r\cos\theta\sin\varphi, r\sin\theta\sin\varphi, r\cos\theta)\mathrm{d}r$

   B. $\int_{-\frac{\pi}{2}}^{\frac{\pi}{2}}\mathrm{d}\theta\int_0^{\pi}\mathrm{d}\varphi\int_0^{2a\cos\varphi}r^2\sin\varphi f(r\cos\theta\sin\varphi, r\sin\theta\sin\varphi, r\cos\varphi)\mathrm{d}r$

   C. $\int_{-\frac{\pi}{2}}^{\frac{\pi}{2}}\mathrm{d}\theta\int_0^{\pi}\mathrm{d}\varphi\int_0^{2a\cos\varphi}r^2\sin\varphi f(r\cos\theta\sin\varphi, r\sin\theta\sin\varphi, r\cos\varphi)\mathrm{d}r$

   D. $\int_0^{\pi}\mathrm{d}\theta\int_{-\frac{\pi}{2}}^{\frac{\pi}{2}}\mathrm{d}\varphi\int_0^{2a\cos\varphi}r^2\sin\varphi f(r\cos\theta\sin\varphi, r\sin\theta\sin\varphi, r\cos\varphi)\mathrm{d}r$

   (3) 设 Ω 是锥面 $\dfrac{z^2}{c^2}=\dfrac{x^2}{a^2}+\dfrac{y^2}{b^2}(a>0, b>0, c>0)$ 与平面 $x=0, y=0, z=c$ 所围成的空间区域在第一卦限的部分, 则 $\iiint\limits_{\Omega}\dfrac{xy}{\sqrt{z}}\mathrm{d}x\mathrm{d}y\mathrm{d}z=$ (   )

   A. $\dfrac{1}{36}a^2b^2\sqrt{c}$ B. $\dfrac{1}{36}a^2b^2\sqrt{b}$ C. $\dfrac{1}{36}b^2c^2\sqrt{a}$ D. $\dfrac{1}{36}c\sqrt{ab}$

(4) 设 $\Omega: -\sqrt{1-x^2-y^2} \leqslant z \leqslant 0$,记 $I_1 = \iiint_\Omega z e^{-x^2-y^2} dv$, $I_2 = \iiint_\Omega z^2 e^{-x^2-y^2} dv$, $I_3 = \iiint_\Omega z^3 e^{-x^2-y^2} dv$,则 I_1, I_2, I_3 的大小顺序为 ( )

A. $I_3 \leqslant I_1 \leqslant I_2$ B. $I_2 \leqslant I_3 \leqslant I_1$ C. $I_3 \leqslant I_2 \leqslant I_1$ D. $I_1 \leqslant I_3 \leqslant I_2$

(5) 由曲面 $x^2+y^2+z^2 = 2z$ 之内与 $z = x^2+y^2$ 之外所围成立体的体积为( )

A. $\int_0^{2\pi} d\theta \int_0^1 \rho d\rho \int_{\rho^2}^{\sqrt{1-\rho^2}} dz$ B. $\int_0^{2\pi} d\theta \int_0^\rho \rho d\rho \int_{\rho^2}^{1-\sqrt{1-\rho^2}} dz$

C. $\int_0^{2\pi} d\theta \int_0^1 \rho d\rho \int_{\rho^2}^{1-\rho} dz$ D. $\int_0^{2\pi} d\theta \int_0^1 \rho d\rho \int_{1-\sqrt{1-\rho^2}}^{\rho^2} dz$

3. 求证: $\dfrac{3}{2}\pi < \iiint_\Omega \sqrt[3]{x+2y-2z+5} \, dv < 3\pi$,其中 Ω 为 $x^2+y^2+z^2 \leqslant 1$.

4. 计算下列三重积分:

(1) $I = \iiint_\Omega (x^2+y^2) dv$,其中 Ω 是由 yOz 平面内 $z=0, z=2$ 以及曲线 $y^2-(z-1)^2 = 1$ 所围成的平面区域绕 z 轴旋转而成的含 z 轴部分的区域.

(2) $\iiint_\Omega (x^2+y^2+z^2) dxdydz$,其中 Ω 为椭球体: $\dfrac{x^2}{a^2} + \dfrac{y^2}{b^2} + \dfrac{z^2}{c^2} \leqslant 1$.

(3) $\iiint\limits_{\Omega: x^2+y^2+z^2 \leqslant 2z} (ax+by+cz)\mathrm{d}x\mathrm{d}y\mathrm{d}z$.

5. 计算 $I = \iiint\limits_{\Omega}(1+x^4)\mathrm{d}x\mathrm{d}y\mathrm{d}z$, 其中 Ω 由 $x^2 = y^2+z^2, x=1, x=2$ 围成.

6. 求椭球体 $(a_1 x + b_1 y + c_1 z)^2 + (a_2 x + b_2 y + c_2 z)^2 + (a_3 x + b_3 y + c_3 z)^2 \leqslant 1$ 的体积,其中 $\Delta = \begin{vmatrix} a_1 & b_1 & c_1 \\ a_2 & b_2 & c_2 \\ a_3 & b_3 & c_3 \end{vmatrix} \neq 0$.

7. 求由 $y^2 + z^2 = px$ 与 $x = h$ 所围成的立体 Ω 的形心.

8. 计算均匀球体 $\Omega: x^2 + y^2 + z^2 \leqslant 2z$(体密度为 1) 绕 z 轴的转动惯量.

9. 设 $f(u)$ 是连续函数,$F(t) = \iiint\limits_{\Omega} [z^2 + f(x^2+y^2)] \mathrm{d}x\mathrm{d}y\mathrm{d}z$,其中 $\Omega: x^2+y^2 \leqslant t^2, 0 < z < a$,求:

  (1) $F'(t)$.

  (2) $\lim\limits_{t \to 0^+} \dfrac{F(t)}{t^2}$.

10. 设一半径为 R 的球体,P_0 是此球体的表面上的一个定点,球体上任一点的密度与该点到 P_0 距离的平方成正比(比例常数 $k > 0$),求球体的质心位置.

第 16—17 讲阶段能力测试

阶段能力测试 A

一、填空题(每小题 3 分,共 15 分)

1. 改变积分次序: $\int_0^{2a} dx \int_{\sqrt{2ax-x^2}}^{\sqrt{2ax}} f(x,y) dy \, (a>0) =$ _____.

2. 设 $f(x,y)$ 连续,且 $f(x,y) = xy + \iint_D f(x,y) dx dy$,其中 D 是由 $x=1, y=0, y=x$ 围成的平面区域,则 $f(x,y) =$ _____.

3. 设 D 区域: $a \leqslant x \leqslant b, 0 \leqslant y \leqslant 1$,且 $\iint_D y f(x) d\sigma = 1$,则 $\int_a^b f(x) dx =$ _____.

4. 设 Ω 可表示为: $|x| \leqslant 1, |y| \leqslant 1, |z| \leqslant 1$,则 $\iiint_\Omega (x^3 + y^3 + 2) dv =$ _____. (理)

5. 设椭球体 $\Omega: 4x^2 + y^2 + z^2 - 2z \leqslant 3$,记 $I_1 = \iiint_\Omega x \, dv, I_2 = \iiint_\Omega y \, dv, I_3 = \iiint_\Omega z \, dv$,则 $(I_1, I_2, I_3) =$ _____. (理)

二、选择题(每小题 3 分,共 15 分)

1. 设 $f(x,y)$ 为连续函数,则 $\int_0^{\frac{\pi}{4}} d\theta \int_0^1 f(\rho\cos\theta, \rho\sin\theta) \rho \, d\rho$ 等于 ( )

   A. $\int_0^{\frac{\sqrt{2}}{2}} dx \int_x^{\sqrt{1-x^2}} f(x,y) dy$ B. $\int_0^{\frac{\sqrt{2}}{2}} dx \int_0^{\sqrt{1-x^2}} f(x,y) dy$

   C. $\int_0^{\frac{\sqrt{2}}{2}} dy \int_y^{\sqrt{1-y^2}} f(x,y) dx$ D. $\int_0^{\frac{\sqrt{2}}{2}} dy \int_0^{\sqrt{1-y^2}} f(x,y) dx$

2. 设平面区域 $D: (x-2)^2 + (y-1)^2 \leqslant 1$,若 $I_1 = \iint_D (x+y)^2 d\sigma, I_2 = \iint_D (x+y)^3 d\sigma$,则有 ( )

   A. $I_1 < I_2$ B. $I_1 = I_2$ C. $I_1 > I_2$ D. 不能比较

3. 设 D 是由 $x^2 + y^2 = a^2$ 与 $x+y = a$ 所围第一象限内的闭区域,则 $\iint_D dx dy = $ ( )

   A. $\frac{1}{4}\pi a^2$ B. $\frac{1}{2} a^2$ C. $\left(\frac{\pi}{4} - \frac{1}{2}\right) a^2$ D. $\left(\frac{\pi}{4} + \frac{1}{2}\right) a^2$

4. 设区域 D 是由圆周 $x^2 + y^2 = 1$ 所围成的闭区域,则 $\iint_D e^{\sqrt{x^2+y^2}} dx dy =$ ( )

   A. $2\pi e$ B. πe C. $2\pi(e-1)$ D. 2π

5. 设 $\Omega: x^2 + y^2 + (z-1)^2 \leqslant 1$,则三重积分 $I = \iiint_\Omega z \, dV$ 等于(理) ( )

A. $4\int_0^{\frac{\pi}{2}}d\theta\int_0^{\frac{\pi}{2}}d\varphi\int_0^{2\cos\varphi}r^3\sin\varphi\cos\varphi dr$ B. $\int_0^{\frac{\pi}{2}}d\theta\int_0^{\pi}d\varphi\int_0^1 r^2\sin\varphi dr$

C. $\int_0^{2\pi}d\theta\int_0^{\frac{\pi}{2}}d\varphi\int_0^{2\cos\varphi}r^3\sin\varphi\cos\varphi dr$ D. $\int_0^{2\pi}d\theta\int_0^{\frac{\pi}{2}}d\varphi\int_0^1 r^2\sin\varphi\cos\varphi dr$

三、计算下列二重积分或累次积分(每小题 6 分,共 12 分)

1. $I=\int_0^1 dy\int_y^1 \dfrac{y}{\sqrt{1+x^3}}dx$.

2. $I=\iint\limits_{D}\dfrac{1+xy}{1+x^2+y^2}dxdy$,其中 $D=\{(x,y)\mid x^2+y^2\leqslant 1,x\geqslant 0\}$.

四、计算下列三重积分(每小题 6 分,共 12 分)(理)

1. $\iiint\limits_{\Omega}(x^3+y+z^2)dv$,其中 $\Omega:x^2+y^2\leqslant z^2,x^2+y^2+z^2\leqslant R^2$.

2. $I=\iiint\limits_{\Omega}z^2 dxdydz$,其中 Ω 为球体:$x^2+y^2+z^2\leqslant 2z$.

五、(本题满分 8 分) 求上半球面 $z=\sqrt{a^2-x^2-y^2}$ 含在柱面 $x^2+y^2=ax$ 内的那部分的面积.

六、(本题满分 8 分) 求两个圆柱体 $x^2+y^2\leqslant a^2$ 与 $y^2+z^2\leqslant a^2$ 的公共部分的体积.

七、(本题满分 10 分) 设 $F(t)=\iiint\limits_{x^2+y^2+z^2\leqslant t^2}f(x^2+y^2+z^2)\mathrm{d}v\ (t>0)$，$f(u)$ 为连续函数，且 $f(0)=0, f'(0)=5$，求 $\lim\limits_{t\to 0^+}\dfrac{F(t)}{t^5}$. (理)

八、(本题满分 10 分) 设 $f(x)$ 为连续函数，a,m 是常数且 $a>0$，证明：
$$\int_0^a \mathrm{d}y \int_0^y \mathrm{e}^{m(a-x)} \cdot f(x)\mathrm{d}x = \int_0^a \mathrm{e}^{m(a-x)} f(x)(a-x)\mathrm{d}x.$$

九、(本题满分 10 分) 设有一高为 h、底圆半径为 R、母线长为 l、密度为 ρ 的均匀圆锥体，又设有质量为 m 的质点在它的顶点上，试求圆锥体对该质点的引力. (理)

阶段能力测试 B

一、填空题(每小题 3 分,共 15 分)

1. 交换积分顺序: $\int_0^{\frac{\pi}{4}} dx \int_0^{2\cos x} f(x,y) dy = $ _____ .

2. 设区间 $(0, +\infty)$ 上的函数 $u(x)$ 定义为: $u(x) = \int_0^{+\infty} e^{-xt^2} dt$,则 $u(x)$ 的初等函数表达式是 _____ .

3. 由曲线 $\begin{cases} y^2 = 2z \\ x = 0 \end{cases}$ 绕 z 轴旋转一周所形成的曲面夹在平面 $z=2$ 和 $z=8$ 之间的部分的面积等于 _____ .

4. 设 $\Omega: \sqrt{x^2+y^2} \leqslant z \leqslant 2-(x^2+y^2)$,积分 $\iiint_\Omega f(z) dx dy dz$ 可化为定积分 $\int_0^2 \varphi(x) dx$,则 $\varphi(x) = $ _____ .(理)

5. $\int_0^1 dx \int_0^{\sqrt{2x-x^2}} dy \int_0^h z\sqrt{x^2+y^2} dz = $ _____ .(理)

二、选择题(每小题 3 分,共 15 分)

1. 设 $f(x) = \begin{cases} \sin x, & 0 \leqslant x \leqslant 2 \\ 0, & 其他 \end{cases}$,$D$ 是全平面,则 $\iint_D f(x)f(y-x) dx dy$ 的值为 (   )

    A. $(1-\cos 2)^2$ B. $(1+\cos 2)^2$
    C. $(1+\sin 2)^2$ D. $(1-\sin 2)^2$

2. 设 $f(x)$ 为连续函数,$F(t) = \int_1^t dy \int_y^t f(x) dx$,则 $F'(2) = $ (   )

    A. $2f(2)$ B. $f(2)$ C. $-f(2)$ D. 0

3. 设函数 $F(u,v) = \iint_{D_{uv}} \dfrac{f(x^2+y^2)}{\sqrt{x^2+y^2}} dx dy$,$f(x)$ 连续,其中区域 D_{uv} 为图 17-7 中的阴影部分,则 $\dfrac{\partial F}{\partial u} = $ _____ .

    A. $vf(u^2)$ B. $\dfrac{v}{u} f(u^2)$
    C. $vf(u)$ D. $\dfrac{v}{u} f(u)$

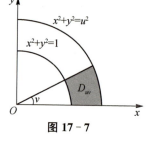

图 17-7

4. 设 Ω 由 $x+y+z \leqslant k$ 与 $0 \leqslant x \leqslant 1, 0 \leqslant y \leqslant 1, z \geqslant 0$ 确定,k 为大于等于 2 的常数,且 $\iiint_\Omega x dv = \dfrac{7}{4}$,则 $k = $ (理) (   )

    A. 5   B. 3   C. $\dfrac{14}{3}$ D. $\dfrac{8}{3}$

5. 设 Ω 是由曲面 $z=\sqrt{3(x^2+y^2)}$ 与 $z=\sqrt{1-x^2-y^2}$ 所围成的空间区域，$\iiint\limits_{\Omega} z^2 \mathrm{d}v$ 在球面坐标系下化为累次积分是(理) ( )

A. $\int_0^{2\pi} \mathrm{d}\theta \int_0^{\frac{\pi}{3}} \mathrm{d}\varphi \int_0^1 r^4 \sin\varphi \cos^2\varphi \mathrm{d}r$
B. $\int_0^{2\pi} \mathrm{d}\theta \int_0^{\frac{\pi}{6}} \mathrm{d}\varphi \int_0^1 r^4 \sin\varphi \cos^2\varphi \mathrm{d}r$
C. $\int_0^{2\pi} \mathrm{d}\theta \int_0^{\frac{\pi}{3}} \mathrm{d}\varphi \int_0^1 r^2 \sin\varphi \cos\varphi \mathrm{d}r$
D. $\int_0^{2\pi} \mathrm{d}\theta \int_0^{\frac{\pi}{6}} \mathrm{d}\varphi \int_0^1 r^2 \sin\varphi \cos\varphi \mathrm{d}r$

三、计算下列积分(每小题 7 分，共 14 分)

1. $\iint\limits_{D} \operatorname{sgn}(xy-1) \mathrm{d}x\mathrm{d}y$，其中 $D=\{(x,y) \mid 0 \leqslant x \leqslant 2, 0 \leqslant y \leqslant 2\}$.

2. $\iint\limits_{D} f(x,y) \mathrm{d}\sigma$，其中 $D=\{(x,y) \mid |x|+|y| \leqslant 2\}$，$f(x,y)=\begin{cases} x^2, & |x|+|y| \leqslant 1 \\ \dfrac{1}{\sqrt{x^2+y^2}}, & 1 < |x|+|y| \leqslant 2 \end{cases}$.

四、计算下列积分(每小题 7 分，共 14 分)(理)

1. $I=\iiint\limits_{\Omega}(x+y+z)^2 \mathrm{d}x\mathrm{d}y\mathrm{d}z$，其中 $\Omega: \dfrac{x^2}{a^2}+\dfrac{y^2}{b^2}+\dfrac{z^2}{c^2} \leqslant 1$.

2. $\iiint\limits_{\Omega: x^2+y^2+z^2 \leqslant 1} f(x,y,z)\mathrm{d}v$, 其中 $f(x,y,z) = \begin{cases} 0, & z > \sqrt{x^2+y^2} \\ \sqrt{x^2+y^2}, & 0 \leqslant z \leqslant \sqrt{x^2+y^2} \\ \sqrt{x^2+y^2+z^2}, & z < 0 \end{cases}$.

五、(本题满分 8 分) 证明：如果 $f(x)$ 及 $g(x)$ 在 $[0,1]$ 上都是单调增加的连续函数，则 $\int_0^1 f(x)g(x)\mathrm{d}x \geqslant \int_0^1 f(x)\mathrm{d}x \int_0^1 g(x)\mathrm{d}x$.

六、(本题满分 8 分) 已知函数 $f(x)$ 在 $\left[0, \dfrac{3\pi}{2}\right]$ 上连续，在 $\left(0, \dfrac{3\pi}{2}\right)$ 内是函数 $\dfrac{\cos x}{2x-3\pi}$ 的一个原函数，且 $f(0)=0$.

(1) 求 $f(x)$ 在区间 $\left[0, \dfrac{3\pi}{2}\right]$ 上的平均值.

(2) 证明：$f(x)$ 在区间 $\left(0, \dfrac{3\pi}{2}\right)$ 内存在唯一零点.

七、(**本题满分 8 分**) 设平面薄片的质量为 M,其重心到直线 l 的距离为 d,L 为过重心且平行于 l 的直线,若分别以 l,L 为轴,平面薄片关于它们的转动惯量分别为 I_l,I_L,l 的方程为 $x=d$,重心为 $G(0,\overline{y})$,证明:$I_l = I_L + d^2 M$.(理)

八、(**本题满分 8 分**) 求旋转抛物面 $x^2+y^2+az=4a^2$ 将球体 $x^2+y^2+z^2 \leqslant 4az$ 分成的两部分的体积之比 $(a>0)$.

九、(**本题满分 10 分**) 求由曲面 $y^2+2z^2=4x$ 和 $x=2$ 所围成的质量均匀分布的立体的质心坐标.(理)

第 18 讲　曲线积分与曲面积分(一)(理)
—— 曲线积分

18.1　内容提要与归纳

曲线积分思维导图

18.1.1　对弧长的曲线积分(第一型曲线积分)

1) 对弧长的曲线积分的定义

设 $f(x,y)$ 在 xOy 面内的光滑曲线 L 上有界，Δs_i 是任意分割 L 为 n 个小弧段所得的第 i 个小段的弧长，(ξ_i,η_i) 是第 i 个小弧段上的任意一点，$\lambda = \max\limits_{1\leqslant i\leqslant n}\{\Delta s_i\}$，若 $\lim\limits_{\lambda \to 0}\sum\limits_{i=1}^{n} f(\xi_i,\eta_i)\Delta s_i$ 存在，则称该极限为 $f(x,y)$ 在 L 上对弧长的曲线积分，记作 $\int_L f(x,y)\mathrm{d}s$，即

$$\int_L f(x,y)\mathrm{d}s = \lim_{\lambda \to 0}\sum_{i=1}^{n} f(\xi_i,\eta_i)\Delta s_i$$

若 Γ 为空间曲线，类似有

$$\int_\Gamma f(x,y,z)\mathrm{d}s = \lim_{\lambda \to 0}\sum_{i=1}^{n} f(\xi_i,\eta_i,\zeta_i)\Delta s_i$$

2) 对弧长的曲线积分的几何意义

① 当 $f(x,y)\equiv 1$ 时，$\int_L \mathrm{d}s = s_L$ 为曲线 L 的弧长.

② 当 $f(x,y)\geqslant 0$ 时，$\int_L f(x,y)\mathrm{d}s$ 表示以曲线 L 为准线，母线平行于 z 轴，高为 $z=f(x,y)$ 的柱面的面积.

3) 对弧长的曲线积分的物理意义

当曲线 L 的线密度为 $\mu(x,y)$ 时，其质量为 $M = \int_L \mu(x,y)\mathrm{d}s$.

4) 对弧长的曲线积分性质

设 $\int_L f(x,y)\mathrm{d}s$、$\int_L g(x,y)\mathrm{d}s$ 存在，则对弧长的曲线积分的性质如表 18-1 所示.

表 18-1

序号	条件	积分性质
性质 1	k_1,k_2 为常数	$\int_L [k_1 f(x,y) \pm k_2 g(x,y)]\mathrm{d}s = k_1\int_L f(x,y)\mathrm{d}s \pm k_2\int_L g(x,y)\mathrm{d}s$

续表 18 - 1

序号	条件	积分性质
性质 2	L 的长度为 s_L	$\int_L 1 \cdot ds = s_L$
性质 3	$L = L_1 + L_2$	$\int_L f(x,y)ds = \int_{L_1} f(x,y)ds + \int_{L_2} f(x,y)ds$
性质 4	在 L 上 $f(x,y) \leqslant g(x,y)$	$\int_L f(x,y)ds \leqslant \int_L g(x,y)ds$
性质 4 推论		$\left|\int_L f(x,y)ds\right| \leqslant \int_L |f(x,y)|ds$

5) 对弧长的曲线积分计算方法(化为定积分)

设 $f(x,y)$ 或 $f(x,y,z)$ 在曲线 L 上连续,且 $\varphi(t),\psi(t),w(t)$ 在 $[\alpha,\beta]$ 上具有一阶连续导数,及 $\varphi'^2(t)+\psi'^2(t) \neq 0 [$或 $\varphi'^2(t)+\psi'^2(t)+w'^2(t) \neq 0]$,则对弧长的曲线积分的计算公式如表 18 - 2 所示.

表 18 - 2

L(或 Γ)	积分变量范围	$I = \int_L f(x,y)ds$ 或 $I_1 = \int_\Gamma f(x,y,z)ds$ 的计算公式
$L: \begin{cases} x = \varphi(t) \\ y = \psi(t) \end{cases}$	$\alpha \leqslant t \leqslant \beta$	$I = \int_\alpha^\beta f[\varphi(t),\psi(t)] \sqrt{\varphi'^2(t)+\psi'^2(t)}\, dt$
$L: y = \varphi(x)$	$a \leqslant x \leqslant b$	$I = \int_a^b f[x,\varphi(x)] \sqrt{1+[\varphi'(x)]^2}\, dx$
$L: x = \psi(y)$	$c \leqslant y \leqslant d$	$I = \int_c^d f[\psi(y),y] \sqrt{1+[\psi'(y)]^2}\, dy$
$L: \rho = \rho(\theta)$	$\alpha \leqslant \theta \leqslant \beta$	$I = \int_\alpha^\beta f[\rho(\theta)\cos\theta,\rho(\theta)\sin\theta] \sqrt{\rho'^2(\theta)+\rho^2(\theta)}\, d\theta$
$\Gamma: \begin{cases} x = \varphi(t) \\ y = \psi(t) \\ z = w(t) \end{cases}$	$\alpha \leqslant t \leqslant \beta$	$I_1 = \int_\alpha^\beta f[\varphi(t),\psi(t),w(t)] \sqrt{\varphi'^2(t)+\psi'^2(t)+w'^2(t)}\, dt$

18.1.2 对坐标的曲线积分(第二型曲线积分)

1) 对坐标的曲线积分的定义

设 L 为 xOy 面内从点 A 到点 B 的一条有向光滑或分段光滑曲线弧,函数 $P(x,y)$, $Q(x,y)$ 在 L 上有界,Δx_i 是任意分割 L 为 n 个有向子弧段所得的第 i 个有向子弧段在 x 轴上的投影,(ξ_i,η_i) 是第 i 个小弧段上的任意一点,Δs_i 为第 i 段弧的长度,$\lambda = \max_{1 \leqslant i \leqslant n} \{\Delta s_i\}$,如果 $\lim_{\lambda \to 0} \sum_{i=1}^n P(\xi_i,\eta_i)\Delta x_i$ 存在,则称该极限为 $P(x,y)$ 在 L 上对坐标 x 的曲线积分,记作 $\int_L P(x,y)dx$,即

$$\int_L P(x,y)dx = \lim_{\lambda \to 0} \sum_{i=1}^n P(\xi_i,\eta_i)\Delta x_i$$

类似地,可定义 $Q(x,y)$ 在 L 上对坐标 y 的曲线积分为

$$\int_L Q(x,y)\mathrm{d}y = \lim_{\lambda \to 0}\sum_{i=1}^n Q(\xi_i,\eta_i)\Delta y_i$$

函数 $P(x,y),Q(x,y)$ 沿曲线 L 从点 A 到点 B 对坐标的曲线积分可合并为

$$\int_L P(x,y)\mathrm{d}x + Q(x,y)\mathrm{d}y$$

若 Γ 为空间有向曲线,类似定义有

$$\int_\Gamma P(x,y,z)\mathrm{d}x + Q(x,y,z)\mathrm{d}y + R(x,y,z)\mathrm{d}z$$

$$= \lim_{\lambda \to 0}\sum_{i=1}^n [P(\xi_i,\eta_i,\zeta_i)\Delta x_i + Q(\xi_i,\eta_i,\zeta_i)\Delta y_i + R(\xi_i,\eta_i,\zeta_i)\Delta z_i]$$

2) 对坐标的曲线积分的向量形式

设 $\boldsymbol{F}(x,y) = P(x,y)\boldsymbol{i} + Q(x,y)\boldsymbol{j}$,$\mathrm{d}\boldsymbol{s} = \mathrm{d}x\boldsymbol{i} + \mathrm{d}y\boldsymbol{j}$,于是

$$\int_L P(x,y)\mathrm{d}x + Q(x,y)\mathrm{d}y = \int_L \boldsymbol{F}(x,y) \cdot \mathrm{d}\boldsymbol{s}$$

3) 对坐标的曲线积分的物理意义

① 变力 $\boldsymbol{F} = P(x,y)\boldsymbol{i} + Q(x,y)\boldsymbol{j}$ 沿有向曲线 L 所做的功为

$$W = \int_L P(x,y)\mathrm{d}x + Q(x,y)\mathrm{d}y$$

② 流场 $\{P(x,y,z),Q(x,y,z),R(x,y,z)\}$ 沿空间有向闭曲线 Γ 的环流量为

$$I = \oint_\Gamma P(x,y,z)\mathrm{d}x + Q(x,y,z)\mathrm{d}y + R(x,y,z)\mathrm{d}z$$

4) 对坐标的曲线积分的性质(方向性、分段可加性)

性质 1 设 L 为有向曲线弧,L^- 是与 L 方向相反的有向曲线弧,则

$$\int_{L^-} P(x,y)\mathrm{d}x + Q(x,y)\mathrm{d}y = -\int_L P(x,y)\mathrm{d}x + Q(x,y)\mathrm{d}y$$

性质 2 如果 $L = L_1 + L_2$,则

$$\int_L P(x,y)\mathrm{d}x + Q(x,y)\mathrm{d}y = \int_{L_1} P(x,y)\mathrm{d}x + Q(x,y)\mathrm{d}y +$$

$$\int_{L_2} P(x,y)\mathrm{d}x + Q(x,y)\mathrm{d}y$$

5) 对坐标的曲线积分的计算方法(化为定积分)

(1) 平面有向曲线 L 上对坐标的曲线积分的计算

设函数 $P(x,y),Q(x,y)$ 在平面有向曲线弧 L 上连续,且 $\varphi(t),\psi(t)$ 在 $[\alpha,\beta]$ 上具有一阶连续导数,$\varphi'^2(t) + \psi'^2(t) \neq 0$,则对坐标的平面曲线积分的计算公式如表 18-3 所示。

表 18-3

L 方程	积分变量范围: 对应起点到终点	$I = \int_L P(x,y)\mathrm{d}x + Q(x,y)\mathrm{d}y$ 的计算公式
$\begin{cases}x = \varphi(t) \\ y = \psi(t)\end{cases}$	$t:\alpha \to \beta$	$I = \int_\alpha^\beta \{P[\varphi(t),\psi(t)]\varphi'(t) + Q[\varphi(t),\psi(t)]\psi'(t)\}\mathrm{d}t$

续表 18 - 3

L 方程	积分变量范围：对应起点到终点	$I = \int_L P(x,y)\mathrm{d}x + Q(x,y)\mathrm{d}y$ 的计算公式
$y = \varphi(x)$	$x: a \to b$	$I = \int_a^b \{P[x,\varphi(x)] + Q[x,\varphi(x)]\varphi'(x)\}\mathrm{d}x$
$x = \psi(y)$	$y: c \to d$	$I = \int_c^d \{P[\psi(y),y]\psi'(y) + Q[\psi(y),y]\}\mathrm{d}y$

(2) 空间有向曲线 Γ 上对坐标的曲线积分的计算

空间有向曲线 Γ 上对坐标的曲线积分有类似的计算公式.

设空间有向曲线 $\Gamma: \begin{cases} x = \varphi(t) \\ y = \psi(t), t = \alpha \\ z = \omega(t) \end{cases}$ 对应 Γ 的起点 A, $t = \beta$ 对应其终点 B, 则

$$\int_\Gamma P(x,y,z)\mathrm{d}x + Q(x,y,z)\mathrm{d}y + R(x,y,z)\mathrm{d}z$$
$$= \int_\alpha^\beta \Big\{ P[\varphi(t),\psi(t),\omega(t)]\varphi'(t) + Q[\varphi(t),\psi(t),\omega(t)]\psi'(t) +$$
$$R[\varphi(t),\psi(t),\omega(t)]\omega'(t) \Big\}\mathrm{d}t$$

18.1.3　两类曲线积分之间的关系

设 $\cos\alpha, \cos\beta$ 为平面有向曲线弧 L 上点 (x,y) 处与该 L 走向一致的切向量的方向余弦，则 L 上两类曲线积分有如下关系：

$$\int_L P(x,y)\mathrm{d}x + Q(x,y)\mathrm{d}y = \int_L [P(x,y)\cos\alpha + Q(x,y)\cos\beta]\mathrm{d}s$$

设 $\cos\alpha, \cos\beta, \cos\gamma$ 为空间有向曲线弧 Γ 上点 (x,y) 处与该 Γ 走向一致的切向量的方向余弦，则 Γ 上两类曲线积分有如下关系：

$$\int_\Gamma P(x,y,z)\mathrm{d}x + Q(x,y,z)\mathrm{d}y + R(x,y,z)\mathrm{d}z$$
$$= \int_\Gamma [P(x,y,z)\cos\alpha + Q(x,y,z)\cos\beta + R(x,y,z)\cos\gamma]\mathrm{d}s$$

18.1.4　格林公式

格林公式：设闭区域 D 是由分段光滑的曲线 L 围成，函数 $P(x,y), Q(x,y)$ 在 D 上具有一阶连续偏导数，则

$$\iint_D \left(\frac{\partial Q}{\partial x} - \frac{\partial P}{\partial y} \right) \mathrm{d}x\mathrm{d}y = \oint_L P\mathrm{d}x + Q\mathrm{d}y$$

其中 L 是 D 的取正向的边界曲线.

注意：格林公式在复连通区域上也成立.

18.1.5　平面上曲线积分与路径无关的等价条件

设函数 $P(x,y), Q(x,y)$ 在单连通区域 D 内具有一阶连续偏导数，则以下四个命题

等价：

① $\int_L P\mathrm{d}x + Q\mathrm{d}y$ 在 D 内与路径无关，即 $\int_{L_1} P\mathrm{d}x + Q\mathrm{d}y = \int_{L_2} P\mathrm{d}x + Q\mathrm{d}y$，其中 L_1、L_2 为 D 内具有相同起点和终点的两任意曲线.

② $\oint_L P\mathrm{d}x + Q\mathrm{d}y = 0$，其中 L 为 D 内的任意闭曲线.

③ 在 D 内存在某个函数 $u(x,y)$，使 $\mathrm{d}u = P\mathrm{d}x + Q\mathrm{d}y$.

④ $\dfrac{\partial P}{\partial y} = \dfrac{\partial Q}{\partial x}$ 在 D 内恒成立.

<u>注意</u>：① 平面上曲线积分与路径无关的等价条件在复连通区域上不一定成立.

② 当平面上曲线积分与路径无关时，使 $\mathrm{d}u = P\mathrm{d}x + Q\mathrm{d}y$ 成立的二元函数 $u(x,y)$ 可用凑微分法求得，也可用如下公式求得：$\forall (x_0, y_0) \in D$，则

$$u(x,y) = \int_{(x_0, y_0)}^{(x, y)} P\mathrm{d}x + Q\mathrm{d}y + c$$

或

$$u(x,y) = \int_{x_0}^{x} P(x, y_0)\mathrm{d}x + \int_{y_0}^{y} Q(x, y)\mathrm{d}y + c$$

或

$$u(x,y) = \int_{x_0}^{x} P(x, y)\mathrm{d}x + \int_{y_0}^{y} Q(x_0, y)\mathrm{d}y + c$$

18.1.6　第一型曲线积分的对称性

第一型曲线积分与重积分有相类似的对称性与轮换对称性.

① 若平面曲线 L 关于 y 轴对称，设 L_1 是 L 在 $x \geqslant 0$ 的部分，则有

$$\int_L f(x,y)\mathrm{d}s = \begin{cases} 2\int_{L_1} f(x,y)\mathrm{d}s, & f(-x,y) = f(x,y) \\ 0, & f(-x,y) = -f(x,y) \end{cases}$$

② 若平面曲线 L 关于 x 轴对称，设 L_1 是 L 在 $y \geqslant 0$ 的部分，则有

$$\int_L f(x,y)\mathrm{d}s = \begin{cases} 2\int_{L_1} f(x,y)\mathrm{d}s, & f(x,-y) = f(x,y) \\ 0, & f(x,-y) = -f(x,y) \end{cases}$$

③ 若平面曲线 L 关于直线 $y = x$ 对称，则有

$$\int_L f(x,y)\mathrm{d}s = \int_L f(y,x)\mathrm{d}s$$

18.1.7　曲线积分的代入性

无论是第一型曲线积分还是第二型曲线积分，其被积函数中的变量都需满足积分曲线的方程，故求曲线积分时需将曲线的方程代入被积函数中，为方便起见不妨称该性质为曲线积分的代入性.

18.2　典型例题分析

例 1　计算 $\oint_L (3xy + 3x^2 + 4y^2) ds$，其中 L 为椭圆 $\dfrac{x^2}{4} + \dfrac{y^2}{3} = 1$，其周长为 a．

分析　本题可分别利用曲线积分的代入性与对称性化简该积分，再利用公式 $\oint_L ds = s_L$ 计算．

解　由 $L: \dfrac{x^2}{4} + \dfrac{y^2}{3} = 1$，即 $L: 3x^2 + 4y^2 = 12$，利用曲线积分的代入性及几何性 $\oint_L ds = s_L = a$，有

$$\oint_L (3x^2 + 4y^2) ds = \oint_L 12 ds = 12a$$

又由于 L 关于 y 轴对称，而 xy 是关于 x 的奇函数，故

$$\oint_L xy \, ds = 0$$

因此

$$\oint_L (3xy + 3x^2 + 4y^2) ds = 3\oint_L xy \, ds + \oint_L (3x^2 + 4y^2) ds$$
$$= 0 + 12a = 12a$$

> 　① 第一型曲线积分既有代入性，也有对称性与轮换对称性．
> 　② 当被积函数是常数时，可利用公式 $\oint_L k \, ds = k s_L$ 计算．

例 2　计算 $\displaystyle\int_L \dfrac{x+2y}{x^2+y^2} ds$，其中 L 为圆周 $x^2 + y^2 = R^2$ 的上半圆弧．

分析　如图 18-1 所示，先将 L 的方程代入原积分的分母中，积分化为 $\dfrac{1}{R^2}\displaystyle\int_L (x+2y)ds$，再利用对称性化简该积分，然后利用 L 的直角坐标方程或参数方程计算出积分．

解法一　先利用对称性及代入性．由于 L 为上半圆周 $x^2 + y^2 = R^2 (y \geqslant 0)$，故原积分中的分母为 $x^2 + y^2 = R^2$，故

$$I = \int_L \dfrac{x+2y}{x^2+y^2} ds = \dfrac{1}{R^2}\int_L (x+2y) ds$$

又 L 关于 y 轴对称，而 $f(x,y) = x$ 是关于 x 的奇函数，故

$$\int_L x \, ds = 0$$

则

$$I = \int_L \dfrac{x+2y}{x^2+y^2} ds = \dfrac{1}{R^2}\int_L (x+2y) ds = \dfrac{2}{R^2}\int_L y \, ds$$

图 18-1

再利用直角坐标方程．$L: y = \sqrt{R^2 - x^2}\ (-R \leqslant x \leqslant R)$，则

$$y' = \frac{-x}{\sqrt{R^2 - x^2}}, \mathrm{d}s = \sqrt{1 + y'^2(x)}\,\mathrm{d}x = \frac{R}{\sqrt{R^2 - x^2}}\,\mathrm{d}x$$

因此

$$I = \frac{2}{R^2}\int_L y\,\mathrm{d}s = \frac{2}{R^2}\int_{-R}^{R} \frac{\sqrt{R^2 - x^2}\,R}{\sqrt{R^2 - x^2}}\,\mathrm{d}x = \frac{2}{R^2}R\int_{-R}^{R}\mathrm{d}x = 4$$

解法二 先利用代入性及对称性可得 $I = \frac{2}{R^2}\int_L y\,\mathrm{d}s$，再用参数方程 $L:\begin{cases} x = R\cos\theta \\ y = R\sin\theta \end{cases}(0 \leqslant \theta \leqslant \pi)$，则

$$\mathrm{d}s = \sqrt{x'^2(\theta) + y'^2(\theta)}\,\mathrm{d}\theta = \sqrt{(-R\sin\theta)^2 + (R\cos\theta)^2}\,\mathrm{d}\theta = R\,\mathrm{d}\theta$$

因此

$$I = \frac{2}{R^2}\int_L y\,\mathrm{d}s = \frac{2}{R^2}\int_0^\pi R\sin\theta R\,\mathrm{d}\theta = 4$$

> **小贴士** 根据被积函数的特性，利用对称性与代入性可化简该积分，在计算时本题显然用 L 的参数方程（解法二）较简便．

例3 计算 $I = \oint_L \sqrt{x^2 + y^2}\,\mathrm{d}s$，其中 L 为圆周 $x^2 + y^2 = Rx\,(R > 0)$．

分析 本题先利用代入性及对称性化简，再分别利用 L 的各种方程形式化为定积分计算．

解法一 如图 18-2 所示，先利用代入性及对称性可知 $I = 2\int_{L_1}\sqrt{Rx}\,\mathrm{d}s$，其中 L_1 为上半圆周 $y = \sqrt{Rx - x^2}\,(0 \leqslant x \leqslant R)$，则

$$\mathrm{d}s = \sqrt{1 + y'^2(x)}\,\mathrm{d}x = \frac{R}{2\sqrt{Rx - x^2}}\,\mathrm{d}x$$

图 18-2

因此

$$I = 2\int_0^R \sqrt{Rx}\,\frac{R}{2\sqrt{Rx - x^2}}\,\mathrm{d}x = R\sqrt{R}\int_0^R \frac{1}{\sqrt{R - x}}\,\mathrm{d}x$$
$$= R\sqrt{R}(-2\sqrt{R - x})\Big|_0^R = 2R^2$$

解法二 由解法一可知 $I = 2\int_{L_1}\sqrt{Rx}\,\mathrm{d}s$，再利用参数方程（图 18-3）

$L_1:\begin{cases} x = \dfrac{R}{2}(1 + \cos t) \\ y = \dfrac{R}{2}\sin t \end{cases}(0 \leqslant t \leqslant \pi)$，则

图 18-3

$$\mathrm{d}s = \sqrt{x'^2(t) + y'^2(t)}\,\mathrm{d}t$$
$$= \sqrt{\left(-\frac{R}{2}\sin t\right)^2 + \left(\frac{R}{2}\cos t\right)^2}\,\mathrm{d}t = \frac{R}{2}\,\mathrm{d}t$$

因此

$$I = 2\int_0^\pi \frac{R}{\sqrt{2}}\sqrt{1+\cos t}\,\frac{R}{2}\mathrm{d}t = 2\int_0^\pi \frac{R^2}{2}\left|\cos\frac{t}{2}\right|\mathrm{d}t$$

$$= R^2\left(\int_0^\pi \cos\frac{t}{2}\mathrm{d}t\right) = 2R^2$$

解法三 由对称性可知 $I = 2\int_{L_1}\sqrt{x^2+y^2}\,\mathrm{d}s$,利用极坐标方程(图 18-4)$L_1:\rho = R\cos\theta\left(0\leqslant\theta\leqslant\frac{\pi}{2}\right)$,则

$$\mathrm{d}s = \sqrt{\rho^2 + \rho'^2(\theta)}\,\mathrm{d}\theta = R\,\mathrm{d}\theta$$

因此

图 18-4

$$I = 2\int_0^{\frac{\pi}{2}} \rho R\,\mathrm{d}\theta = 2\int_0^{\frac{\pi}{2}} R^2\cos\theta\,\mathrm{d}\theta = 2R^2$$

> **小贴士** ① 选择曲线的方程形式时,应特别注意相应参数的变化范围,例如本题在解法二中,由于 L_1 的圆心在 x 轴上,故变量 t 的范围是 $0\leqslant t\leqslant \pi$,而不是 $0\leqslant t\leqslant \frac{\pi}{2}$.
>
> ② 本题的解法三最简便,想一想,为什么?

例 4 计算 $\oint_\Gamma (x^2 + 2y^2 + 3y + 5z)\mathrm{d}s$,其中 Γ 为 $\begin{cases} x^2 + y^2 + z^2 = R^2 \\ x + y + z = 0 \end{cases}$.

分析一 将 Γ 的一般式方程化为参数方程形式,即可将原积分化为参数的定积分计算.

解法一 将空间曲线 Γ 化为参数方程,有 $\begin{cases} x^2 + y^2 + z^2 = R^2 \\ x + y + z = 0 \end{cases}$,消去 y 得

$$\left(x + \frac{z}{2}\right)^2 + \frac{3}{4}z^2 = \frac{R^2}{2}$$

令

$$x + \frac{z}{2} = \frac{R}{\sqrt{2}}\cos t,\; \frac{\sqrt{3}}{2}z = \frac{R}{\sqrt{2}}\sin t$$

则

$$z = \frac{2R}{\sqrt{6}}\sin t,\; x = \frac{R}{\sqrt{2}}\cos t - \frac{z}{2} = \frac{R}{\sqrt{2}}\cos t - \frac{R}{\sqrt{6}}\sin t$$

$$y = -x - z = -\frac{R}{\sqrt{2}}\cos t - \frac{R}{\sqrt{6}}\sin t$$

故 Γ 的参数方程为

$$\begin{cases} x = \frac{R}{\sqrt{2}}\cos t - \frac{R}{\sqrt{6}}\sin t \\ y = -\frac{R}{\sqrt{2}}\cos t - \frac{R}{\sqrt{6}}\sin t \;(0\leqslant t\leqslant 2\pi) \\ z = \frac{2R}{\sqrt{6}}\sin t \end{cases}$$

$$ds = \sqrt{x'^2(t) + y'^2(t) + z'^2(t)}\,dt = \sqrt{R^2\cos^2 t + R^2\sin^2 t}\,dt = R\,dt$$

故

$$\oint_{\Gamma}(x^2 + 2y^2 + 3y + 5z)\,ds$$

$$= R\int_0^{2\pi}\left[R^2\left(\frac{\cos t}{\sqrt{2}} - \frac{\sin t}{\sqrt{6}}\right)^2 + 2R^2\left(-\frac{\cos t}{\sqrt{2}} - \frac{\sin t}{\sqrt{6}}\right)^2 - \right.$$

$$\left.3\cdot\left(\frac{R}{\sqrt{2}}\cos t + \frac{R}{\sqrt{6}}\sin t\right) + 5\cdot\frac{2R}{\sqrt{6}}\sin t\right]dt$$

$$= 3R^3\int_0^{2\pi}\left(\frac{1}{2}\cos^2 t + \frac{1}{6}\sin^2 t\right)dt$$

$$= 3R^3\int_0^{2\pi}\left(\frac{1}{2}\cdot\frac{1+\cos 2t}{2} + \frac{1}{6}\cdot\frac{1-\cos 2t}{2}\right)dt = 2\pi R^3$$

分析二 先利用轮换性化简该积分,再利用代入性化为定积分计算.

解法二 由于积分曲线方程具有轮换性,并利用代入性,有

$$\oint_{\Gamma} x^2\,ds = \oint_{\Gamma} y^2\,ds = \oint_{\Gamma} z^2\,ds = \frac{1}{3}\oint_{\Gamma}(x^2+y^2+z^2)\,ds = \frac{R^2}{3}\oint_{\Gamma} ds = \frac{2\pi}{3}R^3$$

同理有

$$\oint_L x\,ds = \oint_L y\,ds = \oint_L z\,ds = \frac{1}{3}\oint_L(x+y+z)\,ds = 0$$

所以

$$\oint_{\Gamma}(x^2+2y^2+3y+5z)\,ds = 3\oint_{\Gamma} x^2\,ds + 0 = 2\pi R^3$$

> **小贴士** 在本题的解法二的计算中转换性与代入性起到很大作用,比解法一要简单得多.

例5 求圆柱面 $x^2 + y^2 = 4$ 介于平面 $z = 0$ 上方与 $z = \sqrt{3}x$ 下方那部分的侧面积 A.

分析 利用第一型曲线积分的几何意义可知,将柱面的侧面积表示为第一型曲线积分,即可求出.

解 由第一型曲线积分的几何意义可知,侧面积公式 $A = \int_L z\,ds$(如图 18-5 所示),其中 $L: x^2 + y^2 = 4 (x \geqslant 0)$,其参数方程为

$$\begin{cases} x = 2\cos\theta \\ y = 2\sin\theta \end{cases} \left(-\frac{\pi}{2} \leqslant \theta \leqslant \frac{\pi}{2}\right)$$

则

$$ds = \sqrt{x'^2(\theta) + y'^2(\theta)}\,d\theta$$
$$= \sqrt{(-2\sin\theta)^2 + (2\cos\theta)^2}\,d\theta = 2\,d\theta$$

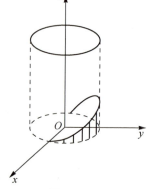

图 18-5

又 $z = \sqrt{3}x$,故

$$A = \int_L z\,ds = \sqrt{3}\int_L x\,ds = \sqrt{3}\int_{-\frac{\pi}{2}}^{\frac{\pi}{2}} 2\cos\theta \cdot 2\,d\theta$$
$$= 8\sqrt{3}\int_0^{\frac{\pi}{2}} \cos\theta\,d\theta = 8\sqrt{3}$$

> **小贴士** 当曲面是柱面时才可利用第一型曲线积分计算其侧面积，该方法对其他图形不一定适用！！

例 6 计算 $\oint_L \dfrac{2y\,dx + x\,dy}{|x|+|y|}$，其中 L 为以 $A(1,0), B(0,1), C(-1,0), D(0,-1)$ 为顶点的正方形边界（如图 18-6 所示），取逆时针方向.

分析 本题中因为 $O(0,0) \in D_L$ 内，故不能直接利用格林公式计算，而 $L: |x|+|y|=1$，故利用曲线积分的代入性，可将该积分中的分母直接换为 1，由于化简后的积分已满足格林公式的条件，就可利用格林公式计算了.

图 18-6

解 L 由直线段 $\overline{AB}, \overline{BC}, \overline{CD}$ 与 $\overline{DA}$ 组成，故
$$L: |x|+|y|=1$$
所以
$$\oint_L \frac{2y\,dx + x\,dy}{|x|+|y|} = \oint_L 2y\,dx + x\,dy = \iint_D (-1)\,dx\,dy = -(\sqrt{2})^2 = -2$$

> **小贴士** ① 第二型曲线积分有代入性，但没有与第一型曲线积分类似的对称性与轮换性.
> ② 用格林公式时，一定要满足公式需要的条件.

例 7 设 L 为沿上半椭圆 $x^2 + xy + y^2 = 1(y \geqslant 0)$ 上由点 $A(-1,0)$ 到点 $B(1,0)$ 的一段弧，计算 $I = \int_L [1+(xy+y^2)\sin x]\,dx + [(xy+x^2)\sin y]\,dy$.

分析 利用代入性后就有 $\dfrac{\partial P}{\partial y} = \dfrac{\partial Q}{\partial x}$，因此该曲线积分与路径无关，这时可重新选择简单路径（AB 直线路径）计算该积分.

解 利用代入性，有
$$I = \int_L [1+(1-x^2)\sin x]\,dx + [(1-y^2)\sin y]\,dy$$
令 $P = 1+(1-x^2)\sin x, Q = (1-y^2)\sin y$，则
$$\frac{\partial P}{\partial y} = 0 = \frac{\partial Q}{\partial x}$$
所以原积分与路径无关，故
$$I = \int_{(-1,0)}^{(1,0)} [1+(1-x^2)\sin x]\,dx + [(1-y^2)\sin y]\,dy$$
$$= \int_{-1}^1 [1+(1-x^2)\sin x]\,dx = \int_{-1}^1 1\,dx = 2$$

> **小贴士** ① 此题直接化为定积分计算较烦琐,而曲线也并非闭路,不能直接利用格林公式.
>
> ② 本题的关键在于 $\dfrac{\partial P}{\partial y} \neq \dfrac{\partial Q}{\partial x}$,故不能直接用积分与路径无关的方法求解,但对于利用代入性化简后的曲线积分,却有 $\dfrac{\partial P}{\partial y} = \dfrac{\partial Q}{\partial x}$,这时的曲线积分与路径无关,就可重新选择简单路径计算积分.

例 8 计算 $I = \oint_L \dfrac{4x-y}{4x^2+y^2}\mathrm{d}x + \dfrac{x+y}{4x^2+y^2}\mathrm{d}y$,其中 $L: x^2+y^2=2$,取逆时针方向.

分析 本题中 $\dfrac{\partial P}{\partial y} = \dfrac{\partial Q}{\partial x}$,但在 $O(0,0)$ 处不成立,则常用挖洞法,即用复连通区域上的格林公式计算.

解 令 $P = \dfrac{4x-y}{4x^2+y^2}, Q = \dfrac{x+y}{4x^2+y^2}$,当 $x^2+y^2\neq 0$ 时,$\dfrac{\partial Q}{\partial x} = \dfrac{y^2-4x^2-8xy}{(4x^2+y^2)^2} = \dfrac{\partial P}{\partial y}$.取充分小的 $\varepsilon > 0$ 使椭圆 $L_1: 4x^2+y^2=\varepsilon^2$ 含在 L 所围的区域内(如图 18-7 所示),并取 L_1 的方向为逆时针方向,则由格林公式有

图 18-7

$$\oint_{L+L_1^-} \dfrac{(4x-y)\mathrm{d}x + (x+y)\mathrm{d}y}{4x^2+y^2} = 0$$

故

$$\oint_L \dfrac{(4x-y)\mathrm{d}x+(x+y)\mathrm{d}y}{4x^2+y^2} = \oint_{L_1} \dfrac{(4x-y)\mathrm{d}x+(x+y)\mathrm{d}y}{4x^2+y^2}$$

$$= \dfrac{1}{\varepsilon^2}\int_{L_1}(4x-y)\mathrm{d}x+(x+y)\mathrm{d}y$$

$$= \dfrac{1}{\varepsilon^2}2\iint_{D_1}\mathrm{d}x\,\mathrm{d}y = \dfrac{1}{\varepsilon^2}2\pi\dfrac{\varepsilon}{2}\cdot\varepsilon = \pi$$

> **小贴士** 用挖洞法求积分时,须根据被积函数的特点选择适当的闭线,才能使计算简便.

例 9 计算 $I = \int_L \dfrac{(x+y)\mathrm{d}x - (x-y)\mathrm{d}y}{x^2+y^2}$,其中曲线 $L: y = \varphi(x)$ 是从点 $A(-1,0)$ 到点 $B(1,0)$ 的一条不经过坐标原点的光滑曲线.

典型例题讲解

分析 由于本题中曲线是用抽象函数表示,故不方便直接化为定积分计算,又本题中 $\dfrac{\partial P}{\partial y} = \dfrac{\partial Q}{\partial x}$,故可用积分与路径无关的方法求解,即可重新选择简单路径计算积分.根据被积函数的特点,本题不能选直线段 $\overline{AB}$,而选择半径为 1 的上半或下半圆周较好.

解 令 $P(x,y) = \dfrac{x+y}{x^2+y^2}, Q(x,y) = -\dfrac{x-y}{x^2+y^2}$，则当 $x^2 + y^2 \neq 0$ 时，有

$$\frac{\partial P}{\partial y} = \frac{x^2 - y^2 - 2xy}{(x^2+y^2)^2} = \frac{\partial Q}{\partial x}$$

图 18-8

故积分 $I = \displaystyle\int_C \dfrac{(x+y)\mathrm{d}x - (x-y)\mathrm{d}y}{x^2+y^2}$ 在除坐标原点外的半平面内与路径无关，根据题意可知，曲线 $L: y = \varphi(x)$ 不经过坐标原点，则 $y(0) = \varphi(0) \neq 0$. 不妨设 $y(0) = \varphi(0) > 0$，则 $\exists \delta > 0$，当 $x \in U(0,\delta)$ 时，有 $y(x) = \varphi(x) > 0$，则在除坐标原点上方区域 $U(0,\delta)(y \geqslant 0)$ 外的平面区域内，曲线积分 I 与路径无关，于是取 L_1 为从点 $A(-1,0)$ 经上半圆周 $x^2 + y^2 = 1(y \geqslant 0)$ 到点 $B(1,0)$ 的上半圆弧（如图 18-8 所示），则

$$I = \int_{L_1} \frac{(x+y)\mathrm{d}x - (x-y)\mathrm{d}y}{x^2+y^2} = \int_{L_1} (x+y)\mathrm{d}x - (x-y)\mathrm{d}y$$

而 L_1 的参数方程为 $\begin{cases} x = \cos t \\ y = \sin t \end{cases}, t: \pi \to 0$，所以

$$I = \int_{\pi}^{0} [(\cos t + \sin t)(-\sin t) - (\cos t - \sin t)\cos t]\mathrm{d}t = \int_{0}^{\pi} 1 \mathrm{d}t = \pi$$

小贴士 ① 本题不能选直线段 $\overline{AB}$ 求解，为什么？

② 当 $y(0) = \varphi(0) > 0$ 时，能否选择取下半平面内从点 A 到点 B 的路径计算该积分？

③ 当 $y(0) = \varphi(0) < 0$ 时，则选择半径为 1 的下半圆周计算较好，为什么？

例 10 设函数 $f(x)$ 在 $(-\infty, +\infty)$ 内具有一阶连续导数，L 是上半平面 $(y > 0)$ 内从点 $A(a,b)$ 到点 $C(c,d)$ 的有向分段光滑曲线段，$I = \displaystyle\int_L \dfrac{1}{y}[1 + y^2 f(xy)]\mathrm{d}x + \dfrac{x}{y^2}[y^2 f(xy) - 1]\mathrm{d}y$.

(1) 证明：曲线积分 I 与路径 L 无关.

(2) 当 $ab = cd$ 时，求 I 的值.

分析 (1) 本题通过验证 $\dfrac{\partial P}{\partial y} = \dfrac{\partial Q}{\partial x}$，即可证明曲线积分 I 与路径 L 无关.

(2) 用积分与路径无关的方法求解，根据被积函数的特点，本题可重新选择简单路径（先平后竖的折线路径）计算，也可用全微分方法计算.

解 (1) 证明：设 $P = \dfrac{1}{y}[1 + y^2 f(xy)], Q = \dfrac{x}{y^2}[y^2 f(xy) - 1], y > 0$ 时，有

$$\frac{\partial Q}{\partial x} = f(xy) + xyf'(xy) - \frac{1}{y^2} = \frac{\partial P}{\partial y}$$

所以在上半平面内曲线积分 I 与路径 L 无关.

(2) **解法一** 如图 18-9 所示，由于曲线积分 I 与路径无关，设点 $B(c,b)$，取 L_1 为从点 $A(a,b)$ 到点 $B(c,b)$，再从点 $B(c,b)$ 到点 $C(c,d)$ 的折线段 $\overline{ABC}$，于是有

$$I = \int_{(a,b)}^{(c,b)} \frac{1}{y}[1+y^2 f(xy)]dx + \frac{x}{y^2}[y^2 f(xy)-1]dy$$
$$+ \int_{(c,b)}^{(c,d)} \frac{1}{y}[1+y^2 f(xy)]dx + \frac{x}{y^2}[y^2 f(xy)-1]dy$$
$$= \int_a^c \frac{1}{b}[1+b^2 f(bx)]dx + \int_b^d \frac{c}{y^2}[y^2 f(cy)-1]dy$$
$$= \frac{c-a}{b} + \int_a^c bf(bx)dx + \int_b^d cf(cy)dy + \frac{c}{d} - \frac{c}{b}$$
$$= \frac{c}{d} - \frac{a}{b} + \int_{ab}^{cb} f(t)dt + \int_{cb}^{cd} f(t)dt = \frac{c}{d} - \frac{a}{b} + \int_{ab}^{cd} f(t)dt$$

当 $ab = cd$ 时，$\int_{ab}^{cd} f(t)dt = 0$，所以

$$I = \frac{c}{d} - \frac{a}{b}$$

解法二
$$I = \int_{(a,b)}^{(c,d)} \frac{1}{y}[1+y^2 f(xy)]dx + \frac{x}{y^2}[y^2 f(xy)-1]dy$$
$$= \int_{(a,b)}^{(c,d)} \frac{1}{y}dx - \frac{x}{y^2}dy + yf(xy)dx + xf(xy)dy$$
$$= \int_{(a,b)}^{(c,d)} d\left(\frac{x}{y}\right) + f(xy)d(xy)$$
$$= \left[\frac{x}{y} + F(xy)\right]_{(a,b)}^{(c,d)}$$
$$= \frac{c}{d} - \frac{a}{b} + F(cd) - F(ab)$$
$$= \frac{c}{d} - \frac{a}{b} \quad (\text{当} \ ab = cd \ \text{时})$$

其中 $F(u)$ 为 $f(u)$ 的一个原函数.

小贴士 ① 被积函数含有抽象函数会给计算带来困难，此时常利用积分技巧消去所含有的抽象函数的积分.

② 当曲线积分与路径无关时，$Pdx + Qdy$ 为某函数的全微分，此时利用凑全微分法计算曲线积分也是一种很好的方法.

例 11 证明 $(e^y + x)dx + (xe^y - 2y)dy$ 在 xOy 面内是某个函数的全微分，并求出一个这样的函数.

分析一 本题为全微分求积问题，可利用积分与路径无关的等价条件(3)与(4)求解.

解法一 设 $P = e^y + x, Q = xe^y - 2y$，因为 P, Q 在 xOy 面内具有一阶连续偏导数，且有

$$\frac{\partial Q}{\partial x} = e^y = \frac{\partial P}{\partial y}$$

所以 $P(x,y)dx + Q(x,y)dy$ 是某个定义在整个 xOy 面内的函数 $u(x,y)$ 的全微分. 取积分

图 18-10

路线为从点 $O(0,0)$ 到点 $B(x,0)$ 再到点 $C(x,y)$ 的折线,如图 18-10 所示,则所求的一个二元函数为

$$u(x,y) = \int_{(0,0)}^{(x,y)} (e^y+x)dx + (xe^y-2y)dy$$
$$= \int_0^x (1+x)dx + \int_0^y (xe^y-2y)dy = xe^y + \frac{x^2}{2} - y^2$$

分析二 本题也可用凑微分法求解.

解法二 因为

$$(e^y+x)dx + (xe^y-2y)dy = e^y dx + xdx + xe^y dy - 2ydy$$
$$= e^y dx + xe^y dy + xdx - 2ydy$$
$$= e^y dx + xde^y + d\frac{x^2}{2} - dy^2$$
$$= d\left(xe^y + \frac{x^2}{2} - y^2\right)$$

则 $u(x,y) = xe^y + \frac{x^2}{2} - y^2$,即 $P(x,y)dx + Q(x,y)dy$ 是定义在整个 xOy 面内的函数 $u(x,y)$ 的全微分.

> **小贴士** 曲线积分与路径无关时,$Pdx+Qdy$ 为某函数 $u(x,y)$ 的全微分,称 $u(x,y)$ 为 $Pdx+Qdy$ 的一个原函数.本题用凑全微分法求原函数更简便.

例 12 设在椭圆 $\frac{x^2}{a^2} + \frac{y^2}{b^2} = 1$ 上每一点有作用力 $\boldsymbol{F}$,其大小等于该点到椭圆中心的距离,其方向指向椭圆中心.

(1) 试计算单位质量的质点 P 沿椭圆位于第一象限的弧从点 $A(a,0)$ 移到点 $B(0,b)$ 时,力 $\boldsymbol{F}$ 所做的功.

(2) 试计算质点 P 沿上述椭圆逆时针绕行一圈时,$\boldsymbol{F}$ 所做的功.

分析 利用对坐标的曲线积分的物理意义,变力沿有向曲线所做的功可表示为:

$$W = \int_L \boldsymbol{F} \cdot d\boldsymbol{s} = \int_L Pdx + Qdy$$

解 由题设可知:$\boldsymbol{F} = -\boldsymbol{r} = (-x,-y)$,则质点 P 沿 L 移动时,$\boldsymbol{F}$ 所做的功为

$$W = \int_L -xdx - ydy$$

(1) $L : \begin{cases} x = a\cos t \\ y = b\sin t \end{cases}, t : 0 \to \frac{\pi}{2}$,则

$$W = \int_0^{\frac{\pi}{2}} (a^2 \cos t \sin t - b^2 \sin t \cos t)dt$$
$$= (a^2 - b^2)\int_0^{\frac{\pi}{2}} \sin t \, d(\sin t) = \frac{1}{2}(a^2 - b^2)$$

(2) $L : \frac{x^2}{a^2} + \frac{y^2}{b^2} = 1$,取逆时针方向,则

$$W = \oint_L -xdx - ydy = \iint_{D_L} 0 dx dy = 0$$

> **小贴士** 正确表示 $\boldsymbol{F}$ 所做的功,须注意 $\boldsymbol{F}$ 的大小与方向.

基础练习 18

1. 填空题.

   (1) 设 L 为半圆 $y=\sqrt{1-x^2}$,则 $\int_L |x|\,ds =$ _____.

   (2) 设 Γ 为 $\begin{cases} x^2+y^2+z^2=5 \\ z=1 \end{cases}$,则 $\oint_\Gamma \dfrac{1}{x^2+y^2+z^2}ds =$ _____.

   (3) 设 $L:(x-1)^2+y^2=1$,正向,则 $\oint_L (x+y\cos x)dx+(xy+\sin x)dy =$ _____.

   (4) 设 L 为 $x^2+y^2=a^2$,正向,则 $\oint_L \dfrac{x\,dy-y\,dx}{x^2+y^2} =$ _____.

   (5) 已知 $\dfrac{(x+ay)dx+y\,dy}{(x+y)^2}$ 为某函数的全微分,则 $a =$ _____.

2. 选择题.

   (1) 设 $I=\int_L \sqrt{y}\,ds$,其中 L 是抛物线 $y=x^2$ 上点 $(0,0)$ 与点 $(1,1)$ 之间的一段弧,则 $I=$ ( )

   A. $\dfrac{5\sqrt{5}}{12}$ B. $\dfrac{5\sqrt{5}}{6}$ C. $\dfrac{5\sqrt{5}-1}{12}$ D. $\dfrac{5\sqrt{5}-1}{6}$

   (2) 已知 L 为连接 $(1,0)$ 及 $(0,1)$ 两点的直线段,则 $\int_L (x+y)ds$ 等于 ( )

   A. 0 B. $\sqrt{2}$ C. $-\sqrt{2}$ D. 无法计算

   (3) 设曲线 $L:y=x^2$,$|x|\leqslant 1$,则在 $\int_L f(x,y)ds$ 中,被积函数 $f(x,y)$ 取( )时,该积分可以理解成 L 的质量.

   A. $x+y$ B. $x+y-2$ C. $x+y+2$ D. $x-3$

   (4) 设函数 $P(x,y),Q(x,y)$ 在单连通区域 D 上具有一阶连续偏导数,则曲线积分 $\int_L P\,dx+Q\,dy$ 在 D 内与路径无关的充要条件为 ( )

   A. $\dfrac{\partial Q}{\partial x}=-\dfrac{\partial P}{\partial y}$ B. $\dfrac{\partial Q}{\partial y}=-\dfrac{\partial P}{\partial x}$ C. $\dfrac{\partial Q}{\partial x}=\dfrac{\partial P}{\partial y}$ D. $\dfrac{\partial Q}{\partial y}=\dfrac{\partial P}{\partial x}$

   (5) 设 L 为半径等于 a,圆心在原点的圆周,取逆时针方向,则 $I=\int_L x\,dy-y\,dx=$ ( )

   A. πa^2 B. $2\pi a^2$ C. $2\pi a$ D. $4\pi a$

3. 计算 $\int_L x\,ds$,其中 L 由连接点 $A(-1,0)$ 与点 $B(0,1)$ 的圆 $x^2+y^2=1$ 的上半圆弧段与连接点 $B(0,1)$ 与点 $C(1,0)$ 的直线 $x+y=1$ 的线段组成.

4. 求圆柱面 $x^2+y^2=R^2$ 位于平面 $z=0$ 上方与 $z=2x$ 下方那部分的侧面积 A.

5. 计算 $\int_L (y^2+2xy)\mathrm{d}x$,其中 L 是椭圆 $\dfrac{x^2}{a^2}+\dfrac{y^2}{b^2}=1$ 上由点 $A(a,0)$ 经点 $C(0,b)$ 到点 $B(-a,0)$ 的弧段.

6. 计算 $\oint_L \dfrac{\mathrm{d}x+\mathrm{d}y}{|x|+|y|}$,其中 L 为以 $A(1,0),B(0,1),C(-1,0),D(0,-1)$ 为顶点的正方形边界,取逆时针方向.

7. 计算 $I=\int_L [\mathrm{e}^x\sin y-b(x+y)]\mathrm{d}x+(\mathrm{e}^x\cos y-ax)\mathrm{d}y$,其中 a,b 为正常数,L 是点 $A(2a,0)$ 沿曲线 $y=\sqrt{2ax-x^2}$ 到点 $O(0,0)$ 的弧.

8. 计算 $\oint_L \dfrac{x\,dy - y\,dx}{x^2 + y^2}$，其中：

   (1) L 是正向圆周 $(x-1)^2 + (y-1)^2 = 1$.

   (2) L 是正向曲线 $|x| + |y| = 1$.

9. 设曲线积分 $\int_L xy^2\,dx + y\varphi(x)\,dy$ 与路径无关，其中 φ 具有连续的导数，且 $\varphi(0) = 0$，计算 $\int_{(0,0)}^{(1,1)} xy^2\,dx + y\varphi(x)\,dy$.

10. 设作用在有向曲线 L 上任一点的力 $\mathbf{F}$，其大小等于该点到原点的距离，方向指向原点，有单位质量的质点 P 沿有向曲线 L 在力 $\mathbf{F}$ 的推动下移动.

   (1) 求质点 P 沿有向曲线 L 移动时，$\mathbf{F}$ 所做的功.

   (2) 证明：当 L 为有向分段光滑闭曲线时，$\mathbf{F}$ 所做的功恒等于 0.

强化训练 18

1. 填空题.

   (1) 设 L 为连接 $(1,0)$ 及 $(0,1)$ 两点的直线段,则 $\int_L (x+y)\mathrm{d}s = $ _____.

   (2) 设 Γ 是点 $A(1,-1,2)$ 到点 $B(2,1,3)$ 的直线段,则 $\int_\Gamma (x^2+y^2+z^2)\mathrm{d}s = $ _____.

   (3) 若 $(x+2y-5)\mathrm{d}x+(ax+y+5)\mathrm{d}y$ 是全微分,则 $a = $ _____.

   (4) 设 L 为连接点 $A(\pi,2)$ 到 $B(3\pi,4)$ 的线段 $\overline{AB}$ 下方的任意路线,且该路线与线段 $\overline{AB}$ 所围图形的面积为 2,则 $\int_L [\varphi(y)\cos x - \pi y]\mathrm{d}x + [\varphi'(y)\sin x - \pi]\mathrm{d}y = $ _____.

   (5) 已知 $\boldsymbol{F}$ 的方向指向坐标原点,其大小与作用点到 xOy 面的距离成反比. 一质点在力场 $\boldsymbol{F}$ 的作用下由点 $A(2,2,1)$ 沿直线移动到点 $B(4,4,2)$,则 $\boldsymbol{F}$ 所做的功为 _____.

2. 选择题.

   (1) 已知闭曲线 C 的方程为 $|x|+|y|=2$,则 $\oint_C \dfrac{x+y}{|x|+|y|}\mathrm{d}S = $ ( )

   A. 4 B. 1 C. 2 D. 0

   (2) 已知 L 为 $x^2+y^2=a^2$,则 $\oint_L (x^2+y^2)^n \mathrm{d}s$ 等于 ( )

   A. 0 B. $2\pi a^{2n+1}$ C. πa^{2n+1} D. 无法计算

   (3) 设在 xOy 面内有一分布着质量的曲线 L,在点 (x,y) 处的线密度为 $\rho(x,y)$,设 M 为曲线弧 L 的质量,则曲线弧 L 的重心的 x 坐标 $\bar{x}$ 为 ( )

   A. $\bar{x} = \dfrac{1}{M}\int_L x\rho(x,y)\mathrm{d}s$ B. $\bar{x} = \dfrac{1}{M}\int_L x\rho(x,y)\mathrm{d}x$

   C. $\bar{x} = \int_L x\rho(x,y)\mathrm{d}s$ D. $\bar{x} = \dfrac{1}{M}\int_L x\mathrm{d}s$

   (4) 设 L 为闭曲线 $|y|=1-x^2(-1\leqslant x \leqslant 1)$,取逆时针方向,则 $\oint_L \dfrac{2x\mathrm{d}x+y\mathrm{d}y}{2x^2+y^2} = $ ( )

   A. 0 B. 2π C. -2π D. $4\ln 2$

   (5) 设 C 为分段光滑的任意闭曲线,$\varphi(x)$ 及 $\psi(y)$ 为连续函数,则 $\oint_L \varphi(x)\mathrm{d}x + \psi(y)\mathrm{d}y$ 的值 ( )

   A. 与 C 有关 B. 等于 0

   C. 与 $\varphi(x)$、$\psi(y)$ 的形式有关 D. 2π

3. 计算 $\int_L y^2 \mathrm{d}s$,其中 L 是摆线的一拱:$x = a(t-\sin t), y = a(1-\cos t), t \in [0, 2\pi](a > 0)$.

4. 计算 $\oint_C (x^2+y^2)\mathrm{d}s$,其中 $C:\begin{cases} x^2+y^2+z^2=R^2 \\ x+y+z=0 \end{cases}$.

5. 计算 $\int_L (x^2+y^2)\mathrm{d}x+(x^2-y^2)\mathrm{d}y$,其中 L 是曲线 $y=1-|1-x|$ 上对应于 $x=0$ 的点到 $x=2$ 的点的折线段.

6. 计算 $I=\oint_L \dfrac{x\mathrm{d}y-y\mathrm{d}x}{4x^2+y^2}$,其中 L 是以点 $(1,0)$ 为中心,R 为半径的圆周($R\neq 1$),取逆时针方向.

7. 计算 $\int_L \dfrac{(x-y)\mathrm{d}x+(x+y)\mathrm{d}y}{x^2+y^2}$,其中 L 在 $y=2x^2-2$ 上从点 $(-1,0)$ 到点 $(1,0)$.

8. 已知曲线积分 $\int_{(0,0)}^{(t,t^2)} f(x,y)\mathrm{d}x + x\cos y\mathrm{d}y = t^2$ 与路径无关,且 $f(x,y)$ 有一阶连续偏导数,求 $f(x,y)$.

9. 证明:$\iint_D \left(\dfrac{\partial^2 f}{\partial x^2} + \dfrac{\partial^2 f}{\partial y^2}\right)\mathrm{d}x\mathrm{d}y = \oint_C \dfrac{\partial f}{\partial \boldsymbol{n}}\mathrm{d}s$,其中 C 为围成区域 D 的光滑闭曲线,$\dfrac{\partial f}{\partial \boldsymbol{n}}$ 为 $f(x,y)$ 在曲线 C 上的点 (x,y) 处沿 C 的外法线 $\boldsymbol{n}$ 的方向导数.

10. 设在上半平面 $D = \{(x,y) \mid y > 0\}$ 内,函数 $f(x,y)$ 具有连续的偏导数,且对任意的 $t > 0$ 都有 $f(tx,ty) = t^{-2} f(x,y)$,证明:对 D 内任意分段光滑的有向简单闭曲线 L 都有 $\oint_L yf(x,y)\mathrm{d}x - xf(x,y)\mathrm{d}y = 0$.

第 19 讲　曲线积分与曲面积分(二)(理)
—— 曲面积分

19.1　内容提要与归纳

19.1.1　对面积的曲面积分(第一型曲面积分)

1) 对面积的曲面积分的定义

设函数 $f(x,y,z)$ 在光滑的曲面 Σ 上有界,把 Σ 任意分成 n 块小曲面 ΔS_i $(i=1,2,\cdots,n)$(也用 ΔS_i 表示第 i 块小曲面的面积),任取一点 $(\xi_i,\eta_i,\zeta_i)\in\Delta S_i$,如果当各小块曲面的直径的最大值 $\lambda\to 0$ 时,极限 $\lim\limits_{\lambda\to 0}\sum\limits_{i=1}^{n}f(\xi_i,\eta_i,\zeta_i)\Delta S_i$ 总存在,则称此极限为函数 $f(x,y,z)$ 在曲面 Σ 上对面积的曲面积分(也称为第一型曲面积分),记作 $\iint\limits_{\Sigma}f(x,y,z)\mathrm{d}S$,即

$$\iint\limits_{\Sigma}f(x,y,z)\mathrm{d}S=\lim_{\lambda\to 0}\sum_{i=1}^{n}f(\xi_i,\eta_i,\zeta_i)\Delta S_i$$

2) 对面积的曲面积分的性质

若 $\iint\limits_{\Sigma}f(x,y,z)\mathrm{d}S,\iint\limits_{\Sigma}g(x,y,z)\mathrm{d}S$ 存在,则第一型曲面积分有与第一型曲线积分类似的性质,具体如表 19-1 所示.

表 19-1

序号	条件	积分性质
性质 1	k_1,k_2 为常数	$\iint\limits_{\Sigma}[k_1 f(x,y,z)+k_2 g(x,y,z)]\mathrm{d}S$ $=k_1\iint\limits_{\Sigma}f(x,y,z)\mathrm{d}S+k_2\iint\limits_{\Sigma}g(x,y,z)\mathrm{d}S$
性质 2	A 为曲面 Σ 的面积	$\iint\limits_{\Sigma}\mathrm{d}S=A$
性质 3	$\Sigma=\Sigma_1+\Sigma_2$	$\iint\limits_{\Sigma}f(x,y,z)\mathrm{d}S=\iint\limits_{\Sigma_1}f(x,y,z)\mathrm{d}S+\iint\limits_{\Sigma_2}f(x,y,z)\mathrm{d}S$
性质 4	在 Σ 上 $f(x,y,z)\leqslant g(x,y,z)$	$\iint\limits_{\Sigma}f(x,y,z)\mathrm{d}S\leqslant\iint\limits_{\Sigma}g(x,y,z)\mathrm{d}S$
性质 4 推论		$\left|\iint\limits_{\Sigma}f(x,y,z)\mathrm{d}S\right|\leqslant\iint\limits_{\Sigma}|f(x,y,z)|\mathrm{d}S$

3) 对面积的曲面积分的计算方法(化为二重积分)

设 $f(x,y,z)$ 在光滑曲面 Σ 上连续,则对面积的曲面积分可化为曲面 Σ 在相应坐标面投影区域上的二重积分计算,具体如表 19-2 所示.

表 19-2

Σ 的方程	Σ 的投影区域	$I = \iint\limits_{\Sigma} f(x,y,z)\,\mathrm{d}S$ 的计算公式
$z = z(x,y)$	xOy 面上的投影 D_{xy}	$I = \iint\limits_{D_{xy}} f[x,y,z(x,y)]\sqrt{1+z_x^2+z_y^2}\,\mathrm{d}x\mathrm{d}y$
$y = y(x,z)$	xOz 面上的投影 D_{xz}	$I = \iint\limits_{D_{xz}} f[x,y(x,z),z]\sqrt{1+y_x^2+y_z^2}\,\mathrm{d}x\mathrm{d}z$
$x = x(y,z)$	yOz 面上的投影 D_{yz}	$I = \iint\limits_{D_{yz}} f[x(y,z),y,z]\sqrt{1+x_y^2+x_z^2}\,\mathrm{d}y\mathrm{d}z$

4) 对面积的曲面积分的物理意义

设曲面 Σ 的面密度为 $\mu(x,y,z)$,则其质量为

$$M = \iint\limits_{\Sigma} \mu(x,y,z)\,\mathrm{d}S$$

5) 对面积的曲面积分的对称性与轮换对称性

第一型曲面积分有与重积分类似的对称性与轮换对称性,具体如表 19-3 所示:

表 19-3

Σ 的对称性	$f(x,y,z)$ 的奇偶性	$I = \iint\limits_{\Sigma} f(x,y,z)\,\mathrm{d}S$	备注
关于 xOy 面对称	f 关于 z 是奇函数	$I = 0$	
	f 关于 z 是偶函数	$I = 2\iint\limits_{\Sigma_1} f(x,y,z)\,\mathrm{d}S$	Σ_1 为 Σ 的上半部分
关于 xOz 面对称	f 关于 y 是奇函数	$I = 0$	
	f 关于 y 是偶函数	$I = 2\iint\limits_{\Sigma_2} f(x,y,z)\,\mathrm{d}S$	Σ_2 为 Σ 的右半部分
关于 yOz 面对称	f 关于 x 是奇函数	$I = 0$	
	f 关于 x 是偶函数	$I = 2\iint\limits_{\Sigma_3} f(x,y,z)\,\mathrm{d}S$	Σ_3 为 Σ 的前半部分
Σ 具有轮换对称性	$\iint\limits_{\Sigma} f(x,y,z)\,\mathrm{d}S = \iint\limits_{\Sigma} f(y,z,x)\,\mathrm{d}S = \iint\limits_{\Sigma} f(z,x,y)\,\mathrm{d}S$		

19.1.2 对坐标的曲面积分(第二型曲面积分)

1) 对坐标的曲面积分的定义

设 Σ 为光滑的有向曲面,函数 $R(x,y,z)$ 在 Σ 上有界,把 Σ 任意分成 n 块小曲面 ΔS_i ($i=1,2,\cdots,n$)(ΔS_i 同时也表示第 i 块曲面的面积). 设 ΔS_i 在 xOy 面上的投影为 $(\Delta S_i)_{xy}$,任取一点 $(\xi_i,\eta_i,\zeta_i)\in\Delta S_i$,设 ΔS_i 的直径为 λ_i($i=1,2,\cdots,n$),令 $\lambda=\max\{\lambda_1,\lambda_2,\cdots,\lambda_n\}$,若极限

$$\lim_{\lambda\to 0}\sum_{i=1}^n R(\xi_i,\eta_i,\zeta_i)(\Delta S_i)_{xy}$$

存在,则称此极限为函数 $R(x,y,z)$ 在有向曲面 Σ 上对坐标 x,y 的曲面积分(亦称第二型曲面积分),记作 $\iint\limits_{\Sigma}R(x,y,z)\mathrm{d}x\mathrm{d}y$,即

$$\iint\limits_{\Sigma}R(x,y,z)\mathrm{d}x\mathrm{d}y=\lim_{\lambda\to 0}\sum_{i=1}^n R(\xi_i,\eta_i,\zeta_i)(\Delta S_i)_{xy}$$

类似地,可分别定义 $P(x,y,z)$ 在 Σ 上对坐标 y,z 的曲面积分及 $Q(x,y,z)$ 在 Σ 上对坐标 z,x 的曲面积分为

$$\iint\limits_{\Sigma}P(x,y,z)\mathrm{d}y\mathrm{d}z=\lim_{\lambda\to 0}\sum_{i=1}^n P(\xi_i,\eta_i,\zeta_i)(\Delta S_i)_{yz}$$

$$\iint\limits_{\Sigma}Q(x,y,z)\mathrm{d}z\mathrm{d}x=\lim_{\lambda\to 0}\sum_{i=1}^n Q(\xi_i,\eta_i,\zeta_i)(\Delta S_i)_{zx}$$

函数 $P(x,y,z),Q(x,y,z)$ 及 $R(x,y,z)$ 在有向曲面 Σ 上对坐标的曲面积分合并起来的形式为

$$\iint\limits_{\Sigma}P\mathrm{d}y\mathrm{d}z+Q\mathrm{d}z\mathrm{d}x+R\mathrm{d}x\mathrm{d}y$$

2) 对坐标的曲面积分的向量表示式

设向量场 $\boldsymbol{A}(x,y,z)=P(x,y,z)\boldsymbol{i}+Q(x,y,z)\boldsymbol{j}+R(x,y,z)\boldsymbol{k}$,有向曲面 Σ 在点 (x,y,z) 处的单位法向量为 $\boldsymbol{n}=\cos\alpha\boldsymbol{i}+\cos\beta\boldsymbol{j}+\cos\gamma\boldsymbol{k}$,则记

$$\mathrm{d}\boldsymbol{S}=\boldsymbol{n}\mathrm{d}S=\mathrm{d}y\mathrm{d}z\boldsymbol{i}+\mathrm{d}z\mathrm{d}x\boldsymbol{j}+\mathrm{d}x\mathrm{d}y\boldsymbol{k}$$

于是

$$\iint\limits_{\Sigma}P\mathrm{d}y\mathrm{d}z+Q\mathrm{d}z\mathrm{d}x+R\mathrm{d}x\mathrm{d}y=\iint\limits_{\Sigma}\boldsymbol{A}\cdot\mathrm{d}\boldsymbol{S}$$

3) 对坐标的曲面积分的物理意义

设稳定流动的不可压缩的流体(密度 $\mu=1$)在点 (x,y,z) 处的流速是

$$\boldsymbol{v}=P(x,y,z)\boldsymbol{i}+Q(x,y,z)\boldsymbol{j}+R(x,y,z)\boldsymbol{k}$$

则单位时间内流过曲面 Σ 指定侧的流量为

$$\Phi=\iint\limits_{\Sigma}P\mathrm{d}y\mathrm{d}z+Q\mathrm{d}z\mathrm{d}x+R\mathrm{d}x\mathrm{d}y$$

4) 对坐标的曲面积分的性质

性质 1) 设 Σ^- 表示与 Σ 相反侧的有向曲面，则

$$\iint_{\Sigma^-} P\,\mathrm{d}y\,\mathrm{d}z + Q\,\mathrm{d}z\,\mathrm{d}x + R\,\mathrm{d}x\,\mathrm{d}y = -\iint_{\Sigma} P\,\mathrm{d}y\,\mathrm{d}z + Q\,\mathrm{d}z\,\mathrm{d}x + R\,\mathrm{d}x\,\mathrm{d}y$$

性质 2) 设曲面 $\Sigma = \Sigma_1 + \Sigma_2$，则

$$\iint_{\Sigma} P\,\mathrm{d}y\,\mathrm{d}z + Q\,\mathrm{d}z\,\mathrm{d}x + R\,\mathrm{d}x\,\mathrm{d}y$$
$$= \iint_{\Sigma_1} P\,\mathrm{d}y\,\mathrm{d}z + Q\,\mathrm{d}z\,\mathrm{d}x + R\,\mathrm{d}x\,\mathrm{d}y + \iint_{\Sigma_2} P\,\mathrm{d}y\,\mathrm{d}z + Q\,\mathrm{d}z\,\mathrm{d}x + R\,\mathrm{d}x\,\mathrm{d}y$$

5) 对坐标的曲面积分的计算方法

① 设有向曲面 Σ 的方程是 $z = z(x,y)$，Σ 在坐标面 xOy 上的投影区域为 D_{xy}，则

$$\iint_{\Sigma} R(x,y,z)\,\mathrm{d}x\,\mathrm{d}y = \pm \iint_{D_{xy}} R[x,y,z(x,y)]\,\mathrm{d}x\,\mathrm{d}y$$

上式右端正负号的选取规则为：当 Σ 的法向量**指向上侧时取正，指向下侧时取负**.

注：当曲面 Σ 是母线平行于 z 轴的柱面 $F(x,y) = 0$ 时，Σ 上任意一点的法向量与 z 轴的夹角为 $\dfrac{\pi}{2}$，其余弦 $\cos\gamma = \cos\dfrac{\pi}{2} = 0$，这时 Σ 在 xOy 面上的投影是一条曲线，其投影为零，因此 $\iint_{\Sigma} R(x,y,z)\,\mathrm{d}x\,\mathrm{d}y = 0$.

② 设有向曲面 Σ 的方程是 $y = y(x,z)$，Σ 在坐标面 xOz 上的投影区域为 D_{xz}，则

$$\iint_{\Sigma} Q(x,y,z)\,\mathrm{d}z\,\mathrm{d}x = \pm \iint_{D_{xz}} Q[x,y(x,z),z]\,\mathrm{d}z\,\mathrm{d}x$$

上式右端正负号的选取规则为：当 Σ 的法向量**指向右侧时取正，指向左侧时取负**.

注：当曲面 Σ 是母线平行于 y 轴的柱面 $F(x,z) = 0$ 时，Σ 上任意一点的法向量与 y 轴的夹角为 $\dfrac{\pi}{2}$，其余弦 $\cos\beta = \cos\dfrac{\pi}{2} = 0$，则同理可知 $\iint_{\Sigma} Q(x,y,z)\,\mathrm{d}z\,\mathrm{d}x = 0$.

③ 设有向曲面 Σ 的方程是 $x = x(y,z)$，Σ 在坐标面 yOz 上的投影区域为 D_{yz}，则

$$\iint_{\Sigma} P(x,y,z)\,\mathrm{d}y\,\mathrm{d}z = \pm \iint_{D_{yz}} P[x(y,z),y,z]\,\mathrm{d}y\,\mathrm{d}z$$

上式右端正负号的选取规则为：当 Σ 的法向量**指向前侧时取正，指向后侧时取负**.

注：当曲面 Σ 是母线平行于 x 轴的柱面 $F(y,z) = 0$ 时，Σ 上任意一点的法向量与 x 轴的夹角为 $\dfrac{\pi}{2}$，其余弦 $\cos\alpha = \cos\dfrac{\pi}{2} = 0$，则同理可知 $\iint_{\Sigma} P(x,y,z)\,\mathrm{d}y\,\mathrm{d}z = 0$.

19.1.3 两类曲面积分之间的关系

设 $\cos\alpha,\cos\beta,\cos\gamma$ 是有向曲面 Σ 上点 (x,y,z) 处的法向量的方向余弦，则空间曲面 Σ 上的两类曲面积分有如下关系：

$$\iint_{\Sigma} P\,\mathrm{d}y\,\mathrm{d}z + Q\,\mathrm{d}z\,\mathrm{d}x + R\,\mathrm{d}x\,\mathrm{d}y = \iint_{\Sigma} (P\cos\alpha + Q\cos\beta + R\cos\gamma)\,\mathrm{d}S$$

19.1.4 曲面积分的代入性

无论是第一型曲面积分还是第二型曲面积分，其被积函数中的变量都需满足积分曲面的方程，故求曲面积分时需将曲面方程代入被积函数中，也称这种性质为曲面积分的代入性．

19.1.5 高斯公式、通量和散度

1) 高斯公式

设空间闭区域 Ω 是由分片光滑的闭曲面 Σ 所围成，函数 $P(x,y,z), Q(x,y,z), R(x,y,z)$ 在 Ω 上具有一阶连续偏导数，则有

$$\iiint_\Omega \left(\frac{\partial P}{\partial x} + \frac{\partial Q}{\partial y} + \frac{\partial R}{\partial z}\right) dv = \oiint_\Sigma P\,dy\,dz + Q\,dz\,dx + R\,dx\,dy$$

或

$$\iiint_\Omega \left(\frac{\partial P}{\partial x} + \frac{\partial Q}{\partial y} + \frac{\partial R}{\partial z}\right) dv = \oiint_\Sigma (P\cos\alpha + Q\cos\beta + R\cos\gamma)\,dS$$

其中，闭曲面 Σ 的法向量指向 Σ 的外侧，$\cos\alpha, \cos\beta, \cos\gamma$ 是有向曲面 Σ 上点 (x,y,z) 处的法向量的方向余弦．

2) 通量和散度

设向量场 $\boldsymbol{A} = (P, Q, R)$，其中 P, Q, R 具有一阶连续偏导数，则 $\boldsymbol{A}$ 穿过曲面 Σ 指定侧的通量为

$$\Phi = \iint_\Sigma P\,dy\,dz + Q\,dz\,dx + R\,dx\,dy$$

向量场 $\boldsymbol{A}$ 的散度为

$$\mathrm{div}\boldsymbol{A} = \frac{\partial P}{\partial x} + \frac{\partial Q}{\partial y} + \frac{\partial R}{\partial z}$$

19.1.6 斯托克斯公式、环流量和旋度

1) 斯托克斯公式

设 Γ 为分段光滑的空间有向闭曲线，Σ 是以 Γ 为边界的分片光滑的有向曲面，Γ 的正向与 Σ 的法向量的指向符合右手规则，函数 $P(x,y,z), Q(x,y,z), R(x,y,z)$ 在包含曲面 Σ 在内的空间区域内具有一阶连续偏导数，则有

$$\oint_\Gamma P\,dx + Q\,dy + R\,dz = \iint_\Sigma \begin{vmatrix} dy\,dz & dz\,dx & dx\,dy \\ \dfrac{\partial}{\partial x} & \dfrac{\partial}{\partial y} & \dfrac{\partial}{\partial z} \\ P & Q & R \end{vmatrix}$$

或

$$\oint_\Gamma P\,dx + Q\,dy + R\,dz = \iint_\Sigma \begin{vmatrix} \cos\alpha & \cos\beta & \cos\gamma \\ \dfrac{\partial}{\partial x} & \dfrac{\partial}{\partial y} & \dfrac{\partial}{\partial z} \\ P & Q & R \end{vmatrix} dS$$

其中,$\boldsymbol{n}=(\cos\alpha,\cos\beta,\cos\gamma)$ 为有向曲面 Σ 指定侧的单位法向量.

2) 环流量和旋度
(1) 环流量

设向量场 $\boldsymbol{A}(x,y,z)=P(x,y,z)\boldsymbol{i}+Q(x,y,z)\boldsymbol{j}+R(x,y,z)\boldsymbol{k}$,其中 P,Q,R 有一阶连续偏导数,则称沿场中有向闭曲线 Γ 的曲线积分
$$\oint_{\Gamma} P\mathrm{d}x + Q\mathrm{d}y + R\mathrm{d}z$$
为向量场 $\boldsymbol{A}$ 沿有向闭曲线 Γ 的环流量.

(2) 旋度

称向量 $\left(\dfrac{\partial R}{\partial y}-\dfrac{\partial Q}{\partial z}\right)\boldsymbol{i}+\left(\dfrac{\partial P}{\partial z}-\dfrac{\partial R}{\partial x}\right)\boldsymbol{j}+\left(\dfrac{\partial Q}{\partial x}-\dfrac{\partial P}{\partial y}\right)\boldsymbol{k}$ 为向量场 $\boldsymbol{A}$ 的旋度,记作 $\mathrm{rot}\,\boldsymbol{A}$,即

$$\mathrm{rot}\,\boldsymbol{A}=\left(\dfrac{\partial R}{\partial y}-\dfrac{\partial Q}{\partial z}\right)\boldsymbol{i}+\left(\dfrac{\partial P}{\partial z}-\dfrac{\partial R}{\partial x}\right)\boldsymbol{j}+\left(\dfrac{\partial Q}{\partial x}-\dfrac{\partial P}{\partial y}\right)\boldsymbol{k}=\begin{vmatrix} \boldsymbol{i} & \boldsymbol{j} & \boldsymbol{k} \\ \dfrac{\partial}{\partial x} & \dfrac{\partial}{\partial y} & \dfrac{\partial}{\partial z} \\ P & Q & R \end{vmatrix}$$

(3) 斯托克斯公式的向量形式

斯托克斯公式可表示为如下的向量形式:
$$\iint_{\Sigma} \mathrm{rot}\boldsymbol{A} \cdot \mathrm{d}\boldsymbol{S} = \oint_{\Gamma} \boldsymbol{A} \cdot \mathrm{d}\boldsymbol{r} = \oint_{\Gamma} \boldsymbol{A} \cdot \boldsymbol{\tau}\,\mathrm{d}s$$

19.2 典型例题分析

例 1 设曲面 $\Sigma:|x|+|y|+|z|=1$,则 $\displaystyle\oiint_{\Sigma}(x+|y|)\mathrm{d}S=$ _____.

分析 本题先分别利用曲面积分的对称性、轮换对称性与代入性化简该积分,再利用公式 $\displaystyle\iint_{\Sigma}\mathrm{d}S = A$($A$ 为曲面 Σ 的面积)计算.

解 由于曲面 $\Sigma:|x|+|y|+|z|=1$ 关于 yOz 面对称,故
$$\iint_{\Sigma} x\,\mathrm{d}S = 0$$
又由于曲面 $\Sigma:|x|+|y|+|z|=1$ 具有轮换对称性,故
$$\oiint_{\Sigma} |y|\,\mathrm{d}S = \frac{1}{3}\oiint_{\Sigma}[|x|+|y|+|z|]\,\mathrm{d}S$$
再利用曲面积分的代入性,则有
$$\oiint_{\Sigma} |y|\,\mathrm{d}S = \frac{1}{3}\oiint_{\Sigma}[|x|+|y|+|z|]\,\mathrm{d}S = \frac{1}{3}\oiint_{\Sigma}\mathrm{d}S = \frac{1}{3}S_{\Sigma}$$
由于 $\Sigma:|x|+|y|+|z|=1$ 关于三个坐标面对称,故其表面积为 $S_{\Sigma}=8S_{\Sigma_1}$,其中 Σ_1 表示 Σ 在第一卦限内边长等于 $\sqrt{2}$ 的等边三角形部分(图 19-1),故
$$S_{\Sigma}=8S_{\Sigma_1}=8\frac{\sqrt{3}}{4}(\sqrt{2})^2=4\sqrt{3}$$

图 19-1

故原式 $=\iint_\Sigma (x+|y|)\mathrm{d}S = \frac{1}{3}S_\Sigma = \frac{4}{3}\sqrt{3}$.

> **小贴士** ① 第一型曲面积分既有代入性,也有对称性.
> ② 当被积函数是常数时,可利用公式 $\iint_\Sigma k\mathrm{d}S = kS_\Sigma$ 计算.

例 2 计算 $\iint_\Sigma (x^2+y^2+2x+z)\mathrm{d}S$,其中 Σ 是锥面 $x^2+y^2=z^2$ 夹在两平面 $z=0$ 和 $z=1$ 之间的部分.

分析 如图 19-2 所示,由于曲面 Σ 关于 xOz 与 yOz 面对称,且向 xOy 面的投影为圆域 $D_{xy}:x^2+y^2\leqslant 1$,故选择向 xOy 面投影较为合适.

解 由于曲面 Σ 关于 yOz 面对称,故
$$\iint_\Sigma x\mathrm{d}S = 0$$
将曲面 Σ 向 xOy 面投影,投影区域为 $D_{xy}:x^2+y^2\leqslant 1$,$\Sigma$ 的方程化为 $z=\sqrt{x^2+y^2}$,则
$$z'_x = \frac{x}{\sqrt{x^2+y^2}},\ z'_y = \frac{y}{\sqrt{x^2+y^2}}$$
$$\mathrm{d}S = \sqrt{1+z'^2_x+z'^2_y}\,\mathrm{d}x\,\mathrm{d}y = \sqrt{2}\,\mathrm{d}x\,\mathrm{d}y$$
则

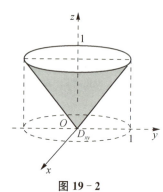

图 19-2

$$\iint_\Sigma (x^2+y^2+2x+z)\mathrm{d}S = \iint_\Sigma (x^2+y^2+z)\mathrm{d}S$$
$$= \iint_{D_{xy}} (x^2+y^2+\sqrt{x^2+y^2})\sqrt{2}\,\mathrm{d}x\,\mathrm{d}y$$
$$= \sqrt{2}\int_0^{2\pi}\mathrm{d}\theta\int_0^1(\rho^3+\rho^2)\mathrm{d}\rho$$
$$= \sqrt{2}\cdot 2\pi\left(\frac{1}{4}+\frac{1}{3}\right) = \frac{7\sqrt{2}}{6}\pi$$

> **小贴士** ① 在计算第一型曲面积分时,应根据曲面方程,选择向合适的坐标面投影,使得该曲面尽量少分块或不分块,且在该投影区域上的二重积分容易计算.
> ② 第一型曲面积分与曲面的方向无关,故计算时不必考虑曲面的侧.

例 3 设曲面 $\Sigma:\dfrac{x^2}{a^2}+\dfrac{y^2}{b^2}+\dfrac{z^2}{c^2}=1$ 上的点 (x,y,z) 处的切平面为 π,计算曲面积分 $\iint_\Sigma \dfrac{1}{\lambda}\mathrm{d}S$,其中 λ 是原点到切平面 π 的距离.

分析 先求出曲面 $F(x,y,z)=0$ 的切平面法向量 $\boldsymbol{n}=(F_x,F_y,F_z)$,进而求出切平面 π 的方程,再用点到平面的距离公式求出原点到切平面 π 的距离 λ,以此计算曲面积分

$\iint_\Sigma \dfrac{1}{\lambda}\mathrm{d}S$. 由于曲面 Σ 关于 xOy 面对称，且在 xOy 面上的投影为椭圆域 $D_{xy}: \dfrac{x^2}{a^2}+\dfrac{y^2}{b^2} \leqslant 1$，故可选择向 xOy 面投影来计算 $\iint_\Sigma \dfrac{1}{\lambda}\mathrm{d}S$.

解 由于曲面 $\Sigma: \dfrac{x^2}{a^2}+\dfrac{y^2}{b^2}+\dfrac{z^2}{c^2}=1$ 的切平面法向量为 $\boldsymbol{n}=\left(\dfrac{x}{a^2},\dfrac{y}{b^2},\dfrac{z}{c^2}\right)$，故曲面 Σ 上点 (x,y,z) 处的切平面 π 的方程为

$$\dfrac{x}{a^2}(X-x)+\dfrac{y}{b^2}(Y-y)+\dfrac{z}{c^2}(Z-z)=0$$

又 $\dfrac{x^2}{a^2}+\dfrac{y^2}{b^2}+\dfrac{z^2}{c^2}=1$，故切平面 π 的方程可化为

$$\dfrac{x}{a^2}X+\dfrac{y}{b^2}Y+\dfrac{z}{c^2}Z-1=0$$

故坐标原点到切平面 π 的距离为

$$\lambda=\dfrac{1}{\sqrt{\dfrac{x^2}{a^4}+\dfrac{y^2}{b^4}+\dfrac{z^2}{c^4}}}$$

设 Σ_1 为 Σ 中 $z\geqslant 0$ 的上半部分，D_{xy} 为 Σ_1 在 xOy 面上的投影，则

$$\Sigma_1: z=c\sqrt{1-\dfrac{x^2}{a^2}-\dfrac{y^2}{b^2}}, \quad D_{xy}: \dfrac{x^2}{a^2}+\dfrac{y^2}{b^2}\leqslant 1$$

$$z_x=\dfrac{-cx}{a^2\sqrt{1-\dfrac{x^2}{a^2}-\dfrac{y^2}{b^2}}}, \quad z_y=\dfrac{-cy}{b^2\sqrt{1-\dfrac{x^2}{a^2}-\dfrac{y^2}{b^2}}}$$

故

$$\begin{aligned}\mathrm{d}S&=\sqrt{1+z_x^2+z_y^2}\,\mathrm{d}x\,\mathrm{d}y\\&=\sqrt{1+\left(\dfrac{-cx}{a^2\sqrt{1-\dfrac{x^2}{a^2}-\dfrac{y^2}{b^2}}}\right)^2+\left(\dfrac{-cy}{b^2\sqrt{1-\dfrac{x^2}{a^2}-\dfrac{y^2}{b^2}}}\right)^2}\,\mathrm{d}x\,\mathrm{d}y\\&=\sqrt{\dfrac{1-\dfrac{x^2}{a^2}-\dfrac{y^2}{b^2}+\dfrac{c^2}{a^4}x^2+\dfrac{c^2}{b^4}y^2}{1-\dfrac{x^2}{a^2}-\dfrac{y^2}{b^2}}}\,\mathrm{d}x\,\mathrm{d}y\end{aligned}$$

故

$$\begin{aligned}\iint_\Sigma \dfrac{1}{\lambda}\mathrm{d}S&=2\iint_{\Sigma_1}\sqrt{\dfrac{x^2}{a^4}+\dfrac{y^2}{b^4}+\dfrac{z^2}{c^4}}\,\mathrm{d}S\\&=2\iint_{D_{xy}}\sqrt{\dfrac{x^2}{a^4}+\dfrac{y^2}{b^4}+\dfrac{1}{c^2}\left(1-\dfrac{x^2}{a^2}-\dfrac{y^2}{b^2}\right)}\cdot\\&\quad\sqrt{\dfrac{1-\dfrac{x^2}{a^2}-\dfrac{y^2}{b^2}+\dfrac{c^2}{a^4}x^2+\dfrac{c^2}{b^4}y^2}{1-\dfrac{x^2}{a^2}-\dfrac{y^2}{b^2}}}\,\mathrm{d}x\,\mathrm{d}y\end{aligned}$$

$$=2c\iint\limits_{D_{xy}}\frac{\dfrac{x^2}{a^4}+\dfrac{y^2}{b^4}+\dfrac{1}{c^2}\left(1-\dfrac{x^2}{a^2}-\dfrac{y^2}{b^2}\right)}{\sqrt{1-\dfrac{x^2}{a^2}-\dfrac{y^2}{b^2}}}\,dx\,dy$$

作变换：$u=\dfrac{x}{a}$, $v=\dfrac{y}{b}$, 即 $x=au$, $y=bv$, 则 $|J|=ab$, $D_{uv}:u^2+v^2\leqslant 1$, 故

$$\iint\limits_{\Sigma}\frac{1}{\lambda}dS=2c\iint\limits_{D_{xy}}\frac{\dfrac{x^2}{a^4}+\dfrac{y^2}{b^4}+\dfrac{1}{c^2}\left(1-\dfrac{x^2}{a^2}-\dfrac{y^2}{b^2}\right)}{\sqrt{1-\dfrac{x^2}{a^2}-\dfrac{y^2}{b^2}}}\,dx\,dy$$

$$=2abc\iint\limits_{D_{uv}}\frac{\dfrac{1}{a^2}u^2+\dfrac{1}{b^2}v^2+\dfrac{1}{c^2}(1-u^2-v^2)}{\sqrt{1-u^2-v^2}}\,du\,dv$$

$$=2abc\left(\iint\limits_{D_{uv}}\frac{\dfrac{1}{a^2}u^2+\dfrac{1}{b^2}v^2}{\sqrt{1-u^2-v^2}}\,du\,dv+\dfrac{1}{c^2}\iint\limits_{D_{uv}}\sqrt{1-u^2-v^2}\,du\,dv\right)$$

而由于 $D_{uv}:u^2+v^2\leqslant 1$ 具有轮换对称性，故

$$I=\iint\limits_{D_{uv}}\frac{u^2}{\sqrt{1-u^2-v^2}}\,du\,dv=\iint\limits_{D_{uv}}\frac{v^2}{\sqrt{1-u^2-v^2}}\,du\,dv=\frac{1}{2}\iint\limits_{D_{uv}}\frac{u^2+v^2}{\sqrt{1-u^2-v^2}}\,du\,dv$$

$$=\frac{1}{2}\int_0^{2\pi}d\theta\int_0^1\frac{\rho^3}{\sqrt{1-\rho^2}}\,d\rho=\pi\int_0^{\frac{\pi}{2}}\frac{\sin^3 t}{\cos t}\cos t\,dt=\pi\int_0^{\frac{\pi}{2}}\sin^3 t\,dt=\frac{2\pi}{3}$$

又由二重积分的几何意义有

$$\iint\limits_{D_{uv}}\sqrt{1-u^2-v^2}\,du\,dv=V_{上半球体}=\frac{1}{2}\cdot\frac{4}{3}\pi=\frac{2}{3}\pi$$

故

$$\iint\limits_{\Sigma}\frac{1}{\lambda}dS=2abc\left(\iint\limits_{D_{uv}}\frac{\dfrac{1}{a^2}u^2+\dfrac{1}{b^2}v^2}{\sqrt{1-u^2-v^2}}\,du\,dv+\dfrac{1}{c^2}\iint\limits_{D_{uv}}\sqrt{1-u^2-v^2}\,du\,dv\right)$$

$$=2abc\left(\frac{1}{a^2}+\frac{1}{b^2}\right)I+\frac{2abc}{c^2}\iint\limits_{D_{uv}}\sqrt{1-u^2-v^2}\,du\,dv$$

$$=2abc\left(\frac{1}{a^2}+\frac{1}{b^2}\right)\cdot\frac{2}{3}\pi+\frac{2abc}{c^2}\cdot\frac{2}{3}\pi$$

$$=2abc\left(\frac{1}{a^2}+\frac{1}{b^2}+\frac{1}{c^2}\right)\cdot\frac{2}{3}\pi=\frac{4abc\pi}{3}\left(\frac{1}{a^2}+\frac{1}{b^2}+\frac{1}{c^2}\right)$$

小贴士 由于曲面 Σ 关于三个坐标面都对称，且在每个坐标面上的投影均为椭圆域，故也可选向其他坐标面投影来计算 $\iint\limits_{\Sigma}\dfrac{1}{\lambda}dS$.

例 4 设 Σ 是上半球面 $x^2+y^2+z^2=a^2(z>0)$ 被平面 $z=h(0<h<a)$ 截出的顶部,求面密度为 $\dfrac{1}{z}$ 的曲面 Σ 的质量.

分析 利用曲面 Σ 的质量公式 $M=\iint\limits_{\Sigma}\dfrac{\mathrm{d}S}{z}$,根据曲面 Σ 的图形,选择将 Σ 向 xOy 面投影来计算.

解 Σ 的方程为 $z=\sqrt{a^2-x^2-y^2}$,则

$$z'_x=\dfrac{-x}{\sqrt{a^2-x^2-y^2}},\quad z'_y=\dfrac{-y}{\sqrt{a^2-x^2-y^2}}$$

$$\mathrm{d}S=\sqrt{1+z_x'^2+z_y'^2}\,\mathrm{d}x\,\mathrm{d}y=\dfrac{a}{\sqrt{a^2-x^2-y^2}}\mathrm{d}x\,\mathrm{d}y$$

Σ 在 xOy 面的投影为 $D_{xy}=\left\{(x,y)\,\big|\,x^2+y^2\leqslant a^2-h^2\right\}$,所以

$$\iint\limits_{\Sigma}\dfrac{\mathrm{d}S}{z}=\iint\limits_{D_{xy}}\dfrac{a\,\mathrm{d}x\,\mathrm{d}y}{a^2-x^2-y^2}=a\int_0^{2\pi}\mathrm{d}\theta\int_0^{\sqrt{a^2-h^2}}\dfrac{\rho\,\mathrm{d}\rho}{a^2-\rho^2}$$

$$=a\cdot 2\pi\cdot\left(-\dfrac{1}{2}\right)\ln(a^2-\rho^2)\Big|_0^{\sqrt{a^2-h^2}}=2\pi a\ln\dfrac{a}{h}$$

> **小贴士** 本题中曲面 Σ 在 zOx、yOz 坐标面上的投影均为圆被截出的弓形部分,不利于计算,故不建议选用将 Σ 向 zOx、yOz 坐标面上投影的方式来计算.

例 5 计算 $I=\iint\limits_{\Sigma}x\,\mathrm{d}y\,\mathrm{d}z+y\,\mathrm{d}z\,\mathrm{d}x+z\,\mathrm{d}x\,\mathrm{d}y$,其中 Σ 为上半球面 $(x-a)^2+(y-b)^2+(z-c)^2=R^2(z\geqslant c)$ 的上侧.

分析 由于 Σ 不是闭曲面,故不能直接用高斯公式计算,先用补面法,再用高斯公式求解较方便.

解 补充平面圆域 $\Sigma_1:\begin{cases}(x-a)^2+(y-b)^2\leqslant R^2\\ z=c\end{cases}$ 并取下侧(图 19-3 中阴影部分),故

$$I=\oiint\limits_{\Sigma+\Sigma_1}x\,\mathrm{d}y\,\mathrm{d}z+y\,\mathrm{d}z\,\mathrm{d}x+z\,\mathrm{d}x\,\mathrm{d}y$$

$$-\iint\limits_{\Sigma_1}x\,\mathrm{d}y\,\mathrm{d}z+y\,\mathrm{d}z\,\mathrm{d}x+z\,\mathrm{d}x\,\mathrm{d}y$$

$$=3\iiint\limits_{\Omega}\mathrm{d}V+\iint\limits_{D_{xy}}c\,\mathrm{d}x\,\mathrm{d}y$$

$$=2\pi R^3+c\pi R^2$$

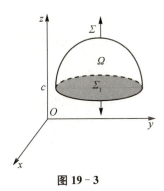

图 19-3

> **小贴士** ① 本题用直接法计算较烦琐,请读者一试,并加以比较.
> ② 本题利用重积分的几何意义,使得计算变简单.

例 6 设 Σ 为曲面 $z=\sqrt{x^2+y^2}\,(1\leqslant x^2+y^2\leqslant 4)$ 的下侧,其中 $f(x)$ 为连续函数,计算曲面积分:

$$\iint_\Sigma [xf(xy)+2x-y]\mathrm{d}y\mathrm{d}z+[yf(xy)+2y+x]\mathrm{d}z\mathrm{d}x+[zf(xy)+z]\mathrm{d}x\mathrm{d}y.$$

典型例题讲解

分析 由于本题中的被积函数是抽象函数,故不适合用直接法计算第二型曲面积分,也不适合补面后用高斯公式计算. 对于被积函数含抽象函数的第二型曲面积分,常利用两类曲面积分的联系将原积分化为第一型曲面积分后,再化为投影区域上的二重积分来计算.

解 曲面 $\Sigma:z=\sqrt{x^2+y^2}$,取下侧,则

$$z_x=\frac{x}{\sqrt{x^2+y^2}},\quad z_y=\frac{y}{\sqrt{x^2+y^2}}$$

故 $\mathrm{d}S=\sqrt{1+z_x^2+z_y^2}\,\mathrm{d}x\mathrm{d}y=\sqrt{2}\,\mathrm{d}x\mathrm{d}y$,且 Σ 在点 (x,y,z) 处的单位法向量为

$$\boldsymbol{n}^0=\frac{1}{\sqrt{1+z_x^2+z_y^2}}(z_x,z_y,-1)=\frac{1}{\sqrt{2}}\left(\frac{x}{\sqrt{x^2+y^2}},\frac{y}{\sqrt{x^2+y^2}},-1\right)$$

设 $\cos\alpha,\cos\beta,\cos\gamma$ 为此曲面外法线的方向余弦,则

$$(\cos\alpha,\cos\beta,\cos\gamma)=\boldsymbol{n}^0=\left(\frac{x}{\sqrt{2}\sqrt{x^2+y^2}},\frac{y}{\sqrt{2}\sqrt{x^2+y^2}},-\frac{1}{\sqrt{2}}\right)$$

Σ 在 xOy 面上的投影为 $D_{xy}:1\leqslant x^2+y^2\leqslant 4$,由两类曲面积分之间的联系,得

$$\begin{aligned}
\text{原积分} &= \iint_\Sigma \{[xf(xy)+2x-y]\cos\alpha+[yf(xy)+2y+x]\cos\beta+[zf(xy)+z]\cos\gamma\}\mathrm{d}S\\
&=\frac{1}{\sqrt{2}}\iint_\Sigma\left\{[xf(xy)+2x-y]\frac{x}{\sqrt{x^2+y^2}}+[yf(xy)+2y+x]\frac{y}{\sqrt{x^2+y^2}}-[zf(xy)+z]\right\}\mathrm{d}S\\
&=\iint_{D_{xy}}\left\{\sqrt{x^2+y^2}[f(xy)+2]-\sqrt{x^2+y^2}[f(xy)+1]\right\}\mathrm{d}x\mathrm{d}y\\
&=\iint_{D_{xy}}\sqrt{x^2+y^2}\,\mathrm{d}x\mathrm{d}y=\int_0^{2\pi}\mathrm{d}\theta\int_1^2\rho^2\mathrm{d}\rho=\frac{14\pi}{3}
\end{aligned}$$

> **小贴士** 将该积分化为第一型曲面积分后须选择合适的坐标面投影,使得其化为的二重积分中被积函数不再含抽象函数,之后才可以积出.

例 7 计算 $I=\iint_\Sigma (x^2\cos\alpha+y^2\cos\beta+z^2\cos\gamma)\mathrm{d}S$,其中 $\Sigma:x^2+y^2=z^2(0\leqslant z\leqslant h)$,$\cos\alpha,\cos\beta,\cos\gamma$ 为此曲面外法线的方向余弦.

分析 对于此类题一般先利用两类曲面积分的关系化为第二型曲面积分,然后对第二型曲面积分用直接法计算,或对开曲面补面后再用高斯公式计算.

解法一 先利用两类曲面积分的关系化为第二型曲面积分,再用直接法计算.

$$I=\iint_\Sigma (x^2\cos\alpha+y^2\cos\beta+z^2\cos\gamma)\mathrm{d}S=\iint_\Sigma x^2\mathrm{d}y\mathrm{d}z+y^2\mathrm{d}z\mathrm{d}x+z^2\mathrm{d}x\mathrm{d}y$$

而
$$\iint_{\Sigma} x^2 \mathrm{d}y\mathrm{d}z = \iint_{\Sigma_{前}} x^2 \mathrm{d}y\mathrm{d}z + \iint_{\Sigma_{后}} x^2 \mathrm{d}y\mathrm{d}z = \iint_{D_{yz}} (z^2 - y^2) \mathrm{d}y\mathrm{d}z - \iint_{D_{yz}} (z^2 - y^2) \mathrm{d}y\mathrm{d}z = 0$$

同理,有
$$\iint_{\Sigma} y^2 \mathrm{d}z\mathrm{d}x = \iint_{D_{zx}} (z^2 - x^2) \mathrm{d}z\mathrm{d}x - \iint_{D_{zx}} (z^2 - x^2) \mathrm{d}z\mathrm{d}x = 0$$

$$\iint_{\Sigma} z^2 \mathrm{d}x\mathrm{d}y = -\iint_{D_{xy}} (x^2 + y^2) \mathrm{d}x\mathrm{d}y = -\int_0^{2\pi} \mathrm{d}\theta \int_0^h \rho^3 \mathrm{d}\rho = -\frac{\pi}{2} h^4$$

故
$$I = 0 + 0 - \frac{\pi}{2} h^4 = -\frac{\pi}{2} h^4$$

解法二 先利用两类曲面积分的关系化为第二型曲面积分,再补面后用高斯公式计算.

$$I = \iint_{\Sigma} (x^2 \cos\alpha + y^2 \cos\beta + z^2 \cos\gamma) \mathrm{d}S = \iint_{\Sigma} x^2 \mathrm{d}y\mathrm{d}z + y^2 \mathrm{d}z\mathrm{d}x + z^2 \mathrm{d}x\mathrm{d}y$$

添补平面 $\Sigma_1: \begin{cases} z = h \\ x^2 + y^2 \leqslant h^2 \end{cases}$ 并取上侧,则 $\Sigma + \Sigma_1$ 构成取外侧的闭曲面,所围成的区域为 Ω(图19-4),故

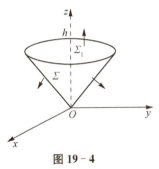

图 19-4

$$\begin{aligned}
I &= \iint_{\Sigma} x^2 \mathrm{d}y\mathrm{d}z + y^2 \mathrm{d}z\mathrm{d}x + z^2 \mathrm{d}x\mathrm{d}y \\
&= \left(\iint_{\Sigma + \Sigma_1} - \iint_{\Sigma_1}\right) x^2 \mathrm{d}y\mathrm{d}z + y^2 \mathrm{d}z\mathrm{d}x + z^2 \mathrm{d}x\mathrm{d}y \\
&= 2\iiint_{\Omega} (x + y + z) \mathrm{d}x\mathrm{d}y\mathrm{d}z - \iint_{\Sigma_1} x^2 \mathrm{d}y\mathrm{d}z + y^2 \mathrm{d}z\mathrm{d}x + z^2 \mathrm{d}x\mathrm{d}y \\
&\xrightarrow{对称性} 2\iiint_{\Omega} z \mathrm{d}x\mathrm{d}y\mathrm{d}z - h^2 \iint_{x^2 + y^2 \leqslant h^2} \mathrm{d}x\mathrm{d}y \\
&= 2\int_0^h z \mathrm{d}z \iint_{x^2 + y^2 \leqslant z^2} \mathrm{d}x\mathrm{d}y - h^2 \cdot \pi h^2 \\
&= 2\int_0^h \pi z^3 \mathrm{d}z - \pi h^4 = \frac{1}{2}\pi h^4 - \pi h^4 = -\frac{1}{2}\pi h^4
\end{aligned}$$

> **小贴士** ① 当 $\cos\alpha, \cos\beta, \cos\gamma$ 为曲面 Σ 指定侧的法向量的方向余弦时,常利用 $\iint_{\Sigma}(P\cos\alpha + Q\cos\beta + R\cos\gamma)\mathrm{d}S = \iint_{\Sigma} P\mathrm{d}y\mathrm{d}z + Q\mathrm{d}z\mathrm{d}x + R\mathrm{d}x\mathrm{d}y$ 将本题化为第二型曲面积分再计算.
>
> ② 若用计算第一型曲面积分的直接法将本题化为某坐标面的投影域上的二重积分来计算则较烦琐,故不建议选用此法.

例7 计算 $I = \iint\limits_{\Sigma} x(8y+1)\mathrm{d}y\mathrm{d}z + 2(1-y^2)\mathrm{d}z\mathrm{d}x - 4yz\mathrm{d}x\mathrm{d}y$,其中 Σ 是曲线 $\begin{cases} z=\sqrt{y-1} \\ x=0 \end{cases}(1 \leqslant y \leqslant 3)$ 绕 y 轴旋转而成的旋转曲面的外侧.

分析 须先求出旋转曲面 Σ 的方程,由于是开曲面,故可先补面后再用高斯公式计算.

解 可求得 $\Sigma: \sqrt{x^2+z^2} = \sqrt{y-1}\,(1 \leqslant y \leqslant 3)$,取外侧,即 $\Sigma: x^2+z^2 = y-1\,(1 \leqslant y \leqslant 3)$,取外侧(图 19-5).

添补曲面 $\Sigma_1: \begin{cases} y=3 \\ x^2+z^2 \leqslant 2 \end{cases}$ 并取右侧,于是 $\Sigma + \Sigma_1$ 构成闭曲面的外侧,由高斯公式得

$$I + \iint\limits_{\Sigma_1} x(8y+1)\mathrm{d}y\mathrm{d}z + 2(1-y^2)\mathrm{d}z\mathrm{d}x - 4yz\mathrm{d}x\mathrm{d}y$$

$$= \iiint\limits_{\Omega} \mathrm{d}x\mathrm{d}y\mathrm{d}z = \int_1^3 \mathrm{d}y \iint\limits_{D_y: x^2+z^2 \leqslant y-1} \mathrm{d}x\mathrm{d}z = \int_1^3 \pi(y-1)\mathrm{d}y$$

$$= \pi \frac{1}{2}[(y-1)^2]_1^3 = 2\pi$$

而

$$\iint\limits_{\Sigma_1} x(8y+1)\mathrm{d}y\mathrm{d}z + 2(1-y^2)\mathrm{d}z\mathrm{d}x - 4yz\mathrm{d}x\mathrm{d}y$$

$$= \iint\limits_{D_{xz}: x^2+z^2 \leqslant 2} 2(1-9)\mathrm{d}x\mathrm{d}z = -16\iint\limits_{D_{xz}} \mathrm{d}x\mathrm{d}z$$

$$= -16\pi(\sqrt{2})^2 = -32\pi$$

所以

$$I = 2\pi + 32\pi = 34\pi$$

> **小贴士** ① 本题是非闭曲面上的第二型曲面积分,直接计算比较烦琐,故不适合选择直接法计算.
>
> ② Σ 是绕 y 轴旋转而成的旋转曲面,故计算
>
> $$\iint\limits_{\Sigma_1} x(8y+1)\mathrm{d}y\mathrm{d}z + 2(1-y^2)\mathrm{d}z\mathrm{d}x - 4yz\mathrm{d}x\mathrm{d}y$$
>
> 时选择向坐标面 xOz 面投影较合适.

例8 计算 $I = \iint\limits_{\Sigma} \dfrac{x\mathrm{d}y\mathrm{d}z + y\mathrm{d}z\mathrm{d}x + z\mathrm{d}x\mathrm{d}y}{(x^2+y^2+z^2)^{\frac{3}{2}}}$,其中 Σ 是 $\dfrac{x^2}{a^2} + \dfrac{y^2}{b^2} + \dfrac{z^2}{c^2} = 1$ 的外侧.

分析 由于被积函数在闭曲面所围区域内的原点处无意义,故不能直接利用高斯公式进行计算,这时可以用一个合适的小闭曲面挖去原点,再在封闭的复连通区域上用高斯公式进行计算.

解 令 $r = \sqrt{x^2+y^2+z^2}$,$P = \dfrac{x}{r^3}$,$Q = \dfrac{y}{r^3}$,$R = \dfrac{z}{r^3}$,则

$$\frac{\partial P}{\partial x} = \frac{r^3 - 3xr^2 \cdot \frac{x}{r}}{r^6} = \frac{1}{r^3} - \frac{3x^2}{r^5}$$

同理,有

$$\frac{\partial Q}{\partial y} = \frac{1}{r^3} - \frac{3y^2}{r^5}, \quad \frac{\partial R}{\partial z} = \frac{1}{r^3} - \frac{3z^2}{r^5}$$

于是,有

$$\frac{\partial P}{\partial x} + \frac{\partial Q}{\partial y} + \frac{\partial R}{\partial z} = 0 (r \neq 0)$$

作辅助小球面 $\Sigma_\varepsilon : x^2 + y^2 + z^2 = \varepsilon^2$,取内侧并取 ε 足够小,使得小球面 Σ_ε 位于 Σ 的内部,以 Ω 表示由 Σ 与 Σ_ε 所围成的立体区域,Ω_ε 表示 Σ_ε 所围成的立体区域,则

$$I = \oiint_{\Sigma+\Sigma_\varepsilon} - \oiint_{\Sigma_\varepsilon} \xrightarrow{\text{高斯公式}} \iiint_\Omega \left(\frac{\partial P}{\partial x} + \frac{\partial Q}{\partial y} + \frac{\partial R}{\partial z} \right) dV - \oiint_{\Sigma_\varepsilon} \frac{x\,dy\,dz + y\,dz\,dx + z\,dx\,dy}{\varepsilon^3}$$

$$= 0 - \frac{1}{\varepsilon^3} \oiint_{\Sigma_\varepsilon} x\,dy\,dz + y\,dz\,dx + z\,dx\,dy \xrightarrow{\text{高斯公式}} \frac{1}{\varepsilon^3} \iiint_{\Omega_\varepsilon} 3\,dV = \frac{3}{\varepsilon^3} \cdot \frac{4}{3}\pi\varepsilon^3 = 4\pi$$

> **小贴士**　添加的辅助曲面不仅要包含原点,关键还要使辅助曲面上的积分 $\iint_{\Sigma_\varepsilon} \frac{x\,dy\,dz + y\,dz\,dx + z\,dx\,dy}{(x^2+y^2+z^2)^{\frac{3}{2}}}$ 容易计算,故须根据被积函数特点选择合适的曲面才能起到简化计算的作用.

例 9　设密度为 1 的流体,其速度场为 $v(x,y,z) = (2x - z^2)\boldsymbol{i} + (x^2y + x)\boldsymbol{j} - xz^2\boldsymbol{k}$,求该流体通过立方体 $0 \leq x \leq a, 0 \leq y \leq a, 0 \leq z \leq a$ 的全表面外侧的通量.

分析　根据第二型曲面积分的物理意义,速度场为 $v = (P, Q, R)$ 的流体通过闭曲面 Σ(指定侧)的通量等于第二型曲面积分 $\oiint_\Sigma P\,dy\,dz + Q\,dz\,dx + R\,dx\,dy$,由此立式,求解时用高斯公式,计算更为便捷.

解　所求通量为

$$I = \oiint_\Sigma (2x - z^2)\,dy\,dz + (x^2y + x)\,dz\,dx - xz^2\,dx\,dy$$

$$= \iiint_\Omega (2 + x^2 - 2xz)\,dx\,dy\,dz$$

$$= \int_0^a dx \int_0^a dy \int_0^a (2 + x^2 - 2xz)\,dz = \int_0^a dx \int_0^a (2a + ax^2 - a^2 x)\,dy$$

$$= a \int_0^a (2a + ax^2 - a^2 x)\,dx = a\left(2a^2 + \frac{a^4}{3} - \frac{a^4}{2}\right)$$

$$= a^3 \left(2 - \frac{a^2}{6}\right)$$

> **小贴士**　$\iint_\Sigma P\,dy\,dz + Q\,dz\,dx + R\,dx\,dy$ 的意义之一就是表示流体通过曲面 Σ(指定侧)的通量.

例 10 计算 $\oint_{\Gamma}(z-y)\mathrm{d}x+(x-z)\mathrm{d}y+(x-y)\mathrm{d}z$，其中 Γ 是曲线 $\begin{cases} x^2+y^2=1 \\ x-y+z=2 \end{cases}$，从 z 轴正向往下看 Γ 的方向是顺时针方向.

分析一 由于曲线 Γ 的参数方程容易求出，故本题可用直接法，将第二型曲线积分化为定积分计算.

解法一 直接化为定积分计算.

曲线 Γ 的参数方程为：$x=\cos\theta, y=\sin\theta, z=2-\cos\theta+\sin\theta$，对应始点到终点的参数值为 $\theta: 2\pi \to 0$，则

$$\oint_{\Gamma}(z-y)\mathrm{d}x+(x-z)\mathrm{d}y+(x-y)\mathrm{d}z$$
$$=\int_{2\pi}^{0}[-(2-\cos\theta)\sin\theta+(-2+2\cos\theta-\sin\theta)\cos\theta+(\cos\theta-\sin\theta)(\cos\theta+\sin\theta)]\mathrm{d}\theta$$
$$=-\int_{2\pi}^{0}[2(\sin\theta+\cos\theta)-2\cos 2\theta-1]\mathrm{d}\theta$$
$$=-[2(-\cos\theta+\sin\theta)-\sin 2\theta-\theta]\Big|_{2\pi}^{0}=-2\pi$$

分析二 由于曲线 Γ 在平面上，其法向量较易求出，故可用斯托克斯公式计算.

解法二 应用斯托克斯公式（化为第二型曲面积分计算）.

设 Σ 是平面 $x-y+z=2$ 上以 Γ 为边界的有限部分，由右手系可知，其法向量指向下侧，且 Σ 在 xOy 平面上的投影区域为 $D_{xy}: x^2+y^2\leqslant 1$，则由斯托克斯公式可得：

$$\oint_{\Gamma}(z-y)\mathrm{d}x+(x-z)\mathrm{d}y+(x-y)\mathrm{d}z$$
$$=\iint_{\Sigma}\begin{vmatrix} \mathrm{d}y\mathrm{d}z & \mathrm{d}z\mathrm{d}x & \mathrm{d}x\mathrm{d}y \\ \dfrac{\partial}{\partial x} & \dfrac{\partial}{\partial y} & \dfrac{\partial}{\partial z} \\ z-y & x-z & x-y \end{vmatrix}=\iint_{\Sigma}2\mathrm{d}x\mathrm{d}y$$
$$=-2\iint_{D_{xy}}\mathrm{d}x\mathrm{d}y=-2\pi$$

解法三 应用斯托克斯公式（化为第一型曲面积分计算）.

设 Σ 是平面 $x-y+z=2$ 上以 Γ 为边界的有限部分，由右手系可知，其法向量指向下侧，故该法向量与 z 轴正向的夹角为钝角，则

$$\boldsymbol{n}^0=-\frac{1}{\sqrt{3}}(1,-1,1)=\frac{1}{\sqrt{3}}(-1,1,-1)$$

且 $\Sigma: z=2-x+y, z_x=-1, z_y=1$，故 $\mathrm{d}S=\sqrt{3}\mathrm{d}x\mathrm{d}y$.

Σ 在 xOy 平面上的投影区域为 $D_{xy}: x^2+y^2\leqslant 1$，则由斯托克斯公式可得：

$$\oint_{\Gamma}(z-y)\mathrm{d}x+(x-z)\mathrm{d}y+(x-y)\mathrm{d}z$$
$$=\frac{1}{\sqrt{3}}\iint_{\Sigma}\begin{vmatrix} -1 & 1 & -1 \\ \dfrac{\partial}{\partial x} & \dfrac{\partial}{\partial y} & \dfrac{\partial}{\partial z} \\ z-y & x-z & x-y \end{vmatrix}\mathrm{d}S$$
$$=\frac{1}{\sqrt{3}}\iint_{\Sigma}-2\mathrm{d}S=-\frac{2}{\sqrt{3}}\iint_{D_{xy}}\sqrt{3}\mathrm{d}x\mathrm{d}y=-2\pi$$

> **小贴士** 计算第二型曲线积分有两种方法,第一种是直接法,即将曲线的参数方程代入化为定积分计算,该方法要求曲线的参数方程容易求出;第二种是间接法,即应用斯托克斯公式化为第一型或第二型曲面积分计算,该方法要求曲线 Γ 为闭线,且以闭线为边界所张的曲面及其投影较规则.

例 11 设函数 $u = e^{xyz} + \int_0^{xy} t\sin t\, dt + \int_0^{yz} t^2\, dt$,求 $\mathrm{div}(\mathbf{grad}\, u)\Big|_{(0,1,1)}$, $\mathbf{rot}(\mathbf{grad}\, u)\Big|_{(0,1,1)}$.

分析 利用矢量场的梯度、散度及旋度公式计算.

解 $\mathbf{grad}\, u = (u_x, u_y, u_z)$
$$= [yz e^{xyz} + xy^2\sin(xy), xz e^{xyz} + x^2 y\sin(xy) + y^2 z^3, xy e^{xyz} + y^3 z^2]$$

$\mathrm{div}(\mathbf{grad}\, u) = \dfrac{\partial}{\partial x}[yz e^{xyz} + xy^2\sin(xy)] + \dfrac{\partial}{\partial y}[xz e^{xyz} + x^2 y\sin(xy) + y^2 z^3] +$
$\quad \dfrac{\partial}{\partial z}[xy e^{xyz} + y^3 z^2]$
$= e^{xyz}(y^2 z^2 + x^2 z^2 + x^2 y^2) + [(y^2 + x^2)\sin(xy) + (xy^3 + x^3 y)\cos(xy) + 2yz^3 + 2y^3 z]$

故 $\mathrm{div}(\mathbf{grad}\, u)\Big|_{(0,1,1)} = 5$.

$$\mathbf{rot}(\mathbf{grad}\, u) = \begin{vmatrix} \mathbf{i} & \mathbf{j} & \mathbf{k} \\ \dfrac{\partial}{\partial x} & \dfrac{\partial}{\partial y} & \dfrac{\partial}{\partial z} \\ yz e^{xyz} + xy^2\sin(xy) & xz e^{xyz} + x^2 y\sin(xy) + y^2 z^3 & xy e^{xyz} + y^3 z^2 \end{vmatrix}$$
$= (0,0,0)$

故 $\mathbf{rot}(\mathbf{grad}\, u)\Big|_{(0,1,1)} = (0,0,0) = \mathbf{0}$.

> **小贴士** 梯度及旋度都是矢量,散度是数量,不能混淆.

例 12 在变力 $\mathbf{F} = (yz, zx, xy)$ 的作用下,质点由原点沿直线运动到椭球面 $\dfrac{x^2}{a^2} + \dfrac{y^2}{b^2} + \dfrac{z^2}{c^2} = 1$ 上第一卦限的点 $M(x_0, y_0, z_0)$ 处,问:当 x_0, y_0, z_0 取何值时,力 $\mathbf{F}$ 所做的功 W 最大?求出 W 的最大值.

分析 变力 $\mathbf{F} = (yz, zx, xy)$ 沿曲线 L 所做的功等于第二型曲线积分:
$$W = \int_{\overrightarrow{OM}} yz\, dx + zx\, dy + xy\, dz$$
算出该积分后,再利用拉格朗日乘数法求出 W 的最大值.

解 有向线段 $\overrightarrow{OM}: x = x_0 t, y = y_0 t, z = z_0 t, t: 0 \to 1$,且 $\dfrac{x_0^2}{a^2} + \dfrac{y_0^2}{b^2} + \dfrac{z_0^2}{c^2} = 1$,则力 $\mathbf{F}$ 沿有向线段 $\overrightarrow{OM}$ 所做的功为
$$W = \int_{\overrightarrow{OM}} yz\, dx + zx\, dy + xy\, dz = \int_0^1 3x_0 y_0 z_0 t^2\, dt = x_0 y_0 z_0$$

由拉格朗日乘数法，令 $F = x_0 y_0 z_0 + \lambda \left(\dfrac{x_0^2}{a^2} + \dfrac{y_0^2}{b^2} + \dfrac{z_0^2}{c^2} - 1 \right)$，由

$$\begin{cases} F_x = y_0 z_0 - 2\lambda \dfrac{x_0}{a^2} = 0 \\ F_y = x_0 z_0 - 2\lambda \dfrac{y_0}{b^2} = 0 \\ F_z = x_0 y_0 - 2\lambda \dfrac{z_0}{c^2} = 0 \\ F_\lambda = \dfrac{x_0^2}{a^2} + \dfrac{y_0^2}{b^2} + \dfrac{z_0^2}{c^2} - 1 = 0 \end{cases}, \text{解得唯一驻点 } x_0 = \dfrac{a}{\sqrt{3}}, y_0 = \dfrac{b}{\sqrt{3}}, z_0 = \dfrac{c}{\sqrt{3}}, \text{且}$$

$$W\left(\dfrac{a}{\sqrt{3}}, \dfrac{b}{\sqrt{3}}, \dfrac{c}{\sqrt{3}}\right) = \dfrac{abc}{3\sqrt{3}} = \dfrac{\sqrt{3}abc}{9}$$

而由实际问题可知，W 的最大值必定存在，因此在该驻点 $\left(\dfrac{a}{\sqrt{3}}, \dfrac{b}{\sqrt{3}}, \dfrac{c}{\sqrt{3}}\right)$ 处 W 取得最大值，故其最大值为 $\dfrac{\sqrt{3}}{9} abc$.

> **小贴士** 在利用拉格朗日乘数法求解最大、最小值时，若求得的驻点是唯一的且能从实际问题判断所求的最值必定存在，则由对应性可确定该驻点处取得相应的最值.

基础练习 19

1. 填空题.

   (1) 设 Σ 为球面 $x^2 + y^2 + z^2 = 4$，则 $\oiint\limits_{\Sigma} (x^2 + y^2) \mathrm{d}S = $ _____.

   (2) 设曲面 $\Sigma: z = \sqrt{R^2 - x^2 - y^2}$ 的质心为 $(0, 0, \bar{z})$，则 $\bar{z} = $ _____.

   (3) 设 Σ 为锥面 $z = \sqrt{x^2 + y^2}$ ($0 \leqslant z \leqslant 1$) 的下侧，则 $\iint\limits_{\Sigma} x \mathrm{d}y\mathrm{d}z + 2y \mathrm{d}z\mathrm{d}x + 3(z-1) \mathrm{d}x\mathrm{d}y = $ _____.

   (4) 设 $\boldsymbol{A} = 3x^2 y \boldsymbol{i} + \mathrm{e}^y z \boldsymbol{j} + 2x^3 z \boldsymbol{k}$，则 $\mathrm{div} \boldsymbol{A} \Big|_{(1,0,2)} = $ _____.

   (5) 向量场 $\boldsymbol{A} = (z + \sin y)\boldsymbol{i} - (z - x\cos y)\boldsymbol{j}$ 的旋度 $\mathrm{rot} \boldsymbol{A} = $ _____.

2. 选择题.

   (1) 设 $\Sigma: x^2 + y^2 + z^2 = a^2 (z \geqslant 0)$，$\Sigma_1$ 为 Σ 在第一卦限的部分，则有 (   )

   A. $\iint\limits_{\Sigma} x \mathrm{d}S = 4 \iint\limits_{\Sigma_1} x \mathrm{d}S$ B. $\iint\limits_{\Sigma} y \mathrm{d}S = 4 \iint\limits_{\Sigma_1} y \mathrm{d}S$

   C. $\iint\limits_{\Sigma} z \mathrm{d}S = 4 \iint\limits_{\Sigma_1} z \mathrm{d}S$ D. $\iint\limits_{\Sigma} xyz \mathrm{d}S = 4 \iint\limits_{\Sigma_1} xyz \mathrm{d}S$

   (2) 设 $\Sigma: z = \sqrt{x^2 + y^2}$ 在柱体 $x^2 + y^2 \leqslant 2x$ 内的部分，则 $\iint\limits_{\Sigma} |y| \mathrm{d}S$ 等于 (   )

   A. $\dfrac{4\sqrt{2}}{3}$ B. $\dfrac{4\sqrt{2}}{3}\pi$ C. $\dfrac{2\sqrt{2}}{3}$ D. $\dfrac{2\sqrt{2}}{3}\pi$

(3) 若曲面 $\Sigma: x^2+y^2+z^2=R^2$ 取外侧,则 $\iint\limits_{\Sigma} x^2 y^2 z \, dx \, dy$ 等于 （　）

  A. $\iint\limits_{D_{xy}} x^2 y^2 \sqrt{R^2-x^2-y^2} \, dx \, dy$ B. $2\iint\limits_{D_{xy}} x^2 y^2 \sqrt{R^2-x^2-y^2} \, dx \, dy$

  C. $-\iint\limits_{D_{xy}} x^2 y^2 \sqrt{R^2-x^2-y^2} \, dx \, dy$ D. 0

(4) 若曲面 $\Sigma: x^2+y^2+z^2=R^2$ 取外侧,则 $\iint\limits_{\Sigma} x y^2 z^2 \, dx \, dy$ 等于 （　）

  A. $\iint\limits_{D_{xy}} x y^2 (R^2-x^2-y^2) \, dx \, dy$ B. $2\iint\limits_{D_{xy}} x y^2 (R^2-x^2-y^2) \, dx \, dy$

  C. $-\iint\limits_{D_{xy}} x y^2 (R^2-x^2-y^2) \, dx \, dy$ D. 0

(5) 曲面积分 $\iint\limits_{\Sigma} z^2 \, dx \, dy$ 在数值上等于 （　）

  A. 面密度为 z^2 的曲面 Σ 的质量   B. 向量 $z^2 \boldsymbol{i}$ 穿过曲面 Σ 的流量

  C. 向量 $z^2 \boldsymbol{j}$ 穿过曲面 Σ 的流量   D. 向量 $z^2 \boldsymbol{k}$ 穿过曲面 Σ 的流量

3. 求曲面积分 $\iint\limits_{\Sigma} \left(z+2x+\dfrac{4}{3}y\right) dS$,其中 Σ 为平面 $\dfrac{x}{2}+\dfrac{y}{3}+\dfrac{z}{4}=1$ 在第一卦限中的部分.

4. 计算 $\iint\limits_{\Sigma} (x+y+z) dS$,其中 Σ 为平面 $y+z=5$ 被柱面 $x^2+y^2=25$ 所截得的部分.

5. 求抛物面 $z=2-(x^2+y^2)$ 在 xOy 面上方部分的表面积.

6. 设 Σ 为上半球面 $z=\sqrt{a^2-x^2+y^2}$ 的上侧,求曲面积分 $\iint\limits_{\Sigma}(x^3+az^2)\mathrm{d}y\mathrm{d}z+(y^3+ax^2)\mathrm{d}z\mathrm{d}x+(z^3+ay^2)\mathrm{d}x\mathrm{d}y$.

7. 计算 $\iint\limits_{\Sigma}(z^2+x)\mathrm{d}y\mathrm{d}z-z\mathrm{d}x\mathrm{d}y$,其中 Σ 是旋转抛物面 $z=\dfrac{1}{2}(x^2+y^2)$ 介于平面 $z=0$ 及 $z=2$ 之间的部分的下侧.

8. 计算 $\iint\limits_{\Sigma}[f(x,y,z)+x]\mathrm{d}y\mathrm{d}z+[2f(x,y,z)+y]\mathrm{d}z\mathrm{d}x+[f(x,y,z)+z]\mathrm{d}x\mathrm{d}y$,其中 $f(x,y,z)$ 为连续函数,曲面 Σ 为平面 $x-y+z=1$ 位于第四卦限中的部分的上侧.

9. 空间立体 Ω 由 $x^2+y^2\leqslant 1, z=0, z=2+x$ 所围成,Σ 为 Ω 的边界面:
   (1) 求曲面积分 $\oiint\limits_{\Sigma}x\mathrm{d}S$.
   (2) 若 Σ 有均匀密度 ρ(常数),求 Σ 的质量 M.

强化训练 19

1. 填空题.

   (1) 已知 $\Sigma: z = \sqrt{R^2 - x^2 - y^2}$,则 $\iint\limits_{\Sigma}(x + 2y + z)\mathrm{d}S =$ _____.

   (2) 设 Σ 是曲面 $z = x^2 + y^2$ 被平面 $z = 1$ 所截下的部分,则 $\iint\limits_{\Sigma}|xyz|\mathrm{d}S =$ _____.

   (3) 已知曲面 $\Sigma: z = \sqrt{1 - x^2 - y^2}$ 的面密度为 $\mu(x, y, z) = z^3$,则 Σ 含在曲面 $z = \sqrt{x^2 + y^2}$ 内的质量为 _____.

   (4) 设 Σ 是边长为 a 的正方体的表面并取外侧,则 $\iint\limits_{\Sigma}(x - z)\mathrm{d}y\mathrm{d}z + x^2\mathrm{d}z\mathrm{d}x + (y^2 - z)\mathrm{d}x\mathrm{d}y =$ _____.

   (5) 设 $\boldsymbol{u} = x\boldsymbol{i} + y\boldsymbol{j} + z\boldsymbol{k}, \boldsymbol{v} = y\boldsymbol{i} + z\boldsymbol{j} + x\boldsymbol{k}$,则 $\mathrm{div}(\boldsymbol{u} \times \boldsymbol{v}) =$ _____.

2. 选择题.

   (1) 曲面 $z = \sqrt{x^2 + y^2}$ 被柱面 $z^2 = 2x$ 割下的有限部分的面积为 ( )

   A. 2π　　　　　　B. 4π　　　　　　C. $2\sqrt{2}\pi$　　　　　　D. $\sqrt{2}\pi$

   (2) 设 Σ 是柱面 $x^2 + y^2 = 1, 0 \leqslant z \leqslant 1$ 的外侧,则 $\iint\limits_{\Sigma}(x + y + z)\mathrm{d}y\mathrm{d}z =$ ( )

   A. 0　　　　　　B. $\pi + 1$　　　　　　C. π　　　　　　D. 1

   (3) 设有向曲面 $\Sigma: x^2 + y^2 + (z - 1)^2 = 1(z \geqslant 1)$,定向为上侧,则 $\iint\limits_{\Sigma}2xy\mathrm{d}y\mathrm{d}z - y^2\mathrm{d}z\mathrm{d}x - z\mathrm{d}x\mathrm{d}y =$ ( )

   A. $-\dfrac{5\pi}{3}$　　　　B. $-\dfrac{2\pi}{3}$　　　　C. $-\dfrac{\pi}{3}$　　　　D. $\dfrac{\pi}{3}$

   (4) 设 Σ 是平面块:$y = x, 0 \leqslant x \leqslant 1, 0 \leqslant z \leqslant 1$ 的右侧,则 $\iint\limits_{\Sigma}y\mathrm{d}x\mathrm{d}z$ 为 ( )

   A. 1　　　　　　B. 2　　　　　　C. $\dfrac{1}{2}$　　　　　　D. $-\dfrac{1}{2}$

   (5) 若曲线为圆周 $\Gamma: \begin{cases} x^2 + y^2 + z^2 = 1 \\ x + y + z = 0 \end{cases}$,且从 z 轴的正向看去该圆周取逆时针方向,则曲线积分 $\oint_{\Gamma} y\mathrm{d}x + z\mathrm{d}y + x\mathrm{d}z$ 等于 ( )

   A. $-\sqrt{3}\pi$　　　　B. $\sqrt{3}\pi$　　　　C. $2\sqrt{3}\pi$　　　　D. 0

3. 计算 $\oiint\limits_{\Sigma}(ax + by + cz + d)^2\mathrm{d}S$,其中 $\Sigma: x^2 + y^2 + z^2 = R^2$.

4. 计算 $F(t) = \iint\limits_{\Sigma: x+y+z=t} f(x,y,z) \mathrm{d}S$,其中:

$f(x,y,z) = \begin{cases} 1-x^2-y^2-z^2, & x^2+y^2+z^2 \leqslant 1 \\ 0, & x^2+y^2+z^2 > 1 \end{cases}$.

5. 求面密度为 1 的均匀半球面 $x^2+y^2+z^2=R^2(z \geqslant 0, R > 0)$ 对 Oz 轴的转动惯量.

6. 计算 $I = \iint\limits_{\Sigma} \dfrac{ax \mathrm{d}y \mathrm{d}z + (z+a)^2 \mathrm{d}x \mathrm{d}y}{\sqrt{x^2+y^2+z^2}}$,其中 Σ 为下半球面 $x^2+y^2+z^2=a^2(z \leqslant 0)$ 的上侧 $(a > 0)$.

7. 计算 $I = \iint\limits_{\Sigma} x^3 \mathrm{d}y \mathrm{d}z + [y^3+f(yz)]\mathrm{d}z\mathrm{d}x + [z^3+f(yz)]\mathrm{d}x\mathrm{d}y$,其中曲面 Σ 是锥面 $x=\sqrt{y^2+z^2}$ 与两球面 $x^2+y^2+z^2=4, x^2+y^2+z^2=2$ 所围立体表面的外侧,$f(u)$ 是连续可微的奇函数.

8. 计算 $I = \oiint\limits_{\Sigma} \dfrac{x}{r^3}\mathrm{d}y\mathrm{d}z + \dfrac{y}{r^3}\mathrm{d}z\mathrm{d}x + \dfrac{z}{r^3}\mathrm{d}x\mathrm{d}y$,其中 $r=\sqrt{x^2+y^2+z^2}$,闭曲面 Σ 包含原点且分片光滑,取其外侧.

9. 计算 $I = \oint\limits_{L} (y^2-z^2)\mathrm{d}x + (2z^2-x^2)\mathrm{d}y + (3x^2-y^2)\mathrm{d}z$,其中 L 是平面 $x+y+z=2$ 与柱面 $|x|+|y|=1$ 的交线,从 z 轴的正向看去 L 为逆时针方向.

第 18—19 讲阶段能力测试(理)

阶段能力测试 A

一、填空题(每小题 3 分,共 15 分)

1. 设 L 为圆周 $x^2+y^2=a$,则 $\oint_L e^{x^2+y^2}ds =$ _____.

2. 设 L 是以 $A(1,0),B(0,1),C(-1,0),D(0,-1)$ 为顶点的逆时针方向的正方形,则 $\oint_L (y^2+2x\sin y)dx + x^2(\cos y+x)dy =$ _____.

3. 设 Σ 为平面 $\dfrac{x}{2}+\dfrac{y}{3}+\dfrac{z}{4}=1$ 在第一卦限的部分,则 $\iint_\Sigma \left(z+2x+\dfrac{4}{3}y\right)dS =$ _____.

4. 设 Σ 是曲面 $z=1-x^2-y^2(z\geqslant 0)$ 的上侧,则 $\iint_\Sigma 2x^3 dydz + 2y^3 dzdx + 3(z^2-1)dxdy =$ _____.

5. 设 $u = \ln\sqrt{x^2+y^2+z^2}$,则 $\mathbf{rot}(\mathbf{grad}\,u) =$ _____.

二、选择题(每小题 3 分,共 15 分)

1. 已知闭曲线 C 的方程为 $|x|+2|y|=1$,则 $\oint_C \dfrac{x+y}{|x|+2|y|}dS =$ ( )

   A. 4   B. 1   C. 2   D. 0

2. 设 L 为椭圆 $\dfrac{x^2}{4}+\dfrac{y^2}{3}=1$,取逆时针方向,则 $\oint_L \dfrac{2xdx+ydy}{2x^2+y^2} =$ ( )

   A. 0   B. 2π C. -2π D. $4\ln 2$

3. 设 Σ 是由 $x=0, y=0$ 及 $x^2+y^2+z^2=1(x\geqslant 0, y\geqslant 0)$ 所围成的闭曲面,则 $\oiint_\Sigma (x^2+y^2+z^2)dS =$ ( )

   A. $\dfrac{\pi}{2}$ B. $\dfrac{3\pi}{2}$ C. 1   D. π

4. 设 $u=xe^{y^4+z^8}$,Σ 为上半球面 $z=\sqrt{R^2-x^2-y^2}$ 的上侧,Σ_1 为 Σ 上 $x\geqslant 0$ 的部分,Σ_2 为 Σ 上 $y\geqslant 0$ 的部分,Σ_3 为 Σ 上 $x\geqslant 0, y\geqslant 0$ 的部分,则下列各式中正确的是 ( )

   A. $\iint_\Sigma u\,dydz = 0$
   B. $\iint_\Sigma u\,dydz = 2\iint_{\Sigma_1} u\,dydz$
   C. $\iint_\Sigma u\,dxdz = 2\iint_{\Sigma_2} u\,dxdz$
   D. $\iint_\Sigma u\,dxdy = 4\iint_{\Sigma_3} u\,dxdy$

5. 设曲面 Σ 为锥面 $z=\sqrt{x^2+y^2}$,$0\leqslant z\leqslant h$ 的下侧,则向量场 $\mathbf{A}=x\mathbf{i}+y\mathbf{j}+z\mathbf{k}$ 穿过

曲面 Σ 的通量为 ( )

A. $-\pi h^3$ B. $\dfrac{1}{2}\pi h^3$ C. πh^3 D. 0

三、计算下列各题(每小题 7 分,共 14 分)

1. 求球面 $x^2+y^2+z^2=4$ 包含在柱面 $x^2+y^2=1$ 内的面积.

2. 计算 $\oint_L (xe^{x^2-y^2}-2y)dx-(ye^{x^2-y^2}-3x)dy$,其中 L 为 $y=|x|$ 与 $y=2-|x|$ 所围成正方形区域的正向边界线.

四、(本题满分 8 分) 计算 $\int_L (y^2+2xy)dx$,其中 L 是椭圆 $\dfrac{x^2}{2^2}+\dfrac{y^2}{3^2}=1$ 上由 $A(2,0)$ 经点 $C(0,3)$ 到点 $B(-2,0)$ 的弧段.

五、(本题满分 8 分) 已知曲线积分 $I=\int_{\overrightarrow{OA}}(ax\cos y-y^2\sin x)dx+(by\cos x-x^2\sin y)dy$ 与路径无关,其中点 $O(0,0)$ 及点 $A(1,1)$,试确定常数 a,b 并求 I.

六、(本题满分10分) 计算 $I=\iint\limits_{\Sigma}\dfrac{z}{a^2}(x\cos\alpha+y\cos\beta+z\cos\gamma)\mathrm{d}S$，其中 Σ 为上半球面 $x^2+y^2+z^2=a^2(z\geqslant 0)$，$\cos\alpha$，$\cos\beta$，$\cos\gamma$ 为 Σ 的外法线的方向余弦．

七、(本题满分10分) 计算 $\iint\limits_{\Sigma}2(1-x^2)\mathrm{d}y\mathrm{d}z+8xy\mathrm{d}z\mathrm{d}x-4zx\mathrm{d}x\mathrm{d}y$，其中 Σ 是由曲线 $\begin{cases}x=\mathrm{e}^y\\ z=0\end{cases}(0\leqslant y\leqslant a)$ 绕 x 轴旋转所得的曲面，曲面法向量与 x 轴的正向夹角大于 $\dfrac{\pi}{2}$．

八、(本题满分10分) 计算曲线积分 $I=\oint_{\Gamma}(y^2-z^2)\mathrm{d}x+(z^2-x^2)\mathrm{d}y+(x^2-y^2)\mathrm{d}z$，其中 Γ 是平面 $x+y+z=\dfrac{3}{2}$ 与立方体 $\{(x,y,z)\mid 0\leqslant x\leqslant 1,0\leqslant y\leqslant 1,0\leqslant z\leqslant 1\}$ 的表面的交线，且从 x 轴的正向看去取逆时针方向．

九、(本题满分10分) 已知平面闭区域 $D=\{(x,y)\mid 0\leqslant x\leqslant \pi,0\leqslant y\leqslant \pi\}$，$L$ 为 D 的正向边界，证明：$\oint_L x\mathrm{e}^{\sin y}\mathrm{d}y-y\mathrm{e}^{-\sin x}\mathrm{d}x=\oint_L x\mathrm{e}^{-\sin y}\mathrm{d}y-y\mathrm{e}^{\sin x}\mathrm{d}x$．

阶段能力测试 B

一、填空题(每小题 3 分,共 15 分)

1. 设 L 由连接点 $A(-1,0)$ 与点 $B(1,0)$ 的圆 $x^2+y^2=1$ 的上半圆弧段与连接点 B 到点 A 的直线段组成,则 $\int_L (x^2+y^2)\mathrm{d}s = $ _____.

2. 设 $\Gamma:\begin{cases} x^2+y^2+z^2=5 \\ z=1 \end{cases}$,则 $\oint_\Gamma \dfrac{1}{x^2+y^2+z^2}\mathrm{d}s = $ _____.

3. 设 L 是椭圆 $\dfrac{x^2}{4}+\dfrac{y^2}{9}=1$ 沿顺时针方向的一周,则 $\oint_L \dfrac{(yx^3+\mathrm{e}^y)\mathrm{d}x+(xy^3+x\mathrm{e}^y-2y)\mathrm{d}y}{9x^2+4y^2} = $ _____.

4. 设 Σ 为椭球面 $\dfrac{x^2}{a^2}+\dfrac{y^2}{b^2}+\dfrac{z^2}{c^2}=1$ 的外侧,则 $\oiint_\Sigma \dfrac{\mathrm{d}y\mathrm{d}z}{x}+\dfrac{\mathrm{d}z\mathrm{d}x}{y}+\dfrac{\mathrm{d}x\mathrm{d}y}{z} = $ _____.

5. $\boldsymbol{A}=\mathrm{e}^{xy}\boldsymbol{i}+\cos(xy)\boldsymbol{j}+\cos(xz^2)\boldsymbol{k}$ 的散度 $\mathrm{div}\boldsymbol{A} = $ _____.

二、选择题(每小题 3 分,共 15 分)

1. 已知闭曲线 C 的方程为 $x^2+4y^2=1$,则 $\oint_C \dfrac{x+2y}{x^2+4y^2}\mathrm{d}S = $ ( )

   A. 4 B. 1 C. 2 D. 0

2. 设 L 是沿曲线 $y=a\sin x$ 自 $(0,0)$ 至 $(\pi,0)$ 的那段,若曲线积分 $\int_L y^3\mathrm{d}x+(2x+y^2)\mathrm{d}y$ 的值最小,则 $a=$ ( )

   A. 2 B. 1 C. 3 D. $\dfrac{1}{2}$

3. 积分 $\oint_L \dfrac{x\mathrm{d}y-y\mathrm{d}x}{x^2+y^2}$ 的值 ( )

   A. 等于零 B. 不等于零
   C. 与路径 L 有关 D. 与路径 L 无关

4. 设 Σ 为球面 $x^2+y^2+z^2=R^2$,取外侧,Σ_1 与 Σ_2 分别表示上半球面与下半球面,D_{xy} 为圆域 $x^2+y^2\leqslant R^2$,则下列等式中成立的是 ( )

   A. $\oiint_\Sigma z\mathrm{d}S = \iint_{\Sigma_1}\sqrt{1-x^2-y^2}\,\mathrm{d}S + \iint_{\Sigma_2}\sqrt{1-x^2-y^2}\,\mathrm{d}S$

   B. $\iint_\Sigma x\mathrm{d}y\mathrm{d}z+y\mathrm{d}z\mathrm{d}x+z\mathrm{d}x\mathrm{d}y=0$

   C. $\oiint_\Sigma (x^2+y^2)\mathrm{d}x\mathrm{d}y = \iint_{D_{xy}}(x^2+y^2)\mathrm{d}x\mathrm{d}y$

   D. $\oiint_\Sigma (x^2+y^2+z^2)\mathrm{d}S = 4\pi R^4$

5. 设 $u=\ln\sqrt{x^2+y^2+z^2}$,则 $\mathbf{rot}(\mathbf{grad}u) = $ ( )

   A. 0 B. 1 C. $(0,0,0)$ D. $(0,1,0)$

三、计算题(每小题 7 分,共 14 分)

1. 计算曲线积分 $I = \int_L (e^x \sin y - 2y)dx + (e^x \cos y - 2)dy$,其中曲线 L 是由点 $A(a, 0)$ 沿上半圆周 $x^2 + y^2 = ax$ 至点 $O(0,0)$ 的弧.

2. 设曲线积分 $\int_L xy^2 dx + y\varphi(x)dy$ 与路径无关,其中 φ 具有连续导数且 $\varphi(0) = 0$,计算 $\int_{(0,0)}^{(1,1)} xy^2 dx + y\varphi(x)dy$.

四、(本题满分 8 分) 证明:$\left(\dfrac{y}{x} + \dfrac{2x}{y}\right)dx + \left(\ln x - \dfrac{x^2}{y^2}\right)dy = du(x,y)$,并求 $u(x,y)$.

五、(本题满分 8 分) 计算 $F(t) = \iint\limits_{x^2+y^2+z^2=t^2} f(x,y,z)dS$,其中 $f(x,y,z) = \begin{cases} x^2 + y^2, & z \geq \sqrt{x^2+y^2} \\ 0, & z < \sqrt{x^2+y^2} \end{cases}$.

六、(本题满分 10 分) 计算 $\int_L \dfrac{x\,\mathrm{d}y}{x^2+y^2} - \dfrac{y\,\mathrm{d}x}{x^2+y^2}$,其中 L 是沿曲线 $x^2 = 2(y+2)$ 从点 $A(-2\sqrt{2},2)$ 至点 $B(2\sqrt{2},2)$ 的一段.

七、(本题满分 10 分) 设 Σ 为锥面 $z = \sqrt{x^2+y^2}$ 上被抛物柱面 $z^2 = 2ax\,(a>0)$ 所截下的部分,求其形心坐标.

八、(本题满分 10 分) 求向量场 $\boldsymbol{A} = (y-2z)\boldsymbol{i} + (z-2x)\boldsymbol{j} + (x-2y)\boldsymbol{k}$ 沿曲线 Γ 的环流量,其中 Γ 为曲面 $x^2+y^2+z^2 = 8+2xy$ 与平面 $x+y+z=2$ 的交线,从 z 轴的正向看去 Γ 为逆时针方向.

九、(本题满分 10 分) 设球面 $\Sigma: x^2+y^2+z^2-2ax-2ay-2az+2a^2 = 0\,(a>0)$,证明:$I = \iint\limits_{\Sigma}(x+y+z+\sqrt{3}\,a)\,\mathrm{d}S \geqslant 12\pi a^3$.

第 20 讲　无穷级数(一)

—— 数项级数

20.1　内容提要与归纳

无穷级数(一)
思维导图

20.1.1　基本概念与性质

1) 常数项级数的定义

由数列 $\{u_n\}$ 构成的表达式 $u_1+u_2+\cdots+u_n+\cdots$ 称为常数项级数(简称级数),记作 $\sum\limits_{n=1}^{\infty}u_n$,即 $\sum\limits_{n=1}^{\infty}u_n=u_1+u_2+\cdots+u_n+\cdots$,其中 u_n 称为级数的一般项或通项,称 $s_n=\sum\limits_{k=1}^{n}u_k=u_1+u_2+\cdots+u_n$ 为级数 $\sum\limits_{n=1}^{\infty}u_n$ 的前 n 项部分和.

2) 级数的收敛与发散

若级数 $\sum\limits_{n=1}^{\infty}u_n$ 的部分和数列 $\{s_n\}$ 收敛,即 $\lim\limits_{n\to\infty}s_n=s$,则称级数 $\sum\limits_{n=1}^{\infty}u_n$ 收敛,并称 s 是该级数的和,记作 $s=\sum\limits_{n=1}^{\infty}u_n=u_1+u_2+\cdots+u_n+\cdots$,若部分和数列 $\{s_n\}$ 发散,则称该级数发散. 当级数收敛时, $r_n=s-s_n=u_{n+1}+u_{n+2}+\cdots$ 称为级数的余项.

3) 绝对收敛与条件收敛的定义

若级数 $\sum\limits_{n=1}^{\infty}|u_n|$ 收敛,则称级数 $\sum\limits_{n=1}^{\infty}u_n$ 绝对收敛.

若级数 $\sum\limits_{n=1}^{\infty}u_n$ 收敛,而级数 $\sum\limits_{n=1}^{\infty}|u_n|$ 发散,则称级数 $\sum\limits_{n=1}^{\infty}u_n$ 条件收敛.

4) 收敛级数的基本性质

① 若级数 $\sum\limits_{n=1}^{\infty}u_n$, $\sum\limits_{n=1}^{\infty}v_n$ 都收敛,则对任意常数 k_1,k_2,级数 $\sum\limits_{n=1}^{\infty}(k_1u_n+k_2v_n)$ 亦收敛,且 $\sum\limits_{n=1}^{\infty}(k_1u_n+k_2v_n)=k_1\sum\limits_{n=1}^{\infty}u_n+k_2\sum\limits_{n=1}^{\infty}v_n$.

② 去掉、增加或改变级数的有限项,级数的敛散性不变.

③ 在收敛级数的项中任意加括号,级数的收敛性不变.

④ 级数 $\sum\limits_{n=1}^{\infty}u_n$ 收敛的必要条件是 $\lim\limits_{n\to\infty}u_n=0$. (若 $\lim\limits_{n\to\infty}u_n\neq 0$,则级数 $\sum\limits_{n=1}^{\infty}u_n$ 发散).

5) 常见的数项级数类型

① 若 $u_n \geqslant 0(n=1,2,\cdots)$，则称级数 $\sum\limits_{n=1}^{\infty} u_n$ 为正项级数.

② 设 $u_n > 0(n=1,2,\cdots)$，则称级数 $\sum\limits_{n=1}^{\infty}(-1)^{n-1}u_n = u_1 - u_2 + u_3 - u_4 + \cdots$ 或 $\sum\limits_{n=1}^{\infty}(-1)^n u_n = -u_1 + u_2 - u_3 + \cdots$ 为交错级数.

③ $u_n \in R$，则称级数 $\sum\limits_{n=1}^{\infty} u_n$ 为（一般）数项级数.

20.1.2 正项级数审敛法

1) 正项级数收敛的充要条件

正项级数 $\sum\limits_{n=1}^{\infty} u_n$ 收敛的充要条件是部分和数列 $\{s_n\}$ 有上界.

2) 比较审敛法

设 $\sum\limits_{n=1}^{\infty} u_n, \sum\limits_{n=1}^{\infty} v_n$ 是两个正项级数，且 $u_n \leqslant cv_n(n \geqslant k, c > 0)$，若 $\sum\limits_{n=1}^{\infty} v_n$ 收敛，则 $\sum\limits_{n=1}^{\infty} u_n$ 收敛；若 $\sum\limits_{n=1}^{\infty} u_n$ 发散，则 $\sum\limits_{n=1}^{\infty} v_n$ 发散.

3) 比较审敛法的极限形式

设 $\sum\limits_{n=1}^{\infty} u_n, \sum\limits_{n=1}^{\infty} v_n$ 是两个正项级数，若 $\lim\limits_{n \to \infty} \dfrac{u_n}{v_n} = l$，则有如表 20-1 所示的结论.

表 20-1

条件	结论
$0 < l < +\infty$	$\sum\limits_{n=1}^{\infty} u_n$ 与 $\sum\limits_{n=1}^{\infty} v_n$ 同收敛或同发散
当 $l=0$ 且 $\sum\limits_{n=1}^{\infty} v_n$ 收敛	$\sum\limits_{n=1}^{\infty} u_n$ 也收敛
当 $l=+\infty$ 且 $\sum\limits_{n=1}^{\infty} v_n$ 发散	$\sum\limits_{n=1}^{\infty} u_n$ 也发散

4) 比值（达朗贝尔）审敛法

设 $\sum\limits_{n=1}^{\infty} u_n$ 为正项级数，若 $\lim\limits_{n \to \infty} \dfrac{u_{n+1}}{u_n} = \rho$，则当 $\rho < 1$ 时，级数收敛；当 $\rho > 1$ 时，级数发散；当 $\rho = 1$ 时，级数可能收敛也可能发散.

5) 根值（柯西）审敛法

设 $\sum\limits_{n=1}^{\infty} u_n$ 为正项级数，若 $\lim\limits_{n \to \infty} \sqrt[n]{u_n} = \rho$，则当 $\rho < 1$ 时，级数收敛；当 $\rho > 1$ 时，级数发散；当 $\rho = 1$ 时，级数可能收敛，也可能发散.

20.1.3　交错级数审敛法

莱布尼兹判别法：设 $\sum\limits_{n=1}^{\infty}(-1)^{n-1}u_n$ 为交错级数，且满足条件：

① $u_n \geqslant u_{n+1}$；
② $\lim\limits_{n\to\infty}u_n = 0$.

则级数 $\sum\limits_{n=1}^{\infty}(-1)^{n-1}u_n$ 收敛，且其和 s 满足 $s \leqslant u_1$，余项有 $|r_n| \leqslant u_{n+1}$.

20.1.4　一般数项级数的审敛法

1) 一般数项级数审敛法的步骤

第 1 步，考虑是否满足级数收敛的必要条件：$\lim\limits_{n\to\infty}u_n = 0$. 当 $\lim\limits_{n\to\infty}u_n \neq 0$ 时，原级数发散.

第 2 步，若 $\lim\limits_{n\to\infty}u_n = 0$，则判别正项级数 $\sum\limits_{n=1}^{\infty}|u_n|$ 是否收敛. 若收敛，则 $\sum\limits_{n=1}^{\infty}u_n$ 为绝对收敛. 若 $\sum\limits_{n=1}^{\infty}|u_n|$ 发散，再看原级数是否条件收敛. 具体做法如下：

一般常先对 $\sum\limits_{n=1}^{\infty}|u_n|$ 用比值或根值审敛法，设 $\lim\limits_{n\to\infty}\left|\dfrac{u_{n+1}}{u_n}\right| = \rho$ 或 $\lim\limits_{n\to\infty}\sqrt[n]{u_n} = \rho$，则当 $\rho < 1$ 时，$\sum\limits_{n=1}^{\infty}u_n$ 绝对收敛；当 $\rho > 1$ 时，$\sum\limits_{n=1}^{\infty}u_n$ 发散. 当 $\rho = 1$ 时，上述方法失效，这时再进行第 3 步.

第 3 步：当 $\rho = 1$ 时，须用其他方法判别 $\sum\limits_{n=1}^{\infty}|u_n|$ 的敛散性. 若 $\sum\limits_{n=1}^{\infty}|u_n|$ 收敛，则 $\sum\limits_{n=1}^{\infty}u_n$ 绝对收敛；若 $\sum\limits_{n=1}^{\infty}|u_n|$ 发散，但 $\sum\limits_{n=1}^{\infty}u_n$ 收敛（特别当 $\sum\limits_{n=1}^{\infty}u_n$ 为交错级数时，常用莱布尼兹判别法确定 $\sum\limits_{n=1}^{\infty}u_n$ 是否收敛），则 $\sum\limits_{n=1}^{\infty}u_n$ 条件收敛.

2) 利用级数的性质判断敛散性

最常用的是分解法，即利用级数的线性性质，要用到表 20-2 中的结论.

表 20-2

条件		结论
$\sum\limits_{n=1}^{\infty}u_n$	$\sum\limits_{n=1}^{\infty}v_n$	$\sum\limits_{n=1}^{\infty}(u_n+v_n)$
收敛	收敛	收敛
收敛	发散	发散
发散	发散	敛散性由两级数的具体形式决定
绝对收敛	绝对收敛	绝对收敛
绝对收敛	条件收敛	条件收敛
条件收敛	条件收敛	收敛（是条件收敛还是绝对收敛由两级数的具体形式决定）

20.1.5 几个常用级数的敛散性

几个常用级数的敛散性见表 20-3.

表 20-3

常用级数	敛散性
等比级数 $\sum\limits_{n=0}^{\infty} aq^n$	当 $|q|<1$ 时收敛,且和为 $\dfrac{a}{1-q}$
	当 $|q|\geqslant 1$ 时发散
p 级数 $\sum\limits_{n=1}^{\infty} \dfrac{1}{n^p}$	当 $p>1$ 时收敛
	当 $p\leqslant 1$ 时发散
调和级数 $\sum\limits_{n=1}^{\infty} \dfrac{1}{n}$	发散

20.2 典型例题分析

例 1 判断下列级数的敛散性,如果收敛则求其和:

(1) $\sum\limits_{n=1}^{\infty} \dfrac{4+(-1)^{n+1}}{3^n}$; (2) $\sum\limits_{n=1}^{\infty} \dfrac{2n^n}{(1+n)^n}$; (3) $\sum\limits_{n=1}^{\infty} \dfrac{1}{\sqrt{n(n+1)}(\sqrt{n}+\sqrt{n+1})}$.

分析 因为涉及求和,考虑利用数项级数的部分和来判别级数的敛散性并求和. 注意求和之前要先判断一般项的极限是否收敛于 0,因为如果一般项的极限不等于 0,则级数一定发散,这时和不存在.

解 (1) 因为 $\sum\limits_{n=1}^{\infty} \dfrac{1}{3^n} = \dfrac{\dfrac{1}{3}}{1-\dfrac{1}{3}} = \dfrac{1}{2}$, $\sum\limits_{n=1}^{\infty} \dfrac{(-1)^{n+1}}{3^n} = \dfrac{\dfrac{1}{3}}{1+\dfrac{1}{3}} = \dfrac{1}{4}$,根据收敛级数的运算性质可知原级数收敛,其和为

$$\sum\limits_{n=1}^{\infty} \dfrac{4+(-1)^{n+1}}{3^n} = 4\sum\limits_{n=1}^{\infty} \dfrac{1}{3^n} + \sum\limits_{n=1}^{\infty} \dfrac{(-1)^{n+1}}{3^n} = 2 + \dfrac{1}{4} = \dfrac{9}{4}$$

(2) 因为 $\lim\limits_{n\to\infty} \dfrac{2n^n}{(1+n)^n} = \lim\limits_{n\to\infty} \dfrac{2}{\left(1+\dfrac{1}{n}\right)^n} = \dfrac{2}{\mathrm{e}} \neq 0$,根据级数收敛的必要条件可知 $\sum\limits_{n=1}^{\infty} \dfrac{2n^n}{(1+n)^n}$ 发散.

(3) 因为 $u_n = \dfrac{1}{\sqrt{n(n+1)}(\sqrt{n}+\sqrt{n+1})} = \dfrac{\sqrt{n+1}-\sqrt{n}}{\sqrt{n(n+1)}} = \dfrac{1}{\sqrt{n}} - \dfrac{1}{\sqrt{n+1}}$,所以该级数的部分和为

$$s_n = \sum\limits_{k=1}^{n} u_k = \left(1-\dfrac{1}{\sqrt{2}}\right) + \left(\dfrac{1}{\sqrt{2}}-\dfrac{1}{\sqrt{3}}\right) + \cdots + \left(\dfrac{1}{\sqrt{n}}-\dfrac{1}{\sqrt{n+1}}\right) = 1 - \dfrac{1}{\sqrt{n+1}}$$

由于 $\lim\limits_{n\to\infty} s_n = \lim\limits_{n\to\infty}\left(1-\dfrac{1}{\sqrt{n+1}}\right) = 1$,故该级数收敛,其和为 1.

> **小贴士** 若一般项 $\lim\limits_{n\to\infty} u_n \neq 0$，则级数 $\sum\limits_{n=1}^{\infty} u_n$ 一定发散.

例 2 讨论下列正项级数的敛散性：

(1) $\sum\limits_{n=1}^{\infty} (e^{\frac{1}{\sqrt{n}}} - 1) \tan \dfrac{1}{\sqrt{n+1}}$；

(2) $\sum\limits_{n=1}^{\infty} \dfrac{1}{\sqrt{n}} \ln \dfrac{n+1}{n}$；

(3) $\sum\limits_{n=1}^{\infty} \dfrac{\ln n}{n}$；

(4) $\sum\limits_{n=1}^{\infty} \left(\ln \dfrac{1}{n} - \ln \sin \dfrac{1}{n} \right)$.

分析 可以通过等价无穷小或者麦克劳林展开式来确定一般项 u_n 是 $\dfrac{1}{n}$ 的几阶无穷小量即 u_n 的阶数，找到可以进行比较的分母，进而利用比较审敛法的极限形式确定级数的敛散性.

解 (1) 因为 $e^{\frac{1}{\sqrt{n}}} - 1 \sim \dfrac{1}{\sqrt{n}}$，$\tan \dfrac{1}{\sqrt{n+1}} \sim \dfrac{1}{\sqrt{n+1}}$，所以

$$\lim_{n\to\infty} \dfrac{(e^{\frac{1}{\sqrt{n}}} - 1) \tan \dfrac{1}{\sqrt{n+1}}}{\dfrac{1}{n}} = \lim_{n\to\infty} \dfrac{n}{\sqrt{n(n+1)}} = 1$$

又因为 $\sum\limits_{n=1}^{\infty} \dfrac{1}{n}$ 发散，由比较审敛法的极限形式可知原级数发散.

(2) 因为 $\dfrac{1}{\sqrt{n}} \ln \dfrac{n+1}{n} = \dfrac{1}{\sqrt{n}} \ln \left(1 + \dfrac{1}{n}\right) \sim \dfrac{1}{\sqrt{n}} \cdot \dfrac{1}{n}$，故 $\lim\limits_{n\to\infty} \dfrac{\dfrac{1}{\sqrt{n}} \ln \left(1 + \dfrac{1}{n}\right)}{\dfrac{1}{n\sqrt{n}}} = 1$，又 $\sum\limits_{n=1}^{\infty} \dfrac{1}{n\sqrt{n}}$ 收敛，所以由比较审敛法的极限形式可得 $\sum\limits_{n=1}^{\infty} \dfrac{1}{\sqrt{n}} \ln \dfrac{n+1}{n}$ 收敛.

(3) 因为 $\lim\limits_{n\to\infty} \dfrac{\dfrac{\ln n}{n}}{\dfrac{1}{n}} = \infty$，而 $\sum\limits_{n=1}^{\infty} \dfrac{1}{n}$ 发散，所以由比较审敛法的极限形式可得 $\sum\limits_{n=1}^{\infty} \dfrac{\ln n}{n}$ 发散.

(4) 因为 $\ln \dfrac{1}{n} - \ln \sin \dfrac{1}{n} = -\ln n \sin \dfrac{1}{n} = -\ln \left(1 + n \sin \dfrac{1}{n} - 1\right) \sim 1 - n \sin \dfrac{1}{n}$，由 $\sin \dfrac{1}{n} = \dfrac{1}{n} - \dfrac{1}{3!} \left(\dfrac{1}{n}\right)^3 + o\left(\dfrac{1}{n^3}\right)$，得到 $1 - n \sin \dfrac{1}{n} = \dfrac{1}{6} \left(\dfrac{1}{n}\right)^2 + o\left(\dfrac{1}{n^2}\right)$，所以 $\lim\limits_{n\to\infty} \dfrac{\ln \dfrac{1}{n} - \ln \sin \dfrac{1}{n}}{\dfrac{1}{n^2}} = \dfrac{1}{6}$，又因为 $\sum\limits_{n=1}^{\infty} \dfrac{1}{n^2}$ 收敛，因此由比较审敛法的极限形式可知原级数收敛.

第 20 讲 无穷级数(一)

> **小贴士** p 级数 $\sum_{n=1}^{\infty} \frac{1}{n^p}$ 的敛散性是我们进行比较审敛法的关键. 一般来说,对于一个正项级数 $\sum_{n=1}^{\infty} u_n$, 我们常找出通项 u_n 的无穷小阶数,也即当 $n \to \infty$ 时与 u_n 同阶的 $\frac{1}{n^p}$, 再由 $\sum_{n=1}^{\infty} \frac{1}{n^p}$ 的敛散性得到 $\sum_{n=1}^{\infty} u_n$ 的敛散性.

例 3 设 a 是常数,讨论级数 $\sum_{n=1}^{\infty} \frac{|a|^n n!}{n^n}$ 的敛散性.

分析 通项 $u_n = \frac{|a|^n n!}{n^n}$ 中含有 $n!$, 一般采用比值审敛法判断级数的敛散性.

解 $\lim\limits_{n \to \infty} \frac{u_{n+1}}{u_n} = \lim\limits_{n \to \infty} \frac{|a|^{n+1} \cdot (n+1)!}{(n+1)^{n+1}} \cdot \frac{n^n}{|a|^n \cdot n!} = \lim\limits_{n \to \infty} \frac{|a|}{\left(1+\frac{1}{n}\right)^n} = \frac{|a|}{e}$, 所以当 $|a| < e$ 时,原级数收敛;当 $|a| > e$ 时,原级数发散;当 $|a| = e$ 时,由于当 $n \to \infty$ 时 $\left(1+\frac{1}{n}\right)^n$ 单调增加趋于 e,所以 $\frac{u_{n+1}}{u_n} = \frac{e}{\left(1+\frac{1}{n}\right)^n} > 1, \quad n = 1, 2, \cdots$, 从而可得 $\lim\limits_{n \to \infty} u_n \neq 0$, 所以此时原级数发散.

综上所述,当 $|a| < e$ 时,原级数收敛;当 $|a| \geq e$ 时,原级数发散.

> **小贴士** ① 当级数 $\sum_{n=1}^{\infty} u_n$ 的通项 u_n 中含有阶乘时,使用比值审敛法.
> ② 数列 $\left\{\left(1+\frac{1}{n}\right)^n\right\}$ 是单调增加的数列,且 $\lim\limits_{n \to \infty} \left(1+\frac{1}{n}\right)^n = e$.

例 4 判断下列正项级数的敛散性:

(1) $\sum_{n=1}^{\infty} (\sqrt[n]{n} - 1)^n$; (2) $\sum_{n=1}^{\infty} \left(\cos \frac{1}{\sqrt{n}}\right)^{n^2}$.

分析 一般项是 n 次方,因此采用根值审敛法.

解 (1) 因为 $\lim\limits_{n \to \infty} \sqrt[n]{u_n} = \lim\limits_{n \to \infty} (\sqrt[n]{n} - 1) = 0 < 1$, 所以由根值审敛法可得 $\sum_{n=1}^{\infty} (\sqrt[n]{n} - 1)^n$ 收敛.

(2) 因为 $\lim\limits_{n \to \infty} \sqrt[n]{\left(\cos \frac{1}{\sqrt{n}}\right)^{n^2}} = \lim\limits_{n \to \infty} \left(\cos \frac{1}{\sqrt{n}}\right)^n = \lim\limits_{n \to \infty} \left(1 + \cos \frac{1}{\sqrt{n}} - 1\right)^{\frac{1}{\cos \frac{1}{\sqrt{n}} - 1} \cdot \left(\cos \frac{1}{\sqrt{n}} - 1\right) n} = e^{\lim\limits_{n \to \infty} \left(\cos \frac{1}{\sqrt{n}} - 1\right) n} = e^{\lim\limits_{n \to \infty} -\frac{1}{2n} \cdot n} = e^{-\frac{1}{2}} < 1$, 所以由根值审敛法知原级数收敛.

例 5 判别下列级数的敛散性:

(1) $\sum_{n=1}^{\infty} \left[\frac{(-1)^n}{\sqrt{n+1}} + \frac{(n+1)!}{3^n}\right]$; (2) $\sum_{n=1}^{\infty} (-1)^{n-1} \frac{\ln n}{\sqrt{n}}$.

分析 (1) 是交错级数与正项级数的和,可以分开讨论两个级数的敛散性,然后利用收敛级数的性质来判定原级数的敛散性.

(2) 是交错级数,但是数列$\{u_n\}$的单调性难以直接判定,此时可以通过判定函数的单调性来考察数列的单调性.

解 (1) $\sum_{n=1}^{\infty}\dfrac{(-1)^n}{\sqrt{n+1}}$ 为交错级数,其中 $u_n=\dfrac{1}{\sqrt{n+1}}$. 因为 $\lim_{n\to\infty}u_n=\lim_{n\to\infty}\dfrac{1}{\sqrt{n+1}}=0$ 且 $u_n=\dfrac{1}{\sqrt{n+1}}>\dfrac{1}{\sqrt{n+2}}=u_{n+1}$,由莱布尼兹判别法可知 $\sum_{n=1}^{\infty}\dfrac{(-1)^n}{\sqrt{n+1}}$ 收敛.

级数 $\sum_{n=1}^{\infty}\dfrac{(n+1)!}{3^n}$ 为正项级数,其中 $u_n=\dfrac{(n+1)!}{3^n}$. 因为 $\lim_{n\to\infty}\dfrac{u_{n+1}}{u_n}=\lim_{n\to\infty}\dfrac{(n+2)!}{3^{n+1}}\cdot\dfrac{3^n}{(n+1)!}=\lim_{n\to\infty}\dfrac{n+2}{3}=\infty$,所以由比值审敛法可知 $\sum_{n=1}^{\infty}\dfrac{(n+1)!}{3^n}$ 发散.

因此级数 $\sum_{n=1}^{\infty}\left[\dfrac{(-1)^n}{\sqrt{n+1}}+\dfrac{(n+1)!}{3^n}\right]$ 发散.

(2) 这是一个交错级数,首先 $\lim_{n\to\infty}u_n=\lim_{n\to\infty}\dfrac{\ln n}{\sqrt{n}}=0$. 下面讨论数列 $\left\{\dfrac{\ln n}{\sqrt{n}}\right\}$ 的单调性. 设 $f(x)=\dfrac{\ln x}{\sqrt{x}}$,则 $f'(x)=\dfrac{2-\ln x}{2x\sqrt{x}}<0(x>e^2)$,则数列 $\left\{\dfrac{\ln n}{\sqrt{n}}\right\}$ 从 $n\geqslant 9$ 开始递减. 所以由莱布尼兹判别法可知 $\sum_{n=1}^{\infty}(-1)^{n-1}\dfrac{\ln n}{\sqrt{n}}$ 收敛.

> **小贴士** ① 若级数 $\sum_{n=1}^{\infty}u_n$ 收敛,$\sum_{n=1}^{\infty}v_n$ 发散,则对任意非零常数 k_1,k_2,级数 $\sum_{n=1}^{\infty}(k_1u_n+k_2v_n)$ 发散.
>
> ② 去掉、增加或改变级数的有限项,级数的敛散性不变.

例 6 判断下列级数的敛散性:

(1) $\sum_{n=2}^{\infty}\dfrac{(-1)^n}{\sqrt{n}+(-1)^n}$; (2) $\sum_{n=2}^{\infty}\dfrac{(-1)^n}{\sqrt{n+(-1)^n}}$.

典型例题讲解

分析 当交错级数不满足莱布尼兹判别法时,可以考虑将级数的通项表示成两项之和,或者通过泰勒展开式找到可以比拟的 p 级数.

解 (1) $\dfrac{(-1)^n}{\sqrt{n}+(-1)^n}=\dfrac{(-1)^n[\sqrt{n}-(-1)^n]}{n-1}=\dfrac{(-1)^n\sqrt{n}}{n-1}-\dfrac{1}{n-1}$.

对于级数 $\sum_{n=2}^{\infty}\dfrac{(-1)^n\sqrt{n}}{n-1}$,令 $u_n=\dfrac{\sqrt{n}}{n-1}$,则有 $\lim_{n\to\infty}u_n=0$. 又 $u_n=\dfrac{1}{\sqrt{n}-\dfrac{1}{\sqrt{n}}}$,所以数列 $\{u_n\}$ 单调递减,因此满足莱布尼兹定理,从而可知该级数收敛. 而 $\sum_{n=2}^{\infty}\dfrac{1}{n-1}$ 发散,所以原级数 $\sum_{n=2}^{\infty}\dfrac{(-1)^n}{\sqrt{n}+(-1)^n}$ 发散.

（2）**方法一** 由于 $|u_n| > \dfrac{1}{\sqrt{n+n}} = \dfrac{1}{\sqrt{2n}} = \dfrac{1}{\sqrt{2}} \cdot \dfrac{1}{n^{\frac{1}{2}}}$，而级数 $\sum\limits_{n=1}^{\infty} \dfrac{1}{n^{\frac{1}{2}}}$ 发散，所以由比较审敛法可知 $\sum\limits_{n=1}^{\infty} |u_n|$ 发散，从而可知原级数不绝对收敛.

原级数为交错级数，令 $u_n = \dfrac{1}{\sqrt{n+(-1)^n}}$，则有 $\lim\limits_{n\to\infty} u_n = 0$. 但是 $u_{n+1} < u_n$ 不成立，不能用莱布尼兹定理判定. 设 s_n 为级数 $\sum\limits_{n=1}^{\infty} u_n$ 的前 n 项和，注意到

$$s_{2n} = \left(\dfrac{1}{\sqrt{3}} - \dfrac{1}{\sqrt{2}}\right) + \left(\dfrac{1}{\sqrt{5}} - \dfrac{1}{\sqrt{4}}\right) + \cdots + \left(\dfrac{1}{\sqrt{2n+1}} - \dfrac{1}{\sqrt{2n}}\right)$$

$$= -\dfrac{1}{\sqrt{2}} + \left(\dfrac{1}{\sqrt{3}} - \dfrac{1}{\sqrt{4}}\right) + \cdots + \left(\dfrac{1}{\sqrt{2n-1}} - \dfrac{1}{\sqrt{2n}}\right) + \dfrac{1}{\sqrt{2n+1}} > -\dfrac{1}{\sqrt{2}}$$

所以 $\{s_{2n}\}$ 单调递减有下界，因此由单调有界定理可知 $\lim\limits_{n\to\infty} s_{2n}$ 存在，不妨设 $\lim\limits_{n\to\infty} s_{2n} = s$. 由于 $\lim\limits_{n\to\infty} u_n = 0$，所以 $\lim\limits_{n\to\infty} s_{2n+1} = \lim\limits_{n\to\infty}(s_{2n} + u_{2n+1}) = s$，故 $\lim\limits_{n\to\infty} s_n = s$，从而可知原级数收敛.

综上可知原级数条件收敛.

方法二 因为 $\dfrac{(-1)^n}{\sqrt{n+(-1)^n}} = (-1)^n \dfrac{1}{\sqrt{n}} \left[1 + (-1)^n \dfrac{1}{n}\right]^{-\frac{1}{2}}$，又 $(1+x)^{-\frac{1}{2}} = 1 - \dfrac{1}{2}x + o(x)$，所以

$$\dfrac{(-1)^n}{\sqrt{n+(-1)^n}} = (-1)^n \dfrac{1}{\sqrt{n}} \left[1 - \dfrac{1}{2}(-1)^n \dfrac{1}{n} + o\left(\dfrac{1}{n}\right)\right]$$

$$= (-1)^n \dfrac{1}{\sqrt{n}} - \dfrac{1}{2} \cdot \dfrac{1}{n^{\frac{3}{2}}} + o\left(\dfrac{1}{n^{\frac{3}{2}}}\right)$$

一方面 $\sum\limits_{n=1}^{\infty} \left[\dfrac{1}{2} \cdot \dfrac{1}{n^{\frac{3}{2}}} + o\left(\dfrac{1}{n^{\frac{3}{2}}}\right)\right]$ 与 $\sum\limits_{n=1}^{\infty} \dfrac{1}{n^{\frac{3}{2}}}$ 同收敛，所以级数 $\sum\limits_{n=1}^{\infty} \left[\dfrac{1}{2} \cdot \dfrac{1}{n^{\frac{3}{2}}} + o\left(\dfrac{1}{n^{\frac{3}{2}}}\right)\right]$ 绝对收敛；另一方面 $\sum\limits_{n=2}^{\infty} (-1)^n \dfrac{1}{\sqrt{n}}$ 条件收敛，所以原级数 $\sum\limits_{n=2}^{\infty} \dfrac{(-1)^n}{\sqrt{n+(-1)^n}}$ 条件收敛.

> **小贴士** 若 $\sum\limits_{n=1}^{\infty} u_n$ 绝对收敛，$\sum\limits_{n=1}^{\infty} v_n$ 条件收敛，则 $\sum\limits_{n=1}^{\infty} (u_n + v_n)$ 条件收敛.

例7 已知 $u_n \neq 0 (n=1,2,3,\cdots)$ 且 $\lim\limits_{n\to\infty} \dfrac{n}{u_n} = 1$，级数 $\sum\limits_{n=1}^{\infty} (-1)^{n+1} \cdot \left(\dfrac{1}{u_n} + \dfrac{1}{u_{n+1}}\right)$ 是否收敛？若收敛，是条件收敛还是绝对收敛？

分析 首先根据极限的保号性可以确定 $\sum\limits_{n=1}^{\infty} u_n$ 是正项级数，因此利用比较审敛法的极限形式可以得到 $\sum\limits_{n=1}^{\infty} \dfrac{1}{u_n}$ 发散. 由于不能确定 $\left\{\dfrac{1}{u_n}\right\}$ 的单调性，因此不能利用莱布尼兹定理判定交错级数的收敛性，这里我们可以通过部分和数列极限是否存在来确定 $\sum\limits_{n=1}^{\infty} (-1)^{n+1} \left(\dfrac{1}{u_n} + \dfrac{1}{u_{n+1}}\right)$ 是

否收敛.

解 因为 $\lim\limits_{n\to\infty}\dfrac{n}{u_n}=1$,易知 $\lim\limits_{n\to\infty}\dfrac{1}{u_n}=0$,且当 n 充分大时,$u_n>0$,因此 $\sum\limits_{n=1}^{\infty}\left(\dfrac{1}{u_n}+\dfrac{1}{u_{n+1}}\right)$ 为正项级数. 由题设可得 $\lim\limits_{n\to\infty}\dfrac{\dfrac{1}{u_n}+\dfrac{1}{u_{n+1}}}{\dfrac{1}{n}}=2$,且 $\sum\limits_{n=1}^{\infty}\dfrac{1}{n}$ 发散,所以 $\sum\limits_{n=1}^{\infty}\left(\dfrac{1}{u_n}+\dfrac{1}{u_{n+1}}\right)$ 发散.

原级数为交错级数,但不能确定 $\left\{\dfrac{1}{u_n}+\dfrac{1}{u_{n+1}}\right\}$ 的单调性. 考虑部分和

$$s_n=\dfrac{1}{u_1}+\dfrac{1}{u_2}-\dfrac{1}{u_2}-\dfrac{1}{u_3}+\cdots+(-1)^{n+1}\left(\dfrac{1}{u_n}+\dfrac{1}{u_{n+1}}\right)=\dfrac{1}{u_1}+(-1)^{n+1}\dfrac{1}{u_{n+1}}$$

可得 $\lim\limits_{n\to\infty}s_n=\dfrac{1}{u_1}$,故原级数收敛. 综上所述,原级数条件收敛.

例8 讨论级数 $\sum\limits_{n=1}^{\infty}\dfrac{1}{a^n n^p}$ 是绝对收敛、条件收敛还是发散.

分析 因为 a 是正负未知的常数,所以该级数为一般级数,需按照判定一般级数敛散性的步骤来进行.

解 先考虑绝对值级数 $\sum\limits_{n=1}^{\infty}\left|\dfrac{1}{a^n n^p}\right|$. 由于

$$\lim\limits_{n\to\infty}\left|\dfrac{u_{n+1}}{u_n}\right|=\lim\limits_{n\to\infty}\left|\dfrac{a^n n^p}{a^{n+1}(n+1)^p}\right|=\dfrac{1}{|a|}$$

则当 $|a|>1$ 时级数 $\sum\limits_{n=1}^{\infty}\left|\dfrac{1}{a^n n^p}\right|$ 收敛,即原级数绝对收敛.

当 $0<|a|<1$ 即 $\dfrac{1}{|a|}>1$ 时,由上面的极限式可知,当 n 充分大时,$|u_{n+1}|>|u_n|$,这时 $\lim\limits_{n\to\infty}u_n\neq 0$,原级数发散.

当 $|a|=1$ 时,若 $a=1$,原级数变为 $\sum\limits_{n=1}^{\infty}\dfrac{1}{n^p}$,则 $p>1$ 时级数收敛,$p\leqslant 1$ 时级数发散;若 $a=-1$,原级数变为 $\sum\limits_{n=1}^{\infty}\dfrac{(-1)^n}{n^p}$,则当 $p>1$ 时原级数绝对收敛,当 $0<p\leqslant 1$ 时原级数条件收敛,当 $p\leqslant 0$ 时原级数发散.

小贴士 当用比值或根值审敛法判定级数 $\sum\limits_{n=1}^{\infty}|u_n|$ 发散时,原级数 $\sum\limits_{n=1}^{\infty}u_n$ 一定发散.

例9 设数列 $\{a_n\},\{b_n\}$ 满足 $0<a_n<\dfrac{\pi}{2},0<b_n<\dfrac{\pi}{2},\cos a_n-a_n=\cos b_n$,且级数 $\sum\limits_{n=1}^{\infty}b_n$ 收敛. 证明:

(1) $\lim\limits_{n\to\infty}a_n=0$;(2) 级数 $\sum\limits_{n=1}^{\infty}\dfrac{a_n}{b_n}$ 收敛.

分析 注意结合余弦函数的单调性,得到数列 $\{a_n\},\{b_n\}$ 的不等式关系,然后利用正项

级数的比较审敛法以及极限形式进行比较.

证明 （1）由 $0 < a_n < \dfrac{\pi}{2}, 0 < b_n < \dfrac{\pi}{2}, a_n = \cos a_n - \cos b_n > 0$，根据余弦函数的单调性可得 $0 < a_n < b_n$. 由于 $\sum\limits_{n=1}^{\infty} b_n$ 收敛，所以 $\sum\limits_{n=1}^{\infty} a_n$ 收敛，从而 $\lim\limits_{n \to \infty} a_n = 0$.

（2）$\dfrac{a_n}{b_n} = \dfrac{\cos a_n - \cos b_n}{b_n} = \dfrac{2\sin\left(\dfrac{a_n - b_n}{2}\right)\sin\left(\dfrac{a_n + b_n}{2}\right)}{b_n} \sim \dfrac{b_n^2 - a_n^2}{2b_n}$，由于 $0 \leqslant \dfrac{b_n^2 - a_n^2}{2b_n} \leqslant \dfrac{b_n}{2}$ 且级数 $\sum\limits_{n=1}^{\infty} b_n$ 收敛，所以 $\sum\limits_{n=1}^{\infty} \dfrac{b_n^2 - a_n^2}{2b_n}$ 收敛，从而由正项级数的比较审敛法可知级数 $\sum\limits_{n=1}^{\infty} \dfrac{a_n}{b_n}$ 收敛.

> **小贴士** 利用级数 $\sum\limits_{n=1}^{\infty} u_n$ 收敛得到 $\lim\limits_{n \to \infty} u_n = 0$，也是我们证明数列极限为 0 的常用方法.

基础练习 20

1. 填空题.

   (1) 已知级数 $\sum\limits_{n=1}^{\infty}\left(\dfrac{1}{6} - u_n\right)$ 收敛，则 $\lim\limits_{n \to \infty} u_n = $ _____.

   (2) 若数列 $\{a_n\}$ 收敛，则级数 $\sum\limits_{n=1}^{\infty}(a_{n+1} - a_n)$ _____.（填"收敛"或者"发散"）

   (3) 设常数 $p > 0$，则当 p 满足 _____ 条件时，级数 $\sum\limits_{n=1}^{\infty} n^2 \sin\dfrac{\pi}{n^p}$ 收敛.

   (4) 已知 $\sum\limits_{n=1}^{\infty}(-1)^{n-1} a_n = 2, \sum\limits_{n=1}^{\infty} a_{2n-1} = 5$，则 $\sum\limits_{n=1}^{\infty} a_n = $ _____.

   (5) 若级数 $\sum\limits_{n=1}^{\infty} \dfrac{(-1)^n}{n^p}$ 绝对收敛，则 p 的取值范围为 _____.

2. 选择题.

   (1) 级数 $\sum\limits_{n=1}^{\infty} u_n$ 收敛的充要条件是 （　　）

   A. $\lim\limits_{n \to \infty} u_n = 0$　　　　　　　　　B. $\lim\limits_{n \to \infty} \dfrac{u_{n+1}}{u_n} = r < 1$

   C. 部分和数列 $\{s_n\}$ 有极限　　　D. $u_n \leqslant \dfrac{1}{n^2}$

   (2) 设级数 $\sum\limits_{n=1}^{\infty} u_n$ 收敛，则下列级数必收敛的是 （　　）

   A. $\sum\limits_{n=1}^{\infty}(-1)^n \dfrac{u_n}{n}$　　　　　　　B. $\sum\limits_{n=1}^{\infty} u_n^2$

   C. $\sum\limits_{n=1}^{\infty}(u_{2n-1} - u_{2n})$　　　　　D. $\sum\limits_{n=1}^{\infty}(u_n + u_{n+1})$

(3) 下列级数中收敛的是 （   ）

A. $\sum_{n=1}^{\infty} \frac{1}{n\sqrt[n]{n}}$ B. $\sum_{n=1}^{\infty} \frac{n+1}{n(n+2)}$ C. $\sum_{n=1}^{\infty} \frac{3^n}{n \cdot 2^n}$ D. $\sum_{n=1}^{\infty} \frac{4}{(n-1)(n+3)}$

(4) 设 $u_n = (-1)^n \ln\left(1 + \frac{1}{\sqrt{n}}\right)$，则级数 （   ）

A. $\sum_{n=1}^{\infty} u_n$ 与 $\sum_{n=1}^{\infty} u_n^2$ 都收敛   B. $\sum_{n=1}^{\infty} u_n$ 与 $\sum_{n=1}^{\infty} u_n^2$ 都发散

C. $\sum_{n=1}^{\infty} u_n$ 收敛而 $\sum_{n=1}^{\infty} u_n^2$ 发散   D. $\sum_{n=1}^{\infty} u_n$ 发散而 $\sum_{n=1}^{\infty} u_n^2$ 收敛

(5) 设 a 为常数，则级数 $\sum_{n=1}^{\infty} \left(\frac{\sin n\alpha}{n^2} - \frac{1}{\sqrt{n}}\right)$ （   ）

A. 绝对收敛   B. 条件收敛
C. 发散   D. 敛散性与 α 的取值有关

3. 判断下列级数的敛散性：

(1) $\sum_{n=1}^{\infty} \arctan \frac{1}{n\sqrt{n}}$.

(2) $\sum_{n=1}^{\infty} \frac{1}{\sqrt[3]{n^2(n^2+1)}}$.

(3) $\sum_{n=1}^{\infty} \frac{1}{[4+(-1)^n]^n}$.

(4) $\sum_{n=1}^{\infty} \frac{n^n}{n!}$.

(5) $\sum_{n=1}^{\infty} \frac{n}{2^n}$.

(6) $\sum_{n=1}^{\infty} 2^n \sin \frac{\pi}{3^n}$.

(7) $\sum_{n=1}^{\infty} \dfrac{\cos n\pi}{1+\sqrt[3]{n^2}}$.

(8) $\sum_{n=1}^{\infty} \left(\dfrac{1}{n^3} - \dfrac{\ln^n 3}{3^n}\right)$.

4. 判定下列级数的敛散性,如果收敛请指出是条件收敛还是绝对收敛：

(1) $\sum_{n=1}^{\infty} \dfrac{n^2+(-1)^n}{2^n}$.

(2) $\sum_{n=1}^{\infty}(-1)^n \left(n\tan\dfrac{\lambda}{n}\right) a_{2n}$,其中 $\sum_{n=1}^{\infty} a_n$ 为收敛的正项级数,常数 $\lambda \in \left(0,\dfrac{\pi}{2}\right)$.

5. 设 $\sum_{n=1}^{\infty} a_n$ 收敛,$a_n \geqslant 0 (n=1,2,\cdots)$,证明：

(1) $\sum_{n=1}^{\infty} a_n^3$ 收敛.

(2) $\sum_{n=1}^{\infty} \dfrac{\sqrt{a_n}}{n}$ 收敛.

6. 设 $a_n > 0$，数列 $\{a_n\}$ 单调减小且趋于零，证明：级数 $\sum\limits_{n=1}^{\infty}(-1)^{n-1}\sqrt{a_n \cdot a_{n+1}}$ 收敛.

7. 判断级数 $\sum\limits_{n=1}^{\infty}\dfrac{n\cos^2\dfrac{n\pi}{3}}{2^n}$ 的敛散性.

8. 若级数 $\sum\limits_{n=1}^{\infty}(a_n - a_{n-1})$ 收敛，级数 $\sum\limits_{n=1}^{\infty}b_n$ 绝对收敛，证明：级数 $\sum\limits_{n=1}^{\infty}a_n b_n$ 绝对收敛.

9. 设 $\{a_n\}$,$\{b_n\}$ 为满足 $e^{a_n} = a_n + e^{b_n}(n=1,2,\cdots)$ 的两个实数列，已知 $a_n > 0 (n=1, 2,\cdots)$ 且 $\sum\limits_{n=1}^{\infty}a_n$ 收敛，证明：$\sum\limits_{n=1}^{\infty}\dfrac{b_n}{a_n}$ 也收敛.

强化训练 20

1. 填空题.

   (1) 级数 $\sum_{n=0}^{\infty} \frac{(\ln 3)^n}{2^n}$ 的和为 _____.

   (2) 级数 $\sum_{n=1}^{\infty} a_n^2$ 收敛是级数 $\sum_{n=1}^{\infty} a_n^4$ 收敛的 _____ 条件.

   (3) 三个级数 $\sum_{n=2}^{\infty} \frac{1}{\ln \sqrt[3]{n}}$, $\sum_{n=1}^{\infty} \frac{e^n}{3^n - 2^n}$ 和 $\sum_{n=1}^{\infty} \left(3 - \frac{1}{n}\right)^n \sin \frac{1}{3^n}$ 中, _____ 是收敛的.

   (4) $\lim_{n \to \infty} \frac{5^n n!}{(2n)^n} =$ _____.

   (5) 已知级数 $\sum_{n=1}^{\infty} \left[\frac{(-1)^n}{n^p} + \frac{1}{n^{3-p}}\right]$ 绝对收敛, 则 p 应满足条件 _____.

2. 选择题.

   (1) 若级数 $\sum_{n=1}^{\infty} a_n$ 收敛, 则级数 ( )

       A. $\sum_{n=1}^{\infty} |a_n|$ 收敛   B. $\sum_{n=1}^{\infty} (-1)^n a_n$ 收敛

       C. $\sum_{n=1}^{\infty} a_n a_{n+1}$ 收敛   D. $\sum_{n=1}^{\infty} \frac{a_n + a_{n+1}}{2}$ 收敛

   (2) 下列级数中, 收敛的是 ( )

       A. $\sum_{n=1}^{\infty} \frac{(n!)^2}{2n^2}$ B. $\sum_{n=2}^{\infty} \frac{1}{n^2} \sin \frac{\pi}{n}$ C. $\sum_{n=1}^{\infty} \frac{3^n n!}{n^n}$ D. $\sum_{n=1}^{\infty} \frac{n+1}{n(n+2)}$

   (3) 设常数 $k > 0$, 则级数 $\sum_{n=1}^{\infty} (-1)^n \frac{k+n}{n^2}$ ( )

       A. 发散   B. 绝对收敛

       C. 条件收敛   D. 收敛或发散与 k 的取值有关

   (4) 设常数 $\lambda > 0$, 且级数 $\sum_{n=1}^{\infty} a_n^2$ 收敛, 则级数 $\sum_{n=1}^{\infty} (-1)^n \frac{|a_n|}{\sqrt{n^2 + \lambda}}$ ( )

       A. 发散   B. 条件收敛

       C. 绝对收敛   D. 敛散性与 λ 有关

   (5) 设 $u_n = \frac{a_n + |a_n|}{2}$, $v_n = \frac{a_n - |a_n|}{2}$, $n = 1, 2, \cdots$, 则下列命题中正确的是 ( )

       A. 若 $\sum_{n=1}^{\infty} a_n$ 条件收敛, 则 $\sum_{n=1}^{\infty} u_n$ 与 $\sum_{n=1}^{\infty} v_n$ 都收敛

       B. 若 $\sum_{n=1}^{\infty} a_n$ 绝对收敛, 则 $\sum_{n=1}^{\infty} u_n$ 与 $\sum_{n=1}^{\infty} v_n$ 都收敛

       C. 若 $\sum_{n=1}^{\infty} a_n$ 条件收敛, 则 $\sum_{n=1}^{\infty} u_n$ 与 $\sum_{n=1}^{\infty} v_n$ 的敛散性都不定

       D. 若 $\sum_{n=1}^{\infty} a_n$ 绝对收敛, 则 $\sum_{n=1}^{\infty} u_n$ 与 $\sum_{n=1}^{\infty} v_n$ 的敛散性都不定

3. 判断下列级数的敛散性：

(1) $\sum_{n=1}^{\infty} \dfrac{\ln n}{n\sqrt{n}}.$

(2) $\sum_{n=1}^{\infty} \dfrac{n^{n-1}}{(n+1)^{n+1}}.$

(3) $\sum_{n=1}^{\infty} (\sqrt[n]{n}-1)^{n}.$

(4) $\sum_{n=1}^{\infty} \dfrac{e^{n} n!}{n^{n}}.$

(5) $\sum_{n=1}^{\infty} (\sqrt{n+1}-\sqrt{n})^{p} \ln\dfrac{n+1}{n-1} \ (n>1).$

(6) $\sum_{n=1}^{\infty} n\left(\tan\dfrac{1}{n}-\dfrac{1}{n}\right).$

4. 判定下列级数的敛散性，如果收敛请指出是条件收敛还是绝对收敛：

(1) $\sum_{n=1}^{\infty} \dfrac{(-1)^{n-1}}{\ln(e^{n}+p)},$ 常数 $p>0.$

(2) $\sum_{n=1}^{\infty}\left(\dfrac{1}{\sqrt{n}}-\dfrac{1}{\sqrt{n+1}}\right)\sin(n+k)$ (k 为常数).

5. 已知级数 $\sum_{n=1}^{\infty}\dfrac{1}{(n^2+2n+3)^{\alpha}}$ 发散, 而级数 $\sum_{n=1}^{\infty}\left(\dfrac{1}{n}-\sin\dfrac{1}{n}\right)^{\alpha}$ 收敛, 求正数 α 的取值范围.

6. 设 $a_0=0, a_{n+1}=\sqrt{2+a_n}, n=0,1,2,\cdots$, 讨论级数 $\sum_{n=1}^{\infty}(-1)^{n-1}\sqrt{2-a_n}$ 是绝对收敛、条件收敛还是发散.

7. 已知级数 $\sum_{n=1}^{\infty}(-1)^n \dfrac{n^k}{n-1}$ 条件收敛，求常数 k 的取值范围.

8. 设 $a_1=2, a_{n+1}=\dfrac{1}{2}\left(a_n+\dfrac{1}{a_n}\right), n=1,2,\cdots$，证明：

(1) $\lim\limits_{n\to\infty} a_n$ 存在. (2) 级数 $\sum_{n=1}^{\infty}\left(\dfrac{a_n}{a_{n+1}}-1\right)$ 收敛.

9. (1) 讨论级数 $\sum_{n=1}^{\infty}\left[\dfrac{1}{n}-\ln\left(1+\dfrac{1}{n}\right)\right]$ 的敛散性. 又已知 $x_n=1+\dfrac{1}{2}+\cdots+\dfrac{1}{n}-\ln(1+n)$，证明数列 $\{x_n\}$ 收敛.

(2) 求 $\lim\limits_{n\to\infty}\dfrac{1}{\ln n}\left(1+\dfrac{1}{2}+\cdots+\dfrac{1}{n}\right)$.

第 21 讲　无穷级数(二)

—— 幂级数与傅里叶级数

21.1　内容提要与归纳

无穷级数(二)
思维导图

21.1.1　函数项级数

1) 函数项级数的定义

设 $\{u_n(x)\}$ 是定义在 $I \subseteq \mathbf{R}$ 上的函数序列，则称 $u_1(x)+u_2(x)+\cdots+u_n(x)+\cdots$ 为定义在区间 I 上的函数项级数，记作 $\sum\limits_{n=1}^{\infty} u_n(x)$.

2) 收敛点与收敛域

若 $x_0 \in I$，常数项级数 $\sum\limits_{n=1}^{\infty} u_n(x_0)$ 收敛，则称 x_0 为级数 $\sum\limits_{n=1}^{\infty} u_n(x)$ 的收敛点，否则称为发散点. 函数项级数 $\sum\limits_{n=1}^{\infty} u_n(x)$ 的所有收敛点的集合称为收敛域，所有发散点的集合称为发散域.

3) 和函数的定义

函数项级数在其收敛域内有和，其值是关于收敛点 x 的函数，记作 $s(x)$，$s(x)$ 称为函数项级数 $\sum\limits_{n=1}^{\infty} u_n(x)$ 的和函数，即 $s(x)=\sum\limits_{n=1}^{\infty} u_n(x)$（$x$ 属于收敛域）.

21.1.2　幂级数

1) 幂级数的定义

形如 $\sum\limits_{n=0}^{\infty} a_n(x-x_0)^n$ 的函数项级数称为 $x-x_0$ 的幂级数，其中 $a_n(n=0,1,2,\cdots)$ 称为幂级数的项 $(x-x_0)^n$ 的系数. 当 $x_0=0$ 时，$\sum\limits_{n=0}^{\infty} a_n x^n$ 称为 x 的幂级数.

2) 幂级数的敛散性 —— 阿贝尔(Able)定理

若幂级数 $\sum\limits_{n=0}^{\infty} a_n x^n$ 在 $x=x_0(x_0 \neq 0)$ 处收敛，则它在满足不等式 $|x|<|x_0|$ 的一切 x 处绝对收敛；若幂级数 $\sum\limits_{n=0}^{\infty} a_n x^n$ 在 $x=x_0$ 处发散，则它在满足不等式 $|x|>|x_0|$ 的一切 x 处发散.

3) 收敛半径与收敛区间

若有 $R > 0$,当 $|x| < R$ 时,幂级数绝对收敛;当 $|x| > R$ 时,幂级数发散,则称 R 为幂级数 $\sum\limits_{n=0}^{\infty} a_n x^n$ 的收敛半径,$(-R, R)$ 为其收敛区间.

(1) 当 $x = R$ 与 $x = -R$ 时,幂级数可能收敛,也可能发散;

(2) 若幂级数 $\sum\limits_{n=0}^{\infty} a_n x^n$ 仅在 $x = 0$ 处收敛,在其他点处都发散,则 $R = 0$,收敛域为 $\{0\}$;

(3) 若幂级数 $\sum\limits_{n=0}^{\infty} a_n x^n$ 处处收敛,则 $R = \infty$,收敛域为 $(-\infty, +\infty)$.

4) 收敛半径的求法

设 $\sum\limits_{n=0}^{\infty} a_n x^n$ 的收敛半径为 R,若 $\lim\limits_{n \to \infty} \left| \dfrac{a_{n+1}}{a_n} \right| = \rho$(或 $\lim\limits_{n \to \infty} \sqrt[n]{|a_n|} = \rho$),则

$$R = \begin{cases} \dfrac{1}{\rho}, & 0 < \rho < \infty \\ 0, & \rho = +\infty \\ \infty, & \rho = 0 \end{cases}$$

5) 幂级数的运算性质

若幂级数 $\sum\limits_{n=0}^{\infty} a_n x^n$ 与 $\sum\limits_{n=0}^{\infty} b_n x^n$ 的收敛半径分别为 R_1 和 R_2,当 $R_1 \neq R_2$,令 $R = \min\{R_1, R_2\}$,则有

(1) $k \sum\limits_{n=0}^{\infty} a_n x^n = \sum\limits_{n=0}^{\infty} k a_n x^n$,$|x| < R_1$,其中 k 为常数;

(2) $\sum\limits_{n=0}^{\infty} a_n x^n \pm \sum\limits_{n=0}^{\infty} b_n x^n = \sum\limits_{n=0}^{\infty} (a_n \pm b_n) x^n$,$|x| < R$;

(3) $\left(\sum\limits_{n=0}^{\infty} a_n x^n \right) \cdot \left(\sum\limits_{n=0}^{\infty} b_n x^n \right) = \sum\limits_{n=0}^{\infty} c_n x^n$,$|x| < R$,(其中 $c_n = \sum\limits_{k=0}^{n} a_k b_{n-k}$).

6) 幂级数的分析运算

设幂级数 $\sum\limits_{n=0}^{\infty} a_n x^n$ 的和函数为 $s(x)$,收敛半径为 $R(R > 0)$,收敛域为 I,则

(1) 和函数 $s(x)$ 在收敛域上连续.

(2) 和函数 $s(x)$ 在收敛区间 $(-R, R)$ 内可导,且有逐项求导公式:

$$s'(x) = \left(\sum\limits_{n=0}^{\infty} a_n x^n \right)' = \sum\limits_{n=0}^{\infty} (a_n x^n)' = \sum\limits_{n=1}^{\infty} n a_n x^{n-1}$$

(3) 和函数 $s(x)$ 在收敛域上可积,且有逐项求积公式:

$$\int_0^x s(t) \, dt = \int_0^x \left(\sum\limits_{n=0}^{\infty} a_n t^n \right) dt = \sum\limits_{n=0}^{\infty} \int_0^x a_n t^n \, dt = \sum\limits_{n=0}^{\infty} \dfrac{a_n}{n+1} x^{n+1}, \text{其中 } x \in I$$

21.1.3 函数展开成幂级数

1) 泰勒级数

若 $f(x)$ 在点 x_0 处任意阶可导,则幂级数 $\sum\limits_{n=0}^{\infty}\dfrac{f^{(n)}(x_0)}{n!}(x-x_0)^n$ 称为函数在点 x_0 的泰勒级数. 特别地,若 $x_0=0$,则幂级数 $\sum\limits_{n=0}^{\infty}\dfrac{f^{(n)}(0)}{n!}x^n$ 称为函数 $f(x)$ 的麦克劳林级数.

2) 函数 $f(x)$ 展开成泰勒级数的充要条件

设 $f(x)$ 在点 x_0 的 $U(x_0,\delta)$ 内有任意阶导数,则 $f(x)$ 在点 x_0 处能展开成泰勒级数 $\sum\limits_{n=0}^{\infty}\dfrac{f^{(n)}(x_0)}{n!}(x-x_0)^n$ 的充要条件是 $\lim\limits_{n\to\infty}R_n(x)=0$,且展开式是唯一的,其中 $R_n(x)=\dfrac{f^{(n+1)}[x_0+\theta(x-x_0)]}{(n+1)!}(x-x_0)^{n+1}(0<\theta<1)$.

3) 常用函数的幂级数展开式(表 21-1)

表 21-1

$e^x = 1+x+\dfrac{1}{2!}x^2+\cdots+\dfrac{1}{n!}x^n+\cdots$	$x\in(-\infty,+\infty)$
$\sin x = x-\dfrac{1}{3!}x^3+\dfrac{1}{5!}x^5-\cdots+(-1)^n\dfrac{x^{2n+1}}{(2n+1)!}+\cdots$	$x\in(-\infty,+\infty)$
$\cos x = 1-\dfrac{1}{2!}x^2+\dfrac{1}{4!}x^4-\cdots+(-1)^n\dfrac{x^{2n}}{(2n)!}+\cdots$	$x\in(-\infty,+\infty)$
$\dfrac{1}{1+x}=1-x+x^2+\cdots+(-1)^nx^n+\cdots$	$(-1<x<1)$
$\ln(1+x)=x-\dfrac{x^2}{2}+\dfrac{x^3}{3}-\cdots+(-1)^n\dfrac{x^{n+1}}{n+1}+\cdots$	$(-1<x\leqslant 1)$
$(1+x)^\alpha=1+\alpha x+\dfrac{\alpha(\alpha-1)}{2!}x^2+\cdots+\dfrac{\alpha(\alpha-1)\cdots(\alpha-n+1)}{n!}x^n+\cdots$	$(-1<x<1)$

4) 函数展开成幂级数的方法

(1) 直接法:利用高阶导数计算系数 $a_n=\dfrac{f^{(n)}(x_0)}{n!}$,由此写出 $f(x)$ 的泰勒级数,并证明 $\lim\limits_{n\to\infty}R_n(x)=0$,则可得 $f(x)$ 的泰勒展开式.

(2) 间接法:根据泰勒展开式的唯一性,一般利用常用函数的幂级数展开式,通过变量代换、四则运算、恒等变形、逐项求导、逐项积分等方法,求出 $f(x)$ 的幂级数展开式.

21.1.4 傅里叶级数(理)

1) 傅里叶级数展开式

设 $f(x)$ 是周期为 2π 的周期函数,则函数 $f(x)$ 的傅里叶级数展开式为

$$\frac{a_0}{2} + \sum_{n=1}^{\infty}(a_n\cos nx + b_n\sin nx)$$

其中

$$a_n = \frac{1}{\pi}\int_{-\pi}^{\pi} f(x)\cos nx\, dx, \quad n = 0,1,2,3,\cdots$$

$$b_n = \frac{1}{\pi}\int_{-\pi}^{\pi} f(x)\sin nx\, dx, \quad n = 1,2,3,\cdots$$

2) 狄利克雷收敛定理

设 $f(x)$ 是以 2π 为周期的周期函数,如果它满足条件:在一个周期内连续或只有有限个第一类间断点,并且至多只有有限个极值点,则 $f(x)$ 的傅里叶级数收敛. 设傅里叶级数的和函数为 $s(x)$,则有如表 21-2 所示的结论.

表 21-2

$s(x) = f(x)$	在 $(-\pi, \pi)$ 内 $f(x)$ 的连续点 x 处
$s(x) = \dfrac{f(x-0) + f(x+0)}{2}$	在 $(-\pi, \pi)$ 内 $f(x)$ 的间断点 x 处
$s(x) = \dfrac{f(-\pi+0) + f(\pi-0)}{2}$	在 $x = \pm\pi$ 处

说明:只要函数在一个周期内至多有有限个第一类间断点且不做无限次振动,函数的傅里叶级数在连续点处就收敛于该点的函数值,在间断点处就收敛于该点左、右极限的算术平均值.

注意:对于非周期函数,如果函数 $f(x)$ 在区间 $(-\pi, \pi)$ 内有定义,并且满足狄利克雷收敛定理的条件,也可展开成傅里叶级数.

做法:利用周期延拓将 $f(x)$ 延拓为以 2π 为周期的函数 $F(x)$,即 $F(x) = f(x), x \in (-\pi, \pi)$,在端点 $x = \pm\pi$ 处傅里叶级数收敛于 $\dfrac{1}{2}[f(\pi-0) + f(-\pi+0)]$.

3) 正弦级数与余弦级数

设 $f(x)$ 是周期为 2π 的函数,在一个周期上可积,则有表 21-3 所示的傅里叶级数.

表 21-3

$f(x)$ 的奇偶性	傅里叶级数	傅里叶系数
$f(x)$ 为奇函数时	$f(x) \sim \sum_{n=1}^{\infty} b_n \sin nx$	$b_n = \dfrac{2}{\pi}\int_0^{\pi} f(x)\sin nx\, dx\ (n=1,2,\cdots)$
$f(x)$ 为偶函数时	$f(x) \sim \dfrac{a_0}{2} + \sum_{n=1}^{\infty} a_n \cos nx$	$a_n = \dfrac{2}{\pi}\int_0^{\pi} f(x)\cos nx\, dx\ (n=0,1,2,\cdots)$

定义 如果 $f(x)$ 为奇函数,其傅里叶级数 $\sum_{n=1}^{\infty} b_n \sin nx$ 称为正弦级数;如果 $f(x)$ 为偶函数,其傅里叶级数 $\dfrac{a_0}{2} + \sum_{n=1}^{\infty} a_n \cos nx$ 称为余弦级数.

4) $[0, \pi]$ 上的函数展开成正弦级数或余弦级数

假设 $f(x)$ 定义在 $[0, \pi]$ 上且满足收敛定理的条件,在 $(-\pi, 0)$ 内补充函数 $f(x)$ 的定

义,得到定义在$(-\pi,\pi]$上的新函数,再将其延拓为以2π为周期的函数$F(x)$,若补充后$F(x)$成为奇函数或偶函数,则可得到相应的正弦级数或余弦级数.

① 奇延拓:令 $F(x)=\begin{cases} f(x), & 0<x\leqslant\pi \\ 0, & x=0 \\ -f(-x), & -\pi<x<0 \end{cases}$,再以$2\pi$为周期将$F(x)$延拓到$(-\infty,+\infty)$,这样$F(x)$为一个以$2\pi$为周期的奇函数,通过$F(x)$的傅里叶级数,即可得$f(x)$在$[0,\pi]$上的正弦级数.

② 偶延拓:令 $F(x)=\begin{cases} f(x), & 0\leqslant x\leqslant\pi \\ f(-x), & -\pi<x<0 \end{cases}$,再以$2\pi$为周期将$F(x)$延拓到$(-\infty,+\infty)$,这样$F(x)$为一个以$2\pi$为周期的偶函数,通过$F(x)$的傅里叶级数,即可得$f(x)$在$[0,\pi]$上的余弦级数.

5) 周期为 $2l$ 的函数的傅里叶级数

设$f(x)$是以$2l$为周期的函数,且在$[-l,l]$上满足狄利克雷定理的条件,则它的傅里叶级数展开式为

$$f(x)=\frac{a_0}{2}+\sum_{n=1}^{\infty}\left(a_n\cos\frac{n\pi x}{l}+b_n\sin\frac{n\pi x}{l}\right) \quad (x\text{ 是 }f(x)\text{ 的连续点})$$

其中

$$a_n=\frac{1}{l}\int_{-l}^{l}f(x)\cos\frac{n\pi x}{l}\mathrm{d}x \quad (n=0,1,2,\cdots)$$

$$b_n=\frac{1}{l}\int_{-l}^{l}f(x)\sin\frac{n\pi x}{l}\mathrm{d}x \quad (n=1,2,3,\cdots)$$

21.2 典型例题分析

例 1 求幂级数 $\sum_{n=1}^{\infty}\frac{2^n+3^n}{n}x^n$ 的收敛半径.

分析 求解幂级数的收敛半径,可以利用比值法或者根值法,还可以利用收敛级数的性质将原来的级数拆分成两个简单级数来求解.

解 解法一 $\lim_{n\to\infty}\left|\frac{a_{n+1}}{a_n}\right|=\lim_{n\to\infty}\frac{2^{n+1}+3^{n+1}}{2^n+3^n}\cdot\frac{n}{n+1}=3$,故 $R=\frac{1}{3}$.

解法二 $\lim_{n\to\infty}\sqrt[n]{|a_n|}=\lim_{n\to\infty}\sqrt[n]{\frac{2^n+3^n}{n}}=3$,故 $R=\frac{1}{3}$.

解法三 利用幂级数性质.

$$\sum_{n=1}^{\infty}\frac{2^n+3^n}{n}x^n=\sum_{n=1}^{\infty}\frac{2^n}{n}x^n+\sum_{n=1}^{\infty}\frac{3^n}{n}x^n$$

易知 $\sum_{n=1}^{\infty}\frac{2^n}{n}x^n$ 的收敛半径为 $R_1=\frac{1}{2}$,$\sum_{n=1}^{\infty}\frac{3^n}{n}x^n$ 的收敛半径为 $R_2=\frac{1}{3}$.因此原级数 $\sum_{n=1}^{\infty}\frac{2^n+3^n}{n}x^n$ 的收敛半径为 $R=\min\{R_1,R_2\}=\frac{1}{3}$.

> **小贴士**　两个幂级数可以在公共的收敛域内逐项相加减.

例 2　设幂级数 $\sum_{n=1}^{\infty} a_n x^n$ 与 $\sum_{n=1}^{\infty} b_n x^n$ 的收敛半径分别为 $\frac{\sqrt{6}}{3}$ 与 $\frac{1}{3}$，并设 $\lim\limits_{n\to\infty}\left|\frac{a_{n+1}}{a_n}\right|$ 与 $\lim\limits_{n\to\infty}\left|\frac{b_{n+1}}{b_n}\right|$ 均存在，求幂级数 $\sum_{n=1}^{\infty} \frac{a_n^2}{b_n^2} x^n$ 的收敛半径.

分析　结合题设中的极限条件，求解新级数的收敛半径可采用比值法.

解　由题设知 $\lim\limits_{n\to\infty}\left|\frac{a_{n+1}}{a_n}\right|=\frac{3}{\sqrt{6}}$，$\lim\limits_{n\to\infty}\left|\frac{b_{n+1}}{b_n}\right|=3$，所以

$$\lim_{n\to\infty}\frac{\frac{a_{n+1}^2}{b_{n+1}^2}}{\frac{a_n^2}{b_n^2}}=\lim_{n\to\infty}\frac{a_{n+1}^2}{a_n^2}\cdot\frac{b_n^2}{b_{n+1}^2}=\left(\frac{3}{\sqrt{6}}\right)^2\cdot\left(\frac{1}{3}\right)^2=\frac{1}{6}$$

因此 $\sum_{n=1}^{\infty} \frac{a_n^2}{b_n^2} x^n$ 的收敛半径 $R=6$.

例 3　设 $\sum_{n=1}^{\infty} a_n(x+1)^n$ 在 $x=1$ 处条件收敛，则幂级数 $\sum_{n=1}^{\infty} na_n(x-1)^n$ 在 $x=2$ 处

（　　）

A. 绝对收敛　　　　　　　　　　　B. 条件收敛
C. 发散　　　　　　　　　　　　　D. 敛散性不确定

分析　考察幂级数收敛的特性：① 平移不会改变级数的收敛半径，只是改变收敛区间的中心；② 逐项求导也不会改变级数的收敛半径. 本题中 $\sum_{n=1}^{\infty} a_n(x+1)^n$ 的收敛区间的中心为 $x=-1$，$\sum_{n=1}^{\infty} na_n(x-1)^n$ 的收敛区间的中心为 $x=1$.

解　由 $\sum_{n=1}^{\infty} a_n(x+1)^n$ 在 $x=1$ 处条件收敛得 $R=|1+1|=2$. 将 $(x+1)^n$ 转化为 $(x-1)^n$，即级数的中心点由 -1 转移到 1，收敛半径不变，得 $\sum_{n=1}^{\infty} a_n(x-1)^n$ 的收敛区间为 $(-1,3)$. 对 $\sum_{n=1}^{\infty} a_n(x-1)^n$ 逐项求导，得 $\sum_{n=1}^{\infty} na_n(x-1)^{n-1}$，再逐项乘以 $(x-1)$，得到 $\sum_{n=1}^{\infty} na_n(x-1)^n$. 这个过程中收敛半径不变，因此 $\sum_{n=1}^{\infty} na_n(x-1)^n$ 的收敛区间为 $|x-1|<2$，解得 $-1<x<3$.

从而可得幂级数 $\sum_{n=1}^{\infty} na_n(x-1)^n$ 在 $x=2$ 处绝对收敛.

> **小贴士**　① 平移不改变幂级数的收敛性，即平移前后幂级数的收敛半径不变.
> ② 幂级数 $\sum_{n=1}^{\infty} a_n x^n$ 与逐项求导后的幂级数 $\sum_{n=1}^{\infty} (a_n x^n)'=\sum_{n=1}^{\infty} na_n x^{n-1}$ 以及逐项积分后的幂级数 $\sum_{n=1}^{\infty} \int_0^x a_n t^n dt=\sum_{n=1}^{\infty} \frac{a_n}{n+1} x^{n+1}$ 有相同的收敛半径.

例 4 求幂级数 $\sum_{n=1}^{\infty}\left[\dfrac{5+(-1)^n}{2}\right]^n x^n$ 的收敛半径.

分析 $\lim\limits_{n\to\infty}\left|\dfrac{b_{n+1}}{b_n}\right|=\lim\limits_{n\to\infty}\dfrac{\left[\frac{5+(-1)^{n+1}}{2}\right]^{n+1}}{\left[\frac{5+(-1)^n}{2}\right]^n}=\dfrac{1}{2}\lim\limits_{n\to\infty}\dfrac{[5+(-1)^{n+1}]^{n+1}}{[5+(-1)^n]^n}$ 不存在,因此用比值法求收敛半径失效(根值法类似),此时可以考虑将原级数拆成两个级数,若这两个幂级数的收敛域不同,由收敛级数的运算性质可得这两个级数的公共收敛部分就是原级数的收敛域.

解 幂级数

$$\sum_{n=1}^{\infty}\left[\dfrac{5+(-1)^n}{2}\right]^n x^n = 2x + 3^2 x^2 + 2^3 x^3 + 3^4 x^4 + \cdots$$

它可以拆成两个幂级数:

$$\sum_{n=0}^{\infty} u_n x^{2n+1} = 2x + 2^3 x^3 + 2^5 x^5 + \cdots$$

与

$$\sum_{n=1}^{\infty} v_n x^{2n} = 3^2 x^2 + 3^4 x^4 + 3^6 x^6 + \cdots$$

因为 $\lim\limits_{n\to\infty}\dfrac{u_{n+1} x^{2n+3}}{u_n x^{2n+1}} = \lim\limits_{n\to\infty}\dfrac{2^{2n+3} x^2}{2^{2n+1}} = 4x^2$, 由 $4x^2 < 1$ 可得 $|x| < \dfrac{1}{2}$, 即 $\sum_{n=0}^{\infty} u_n x^{2n+1}$ 的收敛半径为 $\dfrac{1}{2}$. 同理可得级数 $\sum_{n=1}^{\infty} v_n x^{2n}$ 的收敛半径为 $\dfrac{1}{3}$. 所以可得原级数的收敛半径为 $\dfrac{1}{3}$.

> **小贴士** 由阿贝尔定理可知,一个幂级数的收敛半径总是存在的,但极限 $\lim\limits_{n\to\infty}\left|\dfrac{b_{n+1}}{b_n}\right|$ 可以不存在(缺项幂级数就是这种情形),也可以不是 $+\infty$.

例 5 求幂级数 $\sum_{n=1}^{\infty}\dfrac{2^n}{(5^n+2^n)n} x^n$ 的收敛半径、收敛区间与收敛域.

分析 设幂级数的收敛半径为 R,则收敛区间为 $(-R, R)$;收敛域还需要考察端点 $x=-R$ 以及 $x=R$ 的收敛性,从考察幂级数在端点的收敛性转化为考察数项级数的收敛性.

解 $\lim\limits_{n\to\infty}\dfrac{2^{n+1}}{(5^{n+1}+2^{n+1})(n+1)} \cdot \dfrac{(5^n+2^n)n}{2^n} = \lim\limits_{n\to\infty}\dfrac{2(5^n+2^n)}{5^{n+1}+2^{n+1}}$

$$= \lim_{n\to\infty}\dfrac{2\left[1+\left(\frac{2}{5}\right)^n\right]}{5+\left(\frac{2}{5}\right)^n \cdot 2} = \dfrac{2}{5}$$

所以收敛半径 $R=\dfrac{5}{2}$,收敛区间为 $\left(-\dfrac{5}{2}, \dfrac{5}{2}\right)$.

下面考察端点处的敛散性. 在 $x=\dfrac{5}{2}$ 处,由于 $\dfrac{5^n}{(5^n+2^n)n} = \dfrac{1}{\left[1+\left(\frac{2}{5}\right)^n\right]n} > \dfrac{1}{2n}$,又因为

级数 $\sum_{n=1}^{\infty} \frac{1}{2n}$ 发散,由比较法可知,级数 $\sum_{n=1}^{\infty} \frac{5^n}{(5^n+2^n)n}$ 发散,即在 $x=\frac{5}{2}$ 处该幂级数发散.

在另一端点 $x=-\frac{5}{2}$ 处,幂级数变为 $\sum_{n=1}^{\infty} (-1)^n \frac{5^n}{(5^n+2^n)n}$,是一个交错级数,令

$$u_n = \frac{5^n}{(5^n+2^n)n} = \frac{1}{\left[1+\left(\frac{2}{5}\right)^n\right]n}$$

显然有 $\lim_{n\to\infty} u_n = 0$. 下面讨论 $\{u_n\}$ 的单调性. 令 $f(x) = (1+a^x)x, x>0$,其中 $a=\frac{2}{5}$,则有

$$f'(x) = 1 + a^x + xa^x \ln a$$

因为 $a<1$,所以由洛必达法则可知 $\lim_{x\to+\infty} xa^x \ln a = 0$,因此 $\lim_{x\to+\infty} f'(x) = 1 > 0$,即当 x 充分大时 $f(x)$ 单调增加,故 $\{u_n\}$ 单调递减,从而级数 $\sum_{n=1}^{\infty} (-1)^n \frac{5^n}{(5^n+2^n)n}$ 满足莱布尼兹定理的条件,收敛. 故原幂级数的收敛域为 $\left[-\frac{5}{2}, \frac{5}{2}\right)$.

例 6 求幂级数 $\sum_{n=1}^{\infty} \frac{(-1)^{n-1}}{2n-1} x^{2n}$ 的收敛域及和函数.

分析 该幂级数为缺项型幂级数,不能用公式 $\lim_{n\to\infty} \left|\frac{a_{n+1}}{a_n}\right|$ 求,而要利用数项级数的比值审敛法确定收敛区间.

解 设 $u_n = \frac{(-1)^{n-1}}{2n-1} x^{2n}$,由于 $\lim_{n\to\infty} \left|\frac{u_{n+1}}{u_n}\right| = \lim_{n\to\infty} \left|\frac{x^{2n+2}}{2n+1} \cdot \frac{2n-1}{x^{2n}}\right| = x^2$,所以当 $x^2 < 1$ 即 $|x| < 1$ 时,原级数绝对收敛;当 $|x| > 1$ 时,原级数发散.

又 $x = \pm 1$ 时,原级数变为 $\sum_{n=1}^{\infty} \frac{(-1)^{n-1}}{2n-1}$,根据莱布尼兹判别法可知此级数收敛,故幂级数 $\sum_{n=1}^{\infty} \frac{(-1)^{n-1}}{2n-1} x^{2n}$ 的收敛域为 $[-1, 1]$.

当 $x \in [-1, 1]$ 时,设 $s(x) = \sum_{n=1}^{\infty} \frac{(-1)^{n-1}}{2n-1} x^{2n} = xs_1(x)$,下面求 $s_1(x) = \sum_{n=1}^{\infty} \frac{(-1)^{n-1}}{2n-1} x^{2n-1}$.

$$s_1'(x) = \left[\sum_{n=1}^{\infty} \frac{(-1)^{n-1}}{2n-1} x^{2n-1}\right]' = \sum_{n=1}^{\infty} \frac{(-1)^{n-1}}{2n-1} (x^{2n-1})'$$

$$= \sum_{n=1}^{\infty} (-1)^{n-1} x^{2n-2} = \sum_{n=1}^{\infty} (-x^2)^{n-1} = \frac{1}{1+x^2}, |x| < 1$$

又 $s_1(0) = 0$,于是

$$s_1(x) = \int_0^x \frac{1}{1+x^2} dx = \arctan x$$

因此

$$s(x) = x \arctan x, x \in [-1, 1]$$

> **小贴士** 求缺项幂级数的收敛区间时可利用正项级数的比值或根值审敛法来进行.

例 7 对 p 讨论幂级数 $\sum\limits_{n=2}^{\infty}\dfrac{x^n}{n^p\ln n}$ 的收敛域.

分析 先用公式 $\lim\limits_{n\to\infty}\left|\dfrac{a_{n+1}}{a_n}\right|$ 求幂级数的收敛半径,再确定端点处级数的收敛性.

解 令 $a_n=\dfrac{1}{n^p\ln n}$,则

$$\lim_{n\to\infty}\left|\dfrac{a_{n+1}}{a_n}\right|=\lim_{n\to\infty}\dfrac{(n+1)^p\ln(n+1)}{n^p\ln n}=\lim_{n\to\infty}\left(1+\dfrac{1}{n}\right)^p\dfrac{\ln(n+1)}{\ln n}=1$$

所以幂级数的收敛半径 $R=1$. 下面讨论端点处的收敛性.

当 $p<0$ 时,$\lim\limits_{n\to\infty}a_n=\infty\ne0$,所以幂级数在 $x=\pm1$ 处发散,因此收敛域为 $(-1,1)$.

当 $0\leqslant p\leqslant 1$ 时,对于 $x=1$,原幂级数为 $\sum\limits_{n=2}^{\infty}\dfrac{1}{n^p\ln n}$,因为 $\lim\limits_{n\to\infty}\dfrac{\frac{1}{n^p\ln n}}{\frac{1}{n}}=\lim\limits_{n\to\infty}\dfrac{n^{1-p}}{\ln n}=+\infty$,

而 $\sum\limits_{n=2}^{\infty}\dfrac{1}{n}$ 发散,所以 $\sum\limits_{n=2}^{\infty}\dfrac{1}{n^p\ln n}$ 发散;对于 $x=-1$,原幂级数为 $\sum\limits_{n=2}^{\infty}\dfrac{(-1)^n}{n^p\ln n}$,是交错级数,满足莱布尼兹定理的条件,所以收敛,因此幂级数的收敛域为 $[-1,1)$.

当 $p>1$ 时,对于 $x=1$,因为 $\dfrac{1}{n^p\ln n}<\dfrac{1}{n^p}(n\geqslant 3)$,而级数 $\sum\limits_{n=2}^{\infty}\dfrac{1}{n^p}$ 收敛,由比较审敛法可知 $\sum\limits_{n=2}^{\infty}\dfrac{1}{n^p\ln n}$ 收敛;对于 $x=-1$,原幂级数为 $\sum\limits_{n=2}^{\infty}\dfrac{(-1)^n}{n^p\ln n}$,绝对收敛,因此收敛域为 $[-1,1]$.

综上可知,当 $p<0$ 时,收敛域为 $(-1,1)$;当 $0\leqslant p\leqslant 1$ 时,收敛域为 $[-1,1)$;当 $p>1$ 时,收敛域为 $[-1,1]$.

例 8 求幂级数 $\sum\limits_{n=1}^{\infty}\dfrac{n^2}{n!}x^n$ 的和函数.

典型例题讲解

分析 求幂级数的和函数要先求其定义域即幂级数的收敛域,再利用 $\mathrm{e}^x=\sum\limits_{n=1}^{\infty}\dfrac{x^n}{n!}$,需要消去分子上的 n^2,一方面可以考虑从分子和分母中消掉一个 n,原级数变为 $\sum\limits_{n=1}^{\infty}\dfrac{n}{(n-1)!}x^n$;另一方面可以考虑利用逐项积分消掉一个 n.

解 由于

$$\lim_{n\to\infty}\left|\dfrac{a_{n+1}}{a_n}\right|=\lim_{n\to\infty}\dfrac{(n+1)^2}{(n+1)!}\cdot\dfrac{n!}{n^2}=\lim_{n\to\infty}\dfrac{n+1}{n^2}=0$$

所以 $R=+\infty$,收敛区间为 $(-\infty,+\infty)$.

设和函数为 $s(x)=x\sum\limits_{n=1}^{\infty}\dfrac{n}{(n-1)!}x^{n-1}=xf(x)$,其中 $f(x)=\sum\limits_{n=1}^{\infty}\dfrac{n}{(n-1)!}x^{n-1}$,下面用两个方法求解 $f(x)$.

解法一 $f(x)=\sum\limits_{n=1}^{\infty}\dfrac{(x^n)'}{(n-1)!}=\left[\sum\limits_{n=1}^{\infty}\dfrac{x^n}{(n-1)!}\right]'$

$$= \left[x \sum_{n=1}^{\infty} \frac{x^{n-1}}{(n-1)!}\right]' = (x e^x)' = e^x(x+1)$$

解法二 由于

$$\int_0^x f(x) dx = \sum_{n=1}^{\infty} \frac{n}{(n-1)!} \int_0^x x^{n-1} dx$$

$$= \sum_{n=1}^{\infty} \frac{1}{(n-1)!} x^n = x \sum_{n=1}^{\infty} \frac{x^{n-1}}{(n-1)!} = x e^x$$

故

$$f(x) = (x e^x)' = e^x(x+1)$$

所以原级数的和函数为 $s(x) = x f(x) = x(x+1) e^x, x \in (-\infty, +\infty)$.

> **小贴士** 求幂级数的和函数需要先求该幂级数的收敛域,然后根据幂级数的特点确定用逐项求积还是逐项求导的方式求和函数. 当处理分子上的系数时,直接拼凑导数然后逐项求导的方法(方法一)比逐项积分(方法二)要简洁一些.

例 9 将 $f(x) = \arctan \frac{1+x}{1-x}$ 展开为 x 的幂级数.

分析 利用直接法求幂级数展开式非常复杂,因此考虑采用间接法,需要找到 $f(x)$ 与常见函数表里的函数之间的关系,常采用求导或者积分的方法.

解 由 $f'(x) = \frac{1}{1+x^2} = \sum_{n=0}^{\infty} (-1)^n x^{2n}, -1 < x < 1$,知

$$f(x) - f(0) = \int_0^x f'(x) dx = \int_0^x \sum_{n=0}^{\infty} (-1)^n x^{2n} dx$$

$$= \sum_{n=0}^{\infty} (-1)^n \int_0^x x^{2n} dx = \sum_{n=0}^{\infty} \frac{(-1)^n}{2n+1} x^{2n+1}$$

又 $f(0) = \arctan 1 = \frac{\pi}{4}$,故

$$\arctan \frac{1+x}{1-x} = \frac{\pi}{4} + \sum_{n=0}^{\infty} \frac{(-1)^n}{2n+1} x^{2n+1}, -1 \leqslant x < 1$$

上面的展开式当 $x = -1$ 时也成立,这是因为上式右端的幂级数在 $x = -1$ 处收敛,而且函数 $\arctan \frac{1+x}{1-x}$ 在 $x = -1$ 处有定义且连续.

例 10 将函数 $f(x) = 1 - x^2 (0 \leqslant x \leqslant \pi)$ 展开成余弦级数,并求级数 $\sum_{n=1}^{\infty} \frac{(-1)^{n-1}}{n^2}$ 的和. (理)

分析 本题考察以 2π 为周期的傅里叶系数的计算公式、傅里叶级数的表达式以及利用函数项级数求数项级数的和.

解 对 $f(x)$ 进行偶延拓得到 $f(x) = 1 - x^2 (-\pi \leqslant x \leqslant \pi)$. 先计算余弦级数的系数.

$$a_0 = \frac{2}{\pi} \int_0^{\pi} f(x) dx = \frac{2}{\pi} \int_0^{\pi} (1 - x^2) dx = 2 - \frac{2}{3} \pi^2$$

$$a_n = \frac{2}{\pi} \int_0^{\pi} f(x) \cos nx \, dx = \frac{2}{\pi} \int_0^{\pi} (1 - x^2) \cos nx \, dx = -\frac{2}{\pi} \int_0^{\pi} x^2 \cos nx \, dx$$

$$= -\frac{2}{n\pi}\int_0^\pi x^2 \mathrm{d}(\sin nx) = \frac{4}{n\pi}\int_0^\pi x\sin nx\,\mathrm{d}x$$

$$= -\frac{4}{n^2\pi}\int_0^\pi x\mathrm{d}(\cos nx) = -\frac{4(-1)^n}{n^2}$$

$$b_n = 0, n = 1, 2, 3, \cdots$$

由于 $f(x)$ 在 $[-\pi,\pi]$ 上连续，又 $f(-\pi)=f(\pi)$，满足展开定理的条件，所以

$$f(x) = \frac{a_0}{2} + \sum_{n=1}^\infty a_n\cos nx = 1 - \frac{1}{3}\pi^2 + \sum_{n=1}^\infty \frac{4(-1)^n}{n^2}\cos nx, x\in[-\pi,\pi]$$

令 $x=0$，得

$$1 = 1 - \frac{1}{3}\pi^2 + \sum_{n=1}^\infty \frac{4(-1)^n}{n^2}$$

因此

$$\sum_{n=1}^\infty \frac{(-1)^{n+1}}{n^2} = \frac{\pi^2}{12}$$

基础练习 21

1. 填空题.

   (1) 幂级数 $\sum\limits_{n=1}^\infty \dfrac{(x+1)^{n-1}}{\sqrt{n}}$ 的收敛域为 ＿＿＿．

   (2) 已知幂级数 $\sum\limits_{n=0}^\infty a_n(x+2)^n$ 在 $x=0$ 处收敛，在 $x=-4$ 处发散，则幂级数 $\sum\limits_{n=0}^\infty a_n(x-3)^n$ 的收敛域为 ＿＿＿．

   (3) 幂级数 $\sum\limits_{n=1}^\infty (-1)^{n-1}nx^{n-1}$ 在区间 $(-1,1)$ 内的和函数 $s(x) =$ ＿＿＿．

   (4) 设 $x^2 = \sum\limits_{n=0}^\infty a_n\cos nx\,(-\pi\leqslant x\leqslant \pi)$，则 $a_2 =$ ＿＿＿．（理）

   (5) 设 $f(x)$ 是周期为 2π 的周期函数，它在 $(-\pi,\pi]$ 上的表达式为 $f(x)=x+x^2$，$f(x)$ 的傅里叶级数为 $\dfrac{a_0}{2} + \sum\limits_{n=1}^{+\infty}(a_n\cos nx + b_n\sin nx)$，则 $b_3 =$ ＿＿＿．（理）

2. 选择题.

   (1) 幂级数 $\sum\limits_{n=0}^\infty \dfrac{3+(-1)^n}{3^n}x^n$ 的收敛半径为 （　　）

   A. 3　　　　B. 6　　　　C. $\dfrac{3}{2}$　　　　D. $\dfrac{1}{3}$

   (2) 设级数 $\sum\limits_{n=1}^\infty a_n$ 条件收敛，且 $\lim\limits_{n\to\infty}\left|\dfrac{a_{n+1}}{a_n}\right| = \rho$，则 （　　）

   A. $\rho = +\infty$　　B. $\rho < 1$　　C. $1 < \rho < +\infty$　　D. $\rho = 1$

   (3) 对于级数 $\sum\limits_{n=1}^\infty a_n\left(\dfrac{x+1}{2}\right)^n$，若 $\lim\limits_{n\to\infty}\left|\dfrac{a_n}{a_{n+1}}\right| = \dfrac{1}{3}$，则该级数的收敛半径为 （　　）

   A. $\dfrac{2}{3}$　　　　B. $\dfrac{3}{2}$　　　　C. $\dfrac{1}{3}$　　　　D. 3

(4) 若级数 $\sum_{n=1}^{\infty} a_n x^n$ 在 $x=-2$ 处收敛,则在 $x=\frac{3}{2}$ 处 ( )

　　A. 发散　　　　B. 条件收敛　　　　C. 绝对收敛　　　　D. 无法判断

(5) 设周期为 2π 的函数 $f(x)$ 为:$f(x)=\begin{cases} x, & -\pi \leqslant x<0 \\ 0, & 0 \leqslant x<\pi \end{cases}$,则该函数的傅里叶级数在点 $x=\pi$ 处收敛于 ( )(理)

　　A. $\frac{\pi}{2}$　　　　B. $-\frac{\pi}{2}$　　　　C. $-\frac{\pi}{4}$　　　　D. 0

3. 求幂级数 $\sum_{n=1}^{\infty} \frac{3^n}{n^2+n} x^n$ 的收敛半径、收敛区间和收敛域.

4. 求幂级数 $\sum_{n=1}^{\infty} \frac{1}{n 3^n} x^{n-1}$ 的收敛域,并求其和函数.

5. 求幂级数 $\sum_{n=0}^{\infty} (n+1)(n+3) x^n$ 的收敛域与和函数.

6. 求幂级数 $\sum\limits_{n=1}^{\infty} \dfrac{2n+1}{n!} x^{2n}$ 的收敛域与和函数.

7. 将 $f(x)=2^x$ 展开成关于 $x-1$ 的幂级数.

8. 将 $f(x)=\dfrac{x}{4+x^2}$ 展开为 x 的幂级数.

9. 设函数在 $[-\pi,\pi]$ 上的表达式为 $f(x)=\begin{cases}1, & 0<x<\pi \\ -1, & -\pi<x<0\end{cases}$,试将 $f(x)$ 展开成傅里叶级数.(理)

强化训练 21

1. 填空题.

   (1) 设幂级数 $\sum_{n=0}^{\infty} a_n x^n$ 的收敛半径为 3,则幂级数 $\sum_{n=1}^{\infty} n a_n (x-1)^{n+1}$ 的收敛区间为 _____.

   (2) 幂级数 $\sum_{n=0}^{\infty} a_n (x-1)^{2n}$ 在点 $x=2$ 处条件收敛,则其收敛域为 _____.

   (3) 无穷级数 $\sum_{n=1}^{\infty} \dfrac{n^2}{n!}$ 的和为 _____.

   (4) 设 $f(x)$ 是周期为 2 的周期函数,它在区间 $(-1,1]$ 上的表达式为 $f(x) = \begin{cases} 2, & -1 \leqslant x \leqslant 0 \\ x^3, & 0 < x < 1 \end{cases}$,则 $f(x)$ 的傅里叶级数在 $x=1$ 处收敛于 _____.(理)

2. 选择题.

   (1) 若级数 $\sum_{n=1}^{\infty} a_n$ 条件收敛,则 $x=\sqrt{3}$ 与 $x=3$ 依次为幂级数 $\sum_{n=1}^{\infty} n a_n \cdot (x-1)^n$ 的 （　　）

   A. 收敛点,收敛点　　　　B. 收敛点,发散点
   C. 发散点,收敛点　　　　D. 发散点,发散点

   (2) 若 $\sum_{n=0}^{\infty} a_n x^n$ 在 $x=-3$ 处条件收敛,则该幂级的收敛半径 （　　）

   A. $R>3$　　B. $R<3$　　C. $R=3$　　D. 无法确定

   (3) $\sum_{n=0}^{\infty} (-1)^n \dfrac{2n+3}{(2n+1)!} = $ （　　）

   A. $\sin 1 + \cos 1$　　　　B. $2\sin 1 + \cos 1$
   C. $2\sin 1 + 2\cos 1$　　　D. $2\sin 1 + 3\cos 1$

   (4) 设函数 $f(x)=x^2 (0 \leqslant x < 1)$,$s(x)=\sum_{n=1}^{\infty} b_n \sin n\pi x$,$-\infty < x < +\infty$,其中 $b_n = 2\int_0^1 f(x) \sin n\pi x \, dx$ $(n=1,2,\cdots)$,则 $s\left(-\dfrac{1}{2}\right) = $ （　　）(理)

   A. $-\dfrac{1}{2}$　　B. $-\dfrac{1}{4}$　　C. $\dfrac{1}{4}$　　D. $\dfrac{1}{2}$

3. 求幂级数 $\sum_{n=1}^{\infty} (-1)^n \dfrac{1}{n \cdot 2^{2n+1}} (x+5)^{2n+1}$ 的收敛域.

4. 求幂级数 $\sum\limits_{n=1}^{\infty} \dfrac{(-1)^n}{n} \left(\dfrac{x}{2x+1}\right)^n$ 的收敛域.

5. 求幂级数 $\sum\limits_{n=1}^{\infty} \dfrac{2n-1}{2^n} x^{2n-1}$ 的和函数,并求数项级数 $\sum\limits_{n=1}^{\infty} \dfrac{2n-1}{2^n}$ 的和.

6. 将函数 $f(x) = \dfrac{1}{2} \ln \dfrac{1+x}{1-x} + \dfrac{x}{(1+x^2)^2}$ 展开成 x 的幂级数.

7. 设 $f(x) = \begin{cases} \dfrac{1+x^2}{x}\arctan x, & x \neq 0 \\ 1, & x = 0 \end{cases}$，试将 $f(x)$ 展开成 x 的幂级数，并求级数 $\sum\limits_{n=1}^{\infty} \dfrac{(-1)^n}{1-4n^2}$ 的和.

8. 求幂级数 $\sum\limits_{n=1}^{\infty} (-1)^n \dfrac{(x-2)^{2n}}{4^n}$ 的和函数.

9. 将函数 $f(x) = x^2$ 在 $[-\pi, \pi]$ 上展开成傅里叶级数，并求级数 $\sum\limits_{n=1}^{\infty} \dfrac{1}{(2n-1)^2}$ 的和.
(理)

第 20—21 讲阶段能力测试

阶段能力测试 A

一、填空题（每小题 3 分，共 15 分）

1. 若级数 $\sum_{n=1}^{\infty} v_n$ 收敛，则级数 $\sum_{n=1}^{\infty} \frac{1}{v_n}$ _____．

2. 若级数 $\sum_{n=1}^{\infty} \frac{(-1)^{n-1}}{n^p}$ 发散，则 p 的取值范围为 _____．

3. 幂级数 $\sum_{n=1}^{\infty} \frac{1}{n}\left(\frac{x-2}{3}\right)^n$ 的收敛区间为 _____．

4. 已知 $f(x) = \frac{1}{(a-x)^2} = \sum_{n=1}^{\infty} \frac{n}{a^{n+1}} x^{n-1}, |x|<|a|, (a \neq 0)$，则 $f^{(n)}(0) =$ _____．

5. 若幂级数 $\sum_{n=0}^{\infty} a_n (x-2)^n$ 在 $x=7$ 处收敛，在 $x=-3$ 处发散，则其收敛域为 _____．

二、选择题（每小题 3 分，共 15 分）

1. 若 $\sum_{n=1}^{\infty} u_n$ 发散，则下列说法中正确的是 （　　）

   A. $\sum_{n=1}^{\infty} \frac{1}{u_n}$ 收敛
   B. $\sum_{n=1}^{\infty} u_{n+1\,000}$ 发散
   C. $\sum_{n=1}^{\infty} (u_n + 0.000\,1)$ 发散
   D. $\sum_{n=1}^{\infty} k u_n$ 发散

2. 下列命题中正确的是 （　　）

   A. 若 $\lim\limits_{n\to\infty} \frac{a_n}{b_n} = \infty$，则级数 $\sum_{n=1}^{\infty} a_n$ 发散可推得 $\sum_{n=1}^{\infty} b_n$ 发散

   B. 若 $\lim\limits_{n\to\infty} \frac{a_n}{b_n} = 0$，则级数 $\sum_{n=1}^{\infty} b_n$ 收敛可推得 $\sum_{n=1}^{\infty} a_n$ 收敛

   C. 若 $\lim\limits_{n\to\infty} a_n b_n = 0$，则级数 $\sum_{n=1}^{\infty} a_n$ 和 $\sum_{n=1}^{\infty} b_n$ 中至少有一个收敛

   D. 若 $\lim\limits_{n\to\infty} a_n b_n = 1$，则级数 $\sum_{n=1}^{\infty} a_n$ 和 $\sum_{n=1}^{\infty} b_n$ 中至少有一个发散

3. 若 $\sum_{n=0}^{\infty} a_n x^n$ 在 $x=-2$ 处收敛，则在 $x=1$ 处 （　　）

   A. 发散
   B. 绝对收敛
   C. 条件收敛
   D. 敛散性无法确定

4. 函数 $\arctan x$ 展开成 x 的幂级数为 （　　）

A. $\sum_{n=1}^{\infty}(-1)^{n}\dfrac{x^{2n+1}}{2n+1}(-1<x<1)$

B. $\sum_{n=0}^{\infty}(-1)^{n}\dfrac{x^{2n+1}}{2n+1}(-1\leqslant x\leqslant 1)$

C. $\sum_{n=0}^{\infty}(-1)^{n}\dfrac{x^{2n}}{2n}(-1<x<1)$

D. $\sum_{n=1}^{\infty}(-1)^{n}\dfrac{x^{2n}}{2n}(-1<x<1)$

5. 设 $f(x)$ 是以 2π 为周期的函数, 且 $f(x)=\begin{cases}-1, & -\pi\leqslant x\leqslant 0\\ x+1, & 0<x\leqslant\pi\end{cases}$, $s(x)$ 为 $f(x)$ 展成的傅里叶级数, 则 $s(1)$ 等于 ( )(理)

A. -1 B. 1 C. 2 D. 0

三、判定下列级数的敛散性,如果收敛请指出是条件收敛还是绝对收敛.(每小题6分,共12分)

1. $\sum_{n=1}^{\infty}(-1)^{n-1}(\sqrt{n+1}-\sqrt{n})$.

2. $\sum_{n=1}^{\infty}\dfrac{(-1)^{n+1}}{2n+\sin^{2}n}$.

四、(本题满分8分) 求幂级数 $\sum_{n=1}^{\infty}nx^{2n}$ 的和函数 $s(x)$.

五、(本题满分 6 分) 周期为 2π 的三角波在 $[-\pi,\pi)$ 上的函数表达式为 $f(x)=|x|$，试将它展开成傅里叶级数，并求级数 $\sum\limits_{n=1}^{\infty}\dfrac{1}{(2n-1)^2}$ 的和．（理）

六、(本题满分 8 分) 设数列 $\{a_n\}$ 单调减少，$\lim\limits_{n\to\infty}a_n=0$，$s_n=\sum\limits_{k=1}^{n}a_k(n=1,2,\cdots)$ 无界，求幂级数 $\sum\limits_{n=1}^{\infty}a_n(x-1)^n$ 的收敛域．

七、(本题满分 8 分) 将函数 $f(x)=\dfrac{x}{2+x-x^2}$ 展开成 x 的幂级数．

八、(本题满分 10 分) 求幂级数 $\sum\limits_{n=1}^{\infty} \dfrac{n}{n+1} x^n$ 的收敛域及和函数,并求 $\sum\limits_{n=1}^{\infty} \dfrac{n}{(n+1)2^n}$ 的值.

九、(本题满分 10 分) 设 a_n 为曲线 $y=x^n$ 与 $y=x^{n+1}$ $(n=1,2,\cdots)$ 所围成区域的面积,记 $s_1 = \sum\limits_{n=1}^{\infty} a_n$,$s_2 = \sum\limits_{n=1}^{\infty} a_{2n-1}$,求 s_1 与 s_2 的值.

十、(本题满分 8 分) 设 $f(x)$ 是偶函数,在 $x=0$ 的某邻域内具有连续的二阶导数且 $f(0)=1$. 证明:级数 $\sum\limits_{n=0}^{\infty} \left[f\left(\dfrac{1}{n}\right) - 1 \right]$ 绝对收敛.

阶段能力测试 B

一、填空题（每小题 3 分，共 15 分）

1. 若级数 $\sum\limits_{n=1}^{\infty} u_n$ 条件收敛，则级数 $\sum\limits_{n=1}^{\infty} |u_n|$ 必定 _____．（填发散、条件收敛或者绝对收敛）

2. 幂级数 $\sum\limits_{n=1}^{\infty} \dfrac{n}{(-3)^n + 2^n} x^{2n-1}$ 的收敛半径 $R =$ _____．

3. 幂级数 $\sum\limits_{n=1}^{\infty} \dfrac{(x-2)^n}{\sqrt{n}}$ 的收敛域为 _____．

4. 设 $\lim\limits_{n \to \infty} \left| \dfrac{a_n}{a_{n+1}} \right| = \dfrac{1}{3}$，则级数 $\sum\limits_{n=1}^{\infty} a_n \left(\dfrac{x+1}{2} \right)^n$ 的收敛半径为 _____．

5. 设 $f(x) = \begin{cases} -1, & -\pi < x < 0 \\ 1, & 0 \leqslant x \leqslant \pi \end{cases}$ 的傅里叶级数为 $\dfrac{a_0}{2} + \sum\limits_{n=1}^{\infty} (a_n \cos nx + b_n \sin nx)$ $(x \in [-\pi, \pi])$，则系数 a_n 的值为 _____．（理）

二、选择题（每小题 3 分，共 15 分）

1. 已知级数 $\sum\limits_{n=1}^{\infty} a_n$ 收敛，则下列结论中不正确的是 （   ）

    A. $\sum\limits_{n=1}^{\infty} (a_n + a_{n+1})$ 必收敛   B. $\sum\limits_{n=1}^{\infty} (a_{2n} + a_{2n+1})$ 必收敛

    C. $\sum\limits_{n=1}^{\infty} (a_{2n} - a_{2n+1})$ 必收敛   D. $\sum\limits_{n=1}^{\infty} (a_n^2 - a_{n+1}^2)$ 必收敛

2. 若级数 $\sum\limits_{n=1}^{\infty} \dfrac{(x-a)^n}{\sqrt{n}}$ 的收敛域为 $[4,6)$，则常数 $a =$ （   ）

    A. 3   B. 4   C. 5   D. 6

3. 若 $\sum\limits_{n=0}^{\infty} a_n (x-1)^n$ 在 $x = -1$ 处收敛，则在 $x = 3$ 处 （   ）

    A. 绝对收敛   B. 发散

    C. 条件收敛   D. 敛散性无法确定

4. 函数 $f(x) = \dfrac{3}{(1-x)(1+2x)}$ 在点 $x = 0$ 处的幂级数展开式为 （   ）

    A. $\sum\limits_{n=0}^{\infty} [(-1)^n + 2^n] x^n, |x| < 1$ B. $\sum\limits_{n=0}^{\infty} [1 + (-1)^n 2^{n+1}] x^n, |x| < \dfrac{1}{2}$

    C. $\sum\limits_{n=0}^{\infty} [(-1)^n + 2^{n+1}] x^n, |x| < 1$ D. $\sum\limits_{n=0}^{\infty} [(-1)^n + 2^{n+1}] x^n, |x| < \dfrac{1}{2}$

5. 函数 $f(x) = x^2 e^{x^2}$ 在 $(-\infty, +\infty)$ 内展成 x 的幂级数是 （   ）

    A. $\sum\limits_{n=1}^{\infty} (-1)^n \dfrac{x^{2n-1}}{(2n-1)!}$ B. $\sum\limits_{n=1}^{\infty} \dfrac{x^{n+2}}{n!}$

    C. $\sum\limits_{n=1}^{\infty} \dfrac{x^{2(n+1)}}{n!}$ D. $\sum\limits_{n=1}^{\infty} \dfrac{x^{2n}}{n!}$

三、判定下列级数的敛散性,若收敛请指出是条件收敛还是绝对收敛.(每小题 6 分,共 12 分)

1. $\sum\limits_{n=1}^{\infty} \dfrac{\sin\dfrac{n\pi}{4}}{n(1+n)^3}.$

2. $\sum\limits_{n=1}^{\infty} \dfrac{(-1)^n \arctan an}{n}$ (常数 $a > 0$).

四、(本题满分 8 分) 求函数 $F(x) = \int_0^x e^{-\xi^2} d\xi$ 的幂级数展开式.

五、(本题满分 10 分) 设幂级数为 $\sum\limits_{n=1}^{\infty}(-1)^n \dfrac{2^n}{\sqrt{n}}\left(x-\dfrac{1}{2}\right)^n$,求其收敛半径和收敛域.

六、(本题满分 10 分) 将函数 $f(x)=\arctan\dfrac{1-2x}{1+2x}$ 展开成 x 的幂级数,并求级数 $\sum\limits_{n=0}^{\infty}\dfrac{(-1)^n}{2n+1}$ 的和.

七、(本题满分 10 分) 将函数 $f(x)=x+1(0\leqslant x\leqslant\pi)$ 展开成正弦级数. (理)

八、(本题满分 10 分) 求级数 $\sum\limits_{n=2}^{\infty}\dfrac{1}{(n^2-1)2^n}$ 的和.

九、(本题满分 10 分) 设有方程 $x^n+nx-1=0$,其中 n 为正整数,证明:此方程存在唯一正实根 x_n,并且当 $a>1$ 时,级数 $\sum\limits_{n=1}^{\infty}x_n^a$ 收敛.

第 22 讲　微分方程(一)

—— 一阶微分方程及可降阶的高阶微分方程

22.1　内容提要与归纳

22.1.1　基本概念

1) 微分方程的定义

含有未知函数的导数或微分的方程称为微分方程. 未知函数是一元函数的微分方程称为常微分方程, 如 $F(x,y,y',\cdots,y^{(n)})=0$ 或 $y^{(n)}=f(x,y,y',\cdots,y^{(n-1)})$. 未知函数是多元函数的微分方程称为偏微分方程, 如 $\dfrac{\partial^2 u}{\partial x^2}+2\dfrac{\partial^2 u}{\partial x \partial y}+3\dfrac{\partial^2 u}{\partial y^2}=0$.

2) 微分方程的阶

微分方程中未知函数的导数或微分的最高阶数称为微分方程的阶. 例如, 方程 $y'-2xy=\cos x, y\mathrm{d}x-(y^2+1)\mathrm{d}y=0$ 为一阶微分方程; $y''-2xy=0$ 为二阶微分方程.

3) 微分方程的解

将函数代入微分方程, 若方程成为恒等式, 则该函数称为微分方程的解. 即若 $y=y(x)$ 在区间 I 上连续且有直到 n 阶的导数, 使 $F(x,y(x),y'(x),\cdots,y^{(n)}(x))\equiv 0$, 则称 $y=y(x)$ 为微分方程 $F(x,y,y',\cdots,y^{(n)})=0$ 在区间 I 上的一个解.

4) 微分方程的通解

若微分方程的解中含有阶数个互相独立的任意常数, 则称该解为微分方程的通解. 例如, 二阶微分方程 $y''+y=0$ 的通解 $y=C_1\cos x+C_2\sin x$ 中含有两个互相独立的任意常数 C_1,C_2.

5) 初始条件

确定通解中任意常数的条件称为初始条件, 也称为定解条件. 例如, 一阶微分方程的初始条件 $y(x_0)=a$; 二阶微分方程的初始条件常取为 $y(x_0)=a, y'(x_0)=b$.

6) 微分方程的特解

满足初始条件的解称为微分方程的特解.

7) 积分方程

含有未知函数的积分的方程称为积分方程, 积分方程常转化为微分方程求解, 需注意隐含条件.

22.1.2　一阶微分方程

$$y'=f(x,y), F(x,y,y')=0, P(x,y)\mathrm{d}x+Q(x,y)\mathrm{d}y=0$$

1) 变量可分离方程

形如 $y' = f(x)g(y)$ 或 $f(x)\mathrm{d}x + g(y)\mathrm{d}y = 0$ 的方程称为变量可分离方程. 当 $g(y) \neq 0$ 时,分离变量得 $\dfrac{\mathrm{d}y}{g(y)} = f(x)\mathrm{d}x$,积分得方程的通解为 $\displaystyle\int \dfrac{\mathrm{d}y}{g(y)} = \int f(x)\mathrm{d}x$. 若存在 y_0,使得 $g(y_0) = 0$,则 $y = y_0$ 也是原方程的一个解. 类似可得微分形式的变量可分离方程 $f(x)\mathrm{d}x + g(y)\mathrm{d}y = 0$ 的通解为 $\displaystyle\int f(x)\mathrm{d}x = \int -g(y)\mathrm{d}y$.

> **小贴士** 微分形式的方程不限定自变量和因变量,需防止遗漏形如 $x = x_0$ 的解.

2) 齐次方程

形如 $y' = f\left(\dfrac{y}{x}\right)$ 的方程称为齐次方程. 作变量代换,令 $u = \dfrac{y}{x}$,则 $y = ux$, $y' = u'x + u$, 方程化为变量可分离方程 $u'x = f(u) - u$.

> **小贴士** 变量代换是微分方程求解时常用的技巧. 如方程中出现 $f(xy), f(ax + by + c), f(ax^2 + by^2), f\left(\dfrac{y}{x}\right)$ 和 $f\left(\dfrac{x}{y}\right)$ 等项时,通常作相应的变量代换 $u = xy, u = ax + by + c, u = ax^2 + by^2, u = \dfrac{y}{x}$ 和 $u = \dfrac{x}{y}$ 等,方程可化为常见的类型.

3) *可化为齐次方程的方程 $y' = f\left(\dfrac{a_1 x + b_1 y + c_1}{a_2 x + b_2 y + c_2}\right)$

① 当 $D = \begin{vmatrix} a_1 & b_1 \\ a_2 & b_2 \end{vmatrix} \neq 0$ 时,由 Cramer 法则,得 $\begin{cases} a_1 x + b_1 y + c_1 = 0 \\ a_2 x + b_2 y + c_2 = 0 \end{cases}$ 的解为 $\begin{cases} x = \alpha \\ y = \beta \end{cases}$. 作坐标平移,令 $\begin{cases} X = x - \alpha \\ Y = y - \beta \end{cases}$,方程可化为齐次方程 $\dfrac{\mathrm{d}Y}{\mathrm{d}X} = f\left(\dfrac{a_1 X + b_1 Y}{a_2 X + b_2 Y}\right)$.

② 当 $D = \begin{vmatrix} a_1 & b_1 \\ a_2 & b_2 \end{vmatrix} = 0$ 时,有 $\dfrac{a_1}{a_2} = \dfrac{b_1}{b_2} \stackrel{\triangle}{=} k$. 作变量代换,令 $u = a_2 x + b_2 y$,则 $u' = a_2 + b_2 y'$,方程可化为变量可分离方程 $u' = a_2 + b_2 f\left(\dfrac{ku + c_1}{u + c_2}\right)$.

4) 一阶线性微分方程

形如 $y' + P(x)y = Q(x)$ 的方程称为一阶线性微分方程.

① 当 $Q(x) = 0$ 时,称为一阶齐次线性微分方程. 分离变量,解得通解为 $y = C\mathrm{e}^{-\int P(x)\mathrm{d}x}$.

② 当 $Q(x) \neq 0$ 时,称为一阶非齐次线性微分方程. 采用常数变易法,令 $y = C(x)\mathrm{e}^{-\int P(x)\mathrm{d}x}$,得通解公式 $y = \mathrm{e}^{-\int P(x)\mathrm{d}x}\left[\displaystyle\int Q(x)\mathrm{e}^{\int P(x)\mathrm{d}x} \mathrm{d}x + C\right]$.

5) 伯努利(Bernoülli) 方程

形如 $y' + P(x)y = Q(x)y^{\alpha}$ ($\alpha \neq 0, 1$) 的方程称为伯努利方程. 作变量代换,令 $z = y^{1-\alpha}$,方程可化为一阶线性方程 $\dfrac{\mathrm{d}z}{\mathrm{d}x} + (1-\alpha)P(x)z = (1-\alpha)Q(x)$.

6) 全微分方程(理)

形如 $P(x,y)\mathrm{d}x+Q(x,y)\mathrm{d}y=0$ 且在单连通区域 G 内满足 $\dfrac{\partial P}{\partial y}=\dfrac{\partial Q}{\partial x}$ 的方程称为全微分方程. 此时,存在某个二元函数 $u(x,y)$,使得方程的左端为 $u(x,y)$ 的全微分,即 $\mathrm{d}u(x,y)=P(x,y)\mathrm{d}x+Q(x,y)\mathrm{d}y$,则方程的通解为 $u(x,y)=C$.

(1) $u(x,y)$ 的求法

① 直接积分法. 由 $\dfrac{\partial u}{\partial x}=P(x,y)$,积分得 $u(x,y)=\int P(x,y)\mathrm{d}x+\varphi(y)$,其中 $\varphi(y)$ 待定. 又 $\dfrac{\partial u}{\partial y}=Q(x,y)$,于是 $\dfrac{\partial}{\partial y}\left[\int P(x,y)\mathrm{d}x\right]+\varphi'(y)=Q(x,y)$,由此求出 $\varphi'(y)$,积分后即可确定 $\varphi(y)$,从而得到 $u(x,y)$ 的表达式.

② 利用第二型曲线积分的与路径无关性. 积分路径取为点 (x_0,y_0) 到点 (x,y) 的平行于坐标轴的折线段,得 $u(x,y)=\int_{(x_0,y_0)}^{(x,y)}P(x,y)\mathrm{d}x+Q(x,y)\mathrm{d}y=\int_{x_0}^{x}P(x,y_0)\mathrm{d}x+\int_{y_0}^{y}Q(x,y)\mathrm{d}y$ 或 $u(x,y)=\int_{x_0}^{x}P(x,y)\mathrm{d}x+\int_{y_0}^{y}Q(x_0,y)\mathrm{d}y$,其中 (x_0,y_0) 是区域 G 内的一个给定点.

③ 凑微分法. 采用观察法,通过分组的方式,将方程的左边凑成几个函数的全微分之和.

(2) *积分因子

若方程 $P(x,y)\mathrm{d}x+Q(x,y)\mathrm{d}y=0$ 在单连通区域 G 内不满足条件 $\dfrac{\partial P}{\partial y}=\dfrac{\partial Q}{\partial x}$,但乘上非零因子 $\mu(x,y)$ 后,$\mu(x,y)P(x,y)\mathrm{d}x+\mu(x,y)Q(x,y)\mathrm{d}y=0$ 为全微分方程,则称 $\mu(x,y)$ 为方程 $P(x,y)\mathrm{d}x+Q(x,y)\mathrm{d}y=0$ 的一个积分因子. 若二元函数 $u(x,y)$ 使得 $\mathrm{d}u(x,y)=\mu(x,y)P(x,y)\mathrm{d}x+\mu(x,y)Q(x,y)\mathrm{d}y$,则方程的通解为 $u(x,y)=C$.

> **小贴士** 熟记一些函数的全微分表达式,可通过观察法找出常用积分因子(见表 22-1).

表 22-1

$P(x,y)\mathrm{d}x+Q(x,y)\mathrm{d}y$	常见全微分表达式	积分因子
$x\mathrm{d}x+y\mathrm{d}y$	$x\mathrm{d}x+y\mathrm{d}y=\mathrm{d}\left(\dfrac{x^2+y^2}{2}\right)$	1
	$\dfrac{x\mathrm{d}x+y\mathrm{d}y}{x^2+y^2}=\mathrm{d}\left[\dfrac{1}{2}\ln(x^2+y^2)\right]$	$\dfrac{1}{x^2+y^2}$
$y\mathrm{d}x+x\mathrm{d}y$	$y\mathrm{d}x+x\mathrm{d}y=\mathrm{d}(xy)$	1
	$\dfrac{y\mathrm{d}x+x\mathrm{d}y}{xy}=\mathrm{d}(\ln|xy|)$	$\dfrac{1}{xy}$

续表 22-1

$P(x,y)\mathrm{d}x+Q(x,y)\mathrm{d}y$	常见全微分表达式	积分因子
$y\mathrm{d}x-x\mathrm{d}y$	$\dfrac{y\mathrm{d}x-x\mathrm{d}y}{x^2}=\mathrm{d}\left(-\dfrac{y}{x}\right)$	$\dfrac{1}{x^2}$
	$\dfrac{y\mathrm{d}x-x\mathrm{d}y}{y^2}=\mathrm{d}\left(\dfrac{x}{y}\right)$	$\dfrac{1}{y^2}$
	$\dfrac{y\mathrm{d}x-x\mathrm{d}y}{xy}=\mathrm{d}\left(\ln\left\|\dfrac{x}{y}\right\|\right)$	$\dfrac{1}{xy}$
	$\dfrac{y\mathrm{d}x-x\mathrm{d}y}{x^2+y^2}=\mathrm{d}\left(-\arctan\dfrac{y}{x}\right)$	$\dfrac{1}{x^2+y^2}$
	$\dfrac{y\mathrm{d}x-x\mathrm{d}y}{x^2-y^2}=\mathrm{d}\left(\dfrac{1}{2}\ln\left\|\dfrac{x-y}{x+y}\right\|\right)$	$\dfrac{1}{x^2-y^2}$

22.1.3 可降阶的高阶微分方程

1) $y^{(n)}=f(x)$ 型

直接积分 n 次,得方程的通解.

2) 不显含 y 型

形如 $y''=f(x,y')$ 的方程称为不显含 y 型的可降阶二阶微分方程. 令 $p=y'$,可将方程降为一阶微分方程 $p'=f(x,p)$,进而求解.

> **小贴士** 一般,方程 $y^{(n)}=f(x,y^{(k)},y^{(k+1)},\cdots,y^{(n-1)})$ 中不显含 $y,y',\cdots,y^{(k-1)}$. 令 $p=y^{(k)}$,可将方程降为 $n-k$ 阶微分方程 $p^{(n-k)}=f(x,p,p',\cdots,p^{(n-k-1)})$.

3) 不显含 x 型

形如 $y''=f(y,y')$ 的方程称为不显含 x 型的可降阶二阶微分方程. 令 $p=y'$,以 y 为新的自变量,由复合函数的求导法则,得 $y''=\dfrac{\mathrm{d}p}{\mathrm{d}x}=\dfrac{\mathrm{d}p}{\mathrm{d}y}\cdot\dfrac{\mathrm{d}y}{\mathrm{d}x}=p\dfrac{\mathrm{d}p}{\mathrm{d}y}$,可将方程降为关于 y 和 p 的一阶微分方程 $p\dfrac{\mathrm{d}p}{\mathrm{d}y}=f(y,p)$,进而求解.

22.1.4 简单应用

1) 几何应用

利用导数和定积分的几何意义建立微分方程并求解.

2) 物理应用(理)

利用牛顿第二定律、质点运动的轨迹、微元法等建立微分方程并求解.

3) 经济应用(文)

利用导数和定积分的经济意义建立微分方程并求解.

22.2 典型例题分析

例 1 求下列微分方程的通解:

(1) $xy\,dy + dx = y^2 dx + y\,dy$.   (2) $y\,dx - (y+x)dy = 0$.

分析   一阶微分方程的求解关键在于判断类型,可依次判别方程是否为常见的变量可分离方程、齐次方程、一阶线性微分方程、伯努利方程、全微分方程等.

解   (1) 方程为变量可分离方程,分离变量得 $\dfrac{y}{y^2-1}dy = \dfrac{1}{x-1}dx$. 对两边同时积分得 $\int \dfrac{y}{y^2-1}dy = \int \dfrac{1}{x-1}dx$,即有 $\dfrac{1}{2}\ln|y^2-1| = \ln|x-1| + C_1$,则方程的通解为 $y^2 - 1 = C(x-1)^2$.

(2) **解法一**   方程可化为齐次方程 $\dfrac{dy}{dx} = \dfrac{\dfrac{y}{x}}{\dfrac{y}{x}+1}$,令 $u = \dfrac{y}{x}$,则 $\dfrac{dy}{dx} = x\dfrac{du}{dx} + u$,代入原方程得 $u + x\dfrac{du}{dx} = \dfrac{u}{u+1}$,即 $-\dfrac{u+1}{u^2}du = \dfrac{dx}{x}$,对两边同时积分得 $-\ln|u| + \dfrac{1}{u} = \ln|x| - \ln|C|$,整理得 $ux = Ce^{\frac{1}{u}}$,将 $u = \dfrac{y}{x}$ 代入,得原方程的通解为 $y = Ce^{\frac{x}{y}}$.

解法二   把 x 看成 y 的函数,则原方程可化为一阶线性微分方程 $\dfrac{dx}{dy} - \dfrac{1}{y}x = 1$. 由通解公式,得 $x = e^{\int \frac{1}{y}dy}\left(\int e^{-\int \frac{1}{y}dy}dy + C\right) = y\left(\int \dfrac{1}{y}dy + C\right) = y(\ln|y| + C)$,即有 $y = Ce^{\frac{x}{y}}$.

> **小贴士**   一阶微分方程的分类仅仅是形式上的分类,交换自变量与因变量,可能让微分方程化为某种特殊类型.

解法三(理)   将方程重组为 $y\,dx - x\,dy - y\,dy = 0$,两边同乘以积分因子 $\mu(x,y) = \dfrac{1}{y^2}$,得全微分方程 $\dfrac{y\,dx - x\,dy}{y^2} - \dfrac{dy}{y} = 0$,即 $d\left(\dfrac{x}{y}\right) - d(\ln|y|) = 0$,于是 $\dfrac{x}{y} - \ln|y| = C$,即 $y = Ce^{\frac{x}{y}}$.

例 2*   求 $\dfrac{dy}{dx} = \dfrac{x+y+4}{x-y-6}$ 的通解.

分析   本题中的方程为可化为齐次方程的类型,其一般形式为 $y' = f\left(\dfrac{a_1 x + b_1 y + c_1}{a_2 x + b_2 y + c_2}\right)$. 联立方程得 $\begin{cases} x+y+4=0 \\ x-y-6=0 \end{cases}$,由于该方程组的系数行列式 $D = \begin{vmatrix} 1 & 1 \\ 1 & -1 \end{vmatrix} = -2 \neq 0$,可通过坐标平移转化为齐次方程,进而求解.

解   联立方程 $\begin{cases} x+y+4=0 \\ x-y-6=0 \end{cases}$,解得 $\begin{cases} x=1 \\ y=-5 \end{cases}$. 作坐标平移,令 $\begin{cases} X = x-1 \\ Y = y+5 \end{cases}$,得齐次方程 $\dfrac{dY}{dX} = \dfrac{X+Y}{X-Y}$. 再令 $u = \dfrac{Y}{X}$,则 $Y = uX$,求导得 $\dfrac{dY}{dX} = X\dfrac{du}{dX} + u = \dfrac{1+u}{1-u}$,分离变量得 $\dfrac{1-u}{1+u^2}du = \dfrac{dX}{X}$,积分得 $\arctan u - \dfrac{1}{2}\ln(1+u^2) = \ln|X| + C$. 回代,得原方程的通解为 $\arctan\dfrac{y+5}{x-1} - $

$$\frac{1}{2}\ln\left[1+\left(\frac{y+5}{x-1}\right)^2\right]=\ln|x-1|+C, x\neq 1.$$

例 3 求下列微分方程的通解:

(1) $y'-2xy=e^{x^2}\cos x$. (2) $(y-x^2)dy+2xydx=0$.

分析 一阶线性微分方程的求解可利用通解公式或常数变易法. 对于伯努利方程,只需找出一般形式 $y'+P(x)y=Q(x)y^\alpha$ 中的 α,作变量代换 $z=y^{1-\alpha}$,即可转化为一阶线性微分方程,进而求解.

解 (1) **解法一** 方程为一阶线性微分方程,其中 $P(x)=-2x, Q(x)=e^{x^2}\cos x$. 由通解公式得

$$y=e^{-\int P(x)dx}\left[\int Q(x)e^{\int P(x)dx}dx+C\right]=e^{-\int -2xdx}\left(\int e^{x^2}\cos x\cdot e^{\int -2xdx}dx+C\right)$$
$$=e^{x^2}\left(\int e^{x^2}\cos x\cdot e^{-x^2}dx+C\right)=e^{x^2}\left(\int\cos xdx+C\right)=e^{x^2}(\sin x+C)$$

解法二 利用常数变易法. 原方程对应的齐次方程为 $\frac{dy}{dx}-2xy=0$,分离变量得 $\frac{dy}{y}=2xdx$,积分得 $\ln|y|=x^2+C_1$,即 $y=Ce^{x^2}$. 由常数变易法,令 $y=C(x)e^{x^2}$,代入原方程得 $C'(x)e^{x^2}=e^{x^2}\cos x$,即 $C'(x)=\cos x$,积分得 $C(x)=\int\cos xdx=\sin x+C$,则原方程的通解为 $y=e^{x^2}(\sin x+C)$.

(2) **解法一** 把 x 看成 y 的函数,则原方程可化为 $\alpha=-1$ 的伯努利方程 $\frac{dx}{dy}=\frac{x}{2y}-\frac{1}{2x}$,即 $x\frac{dx}{dy}-\frac{x^2}{2y}=-\frac{1}{2}$. 令 $z=x^2$,则 $\frac{dz}{dy}=2x\frac{dx}{dy}$,代入方程得一阶线性微分方程 $\frac{dz}{dy}-\frac{1}{y}z=-1$. 由通解公式得 $z=e^{\int\frac{1}{y}dy}\left(-\int e^{-\int\frac{1}{y}dy}dy+C\right)=y(C-\ln|y|)$,即 $x^2=y(C-\ln|y|)$.

解法二(理) 将方程重组为 $ydy+(2xydx-x^2dy)=0$,两边同乘以积分因子 $\mu(x,y)=\frac{1}{y^2}$,得全微分方程 $\frac{1}{y}dy+\frac{2xydx-x^2dy}{y^2}=0$,即 $d(\ln|y|)+d\left(\frac{x^2}{y}\right)=0$,于是 $\ln|y|+\frac{x^2}{y}=C$,即 $x^2=y(C-\ln|y|)$.

例 4 求下列微分方程的通解:

(1) $(x+y)^2\frac{dy}{dx}=a^2$,其中 $a>0$.

(2) $\frac{dy}{dx}=2(x^2+y)x$.

分析 有些方程从形式上看不属于常见一阶微分方程的几种类型,可根据方程的特点,尝试作适当的变量代换进行转化.

解 (1) 令 $u=x+y$,则 $\frac{du}{dx}=1+\frac{dy}{dx}$,原方程化为变量可分离方程 $\frac{du}{dx}=\frac{a^2+u^2}{u^2}$,即 $\frac{u^2}{a^2+u^2}du=dx$,积分得 $u-a\arctan\frac{u}{a}=x+C$,则通解为 $x+y-a\arctan\frac{x+y}{a}=x+C$.

(2) 令 $u=x^2+y$,则 $\frac{du}{dx}=2x+\frac{dy}{dx}$,原方程化为变量可分离方程 $\frac{du}{dx}=2x(u+1)$,即

$\dfrac{\mathrm{d}u}{u+1}=2x\mathrm{d}x$,积分得 $\ln|u+1|=x^2+C_1$,即 $u+1=C\mathrm{e}^{x^2}$,则方程通解为 $x^2+y+1=C\mathrm{e}^{x^2}$.

例 5 求解 $(2x\sin y+3x^2 y)\mathrm{d}x+(x^3+x^2\cos y+y^2)\mathrm{d}y=0$.（理）

典型例题讲解

分析 全微分方程的判别条件为 $\dfrac{\partial P}{\partial y}=\dfrac{\partial Q}{\partial x}$,常用求解方法有三种：直接积分法、利用第二型曲线积分的与路径无关性、凑微分法.

解 记 $P(x,y)=2x\sin y+3x^2 y$,$Q(x,y)=x^3+x^2\cos y+y^2$,$\dfrac{\partial P}{\partial y}=2x\cos y+3x^2=\dfrac{\partial Q}{\partial x}$,方程为全微分方程. 下面用三种方法求函数 $u(x,y)$,使 $\mathrm{d}u(x,y)=P(x,y)\mathrm{d}x+Q(x,y)\mathrm{d}y$.

解法一 $\dfrac{\partial u}{\partial x}=P(x,y)=2x\sin y+3x^2 y$,对 x 积分得,$u=x^2\sin y+x^3 y+\varphi(y)$,其中 $\varphi(y)$ 为待定函数. 求导得 $\dfrac{\partial u}{\partial y}=x^2\cos y+x^3+\varphi'(y)$,又 $\dfrac{\partial u}{\partial y}=Q(x,y)=x^3+x^2\cos y+y^2$,故 $\varphi'(y)=y^2$,取 $\varphi(y)=\dfrac{1}{3}y^3$,则 $u(x,y)=x^2\sin y+x^3 y+\dfrac{1}{3}y^3$.

解法二 由第二型曲线积分的与路径无关性,取从点 $(0,0)$ 沿 x 轴到点 $(x,0)$,再沿平行于 y 轴的方向到点 (x,y) 的折线段,得

$$u(x,y)=\int_{(0,0)}^{(x,y)}P(x,y)\mathrm{d}x+Q(x,y)\mathrm{d}y$$
$$=\int_0^x P(x,0)\mathrm{d}x+\int_0^y Q(x,y)\mathrm{d}y$$
$$=\int_0^y(x^3+x^2\cos y+y^2)\mathrm{d}y$$
$$=x^3 y+x^2\sin y+\dfrac{1}{3}y^3$$

解法三 凑微分,得

$$\mathrm{d}u=(2x\sin y+3x^2 y)\mathrm{d}x+(x^3+x^2\cos y+y^2)\mathrm{d}y$$
$$=\sin y\mathrm{d}x^2+x^2\mathrm{d}\sin y+y\mathrm{d}x^3+x^3\mathrm{d}y+y^2\mathrm{d}y$$
$$=\mathrm{d}(x^2\sin y)+\mathrm{d}(x^3 y)+\mathrm{d}\left(\dfrac{1}{3}y^3\right)$$
$$=\mathrm{d}\left(x^2\sin y+x^3 y+\dfrac{1}{3}y^3\right)$$

于是 $u=x^2\sin y+x^3 y+\dfrac{1}{3}y^3$,原方程的通解为 $x^2\sin y+x^3 y+\dfrac{1}{3}y^3=C$.

例 6 设可导函数 $f(x)$ 满足方程 $\int_0^x f(t)\mathrm{d}t=x(x-1)+\int_0^x tf(x-t)\mathrm{d}t$,求 $f(x)$.

分析 对于积分方程,可通过对方程两边同时关于自变量求导,化为微分方程来求解.

解 由 $\int_0^x tf(x-t)\mathrm{d}t\xrightarrow{\text{令 }u=x-t}\int_0^x(x-u)f(u)\mathrm{d}u=x\int_0^x f(u)\mathrm{d}u-\int_0^x uf(u)\mathrm{d}u$,积分方程化为 $\int_0^x f(t)\mathrm{d}t=x^2-x+x\int_0^x f(u)\mathrm{d}u-\int_0^x uf(u)\mathrm{d}u$,求导得 $f(x)=2x-1+\int_0^x f(u)\mathrm{d}u$.

再求导,得一阶线性微分方程 $f'(x)=f(x)+2$,即 $f'(x)-f(x)=2$. 由通解公式,可得
$$f(x)=\mathrm{e}^{\int \mathrm{d}x}\left(\int 2\mathrm{e}^{-\int \mathrm{d}x}\mathrm{d}x+C\right)=\mathrm{e}^{x}(-2\mathrm{e}^{-x}+C)=C\mathrm{e}^{x}-2$$
又由 $f(x)=2x-1+\int_0^x f(u)\mathrm{d}u$,可得初始条件 $f(0)=-1$,代入 $f(x)=C\mathrm{e}^x-2$,有 $C=1$,所以 $f(x)=\mathrm{e}^x-2$.

> **小贴士**　当定积分的上下限相等时,积分为 0,因而对于积分方程需要注意隐含条件,往往求的是方程的特解.

例 7　设 L 是一条平面曲线,其上任意一点 $P(x,y)(x>0)$ 到坐标原点的距离恒等于该点处的切线在 y 轴上的截距,且 L 经过点 $\left(\dfrac{1}{2},0\right)$. 试求曲线 L 的方程.

分析　根据导数的几何意义,将问题转化为一阶齐次微分方程,再利用变量代换转化为变量可分离方程,进而求解.

解　设曲线 L 过点 $P(x,y)$ 的切线方程为 $Y-y=y'(X-x)$,令 $X=0$,得该切线在 y 轴上的截距为 $y-xy'$. 由题设得一阶齐次微分方程 $\sqrt{x^2+y^2}=y-xy'$. 令 $u=\dfrac{y}{x}$,则方程可化为变量可分离方程 $\dfrac{\mathrm{d}u}{\sqrt{1+u^2}}=-\dfrac{\mathrm{d}x}{x}$,解之得 $y+\sqrt{x^2+y^2}=C$. 由 L 经过点 $\left(\dfrac{1}{2},0\right)$,得 $C=\dfrac{1}{2}$. 于是 L 的方程为 $y+\sqrt{x^2+y^2}=\dfrac{1}{2}$,即 $y=\dfrac{1}{4}-x^2$.

例 8　设跳伞员的质量为 m,跳伞时受到的阻力与下降速度的平方成正比. 试求下降速度的变化规律.(理)

分析　根据牛顿第二运动定律及速度与加速度之间的关系,建立微分方程并求解.

解　设跳伞员的下降速度为 v,则所受阻力可设为 av^2($a>0$ 为常数),方向向上;所受重力为 mg,方向向下. 由牛顿第二运动定律 $F=ma$,得变量可分离方程
$$m\dfrac{\mathrm{d}v}{\mathrm{d}t}=mg-av^2$$
即
$$\dfrac{\mathrm{d}v}{\mathrm{d}t}=g-\dfrac{a}{m}v^2$$
为简单记,令 $\dfrac{a}{m}=k$,$g=k\mu^2$,将方程化为
$$\dfrac{\mathrm{d}v}{\mathrm{d}t}=k(\mu^2-v^2)$$
分离变量得
$$\dfrac{\mathrm{d}v}{v^2-\mu^2}=-k\mathrm{d}t$$
积分得
$$\dfrac{1}{2\mu}\ln\left|\dfrac{v-\mu}{v+\mu}\right|=-kt+C_1$$

则所求下降速度的变化规律为

$$v(t) = \frac{\mu(1+Ce^{-2\mu kt})}{1-Ce^{-2\mu kt}}$$

例9 已知某商品的需求量 D 和供给量 S 都是价格 p 的函数：$D = D(p) = \dfrac{a}{p^2}$，$S = S(p) = bp$，其中 $a > 0, b > 0$ 为常数；价格 p 是时间 t 的函数且满足方程 $\dfrac{dp}{dt} = k[D(p) - S(p)]$（$k$ 为正的常数）. 假设当 $t = 0$ 时价格为 1，试求：

(1) 需求量等于供给量时的均衡价格 p_e.
(2) 价格函数 $p(t)$.
(3) $\lim\limits_{t \to +\infty} p(t)$.（文）

分析 由 $D(p) = S(p)$ 直接可得均衡价格. 将均衡价格代入价格函数满足的微分方程，可将方程转化为变量可分离方程求解，进而计算价格函数的极限.

解 (1) 由 $D(p) = S(p)$，得 $\dfrac{a}{p^2} = bp$，则需求量等于供给量时的均衡价格为

$$p_e = \sqrt[3]{\frac{a}{b}}$$

(2) 由 $p_e = \sqrt[3]{\dfrac{a}{b}}$，得

$$\frac{dp}{dt} = k[D(p) - S(p)] = k\left(\frac{a}{p^2} - bp\right) = \frac{kb}{p^2}\left(\frac{a}{b} - p^3\right) = \frac{kb}{p^2}(p_e^3 - p^3)$$

分离变量得 $\dfrac{p^2 dp}{p^3 - p_e^3} = -kb\, dt$，积分得

$$\frac{1}{3}\ln(p^3 - p_e^3) = -kbt + C_1$$

则

$$p^3 = p_e^3 + Ce^{-3kbt}$$

由 $p(0) = 1$，得 $C = 1 - p_e^3$，则

$$p(t) = \sqrt[3]{p_e^3 + (1-p_e^3)e^{-3kbt}}$$

(3) $\lim\limits_{t \to +\infty} p(t) = \lim\limits_{t \to +\infty} \sqrt[3]{p_e^3 + (1-p_e^3)e^{-3kbt}} = p_e$.

> **小贴士** 题(2)中的方程 $\dfrac{dp}{dt} = k\left(\dfrac{a}{p^2} - bp\right)$，即 $\dfrac{dp}{dt} + kbp = kap^{-2}$，为 $\alpha = -2$ 的伯努利方程. 令 $z = p^3$，则 $\dfrac{dz}{dt} = 3p^2 \dfrac{dp}{dt} = 3kp^2\left(\dfrac{a}{p^2} - bp\right) = 3ka - 3kbz$，即 $\dfrac{dz}{dt} + 3kbz = 3ka$. 由一阶线性微分方程通解公式，得
>
> $$z = p^3 = e^{-\int 3kb\, dt}\left(\int 3ka \cdot e^{\int 3kb\, dt} dt + C\right) = e^{-3kbt}\left(3ka \int e^{3kbt} dt + C\right)$$
>
> $$= e^{-3kbt}\left(\frac{a}{b}e^{3kbt} + C\right) = \frac{a}{b} + Ce^{-3kbt} = p_e^3 + Ce^{-3kbt}$$

例 10 设 $f(x)$ 为连续函数.

(1) 求初值问题 $\begin{cases} y' + ay = f(x) \\ y\big|_{x=0} = 0 \end{cases}$ 的解 $y(x)$, 其中 a 是正常数.

(2) 若 $|f(x)| \leqslant k$ (k 为常数), 证明: 当 $x \geqslant 0$ 时, 有 $|y(x)| \leqslant \dfrac{k}{a}(1 - e^{-ax})$.

分析 所求初值问题为一阶线性微分方程的特解, 由通解公式得出通解, 再由初始条件确定任意常数. 题目中包含抽象函数, 由牛顿-莱布尼兹公式, 未知函数可以利用变限积分来表示. 不等式的证明可直接利用定积分的性质.

解 (1) 由一阶线性微分方程的通解公式, 有
$$y(x) = e^{-\int a \,dx}\left[\int f(x) e^{\int a \,dx}\, dx + C\right] = e^{-ax}\left[\int f(x) e^{ax}\, dx + C\right]$$

若 $F'(x) = f(x) e^{ax}$, 则
$$y(x) = e^{-ax}[F(x) + C]$$

由 $y(0) = 0$, 得 $C = -F(0)$, 于是有
$$y(x) = e^{-ax}[F(x) - F(0)] = e^{-ax}\int_0^x f(t) e^{at}\, dt$$

(2) 当 $x \geqslant 0$ 时, 由定积分的性质, 得
$$|y(x)| \leqslant e^{-ax}\int_0^x |f(t)| e^{at}\, dt \leqslant k e^{-ax}\int_0^x e^{at}\, dt$$
$$= \dfrac{k}{a} e^{-ax}(e^{ax} - 1) = \dfrac{k}{a}(1 - e^{-ax})$$

得证.

例 11 求微分方程 $x^3 y'' + x^2 y' = 1$ 的通解.

分析 对于高阶微分方程常考虑降阶, 可依次判断是否为 $y^{(n)} = f(x)$ 型、不显含 y 型、不显含 x 型. 对于不显含 y 型的二阶微分方程, 常作变量代换, 令 $y' = p$, 将方程降为一阶微分方程.

解 方程不显含 y. 令 $y' = p$, $y'' = \dfrac{dp}{dx}$, 代入原方程得 $x^3 \dfrac{dp}{dx} + x^2 p = 1$, 即一阶线性微分方程 $\dfrac{dp}{dx} + \dfrac{1}{x} p = \dfrac{1}{x^3}$. 由通解公式, 得
$$p(x) = e^{-\int \frac{1}{x} dx}\left(\int \dfrac{1}{x^3} e^{\int \frac{1}{x} dx}\, dx + C_1\right)$$
$$= \dfrac{1}{x}\left(\int \dfrac{1}{x^3} \cdot x\, dx + C_1\right) = \dfrac{1}{x}\left(-\dfrac{1}{x} + C_1\right)$$
$$= -\dfrac{1}{x^2} + \dfrac{C_1}{x}$$

于是 $\dfrac{dy}{dx} = -\dfrac{1}{x^2} + \dfrac{C_1}{x}$, 积分得原方程的通解为
$$y = \int\left(-\dfrac{1}{x^2} + \dfrac{C_1}{x}\right) dx = \dfrac{1}{x} + C_1 \ln|x| + C_2$$

例 12 求解初值问题 $\begin{cases} yy'' = 1 + y'^2 \\ y(1) = 1 \\ y'(1) = 0 \end{cases}$.

分析 对于不显含 x 型的二阶微分方程,常作变量代换,令 $y' = p$,并将 y 作为新的自变量,得到关于 y 和 p 的一阶微分方程,进而求解.

解 方程不显含 x. 令 $y' = p$,以 y 为新的自变量,则

$$y'' = \frac{\mathrm{d}p}{\mathrm{d}x} = \frac{\mathrm{d}p}{\mathrm{d}y} \cdot \frac{\mathrm{d}y}{\mathrm{d}x} = p\frac{\mathrm{d}p}{\mathrm{d}y}$$

方程化为

$$yp\frac{\mathrm{d}p}{\mathrm{d}y} = 1 + p^2, \quad \frac{p\,\mathrm{d}p}{1+p^2} = \frac{\mathrm{d}y}{y}$$

积分得

$$\frac{1}{2}\ln(1+p^2) = \ln|y| + \ln|C_1|, \quad C_1 y = \sqrt{1+p^2}$$

由初始条件,当 $x = 1$ 时,$y = 1$,$p = 0$,则 $C_1 = 1$,$y = \sqrt{1+p^2}$,从而得 $y' = \pm\sqrt{y^2-1}$. 分离变量,得

$$\frac{\mathrm{d}y}{\sqrt{y^2-1}} = \pm \mathrm{d}x$$

积分得

$$\ln|y + \sqrt{y^2-1}| = \pm x + C$$

将 $x=1$,$y=1$ 代入上式,得 $C = \mp 1$,则

$$\ln|y + \sqrt{y^2-1}| = \pm(x-1)$$

化简得所求的解为

$$y = \frac{1}{2}(\mathrm{e}^{x-1} + \mathrm{e}^{-x+1})$$

> **小贴士** 求此类方程的特解时,可在积分得到第一个任意常数 C_1 时,先代入初始条件解出 C_1,从而简化计算.

基础练习 22

1. 微分方程 $x^4(y'')^3 + \mathrm{e}^{-2x}y' = 0$ 的阶数为 _____.

2. 微分方程 $\dfrac{\mathrm{d}y}{\mathrm{d}x} - 2y = 0$ 的通解是 _____.

3. 微分方程 $y' - y\tan x = 0$ 满足条件 $y(0) = 1$ 的特解为 $y = $ _____.

4. 微分方程 $x\dfrac{\mathrm{d}y}{\mathrm{d}x} = y + x^3$ 的通解为   (　　)

   A. $\dfrac{x^3}{4} + \dfrac{C}{x}$　　　　B. $\dfrac{x^3}{2} + C$　　　　C. $\dfrac{x^3}{2} + Cx$　　　　D. $\dfrac{x^3}{4} + Cx$

5. 微分方程 $xy' - y + Q(x) = 0$ 的通解为 ( )

   A. $-x\int \dfrac{Q(x)}{x^2}\mathrm{d}x$

   B. $-x\left[\int \dfrac{Q(x)}{x^2}\mathrm{d}x + C\right]$

   C. $\mathrm{e}^{-x}\int \dfrac{Q(x)}{x}\mathrm{d}x + C$

   D. $x\int \dfrac{Q(x)}{x^2}\mathrm{d}x + C$

6. 求下列微分方程的通解：

   (1) $xy' = y + \sqrt{x^2 - y^2}$，其中 $x > 0$.

   (2) $(x^2 + y^2)\mathrm{d}x - xy\,\mathrm{d}y = 0$.

7. 求下列微分方程的解：

   (1) $xy' + 2y = x\ln x$，$y(1) = -\dfrac{1}{9}$.

(2) $xy' + 2y = 3x^3 y^{\frac{4}{3}}$.

8. 求方程 $(x+y)\mathrm{d}y = \mathrm{d}x$ 的通解.

9. 求 $(5x^4 + 3xy^2 - y^3)\mathrm{d}x + (3x^2 y - 3xy^2 + y^2)\mathrm{d}y = 0$ 的通解. （理）

10. 设 $f(x) = \sin x - \int_0^x (x-t)f(t)\mathrm{d}t$,其中 $f(x)$ 为连续函数,求 $f(x)$.

11. 设 $f(x)$ 是可导函数,$f(x)>0$.已知曲线 $y=f(x)$ 与直线 $y=0, x=1$ 及 $x=t(t>1)$ 所围成的曲边梯形绕 x 轴旋转一周所得立体的体积是该曲边梯形面积的 πt 倍,求 $f(x)$.

12. 子弹以速度 $v_0=400$ m/s 打进一厚为 $h=20$ cm 的墙壁,穿过后以速度 100 m/s 飞出.假定墙壁对子弹的运动阻力和速度的平方成正比,求子弹穿过墙壁所需的时间.(理)

13. 设某商品的收益函数为 $R(p)$,收益对价格的弹性为 $1+p^3$,其中 p 为价格,$R(1)=1$,求 $R(p)$.(文)

14. 求方程 $y'' = y' + x$ 的通解.

15. 求 $yy'' - (y')^2 = 0$ 的通解.

强化训练 22

1. 曲线族 $x\mathrm{d}y + 2y\mathrm{d}x = 0$ 中满足 $y\big|_{x=2} = 1$ 的曲线方程为 _____.
2. 微分方程 $\mathrm{d}y = y^2 \cos x \mathrm{d}x$ 的通解为 _____.
3. 若 $f(1) = 1, xf'(x) + f(x) = 0$, 则 $f(2) =$ _____.
4. 下列微分方程中属于齐次方程的是 ( )

   A. $y' = \dfrac{1}{x+y}$　　B. $y' = \mathrm{e}^{xy} + 1$　　C. $y' = \dfrac{x}{y} + \dfrac{y}{x}$　　D. $y' = 2xy$

5. 微分方程 $y'\sin x = y\ln y$ 满足初始条件 $y\left(\dfrac{\pi}{2}\right) = \mathrm{e}$ 的特解为 ( )

   A. $\ln y = 1 + \cos x$　　　　　　　　B. $\ln y = -2 + \csc x$

   C. $\ln y = 1 + \tan \dfrac{x}{2}$　　　　　　D. $\ln y = \tan \dfrac{x}{2}$

6. 求下列微分方程的解：

   (1) $y' + xy^2 - y^2 = 1 - x$.

(2) $\dfrac{\mathrm{d}y}{\mathrm{d}x} = \dfrac{y}{x} - \dfrac{1}{2}\left(\dfrac{y}{x}\right)^3, y(1) = 1.$

7. 求下列微分方程的通解：

(1) $y' = \dfrac{1}{x\cos y + \sin 2y}.$

(2) $\dfrac{\mathrm{d}y}{\mathrm{d}x} = \dfrac{y}{yx^2 \ln y - x}.$

8. 求 $x\dfrac{\mathrm{d}y}{\mathrm{d}x} + x + \sin(x+y) = 0$ 的解.

9. 求方程 $y'=e^{2x-y}$ 满足 $y(0)=0$ 的特解.

10. 求微分方程 $(3x^2+2xy-y^2)dx+(x^2-2xy)dy=0$ 的通解.

11. 设函数 $f(x)$ 连续,且满足 $\int_0^x f(x-t)dt = \int_0^x (x-t)f(t)dt + e^{-x} - 1$,求 $f(x)$.

12. 在第一象限有曲线过点 $(4,1)$,从曲线上任意一点 $P(x,y)$ 向 x 轴和 y 轴作垂线,垂足分别为 Q 和 R. 又在点 P 处曲线的切线交 x 轴于点 T,若矩形 $RPQO$ 的面积与三角形 PQT 的面积相等,求该曲线的方程.

13. 由牛顿冷却定律知:物体温度对时间的变化率正比于物体温度差. 现将 100 ℃ 的物体在温度保持为 20 ℃ 的介质中浸泡 10 min 后冷却到 60 ℃. 问此物体从 100 ℃ 降到 25 ℃ 需要经过多少时间?（理）

14. 设某商品的最大需求量为 1 200,该商品的需求函数为 $Q=Q(P)$,需求弹性为 $\eta = \dfrac{P}{120-P}(\eta > 0)$,$P$ 为单价(万元).

    (1) 求需求函数的表达式.
    (2) 求 $P=100$ 万元时的边际收益,并说明其经济意义.（文）

15. 设 a 为常数,$a \neq 0, a \neq -2$. 求微分方程 $xy' + ay = 1 + x^2$ 满足 $y|_{x=1}=1$ 的解 $y(x,a)$,并证明 $\lim\limits_{a \to 0} y(x,a)$ 是方程 $xy' = 1 + x^2$ 的解.

16. 设 $F(x) = f(x)g(x)$，其中函数 $f(x), g(x)$ 在 $(-\infty, +\infty)$ 内满足以下条件：$f'(x) = g(x), g'(x) = f(x)$，且 $f(0) = 0, f(x) + g(x) = 2e^x$. 求：

(1) $F(x)$ 所满足的微分方程.

(2) $F(x)$ 的表达式.

17. 求特解问题 $\begin{cases} xy'' - y' = x^2 \\ y(1) = \dfrac{1}{3}, y'(1) = 1 \end{cases}$.

18. 求 $\begin{cases} y^3 y'' + 1 = 0 \\ y(1) = 1, y'(1) = 0 \end{cases}$ 的通解.

第 23 讲　微分方程(二)
—— 高阶线性微分方程及差分方程

23.1　内容提要与归纳

微分方程(二)
思维导图

23.1.1　高阶线性微分方程

形如 $y^{(n)} + a_1(x)y^{(n-1)} + a_2(x)y^{(n-2)} + \cdots + a_n(x)y = f(x)$ 的方程称为 n 阶线性微分方程. 以二阶为例,当 $f(x) = 0$ 时,称 $y'' + P(x)y' + Q(x)y = 0$ 为二阶齐次线性微分方程. 当 $f(x) \neq 0$ 时,称 $y'' + P(x)y' + Q(x)y = f(x)$ 为二阶非齐次线性微分方程.

1) 解的性质

① 若 $y_1(x)$ 与 $y_2(x)$ 是 $y'' + P(x)y' + Q(x)y = f(x)$ 的两个特解,则 $y_1(x) - y_2(x)$ 是对应齐次线性微分方程 $y'' + P(x)y' + Q(x)y = 0$ 的解.

② 叠加原理:设 $f(x) = f_1(x) + f_2(x)$,y_1^* 与 y_2^* 分别为方程 $y'' + P(x)y' + Q(x)y = f_1(x)$ 和 $y'' + P(x)y' + Q(x)y = f_2(x)$ 的特解,则 $y^* = y_1^* + y_2^*$ 是 $y'' + P(x)y' + Q(x)y = f(x)$ 的一个特解.

2) 通解结构

① 已知 $y_1(x)$ 与 $y_2(x)$ 是齐次线性微分方程 $y'' + P(x)y' + Q(x)y = 0$ 的两个线性无关的解,则该方程的通解为 $y = C_1 y_1(x) + C_2 y_2(x)$.

② 已知 y^* 是非齐次线性微分方程 $y'' + P(x)y' + Q(x)y = f(x)$ 的一个特解,$y_1(x)$ 与 $y_2(x)$ 是对应齐次线性微分方程 $y'' + P(x)y' + Q(x)y = 0$ 的两个线性无关的解,则非齐次线性微分方程的通解为 $y = Y + y^* = C_1 y_1(x) + C_2 y_2(x) + y^*$,其中 $Y = C_1 y_1(x) + C_2 y_2(x)$ 是对应齐次线性微分方程的通解.

3) *常数变易法

① 已知齐次线性微分方程 $y'' + P(x)y' + Q(x)y = 0$ 的通解 $y = C_1 y_1(x) + C_2 y_2(x)$,求非齐次线性微分方程 $y'' + P(x)y' + Q(x)y = f(x)$ 的通解.

令 $y = C_1(x)y_1(x) + C_2(x)y_2(x)$,限定 $C_1'(x)y_1(x) + C_2'(x)y_2(x) = 0$,代入非齐次方程,得 $C_1'(x)y_1'(x) + C_2'(x)y_2'(x) = f(x)$. 联立方程组 $\begin{cases} C_1'(x)y_1(x) + C_2'(x)y_2(x) = 0 \\ C_1'(x)y_1'(x) + C_2'(x)y_2'(x) = f(x) \end{cases}$,解得 $C_1'(x), C_2'(x)$. 积分得 $C_1(x), C_2(x)$,进而得到 $y'' + P(x)y' + Q(x)y = f(x)$ 的通解 $y = C_1(x)y_1(x) + C_2(x)y_2(x)$.

② 已知齐次线性微分方程 $y'' + P(x)y' + Q(x)y = 0$ 的一个非零解 $y_1(x)$,求非齐次线性微分方程 $y'' + P(x)y' + Q(x)y = f(x)$ 的通解.

令 $y = C(x)y_1(x)$,代入非齐次方程得 $y_1(x)C'' + [2y_1'(x) + P(x)y_1(x)]C' = f(x)$,

此为不显含 C 的可降阶的高阶微分方程. 令 $z=C'$,得一阶线性微分方程. 由通解公式得 $z=C'$. 积分得 $C(x)$,进而得到 $y''+P(x)y'+Q(x)y=f(x)$ 的通解 $y=C(x)y_1(x)$.

23.1.2 常系数线性微分方程

形如 $y^{(n)}+p_1 y^{(n-1)}+p_2 y^{(n-2)}+\cdots+p_n y=f(x)$ 的方程称为 n 阶常系数线性微分方程,其中 p_i 为常数,$i=1,2,\cdots,n$. 若 $f(x)=0$,称方程为 n 阶常系数齐次线性微分方程. 若 $f(x) \neq 0$,称方程为 n 阶常系数非齐次线性微分方程.

1) 二阶常系数齐次线性微分方程

形如 $y''+py'+qy=0$ 的方程称为二阶常系数齐次线性微分方程,其中 p,q 为常数. 寻求形如 $y=e^{rx}$ 的解,代入微分方程,得特征方程:$r^2+pr+q=0$(见表 23-1).

① 若特征方程有相异实根 r_1,r_2,则通解为 $y=C_1 e^{r_1 x}+C_2 e^{r_2 x}$.

② 若特征方程有相等实根 $r_{1,2}=r$,则通解为 $y=(C_1+C_2 x)e^{rx}$.

③ 若特征方程有一对共轭复根 $r_{1,2}=\alpha \pm \beta i$,则通解为 $y=e^{\alpha x}(C_1 \cos\beta x+C_2 \sin\beta x)$.

表 23-1

特征根	两个线性无关的解	微分方程的通解
两个相异实根 r_1,r_2	$e^{r_1 x},e^{r_2 x}$	$y=C_1 e^{r_1 x}+C_2 e^{r_2 x}$
两个相等实根 $r_{1,2}=r$	e^{rx},xe^{rx}	$y=(C_1+C_2 x)e^{rx}$
一对共轭复根 $r_{1,2}=\alpha \pm \beta i$	$e^{\alpha x}\cos\beta x,e^{\alpha x}\sin\beta x$	$y=e^{\alpha x}(C_1 \cos\beta x+C_2 \sin\beta x)$

> **小贴士** 推广到 n 阶常系数齐次线性微分方程:$y^{(n)}+p_1 y^{(n-1)}+p_2 y^{(n-2)}+\cdots+p_n y=0$. 寻求形如 $y=e^{rx}$ 的解,得特征方程:$r^n+p_1 r^{n-1}+p_2 r^{n-2}+\cdots+p_n=0$. 根据特征根的取值情况,得出通解中的对应项(见表 23-2). 利用解的结构,直接写出方程的通解.

表 23-2

特征根	通解中的对应项
单实根 r	Ce^{rx}
k 重实根 r	$(C_1+C_2 x+C_3 x^2+\cdots+C_k x^{k-1})e^{rx}$
单共轭复根 $\alpha \pm \beta i$	$e^{\alpha x}(C_1 \cos\beta x+C_2 \sin\beta x)$
k 重共轭复根 $\alpha \pm \beta i$	$e^{\alpha x}[(C_1+C_2 x+\cdots+C_k x^{k-1})\cos\beta x+(D_1+D_2 x+\cdots+D_k x^{k-1})\sin\beta x]$

通解结构:$y=C_1 y_1(x)+C_2 y_2(x)+\cdots+C_n y_n(x)$,其中 $\{y_i(x)\}_{i=1}^n$ 线性无关.

2) 二阶常系数非齐次线性微分方程

形如 $y''+py'+qy=f(x)$ 的方程称为二阶常系数非齐次线性微分方程,其中 p,q 为常数. 方程 $y''+py'+qy=f(x)$ 的通解结构为 $y=Y+y^*$,其中 Y 为对应二阶常系数齐次线性微分方程 $y''+py'+qy=0$ 的通解,y^* 为二阶常系数非齐次线性微分方程的一个特解. 一般地,y^* 可利用常数变易法求解;对两种特殊类型的 $f(x)$,常用待定系数法求解.

(1) $f(x) = e^{\lambda x} P_m(x)$

令 $y^* = x^k e^{\lambda x} Q_m(x)$，对应于 λ 不是特征根、是特征单根、是特征二重根，k 分别取 $0,1,2$（见表 23-3）.

表 23-3

λ 与特征根的关系	特解 y^* 的待定形式
λ 不是特征根	$y^* = e^{\lambda x} Q_m(x)$
λ 是特征单根	$y^* = x e^{\lambda x} Q_m(x)$
λ 是特征二重根	$y^* = x^2 e^{\lambda x} Q_m(x)$

(2) $f(x) = e^{\lambda x}[P_l(x)\cos\omega x + P_n(x)\sin\omega x]$

记 $m = \max\{l, n\}$. 令 $y^* = x^k e^{\lambda x}[R_m^{(1)}(x)\cos\omega x + R_m^{(2)}(x)\sin\omega x]$，对应于 $\lambda \pm \omega i$ 不是特征根、是特征单共轭复根，k 分别取 $0,1$（见表 23-4）.

表 23-4

$\lambda \pm \omega i$ 与特征根的关系	特解 y^* 的待定形式
$\lambda \pm \omega i$ 不是特征根	$y^* = e^{\lambda x}[R_m^{(1)}(x)\cos\omega x + R_m^{(2)}(x)\sin\omega x]$
$\lambda \pm \omega i$ 是特征单共轭复根	$y^* = x e^{\lambda x}[R_m^{(1)}(x)\cos\omega x + R_m^{(2)}(x)\sin\omega x]$

> **小贴士**　① $f(x)$ 中三角函数有缺项时，待定的特解中不能缺项.
> ② 上述结论可以推广到高阶常系数线性微分方程的情形，$k = 0,1,2,\cdots$ 为 λ 及 $\lambda \pm \omega i$ 的重数.

23.1.3　欧拉(Euler)方程(理)

形如 $x^n y^{(n)} + p_1 x^{n-1} y^{(n-1)} + \cdots + p_{n-1} x y' + p_n y = f(x)$ 的方程称为欧拉方程，其中 p_i 为常数，$i = 1, 2, \cdots, n$.

1) 变量代换法

作自变量的代换，令 $x = e^t$，则 $t = \ln|x|$，$y' = \dfrac{dy}{dx} = \dfrac{dy}{dt} \cdot \dfrac{dt}{dx} = \dfrac{1}{x}\dfrac{dy}{dt}$，$xy' = \dfrac{dy}{dt}$；$y'' = -\dfrac{1}{x^2}\dfrac{dy}{dt} + \dfrac{1}{x}\dfrac{d^2 y}{dt^2} \cdot \dfrac{dt}{dx} = \dfrac{1}{x^2}\left(\dfrac{d^2 y}{dt^2} - \dfrac{dy}{dt}\right)$，$x^2 y'' = \dfrac{d^2 y}{dt^2} - \dfrac{dy}{dt}$. 依此类推，方程可转化为以 t 为自变量，y 为未知函数的常系数线性微分方程，求出该方程的通解后，将 $t = \ln|x|$ 回代即得原方程的通解.

2)* 微分算子法

令 $x = e^t$，记 $D = \dfrac{d}{dt}$，$D^k = \dfrac{d^k}{dt^k}$，$k = 2, 3, \cdots$. 由上述计算，有 $xy' = Dy$，$x^2 y'' = D^2 y - Dy = D(D-1)y$. 由数学归纳法可证 $x^k y^{(k)} = D(D-1)\cdots(D-k+1)y$，则欧拉方程 $x^n y^{(n)} + p_1 x^{n-1} y^{(n-1)} + \cdots + p_{n-1} x y' + p_n y = f(x)$ 可转化为常系数线性微分方程：$D^n y + b_1 D^{n-1} y + \cdots + b_n y = f(e^t)$，即 $\dfrac{d^n y}{dt^n} + b_1 \dfrac{d^{n-1} y}{dt^{n-1}} + \cdots + b_n y = f(e^t)$.

如：欧拉方程 $x^2 y'' - xy' + y = 2x$. 令 $x = e^t$, 记 $D = \dfrac{d}{dt}$, 则方程可化为

$$D(D-1)y - Dy + y = 2e^t$$

即

$$(D^2 - 2D + 1)y = 2e^t$$

方程化为常系数线性微分方程

$$\frac{d^2 y}{dt^2} - 2\frac{dy}{dt} + y = f(e^t)$$

23.1.4 差分方程(文)

1) 基本概念

(1) 差分的定义

$\Delta f(x) = f(x+h) - f(x)$, 取 $h=1, x=n$, 则有一阶差分 $\Delta f(n) = f(n+1) - f(n)$. 二阶差分 $\Delta^2 f(n) = \Delta[\Delta f(n)] = \Delta[f(n+1) - f(n)] = f(n+2) - 2f(n+1) + f(n)$. n 阶差分 $\Delta^n f(n) = \Delta[\Delta^{n-1} f(n)]$.

(2) 差分的性质

① $\Delta a = 0$.

② $\Delta[C_1 f(n) + C_2 g(n)] = C_1 \Delta f(n) + C_2 \Delta g(n)$.

③ $\Delta[f(n)g(n)] = g(n) \cdot \Delta f(n) + f(n+1) \cdot \Delta g(n) = g(n+1) \cdot \Delta f(n) + f(n) \cdot \Delta g(n)$.

(3) 差分方程

含有自变量、未知函数及其差分的方程称为差分方程.

① 差分方程的阶: 记 $y_n = y(n)$, 未知函数下标的最大值与最小值之差即为差分方程的阶.

② 差分方程的解: 满足差分方程的函数.

③ 差分方程的通解: 含有阶数个互相独立的任意常数的差分方程的解.

④ 差分方程的特解: 确定通解中阶数个任意常数后所得差分方程的解.

⑤ 差分方程的定解条件: 用以确定通解中某个特解的条件称为定解条件.

2) 一阶常系数线性差分方程

形如 $y_{n+1} - ay_n = f(n)$ 的方程称为一阶常系数线性差分方程, 其中常数 $a \neq 0$. 若 $f(n) = 0$, 称方程 $y_{n+1} - ay_n = 0$ 为一阶常系数齐次线性差分方程. 若 $f(n) \neq 0$, 称方程为一阶常系数非齐次线性差分方程.

齐次方程 $y_{n+1} - ay_n = 0$ 的通解为 $y_n = Ca^n$. 非齐次方程 $y_{n+1} - ay_n = f(n)$ 的通解结构为 $y_n = Y_n + y_n^* = Ca^n + y_n^*$, 其中 $Y_n = Ca^n$ 为对应一阶常系数齐次线性差分方程 $y_{n+1} - ay_n = 0$ 的通解, y_n^* 为一阶常系数非齐次线性差分方程 $y_{n+1} - ay_n = f(n)$ 的一个特解. 常用待定系数法求特解 y_n^* (见表 23-5).

① $f(n) = b$: 令 $y_n^* = \begin{cases} A, & a \neq 1 \\ An, & a = 1 \end{cases}$.

② $f(n) = P_m(n)$：令 $y_n^* = \begin{cases} A_0 + A_1 n + \cdots + A_m n^m, & a \neq 1 \\ n(A_0 + A_1 n + \cdots + A_m n^m), & a = 1 \end{cases}$.

③ $f(n) = bB^n (B \neq 1)$：令 $y_n^* = \begin{cases} AB^n, & B \neq a \\ nAB^n, & B = a \end{cases}$.

表 23 – 5

$f(n)$ 的表达式		特解的待定形式
$f(n) = b$	$a \neq 1$	$y_n^* = A$
	$a = 1$	$y_n^* = An$
$f(n) = P_m(n)$	$a \neq 1$	$y_n^* = A_0 + A_1 n + \cdots + A_m n^m$
	$a = 1$	$y_n^* = n(A_0 + A_1 n + \cdots + A_m n^m)$
$f(n) = bB^n$ ($B \neq 1$)	$B \neq a$	$y_n^* = AB^n$
	$B = a$	$y_n^* = nAB^n$

> **小贴士** 设 y_1^* 与 y_2^* 分别为差分方程 $y_{n+1} - ay_n = f_1(n)$ 和 $y_{n+1} - ay_n = f_2(n)$ 的特解，则 $y_n^* = y_1^* + y_2^*$ 是差分方程 $y_{n+1} - ay_n = f_1(n) + f_2(n)$ 的一个特解.

3) *二阶常系数线性差分方程

形如 $y_{n+2} + ay_{n+1} + by_n = f(n)$ 的方程称为二阶常系数线性差分方程，其中常数 $a, b \neq 0$. 若 $f(n) = 0$，称方程 $y_{n+2} + ay_{n+1} + by_n = 0$ 为二阶常系数齐次线性差分方程. 若 $f(n) \neq 0$，称方程为二阶常系数非齐次线性差分方程.

(1) 齐次差分方程 $y_{n+2} + ay_{n+1} + by_n = 0$ 的求解

寻求形如 $y_n = \lambda^n$ 的解，得特征方程 $\lambda^2 + a\lambda + b = 0$，其中 $\lambda \neq 0$（见表 23 – 6）.

① 若特征方程有相异实根 λ_1, λ_2，则通解为 $y_n = C_1 \lambda_1^n + C_2 \lambda_2^n$.

② 若特征方程有相等实根 $\lambda_{1,2} = \lambda$，则通解为 $y_n = (C_1 + C_2 n)\lambda^n$.

③ 若特征方程有一对共轭复根 $\lambda_{1,2} = \alpha \pm \beta i$，则通解为 $y_n = r^n(C_1 \cos\theta n + C_2 \sin\theta n)$，其中 $r = \sqrt{\alpha^2 + \beta^2}, \theta = \arctan\dfrac{\beta}{\alpha}$.

表 23 – 6

特征根	两个线性无关的解	微分方程的通解
两个相异实根 λ_1, λ_2	λ_1^n, λ_2^n	$y_n = C_1 \lambda_1^n + C_2 \lambda_2^n$
两个相等实根 $\lambda_{1,2} = \lambda$	$\lambda^n, n\lambda^n$	$y_n = (C_1 + C_2 n)\lambda^n$
一对共轭复根 $\lambda_{1,2} = \alpha \pm \beta i$	$r^n \cos\theta n, r^n \sin\theta n$	$y_n = r^n(C_1 \cos\theta n + C_2 \sin\theta n)$ $r = \sqrt{\alpha^2 + \beta^2}, \theta = \arctan\dfrac{\beta}{\alpha}$

(2) 非齐次差分方程 $y_{n+2}+ay_{n+1}+by_n=f(n)$ 的求解

非齐次差分方程 $y_{n+2}+ay_{n+1}+by_n=f(n)$ 的通解结构为 $y_n=Y_n+y_n^*$，其中 Y_n 为对应二阶常系数齐次线性差分方程 $y_{n+2}+ay_{n+1}+by_n=0$ 的通解，y_n^* 为二阶常系数非齐次线性差分方程 $y_{n+2}+ay_{n+1}+by_n=f(n)$ 的一个特解. 常用待定系数法求特解 y_n^*（见表 23-7）.

① $f(n)=b$：令 $y_n^*=An^k$，其中 $k=0,1,2$，分别对应于 $\lambda=1$ 不是特征根、是特征单根、是特征二重根.

② $f(n)=P_m(n)$：令 $y_n^*=n^k Q_m(n)$，其中 $k=0,1,2$，分别对应于 $\lambda=1$ 不是特征根、是特征单根、是特征二重根.

③ $f(n)=bB^n\,(B\neq 1)$：令 $y_n^*=n^k AB^n$，其中 $k=0,1,2$，分别对应于 $\lambda=B$ 不是特征根、是特征单根、是特征二重根.

表 23-7

$f(n)$ 的表达式		特解的待定形式
$f(n)=b$	$\lambda=1$ 不是特征根	$y_n^*=A$
	$\lambda=1$ 是特征单根	$y_n^*=An$
	$\lambda=1$ 是特征二重根	$y_n^*=An^2$
$f(n)=P_m(n)$	$\lambda=1$ 不是特征根	$y_n^*=Q_m(n)$
	$\lambda=1$ 是特征单根	$y_n^*=nQ_m(n)$
	$\lambda=1$ 是特征二重根	$y_n^*=n^2 Q_m(n)$
$f(n)=bB^n$ $(B\neq 1)$	$\lambda=B$ 不是特征根	$y_n^*=AB^n$
	$\lambda=B$ 是特征单根	$y_n^*=nAB^n$
	$\lambda=B$ 是特征二重根	$y_n^*=n^2 AB^n$

4) 简单的经济应用

利用导数的经济意义、定积分的经济意义建立差分方程并求解.

23.2 典型例题分析

例1 写出下列方程的特解形式：

(1) $y''+2y'+y=xe^x$.

(2) $y''+y=x^2$.

(3) $y''+y=4x\cos x$.

(4) $y''-2y'-3y=x+xe^{-x}+e^x\cos 2x$.

分析 对于二阶常系数非齐次线性微分方程，当右端的自由项 $f(x)=e^{\lambda x}P_m(x)$ 时，令特解 $y^*=x^k e^{\lambda x}Q_m(x)$，对应于 λ 不是特征根、是特征单根、是特征二重根，k 分别取 $0,1,2$；当 $f(x)=e^{\lambda x}[P_l(x)\cos\omega x+P_n(x)\sin\omega x]$ 时，记 $m=\max\{l,n\}$，令特解的待定形式为 $y^*=x^k e^{\lambda x}[R_m^{(1)}(x)\cos\omega x+R_m^{(2)}(x)\sin\omega x]$，对应于 $\lambda\pm\omega i$ 不是特征根、是特征单共轭复根，k 分别取 $0,1$；当 $f(x)$ 为不同类型函数之和时，可利用解的叠加原理，将方程拆分为几个方程，分别给出特解的待定形式，再相加.

解 (1) 由特征方程 $r^2+2r+1=(r+1)^2=0$,得特征二重根 $r_1=r_2=-1$. 又 $f(x)=x\mathrm{e}^x$, $\lambda=1$ 不是特征根,则特解可设为 $y^*=(Ax+B)\mathrm{e}^x$.

(2) 由特征方程 $r^2+1=0$,得特征根 $r_{1,2}=\pm\mathrm{i}$. 又 $f(x)=x^2\mathrm{e}^{0x}$,$\lambda=0$ 不是特征根,则特解可设为 $y^*=Ax^2+Bx+C$.

(3) 由特征方程 $r^2+1=0$,得特征根 $r_{1,2}=\pm\mathrm{i}$. 又 $f(x)=\mathrm{e}^{0x}(4x\cos x+0\sin x)$,$\lambda\pm\omega\mathrm{i}=\pm\mathrm{i}$ 为特征单共轭复根,则特解可设为 $y^*=x[(Ax+B)\cos x+(Cx+D)\sin x]$.

(4) 由特征方程 $r^2-2r-3=(r+1)(r-3)=0$,得特征根 $r_1=-1,r_2=3$. 由叠加原理,方程可拆分为 $y''-2y'-3y=x$,$y''-2y'-3y=x\mathrm{e}^{-x}$,$y''-2y'-3y=\mathrm{e}^x\cos 2x$ 三个方程.

对于 $y''-2y'-3y=x=x\mathrm{e}^{0x}$,$\lambda_1=0$ 不是特征根,则特解可设为 $y_1^*=Ax+B$.

对于 $y''-2y'-3y=x\mathrm{e}^{-x}$,$\lambda_2=-1$ 是特征单根,则特解可设为 $y_2^*=x(Cx+D)\mathrm{e}^{-x}$.

对于 $y''-2y'-3y=\mathrm{e}^x\cos 2x=\mathrm{e}^x(\cos 2x+0\sin 2x)$,$\lambda\pm\omega\mathrm{i}=1\pm 2\mathrm{i}$ 不是特征根,则特解可设为 $y_3^*=\mathrm{e}^x(E\cos 2x+F\sin 2x)$.

由解的叠加原理,原方程的特解可设为三个特解之和,即 $y^*=y_1^*+y_2^*+y_3^*=Ax+B+x(Cx+D)\mathrm{e}^{-x}+\mathrm{e}^x(E\cos 2x+F\sin 2x)$.

> **小贴士** 当 $f(x)=\mathrm{e}^{\lambda x}[P_l(x)\cos\omega x+P_n(x)\sin\omega x]$ 中的三角函数有缺项时,注意特解的待定形式中不能缺项.

例 2 求方程 $y''-y=4x\mathrm{e}^x$ 的满足初始条件 $y\big|_{x=0}=0$,$y'\big|_{x=0}=1$ 的特解.

分析 由线性微分方程的通解结构,二阶常系数非齐次线性微分方程的通解等于对应齐次方程的通解加上非齐次方程的一个特解. 其中,齐次方程的通解可利用特征方程求解,非齐次方程的特解则由待定系数法求解. 求得通解后,代入初始条件得特解.

解 对应齐次方程的特征方程为 $r^2-1=0$,特征根 $r_{1,2}=\pm 1$,故对应齐次微分方程的通解为 $Y=C_1\mathrm{e}^x+C_2\mathrm{e}^{-x}$. 因为 $\lambda=1$ 是特征方程的单根,可设特解为 $y^*=x(Ax+B)\mathrm{e}^x$. 将 y^* 代入原方程,比较两端系数,得 $A=1,B=-1$,从而得特解为 $y^*=x(x-1)\mathrm{e}^x$. 由通解结构,得原方程的通解为 $y=C_1\mathrm{e}^x+C_2\mathrm{e}^{-x}+x(x-1)\mathrm{e}^x$. 由初始条件 $y\big|_{x=0}=0$,$y'\big|_{x=0}=1$,得 $\begin{cases}C_1+C_2=0\\C_1-C_2=2\end{cases}$,解得 $\begin{cases}C_1=1\\C_2=-1\end{cases}$,则满足初始条件的特解为 $y=\mathrm{e}^x-\mathrm{e}^{-x}+x(x-1)\mathrm{e}^x$.

例 3 求微分方程 $y''-y'=3x\mathrm{e}^x+2\sin x$ 的通解.

分析 方程右侧为两种特殊类型函数之和,需利用解的叠加原理,将方程拆分为两个方程,利用待定系数法分别求出特解,再相加.

解 特征方程为 $r^2-r=0$,得 $r_1=0,r_2=1$,故对应齐次方程的通解为 $Y=C_1+C_2\mathrm{e}^x$. 对于方程 $y''-y'=3x\mathrm{e}^x$,$\lambda=1$,令 $y_1^*=x(Ax+B)\mathrm{e}^x$,则

$$(y_1^*)'=[Ax^2+(B+2A)x+B]\mathrm{e}^x$$
$$(y_1^*)''=[Ax^2+(B+4A)x+(2B+2A)]\mathrm{e}^x$$

代入方程 $y''-y'=3x\mathrm{e}^x$,解得 $A=\dfrac{3}{2},B=-3$,则

$$y_1^* = \left(\frac{3}{2}x^2 - 3x\right)e^x$$

对于方程 $y'' - y' = 2\sin x$，$\lambda \pm \omega i = \pm i$，令 $y_2^* = C\cos x + D\sin x$，则

$$(y_2^*)' = -C\sin x + D\cos x, (y_2^*)'' = -C\cos x - D\sin x$$

代入方程 $y'' - y' = 2\sin x$，解得 $C = 1, D = -1$，则

$$y_2^* = \cos x - \sin x$$

由叠加原理及二阶常系数非齐次线性微分方程解的结构，得原方程的通解为

$$y = C_1 + C_2 e^x + \left(\frac{3}{2}x^2 - 3x\right)e^x + \cos x - \sin x$$

例 4 设 $f(x) = \cos 3x + \int_0^x (x-t)f(t)dt$，求 $f(x)$.

分析 积分方程可通过对方程两边同时关于自变量求导，化为微分方程求解，要注意隐含条件.

解 方程为 $f(x) = \cos 3x + \int_0^x (x-t)f(t)dt = \cos 3x + x\int_0^x f(t)dt - \int_0^x t \cdot f(t)dt, f(0) = 1$. 求导，得

$$f'(x) = -3\sin 3x + \int_0^x f(t)dt + xf(x) - xf(x) = -3\sin 3x + \int_0^x f(t)dt$$

$$f'(0) = 0$$

再求导，得

$$f''(x) = -9\cos 3x + f(x)$$

记 $f(x) = y$，即 $y'' - y = -9\cos 3x$. 由特征方程 $r^2 - 1 = 0$，得特征根为 $r_1 = 1, r_2 = -1$，则对应二阶齐次方程的通解为 $Y = C_1 e^x + C_2 e^{-x}$. $\pm 3i$ 不是特征根，令特解 $y^* = A\cos 3x + B\sin 3x$，则

$$(y^*)' = -3A\sin 3x + 3B\cos 3x, (y^*)'' = -9A\cos 3x - 9B\sin 3x$$

代入非齐次方程 $y'' - y = -9\cos 3x$，比较对应项系数，得 $A = \frac{9}{10}, B = 0$，则 $y^* = \frac{9}{10}\cos 3x$，

$f(x) = C_1 e^x + C_2 e^{-x} + \frac{9}{10}\cos 3x$. 由 $f(0) = 1, f'(0) = 0$，得 $C_1 = C_2 = \frac{1}{20}$，于是

$$f(x) = \frac{1}{20}e^x + \frac{1}{20}e^{-x} + \frac{9}{10}\cos 3x$$

例 5 求方程 $y'' + a^2 y = \sin x$ 的通解，其中常数 $a > 0$.

分析 方程中出现参量时，需对参量的取值进行讨论，从而确定特解的待定形式.

解 对应齐次方程的特征方程为 $r^2 + a^2 = 0$，特征根为 $r = \pm a i$.

① 若 $a \neq 1$，特解可设为 $y^* = A\cos x + B\sin x$. 代入原方程得 $A = 0, B = \frac{1}{a^2 - 1}$，则原方程的通解为 $y = C_1 \cos ax + C_2 \sin ax + \frac{1}{a^2 - 1}\sin x$.

② 若 $a = 1$，特解可设为 $y^* = x(A\cos x + B\sin x)$. 代入原方程得 $A = -\frac{1}{2}, B = 0$，则原方程的通解为 $y = C_1 \cos x + C_2 \sin x - \frac{1}{2}x\cos x$.

第 23 讲 微分方程(二)

例 6 设 $y = e^{ax}\cos\sqrt{2}x$ 是二阶微分方程 $y'' + 4y' + by = 0$ 的一个特解. 求:
(1) 常数 a, b.
(2) 微分方程 $y'' + 4y' + by = xe^{-2x}$ 的通解.

典型例题讲解

分析 由二阶常系数齐次线性微分方程的特解,可以得到该方程的特征根,进而得到特征方程. 由此确定方程中的参数,再利用待定系数法求非齐次方程的通解.

解 (1) $y = e^{ax}\cos\sqrt{2}x$ 是二阶微分方程 $y'' + 4y' + by = 0$ 的一个特解,表示特征方程的根为 $r_{1,2} = a \pm \sqrt{2}i$,特征方程为 $r^2 + 4r + b = (r-a)^2 + 2 = 0$,所以 $a = -2$,$b = 6$.

(2) 设二阶常系数非齐次线性微分方程 $y'' + 4y' + 6y = xe^{-2x}$ 的特解为 $y^* = (Ax + B)e^{-2x}$. 求导,得 $(y^*)' = (-2Ax - 2B + A)e^{-2x}$,$(y^*)'' = (4Ax + 4B - 4A)e^{-2x}$,代入非齐次方程,得 $(4Ax + 4B - 4A)e^{-2x} + 4(-2Ax - 2B + A)e^{-2x} + 6(Ax + B)e^{-2x} = xe^{-2x}$,所以 $A = \frac{1}{2}$,$B = 0$. 故方程 $y'' + 4y' + 6y = xe^{-2x}$ 的通解为 $y = e^{-2x}(C_1\cos\sqrt{2}x + C_2\sin\sqrt{2}x) + \frac{1}{2}xe^{-2x}$.

例 7 设函数 $y(x)$ 满足方程 $y'' + 2y' + ky = 0$,其中 $0 < k < 1$. 证明:反常积分 $\int_0^{+\infty} y(x)dx$ 收敛.

分析 这是考察常系数齐次线性微分方程与反常积分的一道小综合题,先由特征根法求得微分方程的通解,再讨论反常积分的敛散性.

证明 二阶常系数齐次线性微分方程 $y'' + 2y' + ky = 0$ 对应的特征方程为 $r^2 + 2r + k = 0$,由于 $0 < k < 1$,于是 $r_{1,2} = \frac{-2 \pm \sqrt{4-4k}}{2} = -1 \pm \sqrt{1-k} < 0$,通解为 $y(x) = C_1 e^{r_1 x} + C_2 e^{r_2 x}$. 从而有

$$\int_0^{+\infty} y(x)dx = \int_0^{+\infty}(C_1 e^{r_1 x} + C_2 e^{r_2 x})dx = \left(\frac{C_1}{r_1}e^{r_1 x} + \frac{C_2}{r_2}e^{r_2 x}\right)\bigg|_0^{+\infty}$$

$$= -\left(\frac{C_1}{r_1} + \frac{C_2}{r_2}\right) = -\frac{C_1 r_2 + C_2 r_1}{r_1 r_2}$$

于是反常积分 $\int_0^{+\infty} y(x)dx$ 收敛.

例 8 求函数 $y = C_1\cos 2x + C_2\sin 2x$ 满足的二阶常系数齐次线性方程.

分析 已知通解求微分方程属于反问题,可以利用二阶常系数齐次线性方程解的结构,也可以利用求导运算,消去通解中的任意常数以得出所求微分方程.

解法一 由二阶常系数齐次线性方程解的结构,得方程的特征根为 $r_{1,2} = \pm 2i$,从而得特征方程 $r^2 + 4 = 0$,齐次方程为 $y'' + 4y = 0$.

解法二 对函数 $y = C_1\cos 2x + C_2\sin 2x$ 求导,得

$$y' = -2C_1\sin 2x + 2C_2\cos 2x$$

再求导,得

$$y'' = -4C_1\cos 2x - 4C_2\sin 2x$$

联立方程组

$$\begin{cases} y = C_1\cos 2x + C_2\sin 2x \\ y' = -2C_1\sin 2x + 2C_2\cos 2x \\ y'' = -4C_1\cos 2x - 4C_2\sin 2x \end{cases}$$

消去任意常数 C_1, C_2，得函数满足的二阶常系数齐次线性方程为 $y'' + 4y = 0$。

例 9 用变量代换 $x = \cos t\,(0 < t < \pi)$ 化简微分方程 $(1-x^2)y'' - xy' + y = 0$，并求其满足 $y\big|_{x=0} = 1, y'\big|_{x=0} = 2$ 的特解。

分析 利用复合函数的链式法则及反函数的求导法则，将方程转化为关于变量 t 的二阶常系数齐次线性微分方程，由特征根法求得通解，回代后再由初始条件求得特解。

解 由复合函数的链式法则及反函数的求导法则，得

$$y' = \frac{dy}{dx} = \frac{dy}{dt} \cdot \frac{1}{\frac{dx}{dt}} = -\frac{1}{\sin t}\frac{dy}{dt}$$

$$y'' = \frac{d^2 y}{dx^2} = \frac{d}{dt}\left(\frac{dy}{dx}\right) \cdot \frac{1}{\frac{dx}{dt}} = \left(\frac{\cos t}{\sin^2 t}\frac{dy}{dt} - \frac{1}{\sin t}\frac{d^2 y}{dt^2}\right) \cdot \left(-\frac{1}{\sin t}\right)$$

$$= \frac{1}{\sin^2 t}\frac{d^2 y}{dt^2} - \frac{\cos t}{\sin^3 t}\frac{dy}{dt}$$

将 y', y'' 代入原方程，得

$$(1 - \cos^2 t)\left(\frac{1}{\sin^2 t}\frac{d^2 y}{dt^2} - \frac{\cos t}{\sin^3 t}\frac{dy}{dt}\right) + \frac{\cos t}{\sin t} \cdot \frac{dy}{dt} + y = 0$$

整理得关于变量 t 的二阶常系数齐次线性微分方程 $\frac{d^2 y}{dt^2} + y = 0$。其特征方程为 $r^2 + 1 = 0$，特征根为 $\lambda = \pm i$，此方程的通解为 $y = C_1\cos t + C_2\sin t$，则原方程的通解为 $y = C_1 x + C_2\sqrt{1-x^2}$。

由 $y\big|_{x=0} = 1, y'\big|_{x=0} = 2$，得 $C_1 = 2, C_2 = 1$，故所求方程的特解为 $y = 2x + \sqrt{1-x^2}$。

例 10 求解微分方程 $x^2 y'' - 2xy' + 2y = x^3\ln x$。（理）

分析 方程为欧拉方程，作自变量的代换 $x = e^t$，可将方程化为二阶常系数非齐次线性微分方程，利用待定系数法求解。

解 令 $x = e^t$，则 $xy' = \frac{dy}{dt}, x^2 y'' = \frac{d^2 y}{dt^2} - \frac{dy}{dt}$，原方程化为

$$\frac{d^2 y}{dt^2} - 3\frac{dy}{dt} + 2y = te^{3t}$$

① 齐次方程的特征方程为 $r^2 - 3r + 2 = (r-1)(r-2) = 0$，特征根为 $r_1 = 1, r_2 = 2$，通解为 $y = C_1 e^t + C_2 e^{2t}$。

② 设非齐次方程的特解为 $y^* = (At+B)e^{3t}$，代入 $\frac{d^2 y}{dt^2} - 3\frac{dy}{dt} + 2y = te^{3t}$，得 $A = \frac{1}{2}$, $B = -\frac{3}{4}$, $y^* = \frac{1}{2}\left(t - \frac{3}{2}\right)e^{3t}$。

③ 方程的通解为 $y = C_1 e^t + C_2 e^{2t} + \frac{1}{2}\left(t - \frac{3}{2}\right)e^{3t}$,回代得原方程的通解为 $y = C_1 x + C_2 x^2 + \frac{1}{2}x^3\left(\ln x - \frac{3}{2}\right)$.

例 11 一质量为 m 的质点由静止开始沉入液体,当下沉时,液体的反作用力与下沉速度成正比,求此质点的运动规律.(理)

分析 由牛顿第二运动定律及一阶、二阶导数的物理意义,建立微分方程并求解.

解 设质点的运动规律为 $x = x(t)$,则
$$x(0) = 0, \left.\frac{dx}{dt}\right|_{t=0} = 0$$

由题意得
$$m\frac{d^2 x}{dt^2} = mg - k\frac{dx}{dt}$$

其中 $k > 0$ 为比例系数. 方程可化为二阶常系数非齐次线性微分方程
$$\frac{d^2 x}{dt^2} + \frac{k}{m}\frac{dx}{dt} = g$$

① 对应齐次方程的特征方程为 $r^2 + \frac{k}{m}r = 0$,特征根为 $r_1 = 0, r_2 = -\frac{k}{m}$,齐次方程的通解为 $x = C_1 + C_2 e^{-\frac{k}{m}t}$.

② $\lambda = 0$ 是特征单根,设 $x^* = At$,代入原方程,得 $A = \frac{mg}{k}$,故 $x^* = \frac{mg}{k}t$.

③ 原方程的通解 $x = C_1 + C_2 e^{-\frac{k}{m}t} + \frac{mg}{k}t$.

④ 由初始条件,得 $C_1 = -\frac{m^2 g}{k^2}, C_2 = \frac{m^2 g}{k^2}$,因此质点的运动规律为 $x(t) = \frac{mg}{k}t - \frac{m^2 g}{k^2}(1 - e^{-\frac{k}{m}t})$.

例 12 已知 $y_1(t) = 4^t, y_2(t) = 4^t - 3t$ 是差分方程 $y_{t+1} + a(t)y_t = f(t)$ 的两个特解,求 $f(t)$.(文)

分析 先由差分方程解的性质求得未知函数 $a(t)$,再将一个特解代入方程求得 $f(t)$.

解 由题设得 $y_1(t) - y_2(t) = 3t$ 是对应一阶线性齐次差分方程 $y_{t+1} + a(t)y_t = 0$ 的解,即有 $3(t+1) + a(t) \cdot 3t = 0$,整理得 $a(t) = -\frac{t+1}{t}$,于是差分方程为 $y_{t+1} - \frac{t+1}{t}y_t = f(t)$.

将 $y_1(t) = 4^t$ 代入方程,得
$$f(t) = 4^{t+1} - \frac{t+1}{t}4^t = \frac{3t-1}{t}4^t$$

例 13 求差分方程 $y_{t+1} - y_t = 2019 + 3^{t+2}$ 的通解.(文)

分析 与微分方程类似,差分方程右侧为两种特殊类型函数之和时,需利用解的叠加原理,将方程拆分为两个方程,利用待定系数法分别求出特解,再相加.

解 ① 齐次差分方程的通解为 $y_t = C$.

② 对于非齐次差分方程 $y_{t+1} - y_t = 2019$,令 $y_1^* = At$,代入方程,得 $A = 2019, y_1^* =$

$2019t$. 对于非齐次差分方程 $y_{t+1}-y_t=3^{t+2}$，令 $y_2^*=B3^t$，代入方程，得 $B=\dfrac{9}{2}$，$y_2^*=\dfrac{9}{2}\cdot 3^t=\dfrac{1}{2}\cdot 3^{t+2}$。由线性差分方程解的叠加原理，得原方程的特解为 $y_t^*=y_1^*+y_2^*=2019t+\dfrac{1}{2}\cdot 3^{t+2}$。

③ 所求差分方程的通解为 $y_t=2019t+\dfrac{1}{2}\cdot 3^{t+2}+C$。

基础练习 23

1. 差分方程 $y_{t+5}-4y_{t+3}+3y_{t+2}-2=0$ 的阶数为 _____．（文）
2. 微分方程 $y''-6y'+13y=0$ 的通解为 _____．
3. 微分方程 $y''-4y'+4y=e^{2x}$ 的特解具有形式 _____．
4. 以 $y_1=\sin x, y_2=\cos x$ 为特解的微分方程是 （ ）
   A. $y''-y'=0$ B. $y''+y'=0$
   C. $y''-y=0$ D. $y''+y=0$
5. 微分方程 $y''-2y'+2y=2e^x\sin x$ 的特解具有形式 （ ）
   A. $y=e^x(A\sin x+B\cos x)$ B. $y=xe^x(A\sin x+B\cos x)$
   C. $y=Axe^x\sin x$ D. $y=Axe^x\cos x$
6. 写出下列方程的特解形式：
   (1) $y''-y'-6y=3e^{2x}$.   (2) $y''+3y'+2y=3x^2e^{-x}$.
   (3) $y''-2y'+2y=e^x\sin x$.   (4) $y''+y=\dfrac{1}{2}x+\cos 2x$.

7. 求微分方程 $y'' + y = x\cos 2x$ 的解.

8. 求微分方程 $y'' + y = 4\cos x + 2\sin x$ 的通解.

9. 设曲线 $y = f(x)$ 通过坐标原点,函数 $f(x)$ 在 $[0, +\infty)$ 上具有二阶导数,且满足积分方程 $\int_0^x (x + 2 - t)f'(t)\mathrm{d}t = x - f'(x)$,求 $f(x)$.

10. 求微分方程 $y'' + 4y' + 4y = e^{ax}$ 的通解,其中 a 为实数.

11. 若 $y = e^{2x} + (x+1)e^x$ 是方程 $y'' + ay' + by = ce^x$ 的解，求常数 a, b, c 及该方程的通解.

12. 已知 $y_1 = xe^x + e^{2x}$，$y_2 = xe^x + e^{-x}$，$y_3 = xe^x + e^{2x} - e^{-x}$ 是某二阶非齐次线性微分方程的三个解，求该微分方程及其通解.

13. 设函数 $f(u)$ 具有二阶连续导数，而 $z = f(e^x \sin y)$ 满足方程 $\dfrac{\partial^2 z}{\partial x^2} + \dfrac{\partial^2 z}{\partial y^2} = e^{2x} z$，求 $f(u)$.

14. 求微分方程 $x^2 y'' - 3xy' + 3y = 0$ 的通解. (理)

15. 求差分方程 $2y_{t+1} + 10y_t - 5t = 0$ 的通解.（文）

强化训练 23

1. 以函数 $y = C_1 e^{2x} + C_2 e^{-2x}$ 为通解的微分方程为 _____.

2. 已知 $y = x, y = e^x, y = e^{-x}$ 是某二阶非齐次线性微分方程的三个解,则该方程的通解为 _____.

3. 某公司每年的工资总额在比上一年增加 20% 的基础上再追加 2 百万元. 若以 W_t 表示第 t 年的工资总额（单位：百万元）,则 W_t 满足的差分方程是 _____.（文）

4. 设函数 $y_1(x), y_2(x)$ 为二阶常系数齐次线性微分方程 $y'' + by' + cy = 0$ 的两个特解,则 $C_1 y_1 + C_2 y_2$ （ ）

 A. 为所给方程的解,但不是通解

 B. 为所给方程的解,但不一定是通解

 C. 为所给方程的通解

 D. 不是所给方程的解

5. 设方程 $y'' - 2y' - 3y = f(x)$ 有特解 y^*,则其通解为   （ ）

 A. $y = C_1 e^{-x} + C_2 e^{3x} + y^*$ B. $y = C_1 e^{-x} + C_2 e^{3x}$

 C. $y = C_1 x e^{-x} + C_2 x e^{3x} + y^*$ D. $y = C_1 e^x + C_2 e^{-3x} + y^*$

6. 写出下列方程的特解形式：

 (1) $y'' + 2y' + y = x e^{-x}$.   (2) $y'' + y' = x^2$.

(3) $y'' + y = x + \cos x$.　　　　　(4) $y'' - 3y' + 2y = 16x + \sin 2x + e^{2x}$.

7. 求微分方程 $y'' + 4y = 3|\sin x|$ 在 $[-\pi, \pi]$ 上的通解.

8. 解方程 $y'' - 3y' + 2y = 2e^{-x}\cos x + e^{2x}(4x + 5)$.

9. 设曲线 $y = f(x)$ 通过坐标原点，函数 $f(x)$ 在 $[0, +\infty)$ 上具有二阶导数，且满足方程 $\int_0^x f(t)dt + \dfrac{1}{3}\cos 3x = x^2 - f'(x)$，求 $f(x)$.

10. 求 $y'' - ay' = e^{bx}$ $(a, b \in \mathbf{R}, a \neq 0, b \neq 0)$ 的通解.

11. 设 $y_1(x), y_2(x)$ 是微分方程 $y'' + p(x)y' + q(x)y = 0$ 的两个解,其中 $p(x), q(x)$ 是连续函数. 试证:$y_1 y_2' - y_1' y_2 = C e^{-\int p(x) dx}$,其中 C 为任意常数.

12. 已知函数 $f(x)$ 满足方程 $f''(x) + f'(x) - 2f(x) = 0$ 及 $f''(x) + f(x) = 2e^x$.
   (1) 求 $f(x)$ 的表达式.
   (2) 求曲线 $y = f(x^2) \int_0^x f(-t^2) dt$ 的拐点.

13. 利用代换 $y = \dfrac{u}{\cos x}$ 化简方程 $y''\cos x - 2y'\sin x + 3y\cos x = e^x$，并求原方程的通解.

14. 求微分方程 $x^2 y'' + xy' + 4y = 2x\ln x$ 的通解. (理)

15. 求差分方程 $\Delta^2 y_x - y_x = 5$ 的通解. (文)

第 22—23 讲阶段能力测试

阶段能力测试 A

一、填空题（每小题 3 分，共 15 分）

1. 通解为 $y = Ce^x + x$ 的微分方程是 _____．
2. 微分方程 $y' + y = e^{-x}\cos x$ 满足条件 $y(0) = 0$ 的解为 $y =$ _____．
3. 设 $y = y(x)$ 是满足方程 $(x^2 - 1)\mathrm{d}y + (2xy - \cos x)\mathrm{d}x = 0$ 和初始条件 $y(0) = 1$ 的解，则 $\int_{-\frac{1}{2}}^{\frac{1}{2}} y(x)\mathrm{d}x =$ _____．
4. 微分方程 $y'' - y' - 6y = 0$ 满足条件 $y(0) = 2, y'(0) = 1$ 的特解是 _____．
5. 若二阶常系数线性齐次微分方程 $y'' + ay' + by = 0$ 的通解为 $y = (C_1 + C_2 x)e^x$，则非齐次方程 $y'' + ay' + by = x$ 满足条件 $y(0) = 2, y'(0) = 0$ 的解为 $y =$ _____．

二、选择题（每小题 3 分，共 15 分）

1. 设非齐次线性微分方程 $y' + P(x)y = Q(x)$ 有两个解 $y_1(x), y_2(x), y_1(x) \neq y_2(x)$，$C$ 为任意常数，则该方程的通解是 （　　）
   A. $C[y_1(x) - y_2(x)]$ B. $y_1(x) + C[y_1(x) - y_2(x)]$
   C. $C[y_1(x) + y_2(x)]$ D. $y_1(x) + C[y_1(x) + y_2(x)]$

2. 设 $p(x), q(x), f(x)$ 是连续函数，$y_1(x), y_2(x), y_3(x)$ 是 $y'' + p(x)y' + q(x)y = f(x)$ 的三个线性无关的解，C_1, C_2 为任意常数，则该方程的通解是 （　　）
   A. $(C_1 + C_2)y_1 + (C_2 - C_1)y_2 + (1 - C_2)y_3$
   B. $(C_1 + C_2)y_1 + (C_2 - C_1)y_2 + (C_1 - C_2)y_3$
   C. $C_1 y_1 + (C_2 - C_1)y_2 + (1 - C_2)y_3$
   D. $C_1 y_1 + (C_2 - C_1)y_2 + (C_1 - C_2)y_3$

3. 设 $y = f(x)$ 是方程 $y'' - 2y' + 4y = 0$ 的一个解，若 $f(x_0) > 0$，且 $f'(x_0) = 0$，则函数 $f(x)$ 在点 x_0 （　　）
   A. 取得极大值 B. 取得极小值
   C. 某个领域内单调增加 D. 某个领域内单调减少

4. 设 a, b 为常数，则微分方程 $y'' - y = e^x + 1$ 的特解应具有形式 （　　）
   A. $ae^x + b$ B. $axe^x + b$
   C. $ae^x + bx$ D. $axe^x + bx$

5. 设 C_1, C_2, C_3 为任意常数，在下列微分方程中，以 $y = C_1 e^x + C_2 \cos 2x + C_3 \sin 2x$ 为通解的是 （　　）
   A. $y''' + y'' - 4y' - 4y = 0$ B. $y''' + y'' + 4y' + 4y = 0$
   C. $y''' - y'' - 4y' + 4y = 0$ D. $y''' - y'' + 4y' - 4y = 0$

三、计算题(每小题 6 分,共 12 分)

1. 求解微分方程 $y' = (1+y^2)x^2$.

2. 求微分方程 $xy' + y = \sin x$ 满足条件 $y(\pi) = 1$ 的特解.

四、(本题满分 8 分) 设 C 是一条平面曲线,其上任意一点 $P(x,y)(x>0)$ 到原点的距离恒等于该点处的切线在 y 轴上的截距,且 C 经过点 $\left(\dfrac{1}{2}, 0\right)$,求曲线 C 的方程.

五、(本题满分 10 分) 已知 $f(x)$ 连续且满足条件 $f(x) = \int_0^{2x} f\left(\dfrac{t}{2}\right) dt + e^{2x}$,求 $f(x)$.

六、(本题满分 10 分) 求微分方程 $y''' + y'' = x^2 + 1$ 的通解.

七、(本题满分 10 分) 求微分方程 $(3x^2 y + 2e^{-x}) dx + (x^3 + 3\cos y) dy = 0$ 的通解.(理)

八、(本题满分 10 分) 设函数 $f(u)$ 具有二阶连续导数，$z = f(e^x \cos y)$ 满足方程 $\dfrac{\partial^2 z}{\partial x^2} + \dfrac{\partial^2 z}{\partial y^2} = (4z + e^x \cos y)e^{2x}$. 若 $f(0) = 0, f'(0) = 0$，求 $f(u)$ 的表达式.

九、(本题满分 10 分) 已知某商品的需求量 x 对价格 p 的弹性为 $\eta = -3p^3$，而市场对该商品的最大需求量为 1(万件)，求需求函数. (文)

阶段能力测试 B

一、填空题（每小题 3 分，共 15 分）

1. 设 $y = y(x)$ 是二阶常系数微分方程 $y'' + py' + qy = e^{3x}$ 满足初始条件 $y(0) = y'(0) = 0$ 的特解，则 $\lim\limits_{x \to 0} \dfrac{\ln(1 + x^2)}{y(x)} = $ _____．

2. 已知函数 $y = y(x)$ 在任意点 x 处的增量 $\Delta y = \dfrac{y\Delta x}{1 + x^2} + o(\Delta x)$ 且 $y(0) = \pi$，则 $y(1) = $ _____．

3. 微分方程 $yy'' + y'^2 = 0$ 满足初始条件 $y\big|_{x=0} = 1, y'\big|_{x=0} = \dfrac{1}{2}$ 的特解是 _____．

4. 已知 $y_1^* = e^{3x} - xe^{2x}, y_2^* = e^x - xe^{2x}, y_3^* = -xe^{2x}$ 是某个二阶常系数非齐次线性微分方程的三个解，则该微分方程满足条件 $y\big|_{x=0} = 0, y'\big|_{x=0} = 1$ 的解为 $y = $ _____．

5. 微分方程 $y'' - 4y' + 3y = e^x \cos x + xe^{3x}$ 的特解形式为 $y^* = $ _____．

二、选择题（每小题 3 分，共 15 分）

1. 设 y_1, y_2 是一阶非齐次线性微分方程 $y' + p(x)y = q(x)$ 的两个特解，若常数 λ, μ 使 $\lambda y_1 + \mu y_2$ 是该方程的解，$\lambda y_1 - \mu y_2$ 是该方程对应的齐次方程的解，则 （　　）
   A. $\lambda = \dfrac{1}{2}, \mu = \dfrac{1}{2}$
   B. $\lambda = -\dfrac{1}{2}, \mu = -\dfrac{1}{2}$
   C. $\lambda = \dfrac{2}{3}, \mu = \dfrac{1}{3}$
   D. $\lambda = \dfrac{2}{3}, \mu = \dfrac{2}{3}$

2. 若 $y = (1 + x^2)^2 - \sqrt{1 + x^2}, y = (1 + x^2)^2 + \sqrt{1 + x^2}$ 是微分方程 $y' + p(x)y = q(x)$ 的两个解，则 $q(x) = $ （　　）
   A. $3x(1 + x^2)$　　B. $-3x(1 + x^2)$　　C. $\dfrac{x}{1 + x^2}$　　D. $-\dfrac{x}{1 + x^2}$

3. 微分方程 $y'' + 2y' + ay = 0$ 的通解中所有解 $y(x)$ 均满足 $\lim\limits_{x \to +\infty} y(x) = 0$，则常数 a 满足 （　　）
   A. $a > 0$　　B. $a < 0$　　C. $a \geqslant 0$　　D. $a \leqslant 0$

4. 微分方程 $y'' - y = \sin^2 x$ 的特解形式可设为 （　　）
   A. $y^* = A\sin^2 x$
   B. $y^* = A + B\cos 2x + C\sin 2x$
   C. $y^* = A\cos^2 x$
   D. $y^* = Ax + B\cos 2x + C\sin 2x$

5. 函数 $y = C_1 e^x + C_2 e^{-2x} + xe^x$ 满足的一个微分方程是 （　　）
   A. $y'' - y' - 2y = 3xe^x$
   B. $y'' - y' - 2y = 3e^x$
   C. $y'' + y' - 2y = 3xe^x$
   D. $y'' + y' - 2y = 3e^x$

三、计算题（每小题 6 分，共 12 分）

1. 求微分方程 $y\mathrm{d}x + (2x^2 - x)\mathrm{d}y = 0$ 满足条件 $y\big|_{x=1} = 2$ 的特解．

2. 求解微分方程 $\dfrac{dy}{dx} = \dfrac{2y}{6x-y^2}$.

四、(本题满分 8 分) 已知连续函数 $f(x)$ 满足 $\int_0^x f(t)dt + \int_0^x tf(x-t)dt = ax^2$.

(1) 求 $f(x)$.

(2) 若 $f(x)$ 在区间 $[0,1]$ 上的平均值为 1,求 a 的值.

五、(本题满分 10 分) 求微分方程 $y'' + 2y' - 3y = e^x + x$ 的通解.

六、(本题满分 10 分) 设函数 $y(x)$ 由参数方程 $\begin{cases} x = 2t + t^2 \\ y = \varphi(t) \end{cases} (t > -1)$ 所确定，其中 $\varphi(t)$ 具有二阶导数，且 $\varphi(1) = \dfrac{5}{2}$，$\varphi'(1) = 6$. 已知 $\dfrac{d^2 y}{dx^2} = \dfrac{3}{4(1+t)}$，求函数 $\varphi(t)$.

七、(本题满分 10 分) 设函数 $f(u)$ 具有连续导数，且 $z = f(e^x \cos y)$ 满足 $\cos y \dfrac{\partial z}{\partial x} - \sin y \dfrac{\partial z}{\partial y} = (4z + e^x \cos y)e^x$，若 $f(0) = 0$，求 $f(u)$ 的表达式.

八、(本题满分 10 分) 设函数 $f(x)$ 具有二阶连续导数，$f(0) = -1, f'(0) = 1$. 求 $f(x)$，使得 $f(x)y\mathrm{d}x + \left[\dfrac{3}{2}\sin 2x - f'(x)\right]\mathrm{d}y = 0$ 是全微分方程，并求此微分方程的积分曲线中经过点 $(\pi, 1)$ 的一条积分曲线. **(理)**

九、(本题满分 10 分) 某人向银行贷款购房，贷款 A_0(万元)，月息 r，分 n 个月归还，每月归还贷款数相同，为 A(万元)(此方式称为等额本息还贷). 设至第 t 个月，其尚欠银行 y_t(万元).
(1) 试建立 y_t 关于 t 的一阶差分方程并求解.
(2) 利用 $t = n$ 时，$y_t = 0$，建立每月应向银行还贷的数额 A(万元)依赖于 n 的计算公式. **(文)**

参考答案

第14讲 多元函数微分(一)

—— 多元函数、偏导数、全微分、多元复合函数求导法则

基础练习 14

1. (1) $(x^2+y^2)^{xy} \cdot \left[y\ln(x^2+y^2) + \dfrac{2x^2 y}{x^2+y^2}\right]$. (2) $-\dfrac{1}{x^2}f(xy) + \dfrac{y}{x}f'(xy) + y^2 f''(xy)$. (3) $3\mathrm{d}x + 4\mathrm{d}y$.

   (4) $\left(\dfrac{x^2}{2}+x\right)y + x^2 + \sin 2y$. (5) $\mathrm{e}^{\frac{e}{2}}$.

2. (1) B. (2) D. (3) A. (4) B. (5) C.

3. (1) 0. (2) 0. (3) 极限不存在.

4. 解: $\lim\limits_{\substack{x\to+\infty\\y\to+\infty}}\left(\dfrac{x+y+2a}{x+y-a}\right)^{x+y} = \mathrm{e}^{3a}$,所以 $\mathrm{e}^{3a} = 8$,解得 $a = \ln 2$.

5. 解: $\dfrac{\partial z}{\partial x} = y(1+xy)^{y-1} \cdot y = y^2(1+xy)^{y-1}$,故 $\dfrac{\partial z}{\partial x}\bigg|_{(0,1)} = 1$, $\dfrac{\partial z}{\partial y} = \dfrac{\partial}{\partial y}\mathrm{e}^{y\ln(1+xy)} = (1+xy)^y \cdot \left[\ln(1+xy) + \dfrac{xy}{1+xy}\right]$,故 $\dfrac{\partial z}{\partial y}\bigg|_{(0,1)} = 0$,所以 $\mathrm{d}z|_{(0,1)} = \mathrm{d}x$.

6. (1) 解: $f_x(0,0) = \lim\limits_{x\to 0}\dfrac{f(x,0) - f(0,0)}{x} = 0$.

   (2) 解: $\dfrac{\partial z}{\partial x} = \dfrac{1}{\sqrt{x}+\sqrt{y}} \cdot \dfrac{1}{2} \cdot \dfrac{1}{\sqrt{x}}$,故 $x\dfrac{\partial z}{\partial x} = \dfrac{1}{2}\dfrac{\sqrt{x}}{\sqrt{x}+\sqrt{y}}$,同理 $y\dfrac{\partial z}{\partial y} = \dfrac{1}{2}\dfrac{\sqrt{y}}{\sqrt{x}+\sqrt{y}}$,因此 $x\dfrac{\partial z}{\partial x} + y\dfrac{\partial z}{\partial y} = \dfrac{1}{2}$.

   (3) 解: $\dfrac{\partial f}{\partial y} = \dfrac{x^3}{x^2+y^2} - 2y\arctan\dfrac{x}{y} + \dfrac{xy^2}{x^2+y^2}$, $\dfrac{\partial^2 f}{\partial y\partial x} = \dfrac{3x^2(x^2+y^2) - 2x\cdot x^3}{(x^2+y^2)^2} - \dfrac{2y^2(x^2+y^2)}{(x^2+y^2)^2} + \dfrac{y^2(x^2+y^2) - xy^2 \cdot 2x}{(x^2+y^2)^2} = \dfrac{x^4 - y^4}{(x^2+y^2)^2} = \dfrac{x^2 - y^2}{x^2+y^2}$.

   (4) 解: $\dfrac{\partial u}{\partial x} = -\mathrm{e}^{-x}\sin\left(\dfrac{x}{y}\right) + \dfrac{\mathrm{e}^{-x}}{y}\cos\left(\dfrac{x}{y}\right)$, $\dfrac{\partial^2 u}{\partial x\partial y} = \dfrac{\mathrm{e}^{-x}}{y^2}\left[(x-1)\cos\left(\dfrac{x}{y}\right) + \dfrac{x}{y}\sin\left(\dfrac{x}{y}\right)\right]$,所以 $\dfrac{\partial^2 u}{\partial x\partial y}\bigg|_{(2,\frac{1}{\pi})} = \dfrac{\pi^2}{\mathrm{e}^2}$.

   (5) 解: $\dfrac{\partial z}{\partial x} = -\dfrac{1}{x^2}f(xy) + \dfrac{y}{x}f'(xy) + y\varphi'(x+y)$.

   (6) 解: $\dfrac{\partial z}{\partial y} = x\cos(xy) - \dfrac{x}{y^2}\varphi_2'\left(x,\dfrac{x}{y}\right)$, $\dfrac{\partial^2 z}{\partial y\partial x} = \cos(xy) - xy\sin(xy) - \dfrac{1}{y^2}\varphi_2'\left(x,\dfrac{x}{y}\right) - \dfrac{x}{y^2}\varphi_{21}''\left(x,\dfrac{x}{y}\right) - \dfrac{x}{y^3}\varphi_{22}''\left(x,\dfrac{x}{y}\right)$.

7. 解: $z = \dfrac{2x}{x^2-y^2} = \dfrac{1}{x+y} - \dfrac{1}{y-x}$,由于 $\left(\dfrac{1}{x+1}\right)^{(n)} = \dfrac{(-1)^n n!}{(1+x)^{n+1}}$,所以 $\dfrac{\partial^n z}{\partial y^n} = (-1)^n \dfrac{n!}{(x+y)^{n+1}} - (-1)^n \dfrac{n!}{(y-x)^{n+1}}$,故 $\dfrac{\partial^n z}{\partial y^n}\bigg|_{(2,1)} = (-1)^n \dfrac{n!}{3^{n+1}} - (-1)^n \dfrac{n!}{(-1)^{n+1}} = n!\left[1 + \dfrac{(-1)^n}{3^{n+1}}\right]$.

8. 解：因为 $x=1$ 时，$z=\sqrt{1+y^2}$，又 $z=x\cdot f\left(\dfrac{y}{x}\right)$，所以 $z=f(y)=\sqrt{1+y^2}$，即 $f(x)=\sqrt{1+x^2}$，

$z=x\cdot\sqrt{1+\left(\dfrac{y}{x}\right)^2}=\dfrac{x}{|x|}\sqrt{x^2+y^2}$.

9. 证明：$\lim\limits_{(x,y)\to(0,0)}(x^2+y^2)\sin\dfrac{1}{x^2+y^2}=0=f(0,0)$，所以 f 在原点 $(0,0)$ 连续. 当 $x^2+y^2\neq 0$ 时，

$f_x(x,y)=2x\sin\dfrac{1}{x^2+y^2}-\dfrac{2x}{x^2+y^2}\cos\dfrac{1}{x^2+y^2}$；当 $x^2+y^2=0$ 时，$f_x(0,0)=\lim\limits_{\Delta x\to 0}\dfrac{f(\Delta x,0)-f(0,0)}{\Delta x}=$

$\lim\limits_{\Delta x\to 0}\Delta x\sin\dfrac{1}{(\Delta x)^2}=0$. 但由于 $\lim\limits_{(x,y)\to(0,0)}2x\sin\dfrac{1}{x^2+y^2}=0$，而 $\lim\limits_{(x,y)\to(0,0)}\dfrac{2x}{x^2+y^2}\cos\dfrac{1}{x^2+y^2}$ 不存在，从而偏导数

$f_x(x,y)$ 在点 $(0,0)$ 不连续. 然而 $\lim\limits_{\rho\to 0}\dfrac{\Delta f-f_x(0,0)\Delta x-f_y(0,0)\Delta y}{\rho}=\lim\limits_{(\Delta x,\Delta y)\to(0,0)}\dfrac{(\Delta x)^2+(\Delta y)^2}{\sqrt{(\Delta x)^2+(\Delta y)^2}}\cdot$

$\sin\dfrac{1}{(\Delta x)^2+(\Delta y)^2}=0$，所以 f 在原点 $(0,0)$ 可微.

强化训练 14

1. (1) $z>0$ 时，$\sqrt{x^2+y^2}\leqslant z$；$z<0$ 时，$\sqrt{x^2+y^2}\leqslant -z$. (2) 0. (3) $-\sin\theta$. (4) 1.
(5) $f'(ax+by+cz)(a\,\mathrm{d}x+b\,\mathrm{d}y+c\,\mathrm{d}z)$.

2. (1) C. (2) C. (3) B. (4) B.

3. 证明：$u_x=\dfrac{x-a}{(x-a)^2+(y-b)^2}$，$u_{xx}=\dfrac{(y-b)^2-(x-a)^2}{[(x-a)^2+(y-b)^2]^2}$，$u_y=\dfrac{y-b}{(x-a)^2+(y-b)^2}$，$u_{yy}=$

$\dfrac{(x-a)^2-(y-b)^2}{[(x-a)^2+(y-b)^2]^2}$，所以 $\dfrac{\partial^2 u}{\partial x^2}+\dfrac{\partial^2 u}{\partial y^2}=0$.

4. (1) 解：$\dfrac{\partial z}{\partial x}=2x\mathrm{e}^{x^2+y^2}\sin xy+y\mathrm{e}^{x^2+y^2}\cos xy$，$\dfrac{\partial z}{\partial y}=2y\mathrm{e}^{x^2+y^2}\sin xy+x\mathrm{e}^{x^2+y^2}\cos xy$，$\dfrac{\partial^2 z}{\partial x\partial y}=$

$\mathrm{e}^{x^2+y^2}[3xy\sin xy+(2x^2+2y^2+1)\cos xy]$.

(2) 解：$\dfrac{\partial z}{\partial x}=2xyf(x^2 y,\mathrm{e}^{x^2 y})$，$\dfrac{\partial^2 z}{\partial x\partial y}=2xf(x^2 y,\mathrm{e}^{x^2 y})+2x^3 y[f'_1(x^2 y,\mathrm{e}^{x^2 y})+\mathrm{e}^{x^2 y}f'_2(x^2 y,\mathrm{e}^{x^2 y})]$.

(3) 解：$\dfrac{\partial z}{\partial y}=-f'_1\cdot\varphi'+f'_2$，$\dfrac{\partial^2 z}{\partial y^2}=-(-f''_{11}\varphi'+f''_{12})\varphi'+f'_1\varphi''-f''_{21}\varphi'+f''_{22}=f''_{11}(\varphi')^2-2f''_{21}\varphi'+$

$f'_1\varphi''+f''_{22}$.

(4) 解：$f(x,y)=-3x+4y+2(x^2+y^2)+(x^2+y^2)\cdot o(\sqrt{x^2+y^2})$，因此 $f_x(0,0)=-3$，$f_y(0,0)=$

4，故 $2f_x(0,0)+f_y(0,0)=-2$.

5. 解：$\dfrac{\mathrm{d}u}{\mathrm{d}x}=f'_1[x,f(x,x)]+f'_2[x,f(x,x)]\cdot[f'_1(x,x)+f'_2(x,x)]$，将 $x=1$ 代入上式，得 $\dfrac{\mathrm{d}u}{\mathrm{d}x}\bigg|_{x=1}=$

$a+ab+b^2$.

6. 证明：因为 $\left|\dfrac{x^2 y}{x^2+y^2}\right|=\dfrac{|x||xy|}{x^2+y^2}\leqslant\dfrac{|x|}{2}$，从而 $\lim\limits_{(x,y)\to(0,0)}\dfrac{x^2 y}{x^2+y^2}=0=f(0,0)$，所以 $f(x,y)$ 在点 $(0,$

$0)$ 处连续. 由偏导数定义得 $f_x(0,0)=\lim\limits_{\Delta x\to 0}\dfrac{f(\Delta x,0)-f(0,0)}{\Delta x}=\lim\limits_{\Delta x\to 0}\dfrac{0-0}{\Delta x}=0$，同理 $f_y(0,0)=0$. 所以 $f(x,$

$y)$ 在点 $(0,0)$ 处偏导数存在但 $\lim\limits_{\rho\to 0}\dfrac{\Delta f-f_x(0,0)\Delta x-f_y(0,0)\Delta y}{\rho}=\lim\limits_{(\Delta x,\Delta y)\to(0,0)}\dfrac{(\Delta x)^2\cdot(\Delta y)}{[(\Delta x)^2+(\Delta y)^2]^{\frac{3}{2}}}$ (※). 当

$\Delta x=\Delta y$ 时，式 (※) 的值为 $\dfrac{1}{\sqrt{8}}$；当 $\Delta y=0$ 时，式 (※) 的值为 0，所以式 (※) 的极限不存在，即 f 在原点 $(0,$

0) 不可微.

7. 解:由全微分的定义可知 $\dfrac{\partial f}{\partial x} = 2x$,所以 $f(x,y) = x^2 + \varphi(y)$. 又 $\dfrac{\partial f}{\partial y} = \sin y$,从而 $\dfrac{\partial f}{\partial y} = \varphi'(y) = \sin y$, 求得 $\varphi(y) = -\cos y + C$,所以 $f(x,y) = x^2 - \cos y + C$. 因为 $f(1,0) = 2$,代入得 $C = 2$,由上可知 $f(x,y) = x^2 - \cos y + 2$.

8. 解: $\dfrac{\partial z}{\partial x} = 2f'_1\left(2x-y,\dfrac{y}{x}\right) - \dfrac{y}{x^2}f'_2\left(2x-y,\dfrac{y}{x}\right)$,故 $\dfrac{\partial z}{\partial x}\Big|_{(1,3)} = -7$, $\dfrac{\partial z}{\partial y} = -f'_1\left(2x-y,\dfrac{y}{x}\right) + \dfrac{1}{x}f'_2\left(2x-y,\dfrac{y}{x}\right)$,故 $\dfrac{\partial z}{\partial y}\Big|_{(1,3)} = 3$. 所以 $dz|_{(1,3)} = -7dx + 3dy$.

9. 证明:令 $u = tx, v = ty, w = tz$,在 $f(tx, ty, tz) = t^k f(x,y,z)$ 两边对 t 求导,得 $x\dfrac{\partial f(u,v,w)}{\partial u} + y\dfrac{\partial f(u,v,w)}{\partial v} + z\dfrac{\partial f(u,v,w)}{\partial w} = kt^{k-1}f(x,y,z)$,当 $t = 1$ 时,结论成立.

第15讲   多元函数微分(二)

—— 隐函数(组)导数、方向导数与梯度、多元函数微分的应用

基础练习15

1. (1) 30.   (2) $\dfrac{x - \dfrac{\pi}{2}}{1} = \dfrac{y}{1+\dfrac{\pi}{2}} = \dfrac{z-1-\dfrac{\pi}{2}}{-1}$.   (3) $\dfrac{\cos x}{1+e^x}$.   (4) $f'(z_0)g'(y_0)(x-x_0) + (y-y_0) + g'(y_0)(z-z_0) = 0$.   (5) $e-1$.

2. (1) B.   (2) A.   (3) A.   (4) B.   (5) A.

3. 解:$t = 2$ 处,对应点的坐标为 $(8,1,2\ln 2)$,又参数方程的切线方向向量为:$s = \{8,0,1\}$,故切线方程为 $\dfrac{x-8}{8} = \dfrac{y-1}{0} = \dfrac{z-2\ln 2}{1}$,法平面方程为 $8(x-8) + (z-2\ln 2) = 0$.

4. 解:$\dfrac{\partial z}{\partial x} = e^x f(x,y) + e^x f_x(x,y) + g_u(u,v) \cdot 3x^2 + g_v(u,v) \cdot yx^{y-1}$,$\dfrac{\partial z}{\partial y} = e^x f_y(x,y) + g_v(u,v) \cdot x^y \cdot \ln x$.

5. 解:曲面 $z = x^2 - e^{3y-1}$ 在点 $(e,1,0)$ 处的法向量为 $\boldsymbol{n} = \pm\{2e, -3e^2, -1\}$,记 $|\boldsymbol{n}| = \sqrt{4e^2 + 9e^4 + 1}$,故 $\boldsymbol{n}^0 = \pm\dfrac{1}{|\boldsymbol{n}|}\{2e, -3e^2, -1\}$,函数 $u = e^{-2y}\ln(x+z)$ 在点 $(e,1,0)$ 处的梯度为 $\mathbf{grad}\, u(e,1,0) = \{e^{-3}, -2e^{-2}, e^{-3}\}$,故 $\dfrac{\partial u}{\partial n} = \mathbf{grad}\, u(e,1,0) \cdot \boldsymbol{n}^0 = \pm\dfrac{1}{|\boldsymbol{n}|}(2e^{-2} + 6 - e^{-3})$.

6. 解:由 $\begin{cases} z_x = y^2 - 4y = 0 \\ z_y = 2xy - 4x - 2y + 4 = 0 \end{cases}$ 解得驻点 $(1,0), (1,4)$,根据极值判定的充分条件可知点 $(1,0)$,$(1,4)$ 处都不取极值,故函数无极值.

7. 解:$f_x = 2x + y = 0$ 与 $f_y = (x+3) + 2ay + 3y^2 = 0$ 相切,则 $4a - 1 = -12y$①,又切点满足方程 $(x+3) + 2ay + 3y^2 = 0$②,$2x + y = 0$③,解式①②③ 可得 $a = -\dfrac{11}{4}$ 或 $a = \dfrac{13}{4}$.

8. 解:$(0,0)$ 处 $z = 1$. 在方程两边分别对 x,y 求偏导,解得 $\dfrac{\partial z}{\partial x}\Big|_{(0,0)} = \dfrac{1}{2}$,$\dfrac{\partial z}{\partial y}\Big|_{(0,0)} = -\dfrac{1}{2}$,在方程两边对 x 求偏导后,再在所得等式两边同时对 y 求偏导,得 $\dfrac{\partial^2 z}{\partial x \partial y} - \dfrac{1}{z^2}\dfrac{\partial z}{\partial y} \cdot \dfrac{\partial z}{\partial x} + \dfrac{1}{z}\dfrac{\partial^2 z}{\partial x \partial y} = 0$,故 $\dfrac{\partial^2 z}{\partial x \partial y}\Big|_{(0,0)} = -\dfrac{1}{8}$.

9. **证明**：设 $x+y=a$，则原题转化为在 $x+y=a$ 条件下求 $f(x,y) = \dfrac{x^n+y^n}{2}$ 的最小值问题. 令

$$F(x,y,\lambda) = \dfrac{x^n+y^n}{2} + \lambda(x+y-a),\text{由}\begin{cases}F_x=0\\F_y=0\\F_\lambda=0\end{cases}\text{解得}\begin{cases}x=\dfrac{a}{2}\\y=\dfrac{a}{2}\end{cases},\text{此时}f\left(\dfrac{a}{2},\dfrac{a}{2}\right)=\left(\dfrac{a}{2}\right)^n.\text{又}f(a,0)=$$

$f(0,a)=\dfrac{a^n}{2}\geqslant\left(\dfrac{a}{2}\right)^n$，因此在条件 $x+y=a$ 条件下，$f(x,y)=\dfrac{x^n+y^n}{2}$ 的最小值是 $\left(\dfrac{a}{2}\right)^n$，从而有 $\dfrac{x^n+y^n}{2}\geqslant\left(\dfrac{x+y}{2}\right)^n$.

10. **解**：(x,y) 在 D 内时，由 $\begin{cases}f_x(x,y)=0\\f_y(x,y)=0\end{cases}$ 解得 $\begin{cases}x=1\\y=1\end{cases}$，$f(1,1)=-1$；$L_1:y=-1(0\leqslant x\leqslant 2)$ 上，$z=f(x,y)=x^3+y^3-3xy=x^3-1+3x$，最大值 $z(2)=13$，最小值 $z(0)=-1$；$L_2:y=2(0\leqslant x\leqslant 2)$ 上，$z=f(x,y)=x^3+y^3-3xy=x^3+8-6x$，最大值 $z(0)=8$，最小值 $z(\sqrt{2})=8-4\sqrt{2}$；$L_3:x=0(-1\leqslant y\leqslant 2)$ 上，$z=y^3$，最大值 $z(2)=8$，最小值 $z(-1)=-1$；$L_4:x=2(-1\leqslant y\leqslant 2)$ 上，$z=y^3-6y+8$，最大值 $z(-1)=13$，最小值 $z(\sqrt{2})=8-4\sqrt{2}$. 故 $z=x^3+y^3-3xy$ 在 D 上的最大值为 13，最小值为 -1.

强化训练 15

1. (1) 3.　(2) 6.　(3) $e=\left\{0,-\dfrac{9}{\sqrt{145}},\dfrac{8}{\sqrt{145}}\right\}$.　(4) $2x+2y-2z+3=0$.

2. (1) B.　(2) A.　(3) B.　(4) A.

3. **解**：$\begin{cases}u=f(x,y,xyz)\\e^{xyz}=\int_{xy}^z h(xy+z-t)dt\end{cases}$ 对 x 求偏导，解得 $\dfrac{\partial u}{\partial x}=f_1'+\left[yz+xy\dfrac{yze^{xyz}+yh(xy)}{h(z)-xye^{xyz}}\right]f_3'$，同理 $\dfrac{\partial u}{\partial y}=f_2'+\left[xz+xy\dfrac{xze^{xyz}+xh(xy)}{h(z)-xye^{xyz}}\right]f_3'$，代入可得 $x\dfrac{\partial u}{\partial x}-y\dfrac{\partial u}{\partial y}=xf_1'-yf_2'$.

4. **解**：对 $z=f(x,x+y)$ 直接求导，得 $\dfrac{d^2z}{dx^2}=f_{11}''+2(1+y')f_{12}''+(1+y')^2f_{22}''+y''f_2'$. 对 $x^2(y-1)+e^y=1$ 两边求导，令 $x=0$，得 $y=0$，$y'(0)=0$，$y''(0)=2$. 则 $\dfrac{d^2z}{dx^2}\bigg|_{x=0}=f_{11}''(0,0)+2f_{12}''(0,0)+f_{22}''(0,0)+2f_2'(0,0)$.

5. **解**：椭圆域内由 $dz=2xdx-2ydy$ 求得 $z=f(x,y)=x^2-y^2+2$，令 $\dfrac{\partial z}{\partial x}=0$，$\dfrac{\partial z}{\partial y}=0$，解得驻点 $(0,0)$. 在 $x^2+\dfrac{y^2}{4}=1$ 上 $z=5x^2-2(-1\leqslant x\leqslant 1)$，其最大值为 $z|_{x=\pm 1}=3$，最小值为 $z|_{x=0}=-2$，又 $f(0,0)=2$. 故 $f(x,y)$ 在 D 上的最大值为 3，最小值 -2.

6. **证明**：任取曲面上的一点 $P_0(a,b,c)$，该点处的切平面为 xOy，$F_1'\dfrac{x-x_0}{z_0-c}+F_2'\dfrac{y-y_0}{z_0-c}-\left[F_1'\dfrac{x-a}{(z_0-c)^2}+\right.$

$\left. F_2'\dfrac{y-b}{(z_0-c)^2}\right](z-z_0)=0$，将点 (a,b,c) 代入满足上述方程，故切平面都通过定点 (a,b,c).

7. **解**：$f_x(x,y)=(1-x^2)e^{-\frac{x^2+y^2}{2}}$，$f_y(x,y)=-xye^{-\frac{x^2+y^2}{2}}$. 令 $\begin{cases}f_x(x,y)=0\\f_y(x,y)=0\end{cases}$，解得驻点 $(1,0),(-1,0)$. 又 $(1,0)$ 处有 $B^2-AC=-\dfrac{2}{e}<0$，$A=-\dfrac{2}{\sqrt{e}}<0$，所以 $f(1,0)=\dfrac{1}{\sqrt{e}}$ 为极大值. 又 $(-1,0)$ 处有 $B^2-AC=$

$-\dfrac{2}{e}<0, A=\dfrac{2}{\sqrt{e}}>0$,所以 $f(-1,0)=-\dfrac{1}{\sqrt{e}}$ 为极小值.

8. 解:在 $(x^2+y^2)z+\ln z+2(x+y+1)=0$ 两端分别对 x 和 y 求偏导数,再令 $\dfrac{\partial z}{\partial x}=0, \dfrac{\partial z}{\partial y}=0$,从而解得 $x=-\dfrac{1}{z}, y=-\dfrac{1}{z}$. 代入方程 $(x^2+y^2)z+\ln z+2(x+y+1)=0$,解得 $x=-1, y=-1, z=1$. 继续求偏导,得到 $(-1,-1)$ 处有 $B^2-AC=\dfrac{4}{9}>0, A=-\dfrac{2}{3}<0$,所以 $z(-1,-1)=1$ 为 $z=z(x,y)$ 的极大值.

9. 解:由条件可知总利润函数为 $L=(120-5q_1)q_1+(200-20q_2)q_2-[35+40(q_1+q_2)]$,令
$\begin{cases}\dfrac{\partial L}{\partial q_1}=80-10q_1=0\\ \dfrac{\partial L}{\partial q_2}=160-40q_2=0\end{cases}$,解得 $q_1=8, q_2=4$,从而有 $p_1=80, p_2=120, L(8,4)=605$. 由实际问题可得 $p_1=80, p_2=120$ 时,厂家利润最大,最大利润为 $L(8,4)=605$.

10. 解:(1) $\mathbf{grad}\, h(x,y)\big|_{(x_0,y_0)}=\{y_0-2x_0, x_0-2y_0\}h(x,y)$ 在该点沿此方向的方向导数最大. $g(x_0,y_0)=\sqrt{(y_0-2x_0)^2+(x_0-2y_0)^2}=\sqrt{5x_0^2+5y_0^2-8x_0y_0}$.

(2) 令 $f(x,y)=5x^2+5y^2-8xy$,即求 f 在约束条件 $x^2+y^2-xy=75$ 下的最大值点. 设 $F(x,y,\lambda)=5x^2+5y^2-8xy+\lambda(75-x^2-y^2+xy)$,解方程组 $\begin{cases}F_x=10x-8y+\lambda(y-2x)=0\\ F_y=10y-8x+\lambda(x-2y)=0\\ 75-x^2-y^2+xy=0\end{cases}$,可得 $y=-x$ 或 $\lambda=2$. 若 $\lambda=2$,解得 $M_1(5\sqrt{3},5\sqrt{3}), M_2(-5\sqrt{3},-5\sqrt{3})$;若 $y=-x$,解得 $M_3(5,-5), M_4(-5,5)$. 通过比较上述四点处的函数值可得以点 $M_3(5,-5), M_4(-5,5)$ 作为攀登起点.

第 14—15 讲阶段能力测试

阶段能力测试 A

一、1. $\{(x,y)\mid 1\leqslant x^2+y^2\leqslant 4\}$. 2. $\dfrac{y^2-xy-x^2}{x^2+y^2}e^{-\arctan\frac{y}{x}}$. 3. $\dfrac{\pi}{4}dx-dy+\left(\dfrac{3}{2}+\dfrac{\pi}{4}\right)dz$.

4. $2x+y-z-2=0$. 5. $\dfrac{\sqrt{5}}{e^2}$.

二、1. B. 2. D. 3. A. 4. A. 5. A.

三、1. 解:$\dfrac{\partial u}{\partial x}=\dfrac{z(x-y)^{z-1}}{1+(x-y)^{2z}}, \dfrac{\partial u}{\partial y}=\dfrac{-z(x-y)^{z-1}}{1+(x-y)^{2z}}, \dfrac{\partial u}{\partial z}=\dfrac{(x-y)^z \ln(x-y)}{1+(x-y)^{2z}}$.

2. 解:$\dfrac{\partial z}{\partial x}=\dfrac{\partial f}{\partial u}\cdot\dfrac{\partial u}{\partial x}+\dfrac{\partial f}{\partial x}=f_1'\cdot e^y+f_2', \dfrac{\partial^2 z}{\partial x\partial y}=\dfrac{\partial}{\partial y}(f_1'\cdot e^y+f_2')=e^y\cdot f_1'+e^y\cdot\dfrac{\partial f_1'}{\partial y}+\dfrac{\partial f_2'}{\partial y}=e^y\cdot f_1'+e^y\cdot(f_{11}''\cdot e^y+f_{13}'')+(f_{21}''\cdot xe^y+f_{23}'')=e^y\cdot f_1'+xe^{2y}\cdot f_{11}''+e^y\cdot f_{13}''+xe^y\cdot f_{21}''+f_{23}''$.

3. 解:设 $F(x,y,z)=z^3-3xyz-a^3$,则有 $F_x=-3yz, F_y=-3xz, F_z=3z^2-3xy$. $\dfrac{\partial z}{\partial x}=-\dfrac{F_x}{F_z}=-\dfrac{-3yz}{3z^2-3xy}=\dfrac{yz}{z^2-xy}$,$\dfrac{\partial z}{\partial y}=-\dfrac{F_y}{F_z}=\dfrac{xz}{z^2-xy}$. $\dfrac{\partial^2 z}{\partial x\partial y}=\dfrac{\partial}{\partial y}\left(\dfrac{yz}{z^2-xy}\right)=\dfrac{\left(z+y\cdot\dfrac{\partial z}{\partial y}\right)(z^2-xy)-yz\left(2z\cdot\dfrac{\partial z}{\partial y}-x\right)}{(z^2-xy)^2}=\dfrac{\left(z+y\cdot\dfrac{xz}{z^2-xy}\right)(z^2-xy)-yz\left(2z\cdot\dfrac{xz}{z^2-xy}-x\right)}{(z^2-xy)^2}=$

221

$\dfrac{z(z^4 - 2xyz^2 - x^2y^2)}{(z^2 - xy)^3}$.

四、解： $\mathbf{grad}u = \left\{\dfrac{\partial u}{\partial x}, \dfrac{\partial u}{\partial y}, \dfrac{\partial u}{\partial z}\right\} = \{y^2z, 2xyz, xy^2\}$，$\mathbf{grad}u\big|_{(1,-1,2)} = \{2, -4, 1\}$ 是方向导数取最大值的方向，最大值为 $\mathbf{grad}u\big|_{(1,-1,2)} = \sqrt{21}$．

五、解： 由 $z = f[xy, yg(x)]$ 可得 $\dfrac{\partial z}{\partial x} = yf'_1 + yg'(x)f'_2$，$\dfrac{\partial^2 z}{\partial x \partial y} = f'_1 + y[xf''_{11} + g(x)f''_{12}] + g'(x)f'_2 + yg'(x)[xf''_{21} + g(x)f''_{22}]$，由题意可知 $g(1) = 1, g'(1) = 0$，所以 $\dfrac{\partial^2 z}{\partial x \partial y}\Big|_{\substack{x=1 \\ y=1}} = f'_1(1,1) + f''_{11}(1,1) + f''_{12}(1,1)$．

六、证明： $F(x,y,z) = \sqrt{x} + \sqrt{y} + \sqrt{z} - \sqrt{a} = 0$，则法向量为 $\boldsymbol{n} = \left\{\dfrac{1}{2\sqrt{x}}, \dfrac{1}{2\sqrt{y}}, \dfrac{1}{2\sqrt{z}}\right\}$．曲面上任一点 $M(x_0, y_0, z_0)$ 处的切平面方程为 $\dfrac{1}{\sqrt{x_0}}(x - x_0) + \dfrac{1}{\sqrt{y_0}}(y - y_0) + \dfrac{1}{\sqrt{z_0}}(z - z_0) = 0$，即 $\dfrac{x}{\sqrt{x_0}} + \dfrac{y}{\sqrt{y_0}} + \dfrac{z}{\sqrt{z_0}} = \sqrt{x_0} + \sqrt{y_0} + \sqrt{z_0} = \sqrt{a}$，化为截距式，得 $\dfrac{x}{\sqrt{ax_0}} + \dfrac{y}{\sqrt{ay_0}} + \dfrac{z}{\sqrt{az_0}} = 1$．所以，截距之和为 $\sqrt{ax_0} + \sqrt{ay_0} + \sqrt{az_0} = \sqrt{a} \cdot \sqrt{a} = a$．

七、解： 设椭圆上点的坐标为 (x, y, z)，则原点到椭圆上这一点的距离平方为 $d^2 = x^2 + y^2 + z^2$，其中 x, y, z 要同时满足 $z = x^2 + y^2, x + y + z = 1$．令拉格朗日函数：$F(x,y,z) = x^2 + y^2 + z^2 + \lambda_1(z - x^2 - y^2) + \lambda_2(x + y + z - 1)$，由方程组 $\begin{cases} F_x = 2x - 2\lambda_1 x + \lambda_2 = 0 \\ F_y = 2y - 2\lambda_1 y + \lambda_2 = 0 \\ F_z = 2z + \lambda_1 + \lambda_2 = 0 \\ x^2 + y^2 = z \\ x + y + z = 1 \end{cases}$ 解得 $x = y = \dfrac{-1 \pm \sqrt{3}}{2}, z = 2 \mp \sqrt{3}$．由题意可知距离最大值和最小值在这两点处取得，所以 $d_1 = \sqrt{9 + 5\sqrt{3}}$ 为最长距离，$d_2 = \sqrt{9 - 5\sqrt{3}}$ 为最短距离．

八、证明：（1）因为 $\dfrac{\partial u}{\partial r} = \dfrac{\partial u}{\partial x} \cdot \dfrac{\partial x}{\partial r} + \dfrac{\partial u}{\partial y} \dfrac{\partial y}{\partial r} + \dfrac{\partial u}{\partial z} \dfrac{\partial z}{\partial r} = \dfrac{1}{r}\left(x\dfrac{\partial u}{\partial x} + y\dfrac{\partial u}{\partial y} + z\dfrac{\partial u}{\partial z}\right) = 0$，所以 u 是不含 r 的函数，即 u 仅为 θ 与 φ 的函数．

（2）因为 $\dfrac{\partial u}{\partial \theta} = \dfrac{\partial u}{\partial x} \cdot \dfrac{\partial x}{\partial \theta} + \dfrac{\partial u}{\partial y} \dfrac{\partial y}{\partial \theta} + \dfrac{\partial u}{\partial z} \dfrac{\partial z}{\partial \theta} = \dfrac{\partial u}{\partial x} \cdot (-r\sin\theta)\sin\varphi + \dfrac{\partial u}{\partial y}(r\cos\theta\sin\varphi) = -y\dfrac{\partial u}{\partial x} + x\dfrac{\partial u}{\partial y} = xy\left(-\dfrac{1}{x}\dfrac{\partial u}{\partial x} + \dfrac{1}{y}\dfrac{\partial u}{\partial y}\right) = 0$，$\dfrac{\partial u}{\partial \varphi} = \dfrac{\partial u}{\partial x} \cdot \dfrac{\partial x}{\partial \varphi} + \dfrac{\partial u}{\partial y} \dfrac{\partial y}{\partial \varphi} + \dfrac{\partial u}{\partial z} \dfrac{\partial z}{\partial \varphi} = \dfrac{\partial u}{\partial x} \cdot (r\cos\theta\cos\varphi) + \dfrac{\partial u}{\partial y}(r\sin\theta\cos\varphi) + \dfrac{\partial u}{\partial z}(-r\sin\varphi)$，令 $\dfrac{1}{x}\dfrac{\partial u}{\partial x} = \dfrac{1}{y}\dfrac{\partial u}{\partial y} = \dfrac{1}{z}\dfrac{\partial u}{\partial z} = t$，则 $\dfrac{\partial u}{\partial x} = tx, \dfrac{\partial u}{\partial y} = ty, \dfrac{\partial u}{\partial z} = tz$，从而 $\dfrac{\partial u}{\partial \varphi} = t(r^2\cos^2\theta\cos\varphi\sin\varphi) + t(r^2\sin^2\theta\cos\varphi\sin\varphi) + t(-r^2\cos\varphi\sin\varphi) = 0$．故 u 仅为 r 的函数，即 u 不含 θ 与 φ．

阶段能力测试 B

一、 1. $\dfrac{1}{x} - \dfrac{1 - \pi x}{\arctan x}$． 2. z． 3. $-\dfrac{1}{3}dx - \dfrac{2}{3}dy$． 4. $a \geqslant 0, b = 2a$． 5. $-\dfrac{12}{5}\sqrt{5}$．

二、 1. D． 2. A． 3. A． 4. C． 5. C．

三、 1. 解：$\dfrac{\partial z}{\partial x} = f\left(\dfrac{y}{x}\right) - \dfrac{y}{x}f'\left(\dfrac{y}{x}\right) + g'_1(x, xy) + yg'_2(x, xy)$，$\dfrac{\partial^2 z}{\partial x \partial y} = -\dfrac{y}{x^2}f''\left(\dfrac{y}{x}\right) + xg''_{12}(x, xy) + xyg''_{22}(x, xy) + g'_2(x, xy)$．

2. $x_0 = \dfrac{1}{2}, y_0 = \dfrac{1}{2}$ 时 $z_0 = 0$,设 $F(x,y,z) = e^{2yz} + x + y^2 + z - \dfrac{7}{4}, \dfrac{\partial z}{\partial x}\bigg|_{P_0} = -\dfrac{F_x}{F_z}\bigg|_{P_0} = -\dfrac{1}{2}$,

$\dfrac{\partial z}{\partial y}\bigg|_{P_0} = -\dfrac{F_y}{F_z}\bigg|_{P_0} = -\dfrac{1}{2}$,所以 $\mathrm{d}z\bigg|_{(\frac{1}{2},\frac{1}{2})} = -\dfrac{1}{2}\mathrm{d}x - \dfrac{1}{2}\mathrm{d}y$.

3. 解:方程两边对 x 求导,y,z 为 x 的一元函数,得 $\begin{cases} \dfrac{\mathrm{d}z}{\mathrm{d}x} = f + x\left(1 + \dfrac{\mathrm{d}y}{\mathrm{d}x}\right)f' \\ F_x + F_y\dfrac{\mathrm{d}y}{\mathrm{d}x} + F_z\dfrac{\mathrm{d}z}{\mathrm{d}x} = 0 \end{cases}$,解得 $\dfrac{\mathrm{d}z}{\mathrm{d}x} = $

$\dfrac{(f + xf')F_y - xf'F_x}{F_y + xf'F_z}, F_y + xf'F_z \neq 0$.

四、解:(1) $\lim\limits_{x \to 0^+} \dfrac{f(0+x,0) - f(0,0)}{x} = \lim\limits_{x \to 0^+} \dfrac{x\varphi(x,0) - 0}{x} = \varphi(0,0)$, $\lim\limits_{x \to 0^-} \dfrac{f(0+x,0) - f(0,0)}{x} = $

$\lim\limits_{x \to 0^-} \dfrac{-x\varphi(x,0) - 0}{x} = -\varphi(0,0)$, $\lim\limits_{y \to 0^+} \dfrac{f(0,0+y) - f(0,0)}{y} = \lim\limits_{y \to 0^+} \dfrac{y\varphi(0,y)}{y} = \varphi(0,0)$,

$\lim\limits_{y \to 0^-} \dfrac{f(0,0+y) - f(0,0)}{y} = \lim\limits_{y \to 0^-} \dfrac{-y\varphi(0,y)}{y} = -\varphi(0,0)$,故 $\varphi(0,0) = 0$ 时 $f_x(0,0), f_y(0,0)$ 存在,且都等于 0.

(2) $\Delta z = f(\Delta x, \Delta y) - f(0,0) = |\Delta x - \Delta y|\varphi(\Delta x, \Delta y)$,又 $\dfrac{|\Delta x - \Delta y|}{\sqrt{\Delta x^2 + \Delta y^2}} \leqslant \dfrac{|\Delta x| + |\Delta y|}{\sqrt{\Delta x^2 + \Delta y^2}} \leqslant 2$,要使

$\lim\limits_{y \to 0^-} \dfrac{\Delta f - |f_x(0,0)\Delta x + f_y(0,0)\Delta y|}{\sqrt{\Delta x^2 + \Delta y^2}} = 0$,只需 $\varphi(0,0) = 0$ 即可. 故 $\varphi(0,0) = 0$ 时, $f(x,y)$ 在 $(0,0)$ 处

可微,且 $\mathrm{d}f(0,0) = 0$.

五、证明:因为 $\dfrac{\partial z}{\partial x} = \dfrac{x}{\sqrt{x^2+y^2}}f', \dfrac{\partial z}{\partial y} = \dfrac{y}{\sqrt{x^2+y^2}}f'$,故 (x_0,y_0,z_0) 处的法线方程为 $\dfrac{x - x_0}{\dfrac{x_0}{\sqrt{x_0^2+y_0^2}}f'} = $

$\dfrac{y - y_0}{\dfrac{y_0}{\sqrt{x^2+y^2}}f'} = \dfrac{z - z_0}{-1}$,此时法线与旋转轴的交点为 $\left(0, 0, z_0 + \dfrac{\sqrt{x_0^2 + y_0^2}}{f'(\sqrt{x_0^2 + y_0^2})}\right)$.

六、证明:由条件知 $\dfrac{\partial z}{\partial x} = f' \cdot \dfrac{x}{\sqrt{x^2+y^2}}, \dfrac{\partial^2 z}{\partial x^2} = f'' \cdot \dfrac{x^2}{x^2+y^2} + f' \cdot \dfrac{y^2}{(x^2+y^2)^{\frac{3}{2}}}, \dfrac{\partial z}{\partial y} = f' \cdot \dfrac{y}{\sqrt{x^2+y^2}}$,

$\dfrac{\partial^2 z}{\partial y^2} = f'' \cdot \dfrac{y^2}{x^2+y^2} + f' \cdot \dfrac{x^2}{(x^2+y^2)^{\frac{3}{2}}}$,代入 $\dfrac{\partial^2 z}{\partial x^2} + \dfrac{\partial^2 z}{\partial y^2} = 0$ 即得等式成立.

七、解:设所求平面方程为 $\dfrac{x}{A} + \dfrac{y}{B} + \dfrac{z}{C} = 1$,其中 A,B,C 为此平面在 Ox 轴, Oy 轴, Oz 轴上的截距,则此平面与三坐标面所围成的四面体的体积为 $V = \dfrac{1}{6}|ABC|$. 由于点 (a,b,c) 在此平面上,故问题转化为:求在条件 $\dfrac{a}{A} + \dfrac{b}{B} + \dfrac{c}{C} = 1$ 下函数 $V = \dfrac{1}{6}|ABC|$ 的极值. 作函数 $L = \dfrac{1}{6}(ABC)^2 + \lambda\left(\dfrac{a}{A} + \dfrac{b}{B} + \dfrac{c}{C} - 1\right)$,

令 $\begin{cases} L'_A = \dfrac{1}{6} \cdot 2AB^2C^2 - \lambda\dfrac{a}{A^2} = 0 & ① \\ L'_B = \dfrac{1}{6} \cdot 2A^2BC^2 - \lambda\dfrac{b}{B^2} = 0 & ② \\ L'_C = \dfrac{1}{6} \cdot 2A^2B^2C - \lambda\dfrac{c}{C^2} = 0 & ③ \\ \dfrac{a}{A} + \dfrac{b}{B} + \dfrac{c}{C} = 1 & ④ \end{cases}$,由式①②③知 $\dfrac{a}{A} = \dfrac{b}{B} = \dfrac{c}{C}$,代入式④可解得 $A = 3a, B = 3b$,

$C=3c$. 故 $(3a,3b,3c)$ 为 $V=\frac{1}{6}|ABC|$ 的唯一驻点. 由实际问题知函数 $V=\frac{1}{6}|ABC|$ 存在最小值,故当 $A=3a,B=3b,C=3c$ 时,V 取得最小值:$V_{\min}=\frac{9}{2}abc$,所求的平面方程为 $\frac{x}{a}+\frac{y}{b}+\frac{z}{c}=3$.

八、解:极限式中分母为 $x^2+1-x\sin y-\cos^2 y=\left(x-\frac{1}{2}\sin y\right)^2+\frac{3}{4}\sin^2 y>0$,故 $O(0,0)$ 的某一空心邻域内有 $f(x,y)-f(0,0)<0$,从而 $f(x,y)$ 在点 $O(0,0)$ 取到极大值.

第 16 讲　重积分(一)

—— 二重积分

基础练习 16

1. (1) 负号.　(2) $\iint\limits_{D}\sqrt{x^2+y^2+1}\,dx\,dy$.　(3) ± 2.　(4) 0.　(5) A.

2. 解:由二重积分的几何意义知,$\iint\limits_{D}\sqrt{R^2-x^2-y^2}\,dx\,dy$ 表示以原点为球心,半径为 R 的上半球体的体积,因此 $\iint\limits_{D}\sqrt{R^2-x^2-y^2}\,dx\,dy=\frac{2}{3}\pi R^3$.

3. (1) 解:$\int_0^2 dy\int_{y^2}^{2y} f(x,y)\,dx = \int_0^4 dx\int_{\frac{x}{2}}^{\sqrt{x}} f(x,y)\,dy$.

(2) 解:$\int_{\frac{1}{2}}^{1} dy\int_{\frac{1}{y}}^{2} f(x,y)\,dx + \int_1^{\sqrt{2}} dy\int_y^2 f(x,y)\,dx = \int_1^2 dx\int_{\frac{1}{x}}^{\sqrt{x}} f(x,y)\,dy$.

4. (1) 解:在极坐标系下,$D:\begin{cases}\frac{\pi}{4}\leqslant\theta\leqslant\frac{\pi}{2}\\ 0\leqslant\rho\leqslant 2a\cos\theta\end{cases}$(如右图所示),故

(2) 解:区域 $D:\begin{cases}0\leqslant x\leqslant 1\\ 0\leqslant y\leqslant 1\end{cases}$,在极坐标下,$D$ 分为两部分表示:$D=D_1+D_2$,$D_1:$

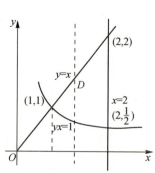

$\begin{cases}0\leqslant\theta\leqslant\frac{\pi}{4}\\ 0\leqslant\rho\leqslant\frac{1}{\cos\theta}\end{cases}$ 及 $D_2:\begin{cases}\frac{\pi}{4}\leqslant\theta\leqslant\frac{\pi}{2}\\ 0\leqslant\rho\leqslant\frac{1}{\sin\theta}\end{cases}$(如右图所示),

则

$=\int_0^{\frac{\pi}{4}} d\theta\int_0^{\frac{1}{\cos\theta}} f(\rho^2)\rho\,d\rho + \int_{\frac{\pi}{4}}^{\frac{\pi}{2}} d\theta\int_0^{\frac{1}{\sin\theta}} f(\rho^2)\rho\,d\rho$.

5. 解:原式

6. (1) 解法一:边界曲线的交点坐标为 $\left(2,\frac{1}{2}\right)$,$(1,1)$,$(2,2)$. 如右图所示,

先对 y 后对 x 积分,D 表示为 X 型区域:$\begin{cases} 1 \leqslant x \leqslant 2, \\ \dfrac{1}{x} \leqslant y \leqslant x, \end{cases}$ 于是 $\iint\limits_D \dfrac{x^2}{y^2} \mathrm{d}x\mathrm{d}y = \int_1^2 \mathrm{d}x \int_{\frac{1}{x}}^x \dfrac{x^2}{y^2} \mathrm{d}y =$

$\int_1^2 x^2 \left(-\dfrac{1}{y}\right) \Big|_{\frac{1}{x}}^x \mathrm{d}y = \int_1^2 (x^3 - x)\mathrm{d}x = \dfrac{9}{4}$.

解法二: 如右图所示,先对 x 后对 y 积分,D 表示为 Y 型区域: $\iint\limits_D \dfrac{x^2}{y^2} \mathrm{d}x\mathrm{d}y$

$= \int_{\frac{1}{2}}^1 \mathrm{d}y \int_{\frac{1}{y}}^2 \dfrac{x^2}{y^2} \mathrm{d}x + \int_1^2 \mathrm{d}y \int_y^2 \dfrac{x^2}{y^2} \mathrm{d}x = \int_{\frac{1}{2}}^1 \left(\dfrac{8}{3y^2} - \dfrac{1}{3y^5}\right) \mathrm{d}y +$

$\int_1^2 \left(\dfrac{8}{3y^2} - \dfrac{y}{3}\right) \mathrm{d}y = \dfrac{17}{12} + \dfrac{5}{6} = \dfrac{9}{4}$.

(2) 解:原式 $= \int_{-1}^0 \mathrm{d}x \int_{-1-x}^{1+x} \mathrm{e}^x \cdot \mathrm{e}^y \mathrm{d}y + \int_0^1 \mathrm{d}x \int_{-1+x}^{1-x} \mathrm{e}^x \cdot \mathrm{e}^y \mathrm{d}y = \int_{-1}^0 (\mathrm{e}^{2x+1} -$

$\mathrm{e}^{-1})\mathrm{d}x + \int_0^1 (\mathrm{e} - \mathrm{e}^{2x-1})\mathrm{d}x = \mathrm{e} - \dfrac{1}{\mathrm{e}}$.

(3) 解:如下左图所示, $\iint\limits_D \sin(x^2+y^2)\mathrm{d}x\mathrm{d}y = \int_0^{2\pi} \mathrm{d}\theta \int_1^2 \sin\rho^2 \cdot \rho \mathrm{d}\rho = \pi(\cos 1 - \cos 4)$.

7. 解: 如下右图所示, $\iint\limits_D (|x|+|y|)\mathrm{d}x\mathrm{d}y = 4\iint\limits_{D_1}(x+y)\mathrm{d}x\mathrm{d}y = 4\int_0^1 \mathrm{d}x\int_0^{1-x}(x+y)\mathrm{d}y =$

$4\int_0^1 \left[x(1-x) + \dfrac{1}{2}(1-x)^2\right]\mathrm{d}x = \dfrac{4}{3}$.

 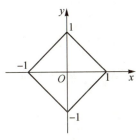

8. 解:将区域 D 用 $y=x$ 分成 D_1 和 D_2 两部分(如右图所示),在区域 D_1 上 $\max(x^2, y^2) = y^2$,在区域 D_2 上 $\max(x^2, y^2) = x^2$,于是原式 $= \iint\limits_{D_1} \mathrm{e}^{y^2}\mathrm{d}x\mathrm{d}y +$

$\iint\limits_{D_2} \mathrm{e}^{y^2}\mathrm{d}x\mathrm{d}y = 2\iint\limits_{D_2} \mathrm{e}^{y^2}\mathrm{d}x\mathrm{d}y = 2\int_0^1 \mathrm{e}^{y^2} \mathrm{d}y \int_0^y \mathrm{d}x = \int_0^1 2y\mathrm{e}^{y^2}\mathrm{d}y = \mathrm{e}^{y^2}\Big|_0^1 = \mathrm{e} - 1$.

9. 解:如右图所示,立体在 xOy 面上的投影区域为圆域 $D: x^2+y^2 \leqslant ax$,故所求立体是以 D 为底,上半球面 $z = \sqrt{a^2-x^2-y^2}$ 为顶的曲顶柱体。由于积分区域为圆域,所以采用极坐标系较好.

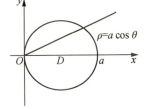

$D: \begin{cases} -\dfrac{\pi}{2} \leqslant \theta \leqslant \dfrac{\pi}{2}, \\ 0 \leqslant \rho \leqslant a\cos\theta \end{cases}$,故 $V = \iint\limits_D \sqrt{a^2-x^2-y^2}\mathrm{d}x\mathrm{d}y =$

$\int_{-\frac{\pi}{2}}^{\frac{\pi}{2}} \mathrm{d}\theta \int_0^{a\cos\theta} \sqrt{a^2-\rho^2}\rho\mathrm{d}\rho = \dfrac{2}{3}\int_0^{\frac{\pi}{2}} a^3(1-\sin^3\theta)\mathrm{d}\theta = \left(\dfrac{\pi}{3} - \dfrac{4}{9}\right)a^3$.

10. 解:由于积分区域 D 关于直线 $y=x$ 对称,故 $\iint\limits_D \dfrac{a\sqrt{f(x)}+b\sqrt{f(y)}}{\sqrt{f(x)}+\sqrt{f(y)}}\mathrm{d}\sigma = \dfrac{1}{2}\Big[\iint\limits_D \dfrac{a\sqrt{f(x)}+b\sqrt{f(y)}}{\sqrt{f(x)}+\sqrt{f(y)}}\mathrm{d}\sigma +$

$\iint\limits_D \dfrac{a\sqrt{f(y)}+b\sqrt{f(x)}}{\sqrt{f(y)}+\sqrt{f(x)}}\mathrm{d}\sigma\Big] = \dfrac{1}{2}\iint\limits_D (a+b)\mathrm{d}\sigma = \dfrac{a+b}{2} \cdot \dfrac{4\pi}{4} = \dfrac{(a+b)\pi}{2}$.

强化训练 16

1. (1) $\int_0^{\frac{1}{2}} dx \int_{x^2}^{x} f(x,y) dy$. (2) $\frac{1}{2}(1-e^{-4})$. (3) $\sqrt[3]{\frac{3}{2}}$. (4) C.
(5) C.

2. 解：由几何意义可知，$\iint\limits_{D}(1-\sqrt{x^2+y^2})dxdy$ 表示的是由平面 $z=1$ 和锥面 $z=\sqrt{x^2+y^2}$ 所围成的圆锥体的体积，因此 $\iint\limits_{D}(1-\sqrt{x^2+y^2})dxdy = \frac{1}{3}\pi$.

3. 解：$f(x,y)$ 为连续函数，令 $c = \iint\limits_{D:x^2+y^2\leqslant y, x\geqslant 0} f(x,y)dxdy$，则 $f(x,y) = \sqrt{1-x^2-y^2} - \frac{8}{\pi}c$，则 $c = \iint\limits_{D:x^2+y^2\leqslant y, x\geqslant 0}\left(\sqrt{1-x^2-y^2} - \frac{8}{\pi}c\right)dxdy = \int_0^{\frac{\pi}{2}}d\theta\int_0^{\sin\theta}\sqrt{1-\rho^2}\rho d\rho - \frac{8c}{\pi} \cdot \frac{1}{2} \cdot \frac{\pi}{4}, c = \int_0^{\frac{\pi}{2}} \frac{1}{2} \cdot \frac{2}{3}(1-\cos^3\theta)d\theta - c, c = \frac{\pi}{6} - \frac{1}{3} \cdot \frac{2}{3} - c$，解得：$c = \frac{\pi}{12} - \frac{1}{9} = \frac{1}{36}(3\pi-4)$，则 $f(x,y) = \sqrt{1-x^2-y^2} - \frac{2}{9\pi}(3\pi-4)$.

4. 解：原式 $= \int_0^a dx \int_{\sqrt{a^2-x^2}}^{a} f(x,y)dy + \int_a^{2a} dx \int_{x-a}^{a} f(x,y)dy$.

5. 解：由 $x=0, y=x, y=1$ 所围成的积分区域 D 如右图所示，交换积分次序，则
$\int_0^1 x^2 dx \int_x^1 e^{-y^2} dy = \int_0^1 dy \int_0^y x^2 e^{-y^2} dx = \int_0^1 \frac{1}{3}x^2 \bigg|_0^y \cdot e^{-y^2} dy = \frac{1}{3}\int_0^1 y^3 e^{-y^2} dy$
$\xrightarrow{令 y^2=t} \frac{1}{6}\int_0^1 t e^{-t} dt = -\frac{1}{6} t e^{-t}\bigg|_0^1 + \frac{1}{6}\int_0^1 e^{-t} dt = -\frac{1}{6e} - \frac{1}{6e} + \frac{1}{6} = \frac{1}{6} - \frac{1}{3e}$.

6. (1) 解：如右图所示，$\iint\limits_{D} xy d\sigma = \int_{\frac{\pi}{4}}^{\frac{\pi}{2}} d\theta \int_{2a\sin\theta}^{2b\sin\theta} \rho^2 \cos\theta \sin\theta \rho d\rho = \int_{\frac{\pi}{4}}^{\frac{\pi}{2}} \cos\theta \sin\theta \cdot \frac{\rho^4}{4}\bigg|_{2a\sin\theta}^{2b\sin\theta} d\theta = 4(b^4-a^4)\int_{\frac{\pi}{4}}^{\frac{\pi}{2}} \sin^5\theta\cos\theta d\theta = 4(b^4-a^4) \cdot \frac{1}{6}\sin^6\theta\bigg|_{\frac{\pi}{4}}^{\frac{\pi}{2}} = \frac{7}{12}(b^4-a^4)$.

(2) 解：$\iint\limits_{D:x^2+y^2\leqslant x+y}(x+y)dxdy = \int_{-\frac{\pi}{4}}^{\frac{3\pi}{4}} d\theta \int_0^{\sqrt{2}\sin\left(\theta+\frac{\pi}{4}\right)} \rho^2(\sin\theta+\cos\theta)d\rho =$
$\int_{-\frac{\pi}{4}}^{\frac{3\pi}{4}} \frac{4}{3}\sin^4\left(\theta+\frac{\pi}{4}\right)d\theta \xrightarrow{令 t=\theta+\frac{\pi}{4}} \frac{4}{3}\int_0^{\pi}\sin^4 t dt = \frac{8}{3}\int_0^{\frac{\pi}{2}}\sin^4 t dt = \frac{8}{3} \cdot \frac{3}{4} \cdot \frac{1}{2} \cdot \frac{\pi}{2} = \frac{\pi}{2}$.

7. (1) 解：$\iint\limits_{D}(x+y)dxdy = \iint\limits_{D} x dxdy (D 关于 y=0 对称，y 关于 y 为奇函数，所以) = 2\int_0^{\frac{\pi}{2}}d\theta\int_0^{2a\cos\theta}\rho\cos\theta \rho d\rho = \frac{2}{3}\int_0^{\frac{\pi}{2}} 8a^3 \cos^4\theta d\theta = \frac{2}{3} 8a^3 \cdot \frac{3}{4} \cdot \frac{1}{2} \cdot \frac{\pi}{2} = \pi a^3$.

(2) 解：函数 xy 关于 x 和 y 均为奇函数，而 $\triangle BOC$ 关于 x 轴对称，$\triangle AOB$ 关于 y 轴对称，从而有 $\iint\limits_{\triangle BOC} xy d\sigma = 0$, $\iint\limits_{\triangle AOB} xy d\sigma = 0$，又 $\cos x \sin y$ 关于 y 为奇函数，则 $\iint\limits_{\triangle BOC} \cos x \sin y d\sigma = 0$，从而有 $I = \iint\limits_{\triangle AOB}(xy+\cos x \sin y)dxdy + \iint\limits_{\triangle BOC}(xy+\cos x \sin y)dxdy = \iint\limits_{\triangle AOB} xy dxdy + \iint\limits_{\triangle BOC} xy dxdy + \iint\limits_{\triangle AOB} \cos x \sin y dxdy + \iint\limits_{\triangle BOC} \cos x \sin y dxdy = 0 + 0 + \iint\limits_{\triangle AOB} \cos x \sin y dxdy + 0 = 2\int_0^1 dy \int_0^y \cos x \sin y dx =$

$2\int_0^1 \sin^2 y \, dy = \int_0^1 (1-\cos 2y) dy = 1 - \frac{1}{2}\sin 2.$

8. 解：两直线 $|y|=|x|$ 将 D 划分为有 y 轴穿过的上下四分之一圆盘记为 D_1 与 D_2，有 x 轴穿过的左右四分之一圆盘记为 D_3 与 D_4，则 $I = \iint\limits_{D_1+D_2}(x^2+y^2)d\sigma + \iint\limits_{D_3+D_4}xy\,d\sigma$，由对称性有 $\iint\limits_{D_3+D_4}xy\,d\sigma = 0$，故 $I = \iint\limits_{D_1+D_2}(x^2+y^2)d\sigma = 2\iint\limits_{D_1}(x^2+y^2)d\sigma = 2\int_{\frac{\pi}{4}}^{\frac{3\pi}{4}}d\theta\int_0^1\rho^3 d\rho = \frac{\pi}{4}.$

9. 解：如右图所示，由于 $f(x) = \begin{cases} x, 0 \leqslant x \leqslant 1 \\ 0, 其他 \end{cases}$，$f(x+y) = \begin{cases} x+y, 0 \leqslant x+y \leqslant 1 \\ 0, 其他 \end{cases}$，故在区域 $D_1 = \{(x,y) \mid -y \leqslant x \leqslant 1-y, 0 \leqslant y \leqslant 1\}$ 上 $f(y) = y, f(x+y) = x+y$；在 D_1 的外部 $f(y) = 0, f(x+y) = 0$。

则 $\iint\limits_D f(y)f(x+y)dxdy = \iint\limits_{D_1}y(x+y)dxdy = \int_0^1 dy\int_{-y}^{1-y}y(x+y)dx = \int_0^1 y\cdot\frac{1}{2}(x+y)^2\Big|_{-y}^{1-y}dy = \int_0^1 \frac{1}{2}y\,dy = \frac{1}{4}y^2\Big|_0^1 = \frac{1}{4}.$

10. 解：交换积分次序，有 $\int_0^t dx\int_x^t \sin(xy)^2 dy = \int_0^t dy\int_0^y \sin(xy)^2 dx = \int_0^t \left[\int_0^y \sin(xy)^2 dx\right] dy$，再应用洛必达法则和积分变换，则原式 $= \lim_{t\to 0^+}\frac{\int_0^t \sin(tx)^2 dx}{6t^5} \xrightarrow{令 u=tx} \lim_{t\to 0^+}\frac{\int_0^{t^2}\sin u^2 du}{6t^6} = \lim_{t\to 0^+}\frac{2t\sin t^4}{36t^5} = \frac{1}{18}.$

11. 证明：设 $P_0(x_0,y_0,z_0)$ 为抛物面 $z = 1+x^2+y^2$ 上的任意一点，则点 P_0 处的切平面方程为：$z - z_0 = 2x_0(x-x_0) + 2y_0(y-y_0)$，且 $z_0 = 1 + x_0^2 + y_0^2$，该切平面与曲面 $z = x^2+y^2$ 的交线为：$\begin{cases} z = 2xx_0+2yy_0-x_0^2-y_0^2+1 \\ z = x^2+y^2 \end{cases}$，消去 z 得：$(x-x_0)^2+(y-y_0)^2 = 1$，故所求体积为：$V = \iint\limits_{(x-x_0)^2+(y-y_0)^2\leqslant 1}[2x_0 x + 2y_0 y - x_0^2 - y_0^2 + 1 - (x^2+y^2)]d\sigma = \iint\limits_{(x-x_0)^2+(y-y_0)^2\leqslant 1}[1-(x-x_0)^2-(y-y_0)^2]d\sigma.$ 令 $x - x_0 = \rho\cos\theta, y - y_0 = \rho\sin\theta$，得 $V = \int_0^{2\pi}d\theta\int_0^1(1-\rho^2)\rho\,d\rho = \frac{\pi}{2}$，即体积为定值。

12. 证明：Y 型区域 $D = \{(x,y) \mid a \leqslant y \leqslant b, a \leqslant x \leqslant y\}$ 化为 X 型区域 $D = \{(x,y) \mid a \leqslant x \leqslant b, x \leqslant y \leqslant b\}$，故 $\int_a^b dy\int_a^y (y-x)^n f(x)dx = \int_a^b dx\int_x^b (y-x)^n f(x)dy = \int_a^b f(x)\left[\frac{(y-x)^{n+1}}{n+1}\right]_x^b dx = \int_a^b f(x)\frac{(b-x)^{n+1}}{n+1}dx = \frac{1}{n+1}\int_a^b (b-x)^{n+1}f(x)dx$，故等式成立。

第 17 讲　重积分（二）

—— 三重积分

基础练习 17

1. (1) $\frac{1}{4}$.　(2) 24.　(3) $\frac{5\pi}{6}$.　(4) $-\frac{\pi}{4}$.　(5) $\int_0^{2\pi}d\theta\int_0^1\rho\,d\rho\int_{\rho^2}^{\sqrt{2-\rho^2}}f(\rho\cos\theta,\rho\sin\theta,z)dz$.

2. (1) C.　(2) B.　(3) C.　(4) B.　(5) C.

3. 解:(1) $I = \iiint\limits_{\Omega_1} (x+y+z)^2 \mathrm{d}v = \iiint\limits_{\Omega_1} (x^2+y^2+z^2+2xy+2xz+2yz) \mathrm{d}x \mathrm{d}y \mathrm{d}z$,由于积分区域 Ω_1 关于变量 x,y,z 具有轮换对称性. 所以 $\iiint\limits_{\Omega_1} xy \mathrm{d}x \mathrm{d}y \mathrm{d}z = \iiint\limits_{\Omega_1} yz \mathrm{d}x \mathrm{d}y \mathrm{d}z = \iiint\limits_{\Omega_1} xz \mathrm{d}x \mathrm{d}y \mathrm{d}z$, $\iiint\limits_{\Omega_1} x^2 \mathrm{d}x \mathrm{d}y \mathrm{d}z = \iiint\limits_{\Omega_1} y^2 \mathrm{d}x \mathrm{d}y \mathrm{d}z = \iiint\limits_{\Omega_1} z^2 \mathrm{d}x \mathrm{d}y \mathrm{d}z$, $I = \iiint\limits_{\Omega_1} (3x^2+6xy) \mathrm{d}x \mathrm{d}y \mathrm{d}z = \int_0^1 \mathrm{d}z \int_0^1 \mathrm{d}x \int_0^1 (3x^2+6xy) \mathrm{d}y = \frac{5}{2}$.

(2) 积分区域 Ω_2 关于坐标面 xOz、yOz 面对称,而 yz 关于 y 轴为奇函数,xy,xz 关于 x 轴为奇函数,故 $\iiint\limits_{\Omega_2} xz \mathrm{d}x \mathrm{d}y \mathrm{d}z = \iiint\limits_{\Omega_2} xy \mathrm{d}x \mathrm{d}y \mathrm{d}z = \iiint\limits_{\Omega_2} yz \mathrm{d}x \mathrm{d}y \mathrm{d}z = 0$,所以 $I = \iiint\limits_{\Omega_2} (x+y+z)^2 \mathrm{d}v = \iiint\limits_{\Omega_2} (x^2+y^2+z^2+2xy+2xz+2yz) \mathrm{d}x \mathrm{d}y \mathrm{d}z = \iiint\limits_{\Omega_2} (x^2+y^2+z^2) \mathrm{d}x \mathrm{d}y \mathrm{d}z = \int_0^{2\pi} \mathrm{d}\theta \int_0^{\frac{\pi}{4}} \sin\varphi \mathrm{d}\varphi \int_0^2 r^4 \mathrm{d}r = \frac{64}{5}\left(1-\frac{\sqrt{2}}{2}\right)\pi$.

4. (1) 解法一:采用球面坐标系计算,$z=a \Rightarrow \rho = \frac{a}{\cos\varphi}$,$x^2+y^2 = z^2 \Rightarrow \varphi = \frac{\pi}{4}$,$\Omega: 0 \leqslant r \leqslant \frac{a}{\cos\varphi}$,$0 \leqslant \varphi \leqslant \frac{\pi}{4}$,$0 \leqslant \theta \leqslant 2\pi$,$I = \iiint\limits_{\Omega} (x^2+y^2+z^2) \mathrm{d}x \mathrm{d}y \mathrm{d}z = \int_0^{2\pi} \mathrm{d}\theta \int_0^{\frac{\pi}{4}} \mathrm{d}\varphi \int_0^{\frac{a}{\cos\varphi}} r^4 \sin\varphi \mathrm{d}r = 2\pi \int_0^{\frac{\pi}{4}} \sin\varphi \cdot \frac{1}{5}\left(\frac{a^5}{\cos^5\varphi} - 0\right) \mathrm{d}\varphi = \frac{3\pi}{10} a^5$.

解法二:采用柱面坐标系计算,$\Omega: 0 \leqslant \theta \leqslant 2\pi, 0 \leqslant \rho \leqslant a, \rho \leqslant z \leqslant a$,$I = \iiint\limits_{\Omega} (x^2+y^2+z^2) \mathrm{d}x \mathrm{d}y \mathrm{d}z = \int_0^{2\pi} \mathrm{d}\theta \int_0^a \rho \mathrm{d}\rho \int_\rho^a (\rho^2+z^2) \mathrm{d}z = 2\pi \int_0^a \left(a\rho^3 + \frac{a^3}{3}\rho - \frac{4}{3}\rho^4\right) \mathrm{d}\rho = 2\pi a^5 \left(\frac{1}{4} + \frac{1}{6} - \frac{4}{15}\right) = \frac{3\pi}{10} a^5$.

(2) 解:由对称性有 $\iiint\limits_{\Omega} y \mathrm{d}v = \iiint\limits_{\Omega} z \mathrm{d}v = 0$,原式 $= \iiint\limits_{\Omega} x^2 \mathrm{d}v = 8\int_0^a x^2 \mathrm{d}x \int_0^{\sqrt{a^2-x^2}} \mathrm{d}y \int_0^{\sqrt{a^2-x^2}} \mathrm{d}z = 8\int_0^a x^2(a^2-x^2) \mathrm{d}x = \frac{16}{15} a^5$.

(3) 解:解方程组 $\begin{cases} x^2+y^2+z^2 = 4 \\ x^2+y^2+z^2 = 4z \end{cases}$ 得 $z=1$,用截面 $z=z$ 来截区域,当 $0 \leqslant z \leqslant 1$ 时,$D_z: x^2+y^2 \leqslant 4z-z^2$;当 $1 \leqslant z \leqslant 2$ 时,$D_z: x^2+y^2 \leqslant 4-z^2$,所以 $I = \int_0^1 \mathrm{d}z \iint\limits_{D_z} z^2 \mathrm{d}x \mathrm{d}y + \int_1^2 \mathrm{d}z \iint\limits_{D_z} z^2 \mathrm{d}x \mathrm{d}y = \int_0^1 \pi z^2 \cdot (4z-z^2) \mathrm{d}z + \int_1^2 \pi z^2 \cdot (4-z^2) \mathrm{d}z = \frac{59}{15}$.

5. 解:设球缺所在球面的方程为 $x^2+y^2+z^2 = R^2$,球缺的中心线为 z 轴,记该球缺的区域为 Ω,则其体积为:$V = \iiint\limits_{\Omega} \mathrm{d}v = \int_{R-h}^R \mathrm{d}z \iint\limits_D \mathrm{d}x \mathrm{d}y = \int_{R-h}^R \pi(R^2-z^2) \mathrm{d}z = \frac{\pi}{3}(3R-h)h^2$.

6. 解:积分区域 Ω 的图形如右图所示,选用柱面坐标系计算. 积分区域 Ω 表示为 $\Omega: \rho \leqslant z \leqslant 1+\sqrt{1-\rho^2}, 0 \leqslant \rho \leqslant 1, 0 \leqslant \theta \leqslant 2\pi$,$V = \iiint\limits_{\Omega} \mathrm{d}x \mathrm{d}y \mathrm{d}z = \int_0^{2\pi} \mathrm{d}\theta \int_0^1 \rho \mathrm{d}\rho \int_\rho^{1+\sqrt{1-\rho^2}} \mathrm{d}z = 2\pi \int_0^1 \rho(1+\sqrt{1-\rho^2} - \rho) \mathrm{d}\rho = \pi$.

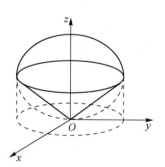

7. 解法一:球面坐标系下,$\Omega: \left\{(x,y,z) \,\middle|\, 0 \leqslant \theta \leqslant 2\pi, 0 \leqslant \varphi \leqslant \frac{\pi}{4}, 0 \leqslant r \leqslant 2\cos\varphi\right\}$,$I = \iiint\limits_{\Omega} \frac{\sqrt{x^2+y^2}}{z} \mathrm{d}x \mathrm{d}y \mathrm{d}z = \int_0^{2\pi} \mathrm{d}\theta \int_0^{\frac{\pi}{4}} \mathrm{d}\varphi \int_0^{2\cos\varphi} \frac{r\sin\varphi}{r\cos\varphi} r^2 \sin\varphi \mathrm{d}r = 2\pi \int_0^{\frac{\pi}{4}} \frac{\sin^2\varphi}{\cos\varphi} \left(\frac{8}{3}\cos^3\varphi\right) \mathrm{d}\varphi = \frac{4\pi}{3} \int_0^{\frac{\pi}{4}} \sin^2 2\varphi \mathrm{d}\varphi = \frac{4\pi}{3} \int_0^{\frac{\pi}{4}} \frac{1-\cos 4\varphi}{2} \mathrm{d}\varphi = \frac{\pi^2}{6}$.

解法二：$\sqrt{x^2+y^2}=z, x^2+y^2+z^2=2z \Rightarrow z=1$，则柱面坐标系下，$\Omega: \{(x,y,z) \mid 0 \leqslant \theta \leqslant 2\pi, 0 \leqslant r \leqslant 1, r \leqslant z \leqslant 1+\sqrt{1-r^2}\}, I = \iiint_\Omega \frac{\sqrt{x^2+y^2}}{z} dx dy dz = \int_0^{2\pi} d\theta \int_0^1 r dr \int_r^{1+\sqrt{1-r^2}} \frac{r}{z} dz = 2\pi \int_0^1 r^2 [\ln(1+\sqrt{1-r^2}) - \ln r] dr = \frac{2\pi}{3} \int_0^1 r^2 [\ln(1+\sqrt{1-r^2}) - \ln r] dr^3 = \frac{2\pi}{3} \{[r^3 (\ln(1+\sqrt{1-r^2}) - \ln r)]_0^1 - \int_0^1 r^3 (\frac{1}{1+\sqrt{1-r^2}} \cdot \frac{-r}{\sqrt{1-r^2}} - \frac{1}{r}) dr\} = \frac{2\pi}{3} [\int_0^1 \frac{r^2(1-\sqrt{1-r^2})}{\sqrt{1-r^2}} dr - \frac{1}{3}] = \frac{2\pi}{3} [\int_0^{\frac{\pi}{2}} (\sin^2 \theta - \sin^2 \theta \cos \theta) d\theta - \frac{1}{3}] = \frac{2\pi}{3} (\frac{\pi}{4} + \frac{1}{3} - \frac{1}{3}) = \frac{\pi^2}{6}$.

8. 解：$F(t) = \int_0^{2\pi} d\theta \int_0^\pi d\varphi \int_0^t f(r^2) r^2 \sin\varphi dr = 4\pi \int_0^t f(r^2) r^2 dr$, $\lim\limits_{t \to 0^+} \frac{F(t)}{t^5} = \lim\limits_{t \to 0^+} \frac{4\pi f(t^2) t^2}{5 t^4} = \lim\limits_{t \to 0^+} \frac{4\pi [f(t^2) - f(0)]}{5(t^2 - 0)} = \frac{4}{5} \pi f'(0) = 4\pi.$

9. 解：球体如右图所示，设球体的质量为 M，质心坐标为 $(\overline{x}, \overline{y}, \overline{z})$，则 $M = \iiint_\Omega \mu(x,y,z) dv = \iiint_{x^2+y^2+z^2 \leqslant 2Rz} (x^2+y^2+z^2) dv = \int_0^{2\pi} d\theta \int_0^{\frac{\pi}{2}} d\varphi \int_0^{2R\cos\varphi} r^2 \cdot r^2 \sin\varphi dr = 2\pi \int_0^{\frac{\pi}{2}} \sin\varphi \cdot \frac{(2R\cos\varphi)^5}{5} d\varphi = \frac{32}{15} \pi R^5$. 由对称性知 $\overline{x} = \overline{y} = 0, \overline{z} = \frac{1}{M} \iiint_\Omega z \mu(x,y,z) dv$，而 $\iiint_\Omega z \mu(x,y,z) dv = \iiint_{x^2+y^2+z^2 \leqslant 2Rz} z(x^2+y^2+z^2) dv = \int_0^{2\pi} d\theta \int_0^{\frac{\pi}{2}} d\varphi \int_0^{2R\cos\varphi} r^2 \cdot r\cos\varphi \cdot r^2 \sin\varphi dr = 2\pi \int_0^{\frac{\pi}{2}} \cos\varphi \cdot \sin\varphi \cdot \frac{(2R\cos\varphi)^6}{6} d\varphi = \frac{8}{3} \pi R^6$. 所以 $\overline{z} = \frac{\frac{8}{3} \pi R^6}{\frac{32}{15} \pi R^5} = \frac{5}{4} R$，故质心坐标为 $(0, 0, \frac{5}{4} R)$.

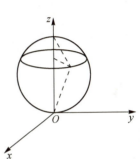

强化训练 17

1. (1) $3\frac{3}{4}$. (2) $\frac{2\pi}{15}$. (3) $4\pi x^2 f(x^2)$. (4) $\int_1^4 dz \int_0^{2\pi} d\theta \int_0^{\sqrt{z}} f(\rho\cos\theta, \rho\sin\theta, z) \rho d\rho$. (5) $(0, 0, \frac{1}{4})$.

2. (1) C. (2) B. (3) A. (4) D. (5) D.

3. 证明：令 $f = x + 2y - 2z + 5$，因为 $f_x = 1 \neq 0, f_y = 2 \neq 0, f_z' = -2 \neq 0$，所以 f 在 Ω 的内部无驻点. 在 Ω 的边界上，令 $F = f + \lambda(x^2+y^2+z^2-1)$，由 $f_x = 1 + 2\lambda x = 0, f_y = 2 + 2\lambda y = 0, F_z' = -2 + 2\lambda z = 0, x^2 + y^2 + z^2 = 1$，解得驻点为 $P_1(\frac{1}{3}, \frac{2}{3}, -\frac{2}{3}), P_2(-\frac{1}{3}, -\frac{2}{3}, \frac{2}{3})$. 因 $f(P_1) = 8, f(P_2) = 2$，且 f 在有界闭域 Ω 上连续，由最值定理可知，f 在 Ω 上的最大(小)值存在，所以 $f_{\max} = 8, f_{\min} = 2$，由于 f 与 $f^{\frac{1}{3}}$ 有相同的最值点，所以 $\sqrt[3]{f}_{\max} = \sqrt[3]{8} = 2, \sqrt[3]{f}_{\min} = \sqrt[3]{2}$. 令 $I = \iiint_\Omega \sqrt[3]{f} dv$，由积分的保号性得：$I \leqslant \iiint_\Omega 2 dv = 2 \cdot \frac{4}{3} \pi < 3\pi, I \geqslant \iiint_\Omega \sqrt[3]{2} dv = \sqrt[3]{2} \cdot \frac{4}{3} \pi > \frac{3}{2} \pi$. 故 $\frac{3}{2} \pi < I < 3\pi$.

4. (1) 解：由题设知，区域 Ω 是由旋转面 $x^2 + y^2 = (z-1)^2$ 与平面 $z = 0, z = 2$ 所围成，其水平截面 D_z 是圆域：$x^2 + y^2 \leqslant 1 + (z-1)^2$，于是 $I = \int_0^2 dz \iint_{D_z} (x^2+y^2) dx dy = \int_0^2 dz \int_0^{2\pi} d\theta \int_0^{\sqrt{1+(z-1)^2}} \rho^3 d\rho = 2\pi \int_0^2 \frac{1}{4} [1+(z-$

$1)^2]^2 dz \xrightarrow{\diamondsuit t=z-1} 2\pi \int_{-1}^{1} \frac{1}{4}(1+t^2)^2 dt = \frac{28}{15}\pi.$

(2) 解：Ω 可表示为：$\left\{(x,y,z) \mid -c \leqslant z \leqslant c, \frac{x^2}{a^2} + \frac{y^2}{b^2} \leqslant 1 - \frac{z^2}{c^2}\right\}$，则 $\iiint_{\Omega} z^2 dx dy dz = \int_{-c}^{c} z^2 dz \iint_{D_z} dx dy =$

$\pi ab \int_{-c}^{c} \left(1 - \frac{z^2}{c^2}\right) z^2 dz = \frac{4}{15} \pi abc^3.$ 同理有：$\iiint_{\Omega} x^2 dx dy dz = \frac{4}{15} \pi a^3 bc, \iiint_{\Omega} y^2 dx dy dz = \frac{4}{15} \pi ab^3 c$，故 $\iiint_{\Omega} (x^2 +$

$y^2 + z^2) dx dy dz = \frac{4}{15} \pi abc(a^2 + b^2 + c^2).$

(3) 解：由对称性可知，$\iiint_{\Omega: x^2+y^2+z^2 \leqslant 2z} x dx dy dz = \iiint_{\Omega: x^2+y^2+z^2 \leqslant 2z} y dx dy dz = 0$，故 $\iiint_{\Omega: x^2+y^2+z^2 \leqslant 2z} (ax + by +$

$cz) dx dy dz = c \iiint_{\Omega: x^2+y^2+z^2 \leqslant 2z} z dx dy dz = c \int_0^2 z dz \iint_{D_z: x^2+y^2 \leqslant 2z-z^2} dx dy = c \pi \int_0^2 z(2z - z^2) dz = \frac{4}{3} c\pi.$

5. 解：$I = \iiint_{\Omega} (1 + x^4) dx dy dz = \int_1^2 (1 + x^4) dx \iint_{D_x: y^2+z^2 \leqslant x^2} dy dz = \pi \int_1^2 (1 + x^4) x^2 dx = \pi \left(\frac{1}{3} x^3 + \frac{1}{7} x^7\right) \Big|_1^2 =$

$\frac{430}{21} \pi.$

6. 解：作变换 $\begin{cases} u = a_1 x + b_1 y + c_1 z \\ v = a_2 x + b_2 y + c_2 z \\ w = a_3 x + b_3 y + c_3 z \end{cases}$，则椭球体 $(a_1 x + b_1 y + c_1 z)^2 + (a_2 x + b_2 y + c_2 z)^2 +$

$(a_3 x + b_3 y + c_3 z)^2 \leqslant 1$ 化为球体 $u^2 + v^2 + w^2 \leqslant 1$，且 $\frac{\partial(u,v,w)}{\partial(x,y,z)} = \begin{vmatrix} a_1 & b_1 & c_1 \\ a_2 & b_2 & c_2 \\ a_3 & b_3 & c_3 \end{vmatrix} = \Delta \neq 0$，故 $J =$

$\left|\frac{\partial(x,y,z)}{\partial(u,v,w)}\right| = \frac{1}{|\Delta|} \neq 0$，故椭球体的体积 $V = \iiint_{\Omega_V} dx dy dz = \iiint_{\Omega: u^2+v^2+w^2 \leqslant 1} \frac{1}{|\Delta|} du dv dw = \frac{4\pi}{3|\Delta|}.$

7. 解：由对称性可知，Ω 的形心在 x 轴上，故可设 Ω 的形心坐标为 $(\overline{x}, 0, 0)$. 先求静矩：$I = \iiint_{\Omega} x dx dy dz =$

$\int_0^h x dx \iint_{D_x: y^2+z^2 \leqslant px} dy dz = \pi \int_0^h px^2 dx = \frac{\pi ph^3}{3}$，再求体积：$V = \iiint_{\Omega} dx dy dz = \int_0^h dx \iint_{D_x: y^2+z^2 \leqslant px} dy dz = \pi \int_0^h px dx$

$= \frac{\pi ph^2}{2}$，故 $\overline{x} = \frac{I}{V} = \frac{2}{3} h$，立体 Ω 的形心为 $\left(\frac{2}{3} h, 0, 0\right).$

8. 解：$I = \iiint_{\Omega: x^2+y^2+z^2 \leqslant 2z} (x^2 + y^2) dx dy dz = \int_0^{2\pi} d\theta \int_0^{\frac{\pi}{2}} d\varphi \int_0^{2\cos\varphi} r^4 \sin^3 \varphi dr = 2\pi \cdot \frac{32}{5} \int_0^{\frac{\pi}{2}} \sin^3 \varphi \cos^5 \varphi d\varphi = \frac{8}{15} \pi.$

9. 解：(1) 选用柱面坐标系计算，于是 $F(t) = \int_0^{2\pi} d\theta \int_0^t d\rho \int_0^a [z^2 + f(\rho^2)] \rho dz = 2\pi \int_0^t \rho \left[\frac{1}{3} a^3 + f(\rho^2) a\right] d\rho =$

$\frac{\pi}{3} a^3 t^2 + 2\pi a \int_0^t \rho f(\rho^2) d\rho$，所以 $F'(t) = \frac{2\pi}{3} a^3 t + 2\pi at f(t^2).$

(2) $\lim_{t \to 0^+} \frac{F(t)}{t^2} = \lim_{t \to 0^+} \frac{F'(t)}{2t} = \frac{\pi}{3} a^3 + \pi a f(0).$

10. 解：记球体为 Ω，以 Ω 的球心为原点 O，射线 OP_0 为正 x 轴建立直角坐标系，则点 P_0 的坐标为 $(R, 0, 0)$，球面的方程为 $x^2 + y^2 + z^2 = R^2$. 设 Ω 的质心位置为 $(\overline{x}, \overline{y}, \overline{z})$，由对称性，得 $\overline{y} = 0, \overline{z} = 0, \overline{x} =$

$\dfrac{\iiint_{\Omega} x \cdot k[(x-R)^2 + y^2 + z^2] dV}{\iiint_{\Omega} k[(x-R)^2 + y^2 + z^2] dV} = -\dfrac{R}{4}.$ 本题也可将定点 P_0 设为原点，球心为 O'，射线 $P_0 O'$ 为正 z 轴建

立直角坐标系,则球面的方程为 $x^2+y^2+z^2=2Rz$,采用如上的方法可求质心位置为 $(0,0,5R/4)$.

第 16—17 讲阶段能力测试

阶段能力测试 A

一、1. $\int_0^a dy \int_{\frac{y^2}{2a}}^{a-\sqrt{a^2-y^2}} f(x,y)dx + \int_0^a dy \int_{a+\sqrt{a^2-y^2}}^{2a} f(x,y)dx + \int_a^{2a} dy \int_{\frac{y^2}{2a}}^{2a} f(x,y)dx$. 2. $xy+\frac{1}{4}$.

3. 2. 4. 16. 5. $\left(0,0,\frac{16}{3}\pi\right)$.

二、1. C. 2. A. 3. C. 4. D. 5. C.

三、1. 解:$I = \int_0^1 dx \int_0^x \frac{y}{\sqrt{1+x^3}} dy = \frac{1}{2}\int_0^1 \frac{x^2}{\sqrt{1+x^3}} dx = \frac{1}{3}\int_0^1 \frac{1}{2\sqrt{1+x^3}} d(1+x^3) = \frac{1}{3}\left[\sqrt{1+x^3}\right]_0^1 = \frac{1}{3}(\sqrt{2}-1)$.

2. 解:由对称性可知,$\iint_D \frac{xy}{1+x^2+y^2} dxdy = 0$,则原式 $= \iint_D \frac{\rho}{1+\rho^2} d\rho d\theta = \int_{-\frac{\pi}{2}}^{\frac{\pi}{2}} d\theta \int_0^1 \frac{\rho}{1+\rho^2} d\rho = \pi\left[\frac{1}{2}\ln(1+\rho^2)\right]_0^1 = \frac{\pi}{2}\ln 2$.

四、1. 解:由对称性可知,$\iiint_\Omega x^3 dv = 0, \iiint_\Omega y dv = 0$,又由 $\iiint_\Omega z^2 dv = 2\iiint_{\Omega_{上半}} z^2 dv = 2\int_0^{2\pi} d\theta \int_0^{\frac{\pi}{4}} d\varphi \int_0^R r^4 \sin\varphi\cos^2\varphi dr = \frac{4\pi R^5}{5}\int_0^{\frac{\pi}{4}} \sin\varphi\cos^2\varphi d\varphi = \frac{4\pi}{15}\left(1-\frac{\sqrt{2}}{4}\right)R^5$.

2. 解:用截面 $z=z$ 来截区域,当 $0\leqslant z\leqslant 2$ 时,$D_z: x^2+y^2\leqslant 2z-z^2$,则 $I = \int_0^2 dz \iint_{D_z} z^2 dxdy = \int_0^2 \pi z^2\cdot(2z-z^2)dz = \frac{8\pi}{5}$.

五、解:如右图所示,所求曲面在 xOy 面上的投影区域为 $D = \{(x,y)\mid x^2+y^2\leqslant ax\}$,$\frac{\partial z}{\partial x} = \frac{-x}{\sqrt{a^2-x^2-y^2}}$,$\frac{\partial z}{\partial y} = \frac{-y}{\sqrt{a^2-x^2-y^2}}$,则 $A = \iint_D \sqrt{1+\left(\frac{\partial z}{\partial x}\right)^2+\left(\frac{\partial z}{\partial y}\right)^2} dxdy = \iint_D \frac{a}{\sqrt{a^2-x^2-y^2}} dxdy = a\int_{-\frac{\pi}{2}}^{\frac{\pi}{2}} d\theta \int_0^{a\cos\theta} \frac{1}{\sqrt{a^2-\rho^2}}\rho d\rho = a^2(\pi-2)$.

六、解:$I = 8\iiint_{\Omega_1} dv = 8\iint_{D_{xy}} dxdy \int_0^{\sqrt{a^2-y^2}} dz = 8\iint_{D_{xy}} \sqrt{a^2-y^2} dxdy = 8\int_0^a dy \int_0^{\sqrt{a^2-y^2}} \sqrt{a^2-y^2} dx = 8\int_0^a (a^2-y^2)dy = \frac{16}{3}a^3$.

七、解:$F(t) = \int_0^{2\pi} d\theta \int_0^\pi d\varphi \int_0^t f(r^2)r^2\sin\varphi dr = 4\pi\int_0^t f(r^2)r^2 dr$,$\lim_{t\to 0^+} \frac{F(t)}{t^5} = \lim_{t\to 0^+} \frac{4\pi f(t^2)t^2}{5t^4} = \lim_{t\to 0^+} \frac{4\pi[f(t^2)-f(0)]}{5(t^2-0)} = \frac{4}{5}\pi f'(0) = 4\pi$.

八、证明：将 $D_Y = \{(x,y) \mid 0 \leqslant y \leqslant a, 0 \leqslant y \leqslant x\}$ 化为 $D_X = \{(x,y) \mid 0 \leqslant x \leqslant a, x \leqslant y \leqslant a\}$，故
$$\int_0^a dy \int_0^y e^{m(a-x)} \cdot f(x) dx = \iint_D e^{m(a-x)} f(x) dx dy = \int_0^a e^{m(a-x)} f(x) dx \int_x^a dy = \int_0^a e^{m(a-x)} f(x)(a-x) dx.$$

九、解：如右图所示，设 $M(x,y,z)$ 是圆锥体内任一点，不妨设体密度为 ρ，dv 是包含此点的体积元素，同时表示其体积，$d\mathbf{F}$ 是 dv 对质量为 m 的质点的引力，则 $|d\mathbf{F}| = \dfrac{km\rho dv}{x^2+y^2+z^2}$（$k$ 为引力常数），$d\mathbf{F} /\!/ \overrightarrow{OM}, \overrightarrow{OM} = (x,y,z)$，

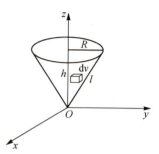

故 $d\mathbf{F} = |d\mathbf{F}| \dfrac{\overrightarrow{OM}}{|\overrightarrow{OM}|} = \dfrac{km\rho dv}{(x^2+y^2+z^2)^{\frac{3}{2}}}(x,y,z)$。由对称性可知，$F_x = F_y = 0, F_z = \iiint_\Omega \dfrac{zk\rho m}{(x^2+y^2+z^2)^{\frac{3}{2}}} dv = km\rho \int_0^{2\pi} d\theta \int_0^{\arccos\frac{h}{l}} \sin\varphi \cos\varphi d\varphi \int_0^{\frac{h}{\cos\varphi}} dr = 2k\pi m\rho h\left(1-\dfrac{h}{l}\right)$，因此所求的引力为 $\mathbf{F} = \left(0, 0, 2k\pi m\rho h\left(1-\dfrac{h}{l}\right)\right)$.

阶段能力测试 B

一、1. $\displaystyle\int_0^{\sqrt{2}} dy \int_0^{\frac{\pi}{4}} f(x,y) dx + \int_{\sqrt{2}}^2 dy \int_0^{\arccos\frac{y}{2}} f(x,y) dx$. 2. $\dfrac{\sqrt{\pi}}{2\sqrt{x}}$. 3. $\dfrac{2}{3}\pi(17\sqrt{17}-5\sqrt{5})$.

4. $\begin{cases} \pi x^2 f(x), & 0 \leqslant x \leqslant 1 \\ \pi(2-x)^2 f(x), & 1 \leqslant x \leqslant 2 \end{cases}$. 5. $\dfrac{8}{9}h^2$.

二、1. A. 2. B. 3. A. 4. C. 5. B.

三、1. **解**：设 $D_1 = \left\{(x,y) \mid 0 \leqslant x \leqslant \dfrac{1}{2}, 0 \leqslant y \leqslant 2\right\}, D_2 = \left\{(x,y) \mid \dfrac{1}{2} \leqslant x \leqslant 2, 0 \leqslant y \leqslant \dfrac{1}{x}\right\}$,

$D_3 = \left\{(x,y) \mid \dfrac{1}{2} \leqslant x \leqslant 2, \dfrac{1}{x} \leqslant y \leqslant 2\right\}$，则 $\iint_{D_1 \cup D_2} dx dy = 1 + \int_{\frac{1}{2}}^2 \dfrac{dx}{x} = 1 + 2\ln 2$，$\iint_{D_3} dx dy = 3 - 2\ln 2$,

$\iint_D \text{sgn}(xy-1) dx dy = \iint_{D_3} dx dy - \iint_{D_1 \cup D_2} dx dy = 2 - 4\ln 2$.

2. **解**：如右图所示，$\iint_{D_{11}} f(x,y) d\sigma = \iint_{D_{11}} x^2 d\sigma = \int_0^1 dx \int_0^{1-x} x^2 dy = \int_0^1 x^2(1-x) dx = \dfrac{1}{12}$, $\iint_{D_{12}} f(x,y) d\sigma = \iint_{D_{12}} \dfrac{1}{\sqrt{x^2+y^2}} d\sigma = \int_0^{\frac{\pi}{2}} d\theta \int_{\frac{1}{\sin\theta+\cos\theta}}^{\frac{2}{\sin\theta+\cos\theta}} dr =$

$\displaystyle\int_0^{\frac{\pi}{2}} \dfrac{1}{\sin\theta+\cos\theta} d\theta = \sqrt{2}\ln(\sqrt{2}+1)$，由对称性故 $\iint_D f(x,y) d\sigma = 4\left[\dfrac{1}{12} + \sqrt{2}\ln(\sqrt{2}+1)\right] = \dfrac{1}{3} + 4\sqrt{2}\ln(\sqrt{2}+1)$.

四、1. **解**：由对称性可知，$\iiint_\Omega 2(xy+yz+zx) dx dy dz = 0, I = \iiint_\Omega (x^2+y^2+z^2) dx dy dz, \Omega : c \leqslant z \leqslant -c$,

$D_z : \dfrac{x^2}{a^2} + \dfrac{y^2}{b^2} \leqslant 1 - \dfrac{z^2}{c^2}; \iiint_\Omega z^2 dx dy dz = 2\int_0^c dz \iint_{D_z} z^2 dx dy = 2\int_0^c \pi abz^2\left(1-\dfrac{z^2}{c^2}\right) dz = \dfrac{4\pi abc^3}{15}$，同理可得

$\iiint_\Omega x^2 dx dy dz = \dfrac{4\pi a^3 bc}{15}, \iiint_\Omega y^2 dx dy dz = \dfrac{4\pi ab^3 c}{15}$，故 $I = \iiint_\Omega (x^2+y^2+z^2) dx dy dz = \dfrac{4\pi abc}{15}(a^2+b^2+c^2)$.

2. **解**：设 $\Omega_1 : \sqrt{x^2+y^2} \leqslant z \leqslant \sqrt{1-(x^2+y^2)}, \Omega_2 : 0 \leqslant z \leqslant \sqrt{x^2+y^2}$ 且 $z \leqslant \sqrt{1-(x^2+y^2)}, \Omega_3 : -\sqrt{1-(x^2+y^2)} \leqslant z \leqslant 0$，故 $\iiint_\Omega f(x,y,z) dv = \iiint_{\Omega_1} 0 dv + \iiint_{\Omega_2} \sqrt{x^2+y^2} dv + \iiint_{\Omega_3} \sqrt{x^2+y^2+z^2} dv = 0 +$

$\int_0^{2\pi} d\theta \int_{\frac{\pi}{4}}^{\frac{\pi}{2}} d\varphi \int_0^1 r^3 \sin^2\varphi \, dr + \int_0^{2\pi} d\theta \int_{\frac{\pi}{2}}^{\pi} d\varphi \int_0^1 r^3 \sin\varphi \, dr = 2\pi \cdot \frac{1}{4}\left(\int_{\frac{\pi}{4}}^{\frac{\pi}{2}} \frac{1-\cos 2\varphi}{2} d\varphi + \int_{\frac{\pi}{2}}^{\pi} \sin\varphi \, d\varphi\right) = \frac{\pi}{2}\left(\frac{\pi}{8} + \frac{1}{4}\right) + \frac{\pi}{2} = \frac{\pi^2}{16} + \frac{5\pi}{8}.$

五、证明:令 $D = \{(x,y) \mid 0 \leqslant x \leqslant 1, 0 \leqslant y \leqslant 1\}$,于是 $\int_0^1 f(x)g(x)dx - \int_0^1 f(x)dx \int_0^1 g(x)dx =$
$\int_0^1 dy \int_0^1 f(x)g(x)dx - \int_0^1 dy \int_0^1 f(y)g(x)dx = \iint_D [f(x)-f(y)]g(x)dxdy.$ 又 $\int_0^1 f(x)g(x)dx -$
$\int_0^1 f(x)dx \int_0^1 g(x)dx = \int_0^1 dx \int_0^1 f(y)g(y)dy - \int_0^1 dx \int_0^1 f(x)g(y)dy = \iint_D [f(y)-f(x)]g(y)dxdy =$
$-\iint_D [f(x)-f(y)]g(y)dxdy$,所以 $\int_0^1 f(x)g(x)dx - \int_0^1 f(x)dx \int_0^1 g(x)dx = \frac{1}{2}\iint_D [f(x)-f(y)][g(x)-g(y)]dxdy.$ 因为 $f(x)$ 与 $g(x)$ 在 $(0,1)$ 上都是单调增加的连续函数,所以 $[f(x)-f(y)][g(x)-g(y)] \geqslant 0 \ (\forall (x,y) \in D)$,故 $\int_0^1 f(x)g(x)dx - \int_0^1 f(x)dx \int_0^1 g(x)dx \geqslant 0$,即 $\int_0^1 f(x)g(x)dx \geqslant \int_0^1 f(x)dx \int_0^1 g(x)dx.$

六、(1) 解:由题设知 $f(x) = \int_0^x \frac{\cos t}{2t-3\pi}dt + C$,因为 $f(0) = 0$,所以 $C = 0 \Rightarrow f(x) = \int_0^x \frac{\cos t}{2t-3\pi}dt$,则函数平均值为:$\dfrac{\int_0^{\frac{3}{2}\pi} f(x)dx}{\frac{3}{2}\pi - 0} = \dfrac{2}{3\pi}\int_0^{\frac{3}{2}\pi} dx \int_0^x \dfrac{\cos t}{2t-3\pi}dt = \dfrac{2}{3\pi}\int_0^{\frac{3}{2}\pi} dt \int_t^{\frac{3}{2}\pi} \dfrac{\cos t}{2t-3\pi}dx = \dfrac{2}{3\pi}\int_0^{\frac{3}{2}\pi} \dfrac{\cos t}{2t-3\pi}\left(\dfrac{3}{2}\pi - t\right)dt =$
$-\dfrac{1}{3\pi}\int_0^{\frac{3}{2}\pi} \cos t \, dt = -\dfrac{1}{3\pi}\sin t \Big|_0^{\frac{3}{2}\pi} = \dfrac{1}{3\pi}.$

(2) 证明:由 $f(x) = \int_0^x \frac{\cos t}{2t-3\pi}dt$,得 $f'(x) = \frac{\cos x}{2x-3\pi}$,令 $f'(x) = 0 \Rightarrow x = \frac{\pi}{2}$,$x \in \left(0, \frac{\pi}{2}\right)$,$f'(x) = \frac{\cos x}{2x-3\pi} < 0$;$x \in \left(\frac{\pi}{2}, \frac{3\pi}{2}\right)$,$f'(x) = \frac{\cos x}{2x-3\pi} > 0$,故 $f(x)$ 在 $\left(0, \frac{3}{2}\pi\right)$ 内的极小值点也就是最小值点为 $x = \frac{\pi}{2}$. 故 $f_{\min}(x) = f\left(\frac{\pi}{2}\right) = \int_0^{\frac{\pi}{2}} \frac{\cos t}{2t-3\pi}dt < 0, f(0) = 0, f(\pi) = \int_0^{\pi} \frac{\cos t}{2t-3\pi}dt = \int_0^{\pi} \frac{d\sin t}{2t-3\pi} = \frac{\sin t}{2t-3\pi}\Big|_0^{\pi} -$
$\int_0^{\pi} \sin t \, d\left(\frac{1}{2t-3\pi}\right) = 2\int_0^{\pi} \frac{\sin t}{(2t-3\pi)^2}dt > 0.$ 由零点存在定理可知,函数 $f(x)$ 在 $\left(\frac{\pi}{2}, \pi\right)$ 内有零点,综合单调性可知,函数 $f(x)$ 在 $\left(0, \frac{\pi}{2}\right)$ 内无零点,函数 $f(x)$ 在 $\left(\frac{\pi}{2}, \frac{3\pi}{2}\right)$ 有内唯一零点. 综上所述,$f(x)$ 在 $\left(0, \frac{3\pi}{2}\right)$ 内有唯一零点.

七、证明:由重心为 $G(0, \bar{y})$,$\bar{x} = 0 = \frac{1}{M}\iint_D \mu x \, d\sigma \Rightarrow \iint_D \mu x \, d\sigma = 0$,依题意设 L 所在的直线为 y 轴,则 $I_l = \iint_D \mu(x-d)^2 d\sigma = \iint_D \mu x^2 d\sigma - 2d\iint_D \mu x \, d\sigma + \iint_D \mu d^2 d\sigma = I_y - 0 + d^2 M = I_L + d^2 M.$

八、解:设球体在旋转抛物面内部的体积为 V_1,外部的体积为 V_2,则由 $\begin{cases} x^2+y^2+az = 4a^2 \\ x^2+y^2+z^2 = 4az \end{cases}$ 解得:$z = a$.
$V_2 = \iiint_{\Omega_2} dv = \int_a^{4a} dz \iint_{D_z: 4a^2-az \leqslant x^2+y^2 \leqslant 4az-z^2} dxdy = \int_a^{4a} \pi[(4az-z^2)-(4a^2-az)]dz = \int_a^{4a} \pi(5az-z^2-4a^2)dz = \frac{27}{6}\pi a^3, V_1 = V_{球} - V_2 = \frac{4}{3}\pi(2a)^3 - \frac{27}{6}\pi a^3 = \frac{37}{6}\pi a^3$,故 $V_1 : V_2 = 37 : 27.$

九、解:质心坐标为 $(\bar{x}, \bar{y}, \bar{z})$,由对称性可知,$\bar{y} = \bar{z} = 0, \bar{x} = \dfrac{\iiint_\Omega x \, dv}{\iiint_\Omega dv}$,则 $\Omega: 0 \leqslant x \leqslant 2, D_x: \dfrac{y^2}{(2\sqrt{x})^2} +$

$\frac{z^2}{(\sqrt{2x})^2} \leqslant 1, S_{D_x} = \pi 2\sqrt{x}\sqrt{2x} = 2\sqrt{2}\pi x, \iiint_\Omega \mathrm{d}v = \int_0^2 \mathrm{d}x \iint_{D_x} \mathrm{d}x\mathrm{d}y = \int_0^2 2\sqrt{2}\pi x\mathrm{d}x = 4\sqrt{2}\pi, \iiint_\Omega x\mathrm{d}v =$

$\int_0^2 \mathrm{d}x \iint_{D_x} x\mathrm{d}x\mathrm{d}y = \int_0^2 2\sqrt{2}\pi x^2 \mathrm{d}x = 2\sqrt{2}\pi \cdot \frac{8}{3} = \frac{16\sqrt{2}\pi}{3}, \bar{x} = \frac{\iiint_\Omega x\mathrm{d}v}{\iiint_\Omega \mathrm{d}v} = \frac{\frac{16\sqrt{2}\pi}{3}}{4\sqrt{2}\pi} = \frac{4}{3}$,故质心坐标

为 $\left(\frac{4}{3}, 0, 0\right)$.

第18讲　曲线积分与曲面积分(一)
——曲线积分

基础练习 18

1. (1) 2. (2) $\frac{4\pi}{5}$. (3) 0. (4) 2π. (5) 2

2. (1) C. (2) B. (3) C. (4) C. (5) B.

3. **解**：弧段 $AB: \left\{(x,y): x = \cos\theta, y = \sin\theta, \frac{\pi}{2} \leqslant x \leqslant \pi\right\}$，弧段 $BC: y = 1-x, 0 \leqslant x \leqslant 1$. 于是 $\int_{AB} x\mathrm{d}s = \int_{\frac{\pi}{2}}^\pi \cos\theta \sqrt{\sin^2\theta + \cos^2\theta}\mathrm{d}\theta = \int_{\frac{\pi}{2}}^\pi \cos\theta \mathrm{d}\theta = -1, \int_{BC} x\mathrm{d}s = \int_0^1 x\sqrt{1+1}\mathrm{d}x = \int_0^1 \sqrt{2}x\mathrm{d}x = \frac{\sqrt{2}}{2}$，所以 $\int_L x\mathrm{d}s = -1 + \frac{\sqrt{2}}{2}$.

4. **解**：由对弧长的曲线积分的几何意义知，侧面积 $A = \int_L z\mathrm{d}s$，其中 $L: x^2 + y^2 = R^2 (x \geqslant 0)$，其参数方程为 $\begin{cases} x = R\cos\theta \\ y = R\sin\theta \end{cases} \left(-\frac{\pi}{2} \leqslant \theta \leqslant \frac{\pi}{2}\right), \mathrm{d}s = \sqrt{x'^2(\theta) + y'^2(\theta)}\mathrm{d}\theta = R\sqrt{(-\sin\theta)^2 + (\cos\theta)^2}\mathrm{d}\theta = R\mathrm{d}\theta$. 而 $z = 2x$，因此 $A = \int_L z\mathrm{d}s = \int_L 2x\mathrm{d}s = \int_{-\frac{\pi}{2}}^{\frac{\pi}{2}} 2R\cos\theta R\mathrm{d}\theta = 4R^2$.

5. **解法一**：化为关于 x 的定积分，$L: y = b\sqrt{1 - \frac{x^2}{a^2}}, x: a \to -a, \int_L (y^2 + 2xy)\mathrm{d}x = \int_a^{-a}\left[b^2\left(1 - \frac{x^2}{a^2}\right) + 2b\sqrt{1 - \frac{x^2}{a^2}} \cdot x\right]\mathrm{d}x = b^2 \int_a^{-a}\left(1 - \frac{x^2}{a^2}\right)\mathrm{d}x = -2\frac{b^2}{a^2}\int_0^a (a^2 - x^2)\mathrm{d}x = -\frac{4}{3}ab^2$.

解法二：化为关于 y 的定积分，$L: x = \pm a\sqrt{1 - \frac{y^2}{b^2}} (y \geqslant 0), L$ 分成 L_1 和 L_2 两段，其中 $L_1: x = a\sqrt{1 - \frac{y^2}{b^2}}, y: 0 \to b; L_2: x = -a\sqrt{1 - \frac{y^2}{b^2}}, y: b \to 0$. 于是 $\int_L (y^2 + 2xy)\mathrm{d}x = \left(\int_{L_1} + \int_{L_2}\right)(y^2 + 2xy)\mathrm{d}x = \int_0^b \left(y^2 + 2a\sqrt{1 - \frac{y^2}{b^2}} \cdot y\right)\left(-\frac{a}{b}\frac{y}{\sqrt{b^2 - y^2}}\right)\mathrm{d}y + \int_b^0 \left(y^2 - 2a\sqrt{1 - \frac{y^2}{b^2}} \cdot y\right)\left(-\frac{a}{b}\frac{y}{\sqrt{b^2 - y^2}}\right)\mathrm{d}y = -\frac{2a}{b}\int_0^b y^2 \frac{y}{\sqrt{b^2 - y^2}}\mathrm{d}y = -\frac{4}{3}ab^2$.

解法三：利用参数方程，$L: \begin{cases} x = a\cos t \\ y = b\sin t \end{cases}, t: 0 \to \pi, \mathrm{d}x = -a\sin t \mathrm{d}t$，故 $\int_L (y^2 + 2xy)\mathrm{d}x = \int_0^\pi (b^2 \sin^2 t + 2ab\cos t \sin t)(-a\sin t)\mathrm{d}t = -\int_0^\pi ab^2 \sin^3 t \mathrm{d}t - \int_0^\pi 2a^2 b \sin^2 t \mathrm{d}\sin t = -\frac{4}{3}ab^2$.

解法四：利用格林公式，添加有向直线段 $\overline{BA}: y=0, x:-a \to a$，则 $L+\overline{BA}$ 成闭曲线，由格林公式可得

$$\oint_{L+\overline{BA}}(y^2+2xy)\mathrm{d}x = -\iint_D(2y+2x)\mathrm{d}x\mathrm{d}y = -\iint_D 2y\mathrm{d}x\mathrm{d}y = -\int_{-a}^a \mathrm{d}x \int_0^{b\sqrt{1-\frac{x^2}{a^2}}} 2y\mathrm{d}y = -\int_{-a}^a b^2\left(1-\frac{x^2}{a^2}\right)\mathrm{d}x =$$

$-b^2\left(x-\frac{x^3}{3a^2}\right)\Big|_{-a}^a = -\frac{4}{3}ab^2$，其中 $D: \frac{x^2}{a^2}+\frac{y^2}{b^2} \leqslant 1, y \geqslant 0$。因此 $\int_L(y^2+2xy)\mathrm{d}x = \oint_{L+\overline{BA}}(y^2+2xy)\mathrm{d}x -$

$\int_{\overline{BA}}(y^2+2xy)\mathrm{d}x = \oint_{L+\overline{BA}}(y^2+2xy)\mathrm{d}x - 0 = -\frac{4}{3}ab^2$。

6. **解法一**：L 由直线段 $\overline{AB},\overline{BC},\overline{CD}$ 与 $\overline{DA}$ 所组成（如右图所示），其中 $\overline{AB}:x+$
$y=1, \overline{BC}:-x+y=1, \overline{CD}:-x-y=1, \overline{DA}:x-y=1$，所以 $\oint_L \frac{\mathrm{d}x+\mathrm{d}y}{|x|+|y|} =$

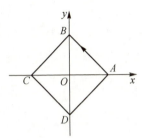

$\left(\int_{\overline{AB}}+\int_{\overline{BC}}+\int_{\overline{CD}}+\int_{\overline{DA}}\right)\frac{\mathrm{d}x+\mathrm{d}y}{|x|+|y|} = \left(\int_{\overline{AB}}+\int_{\overline{BC}}+\int_{\overline{CD}}+\int_{\overline{DA}}\right)(\mathrm{d}x+$

$\mathrm{d}y) = \int_1^0(1-1)\mathrm{d}x + \int_0^{-1}(1+1)\mathrm{d}x + \int_{-1}^0(1-1)\mathrm{d}x + \int_0^1(1+1)\mathrm{d}x = 2\int_0^{-1}\mathrm{d}x +$

$2\int_0^1\mathrm{d}x = 0$。

解法二：$L:|x|+|y|=1$，原式 $= \oint_L \mathrm{d}x+\mathrm{d}y = \iint_{D_L} 0 \cdot \mathrm{d}x\mathrm{d}y = 0$。

7. **解**：设 $P = \mathrm{e}^x\sin y - b(x+y), Q = \mathrm{e}^x\cos y - ax, \frac{\partial P}{\partial y} = \mathrm{e}^x\cos y - b, \frac{\partial Q}{\partial x} =$
$\mathrm{e}^x\cos y - a$，添加有向直线段 $\overline{OA}:y=0, x:0 \to 2a$（如右图所示），则 $L+\overline{OA}$ 为闭

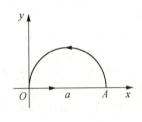

曲线，由格林公式可得 $\oint_{L+\overline{OA}}[\mathrm{e}^x\sin y - b(x+y)]\mathrm{d}x + (\mathrm{e}^x\cos y - ax)\mathrm{d}y =$

$\iint_D\left(\frac{\partial Q}{\partial x}-\frac{\partial P}{\partial y}\right)\mathrm{d}x\mathrm{d}y = \iint_D(b-a)\mathrm{d}x\mathrm{d}y = \frac{1}{2}\pi a^2(b-a)$，其中 $D:(x-a)^2+y^2 \leqslant$

$a^2, y \geqslant 0$。所以 $I = \left(\oint_{L+\overline{OA}} - \int_{\overline{OA}}\right)[\mathrm{e}^x\sin y - b(x+y)]\mathrm{d}x + (\mathrm{e}^x\cos y - ax)\mathrm{d}y = \frac{1}{2}\pi a^2(b-a) - \int_0^{2a}(-bx)\mathrm{d}x =$

$\frac{1}{2}\pi a^2(b-a) + 2a^2b = \left(\frac{\pi}{2}+2\right)a^2b - \frac{\pi}{2}a^3$。

8. **解**：令 $P = -\frac{y}{x^2+y^2}, Q = \frac{x}{x^2+y^2}$，则 $\frac{\partial P}{\partial y} = \frac{y^2-x^2}{(x^2+y^2)^2} = \frac{\partial Q}{\partial x}, (x,y) \neq (0,0)$。

(1) 由于当 L 所围成的区域 D 中不含 $O(0,0)$，即 $\frac{\partial P}{\partial y}, \frac{\partial Q}{\partial x}$ 在 D 内连续，所以由格式公式得 $\oint_L \frac{x\mathrm{d}y-y\mathrm{d}x}{x^2+y^2} = 0$。

(2) 由于 L 所围成的区域 D 中包含 $O(0,0)$，可知 $\frac{\partial P}{\partial y}, \frac{\partial Q}{\partial x}$ 在 D 内除 $O(0,0)$ 外都连续，此时作曲线 l^+ 为 $x^2+y^2=\varepsilon^2(0<\varepsilon<1)$，取逆时针方向，并假设 D^* 为 L^+ 及 l^- 所围成的区域，则 $I =$

$\left(\oint_{L^+} - \oint_{l^+} + \oint_{l^+}\right)\frac{x\mathrm{d}y-y\mathrm{d}x}{x^2+y^2} = \oint_{L^++l^-} + \oint_{l^+}\right)\frac{x\mathrm{d}y-y\mathrm{d}x}{x^2+y^2} \xrightarrow{\text{格林公式}} \iint_{D^*}\left(\frac{\partial Q}{\partial x}-\frac{\partial P}{\partial y}\right)\mathrm{d}x\mathrm{d}y + \oint_{x^2+y^2=\varepsilon^2}\frac{x\mathrm{d}y-y\mathrm{d}x}{x^2+y^2} = 0 +$

$\frac{1}{\varepsilon^2}\oint_{x^2+y^2=\varepsilon^2}x\mathrm{d}y-y\mathrm{d}x \xrightarrow{\text{格林公式}} \frac{1}{\varepsilon^2}\iint_{D_l:x^2+y^2\leqslant\varepsilon^2} 2\mathrm{d}x\mathrm{d}y = \frac{1}{\varepsilon^2}2\pi\varepsilon^2 = 2\pi$。

9. **解**：令 $P(x,y) = xy^2, Q(x,y) = y\varphi(x)$，则 $\frac{\partial P}{\partial y} = \frac{\partial}{\partial y}(xy^2) = 2xy, \frac{\partial Q}{\partial x} = \frac{\partial}{\partial x}[y\varphi(x)] = y\varphi'(x)$，由于积分与路径无关，则 $\frac{\partial P}{\partial y} = \frac{\partial Q}{\partial x}$，即 $y\varphi'(x) = 2xy \Rightarrow \varphi(x) = x^2+c$。由 $\varphi(0) = 0$，知 $c=0 \Rightarrow \varphi(x) = x^2$，故 $\int_{(0,0)}^{(1,1)} xy^2\mathrm{d}x + y\varphi(x)\mathrm{d}y = \int_0^1 0\mathrm{d}x + \int_0^1 y\mathrm{d}y = \frac{1}{2}$。

235

10. 解：(1) $\boldsymbol{F} = -\boldsymbol{r} = (-x, -y)$，则 $\boldsymbol{F}$ 所做的功为 $W = \int_L -x\,dx - y\,dy$.

(2) 当 L 为任意有向分段光滑闭曲线时，$\boldsymbol{F}$ 所做的功为 $W = \pm \oint_L -x\,dx - y\,dy = \pm\iint_{D_L} 0\,dx\,dy = 0$，即当 L 为有向分段光滑闭曲线时，$\boldsymbol{F}$ 所做的功恒等于 0.

强化训练 18

1. (1) $\sqrt{2}$.　(2) $9\sqrt{6}$.　(3) 2.　(4) $-6\pi^2$.　(5) $-3k\ln 2$.

2. (1) D.　(2) B.　(3) A.　(4) A.　(5) B.

3. 解：$x'(t) = a(1-\cos t), y'(t) = a\sin t, \int_L y^2\,ds = \int_0^{2\pi} a^2(1-\cos t)^2 \sqrt{a^2(1-\cos t)^2 + a^2\sin^2 t}\,dt =$
$8a^3\int_0^{2\pi}\left(\sin\frac{t}{2}\right)^5 dt = 16a^3\int_0^\pi (\sin u)^5\,du = 32a^3\int_0^{\frac{\pi}{2}}\sin^5 u\,du = \frac{256}{15}a^3$.

4. 解：利用对称性，有 $\oint_C (x^2+y^2)\,ds = \frac{2}{3}\oint_C (x^2+y^2+z^2)\,ds = \frac{2R^2}{3}\oint_C ds = \frac{4\pi}{3}R^3$.

5. 解：有向线段 $L = L_1 + L_2, L_1 : y = x, x : 0 \to 1; L_2 : y = 2-x, x : 1 \to 2$，则 $\int_L (x^2+y^2)\,dx + (x^2-y^2)\,dy =$
$\int_{L_1}(x^2+y^2)\,dx+(x^2-y^2)\,dy+\int_{L_2}(x^2+y^2)\,dx+(x^2-y^2)\,dy = \int_0^1 2x^2\,dx + \int_1^2 [x^2+(2-x)^2]\,dx +$
$[x^2-(2-x)^2](-dx) = \frac{2}{3} + \int_1^2 2(2-x)^2\,dx = \frac{4}{3}$.

6. 解：设 $P = \dfrac{-y}{4x^2+y^2}, Q = \dfrac{x}{4x^2+y^2}$，当 $x^2+y^2 \neq 0$ 时，$\dfrac{\partial P}{\partial y} = \dfrac{y^2-4x^2}{(4x^2+y^2)^2} =$
$\dfrac{\partial Q}{\partial x}$. 当 $R < 1$ 时，$O(0,0) \notin D_L$（如右图所示），由格林公式可得 $I = \oint_L \dfrac{x\,dy-y\,dx}{4x^2+y^2} =$
$\iint_D \left(\dfrac{\partial Q}{\partial x} - \dfrac{\partial P}{\partial y}\right)dx\,dy = 0$. 当 $R > 1$ 时，取 $\varepsilon > 0$ 充分小，使以原点为中心的椭圆 $L_1 : 4x^2+y^2 = \varepsilon^2$ 含在 L 所围的区域内（如右下图所示），L_1 的方向为逆时针方向. 设 $D_1 : 4x^2+y^2 \leqslant \varepsilon^2$，由格林公式可得 $\oint_{L+L_1^-} \dfrac{x\,dy-y\,dx}{4x^2+y^2} = 0$，所以

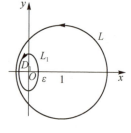

$\oint_L \dfrac{x\,dy-y\,dx}{4x^2+y^2} = \oint_{L_1} \dfrac{x\,dy-y\,dx}{4x^2+y^2} = \dfrac{1}{\varepsilon^2}\int_{L_1} x\,dy - y\,dx = \dfrac{2}{\varepsilon^2}\iint_{D_1} dx\,dy = \dfrac{1}{\varepsilon^2} \cdot 2\pi\dfrac{\varepsilon}{2} \cdot$
$\varepsilon = \pi$.

7. 解：设 $P = \dfrac{x-y}{x^2+y^2}, Q = \dfrac{x+y}{x^2+y^2}$，所以 $\dfrac{\partial P}{\partial y} = \dfrac{\partial Q}{\partial x} = \dfrac{-x^2+y^2-2xy}{(x^2+y^2)^2}(x^2+$
$y^2 \neq 0$)，即在除去原点的单连通区域 D 上，曲线积分与路径无关. 取新的路径 L' 为从点 $(-1,0)$ 到点 $(1,0)$ 的下半单位圆周 $x^2+y^2 = 1$，其参数方程为 $\begin{cases} x = \cos t \\ y = \sin t \end{cases} (\pi \leqslant t \leqslant 2\pi)$，所以原式 $= \int_{L'} \dfrac{(x-y)\,dx+(x+y)\,dy}{x^2+y^2} =$
$\int_\pi^{2\pi} [(\cos t - \sin t)(-\sin t) + (\cos t + \sin t)\cos t]\,dt = \int_\pi^{2\pi} dt = \pi$.

8. 解：由于曲线积分 $\int_{(0,0)}^{(t,t^2)} f(x,y)\,dx + x\cos y\,dy = t^2$ 与路径无关，故 $\cos y = f'_y(x,y)$，得 $f(x,y) = \sin y +$
$C(x)$. 又 $\int_{(0,0)}^{(t,t^2)} [\sin y + C(x)]\,dx + x\cos y\,dy = t^2$，即 $\int_0^t C(x)\,dx + \int_0^t t\cos y\,dy = t^2, \int_0^t C(x)\,dx + t\sin t^2 = t^2$，
对两边求导得 $C(t) + \sin t^2 + 2t^2\cos t^2 = 2t, C(t) = 2t - \sin t^2 - 2t^2\cos t^2$，于是得 $f(x,y) = \sin y + 2x -$

$\sin x^2 - 2x^2\cos x^2$.

9. 证明：令 $P = -\dfrac{\partial f}{\partial y}, Q = \dfrac{\partial f}{\partial x}$，设 α 为 x 轴正向与 $\boldsymbol{n}$ 的夹角，θ 为 x 轴正向与切向量 $\boldsymbol{s}$ 的夹角，则 $\cos\theta = -\sin\alpha$，$\sin\theta = \cos\alpha$，由格林公式可得 $\iint\limits_{D}\left(\dfrac{\partial^2 f}{\partial x^2} + \dfrac{\partial^2 f}{\partial y^2}\right)\mathrm{d}x\mathrm{d}y = \oint_C -\dfrac{\partial f}{\partial y}\mathrm{d}x + \dfrac{\partial f}{\partial x}\mathrm{d}y = \oint_C \left(-\dfrac{\partial f}{\partial y}\cos\theta + \dfrac{\partial f}{\partial x}\sin\theta\right)\mathrm{d}s = \oint_C \left(\dfrac{\partial f}{\partial x}\cos\alpha + \dfrac{\partial f}{\partial y}\sin\alpha\right)\mathrm{d}s$，而 $\dfrac{\partial f}{\partial x}\cos\alpha + \dfrac{\partial f}{\partial y}\sin\alpha$ 是 $f(x,y)$ 沿 $\boldsymbol{n}$ 的方向向量即 $\dfrac{\partial f}{\partial \boldsymbol{n}}$，所以 $\iint\limits_{D}\left(\dfrac{\partial^2 f}{\partial x^2} + \dfrac{\partial^2 f}{\partial y^2}\right)\mathrm{d}x\mathrm{d}y = \oint_C \dfrac{\partial f}{\partial \boldsymbol{n}}\mathrm{d}s$.

10. 证明：对 $f(tx, ty) = t^{-2}f(x,y)$ 两边求 t 的导数得：$xf_1(tx, ty) + yf_2(tx, ty) = -2t^{-3}f(x,y)$，令 $t = 1$，得 $xf_1(x,y) + yf_2(x,y) = -2f(x,y)$，即 $-(f + xf_x) = f + yf_y$. 又 $\dfrac{\partial}{\partial x}(-xf) = -(f + xf_x)$，$\dfrac{\partial}{\partial y}(yf) = f + yf_y$，故 $\dfrac{\partial}{\partial x}(-xf) = -(f + xf_x) = \dfrac{\partial}{\partial y}(yf) = f + yf_y$，所以对 D 内任意分段光滑的有向简单闭曲线 L 都有 $\oint_L yf(x,y)\mathrm{d}x - xf(x,y)\mathrm{d}y = 0$.

第 19 讲　曲线积分与曲面积分(二)(理)
—— 曲面积分

基础练习 19

1. (1) $\dfrac{128}{3}\pi$.　(2) $\dfrac{R}{2}$.　(3) 2π.　(4) 4.　(5) $\boldsymbol{i} + \boldsymbol{j}$.

2. (1) C.　(2) A.　(3) B.　(4) D.　(5) D.

3. 解：$\Sigma: z = 4 - 2x - \dfrac{4y}{3}$ 投影到 xOy 面上得 $D_{xy}: 0 \leqslant x \leqslant 2, 0 \leqslant y \leqslant 3 - \dfrac{3}{2}x$，$\mathrm{d}S = \sqrt{1 + (-2)^2 + \left(-\dfrac{4}{3}\right)^2}\mathrm{d}x\mathrm{d}y = \dfrac{\sqrt{61}}{3}\mathrm{d}x\mathrm{d}y$，则 $\iint\limits_{\Sigma}\left(z + 2x + \dfrac{4}{3}y\right)\mathrm{d}S = \iint\limits_{D_{xy}} 4 \cdot \dfrac{\sqrt{61}}{3}\mathrm{d}x\mathrm{d}y = 4 \cdot \dfrac{\sqrt{61}}{3} \cdot 3 = 4\sqrt{61}$.

4. 解：积分曲面 $\Sigma: z = 5 - y$，其投影域 $D_{xy} = \{(x,y) \mid x^2 + y^2 \leqslant 25\}$，$\mathrm{d}S = \sqrt{1 + z_x^2 + z_y^2}\mathrm{d}x\mathrm{d}y = \sqrt{1 + 0 + (-1)^2}\mathrm{d}x\mathrm{d}y = \sqrt{2}\mathrm{d}x\mathrm{d}y$，故 $\iint\limits_{\Sigma}(x + y + z)\mathrm{d}S = \sqrt{2}\iint\limits_{D_{xy}}(x + y + 5 - y)\mathrm{d}x\mathrm{d}y = \sqrt{2}\iint\limits_{D_{xy}}(5 + x)\mathrm{d}x\mathrm{d}y = \sqrt{2}\iint\limits_{D_{xy}} 5\mathrm{d}x\mathrm{d}y = 5\sqrt{2} \cdot 25\pi = 125\sqrt{2}\pi$.

5. 解：所求抛物面表面积为 $S = \iint\limits_{\Sigma}\mathrm{d}S = \iint\limits_{D}\sqrt{1 + z_x^2 + z_y^2}\mathrm{d}x\mathrm{d}y = \iint\limits_{D}\sqrt{1 + 4(x^2 + y^2)}\mathrm{d}x\mathrm{d}y$，其中 $D = \{(x,y) \mid x^2 + y^2 \leqslant 2\}$，利用极坐标，得 $S = \iint\limits_{D}\sqrt{1 + 4(x^2 + y^2)}\mathrm{d}x\mathrm{d}y = \int_0^{2\pi}\mathrm{d}\theta\int_0^{\sqrt{2}}\sqrt{1 + 4\rho^2}\rho\mathrm{d}\rho = \dfrac{13}{3}\pi$.

6. 解：记 $\Sigma_1: z = 0$，取下侧，Ω 是 Σ 与 Σ_1 所围成的空间区域，则 $\oiint\limits_{\Sigma + \Sigma_1} = \iiint\limits_{\Omega}\left(\dfrac{\partial P}{\partial x} + \dfrac{\partial Q}{\partial y} + \dfrac{\partial R}{\partial z}\right)\mathrm{d}x\mathrm{d}y\mathrm{d}z = 3\iiint\limits_{\Omega}(x^2 + y^2 + z^2)\mathrm{d}x\mathrm{d}y\mathrm{d}z = 3\int_0^{2\pi}\mathrm{d}\theta\int_0^{\frac{\pi}{2}}\sin\varphi\mathrm{d}\varphi\int_0^a r^2 \cdot r^2\mathrm{d}r = \dfrac{6}{5}\pi a^5$，又 $\iint\limits_{\Sigma_1} = -\iint\limits_{x^2 + y^2 \leqslant a^2} ay^2\mathrm{d}x\mathrm{d}y = -\int_0^{2\pi}\mathrm{d}\theta\int_0^a a\rho^2\sin^2\theta \cdot \rho\mathrm{d}\rho = -\dfrac{1}{4}\pi a^5$，故原式 $= \dfrac{6}{5}\pi a^5 + \dfrac{1}{4}\pi a^5 = \dfrac{29}{20}\pi a^5$.

7. **解法一**：设 $\Sigma_1: \begin{cases} z = 2 \\ x^2 + y^2 \leq 4 \end{cases}$，取上侧，则 $I = \iint\limits_{\Sigma} + \iint\limits_{\Sigma_1} - \iint\limits_{\Sigma_1} = \oiint\limits_{\Sigma + \Sigma_1} - \iint\limits_{\Sigma_1} \xrightarrow{\text{高斯公式}} \iiint\limits_{\Omega}(1-1)dV +$

$\iint\limits_{D_1: x^2+y^2 \leq 4} 2dxdy = 8\pi.$

解法二：$\iint\limits_{\Sigma}(z^2 + x)dydz = \iint\limits_{\Sigma}(z^2 + x)\cos\alpha\, ds = \iint\limits_{\Sigma}(z^2 + x)\dfrac{\cos\alpha}{\cos\gamma}dxdy.$ 在曲面 Σ 上，有 $n^0 = (x, y, -1)/$

$\sqrt{x^2+y^2+1}, \cos\alpha = \dfrac{x}{\sqrt{1+x^2+y^2}}, \cos\gamma = \dfrac{-1}{\sqrt{1+x^2+y^2}},$ 所以 $\iint\limits_{\Sigma}(z^2+x)dydz - zdxdy = \iint\limits_{\Sigma}[(z^2+$

$x)(-x) - z]dxdy = -\iint\limits_{D_{xy}}\left\{\left[\dfrac{1}{4}(x^2+y^2) + x\right]\cdot(-x) - \dfrac{1}{2}(x^2+y^2)\right\}dxdy = \iint\limits_{D_{xy}}\left[x^2 + \dfrac{1}{2}(x^2 + \right.$

$\left. y^2)\right]dxdy = \int_0^{2\pi}d\theta\int_0^2(r^2\cos^2\theta + \dfrac{1}{2}r^2)rdr = 8\pi.$

8. **解**：曲面 Σ 可表示为：$z = 1 - x + y, D_{xy} = \left\{(x,y) \,\middle|\, \begin{matrix} 0 \leq x \leq 1 \\ 0 \leq y \leq x-1 \end{matrix}\right\}, \Sigma$ 上侧的法向量为 $n = (1, -1,$

$1),$ 单位法向量为 $(\cos\alpha, \cos\beta, \cos\gamma) = \left(\dfrac{1}{\sqrt{3}}, -\dfrac{1}{\sqrt{3}}, \dfrac{1}{\sqrt{3}}\right),$ 由两类曲面积分之间的联系可得 $\iint\limits_{\Sigma}[f(x,y,z) +$

$x]dydz + [2f(x,y,z) + y]dzdx + [f(x,y,z) + z]dxdy = \iint\limits_{\Sigma}[(f+x)\cos\alpha + (2f+y)\cos\beta + (f +$

$z)\cos\gamma]dS = \iint\limits_{\Sigma}\left[(f+x)\cdot\dfrac{1}{\sqrt{3}} + (2f+y)\cdot\left(-\dfrac{1}{\sqrt{3}}\right) + (f+z)\cdot\dfrac{1}{\sqrt{3}}\right]dS = \dfrac{1}{\sqrt{3}}\iint\limits_{\Sigma}(x-y+z)dS = \dfrac{1}{\sqrt{3}}\iint\limits_{\Sigma}dS =$

$\dfrac{1}{\sqrt{3}} \times \Sigma$ 的面积 $= \dfrac{1}{\sqrt{3}} \cdot \dfrac{\sqrt{3}}{2} = \dfrac{1}{2}.$

9. **解**：(1) $\iint\limits_{\Sigma}xdS = \iint\limits_{D_{xy}}xdxdy + \iint\limits_{D_{xy}}\sqrt{2}xdxdy + 2\iint\limits_{D_{xz}}\dfrac{x}{\sqrt{1-x^2}}dxdz = 0 + 2\int_{-1}^{1}\dfrac{x}{\sqrt{1-x^2}}dx\int_0^{2+x}dz =$

$2\int_{-1}^{1}\dfrac{2x+x^2}{\sqrt{1-x^2}}dx = 4\int_0^1\dfrac{x^2}{\sqrt{1-x^2}}dx = 4\int_0^{\frac{\pi}{2}}\sin^2 t\, dt = \pi.$

(2) $M = \iint\limits_{S}\rho dS = \rho\left[(\sqrt{2}+1)\iint\limits_{D_{xy}}dxdy + 2\iint\limits_{D_{xz}}\dfrac{1}{\sqrt{1-x^2}}dxdz\right] = \rho\left[(\sqrt{2}+1)\pi + 2\int_{-1}^{1}\dfrac{2+x}{\sqrt{1-x^2}}dx\right] =$

$\rho\left[(\sqrt{2}+1)\pi + 8\int_0^1\dfrac{1}{\sqrt{1-x^2}}dx\right] = \rho\left[(\sqrt{2}+1)\pi + 8\int_0^{\frac{\pi}{2}}1\cdot dt\right] = \rho\left[(\sqrt{2}+1)\pi + 8\cdot\dfrac{\pi}{2}\right] = \rho(\sqrt{2}+5)\pi.$

强化训练 19

1. (1) πR^3. (2) $\dfrac{125\sqrt{5}-1}{420}.$ (3) $\dfrac{3\pi}{8}.$ (4) 0. (5) $x+y+z.$

2. (1) D. (2) C. (3) A. (4) C. (5) A.

3. **解**：$\oiint\limits_{\Sigma}(ax+by+cz+d)^2 dS = \oiint\limits_{\Sigma}(a^2x^2 + b^2y^2 + c^2z^2 + 2abxy + 2bcyz + 2aczx + 2adx + 2bdy + 2cdz +$

$d^2)dS,$ 其中 $\Sigma: x^2+y^2+z^2 = R^2,$ 由对称性知 $\iint\limits_{\Sigma}xdS = \iint\limits_{\Sigma}ydS = \iint\limits_{\Sigma}zdS = 0, \iint\limits_{\Sigma}xydS = \iint\limits_{\Sigma}yzdS = \iint\limits_{\Sigma}zxdS =$

$0,$ 且 $\iint\limits_{\Sigma}x^2 dS = \iint\limits_{\Sigma}y^2 dS = \iint\limits_{\Sigma}z^2 dS = \dfrac{1}{3}\iint\limits_{\Sigma}(x^2+y^2+z^2)dS,$ 所以 $\oiint\limits_{\Sigma}(ax+by+cz+d)^2 dS = (a^2+b^2+$

$c^2)\oiint\limits_{\Sigma}x^2 dS + d^2\oiint\limits_{\Sigma}dS = \dfrac{1}{3}(a^2+b^2+c^2)\oiint\limits_{\Sigma}(x^2+y^2+z^2)dS + d^2\oiint\limits_{\Sigma}dS = \dfrac{1}{3}(a^2+b^2+c^2)R^2\oiint\limits_{\Sigma}dS +$

$d^2 \oiint\limits_{\Sigma} dS = \frac{4}{3}\pi R^4(a^2+b^2+c^2) + 4\pi R^2 d^2.$

4. 解：当 $|t| \geqslant \sqrt{3}$ 时，平面 $x+y+z=t$ 与球面 $x^2+y^2+z^2=1$ 相切或不相交，这时总有 $F(t) = \oiint\limits_{\Sigma:x+y+z=t} f(x,y,z)dS = 0$. 下面考虑 $|t| < \sqrt{3}$ 的情形，此时 $f(x,y,z) = 1-\rho^2$，其中 $\rho = \sqrt{x^2+y^2+z^2}$ 是球体内 $x^2+y^2+z^2 \leqslant 1$ 与平面 $x+y+z=t$ 相交成的圆域上的任一点 (x,y,z) 到原点的距离，积分域就是其圆域，圆域到原点的距离为 $\frac{|t|}{\sqrt{3}}$. 由对称性，我们将此坐标系作一旋转，使平面 $x+y+z=t$ 上的积分域旋转到平面 $z = \frac{|t|}{\sqrt{3}}$ 上，则 $F(t) = \oiint\limits_{\Sigma:x+y+z=t} f(x,y,z)dS = \oiint\limits_{\Sigma:z=\frac{t}{\sqrt{3}}} f(x,y,z)dS = $

$\iint\limits_{D:x^2+y^2 \leqslant 1-\frac{t^2}{3}} \left(1-\frac{t^2}{3}-x^2-y^2\right)dxdy = \pi\left(1-\frac{t^2}{3}\right)^2 - \iint\limits_{D:x^2+y^2 \leqslant 1-\frac{t^2}{3}} (x^2+y^2)dxdy = \pi\left(1-\frac{t^2}{3}\right)^2 - \int_0^{2\pi}d\theta$

$\int_0^{\sqrt{1-\frac{t^2}{3}}} \rho^3 d\rho = \pi\left(1-\frac{t^2}{3}\right)^2 - \frac{\pi}{2}\left(1-\frac{t^2}{3}\right)^2 = \frac{\pi}{2}\left(1-\frac{t^2}{3}\right)^2 = \frac{\pi}{18}(3-t^2)^2$. 故 $F(t) = \oiint\limits_{\Sigma:x+y+z=t} f(x,y,z)dS = $

$\begin{cases} \frac{\pi}{18}(3-t^2)^2, & |t| < \sqrt{3} \\ 0, & |t| \geqslant \sqrt{3} \end{cases}$

5. 解：$\Sigma: z = \sqrt{R^2-x^2-y^2}$, $dS = \sqrt{1+z_x^2+z_y^2}d\sigma = \frac{R}{\sqrt{R^2-x^2-y^2}}d\sigma$, Σ 对 Oz 轴的转动惯量为：$I = $

$\iint\limits_{\Sigma}(x^2+y^2)dS = \iint\limits_{\Sigma}(x^2+y^2)dS = \iint\limits_{D_{xy}}(x^2+y^2)\frac{R}{\sqrt{R^2-x^2-y^2}}dxdy = \int_0^{2\pi}d\theta\int_0^R \rho^3 \frac{R}{\sqrt{R^2-\rho^2}}d\rho = $

$2\pi R^4 \int_0^{\frac{\pi}{2}} \sin^3 t\, dt = \frac{4}{3}\pi R^4.$

6. 解：原式 $= \frac{1}{a}\iint\limits_{\Sigma} axdydz + (z+a)^2 dxdy = \frac{1}{a}\left(\oiint\limits_{\Sigma+\Sigma_1} - \iint\limits_{\Sigma_1}\right)axdydz + (z+a)^2 dxdy$，其中 Σ_1 是平面 $z = 0, x^2+y^2 \leqslant a^2$ 的下侧. 由高斯公式得：原式 $= \frac{1}{a}\left(-\iiint\limits_{\Omega}(2z+3a)dv - \iint\limits_{\Sigma_1}a^2 dxdy\right) = -\frac{2}{a}\iiint\limits_{\Omega}zdv - 3\iiint\limits_{\Omega}dv + $

$a\iint\limits_{D_{xy}:x^2+y^2 \leqslant a^2}dxdy = -\frac{2}{a}\int_{-a}^0 zdz\iint\limits_{D_z:x^2+y^2 \leqslant a^2-z^2}dxdy - 3 \cdot \frac{2}{3}\pi a^3 + a \cdot \pi a^2 = -\frac{2}{a}\int_{-a}^0 z\pi(a^2-z^2)dz - $

$\pi a^3 = -\frac{2}{a}\pi\left[a^2\frac{z^2}{2}-\frac{z^4}{4}\right]_{-a}^0 - \pi a^3 = \frac{\pi}{2}a^3 - \pi a^3 = -\frac{\pi}{2}a^3.$

7. 解：由于 $f(u)$ 是连续可微的奇函数，则 $f'(u)$ 是偶函数，$I = \iint\limits_{\Sigma} x^3 dydz + [y^3 + f(yz)]dzdx + [z^3 + $

$f(yz)]dxdy = \iiint\limits_{\Omega}[3(x^2+y^2+z^2) + (y+z)f'(yz)]dv \xrightarrow{\text{对称性}} 3\iiint\limits_{\Omega}(x^2+y^2+z^2)dv = $

$3\int_0^{2\pi}d\theta\int_0^{\frac{\pi}{4}}d\varphi\int_{\sqrt{2}}^2 r^4 \sin\varphi dr = 6\pi \cdot \left(1-\frac{\sqrt{2}}{2}\right) \cdot \frac{32-4\sqrt{2}}{5} = \frac{24}{5}(9-5\sqrt{2})\pi.$

8. 解：设 Ω 是由 Σ 所围成的空间区域，以原点为中心，作包含在 Ω 内的小球面 $\Sigma_1: x^2+y^2+z^2=a^2$ 并取其外侧. Σ 与 Σ_1 所围成的闭区域记为 Ω_1, P,Q,R 在 Ω_1 内具有一阶连续的偏导数，由 $P = \frac{x}{r^3}, Q = \frac{y}{r^3}, R = $

$\frac{z}{r^3}, \frac{\partial P}{\partial x} = \frac{r^3 - x \cdot 3r^2 \frac{x}{r}}{r^6} = \frac{r^2-3x^2}{r^5}, \frac{\partial Q}{\partial y} = \frac{r^2-3y^2}{r^5}, \frac{\partial R}{\partial z} = \frac{r^2-3z^2}{r^5}$，根据高斯公式，得 $\oiint\limits_{\Sigma+\Sigma_1^-}\frac{x}{r^3}dydz + $

$$\frac{y}{r^3}dzdx + \frac{z}{r^3}dxdy = \iiint_\Omega \left(\frac{\partial P}{\partial x} + \frac{\partial Q}{\partial y} + \frac{\partial R}{\partial z}\right)dxdydz = \iiint_\Omega \frac{3r^2 - 3r^2}{r^5}dxdydz = 0, 于是 I = \oiint_\Sigma \frac{x}{r^3}dydz +$$

$$\frac{y}{r^3}dzdx + \frac{z}{r^3}dxdy = 0 - \oiint_{\Sigma_1^-} \frac{x}{r^3}dydz + \frac{y}{r^3}dzdx + \frac{z}{r^3}dxdy = \frac{1}{a^3}\oiint_{\Sigma_1} xdydz + ydzdx + zdxdy = \frac{1}{a^3}\iiint_{\Omega_1} 3dv =$$

$$\frac{3}{a^3} \cdot \frac{4}{3}\pi a^3 = 4\pi.$$

9. 解法一：设 Σ 为平面 $x+y+z=2$ 上 L 所围成部分的上侧，$D = \{(x,y) \mid |x|+|y| \leqslant 1\}$ 为 Σ 在 xOy 面上的投影。由斯托克斯公式，得 $I = \iint_\Sigma \begin{vmatrix} \cos\alpha & \cos\beta & \cos\gamma \\ \frac{\partial}{\partial x} & \frac{\partial}{\partial y} & \frac{\partial}{\partial z} \\ y^2 - z^2 & 2z^2 - x^2 & 3x^2 - y^2 \end{vmatrix} dS$，其中 $(\cos\alpha, \cos\beta, \cos\gamma) =$

$\left(\frac{\sqrt{3}}{3}, \frac{\sqrt{3}}{3}, \frac{\sqrt{3}}{3}\right)$ 为 Σ 的单位法向量。故 $I = -\frac{2\sqrt{3}}{3}\iint_\Sigma (4x + 2y + 3z)dS = -\frac{2\sqrt{3}}{3}\iint_\Sigma [4x + 2y + 3(2 - x - y)]dS =$

$-\frac{2\sqrt{3}}{3}\iint_\Sigma (x - y + 6)dS = -\frac{2\sqrt{3}}{3}\iint_D (x - y + 6)\sqrt{1 + (-1)^2 + (-1)^2}dxdy = -2\iint_D (x - y + 6)dxdy =$

$-12\iint_D dxdy = -24.$

解法二：设 Σ 及 D 如解法一中所述，L_1 是 L 在 xOy 面上的投影，方向为逆时针。将曲面 Σ 的方程代入 I，得

$I = \oint_{L_1} [y^2 - (2-x-y)^2]dx + [2(2-x-y)^2 - x^2]dy + (3x^2 - y^2)d(2-x-y) = \oint_{L_1} (y^2 - 4x^2 - 2xy + 4x + 4y - 4)dx + (3y^2 - 2x^2 + 4xy - 8x - 8y + 8)dy$, 根据格林公式，得 $I = -2\iint_D (x - y + 6)dxdy = -24$.

第 18—19 讲阶段能力测试（理）

阶段能力测试 A

一、1. $2\pi\sqrt{a}\,e^a$. 2. 1. 3. $4\sqrt{61}$. 4. $-\pi$. 5. $(0,0,0)$.

二、1. D. 2. A. 3. B. 4. B. 5. D.

三、1. 解：取上半球面 $z = \sqrt{4-x^2-y^2}$，则 $\frac{\partial z}{\partial x} = \frac{-x}{\sqrt{4-x^2-y^2}}$，$\frac{\partial z}{\partial y} = \frac{-y}{\sqrt{4-x^2-y^2}}$. $dS =$

$\sqrt{1 + \left(\frac{\partial z}{\partial x}\right)^2 + \left(\frac{\partial z}{\partial y}\right)^2}dxdy = \frac{2}{\sqrt{4-x^2-y^2}}dxdy, S_1 = \iint_D \frac{2}{\sqrt{4-x^2-y^2}}dxdy = \int_0^{2\pi}d\theta\int_0^1 \frac{2}{\sqrt{4-\rho^2}}\rho d\rho =$

$4\pi(-\sqrt{4-\rho^2})\Big|_0^1 = 4(2-\sqrt{3})\pi$，所以 $S = 2S_1 = 8(2-\sqrt{3})\pi$.

2. 解：$\frac{\partial Q}{\partial x} - \frac{\partial P}{\partial y} = 5$，所以由格林公式，原式 $= \iint_D 5dxdy = 5S_D = 5 \cdot (\sqrt{2})^2 = 10$.

四、解：$L: y = 3\sqrt{1 - \frac{x^2}{2^2}}, x: 2 \to -2, \int_L (y^2 + 2xy)dx = \int_2^{-2}\left[3^2\left(1 - \frac{x^2}{2^2}\right) + 2 \cdot 3\sqrt{1 - \frac{x^2}{2^2}} \cdot x\right]dx =$

$9\int_2^{-2}\left(1 - \frac{x^2}{2^2}\right)dx = -2\frac{3^2}{2^2}\int_0^2 (2^2 - x^2)dx = -\frac{4}{3} \cdot 2 \cdot 3^2 = -24.$

五、解：$\frac{\partial P}{\partial y} = -ax\sin y - 2y\sin x$，$\frac{\partial Q}{\partial x} = -by\sin x - 2x\sin y$，由题意有 $\frac{\partial P}{\partial y} = \frac{\partial Q}{\partial x}$，得 $a = b = 2$. 又 $I =$

$\int_{(0,0)}^{(1,1)} Pdx + Qdy = \int_{(0,0)}^{(0,1)} Pdx + Qdy + \int_{(0,1)}^{(1,1)} Pdx + Qdy = \int_0^1 Q(0,y)dy + \int_0^1 P(x,0)dx = \int_0^1 2ydy + \int_0^1 (2x\cos 1 -$

• 240 •

$\sin x) \mathrm{d}x = 2\cos 1$.

六、解: Σ 为上半球面 $x^2+y^2+z^2=a^2(z\geqslant 0)$, $\mathrm{d}S = \dfrac{a\mathrm{d}x\mathrm{d}y}{\sqrt{a^2-x^2-y^2}} = \dfrac{a\mathrm{d}x\mathrm{d}y}{z}$, Σ 的单位外法线的向量

为 $(\cos\alpha,\cos\beta,\cos\gamma) = \dfrac{1}{a}(x,y,z)$, $I = \iint\limits_{\Sigma} \dfrac{z}{a^2}(x\cos\alpha+y\cos\beta+z\cos\gamma)\mathrm{d}S = \iint\limits_{D_{xy}} \dfrac{z}{a^2}\left(x\cdot\dfrac{x}{a}+y\cdot\dfrac{y}{a}+z\cdot\right.$

$\left.\dfrac{z}{a}\right)\mathrm{d}S = \iint\limits_{D_{xy}} \dfrac{z}{a^2}\left(\dfrac{x^2+y^2+z^2}{a}\right)\mathrm{d}S = \iint\limits_{D_{xy}} \dfrac{z}{a^2}\left(\dfrac{a^2}{a}\right)\mathrm{d}S = \iint\limits_{D_{xy}} \dfrac{z}{a}\mathrm{d}S = \iint\limits_{D_{xy}} \dfrac{z}{a}\cdot\dfrac{a}{z}\mathrm{d}x\mathrm{d}y = \iint\limits_{D_{xy}} \mathrm{d}x\mathrm{d}y = \pi a^2$.

七、解: 绕 x 轴旋转所得的曲面 Σ 为 $x=\mathrm{e}^{\sqrt{y^2+z^2}}$ $(1\leqslant x\leqslant \mathrm{e}^a)$, 指向前侧. 设 Σ_1 是平面 $x=\mathrm{e}^a$, 指向后侧.
由高斯公式可得: 原积分 $= \iint\limits_{\Sigma+\Sigma_1} 2(1-x^2)\mathrm{d}y\mathrm{d}z + 8xy\mathrm{d}z\mathrm{d}x - 4zx\mathrm{d}x\mathrm{d}y - \iint\limits_{\Sigma_1} 2(1-x^2)\mathrm{d}y\mathrm{d}z + 8xy\mathrm{d}z\mathrm{d}x -$

$4zx\mathrm{d}x\mathrm{d}y = -\iiint\limits_{\Omega} 0\mathrm{d}v - \iint\limits_{\Sigma_1} 2(1-\mathrm{e}^{2a})\mathrm{d}y\mathrm{d}z = -\iint\limits_{D_{yz}} 2(1-\mathrm{e}^{2a})\mathrm{d}y\mathrm{d}z = 2\pi a^2(\mathrm{e}^{2a}-1)$.

八、解: 如右图所示, 取 Σ 为平面 $x+y+z=\dfrac{3}{2}$ 的上侧被 Γ 所围成的部分,
Σ 的单位法向量 $\boldsymbol{n} = \dfrac{1}{\sqrt{3}}(1,1,1)$, 即 $\cos\alpha=\cos\beta=\cos\gamma=\dfrac{1}{\sqrt{3}}$.

由斯托克斯公式, 有

$$I = \iint\limits_{\Sigma} \begin{vmatrix} \dfrac{1}{\sqrt{3}} & \dfrac{1}{\sqrt{3}} & \dfrac{1}{\sqrt{3}} \\ \dfrac{\partial}{\partial x} & \dfrac{\partial}{\partial y} & \dfrac{\partial}{\partial z} \\ y^2-x^2 & z^2-x^2 & x^2-y^2 \end{vmatrix} \mathrm{d}S = -\dfrac{4}{\sqrt{3}}\iint\limits_{\Sigma}(x+y+z)\mathrm{d}S = -\dfrac{4}{\sqrt{3}}\cdot$$

$\dfrac{3}{2}\iint\limits_{\Sigma}\mathrm{d}S = -2\sqrt{3}\,\dfrac{3\sqrt{3}}{4} = -\dfrac{9}{2}$.

九、证明: 由格林公式, 得 $\oint_L x\mathrm{e}^{\sin y}\mathrm{d}y - y\mathrm{e}^{-\sin x}\mathrm{d}x = \iint\limits_{D}(\mathrm{e}^{\sin y}+\mathrm{e}^{-\sin x})\mathrm{d}\sigma$. 因 D 关于 $y=x$ 对称, 所以由坐标轮

换对称性可得 $\iint\limits_{D}(\mathrm{e}^{\sin y}+\mathrm{e}^{-\sin x})\mathrm{d}\sigma = \iint\limits_{D}(\mathrm{e}^{-\sin y}+\mathrm{e}^{\sin x})\mathrm{d}\sigma$, 故 $\oint_L x\mathrm{e}^{\sin y}\mathrm{d}y - y\mathrm{e}^{-\sin x}\mathrm{d}x = \oint_L x\mathrm{e}^{-\sin y}\mathrm{d}y - y\mathrm{e}^{\sin x}\mathrm{d}x$.

阶段能力测试 B

一、 1. $\pi+\dfrac{2}{3}$. 2. $\dfrac{4\pi}{5}$. 3. 0. 4. $4\pi abc\left(\dfrac{1}{a^2}+\dfrac{1}{b^2}+\dfrac{1}{c^2}\right)$. 5. $y\mathrm{e}^{xy}-x\sin xy-2xz\sin(xz^2)$.

二、 1. D. 2. B. 3. C. 4. D. 5. C.

三、 1. **解**: 令 $P=\mathrm{e}^x\sin y-2y$, $Q=\mathrm{e}^x\cos y-2$, 则点 P 与 Q 在由 x 轴以及上半圆周 $x^2+y^2=ax$ 所围成

的区域 D 内部连续而且具有连续偏导数, 同时 $\dfrac{\partial P}{\partial y}=\mathrm{e}^x\cos y-2$, $\dfrac{\partial Q}{\partial x}=\mathrm{e}^x\cos y$, $\dfrac{\partial Q}{\partial x}-\dfrac{\partial P}{\partial y}=2$, 在线段 $\overrightarrow{OA}$ 上,

$\int_{\overrightarrow{OA}}(\mathrm{e}^x\sin y-2y)\mathrm{d}x + (\mathrm{e}^x\cos y-2)\mathrm{d}y = 0$, 所以由格林公式, 得 $I = \iint\limits_{D} 2\mathrm{d}x\mathrm{d}y - \int_{\overrightarrow{OA}}(\mathrm{e}^x\sin y-2y)\mathrm{d}x +$

$(\mathrm{e}^x\cos y-2)\mathrm{d}y = \dfrac{\pi a^2}{4}$.

2. **解**: $P(x,y)=xy^2$, $Q(x,y)=y\varphi(x)$, $\dfrac{\partial P}{\partial y}=\dfrac{\partial}{\partial y}(xy^2)=2xy$, $\dfrac{\partial Q}{\partial x}=\dfrac{\partial}{\partial x}[y\varphi(x)]=y\varphi'(x)$, 积分与

路径无关, 则 $\dfrac{\partial P}{\partial y}=\dfrac{\partial Q}{\partial x}$. 由 $y\varphi'(x)=2xy$, 得 $\varphi(x)=x^2+c$, 再由 $\varphi(0)=0$, 可知 $c=0$, 得 $\varphi(x)=x^2$.

故 $\int_{(0,0)}^{(1,1)} xy^2 \mathrm{d}x + y\varphi(x)\mathrm{d}y = \int_0^1 0 \mathrm{d}x + \int_0^1 y\mathrm{d}y = \frac{1}{2}$.

四、① 证明： $\frac{\partial}{\partial y}\left(\frac{y}{x} + \frac{2x}{y}\right) = \frac{1}{x} - \frac{2x}{y^2} = \frac{\partial}{\partial x}\left(\ln x - \frac{x^2}{y^2}\right), x>0, y\neq 0$. 故当 $x>0, y\neq 0$ 时, $\exists u(x,y)$, 使得 $\left(\frac{y}{x} + \frac{2x}{y}\right)\mathrm{d}x + \left(\ln x - \frac{x^2}{y^2}\right)\mathrm{d}y = \mathrm{d}u(x,y)$.

② 解： $u(x,y) = \int_{(1,1)}^{(x,y)}\left(\frac{y}{x} + \frac{2x}{y}\right)\mathrm{d}x + \left(\ln x - \frac{x^2}{y^2}\right)\mathrm{d}y = \int_1^y \left(-\frac{1}{y^2}\right)\mathrm{d}y + \int_1^x\left(\frac{y}{x} + \frac{2x}{y}\right)\mathrm{d}x + C = y\ln x + \frac{x^2}{y} + C$.

五、解： 将球面 $x^2 + y^2 + z^2 = t^2$ 分成 $z \geqslant \sqrt{x^2+y^2}$ 的一块 Σ_1 与 $z < \sqrt{x^2+y^2}$ 的一块 Σ_2, 则 $F(t) = \iint_{\Sigma_1} f(x,y,z)\mathrm{d}S + \iint_{\Sigma_2} f(x,y,z)\mathrm{d}S$. 由题意有, $F(t) = \iint_{\Sigma_2} f(x,y,z)\mathrm{d}S = \iint_{\Sigma_2} 0\mathrm{d}S = 0$, 又锥面 $z = \sqrt{x^2+y^2}$ 与球面 $x^2+y^2+z^2 = 1$ 的交线为: $z = \frac{t}{\sqrt{2}}$, 故 $\iint_{\Sigma_1} f(x,y,z)\mathrm{d}S = \iint_{\Sigma_1}(x^2+y^2)\mathrm{d}S, \mathrm{d}S = \frac{t}{\sqrt{t^2-x^2-y^2}}\mathrm{d}x\mathrm{d}y$,

故 $\iint_{\Sigma_1} f(x,y,z)\mathrm{d}S = \iint_{\Sigma_1}(x^2+y^2)\mathrm{d}S = \iint_{D_{xy}: x^2+y^2 \leqslant \frac{1}{2}t^2}(x^2+y^2)\frac{t}{\sqrt{t^2-x^2-y^2}}\mathrm{d}x\mathrm{d}y = \int_0^{2\pi}\mathrm{d}\theta \int_0^{\frac{t}{\sqrt{2}}} \frac{t\rho^3}{\sqrt{t^2-\rho^2}}\mathrm{d}\rho = 2\pi t \int_0^{\frac{t}{\sqrt{2}}} \frac{\rho^3}{\sqrt{t^2-\rho^2}}\mathrm{d}\rho \xrightarrow{\diamondsuit \rho = t\sin\theta} 2\pi t \int_0^{\frac{\pi}{4}} \frac{t^3\sin^3\theta}{t\cos\theta} \cdot t\cos\theta \mathrm{d}\theta = 2\pi t^4 \int_0^{\frac{\pi}{4}} \sin^3\theta \mathrm{d}\theta = 2\pi t^4 \int_0^{\frac{\pi}{4}} -(1-\cos^2\theta)\mathrm{d}\cos\theta = \pi t^4 \left(\frac{4}{3} - \frac{5\sqrt{2}}{6}\right)$. 综上有: $F(t) = \iint_{\Sigma_1} f(x,y,z)\mathrm{d}S + \iint_{\Sigma_2} f(x,y,z)\mathrm{d}S = \pi t^4\left(\frac{4}{3} - \frac{5\sqrt{2}}{6}\right)$.

六、解： 因为当 $(x,y) \neq (0,0)$ 时, $\frac{\partial Q}{\partial x} = \frac{y^2-x^2}{(x^2+y^2)^2} = \frac{\partial P}{\partial y}$, 故作圆 $l: x^2+y^2 = 1$, 并取逆时针方向, 则 $I = \int_L \frac{x\mathrm{d}y}{x^2+y^2} - \frac{y\mathrm{d}x}{x^2+y^2} = \left(\int_{L+\overline{BA}} + \oint_{l^-} -\right)\frac{x\mathrm{d}y}{x^2+y^2} - \frac{y\mathrm{d}x}{x^2+y^2} - \left(\int_{\overline{BA}} + \oint_{l^-} -\right)\frac{x\mathrm{d}y}{x^2+y^2} - \frac{y\mathrm{d}x}{x^2+y^2} = 0 - \left(\int_{\overline{BA}} + \oint_{l^-} -\right)\frac{x\mathrm{d}y}{x^2+y^2} - \frac{y\mathrm{d}x}{x^2+y^2} = -\int_{\overline{BA}}\frac{x\mathrm{d}y}{x^2+y^2} - \frac{y\mathrm{d}x}{x^2+y^2} + \oint_l \frac{x\mathrm{d}y}{x^2+y^2} - \frac{y\mathrm{d}x}{x^2+y^2} = -\int_{2\sqrt{2}}^{-2\sqrt{2}} - \frac{2\mathrm{d}x}{x^2+4} + \oint_l x\mathrm{d}y - y\mathrm{d}x = -4\int_0^{2\sqrt{2}} \frac{\mathrm{d}x}{x^2+4} + 2\iint_D \mathrm{d}x\mathrm{d}y = 2\pi - 2\arctan\sqrt{2}$.

七、解： 设形心坐标为 $(\overline{x}, \overline{y}, \overline{z}), D_{xy} = \{(x,y) \mid (x-a)^2 + y^2 \leqslant a^2\}$, 该曲面的面积 $A = \iint_\Sigma \mathrm{d}S = \iint_{D_{xy}} \sqrt{1+z'^2_x + z'^2_y}\mathrm{d}x\mathrm{d}y = \iint_{D_{xy}} \sqrt{2}\mathrm{d}x\mathrm{d}y = \sqrt{2}\pi a^2$, 则 $\overline{x} = \frac{\iint_\Sigma x\mathrm{d}S}{A} = \frac{\iint_{D_{xy}} x\sqrt{2}\mathrm{d}x\mathrm{d}y}{A} = \frac{\sqrt{2}\pi a^3}{\sqrt{2}\pi a^2} = a$. 由对称性知, $\overline{y} = 0, \overline{z} = \frac{\iint_\Sigma z\mathrm{d}S}{A} = \frac{\iint_{D_{xy}} \sqrt{2}(\sqrt{x^2+y^2})\mathrm{d}x\mathrm{d}y}{A} = \frac{\frac{32}{9}\sqrt{2}a^3}{\sqrt{2}\pi a^2} = \frac{32a}{9\pi}$, 故该曲面的形心坐标为 $\left(a, 0, \frac{32a}{9\pi}\right)$.

八、解： 取 Σ 为闭曲线 Γ 所围成的平面 $\begin{cases} x+y+z = 2 \\ (x-1)^2+(y-1)^2 \leqslant 4 \end{cases}$ 的上侧, $\boldsymbol{n}^0 = \frac{1}{\sqrt{3}}(1,1,1) = (\cos\alpha, \cos\beta, \cos\gamma)$, 故环流量为 $I = \oint_\Gamma (y-2z)\mathrm{d}x + (z-2x)\mathrm{d}y + (x-2y)\mathrm{d}z = \iint_\Sigma \begin{vmatrix} \frac{1}{\sqrt{3}} & \frac{1}{\sqrt{3}} & \frac{1}{\sqrt{3}} \\ \frac{\partial}{\partial x} & \frac{\partial}{\partial y} & \frac{\partial}{\partial z} \\ y-2z & z-2x & x-2y \end{vmatrix} \mathrm{d}S =$

$\dfrac{1}{\sqrt{3}}\iint\limits_{\Sigma}(-9)\mathrm{d}S = -3\sqrt{3}\iint\limits_{D_{xy}}\sqrt{1+\left(\dfrac{\partial z}{\partial x}\right)^2+\left(\dfrac{\partial z}{\partial y}\right)^2}\,\mathrm{d}x\mathrm{d}y = -3\sqrt{3}\iint\limits_{D_{xy}}\sqrt{3}\,\mathrm{d}x\mathrm{d}y = -36\pi.$

九、证明：$\Sigma:(x-a)^2+(y-a)^2+(z-a)^2=a^2$，设它和平面 $x+y+z=(3-\sqrt{3})a$ 相切于点 (x_0,y_0,z_0)，易知 $x_0=y_0=z_0=\left(1-\dfrac{\sqrt{3}}{3}\right)a$，且球面 Σ 在此平面上方，故在球面 Σ 上有：$x+y+z+\sqrt{3}a \geqslant 3a$，

于是有：$I=\iint\limits_{\Sigma}(x+y+z+\sqrt{3}a)\mathrm{d}S \geqslant \iint\limits_{\Sigma}3a\,\mathrm{d}S = 12\pi a^3.$

第20讲 无穷级数（一）
——数项级数

基础练习 20

1. (1) $\dfrac{1}{6}$. (2) 收敛. (3) $p>3$. (4) 8. (5) $p>1$.

2. (1) C. (2) D. (3) D. (4) C. (5) C.

3. (1) 解：因为 $\lim\limits_{n\to\infty}\dfrac{\arctan\dfrac{1}{n\sqrt{n}}}{\dfrac{1}{n^{\frac{3}{2}}}}=1$，而级数 $\sum\limits_{n=1}^{\infty}\dfrac{1}{n^{\frac{3}{2}}}$ 收敛，所以由比较审敛法可知原级数收敛.

(2) 解法一：因为 $\dfrac{1}{\sqrt[3]{n^2(n^2+1)}} \leqslant \dfrac{1}{\sqrt[3]{n^4}} = \dfrac{1}{n^{\frac{4}{3}}}$，而且 $\sum\limits_{n=1}^{\infty}\dfrac{1}{n^{\frac{4}{3}}}$ 收敛，所以由比较审敛法可知原级数收敛.

解法二：因为 $\lim\limits_{n\to\infty}\dfrac{\dfrac{1}{\sqrt[3]{n(n^2+1)}}}{\dfrac{1}{n^{\frac{4}{3}}}}=1$，而且 $\sum\limits_{n=1}^{\infty}\dfrac{1}{n^{\frac{4}{3}}}$ 收敛，所以由比较审敛法的极限形式可知原级数收敛.

(3) 解：因为 $\dfrac{1}{[4+(-1)^n]^n} \leqslant \dfrac{1}{3^n}$，又 $\sum\limits_{n=1}^{\infty}\dfrac{1}{3^n}$ 收敛，所以由比较审敛法可知原级数收敛.

(4) 解：$\lim\limits_{n\to\infty}\dfrac{u_{n+1}}{u_n}=\lim\limits_{n\to\infty}\dfrac{(n+1)^{n+1}}{(n+1)!}\cdot\dfrac{n!}{n^n}=\lim\limits_{n\to\infty}\left(1+\dfrac{1}{n}\right)^n=\mathrm{e}>1$，由比值审敛法可知原级数发散.

(5) 解：因为 $\lim\limits_{n\to\infty}\sqrt[n]{u_n}=\lim\limits_{n\to\infty}\sqrt[n]{\dfrac{n}{2^n}}=\dfrac{1}{2}<1$，所以由根值审敛法可知原级数收敛.

(6) 解法一：因为 $\lim\limits_{n\to\infty}\dfrac{2^n\sin\dfrac{\pi}{3^n}}{\left(\dfrac{2}{3}\right)^n}=\pi$，而级数 $\sum\limits_{n=1}^{\infty}\left(\dfrac{2}{3}\right)^n$ 收敛，所以由比较审敛法的极限形式可知 $\sum\limits_{n=1}^{\infty}2^n\sin\dfrac{\pi}{3^n}$ 收敛.

解法二：因为 $\lim\limits_{n\to\infty}\dfrac{2^{n+1}\sin\dfrac{\pi}{3^{n+1}}}{2^n\sin\dfrac{\pi}{3^n}}=\lim\limits_{n\to\infty}\dfrac{2^{n+1}\cdot\dfrac{\pi}{3^{n+1}}}{2^n\cdot\dfrac{\pi}{3^n}}=\dfrac{2}{3}<1$，所以由根值审敛法可知 $\sum\limits_{n=1}^{\infty}2^n\sin\dfrac{\pi}{3^n}$ 收敛.

(7) 解：因为 $\sum\limits_{n=1}^{\infty}\dfrac{\cos n\pi}{1+\sqrt[3]{n^2}}=\sum\limits_{n=1}^{\infty}\dfrac{(-1)^n}{1+\sqrt[3]{n^2}}$，所以原级数为交错级数. 令 $u_n=\dfrac{1}{1+\sqrt[3]{n^2}}$，则有 $\lim\limits_{n\to\infty}u_n=0$，且

· 243 ·

$u_{n+1} = \dfrac{1}{1+\sqrt[3]{(n+1)^2}} < \dfrac{1}{1+\sqrt[3]{n^2}} = u_n$，所以由莱布尼兹判别法可知原级数收敛.

(8) **解**：级数 $\sum\limits_{n=1}^{\infty} \dfrac{1}{n^3}$ 为 p 级数且 $p = 3 > 1$，故级数 $\sum\limits_{n=1}^{\infty} \dfrac{1}{n^3}$ 收敛. 又因为级数 $\sum\limits_{n=1}^{\infty} \dfrac{\ln^n 3}{3^n} = \sum\limits_{n=1}^{\infty} \left(\dfrac{\ln 3}{3}\right)^n$ 为等比级数且公比 $q = \dfrac{\ln 3}{3} < 1$，故级数 $\sum\limits_{n=1}^{\infty} \dfrac{\ln^n 3}{3^n}$ 收敛. 由级数的性质可知级数 $\sum\limits_{n=1}^{\infty} \left(\dfrac{1}{n^3} - \dfrac{\ln^n 3}{3^n}\right)$ 收敛.

4. (1) **解**：令 $u_n = \dfrac{n^2 + (-1)^n}{2^n}$，则 $u_n \geqslant 0$. 因为 $\lim\limits_{n \to \infty} \sqrt[n]{u_n} = \lim\limits_{n \to \infty} \dfrac{1}{2} \sqrt[n]{n^2 + (-1)^n} = \dfrac{1}{2} < 1$，所以由根值审敛法可知级数 $\sum\limits_{n=1}^{\infty} \dfrac{n^2 + (-1)^n}{2^n}$ 收敛.

(2) **解**：因为 $\sum\limits_{n=1}^{\infty} a_n$ 收敛，所以 $\sum\limits_{n=1}^{\infty} a_{2n}$ 也收敛. 考虑级数 $\sum\limits_{n=1}^{\infty} \left|(-1)^n \left(n \tan \dfrac{\lambda}{n}\right) a_{2n}\right|$，由于 $\left(n \tan \dfrac{\lambda}{n}\right) a_{2n} \sim \lambda a_{2n}$，故 $\sum\limits_{n=1}^{\infty} \left|(-1)^n \left(n \tan \dfrac{\lambda}{n}\right) a_{2n}\right|$ 也收敛，即原级数绝对收敛.

5. **证明**：(1) **解法一**：由题设知 $\lim\limits_{n \to \infty} \dfrac{a_n^3}{a_n} = \lim a_n^2 = 0$，所以由比较审敛法的极限形式可知 $\sum\limits_{n=1}^{\infty} a_n^3$ 收敛.

解法二：由 $\sum\limits_{n=1}^{\infty} a_n$ 收敛可得 $\lim\limits_{n \to \infty} a_n = 0$，一定存在充分大的自然数 N，使当 $n > N$ 时，有 $0 \leqslant a_n < 1$，从而有 $0 \leqslant a_n^3 \leqslant a_n$. 由 $\sum\limits_{n=N+1}^{\infty} a_n$ 收敛及比较审敛法可知 $\sum\limits_{n=N+1}^{\infty} a_n^3$ 收敛，再由级数的性质便知 $\sum\limits_{n=1}^{\infty} a_n^3$ 收敛.

(2) 因为 $0 \leqslant \dfrac{\sqrt{a_n}}{n} \leqslant \dfrac{1}{2}\left(\dfrac{1}{n^2} + a_n\right)$，而 $\sum\limits_{n=1}^{\infty} \dfrac{1}{n^2}$ 及 $\sum\limits_{n=1}^{\infty} a_n$ 均收敛，所以 $\sum\limits_{n=1}^{\infty} \dfrac{1}{2}\left(\dfrac{1}{n^2} + a_n\right)$ 收敛，由比较审敛法知，$\sum\limits_{n=1}^{\infty} \dfrac{\sqrt{a_n}}{n}$ 收敛.

6. **证明**：因为 $a_n > 0$，数列 $\{a_n\}$ 单调减小，所以 $\sqrt{a_n \cdot a_{n+1}}$ 也单调减小. 又 $\lim\limits_{n \to \infty} \sqrt{a_n \cdot a_{n+1}} = \sqrt{\lim\limits_{n \to \infty} a_n \cdot a_{n+1}} = 0$，由莱布尼兹定理可知，级数 $\sum\limits_{n=1}^{\infty} (-1)^{n-1} \sqrt{a_n \cdot a_{n+1}}$ 收敛.

7. **解**：因为 $\dfrac{n \cos^2 \dfrac{n\pi}{3}}{2^n} \leqslant \dfrac{n}{2^n}$，利用比较审敛法需判定 $\sum\limits_{n=1}^{\infty} \dfrac{n}{2^n}$ 的敛散性. 而对于 $\sum\limits_{n=1}^{\infty} \dfrac{n}{2^n}$，因为 $\lim\limits_{n \to \infty} \dfrac{u_{n+1}}{u_n} = \lim\limits_{n \to \infty} \dfrac{n+1}{2^{n+1}} \Big/ \dfrac{n}{2^n} = \dfrac{1}{2} < 1$，所以由比值审敛法可知 $\sum\limits_{n=1}^{\infty} \dfrac{n}{2^n}$ 收敛，故 $\sum\limits_{n=1}^{\infty} \dfrac{n \cos^2 \dfrac{n\pi}{3}}{2^n}$ 收敛且绝对收敛.

8. **证明**：由 $\sum\limits_{n=1}^{\infty} (a_n - a_{n-1})$ 收敛可知，部分和数列 $s_n = a_1 - a_0 + a_2 - a_1 + \cdots + a_n - a_{n-1} = a_n - a_0$ 收敛（当 $n \to \infty$ 时），于是存在常数 $M > 0$，使得 $|a_n| \leqslant M$，所以 $|a_n b_n| \leqslant M |b_n|$. 又级数 $\sum\limits_{n=1}^{\infty} b_n$ 绝对收敛，根据比较审敛法可知级数 $\sum\limits_{n=1}^{\infty} a_n b_n$ 绝对收敛.

9. **证明**：由题设知 $b_n = \ln(e^{a_n} - a_n)$，因为 $e^{a_n} = 1 + a_n + \dfrac{1}{2} a_n^2 + o(a_n^2)$，所以 $b_n = \ln\left[1 + \dfrac{1}{2} a_n^2 + o(a_n^2)\right] \sim \dfrac{1}{2} a_n^2 + o(a_n^2) \sim \dfrac{1}{2} a_n^2$. 因而 $\lim\limits_{n \to \infty} \dfrac{b_n}{a_n} = \lim\limits_{n \to \infty} \dfrac{1}{2} \cdot \dfrac{a_n^2}{a_n} = \dfrac{1}{2}$，又 $\sum\limits_{n=1}^{\infty} a_n$ 收敛，故 $\sum\limits_{n=1}^{\infty} \dfrac{b_n}{a_n}$ 收敛.

强化训练 20

1. (1) $\dfrac{2}{2-\ln 3}$. (2) 充分非必要. (3) $\sum\limits_{n=1}^{\infty}\dfrac{e^n}{3^n-2^n}$. 提示: $\dfrac{1}{\ln\sqrt[3]{n}}=\dfrac{3}{\ln n}>\dfrac{3}{n}$,而级数 $\sum\limits_{n=2}^{\infty}\dfrac{3}{n}$ 发散,所以 $\sum\limits_{n=2}^{\infty}\dfrac{1}{\ln\sqrt[3]{n}}$ 发散. $\dfrac{e^n}{3^n-2^n}=\left(\dfrac{e}{3}\right)^n\cdot\dfrac{1}{1-\left(\dfrac{2}{3}\right)^n}\sim\left(\dfrac{e}{3}\right)^n (n\to\infty)$,而级数 $\sum\limits_{n=1}^{\infty}\left(\dfrac{e}{3}\right)^n$ 收敛,故 $\sum\limits_{n=1}^{\infty}\dfrac{e^n}{3^n-2^n}$ 收敛. $\lim\limits_{n\to\infty}\left(3-\dfrac{1}{n}\right)^n\sin\dfrac{1}{3^n}=\lim\limits_{n\to\infty}\left(3-\dfrac{1}{n}\right)^n\dfrac{1}{3^n}=\lim\limits_{n\to\infty}\left(1-\dfrac{1}{3n}\right)^n=e^{-\frac{1}{3}}\neq 0$, 故 $\sum\limits_{n=1}^{\infty}\left(3-\dfrac{1}{n}\right)^n\sin\dfrac{1}{3^n}$ 发散.

(4) 0. (5) $1<p<2$.

2. (1) D. (2) B. (3) C. (4) C. 提示:此题考察交错级数敛散性的判别. 因为 $\dfrac{|a_n|}{\sqrt{n^2+\lambda}}<\dfrac{|a_n|}{n}\leqslant\dfrac{1}{2}\left(a_n^2+\dfrac{1}{n^2}\right)$,所以原级数绝对收敛. (5) B.

3. (1) 解:设 $a_n=\dfrac{\ln n}{n\sqrt{n}}, b_n=\dfrac{1}{n^{\frac{3}{2}-\frac{1}{3}}}=\dfrac{1}{n^{\frac{7}{6}}}$,因为 $\lim\limits_{n\to\infty}\dfrac{a_n}{b_n}=\lim\limits_{n\to\infty}\dfrac{\ln n}{n^{\frac{1}{3}}}=0$,而级数 $\sum\limits_{n=1}^{\infty}b_n$ 收敛,所以原级数收敛.

$\left(\text{对 }\forall\lambda>0, \lim\limits_{x\to\infty}\dfrac{\ln x}{x^{\lambda}}=0\right)$

(2) 解:令 $u_n=\dfrac{n^{n-1}}{(n+1)^{n+1}}$,因为 $\lim\limits_{n\to\infty}\dfrac{u_n}{\frac{1}{n^2}}=\lim\limits_{n\to\infty}\dfrac{n^{n+1}}{(n+1)^{n+1}}=\lim\limits_{n\to\infty}\dfrac{1}{\left(1+\frac{1}{n}\right)^{n+1}}=\dfrac{1}{e}$,而 $\sum\limits_{n=1}^{\infty}\dfrac{1}{n^2}$ 收敛,所以由比较审敛法的极限形式可知 $\sum\limits_{n=1}^{\infty}u_n$ 收敛.

(3) 解:因为 $\lim\limits_{n\to\infty}\sqrt[n]{u_n}=\lim\limits_{n\to\infty}(\sqrt[n]{n}-1)=0<1$,所以由根值审敛法可知 $\sum\limits_{n=1}^{\infty}(\sqrt[n]{n}-1)^n$ 收敛.

(4) 解:令 $u_n=\dfrac{e^n n!}{n^n}$,则 $\dfrac{u_{n+1}}{u_n}=\dfrac{e^{n+1}(n+1)!}{(n+1)^{n+1}}\cdot\dfrac{n^n}{e^n n!}=\dfrac{e}{\left(1+\frac{1}{n}\right)^n}>1, n=1,2,\cdots$,故 $u_n>u_{n-1}>\cdots>u_1=e$,从而 $\lim\limits_{n\to\infty}u_n\neq 0$,从而级数 $\sum\limits_{n=1}^{\infty}\dfrac{e^n n!}{n^n}$ 发散. 提示: $\left(1+\dfrac{1}{n}\right)^n<e<\left(1+\dfrac{1}{n}\right)^{n+1}$.

(5) 解:由于 $a_n>0$,且 $a_n=\left(\dfrac{1}{\sqrt{n+1}+\sqrt{n}}\right)^p\ln\left(1+\dfrac{2}{n-1}\right)\sim\dfrac{1}{n^{\frac{p}{2}+1}}$,故仅当 $\dfrac{p}{2}+1>1$ 即 $p>0$ 时原级数收敛.

(6) 解法一:因为 $\tan\dfrac{1}{n}>\dfrac{1}{n}$,所以级数 $\sum\limits_{n=1}^{\infty}n\left(\tan\dfrac{1}{n}-\dfrac{1}{n}\right)$ 为正项级数. 由泰勒展开式 $\tan x=x+\dfrac{1}{3}x^3+o(x^3)$,可得 $\tan\dfrac{1}{n}=\dfrac{1}{n}+\dfrac{1}{3}\left(\dfrac{1}{n}\right)^3+o\left(\dfrac{1}{n^3}\right)$,所以 $n\left(\tan\dfrac{1}{n}-\dfrac{1}{n}\right)=n\cdot\dfrac{1}{3}\left(\dfrac{1}{n}\right)^3+n\cdot o\left(\dfrac{1}{n^3}\right)=\dfrac{1}{3}\cdot\dfrac{1}{n^2}+o\left(\dfrac{1}{n^2}\right)$. 因此 $\lim\limits_{n\to\infty}\dfrac{n\left(\tan\frac{1}{n}-\frac{1}{n}\right)}{\frac{1}{n^2}}=\dfrac{1}{3}$,又级数 $\sum\limits_{n=1}^{\infty}\dfrac{1}{n^2}$ 收敛,所以原级数收敛.

解法二:先利用洛必达法则求 $\tan\dfrac{1}{n}-\dfrac{1}{n}$ 的阶,即考察 k 为何值时, $\lim\limits_{n\to\infty}\dfrac{\tan\frac{1}{n}-\frac{1}{n}}{\left(\frac{1}{n}\right)^k}$ 存在且不为 0. 由于

$$\lim_{x\to 0}\frac{\tan x - x}{x^k} = \lim_{x\to 0}\frac{\sec^2 x - 1}{kx^{k-1}} = \lim_{x\to 0}\frac{\tan^2 x}{kx^{k-1}},$$ 可得当且仅当 $k-1=2$ 即 $k=3$ 时 $\lim_{n\to\infty}\frac{\tan\frac{1}{n}-\frac{1}{n}}{\left(\frac{1}{n}\right)^k} = \frac{1}{3}$,所以

$\tan\frac{1}{n} - \frac{1}{n}$ 是 $\frac{1}{n}$ 的 3 阶无穷小. 因此 $\lim_{n\to\infty}\frac{n\left(\tan\frac{1}{n}-\frac{1}{n}\right)}{\frac{1}{n^2}} = \frac{1}{3}$,又级数 $\sum_{n=1}^{\infty}\frac{1}{n^2}$ 收敛,所以原级数收敛.

4. (1) **解**:该级数为交错级数,$u_n = \frac{1}{\ln(e^n + p)}$ 单调减趋于 0,则由莱布尼兹定理可知 $\sum_{n=1}^{\infty}\frac{(-1)^{n-1}}{\ln(e^n+p)}$ 收敛,

而 $u_n = \frac{1}{\ln(e^n+p)} = \frac{1}{n+\ln\left(1+\frac{p}{e^n}\right)} \sim \frac{1}{n}$,即 $\lim_{n\to\infty}\frac{u_n}{\frac{1}{n}} = 1$,因为级数 $\sum_{n=1}^{\infty}\frac{1}{n}$ 发散,所以 $\sum_{n=1}^{\infty}u_n$ 发散. 综上可得原级数条件收敛.

(2) **解**:先考察 $\sum_{n=1}^{\infty}\left|\left(\frac{1}{\sqrt{n}} - \frac{1}{\sqrt{n+1}}\right)\sin(n+k)\right|$ 的敛散性. $\frac{1}{\sqrt{n}} - \frac{1}{\sqrt{n+1}} = \frac{\sqrt{n+1}-\sqrt{n}}{\sqrt{n(n+1)}} = \frac{1}{\sqrt{n(n+1)}(\sqrt{n+1}+\sqrt{n})} \sim \frac{1}{2n^{\frac{3}{2}}}$,所以 $\lim_{n\to\infty}\frac{\frac{1}{\sqrt{n}}-\frac{1}{\sqrt{n+1}}}{\frac{1}{2n^{\frac{3}{2}}}} = \lim_{n\to\infty}\frac{2n^{\frac{3}{2}}}{\sqrt{n(n+1)}(\sqrt{n+1}+\sqrt{n})} = 1$,所以

由比较审敛法的极限形式可知 $\sum_{n=1}^{\infty}\left(\frac{1}{\sqrt{n}} - \frac{1}{\sqrt{n+1}}\right)$ 收敛. 又因为 $\left|\left(\frac{1}{\sqrt{n}} - \frac{1}{\sqrt{n+1}}\right)\sin(n+k)\right| \leqslant \frac{1}{\sqrt{n}} - \frac{1}{\sqrt{n+1}}$,所以由比较审敛法可知 $\sum_{n=1}^{\infty}\left|\left(\frac{1}{\sqrt{n}} - \frac{1}{\sqrt{n+1}}\right)\sin(n+k)\right|$ 收敛,即原级数绝对收敛.

5. 解:由于 $\frac{1}{(n^2+2n+3)^{\alpha}} \sim \frac{1}{n^{2\alpha}}$,由题设知 $\sum_{n=1}^{\infty}\frac{1}{(n^2+2n+3)^{\alpha}}$ 发散,所以 $\sum_{n=1}^{\infty}\frac{1}{n^{2\alpha}}$ 发散,从而有 $0 < 2\alpha \leqslant 1$.
由 $\sin\frac{1}{n} = \frac{1}{n} - \frac{1}{3!}\left(\frac{1}{n}\right)^3 + o\left(\frac{1}{n^3}\right)$,得 $\frac{1}{n} - \sin\frac{1}{n} = \frac{1}{6}\cdot\frac{1}{n^3} + o\left(\frac{1}{n^3}\right)$,所以 $\left(\frac{1}{n} - \sin\frac{1}{n}\right)^{\alpha} \sim \left(\frac{1}{6n^3}\right)^{\alpha}$.
由题设知 $\sum_{n=1}^{\infty}\left(\frac{1}{n} - \sin\frac{1}{n}\right)^{\alpha}$ 收敛,因此 $\sum_{n=1}^{\infty}\frac{1}{6^{\alpha}}\cdot\frac{1}{n^{3\alpha}}$ 收敛,从而 $3\alpha > 1$. 综上可得 $\frac{1}{3} < \alpha \leqslant \frac{1}{2}$.

6. 解:由题设知 $a_0 = 0, a_1 = \sqrt{2+a_0} = \sqrt{2} > a_0$,设 $0 \leqslant a_{n-1} < a_n$,则 $2+a_{n-1} < 2+a_n$,从而有 $\sqrt{2+a_{n-1}} < \sqrt{2+a_n}$,即 $a_n < a_{n+1}$,所以数列 $\{a_n\}$ 单调增加. 下面说明数列 $\{a_n\}$ 有上界. 设 $a_n < 2$,则 $\sqrt{2+a_n} < 2$,即 $a_{n+1} < 2$,所以数列 $\{a_n\}$ 有上界. 根据单调有界准则可得 $\{a_n\}$ 收敛,设 $\lim_{n\to\infty}a_n = A$,等式 $a_{n+1} = \sqrt{2+a_n}$,对两边同时取极限可得 $A = \sqrt{2+A}$,解得 $A = 2$,因此 $\lim_{n\to\infty}a_n = 2$. 令 $b_n = \sqrt{2-a_n}$,由于 $\lim_{n\to\infty}\frac{b_{n+1}}{b_n} = \lim_{n\to\infty}\frac{\sqrt{2-a_{n+1}}}{\sqrt{2-a_n}} = \lim_{n\to\infty}\sqrt{\frac{2-\sqrt{2+a_n}}{2-a_n}} = \lim_{n\to\infty}\sqrt{\frac{4-(2+a_n)}{(2-a_n)(2+\sqrt{2+a_n})}} = \lim_{n\to\infty}\frac{1}{\sqrt{2+\sqrt{2+a_n}}} = \frac{1}{2}$,由比值审敛法可知 $\sum_{n=1}^{\infty}b_n$ 收敛,即原级数绝对收敛.

7. 解:令 $a_n = \frac{n^k}{n-1}$,因为 $a_n = \frac{n^k}{n-1} = \frac{1}{n^{1-k} - n^{-k}} \sim \frac{1}{n^{1-k}}$,所以当 $1-k>1$ 即 $k<0$ 时,原级数绝对收敛;当 $1-k \leqslant 1$ 即 $k \leqslant 0$ 时,原级数非绝对收敛;当 $k \geqslant 1$ 时,因为 $\lim_{n\to\infty}a_n = \lim_{n\to\infty}\frac{n^k}{n-1} = \begin{cases}\infty \\ 1\end{cases}$,所以原级数发散;当 $0 \leqslant k < 1$ 时,因为 $\lim_{n\to\infty}\frac{n^k}{n-1} = 0$,且 $\frac{n^k}{n-1} = \frac{1}{n^{1-k}-n^{-k}}$ 单调递减,由莱布尼兹判别法可知原级数收

敛. 综上可得,当 $0 \leqslant k < 1$ 时原级数条件收敛.

8. 证明:(1) 利用单调有界准则. 显然 $a_n > 0, n=1,2,\cdots$,又 $a_{n+1} = \frac{1}{2}\left(a_n + \frac{1}{a_n}\right) \geqslant 1$,所以 $a_{n+1} - a_n = \frac{1}{2}\left(a_n + \frac{1}{a_n}\right) - a_n = \frac{1-a_n^2}{2a_n} \leqslant 0$,从而可知 $\{a_n\}$ 单调递减有下界,所以 $\lim_{n\to\infty} a_n$ 存在.

(2) 由于 $\frac{a_n}{a_{n+1}} - 1 = \frac{a_n - a_{n+1}}{a_{n+1}} \geqslant 0$,所以该级数为正项级数. 因为 $\frac{a_n - a_{n+1}}{a_{n+1}} \leqslant a_n - a_{n+1}$,所以对于级数 $\sum_{n=1}^{\infty}(a_n - a_{n+1}), s_n = a_1 - a_2 + a_2 - a_3 \cdots + a_n - a_{n+1} = 2 - a_{n+1}, \lim_{n\to\infty} s_n = 2 - \lim_{n\to\infty} a_{n+1}$ 存在,因此级数 $\sum_{n=1}^{\infty}(a_n - a_{n+1})$ 收敛,从而可知级数 $\sum_{n=1}^{\infty}\left(\frac{a_n}{a_{n+1}} - 1\right)$ 收敛.

9. (1) 解:由 $\ln\left(1 + \frac{1}{n}\right) = \frac{1}{n} - \frac{1}{2}\left(\frac{1}{n}\right)^2 + o\left(\frac{1}{n^2}\right)$,得 $\frac{1}{n} - \ln\left(1 + \frac{1}{n}\right) = \frac{1}{2} \cdot \frac{1}{n^2} + o\left(\frac{1}{n^2}\right)$. 因为 $\lim_{n\to\infty} \frac{\frac{1}{n} - \ln\left(1 + \frac{1}{n}\right)}{\frac{1}{n^2}} = \frac{1}{2}$,所以原级数收敛,从而可知收敛级数的部分和极限存在. $\sum_{k=1}^{n}\left[\frac{1}{k} - \ln\left(1 + \frac{1}{k}\right)\right] = 1 + \frac{1}{2} + \cdots + \frac{1}{n} - \ln(n+1) = x_n$,从而可知该数列 $\{x_n\}$ 收敛.

(2) 设 $\lim_{n\to\infty} x_n = A$,所以 $\lim_{n\to\infty} \frac{1}{\ln n}\left(1 + \frac{1}{2} + \cdots + \frac{1}{n}\right) = \lim_{n\to\infty}\left[\frac{x_n}{\ln n} + \frac{\ln(n+1)}{\ln n}\right] = \lim_{n\to\infty} \frac{x_n}{\ln n} + \lim_{n\to\infty} \frac{\ln(n+1)}{\ln n} = 1.$

第 21 讲 无穷级数(二)
—— 幂级数与傅里叶级数

基础练习 21

1. (1) $[-2, 0)$.　(2) $(1, 5]$.　(3) $\frac{1}{(1+x)^2}$.　(4) 1.　(5) $\frac{2}{3}$.

2. (1) A.　(2) D.　(3) A.　(4) C.　(5) B.

3. 解: $\lim_{n\to\infty}\left|\frac{a_{n+1}}{a_n}\right| = \lim_{n\to\infty} \frac{3^{n+1}}{(n+1)^2 + n + 1} \cdot \frac{n^2 + n}{3^n} = 3\lim_{n\to\infty} \frac{n^2 + n}{(n+1)^2 + n + 1} = 3$,所以幂级数的收敛半径为 $R = \frac{1}{3}$,收敛区间为 $\left(-\frac{1}{3}, \frac{1}{3}\right)$. 当 $x = \frac{1}{3}$ 时,级数 $\sum_{n=1}^{\infty} \frac{1}{n^2 + n}$ 收敛;当 $x = -\frac{1}{3}$ 时,级数 $\sum_{n=1}^{\infty} (-1)^n \frac{1}{n^2 + n}$ 收敛,所以幂级数的收敛域为 $\left[-\frac{1}{3}, \frac{1}{3}\right]$.

4. 解:由 $\lim_{n\to\infty}\left|\frac{n \cdot 3^n}{(n+1)3^{n+1}}\right| = \frac{1}{3}$ 得 $R = 3$. 当 $x = 3$ 时,$\sum_{n=1}^{\infty} \frac{1}{n \cdot 3^n} 3^{n-1} = \sum_{n=1}^{\infty} \frac{1}{3n}$ 发散;当 $x = -3$ 时,$\sum_{n=1}^{\infty} \frac{1}{n \cdot 3^n}(-3)^{n-1} = \sum_{n=1}^{\infty} (-1)^{n-1} \frac{1}{3n}$ 收敛,所以该幂级数的收敛域为 $[-3, 3)$. 设 $s(x) = \sum_{n=1}^{\infty} \frac{1}{n \cdot 3^n} x^{n-1}$, $x \in [-3, 3)$,当 $x \neq 0$ 时,令 $s_1(x) = \sum_{n=1}^{\infty} \frac{1}{n \cdot 3^n} x^n$,则 $s(x) = \frac{1}{x} s_1(x)$. 因为 $s_1'(x) = \sum_{n=1}^{\infty} \frac{1}{3^n} x^{n-1} = \frac{1}{3} \cdot \frac{1}{1 - \frac{x}{3}} = \frac{1}{3 - x}$,所以 $s_1(x) = s_1(0) + \int_0^x \frac{1}{3-x} \mathrm{d}x = -\ln\left(1 - \frac{x}{3}\right)$,故 $s(x) = -\frac{1}{x}\ln\left(1 - \frac{x}{3}\right)$. 又

$s(0) = \dfrac{1}{3}$,并由 $s(x)$ 在 $x = -3$ 处连续,故有 $s(x) = \begin{cases} \dfrac{1}{3}, & x = 0 \\ -\dfrac{1}{x}\ln\left(1 - \dfrac{x}{3}\right), & -3 \leqslant x < 3, x \neq 0 \end{cases}$.

5. **解**:因为 $\lim\limits_{n \to \infty}\left|\dfrac{a_{n+1}}{a_n}\right| = \lim\limits_{n \to \infty}\dfrac{(n+2)(n+4)}{(n+1)(n+3)} = 1$,所以收敛半径 $R = 1$,又当 $x = \pm 1$ 时,$\lim\limits_{n \to \infty}|(n+1)(n+3)| \neq 0$,所以该幂级数的收敛域为 $(-1, 1)$. 因为 $\sum\limits_{n=0}^{\infty}(n+1)(n+3)x^n = \sum\limits_{n=0}^{\infty}(n+1)nx^n + \sum\limits_{n=0}^{\infty}3(n+1)x^n$,当 $x \in (-1, 1)$ 时,令 $s_1(x) = \sum\limits_{n=0}^{\infty}(n+1)nx^n$,$s_2(x) = \sum\limits_{n=0}^{\infty}3(n+1)x^n$. $s_1(x) = x\sum\limits_{n=0}^{\infty}(x^{n+1})'' = x\left(\sum\limits_{n=0}^{\infty}x^{n+1}\right)'' = x\left(\dfrac{x}{1-x}\right)'' = \dfrac{2x}{(1-x)^3}$,$s_2(x) = \sum\limits_{n=0}^{\infty}3(x^{n+1})' = 3\left(\sum\limits_{n=0}^{\infty}x^{n+1}\right)' = \left(\dfrac{3x}{1-x}\right)' = \dfrac{3}{(1-x)^2}$,所以 $\sum\limits_{n=0}^{\infty}(n+1)(n+3)x^n = \dfrac{2x}{(1-x)^3} + \dfrac{3}{(1-x)^2} = \dfrac{3-x}{(1-x)^3}, x \in (-1, 1)$.

6. **解**:该幂级数为缺项型幂级数. $\lim\limits_{x \to \infty}\dfrac{2n+3}{(n+1)!} \cdot \dfrac{n!}{2n+1}x^2 = \lim\limits_{x \to \infty}\dfrac{2 + \dfrac{3}{n}}{(n+1)} \cdot \dfrac{1}{2 + \dfrac{1}{n}}x^2 = 0 < 1$,该幂级数的收敛域为 $(-\infty, +\infty)$. 令 $s(x) = \sum\limits_{n=1}^{\infty}\dfrac{2n+1}{n!}x^{2n} = \sum\limits_{n=1}^{\infty}\dfrac{1}{n!}(x^{2n+1})' = \left(\sum\limits_{n=1}^{\infty}\dfrac{1}{n!}x^{2n+1}\right)' = \left(x\sum\limits_{n=1}^{\infty}\dfrac{1}{n!}x^{2n}\right)' = [x(e^{x^2} - 1)]' = 2x^2 e^{x^2} + e^{x^2} - 1$.

7. **解**:$2^x = 2 \cdot 2^{x-1} = 2 \cdot e^{(x-1)\ln 2} = 2\sum\limits_{n=0}^{\infty}\dfrac{[(x-1)\ln 2]^n}{n!} = 2\sum\limits_{n=0}^{\infty}\dfrac{(\ln 2)^n}{n!}(x-1)^n, x \in (-\infty, +\infty)$.

8. **解**:因为 $\dfrac{1}{4+x^2} = \dfrac{1}{4\left[1 + \left(\dfrac{x}{2}\right)^2\right]} = \sum\limits_{n=0}^{\infty}(-1)^n\dfrac{x^{2n}}{4^{n+1}}(-2 < x < 2)$,所以 $f(x) = \dfrac{x}{4+x^2} = x\sum\limits_{n=0}^{\infty}(-1)^n\dfrac{x^{2n}}{4^{n+1}} = \sum\limits_{n=0}^{\infty}(-1)^n\dfrac{x^{2n+1}}{4^{n+1}}(-2 < x < 2)$.

9. **解**:由于 $f(x)$ 是奇函数,所以 $a_n = 0$,又 $b_n = \dfrac{1}{\pi}\int_{-\pi}^{\pi}f(x)\sin x\,\mathrm{d}x = \dfrac{1}{n\pi}[(-1)^{n+1} + 1]$,故 $f(x) = \dfrac{4}{\pi}\sum\limits_{n=0}^{\infty}\dfrac{1}{2n+1}\sin(2n+1)x, x \in (-\pi, 0) \cup (0, \pi)$.

强化训练 21

1. (1) $(-2, 4)$. (2) $[0, 2]$. (3) $2e$. (4) $\dfrac{3}{2}$.

2. (1) B. (2) C. (3) B. (4) B.

3. **解**:因为 $\lim\limits_{n \to \infty}\left|\dfrac{u_{n+1}(x)}{u_n(x)}\right| = \lim\limits_{n \to \infty}\left|\dfrac{(x+5)^{2n+3}}{(n+1) \cdot 2^{2n+3}} \cdot \dfrac{n \cdot 2^{2n+1}}{(x+5)^{2n+1}}\right| = \dfrac{(x+5)^2}{4}$,所以当 $\dfrac{(x+5)^2}{4} < 1$ 即 $-7 < x < -3$ 时,原级数收敛;当 $\dfrac{(x+5)^2}{4} > 1$ 即 $x > -3$ 或 $x < -7$ 时,原级数发散. 又当 $x = -7$ 时原级数收敛,当 $x = -3$ 时原级数也收敛,故原级数的收敛域为 $[-7, -3]$.

4. **解**:令 $t = \dfrac{x}{2x+1}$,则原幂级数化为 $\sum\limits_{n=1}^{\infty}\dfrac{(-1)^n}{n}t^n$. 因为 $\lim\limits_{n \to \infty}\left|\dfrac{\dfrac{(-1)^{n+1}}{n+1}}{\dfrac{(-1)^n}{n}}\right| = 1$,故 $\sum\limits_{n=1}^{\infty}\dfrac{(-1)^n}{n}t^n$ 的收敛半径

248

$R=1$. 在 $t=1$ 处, $\sum_{n=1}^{\infty}\frac{(-1)^n}{n}$ 收敛; 在 $t=-1$ 处, $\sum_{n=1}^{\infty}\frac{1}{n}$ 发散, 即 $\sum_{n=1}^{\infty}\frac{(-1)^n}{n}t^n$ 的收敛域为 $-1<t\leqslant 1$. 从而, 当 $-1<\frac{x}{2x+1}\leqslant 1$ 时, 原级数收敛, 所以原级数的收敛域为 $x\leqslant -1$ 或 $x>-\frac{1}{3}$.

5. 解: 由于幂级数只含有 x 的奇次幂, 记原级数的一般项为 $u_n(x)$, 则有 $\lim\limits_{n\to\infty}\left|\frac{u_{n+1}(x)}{u_n(x)}\right|=\frac{1}{2}|x^2|$, 于是当 $|x|<\sqrt{2}$ 时, 收敛; 当 $|x|>\sqrt{2}$ 时, 发散; 当 $|x|=\sqrt{2}$ 时, 级数 $\pm\sum_{n=0}^{\infty}\frac{1}{\sqrt{2}}(2n-1)$ 也发散, 因此幂级数的收敛域为 $(-\sqrt{2},\sqrt{2})$. 当 $x\in(-\sqrt{2},\sqrt{2})$ 时, 设 $s(x)=x\sum_{n=1}^{\infty}\frac{2n-1}{2^n}x^{2n-2}=xs_1(x)$, 由于 $s_1(x)=\left(\sum_{n=1}^{\infty}\frac{1}{2^n}x^{2n-1}\right)'=\left[\frac{1}{x}\sum_{n=1}^{\infty}\left(\frac{x^2}{2}\right)^n\right]'=\left(\frac{x}{2-x^2}\right)'=\frac{2+x^2}{(2-x^2)^2}$, 因此 $s(x)=\frac{2x+x^3}{(2-x^2)^2}$. 取 $x=1$, 由上式可得 $\sum_{n=1}^{\infty}\frac{2n-1}{2^n}=s(1)=3$.

6. 解: 因为 $\left(\ln\frac{1+x}{1-x}\right)'=\frac{1-x}{1+x}\cdot\frac{2}{(1-x)^2}=2\cdot\frac{1}{1-x^2}=2\sum_{n=0}^{\infty}x^{2n}$, $|x|<1$, 所以 $\ln\frac{1+x}{1-x}=\int_0^x\left(\ln\frac{1+x}{1-x}\right)'\mathrm{d}x=2\int_0^x\sum_{n=0}^{\infty}x^{2n}\mathrm{d}x=2\sum_{n=0}^{\infty}\int_0^x x^{2n}\mathrm{d}x=2\sum_{n=0}^{\infty}\frac{x^{2n+1}}{2n+1}$, $|x|<1$. 因为 $\int_0^x\frac{x}{(1+x^2)^2}\mathrm{d}x=-\frac{1}{2}\cdot\frac{1}{1+x^2}+\frac{1}{2}=-\frac{1}{2}\sum_{n=0}^{\infty}(-x^2)^n+\frac{1}{2}$, $x\in(-1,1)$, 所以 $\frac{x}{(1+x^2)^2}=-\sum_{n=1}^{\infty}(-1)^n nx^{2n-1}$, $x\in(-1,1)$. 故 $f(x)=\sum_{n=0}^{\infty}\frac{x^{2n+1}}{2n+1}-\sum_{n=0}^{\infty}(-1)^{n+1}(n+1)x^{2n+1}=\sum_{n=0}^{\infty}\left[(-1)^n(n+1)+\frac{1}{2n+1}\right]x^{2n+1}$, $|x|<1$.

7. 解: 因为 $(\arctan x)'=\frac{1}{1+x^2}=\sum_{n=0}^{\infty}(-1)^n x^{2n}$, $-1<x<1$ 且 $\arctan 0=0$, 所以 $\arctan x=\sum_{n=0}^{\infty}(-1)^n\frac{x^{2n+1}}{2n+1}$, $-1\leqslant x\leqslant 1$. 因此 $f(x)=\sum_{n=0}^{\infty}(-1)^n\frac{x^{2n}}{2n+1}+\sum_{n=0}^{\infty}(-1)^n\frac{x^{2n+2}}{2n+1}=1+2\sum_{n=1}^{\infty}(-1)^n\frac{x^{2n}}{1-4n^2}$, $-1\leqslant x\leqslant 1$, 所以 $\sum_{n=1}^{\infty}\frac{(-1)^n}{1-4n^2}=\frac{1}{2}[f(1)-1]=\frac{\pi}{4}-\frac{1}{2}$.

8. 解: 令 $(x-2)^2=t$, 则幂级数 $\sum_{n=1}^{\infty}(-1)^n\frac{(x-2)^{2n}}{4^n}=\sum_{n=1}^{\infty}(-1)^n\frac{t^n}{4^n}$. 设 $a_n=\frac{(-1)^n}{4^n}$, 由 $\lim\limits_{n\to\infty}\left|\frac{a_{n+1}}{a_n}\right|=\lim\limits_{n\to\infty}\frac{\frac{1}{4^{n+1}}}{\frac{1}{4^n}}=\frac{1}{4}$, 得 $\sum_{n=1}^{\infty}(-1)^n\frac{t^n}{4^n}$ 的收敛半径为 $R=4$. 当 $t=4$ 时, 级数 $\sum_{n=1}^{\infty}(-1)^n\frac{t^n}{4^n}=\sum_{n=1}^{\infty}(-1)^n$ 发散; 当 $t=-4$ 时, 级数 $\sum_{n=1}^{\infty}(-1)^n\frac{t^n}{4^n}=\sum_{n=1}^{\infty}1$ 发散, 所以该级数的收敛域为 $(-4,4)$. 设 $s(t)=\sum_{n=1}^{\infty}(-1)^n\frac{t^n}{4^n}$, 则 $s(t)=\sum_{n=1}^{\infty}\frac{(-t)^n}{4^n}=\frac{-\frac{t}{4}}{1+\frac{t}{4}}=-\frac{t}{4+t}$, $t\in(-4,4)$. 再由 $-4<(x-2)^2<4$, 解得 $0<x<4$. 所以 $\sum_{n=1}^{\infty}(-1)^n\frac{(x-2)^{2n}}{4^n}$ 的收敛域为 $(0,4)$, 和函数 $s(x)=-\frac{(x-2)^2}{4+(x-2)^2}$.

9. 解: $f(x)$ 满足狄利克雷定理的条件, 将函数 $f(x)=x^2$ 延拓成以 2π 为周期的函数, 则 $a_0=\frac{2}{\pi}\int_0^\pi x^2\mathrm{d}x=\frac{2}{3}\pi^2$, $a_n=\frac{2}{\pi}\int_0^\pi x^2\cos nx\mathrm{d}x=\frac{4(-1)^n}{n^2}$ $(n=1,2,\cdots)$, $b_n=\frac{1}{\pi}\int_{-\pi}^\pi x^2\sin nx\mathrm{d}x=0$ $(n=1,2,\cdots)$. 由于 $f(x)=$

x^2 在$[-\pi,\pi]$上连续,且在端点 $f(-\pi)=f(\pi)$,因此 $x^2=\dfrac{\pi^2}{3}+4\sum\limits_{n=1}^{\infty}(-1)^n\dfrac{\cos nx}{n^2}, -\pi\leqslant x\leqslant\pi$. 令 $x=0$,得 $0=\dfrac{\pi^2}{3}+4\sum\limits_{n=1}^{\infty}(-1)^n\dfrac{1}{n^2}$,则 $\sum\limits_{n=1}^{\infty}(-1)^{n+1}\dfrac{1}{n^2}=\dfrac{\pi^2}{12}$. 令 $x=\pi$,得 $\pi^2=\dfrac{\pi^2}{3}+4\sum\limits_{n=1}^{\infty}\dfrac{1}{n^2}$,则 $\sum\limits_{n=1}^{\infty}\dfrac{1}{n^2}=\dfrac{\pi^2}{6}$. 故 $\sum\limits_{n=1}^{\infty}\dfrac{1}{(2n-1)^2}=\dfrac{1}{2}\left[\sum\limits_{n=1}^{\infty}\dfrac{1}{n^2}+\sum\limits_{n=1}^{\infty}(-1)^{n+1}\dfrac{1}{n^2}\right]=\dfrac{1}{2}\left(\dfrac{\pi^2}{6}+\dfrac{\pi^2}{12}\right)=\dfrac{\pi^2}{8}$.

第20—21讲阶段能力测试

阶段能力测试 A

一、1. 发散. 2. $p\leqslant 0$. 3. $(-1,5)$. 4. $\dfrac{(n+1)!}{a^{n+2}}$. 5. $(-3,7]$.

二、1. B. 2. D. 3. B. 4. B. 5. C.

三、1. 解:因为 $\sum\limits_{n=1}^{\infty}\left|(-1)^{n-1}(\sqrt{n+1}-\sqrt{n})\right|=\sum\limits_{n=1}^{\infty}(\sqrt{n+1}-\sqrt{n})=\sum\limits_{n=1}^{\infty}\dfrac{1}{\sqrt{n+1}+\sqrt{n}}$,由于 $0<\dfrac{1}{\sqrt{n+1}+\sqrt{n}}<\dfrac{1}{2\sqrt{n}}$,而 $\sum\limits_{n=1}^{\infty}\dfrac{1}{2\sqrt{n}}$ 发散,所以 $\sum\limits_{n=1}^{\infty}\left|(-1)^{n-1}(\sqrt{n+1}-\sqrt{n})\right|$. 又因为 $\lim\limits_{n\to\infty}u_n=\lim\limits_{n\to\infty}(\sqrt{n+1}-\sqrt{n})=\lim\limits_{n\to\infty}\dfrac{1}{\sqrt{n+1}+\sqrt{n}}=0, u_n-u_{n+1}=(\sqrt{n+1}-\sqrt{n})-(\sqrt{n+2}-\sqrt{n+1})=\dfrac{1}{\sqrt{n+1}+\sqrt{n}}-\dfrac{1}{\sqrt{n+2}+\sqrt{n+1}}=\dfrac{\sqrt{n+2}-\sqrt{n}}{(\sqrt{n+1}+\sqrt{n})(\sqrt{n+2}+\sqrt{n+1})}>0$,故 $u_n>u_{n+1}$,所以由莱布尼兹判别法可知 $\sum\limits_{n=1}^{\infty}(-1)^{n-1}(\sqrt{n+1}-\sqrt{n})$ 收敛.综上讨论得原级数条件收敛.

2. 解:先考虑绝对值级数的敛散性. 由于 $\dfrac{1}{2n+\sin^2 n}>\dfrac{1}{2n+1}$,且级数 $\sum\limits_{n=1}^{\infty}\dfrac{1}{2n+1}$ 发散,所以级数 $\sum\limits_{n=1}^{\infty}\dfrac{1}{2n+\sin^2 n}$ 发散.下面考察原级数的敛散性. 原级数为交错级数,考虑采用莱布尼兹判别法.事实上,令 $f(x)=2x+\sin^2 x, f'(x)=2+2\sin x\cos x>0$,得 $f(x)$ 单调递增,从而得$\{u_n\}$单调递减. 又 $u_n=\dfrac{1}{2n+\sin^2 n},\lim\limits_{n\to\infty}u_n=0$,所以由莱布尼兹判别法可知原级数收敛,且为条件收敛.

四、解:该级数为缺项型幂级数,因为 $\lim\limits_{n\to\infty}\left|\dfrac{u_{n+1}}{u_n}\right|=\lim\limits_{n\to\infty}\dfrac{(n+1)x^{2(n+1)}}{nx^{2n}}=x^2$,所以当 $x^2<1$ 即$-1<x<1$ 时,原级数收敛. 又 $|x|=1$ 时,原级数发散,因此原级数的收敛区间是$(-1,1)$. $s(x)=\dfrac{x}{2}\sum\limits_{n=1}^{\infty}2nx^{2n-1}=\dfrac{x}{2}\left(\sum\limits_{n=1}^{\infty}x^{2n}\right)'=\dfrac{x}{2}\left(\dfrac{x^2}{1-x^2}\right)'=\dfrac{x^2}{(1-x^2)^2}(-1<x<1)$.

五、解:函数 $f(x)$ 是偶函数,所以 $b_n=0, a_0=\dfrac{1}{\pi}\left(\int_{-\pi}^0-x\mathrm{d}x+\int_0^{\pi}x\mathrm{d}x\right)=\pi; a_n=\dfrac{2}{n^2\pi}[(-1)^n-1]$,故 $f(x)=\dfrac{\pi}{2}-\dfrac{4}{\pi}\left(\cos x+\dfrac{1}{3^2}\cos 3x+\dfrac{1}{5^2}\cos 5x+\cdots\right)$. 特别地,令 $x=0$,可得 $\sum\limits_{n=1}^{\infty}\dfrac{1}{(2n-1)^2}=\dfrac{\pi^2}{8}$.

六、解:由 $s_n=\sum\limits_{k=1}^{n}a_k(n=1,2,\cdots)$ 无界可得级数 $\sum\limits_{n=1}^{\infty}a_n$ 发散,故 $\sum\limits_{n=1}^{\infty}a_n(x-1)^n$ 在 $x=2$ 处发散. 当 $x=0$ 时,$\sum\limits_{n=1}^{\infty}a_n(-1)^n$ 为交错级数,满足莱布尼兹定理的条件,从而可知 $\sum\limits_{n=1}^{\infty}a_n(x-1)^n$ 在 $x=0$ 处收敛. 由阿

贝尔定理可知 $\sum_{n=1}^{\infty} a_n(x-1)^n$ 的收敛域为 $[0,2)$.

七、解:$f(x) = -\dfrac{1}{3} \cdot \dfrac{1}{1+x} + \dfrac{2}{3} \cdot \dfrac{1}{2-x}$,因为 $\dfrac{1}{1+x} = \sum_{n=0}^{\infty}(-x)^n$,$-1<x<1$,$\dfrac{1}{2-x} = \dfrac{1}{2} \cdot \dfrac{1}{1-\frac{x}{2}} = \dfrac{1}{2}\sum_{n=0}^{\infty}\left(\dfrac{x}{2}\right)^n = \sum_{n=0}^{\infty}\dfrac{1}{2^{n+1}}x^n$,$-1<\dfrac{x}{2}<1$.所以 $f(x) = -\dfrac{1}{3}\sum_{n=0}^{\infty}(-1)^n x^n + \dfrac{2}{3}\sum_{n=0}^{\infty}\dfrac{1}{2^{n+1}}x^n = \sum_{n=0}^{\infty}\dfrac{1}{3}\left[(-1)^{n+1} + \dfrac{1}{2^n}\right]x^n$,其中 $-1<x<1$.

八、解:因为 $R = \lim_{n\to\infty}\dfrac{(n+2)n}{(n+1)(n+1)} = 1$,又 $x=\pm 1$ 时,级数 $\sum_{n=1}^{\infty}\dfrac{n}{n+1}$ 和 $\sum_{n=1}^{\infty}(-1)^n\dfrac{n}{n+1}$ 均发散,故幂级数的收敛域为 $(-1,1)$. 当 $x \in (-1,1)$ 时,设和函数为 $s(x)$. 由于 $\sum_{n=1}^{\infty}\dfrac{n}{n+1}x^n = \sum_{n=1}^{\infty}\dfrac{n+1-1}{n+1}x^n = \sum_{n=1}^{\infty}x^n - \sum_{n=1}^{\infty}\dfrac{1}{n+1}x^n$,设 $s_1(x) = \sum_{n=1}^{\infty}\dfrac{1}{n+1}x^{n+1}$,则 $s_1'(x) = \left(\sum_{n=1}^{\infty}\dfrac{1}{n+1}x^{n+1}\right)' = \sum_{n=1}^{\infty}\dfrac{1}{n+1}(x^{n+1})' = \sum_{n=1}^{\infty}x^n = \dfrac{x}{1-x}$,所以 $s_1(x) = s_1(0) + \int_0^x \dfrac{x}{1-x}dx = -x - \ln(1-x)$,从而当 $x \neq 0$ 时,$\sum_{n=1}^{\infty}\dfrac{1}{n+1}x^n = \dfrac{s_1(x)}{x} = -1 - \dfrac{1}{x}\ln(1-x)$. 又 $\sum_{n=1}^{\infty}x^n = \dfrac{x}{1-x}$,因此 $s(x) = \begin{cases} \dfrac{1}{1-x} + \dfrac{1}{x}\ln(1-x), & 0<|x|<1 \\ 0, & x=0 \end{cases}$.令 $x = \dfrac{1}{2}$,可得 $\sum_{n=1}^{\infty}\dfrac{n}{(n+1)2^n} = 2(1-\ln 2)$.

九、解:由题设知 $a_n = \int_0^1 (x^n - x^{n+1})dx = \dfrac{1}{n+1} - \dfrac{1}{n+2}$,所以 $s_1 = \sum_{n=1}^{\infty}\left(\dfrac{1}{n+1} - \dfrac{1}{n+2}\right)$,故 $s_1 = \lim_{n\to\infty}\sum_{k=1}^{n}\left(\dfrac{1}{n+1} - \dfrac{1}{n+2}\right) = \lim_{n\to\infty}\left(\dfrac{1}{2} - \dfrac{1}{n+2}\right) = \dfrac{1}{2}$.$s_2 = \sum_{n=1}^{\infty}\left(\dfrac{1}{2n} - \dfrac{1}{2n+1}\right) = \sum_{n=1}^{\infty}\dfrac{1}{2n(2n+1)}$,令 $f(x) = \sum_{n=1}^{\infty}\dfrac{1}{2n(2n+1)}x^{2n+1}$,$x \in [-1,1]$,则 $f''(x) = \sum_{n=1}^{\infty}x^{2n-1} = \dfrac{x}{1-x^2}$,所以 $f'(x) = -\dfrac{1}{2}\ln(1-x^2)$,$f(x) = -\dfrac{1}{2}x\ln(1-x^2) - \dfrac{1}{2}\ln\dfrac{1+x}{1-x} + x = -\dfrac{1}{2}[(x+1)\ln(1+x) + (x-1)\ln(1-x)] + x$,$s_2 = \lim_{x\to 1^-}f(x) = 1 - \ln 2$.

另解:$s_2 = \sum_{n=1}^{\infty}\left(\dfrac{1}{2n} - \dfrac{1}{2n+1}\right) = \sum_{n=1}^{\infty}(-1)^n\dfrac{1}{n} + 1$ 更简单.

十、证明:由 $f(x)$ 是偶函数得 $f'(x)$ 是奇函数,因此 $f'(0)=0$. 因为 $f(x)$ 在 $x=0$ 的某邻域内具有连续的二阶导数,由泰勒公式可得 $f(x) = f(0) + \dfrac{1}{1!}f'(0)x + \dfrac{1}{2!}f''(0)x^2 + o(x^2)$,所以 $f\left(\dfrac{1}{n}\right) = 1 + \dfrac{1}{2}f''(0)\dfrac{1}{n^2} + o\left(\dfrac{1}{n^2}\right)$,从而得 $\lim_{n\to\infty}\dfrac{\left|f\left(\frac{1}{n}\right) - 1\right|}{\frac{1}{n^2}} = \lim_{n\to\infty}\left|\dfrac{1}{2}f''(0) + \dfrac{o\left(\frac{1}{n^2}\right)}{\frac{1}{n^2}}\right| = \dfrac{1}{2}|f''(0)|$,而 $\sum_{n=1}^{\infty}\dfrac{1}{n^2}$ 收敛,所以由比较审敛法的极限形式可知级数 $\sum_{n=0}^{\infty}\left[f\left(\dfrac{1}{n}\right) - 1\right]$ 绝对收敛.

阶段能力测试 B

一、1. 发散. **2.** $\sqrt{3}$. **3.** $[1,3)$. **4.** $\dfrac{2}{3}$. **5.** 0.

二、1. C.　2. C.　3. D.　4. B.　5. C.

三、1. 解：级数为任意项级数，且 $|u_n| = \left|\dfrac{\sin\dfrac{n\pi}{4}}{n(1+n)^3}\right| \leqslant \left|\dfrac{1}{n(1+n)^3}\right| < \dfrac{1}{n^4}$，而级数 $\sum\limits_{n=1}^{\infty}\dfrac{1}{n^4}$ 收敛，由比较审敛法可知原级数绝对收敛.

2. 解：首先判断级数 $\sum\limits_{n=1}^{\infty}\dfrac{\arctan an}{n}$ 的敛散性. 因为 $\arctan an$ 单调递增，所以当 $an > \dfrac{\pi}{4}$ 即 $n > \dfrac{\pi}{4a}$ 时，$\dfrac{\arctan an}{n} > \dfrac{1}{n}$，而级数 $\sum\limits_{n=1}^{\infty}\dfrac{1}{n}$ 发散，所以级数 $\sum\limits_{n=1}^{\infty}\dfrac{\arctan an}{n}$ 发散. 下面考察级数 $\sum\limits_{n=1}^{\infty}\dfrac{(-1)^n\arctan an}{n}$ 的敛散性，这是一个交错级数. 为讨论数列 $\left\{\dfrac{\arctan an}{n}\right\}$ 的单调性，设 $f(x) = \dfrac{\arctan ax}{x}$，则 $f'(x) = \dfrac{ax - [1+(ax)^2]\arctan ax}{x^2(1+(ax)^2)}$，再令 $g(x) = ax - [1+(ax)^2]\arctan ax$，则有 $g'(x) = -2a^2 x \arctan ax < 0$，所以当 $x > 0$ 时 $g(x) < g(0) = 0$，即 $x > 0$ 时 $f'(x) < 0$，故数列 $\left\{\dfrac{\arctan an}{n}\right\}$ 单调递减. 又 $\lim\limits_{n\to\infty}\dfrac{\arctan an}{n} = 0$，所以由莱布尼兹判别法可知原级数收敛，故原级数条件收敛.

四、解：因为 $\mathrm{e}^{-\xi^2} = 1 - \xi^2 + \dfrac{\xi^4}{2!} + \cdots + \dfrac{(-1)^n \xi^{2n}}{n!} + \cdots$，逐项积分，得 $F(x) = x - \dfrac{x^3}{3} + \dfrac{1}{2!}\cdot\dfrac{x^5}{5} + \cdots + \dfrac{(-1)^n}{n!}\cdot\dfrac{x^{2n+1}}{2n+1} + \cdots, x \in (-\infty, +\infty)$.

五、解：令 $t = x - \dfrac{1}{2}$，则级数变为 $\sum\limits_{n=1}^{\infty}(-1)^n\dfrac{2^n}{\sqrt{n}}t^n$，由于 $\rho = \lim\limits_{n\to\infty}\left|\dfrac{a_{n+1}}{a_n}\right| = \lim\limits_{n\to\infty}\left|\dfrac{(-1)^{n+1}\dfrac{2^{n+1}}{\sqrt{n+1}}}{(-1)^n\dfrac{2^n}{\sqrt{n}}}\right| = 2$，所以收敛半径 $R = \dfrac{1}{\rho} = \dfrac{1}{2}$. 当 $|t| < \dfrac{1}{2}$ 时，级数 $\sum\limits_{n=1}^{\infty}(-1)^n\dfrac{2^n}{\sqrt{n}}t^n$ 收敛，即 $0 < x < 1$ 时，原级数收敛. 当 $x = 0$ 时，级数为 $\sum\limits_{n=1}^{\infty}\dfrac{1}{\sqrt{n}}$，该级数发散；当 $x = 1$ 时，级数为 $\sum\limits_{n=1}^{\infty}(-1)^n\dfrac{1}{\sqrt{n}}$，该级数收敛，故原幂级数的收敛域为 $(0, 1]$.

六、解：$f'(x) = \dfrac{-2}{1+4x^2} = -2\sum\limits_{n=0}^{\infty}(-1)^n 4^n x^{2n} = \sum\limits_{n=0}^{\infty}(-1)^{n+1} 2^{2n+1} x^{2n}$，$|x| < \dfrac{1}{2}$，$f(x) = f(0) + \sum\limits_{n=0}^{\infty}(-1)^{n+1}\dfrac{2^{2n+1}}{2n+1}x^{2n+1} = \dfrac{\pi}{4} + \sum\limits_{n=0}^{\infty}(-1)^{n+1}\dfrac{2^{2n+1}}{2n+1}x^{2n+1}$，$-\dfrac{1}{2} \leqslant x \leqslant \dfrac{1}{2}$. 特别地，令 $x = \dfrac{1}{2}$，得 $f\left(\dfrac{1}{2}\right) = \dfrac{\pi}{4} + \sum\limits_{n=0}^{\infty}(-1)^{n+1}\dfrac{1}{2n+1}$，从而有 $\sum\limits_{n=0}^{\infty}\dfrac{(-1)^n}{2n+1} = \dfrac{\pi}{4}$.

七、解：对函数 $f(x)$ 进行奇延拓，则 $f(x) = \begin{cases} x+1, & 0 \leqslant x \leqslant \pi \\ x-1, & -\pi \leqslant x < 0 \end{cases}$. 因为 $f(x)$ 是奇函数，所以 $a_n = 0 (n = 0, 1, 2, \cdots)$，$b_n = \dfrac{2}{\pi}\int_0^{\pi} f(x)\sin nx\,\mathrm{d}x = \dfrac{2}{\pi}\int_0^{\pi}(x+1)\sin nx\,\mathrm{d}x = \dfrac{2}{\pi}\left[-\dfrac{x\cos nx}{n} + \dfrac{\sin nx}{n^2} - \dfrac{\cos nx}{n}\right]_0^{\pi} = \dfrac{2}{n\pi}(1 - \pi\cos n\pi - \cos n\pi) = \begin{cases} \dfrac{2}{\pi}\cdot\dfrac{\pi+2}{n}, & n = 1, 3, 5, \cdots \\ -\dfrac{2}{n}, & n = 2, 4, 6, \cdots \end{cases}$. 当 $x = 0$ 及 $x = \pi$ 时，$f(x)$ 间断，此时正弦级数不收敛于 $f(x)$. 所以 $f(x)$ 的正弦级数展开式为 $f(x) = \dfrac{2}{\pi}\left[(\pi+2)\sin x - \dfrac{\pi}{2}\sin 2x + \dfrac{1}{3}(\pi+2)\sin 3x - \dfrac{\pi}{4}\sin 4x + \cdots\right]$, $0 < x < \pi$.

八、解:设 $s(x) = \sum_{n=2}^{\infty} \frac{1}{(n^2-1)} x^n$,收敛域为 $[-1,1]$. $s(x) = \frac{1}{2}\left(\sum_{n=2}^{\infty} \frac{1}{n-1} x^n - \sum_{n=2}^{\infty} \frac{1}{n+1} x^n\right)$,令 $s_1(x) =$ $\sum_{n=2}^{\infty} \frac{x^{n-1}}{n-1}, s_2(x) = \sum_{n=2}^{\infty} \frac{x^{n+1}}{n+1}$,则 $s'_1(x) = \left(\sum_{n=2}^{\infty} \frac{x^{n-1}}{n-1}\right)' = \sum_{n=2}^{\infty} \left(\frac{x^{n-1}}{n-1}\right)' = \sum_{n=2}^{\infty} x^{n-2} = \frac{1}{1-x}$,所以 $s_1(x) =$ $s_1(0) + \int_0^x \frac{1}{1-x} dx = -\ln(1-x)$. 同理可得 $s'_2(x) = \sum_{n=2}^{\infty} \left(\frac{x^{n+1}}{n+1}\right)' = \sum_{n=2}^{\infty} x^n =$ $\frac{x^2}{1-x}$,所以 $s_2(x) = \int_0^x \frac{x^2}{1-x} dx = \int_0^x \frac{x^2-1+1}{1-x} dx = -\frac{1}{2} x^2 - x - \ln(1-x)$. 故 $s(x) =$ $\frac{1}{2}\left[x s_1(x) - \frac{1}{x} s_2(x)\right] = -\frac{x}{2} \ln(1-x) + \frac{1}{2}\left[\frac{1}{2} x + 1 + \frac{1}{x} \ln(1-x)\right], x \neq 0$. 因此 $\sum_{n=2}^{\infty} \frac{1}{(n^2-1) 2^n} =$ $s\left(\frac{1}{2}\right) = \frac{5}{8} - \frac{3}{4} \ln 2$.

九、证明:令 $f(x) = x^n + nx - 1$,则 $f(x)$ 在 $[0,1]$ 上连续. 又 $f(0) = -1, f(1) = n$,由零点定理可知, $\exists x_n \in (0,1)$,使得 $f(x_n) = 0$. 因为 $f'(x) = nx^{n-1} + n > 0 (x > 0)$,所以 $f(x)$ 在 $(0, +\infty)$ 上单调递增, 故此方程存在唯一正实根 x_n. 由 $x_n^n + nx_n - 1 = 0$,得 $0 < x_n = \frac{1}{n}(1 - x_n^n) < \frac{1}{n}$(利用通项的恒等式 寻找比较级数),因此 $0 < x_n^a < \frac{1}{n^a}$. 又当 $a > 1$ 时,级数 $\sum_{n=1}^{\infty} \frac{1}{n^a}$ 收敛,从而可知级数 $\sum_{n=1}^{\infty} x_n^a$ 收敛.

第 22 讲 微分方程(一)

—— 一阶微分方程及可降阶的高阶微分方程

基础练习 22

1. 2. 2. $y = Ce^{2x}$. 3. $\sec x$. 4. C. 5. B.

6. (1) 解:整理得齐次方程 $y' = \frac{y}{x} + \sqrt{1 - \left(\frac{y}{x}\right)^2}$. 令 $\frac{y}{x} = u$,得 $x \frac{du}{dx} = \sqrt{1-u^2}$. 当 $\sqrt{1-u^2} \neq 0$ 时, 有 $\frac{1}{\sqrt{1-u^2}} du = \frac{1}{x} dx$,积分得 $\arcsin \frac{y}{x} = \ln x + C$;当 $\sqrt{1-u^2} = 0$ 时, $y = \pm x$ 是方程的解.

(2) 解:方程为齐次方程. 令 $u = \frac{y}{x}$,则 $y = ux$,代入方程整理得 $u du = \frac{1}{x} dx$. 积分得 $u^2 = 2\ln|x| + C$, $y^2 = x^2(2\ln|x| + C)$.

7. (1) 解:方程化为 $y' + \frac{2}{x} y = \ln x$,由通解公式得 $y = e^{-\int \frac{2}{x} dx}\left(\int \ln x \cdot e^{\int \frac{2}{x} dx} dx + C\right) = \frac{1}{3} x \ln x - \frac{1}{9} x +$ $\frac{C}{x^2}$. 由初始条件 $y(1) = -\frac{1}{9}$,得 $C = 0$,特解为 $y = \frac{1}{3} x \ln x - \frac{1}{9} x$.

(2) 解:方程为 $\alpha = \frac{4}{3}$ 的伯努利方程 $y' + \frac{2}{x} y = 3x^2 y^{\frac{4}{3}}$. 令 $z = y^{-\frac{1}{3}}$,得 $\frac{dz}{dx} - \frac{2}{3x} z = -x^2$. 由通解公式, 得 $y^{-\frac{1}{3}} = z = e^{\int \frac{2}{3x} dx}\left(\int -x^2 e^{-\int \frac{2}{3x} dx} dx + c\right) = x^{\frac{2}{3}}\left(-\frac{3}{7} x^{\frac{7}{3}} + C\right)$.

8. 解法一:方程化为 $\frac{dx}{dy} - x = y$. 由通解公式得 $x = e^{\int dy}\left(\int y e^{-\int dy} dy + C\right) = Ce^y - y - 1$.

解法二:令 $u = x + y$,代入方程得 $dy = \frac{du}{u+1}$,积分得 $u + 1 = Ce^y$, $x = Ce^y - y - 1$.

9. 解: $\frac{\partial Q}{\partial x} = 6xy - 3y^2 = \frac{\partial P}{\partial y}$,为全微分方程. $u(x, y) = \int_{(0,0)}^{(x,y)} P(x,y) dx + Q(x,y) dy = \int_0^x 5x^4 dx +$

253

$\int_0^y (3x^2 y - 3xy^2 + y^2) \mathrm{d}y = x^5 + \frac{3}{2}x^2 y^2 - xy^3 + \frac{1}{3}y^3$，通解为 $u(x,y) = C$.

10. 解：$f(x) = \sin x - x\int_0^x f(t)\mathrm{d}t + \int_0^x tf(t)\mathrm{d}t$，求导得 $f'(x) = \cos x - \int_0^x f(t)\mathrm{d}t$，再求导整理得 $f''(x) + f(x) = -\sin x$. 特征方程为 $r^2 + 1 = 0, r = \pm \mathrm{i}$. 设非齐次方程的特解为 $y^* = x(a\cos x + b\sin x)$，代入方程得通解为 $f(x) = C_1 \cos x + C_2 \sin x + \frac{1}{2}x\cos x$. 由 $f(0) = 0$ 和 $f'(0) = 1$，得 $f(x) = \frac{1}{2}\sin x + \frac{1}{2}x\cos x$.

11. 解：$S = \int_1^t f(x)\mathrm{d}x$，$V = \pi\int_1^t f^2(x)\mathrm{d}x$. 由 $V = \pi tS$，得 $\pi\int_1^t f^2(x)\mathrm{d}x = \pi t\int_1^t f(x)\mathrm{d}x$，求导得 $f^2(t) = \int_1^t f(x)\mathrm{d}x + tf(t), f(1) = 1$. 再求导，记 $f(t) = y$，得 $\frac{\mathrm{d}y}{\mathrm{d}t} = \frac{2y}{2y - t}$.

解法一：$\frac{\mathrm{d}y}{\mathrm{d}t} = \frac{2\frac{y}{t}}{2\frac{y}{t} - 1}$. 令 $u = \frac{y}{t}$，则 $\frac{2u - 1}{u(3 - 2u)}\mathrm{d}u = \frac{\mathrm{d}t}{t}$. 积分得 $\frac{1}{\sqrt[3]{u(3-2u)^2}} = Ct$. 当 $t = 1$ 时，由 $y = f(1) = 1, u = 1$，得 $C = 1, u(3 - 2u)^2 = \frac{1}{t^3}$. 代入 $u = \frac{y}{t}$，得 $y(3t - 2y)^2 = 1$. 故所求曲线方程为 $y(3x - 2y)^2 = 1$，即 $x = \frac{1}{3}\left(2y + \frac{1}{\sqrt{y}}\right)$.

解法二：$\frac{\mathrm{d}t}{\mathrm{d}y} + \frac{t}{2y} = 1$. 由通解公式得 $t = \mathrm{e}^{-\int\frac{1}{2y}\mathrm{d}y}\left(\int \mathrm{e}^{\int\frac{1}{2y}\mathrm{d}y}\mathrm{d}y + C\right) = y^{-\frac{1}{2}}\left(\frac{2}{3}y^{\frac{3}{2}} + C\right)$. 当 $t = 1$ 时，$y = 1$，得 $C = \frac{1}{3}$，则 $t = \frac{2}{3}y + \frac{1}{3\sqrt{y}}$. 故所求曲线方程为 $x = \frac{2}{3}y + \frac{1}{3\sqrt{y}}$.

12. 解：由 $\frac{\mathrm{d}v}{\mathrm{d}t} = -av^2$ 得 $\frac{1}{v} = at + C_1$. 由 $t = 0, v = 400$ 得 $C_1 = \frac{1}{400}, \frac{1}{v} = \frac{400at + 1}{400}$，即 $\frac{\mathrm{d}t}{\mathrm{d}x} = \frac{400at + 1}{400}$，解得 $\ln(400at + 1) = ax + C_2$. 由 $t = 0, x = 0$ 得 $C_2 = 0$. 当 $x = 0.2$ 时，设所需时间为 t_1，则 $400at_1 = \mathrm{e}^{0.2a} - 1$. 又当 $v = 100$ 时，$t = t_1$，则 $\frac{1}{100} = \frac{400at_1 + 1}{400}, 400at_1 = 3 = \mathrm{e}^{0.2a} - 1$，则 $a = 10\ln 2$，子弹穿过墙壁所需时间 $t_1 = \frac{3}{4\,000\ln 2} \approx 0.001(\mathrm{s})$.

13. 解：由题意得 $\frac{\mathrm{d}R}{\mathrm{d}p}\cdot\frac{p}{R} = 1 + p^3$，即 $\frac{\mathrm{d}R}{\mathrm{d}p} - \left(\frac{1}{p} + p^2\right)R = 0$. 分离变量，解得 $R(p) = Cp\mathrm{e}^{\frac{1}{3}p^3}$. 由 $R(1) = 1$，得 $C = \mathrm{e}^{-\frac{1}{3}}$，故 $R(p) = p\mathrm{e}^{\frac{1}{3}(p^3 - 1)}$.

14. 解：方程不显含 y. 令 $y' = P$，则 $\frac{\mathrm{d}P}{\mathrm{d}x} - P = x$. 通解 $y' = P = \mathrm{e}^{\int \mathrm{d}x}\left(\int x\mathrm{e}^{-\int \mathrm{d}x}\mathrm{d}x + C_1\right) = C_1\mathrm{e}^x - x - 1$，积分得 $y = C_1\mathrm{e}^x - \frac{1}{2}x^2 - x + C_2$.

15. 解：方程不显含 x. 令 $y' = P$，则 $y'' = P\frac{\mathrm{d}P}{\mathrm{d}y}$，则 $yP\frac{\mathrm{d}P}{\mathrm{d}y} - P^2 = 0$. 当 $y \neq 0, P \neq 0$ 时，$\frac{\mathrm{d}P}{P} = \frac{\mathrm{d}y}{y}$，得 $\frac{\mathrm{d}y}{\mathrm{d}x} = P = C_1 y, \frac{\mathrm{d}y}{y} = C_1\mathrm{d}x$，解得通解为 $y = C\mathrm{e}^{C_1 x}$.

强化训练 22

1. $x^2 y = 4$.   2. $y = -\dfrac{1}{\sin x + C}$ 及 $y = 0$.   3. $\dfrac{1}{2}$.   4. C.   5. D.

6. (1) 解：分离变量得 $\dfrac{\mathrm{d}y}{1 + y^2} = (1 - x)\mathrm{d}x$，积分得 $\arctan y = x - \dfrac{1}{2}x^2 + C$.

(2) 解：令 $u = \dfrac{y}{x}$，则 $\dfrac{2\mathrm{d}u}{u^3} = -\dfrac{\mathrm{d}x}{x}$，解得 $\dfrac{x^2}{y^2} = \ln|x| + C$。由 $y(1) = 1$，得特解为 $\dfrac{x^2}{y^2} = \ln|x| + 1$。

7. (1) 解：$\dfrac{\mathrm{d}x}{\mathrm{d}y} - x\cos y = \sin 2y$，由通解公式得 $x = C\mathrm{e}^{\sin y} - 2(1 + \sin y)$。

(2) 解：$\dfrac{\mathrm{d}x}{\mathrm{d}y} + \dfrac{1}{y}x = x^2 \ln y$。令 $z = x^{-1}$，化为一阶线性方程，解得 $\dfrac{1}{x} = z = y\left(-\dfrac{1}{2}\ln^2 y + C\right)$。

8. 解：令 $x + y = u$，则 $\dfrac{\mathrm{d}u}{\sin u} = -\dfrac{\mathrm{d}x}{x}$，解得 $x[\csc(x+y) - \cot(x+y)] = C$。

9. 解：令 $u = 2x - y$，则 $\dfrac{\mathrm{d}\mathrm{e}^{-u}}{2\mathrm{e}^{-u} - 1} = -\mathrm{d}x$，积分得 $2\mathrm{e}^{-u} - 1 = C\mathrm{e}^{-2x}$，即 $2 - \mathrm{e}^{2x-y} = C\mathrm{e}^{-y}$。由 $y(0) = 0$ 得 $C = 1$，则特解为 $2\mathrm{e}^y - \mathrm{e}^{2x} = 1$。

10. 解法一：令 $u = \dfrac{y}{x}$，则 $\dfrac{(1-2u)\mathrm{d}u}{1+u-u^2} = -\dfrac{3\mathrm{d}x}{x}$，解得 $x^2 + xy - y^2 = \dfrac{C}{x}$。

解法二：凑全微分法。$(3x^2 + 2xy - y^2)\mathrm{d}x + (x^2 - 2xy)\mathrm{d}y = \mathrm{d}(x^3 + x^2 y - xy^2)$，则通解为 $x^3 + x^2 y - xy^2 = C$。

解法三(理)：由 $\dfrac{\partial}{\partial y}(3x^2 + 2xy - y^2) = 2x - 2y = \dfrac{\partial}{\partial x}(x^2 - 2xy)$，可知方程为全微分方程。取 $(x_0, y_0) = (0, 0)$，有 $u(x, y) = \displaystyle\int_0^x 3x^2 \mathrm{d}x + \int_0^y (x^2 - 2xy)\mathrm{d}y = x^3 + x^2 y - xy^2 + C$，则通解为 $x^3 + x^2 y - xy^2 = C$。

11. 解：$\displaystyle\int_0^x f(u)\mathrm{d}u = x\int_0^x f(t)\mathrm{d}t - \int_0^x t f(t)\mathrm{d}t + \mathrm{e}^{-x} - 1$，求导得 $f(x) = \displaystyle\int_0^x f(t)\mathrm{d}t - \mathrm{e}^{-x}$，$f(0) = -1$。再求导得 $f'(x) - f(x) = \mathrm{e}^{-x}$。由通解公式得 $f(x) = \mathrm{e}^{\int \mathrm{d}x}\left(\int \mathrm{e}^{-x}\mathrm{e}^{-\int \mathrm{d}x}\mathrm{d}x + C\right) = C\mathrm{e}^x - \dfrac{1}{2}\mathrm{e}^{-x}$。由 $f(0) = -1$，得 $C = -\dfrac{1}{2}$，$f(x) = -\dfrac{\mathrm{e}^x + \mathrm{e}^{-x}}{2}$。

12. 解：切线 PT 的方程 $Y = y + y'(X - x)$。令 $Y = 0$，得 $X = x - \dfrac{y}{y'}$。由题意得 $xy = \dfrac{1}{2}y \cdot \dfrac{y}{|y'|}$，即 $|y'| = \dfrac{y}{2x}$。当 $y' > 0$ 时，$y' = \dfrac{y}{2x}$，$y = C\sqrt{x}$。由 $y\big|_{x=4} = 1$ 得 $C = \dfrac{1}{2}$，曲线方程为 $y = \dfrac{1}{2}\sqrt{x}$。当 $y' < 0$ 时，$y' = -\dfrac{y}{2x}$，$y = \dfrac{C}{\sqrt{x}}$。由 $y\big|_{x=4} = 1$ 得 $C = 2$，曲线方程为 $y = \dfrac{2}{\sqrt{x}}$。

13. 解：设介质温度为 α，物体初始温度为 T_0，t 时温度 $T = T(t)$，则 $\dfrac{\mathrm{d}T}{\mathrm{d}t} = -k(T - \alpha)$，解得 $T = C\mathrm{e}^{-kt} + \alpha$。由 $T(0) = T_0$，得 $C = T_0 - \alpha$，$T = (T_0 - \alpha)\mathrm{e}^{-kt} + \alpha$。由 $T_0 = 100, \alpha = 20, t = 10, T = 60$，得 $k = \dfrac{1}{10}\ln 2$，$T = (T_0 - \alpha)\mathrm{e}^{-\frac{\ln 2}{10}t} + \alpha$。又 $T_0 = 100, \alpha = 20, T = 25$ 时，代入上式得 $t = 40$，即此物体从 $100\ ℃$ 降到 $25\ ℃$ 需要经过 $40\min$。

14. 解：(1) $\eta = -\dfrac{\mathrm{d}Q}{\mathrm{d}P}\dfrac{P}{Q} = \dfrac{P}{120 - P}$，即 $\dfrac{\mathrm{d}Q}{\mathrm{d}P} + \dfrac{Q}{120 - P} = 0$，解得 $Q = C(120 - P)$。最大需求量 $Q(0) = 1\,200$，则 $C = 10, Q = 1\,200 - 10P$。

(2) 收益函数 $R = PQ = 120Q - \dfrac{Q^2}{10}$，边际收益 $R'(Q) = 120 - \dfrac{Q}{5}$。当 $P = 100$ 时，$Q = 200$，边际收益 $R'(200) = 80$。经济意义：当销售第 201 件商品时，所得的收益为 80 万元。

15. 解：① $y' + \dfrac{a}{x}y = \dfrac{1 + x^2}{x}$。由通解公式，得 $y = x^{-a}\left(\dfrac{x^a}{a} + \dfrac{x^{a+2}}{a+2} + C\right)$。由 $y(1) = 1$，得 $C = \dfrac{a^2 - 2}{a(a+2)}$，故 $y(x, a) = \dfrac{1}{a} + \dfrac{x^2}{a+2} + \dfrac{a^2 - 2}{a(a+2)}x^{-a}$。

② $\lim\limits_{a\to 0} y(x,a) = \dfrac{x^2+1}{2} + \ln x$. 记 $y_0 = \dfrac{x^2+1}{2} + \ln x$,则 $y'_0 = x + \dfrac{1}{x}$, $xy'_0 = x\left(x + \dfrac{1}{x}\right) = 1 + x^2$,结论成立.

16. 解:(1) $F'(x) = f^2(x) + g^2(x) = [f(x)+g(x)]^2 - 2f(x)g(x) = 4e^{2x} - 2F(x)$,故 $F(x)$ 所满足的微分方程为 $F'(x) + 2F(x) = 4e^{2x}$.

(2) 由一阶线性方程的通解公式,得 $F(x) = e^{-2x}(e^{4x}+C)$,将 $F(0)=0$ 代入上式,得 $C=-1$,则 $F(x) = e^{2x} - e^{-2x}$.

17. 解:方程不显含 y. 令 $y' = P$,则 $\dfrac{dP}{dx} - \dfrac{1}{x}P = x$,通解为 $p = x(x+C_1)$. 由 $y'(1)=1$,得 $C_1 = 0$. $y' = P = x^2$,得 $y = \dfrac{1}{3}x^3 + C_2$. 又 $y(1) = \dfrac{1}{3}$,得 $C_2 = 0$,特解为 $y = \dfrac{1}{3}x^3$.

18. 解:方程不显含 x. 令 $y' = P$,则 $y'' = P\dfrac{dP}{dy}$, $PdP = -\dfrac{dy}{y^3}$,积分得 $P^2 = \dfrac{1}{y^2} + C_1$. 由 $y'(1)=0$,得 $C_1 = -1$. 故 $P^2 = \dfrac{1-y^2}{y^2}$, $y' = \pm\dfrac{\sqrt{1-y^2}}{y}$,解得 $\sqrt{1-y^2} = \pm x + C_2$. 由 $y(1)=1$,得 $C_2 = \mu_1$,即 $\sqrt{1-y^2} = \pm(x-1)$. 又 $y(1) = 1 > 0$,特解为 $y = \sqrt{2x-x^2}$.

第 23 讲　微分方程(二)

——高阶线性微分方程及差分方程

基础练习 23

1. 3.　2. $y = e^{3x}(C_1\cos 2x + C_2\sin 2x)$.　3. $y^* = Ax^2 e^{2x}$.　4. D.　5. B.

6. 解:(1) $r^2 - r - 6 = 0$, $r_1 = 3$, $r_2 = -2$. $\lambda = 2$ 不是特征根, $y^* = Ae^{2x}$.

(2) $r^2 + 3r + 2 = 0$, $r_1 = -1$, $r_2 = -2$. $\lambda = -1$ 是特征单根, $y^* = x(Ax^2 + Bx + C)e^{-x}$.

(3) $r^2 - 2r + 2 = 0$, $r_{1,2} = 1 \pm i$. $\lambda \pm \omega i = 1 \pm i$ 是特征根, $y^* = xe^x(A\sin x + B\cos x)$.

(4) $r^2 + 1 = 0$, $r_{1,2} = \pm i$. 0 与 $\pm 2i$ 均不是特征根, $y^* = Cx + (A\sin 2x + B\cos 2x)$.

7. 解:特征方程为 $r^2 + 1 = 0$, $r_{1,2} = \pm i$, $y'' + y = 0$ 的通解为 $y = C_1\cos x + C_2\sin x$. $\lambda \pm \omega i = \pm 2i$ 不是特征根,特解可设为 $y^* = (a_1 x + b_1)\cos 2x + (a_2 x + b_2)\sin 2x$. 代入方程,得通解为 $y(x) = C_1\cos x + C_2\sin x - \dfrac{x}{3}\cos 2x + \dfrac{4}{9}\sin 2x$.

8. 解:特征方程为 $r^2 + 1 = 0$, $r_{1,2} = \pm i$, $y'' + y = 0$ 的通解为 $y = C_1\cos x + C_2\sin x$. $\lambda \pm \omega i = \pm i$ 是特征单根,特解可设为 $y^* = x(a\cos x + b\sin x)$. 代入方程,得通解为 $y = C_1\cos x + C_2\sin x + x(2\sin x - \cos x)$.

9. 解:$(x+2)\int_0^x f'(t)dt - \int_0^x tf'(t)dt = x - f'(x)$,两次求导得 $f'''(x) + 2f''(x) + f'(x) = 0$. 特征方程为 $r^3 + 2r^2 + r = r(r+1)^2 = 0$, $r_1 = 0$, $r_2 = r_3 = -1$,通解为 $f(x) = C_1 + (C_2 + C_3 x)e^{-x}$. 由 $f(0) = 0$, $f'(0) = 0$, $f''(0) = 1$,得 $C_1 = 1$, $C_2 = -1$, $C_3 = -1$, $f(x) = 1 - (1+x)e^{-x}$.

10. 解:特征方程为 $r^2 + 4r + 4 = 0$, $r_{1,2} = -2$, $y'' + 4y' + 4y = 0$ 的通解为 $y = (C_1 + C_2 x)e^{-2x}$. ① 当 $a \neq -2$ 时,特解为 $y^* = \dfrac{e^{ax}}{(a+2)^2}$,通解为 $y = (C_1 + C_2 x)e^{-2x} + \dfrac{e^{ax}}{(a+2)^2}$;② 当 $a = -2$ 时,令 $y^* = Ax^2 e^{-2x}$,代入方程得通解为 $y = (C_1 + C_2 x)e^{-2x} + \dfrac{1}{2}x^2 e^{-2x}$.

11. 解法一:$r_1 = 2$, $r_2 = 1$. 特征方程为 $(r-1)(r-2) = r^2 - 3r + 2 = 0$, $a = -3$, $b = 2$. $y^* = xe^x$ 是 $y'' -$

256

$3y'+2y=ce^x$ 的特解,代入得 $c=-1$.方程为 $y''-3y'+2y=-e^x$,通解为 $y=C_1e^{2x}+C_2e^x+xe^x$.

解法二:将 $y=e^{2x}+(x+1)e^x$,$y'=2e^{2x}+(x+2)e^x$,$y''=4e^{2x}+(x+3)e^x$ 代入原方程,得 $a=-3$,$b=2$,$c=-1$.特征方程为 $r^2-3r+2=0$,$r_1=1$,$r_2=2$.原方程的通解为 $y=C_1e^x+C_2e^{2x}+xe^x$.

12. **解**:$y_1-y_3=e^{-x}$ 为齐次方程的特解,$r_1=-1$.$y^*=y_2-e^{-x}=xe^x$ 为非齐次方程的特解.$y_1-xe^x=e^{2x}$ 为齐次方程的特解,$r_2=2$.由 $(r+1)(r-2)=r^2-r-2=0$,得对应齐次方程为 $y''-y'-2y=0$.设方程为 $y''-y'-2y=f(x)$,将 $y^*=xe^x$ 代入得 $f(x)=(1-2x)e^x$,故所求方程为 $y''-y'-2y=e^x(1-2x)$,通解为 $y=C_1e^{-x}+C_2e^{2x}+xe^x$.

13. **解**:$\dfrac{\partial z}{\partial x}=f'(e^x\sin y)e^x\sin y$,$\dfrac{\partial^2 z}{\partial x^2}=f''(e^x\sin y)(e^x\sin y)^2+f'(e^x\sin y)e^x\sin y$;$\dfrac{\partial z}{\partial y}=f'(e^x\sin y)e^x\cos y$,$\dfrac{\partial^2 z}{\partial y^2}=f''(e^x\sin y)(e^x\cos y)^2-f'(e^x\sin y)e^x\sin y$.于是有 $\dfrac{\partial^2 z}{\partial x^2}+\dfrac{\partial^2 z}{\partial y^2}=f''(e^x\sin y)e^{2x}$.令 $e^x\sin y=u$,由 $\dfrac{\partial^2 z}{\partial x^2}+\dfrac{\partial^2 z}{\partial y^2}=e^{2x}z$ 得 $f''(u)-f(u)=0$,故该方程的通解为 $f(u)=C_1e^{-u}+C_2e^u$.

14. **解**:令 $x=e^t$,则 $xy'=\dfrac{\mathrm{d}y}{\mathrm{d}t}$,$x^2y''=\dfrac{\mathrm{d}^2y}{\mathrm{d}t^2}-\dfrac{\mathrm{d}y}{\mathrm{d}t}$,方程化为 $\dfrac{\mathrm{d}^2y}{\mathrm{d}t^2}-4\dfrac{\mathrm{d}y}{\mathrm{d}t}+3y=0$.特征方程为 $r^2-4r+3=0$,$r_1=1$,$r_2=3$.故通解为 $y=C_1e^t+C_2e^{3t}=C_1x+C_2x^3$.

15. **解**:$y_{t+1}+5y_t=\dfrac{5}{2}t$,得对应齐次方程的通解为 $y_t=C(-5)^t$.$f(t)=\dfrac{5}{2}t$,$a=-5\neq 1$,令 $y_t^*=A+Bt$,代入方程得 $y_t^*=\dfrac{5}{12}\left(t-\dfrac{1}{6}\right)$.故通解为 $y_t=C(-5)^t+\dfrac{5}{12}\left(t-\dfrac{1}{6}\right)$.

强化训练 23

1. $y''-4y=0$.   2. $y=C_1(x-e^x)+C_2(x-e^{-x})+x$.   3. $W_t=1.2W_{t-1}+2$.   4. B.   5. A.

6. **解**:(1) $r^2+2r+1=0$,$r_{1,2}=-1$.$\lambda=-1$ 是特征二重根,$y^*=x^2(Ax+B)e^{-x}$.

(2) $r^2+r=0$,$r_1=-1$,$r_2=0$.$\lambda=0$ 是特征单根,$y^*=x(Ax^2+Bx+C)$.

(3) $r^2+1=0$,$r_{1,2}=\pm i$.$y^*=(Ax+B)+x(C\cos x+D\sin x)$.

(4) $r^2-3r+2=0$,$r_1=1$,$r_2=2$.0 与 $\pm 2i$ 均不是特征根,2 是特征单根,特解可设为 $y^*=(Ax+B)+(C\cos 2x+D\sin 2x)+Exe^{2x}$.

7. **解**:当 $-\pi\leqslant x<0$ 时,$y''+4y=-3\sin x$,通解为 $y=C_1\cos 2x+C_2\sin 2x-\sin x$;当 $0\leqslant x\leqslant\pi$ 时,$y''+4y=3\sin x$,通解为 $y=C_3\cos 2x+C_4\sin 2x+\sin x$.即 $y=\begin{cases}C_1\cos 2x+C_2\sin 2x-\sin x,&-\pi\leqslant x<0\\C_3\cos 2x+C_4\sin 2x+\sin x,&0\leqslant x\leqslant\pi\end{cases}$,由 y 的连续性,得 $C_3=C_1$.又 $y'=\begin{cases}-2C_1\sin 2x+2C_2\cos 2x-\cos x,&-\pi\leqslant x<0\\-2C_3\sin 2x+2C_4\cos 2x+\cos x,&0\leqslant x\leqslant\pi\end{cases}$,由 y' 的连续性,得 $C_4=C_2-1$.于是通解为 $y=\begin{cases}C_1\cos 2x+C_2\sin 2x-\sin x,&-\pi\leqslant x<0\\C_1\cos 2x+(C_2-1)\sin 2x+\sin x,&0\leqslant x\leqslant\pi\end{cases}$,其中 C_1,C_2 为任意常数.

8. **解**:特征方程为 $r^2-3r+2=0$,$r_1=2$,$r_2=1$,齐次方程的通解为 $Y=C_1e^x+C_2e^{2x}$.对于 $y''-3y'+2y=2e^{-x}\cos x$,$-1\pm i$ 不是特征根,设特解为 $y_1^*=e^{-x}(A\cos x+B\sin x)$,解得 $y_1^*=\dfrac{1}{5}e^{-x}(\cos x-\sin x)$.对于方程 $y''-3y'+2y=e^{2x}(4x+5)$,$\lambda=2$ 是特征单根,设特解为 $y_2^*=xe^{2x}(ax+b)$,解得 $y_2^*=e^{2x}(2x^2+x)$,则原方程的通解为 $y=C_1e^x+(C_2+x+2x^2)e^{2x}+\dfrac{1}{5}e^{-x}(\cos x-\sin x)$.

9. **解**:求导得 $f''(x)+f(x)=2x+\sin 3x$.特征方程为 $r^2+1=0$,$r_{1,2}=\pm i$,齐次方程的通解为 $f(x)=C_1\cos x+C_2\sin x$.对于 $y''+y=2x$,令特解 $y_1^*=Ax+B$,解得 $y_1^*=2x$.对于 $y''+y=\sin 3x$,令特解

$y_2^* = C\cos 3x + D\sin 3x$,解得 $y_2^* = -\frac{1}{8}\sin 3x$. 由叠加原理,原方程的通解为 $f(x) = C_1\cos x + C_2\sin x + 2x - \frac{1}{8}\sin 3x$. 由 $f(0) = 0, f'(0) = -\frac{1}{3}$,得 $f(x) = -\frac{47}{24}\sin x + 2x - \frac{1}{8}\sin 3x$.

10. **解**:特征方程为 $r^2 - ar = 0, r_1 = 0, r_2 = a$,齐次方程的通解为 $y = C_1 + C_2 e^{ax}$. 当 $a \neq b$ 时,$\lambda = b$ 不是特征根,令 $y^* = Ae^{bx}$,解得原方程的通解为 $y = C_1 + C_2 e^{ax} + \frac{e^{bx}}{b(b-a)}$. 当 $a = b$ 时,$\lambda = b$ 是特征单根,令 $y^* = Bxe^{bx}$,解得原方程的通解为 $y = C_1 + C_2 e^{ax} + \frac{1}{b}xe^{bx}$.

11. **证明**:由 $y_1'' + p(x)y_1' + q(x)y_1 = 0, y_2'' + p(x)y_2' + q(x)y_2 = 0$,将两式分别乘以 y_2, y_1,相减得 $y_1''y_2 - y_2''y_1 - p(x)(y_1y_2' - y_1'y_2) = 0$. 令 $A(x) = y_1y_2' - y_1'y_2$,则上述方程可化为 $A'(x) + p(x)A(x) = 0$,解得 $A(x) = Ce^{-\int p(x)dx}$,即 $y_1y_2' - y_1'y_2 = Ce^{-\int p(x)dx}$.

12. **解**:(1) 由 $f''(x) + f'(x) - 2f(x) = 0$ 及 $f''(x) + f(x) = 2e^x$ 得 $f'(x) - 3f(x) = -2e^x$,则 $f(x) = e^{\int 3dx}\left(\int -2e^x \cdot e^{\int -3dx}dx + C\right) = e^x + Ce^{3x}$,代入 $f''(x) + f(x) = 2e^x$ 得 $C = 0$, $f(x) = e^x$.

(2) $y = e^{x^2}\int_0^x e^{-t^2}dt, y' = 2xe^{x^2}\int_0^x e^{-t^2}dt + 1, y'' = (2 + 4x^2)e^{x^2}\int_0^x e^{-t^2}dt + 2x$. $y''(0) = 0$,且当 $x < 0$ 时,$y'' < 0$;当 $x > 0$ 时,$y'' > 0$. 故 $(0, 0)$ 为曲线的拐点.

13. **解**:$y' = \frac{u'\cos x + u\sin x}{\cos^2 x}, y'' = \frac{(u'' + u)\cos^2 x + 2u'\sin x \cos x + 2u\sin^2 x}{\cos^3 x}$,代入方程得 $u'' + 4u = e^x$. 特征方程为 $r^2 + 4 = 0$,对应齐次方程的通解为 $u = C_1\cos 2x + C_2\sin 2x$. 设特解为 $u^* = Ae^x$,解得 $u^* = \frac{1}{5}e^x$. $u'' + 4u = e^x$ 的通解为 $u = C_1\cos 2x + C_2\sin 2x + \frac{1}{5}e^x$,故原方程的通解为 $y = \sec x\left(C_1\cos 2x + C_2\sin 2x + \frac{1}{5}e^x\right)$.

14. **解**:欧拉方程. 令 $x = e^t$,则 $xy' = \frac{dy}{dt}, x^2y'' = \frac{d^2y}{dt^2} - \frac{dy}{dt}$,方程化为 $\frac{d^2y}{dt^2} + 4y = 2te^t$. 齐次方程的通解为 $y = C_1\cos 2t + C_2\sin 2t$. 设 $y^* = (At + B)e^t$,解得 $y^* = \left(\frac{2}{5}t - \frac{4}{25}\right)e^t$. 方程 $\frac{d^2y}{dt^2} + 4y = 2te^t$ 的通解为 $y = C_1\cos 2t + C_2\sin 2t + \left(\frac{2}{5}t - \frac{4}{25}\right)e^t$. 将 $t = \ln|x|$ 回代,得原方程的通解为 $y = C_1\cos(2\ln|x|) + C_2\sin(2\ln|x|) + \left(\frac{2}{5}\ln|x| - \frac{4}{25}\right)x$.

15. **解**:因 $\Delta^2 y_x = y_{x+2} - 2y_{x+1} + y_x$,方程化为 $y_{x+2} - 2y_{x+1} = 5$. 对应齐次方程的通解为 $y_x = C2^x$,设特解为 $y_x^* = A$,解得 $A = -5$. 故差分方程的通解为 $y_x = C2^x - 5$.

第22—23讲阶段能力测试

阶段能力测试 A

一、1. $y' = y - x + 1$. 2. $e^{-x}\sin x$. 3. $\ln 3$. 4. $y = e^{3x} + e^{-2x}$. 5. $-xe^x + x + 2$.

二、1. B. 2. C. 3. A. 4. B. 5. D.

三、1. **解**:分离变量 $\frac{dy}{1 + y^2} = x^2 dx$,积分得通解为 $\arctan y = \frac{1}{3}x^3 + C$.

2. **解**:$\frac{dy}{dx} + \frac{1}{x} \cdot y = \frac{\sin x}{x}$,由通解公式得 $y = \frac{1}{x}(-\cos x + C)$. 由 $y(\pi) = 1$ 得 $C = \pi - 1$,特解为 $y =$

$\frac{1}{x}(-\cos x + \pi - 1)$.

四、解:曲线在点 $P(x,y)$ 的切线方程是 $Y - f(x) = f'(x)(X - x)$,在 y 轴上的截距为 $Y_0 = f(x) - xf'(x)$.由题意,得 $y - xy' = \sqrt{x^2 + y^2}$.令 $u = \frac{y}{x}$,则 $u + x\frac{du}{dx} = u - \sqrt{1+u^2}$,解得 $\ln|u + \sqrt{1+u^2}| = -\ln|x| + \ln|C|$ 或 $y + \sqrt{x^2+y^2} = C$.由 $y\left(\frac{1}{2}\right) = 0$,得 $C = \frac{1}{2}$,故曲线方程为 $y + \sqrt{x^2+y^2} = \frac{1}{2}$.

五、解:求导,得 $f'(x) - 2f(x) = 2e^{2x}$.由通解公式,得 $f(x) = e^{2x}(2x + C)$.由隐含条件 $f(0) = 1$,得 $C = 1$,则 $f(x) = e^{2x}(2x + 1)$.

六、解法一:方程不显含 y 及 y'.令 $y'' = p$,方程化为 $p' + p = x^2 + 1$.由通解公式,得 $p = x^2 - 2x + 3 + C_1 e^{-x}$.积分两次,得通解 $y = \frac{1}{12}x^4 - \frac{1}{3}x^3 + \frac{3}{2}x^2 + C_1 e^{-x} + C_2 x + C_3$.

解法二:特征方程为 $r^3 + r^2 = 0$, $r_{1,2} = 0$, $r_3 = -1$,齐次方程的通解为 $Y = C_1 + C_2 x + C_3 e^{-x}$.设非齐次方程的特解为 $y^* = x^2(Ax^2 + Bx + C)$,解得 $y^* = \frac{1}{12}x^4 - \frac{1}{3}x^3 + \frac{3}{2}$.故原方程的通解为 $y = C_1 + C_2 x + C_3 e^{-x} + \frac{1}{12}x^4 - \frac{1}{3}x^3 + \frac{3}{2}x^2$.

七、解: $P(x,y) = 3x^2 y + 2e^{-x}$, $Q(x,y) = x^3 + 3\cos y$, $\frac{\partial P}{\partial y} = 3x^2 = \frac{\partial Q}{\partial x}$,为全微分方程.

解法一:直接积分法.设 $du = Pdx + Qdy$,由 $\frac{\partial u}{\partial x} = P(x,y) = 3x^2 y + 2e^{-x}$,积分得 $u(x,y) = x^3 y - 2e^{-x} + C_1(y)$.关于 y 求导得 $\frac{\partial u}{\partial y} = x^3 + C_1'(y) = Q(x,y) = x^3 + 3\cos y$.比较得 $C_1'(y) = 3\sin y$, $u(x,y) = x^3 y - 2e^{-x} + 3\sin y$.故通解为 $x^3 y - 2e^{-x} + 3\sin y = C$.

解法二: $u(x,y) = \int_0^x 2e^{-x} dx + \int_0^y (x^3 + 3\cos y) dy = -2e^{-x} + 2 + x^3 y + 3\sin y$.故方程的通解为 $x^3 y - 2e^{-x} + 3\sin y = C$.

八、解: $\frac{\partial z}{\partial x} = f'(u)e^x \cos y$, $\frac{\partial^2 z}{\partial x^2} = f''(u)e^{2x}\cos^2 y + f'(u)e^x \cos y$, $\frac{\partial z}{\partial y} = -f'(u)e^x \sin y$, $\frac{\partial^2 z}{\partial y^2} = f''(u)e^{2x}\sin^2 y - f'(u)e^x \cos y$,化简得 $f''(u) - 4f(u) = u$.特征方程为 $r^2 - 4r = 0$, $r_1 = 2$, $r_2 = -2$,齐次方程的通解为 $f(u) = C_1 e^{2u} + C_2 e^{-2u}$.设特解为 $f^*(u) = Au + B$,解得 $f^*(u) = -\frac{u}{4}$,故非齐次方程的通解为 $f(u) = C_1 e^{2u} + C_2 e^{-2u} - \frac{u}{4}$.由 $f(0) = 0$, $f'(0) = 0$,得 $f(u)$ 的表达式为 $f(u) = \frac{1}{16}(e^{2u} - e^{-2u} - 4u)$.

九、解:需求对价格的弹性为 $\eta = \frac{dx}{dp}\cdot\frac{p}{x} = -3p^3$,即 $\frac{dx}{x} = -3p^2 dp$,积分得 $x = Ce^{-p^3}$.市场对商品的最大需求量为 $x(0) = 1$,则 $C = 1$,需求函数为 $x = e^{-p^3}$.

阶段能力测试 B

一、1. 2.   2. $\pi e^{\frac{\pi}{4}}$.   3. $y = \sqrt{x+1}$.   4. $-e^x + e^{3x} - xe^{2x}$.   5. $e^x(A\cos x + B\sin x) + x(Cx + D)e^{3x}$.

二、1. A.   2. A.   3. A.   4. B.   5. D.

三、1. **解**: $\frac{dy}{y} = -\frac{1}{2x^2 - x}dx$,积分得通解 $\ln|y| = \ln|x| - \ln|2x - 1| + \ln|C|$ 或 $y = \frac{Cx}{2x-1}$.由

$y\Big|_{x=1}=2$,得特解 $y=\dfrac{2x}{2x-1}$.

2. 解:$\dfrac{\mathrm{d}x}{\mathrm{d}y}-\dfrac{3}{y}x=-\dfrac{1}{2}y$,由通解公式,得 $x=y^3\left(\dfrac{1}{2y}+C\right)$.

四、解:(1) $\int_0^x f(x)\mathrm{d}x+x\int_0^x f(u)\mathrm{d}u-\int_0^x uf(u)\mathrm{d}u=ax^2$,求导得 $f(x)=2ax-\int_0^x f(u)\mathrm{d}u$,$f(0)=0$. 再求导得 $f'(x)=2a-f(x)$,解得 $f(x)=2a-2a\mathrm{e}^{-x}$.

(2) 平均值 $\int_0^1 f(x)\mathrm{d}x=\int_0^1(2a-2a\mathrm{e}^{-x})\mathrm{d}x=2a(x+\mathrm{e}^{-x})\Big|_0^1=2a\mathrm{e}^{-1}=1$,得 $a=\dfrac{\mathrm{e}}{2}$.

五、解:特征方程为 $r^2+2r-3=0$,$r_1=-3$,$r_2=1$,齐次方程的通解为 $Y=C_1\mathrm{e}^{-3x}+C_2\mathrm{e}^x$. 设非齐次方程的特解为 $y^*=y_1^*+y_2^*=ax\mathrm{e}^x+bx+c$,解得 $y^*=\dfrac{1}{4}x\mathrm{e}^x-\dfrac{1}{3}\left(x+\dfrac{2}{3}\right)$. 故原方程的通解为 $y=Y+y^*=C_1\mathrm{e}^{-3x}+C_2\mathrm{e}^x+\dfrac{1}{4}x\mathrm{e}^x-\dfrac{1}{3}\left(x+\dfrac{2}{3}\right)$.

六、解:$\dfrac{\mathrm{d}y}{\mathrm{d}x}=\dfrac{\varphi'(t)}{2+2t}$,$\dfrac{\mathrm{d}^2y}{\mathrm{d}x^2}=\dfrac{(1+t)\varphi''(t)-\varphi'(t)}{4(1+t)^3}$. 由题设,得 $\dfrac{(1+t)\varphi''(t)-\varphi'(t)}{4(1+t)^3}=\dfrac{3}{4(1+t)}$,设 $\varphi'(t)=u$,整理得 $u'-\dfrac{1}{1+t}\cdot u=3(1+t)$. 由通解公式,得 $u=(1+t)(3t+C_1)$. 由 $\varphi'(1)=6$,得 $\varphi'(t)=3t(1+t)$,$\varphi(t)=t^3+\dfrac{3}{2}t^2+C_2$. 由 $\varphi(1)=\dfrac{5}{2}$,得 $\varphi(t)=t^3+\dfrac{3}{2}t^2$,$t>-1$.

七、解:$z=f(\mathrm{e}^x\cos y)$,$\dfrac{\partial z}{\partial x}=f'(\mathrm{e}^x\cos y)\cdot\mathrm{e}^x\cos y$,$\dfrac{\partial z}{\partial y}=f'(\mathrm{e}^x\cos y)\cdot(-\mathrm{e}^x\sin y)$,代入方程得 $f'(\mathrm{e}^x\cos y)=4z+\mathrm{e}^x\cos y$. 记 $u=\mathrm{e}^x\cos y$,则 $f'(u)=4f(u)+u$. 由通解公式,得 $f(u)=\mathrm{e}^{4u}\left(-\dfrac{1}{4}u\mathrm{e}^{-4u}-\dfrac{1}{16}\mathrm{e}^{-4u}+C\right)$. 由 $f(0)=0$,得 $f(u)=-\dfrac{1}{4}u-\dfrac{1}{16}+\dfrac{1}{16}\mathrm{e}^{4u}$.

八、解:由 $\dfrac{\partial P}{\partial y}=\dfrac{\partial Q}{\partial x}$,得 $f(x)=3\cos 2x-f''(x)$. 记 $y=f(x)$,则 $y''+y=3\cos 2x$. 齐次方程的通解为 $Y=C_1\cos x+C_2\sin x$. 设 $y^*=a\cos 2x+b\sin 2x$,解得 $y^*=-\cos 2x$. $y=C_1\cos x+C_2\sin x-\cos 2x$. 由 $f(0)=-1$,$f'(0)=1$,得 $f(x)=\sin x-\cos 2x$. 由凑微分法,得 $f(x)y\mathrm{d}x+\left[\dfrac{3}{2}\sin 2x-f'(x)\right]\mathrm{d}y=\mathrm{d}\left\{\left[\dfrac{3}{2}\sin 2x-f'(x)\right]y\right\}$. 故方程的通解为 $\left[\dfrac{3}{2}\sin 2x-f'(x)\right]y=C$ 或 $\left(\cos x+\dfrac{1}{2}\sin 2x\right)y=-C$. 过点 $(\pi,1)$ 的一条积分曲线是 $\left(\cos x+\dfrac{1}{2}\sin 2x\right)y=-1$.

九、解:(1) 设至第 t 个月,尚欠银行贷款 y_t 万元,则第 $t+1$ 个月,本息共计欠贷 $(1+r)y_t$ 万元. 还了 A 万元,尚欠 $(1+r)y_t-A=y_{t+1}$ 万元,得差分方程 $y_{t+1}-(1+r)y_t=-A$,解得 $y_t=C(1+r)^t+\dfrac{A}{r}$. 由 $y_0=A_0$,得特解 $y_t=\left(A_0-\dfrac{A}{r}\right)(1+r)^t+\dfrac{A}{r}$.

(2) 因 $t=n$ 时 $y_t=0$,代入上式,得每月应向银行还贷的数额为 $A=\dfrac{A_0 r(1+r)^n}{(1+r)^n-1}$.

高等数学辅导与习题精解(下册)

习题精解分册

主　编　王顺凤　吴亚娟　朱　建
副主编　刘小燕　朱晓欣　冯秀红

东南大学出版社
SOUTHEAST UNIVERSITY PRESS
·南京·

内 容 提 要

本书根据编者多年的教学实践与教改经验,结合教育部高教司颁布的最新本科非数学专业理工类、经济管理类《高等数学课程教学基本要求》,并结合近年来考研大纲编写而成,是纸质+数字资源的多媒体高等数学习题课教材.

全书分上、下册出版.本书为下册部分.下册包括与多元函数微分学及其应用、重积分、曲线与曲面积分、无穷级数与微分方程等五章内容相配套的内容提要与归纳、典型例题分析、基础练习、强化训练,每章配有两份能力测试卷A与卷B,其中卷A对应基本教学要求,卷B对应较高能力要求,书后给出了本书所有练习与能力测试卷的详细参考答案.下册还配备了我校高等数学课程使用的教材《高等数学》(理工类)与《微积分》(文科类)书后全部习题的参考答案.此外,书中还提供两类内容丰富的数字教学资源,分别是与每讲相配套的设计新颖、具有总领性的知识结构思维导图和典型例题讲解视频等,读者可扫描二维码反复学习.

本书突出基本概念、基本公式与理论知识的应用,本书每章的内容提要与归纳帮助学生梳理、归纳基本内容与知识点,每个例题都代表一类重要题型,不仅对它们都给出分析,还在题后给出小结或注意点,帮助学生把握解题方向,掌握解题技巧;基础练习与测试卷A便于学生对基础知识与基本技能的自我练习与测试;强化训练与测试卷B则侧重于帮助自我要求较升的学生进一步训练提高自身的数学解题能力与技巧,满足优秀学生的学习高等数学的要求.

全书例题丰富,层次分明,突出重点与难点,较系统地介绍了高等数学中常用的解题技巧与分析方法,为教师因材施教以及学生自主学习与考研复习都提供了丰富的内容.

本书逻辑清晰、通俗易懂,习题答案完整,便于学生自学.本书与目前大多数高校的高等数学教材与教学进度均同步,适合作为与各高等院校理、工、经管各类专业的高等数学教材配套的教辅使用,也可作为学生考研复习与工程技术人员的参考书.

图书在版编目(CIP)数据

高等数学辅导与习题精解.下册.1,习题精解分册/王顺凤,吴亚娟,朱建主编. --南京:东南大学出版社,2024.9. -- ISBN 978-7-5766-1483-1

Ⅰ.O13

中国国家版本馆CIP数据核字第2024NE0137号

高等数学辅导与习题精解(下册) 习题精解分册
Gaodeng Shuxue Fudao Yu Xiti Jingjie(Xiace) Xiti Jingjie Fence

主 编:	王顺凤 吴亚娟 朱 建
责任编辑:张 烨	责任校对:韩小亮 封面设计:毕 真 责任印制:周荣虎
出版发行:	东南大学出版社
出 版 人:	白云飞
社 址:	南京市四牌楼2号 邮编:210096 电话:025-83793330
网 址:	http://www.seupress.com
电子邮件:	press@seupress.com
经 销:	全国各地新华书店
印 刷:	常州市武进第三印刷有限公司
开 本:	787 mm×1092 mm 1/16
印 张:	26
字 数:	666千字
版 次:	2024年9月第1版
印 次:	2024年9月第1次印刷
书 号:	ISBN 978-7-5766-1483-1
定 价:	68.00元(全两册)

本社图书若有印装质量问题,请直接与营销部联系,电话:025-83791830

前 言

本教材是按照教育部提出的高等教育面向 21 世纪教学内容和课程体系改革计划的精神,以二十大关于人才培养的精神为指导,参照教育部制定的全国硕士研究生入学考试理、工、经管类数学考试大纲和南京信息工程大学理、工、经管类高等数学教学大纲,以及最新的教育部高教司颁布的本科非数学专业理工类、经济管理类《高等数学课程教学基本要求》,并汲取近年来南京信息工程大学高等数学课程教学改革实践的成果,借鉴国内外同类院校数学教学改革的成功经验,在原《高等数学辅导》的基础上编写而成.书中不仅涵盖了高等数学全套的知识点归纳,还配有大量层次分明的例题,无论知识点归纳还是习题解答都简明、扼要,为读者点拨学习的思路,指明解题的方向,有较好的参考性与可读性.

本书具有以下特点:

1. 与当前大多数高等数学教材教学进度同步并可配套使用;

2. 整合并提炼高等数学的基本内容与知识点;

3. 归纳常见题型,强调解题技巧;

4. 既考虑基本技能的练习与测试,也提供综合与技能的训练;

5. 配套的数字资源融进立德树人、授人以渔的教学理念,旨在进一步帮助学生归纳知识结构、综合提升高等数学的解题能力.

本书逻辑清晰、通俗易懂,习题答案完整,便于学生自学.为了方便使用,书中标注(理)的内容与习题仅适合理工类各专业使用,标注(文)的内容与习题仅适合经管文科类各专业使用,标注(*)的内容与习题则作为拓展类内容,不作教学要求;没有标注(理)与(文)的内容与习题,适合理、工、经管类专业共同使用.

本书习题精解部分包含理科用教材《高等数学》(王顺凤、朱建、吴亚娟等编写)与文科用教材《微积分》(王顺凤、朱建、吴亚娟等编写)中习题的全部题解.需要说明的是,为方便读者使用,习题精解中有些题后标注如(理2文3),表示该题对应理科用教材《高等数学》中相应章节习题的第2题,同时也是文科用材料《微积分》中相应章节的第3题;没有标注(理)与(文)的习题,则为理科用教材《高等数学》与文科用教材《微积分》的共有习题.本书兼顾了理、工、经管各类专业的教学要求,在使用本书时,请参照各专业对数学的要求进行取舍.

本书适合作为与各高等院校理、工、经管各类专业的高等数学教材配套的教辅使用,也可作为学生考研复习与工程技术人员的参考书.

本书得到了南京信息工程大学 2023 年校教材基金项目的资助.全书由南京信息工程大

学王顺凤、朱建、吴亚娟、陈丽娟、刘小燕、官元红、朱晓欣、冯秀红、符美芬等老师编写,由王顺凤老师统稿,全书的所有编写人员集体、认真讨论了各章的书稿,陈群、张天良、陆盈、黄瑜、石兰芳、张雨田等许多老师提出了宝贵的修改意见.

南京信息工程大学薛巧玲教授仔细审阅了全部书稿,提出了宝贵的修改意见,在此向薛巧玲教授致以衷心的感谢.

由于编者水平所限,书中必有不少缺点和错误,敬请各位专家、同行和广大读者批评指正.

编者

2024 年 2 月

目 录

第 9 章 多元函数微分学及其应用 ... 1
习题 9-1 ... 1
习题 9-2 ... 3
习题 9-3 ... 5
习题 9-4 ... 7
习题 9-5 ... 9
习题 9-6 ... 12
习题 9-7 ... 14
习题 9-8 ... 15
习题 9-9 ... 15
总复习题 9 ... 17

第 10 章 重积分 ... 23
习题 10-1 ... 23
习题 10-2 ... 25
习题 10-3 ... 30
习题 10-4 ... 33
总复习题 10 ... 36

第 11 章 曲线积分与曲面积分 ... 43
习题 11-1 ... 43
习题 11-2 ... 44
习题 11-3 ... 47
习题 11-4 ... 51
习题 11-5 ... 54
习题 11-6 ... 59
习题 11-7 ... 62
总复习题 11 ... 65

第 12 章 无穷级数(文) ... 72
习题 12-1 ... 72
习题 12-2 ... 73

习题 12 – 3	78
习题 12 – 4	83
总复习题 12	85

第 13 章　无穷级数（理） ... 92

习题 13 – 1	92
习题 13 – 2	94
习题 13 – 3	98
习题 13 – 4	102
习题 13 – 5	105
习题 13 – 6	107
总复习题 13	109

第 14 章　微分方程 ... 115

习题 14 – 1	115
习题 14 – 2	116
习题 14 – 3	118
习题 14 – 4	121
习题 14 – 5	124
习题 14 – 6	126
习题 14 – 7	128
习题 14 – 8	129
习题 14 – 9	131
习题 14 – 10	133
习题 14 – 11	135
总复习 14	136

第9章 多元函数微分学及其应用

本章是理科《高等数学》第8章和文科用《微积分》第6章相应小节的习题解答.

习题 9-1

A 组

1. 判断下列平面点集中哪些是开集、闭集、有界集、无界集,并分别指出它们的聚点所构成的点集和边界点集.

    (1) $\{(x,y) \mid xy \neq 0\}$;(2) $\{(x,y) \mid x+y > 1\}$;(3) $\{(x,y) \mid 1 \leqslant x^2+y^2 < 4\}$.

    解:(1) 点集为开集,无界集. 聚点为 $\mathbf{R}^2$,边界点集为 $\{(x,y) \mid x=0 \text{ 或 } y=0\}$;

    (2) 点集为开集,无界集. 聚点集为 $\{(x,y) \mid x+y \geqslant 1\}$,边界点集为 $\{(x,y) \mid x+y=1\}$;

    (3) 该点集既非开集,又非闭集,为有界集. 聚点为 $\{(x,y) \mid 1 \leqslant x^2+y^2 \leqslant 4\}$,边界点集为 $\{(x,y) \mid x^2+y^2=1\} \cup \{(x,y) \mid x^2+y^2=4\}$.

2. 设 $z=\sqrt{y}+f(\sqrt{x}-1)$,且当 $y=1$ 时 $z=x$,求 $f(y)$.

    解:由条件得 $x-1=f(\sqrt{x}-1)$,整理得 $f(y)=y(y+2)$.

3. 设 $f(x-y, \ln x)=\left(1-\dfrac{y}{x}\right)\dfrac{e^x}{e^y \ln x}$,求 $f(x,y)$.

    解:令 $u=x-y, v=\ln x$,代入已知条件整理得 $f(x,y)=\dfrac{x e^x}{y e^{2y}}$.

4. 求下列函数的定义域:

    (1) $z=\sqrt{x-\sqrt{y}}$;(2) $u=\sqrt{R^2-x^2-y^2-z^2}+\dfrac{1}{\sqrt{x^2+y^2+z^2-r^2}}\ (R>r>0)$;

    (3) $u=\arccos\dfrac{z}{\sqrt{x^2+y^2}}$;(4) $z=\arcsin 2x+\dfrac{\sqrt{4x-y^2}}{\ln(1-x^2-y^2)}$.

    解:(1) 定义域为 $\{(x,y) \mid x \geqslant 0, y \geqslant 0, x^2 \geqslant y\}$;

    (2) 定义域为 $\{(x,y,z) \mid r^2 < x^2+y^2+z^2 \leqslant R^2\}$;

    (3) 定义域为 $\{(x,y,z) \mid x^2+y^2-z^2 \geqslant 0, x^2+y^2 \neq 0\}$;

    (4) 定义域为 $\left\{(x,y) \mid -\dfrac{1}{2} \leqslant x \leqslant \dfrac{1}{2}, y^2 \leqslant 4x, 0 < x^2+y^2 < 1\right\}$.

5. 求下列函数极限:

    (1) $\lim\limits_{\substack{x \to 0 \\ y \to 0}} \dfrac{x^2 y}{x^2+y^2}$;

    (2) $\lim\limits_{\substack{x \to \infty \\ y \to 0}} \left(1+\dfrac{2}{x}\right)^{\frac{x^2}{x+y}}$;

    (3) $\lim\limits_{(x,y) \to (0,0)} \dfrac{xy}{\sqrt{2-e^{xy}}-1}$;

    (4) $\lim\limits_{(x,y) \to (0,0)} \dfrac{xy^2 \sin(2xy)}{x^2+y^4}$.

    解:(1) 因为 $0 \leqslant \left|\dfrac{x^2 y}{x^2+y^2}\right| \leqslant \left|\dfrac{x^2 y}{2xy}\right| = \left|\dfrac{x}{2}\right|$,由夹逼准则可知 $\lim\limits_{\substack{x \to 0 \\ y \to 0}} \dfrac{x^2 y}{x^2+y^2}=0$;

    (2) $\lim\limits_{\substack{x \to \infty \\ y \to 0}} \left(1+\dfrac{2}{x}\right)^{\frac{x^2}{x+y}} = \lim\limits_{\substack{x \to \infty \\ y \to 0}} \left(1+\dfrac{2}{x}\right)^{\frac{x}{2} \cdot \frac{2x}{x+y}}$,所以 $\lim\limits_{\substack{x \to \infty \\ y \to 0}} \left(1+\dfrac{2}{x}\right)^{\frac{x^2}{x+y}}=e^2$;

(3) $\lim\limits_{(x,y)\to(0,0)} \dfrac{xy}{\sqrt{2-e^{xy}}-1} = \lim\limits_{(x,y)\to(0,0)} \dfrac{xy(\sqrt{2-e^{xy}}+1)}{1-e^{xy}} = -2$；

(4) $\lim\limits_{(x,y)\to(0,0)} \dfrac{xy^2 \sin(2xy)}{x^2+y^4} = \lim\limits_{(x,y)\to(0,0)} \dfrac{2x^2 y^3}{x^2+y^4} \cdot \dfrac{\sin(2xy)}{2xy} = \lim\limits_{(x,y)\to(0,0)} \dfrac{2x^2 y^3}{x^2+y^4} = 0.$

6. 判断极限 $\lim\limits_{\substack{x\to 0\\ y\to 0}} \dfrac{xy+y^2}{x^2+y^2}$ 是否存在.

解：因为 $\lim\limits_{\substack{(x,y)\to(0,0)\\ y=kx}} \dfrac{x(kx)+(kx)^2}{x^2+(kx)^2} = \dfrac{k+k^2}{1+k^2}$，此时极限与路径有关，所以极限 $\lim\limits_{\substack{x\to 0\\ y\to 0}} \dfrac{xy+y^2}{x^2+y^2}$ 不存在.

7. 求函数 $z = \dfrac{y^2+2x}{y^2-2x}$ 的间断点.

解：因为在 xOy 面上当 $y^2 = 2x$ 时，函数没有定义，故 $y^2 = 2x$ 为函数 $z = \dfrac{y^2+2x}{y^2-2x}$ 的间断点.

8. 讨论 $f(x,y) = \begin{cases} (x^2+y^2)\ln(x^2+y^2), & (x,y)\neq(0,0) \\ 0, & (x,y)=(0,0) \end{cases}$ 在点 $(0,0)$ 处的连续性.

解：$\lim\limits_{\substack{x\to 0\\ y\to 0}} (x^2+y^2)\ln(x^2+y^2) = \lim\limits_{t\to 0^+} t\ln t = 0 = f(0,0)$，所以函数 $f(x,y)$ 在点 $(0,0)$ 处连续.

B 组

1. 证明极限 $\lim\limits_{\substack{x\to 0\\ y\to 0}} \dfrac{\sqrt{xy+1}-1}{x+y}$ 不存在.

证：因为 $\lim\limits_{\substack{x\to 0\\ y=x^2-x}} \dfrac{\sqrt{xy+1}-1}{x+y} = -\dfrac{1}{2}$，$\lim\limits_{\substack{x\to 0\\ y=x}} \dfrac{\sqrt{xy+1}-1}{x+y} = 0$，故 $\lim\limits_{\substack{x\to 0\\ y\to 0}} \dfrac{\sqrt{xy+1}-1}{x+y}$ 不存在.

2. 讨论 $f(x,y) = \begin{cases} \dfrac{x^2 \sin\dfrac{1}{x^2+y^2}+y^2}{x^2+y^2}, & (x,y)\neq(0,0) \\ 0, & (x,y)=(0,0) \end{cases}$ 在点 $(0,0)$ 处的连续性.

解：因为极限 $\lim\limits_{\substack{(x,y)\to(0,0)\\ y=x}} \dfrac{x^2\sin\dfrac{1}{x^2+x^2}+x^2}{x^2+x^2}$ 不存在，故 $f(x,y)$ 在点 $(0,0)$ 处不连续.

3. 确定函数 $f(x,y) = \begin{cases} \dfrac{\ln(1+xy)}{x}, & x\neq 0 \\ y, & x=0 \end{cases}$ 的定义域，并证明此函数在定义域上连续.

（理）

解：在 $\left\{(x,y) \mid x>0, y>-\dfrac{1}{x}\right\}$ 及 $\left\{(x,y) \mid x<0, y<-\dfrac{1}{x}\right\}$ 内，$f(x,y)$ 连续.

在直线 $x=0$ 上，$\lim\limits_{\substack{x\to 0\\ y\to y_0}} f(x,y) = \lim\limits_{\substack{x\to 0\\ y\to y_0}} \dfrac{\ln(1+xy)}{xy} \cdot y = y_0 = f(0,y_0)$，故 $f(x,y)$ 在 $x=0$ 上连续.

习题 9-2

A 组

1. 求下列函数的一阶偏导数：

   (1) $z=2\cos^2\left(x-\dfrac{y}{2}\right)$；(2) $z=\ln\tan\dfrac{x}{y}$；(3) $z=(1+xy)^y$；(4) $u=x^{\frac{y}{z}}$；

   (5) $u=\arctan(x-y)^z$.

   解：(1) $z_x=-2\sin(2x-y), z_y=\sin(2x-y)$；

   (2) $\dfrac{\partial z}{\partial x}=\cot\dfrac{x}{y}\cdot\sec^2\dfrac{x}{y}\cdot\dfrac{1}{y}=\dfrac{2}{y}\csc\dfrac{2x}{y}, \dfrac{\partial z}{\partial y}=\cot\dfrac{x}{y}\cdot\sec^2\dfrac{x}{y}\cdot\left(-\dfrac{x}{y^2}\right)=-\dfrac{2x}{y^2}\csc\dfrac{2x}{y}$；

   (3) $\dfrac{\partial z}{\partial x}=y(1+xy)^{y-1}\cdot y=y^2(1+xy)^{y-1}, \dfrac{\partial z}{\partial y}=(1+xy)^y\left[\ln(1+xy)+\dfrac{xy}{1+xy}\right]$；

   (4) $\dfrac{\partial u}{\partial x}=\dfrac{y}{z}x^{\frac{y}{z}-1}, \dfrac{\partial u}{\partial y}=\dfrac{1}{z}x^{\frac{y}{z}}\ln x, \dfrac{\partial u}{\partial z}=-\dfrac{y}{z^2}x^{\frac{y}{z}}\ln x$；

   (5) $\dfrac{\partial u}{\partial x}=\dfrac{z(x-y)^{z-1}}{1+(x-y)^{2z}}, \dfrac{\partial u}{\partial y}=-\dfrac{z(x-y)^{z-1}}{1+(x-y)^{2z}}, \dfrac{\partial u}{\partial z}=\dfrac{(x-y)^z\ln(x-y)}{1+(x-y)^{2z}}$.

2. 求下列函数在指定点处的偏导数：

   (1) 设 $f(x,y)=x\ln(xy)$，求 $f_x(1,e)$；

   (2) 设 $f(x,y)=e^{\arctan\frac{y}{x}}\cdot\ln(x^2+y^2)$，求 $f_x(1,0)$；

   (3) 设 $f(x,y)=\sqrt[3]{x^5-y^3}$，求 $f_x(0,0)$；

   (4) 设 $u=e^{-x}\sin\dfrac{x}{y}$，求 $\left.\dfrac{\partial^2 u}{\partial x\partial y}\right|_{(2,\frac{1}{\pi})}$.

   解：(1) 因为 $f_x(x,y)=\ln(xy)+1$，所以 $f_x(1,e)=\ln e+1=2$；

   (2) 因为 $f(x,0)=\ln x^2$，所以 $f_x(1,0)=2$；

   (3) 因为 $f_x(x,y)=\dfrac{1}{3}(x^5-y^3)^{-\frac{2}{3}}\cdot 5x^4$，所以 $f_x(0,0)=0$；

   (4) $\dfrac{\partial^2 u}{\partial x\partial y}=e^{-x}\left(\dfrac{x}{y^2}\cos\dfrac{x}{y}-\dfrac{1}{y^2}\cos\dfrac{x}{y}+\dfrac{1}{y^3}\sin\dfrac{x}{y}\right)$，所以 $\left.\dfrac{\partial^2 u}{\partial x\partial y}\right|_{(2,\frac{1}{\pi})}=\left(\dfrac{\pi}{e}\right)^2$.

3. 求下列函数的二阶偏导数：

   (1) $z=x^3y-xy^3$；(2) $z=x\ln(x+y)$.

   解：(1) $\dfrac{\partial^2 z}{\partial x^2}=6xy, \dfrac{\partial^2 z}{\partial x\partial y}=\dfrac{\partial^2 z}{\partial y\partial x}=3x^2-3y^2, \dfrac{\partial^2 z}{\partial y^2}=-6xy$；

   (2) $\dfrac{\partial^2 z}{\partial x^2}=\dfrac{1}{x+y}+\dfrac{y}{(x+y)^2}, \dfrac{\partial^2 z}{\partial x\partial y}=\dfrac{\partial^2 z}{\partial y\partial x}=\dfrac{y}{(x+y)^2}, \dfrac{\partial^2 z}{\partial y^2}=\dfrac{-x}{(x+y)^2}$.

4. 已知 $f(x,y)=x^2\arctan\dfrac{y}{x}-y^2\arctan\dfrac{x}{y}$，求 $\dfrac{\partial^2 f}{\partial x\partial y}$.

   解：因为 $\dfrac{\partial f}{\partial x}=2x\arctan\dfrac{y}{x}-y$，所以 $\dfrac{\partial^2 f}{\partial x\partial y}=2x\dfrac{\frac{1}{x}}{1+\left(\frac{y}{x}\right)^2}-1=\dfrac{x^2-y^2}{x^2+y^2}$.

5. 设 $z=x^3\sin y-ye^x$，求 $\dfrac{\partial^3 z}{\partial x^2\partial y}$.

解:因为 $\dfrac{\partial z}{\partial x}=3x^2\sin y-y\mathrm{e}^x$,$\dfrac{\partial^2 z}{\partial x^2}=6x\sin y-y\mathrm{e}^x$,所以 $\dfrac{\partial^3 z}{\partial x^2\partial y}=6x\cos y-\mathrm{e}^x$.

6. 设 $f(x,y)=\begin{cases}\dfrac{xy}{\sqrt{x^2+y^2}},&(x,y)\neq(0,0)\\0,&(x,y)=(0,0)\end{cases}$,求偏导数 $f_x(x,y),f_y(x,y)$.

解:当 $(x,y)\neq(0,0)$ 时,$f_x(x,y)=\dfrac{y^3}{(x^2+y^2)^{\frac{3}{2}}}$;当 $(x,y)=(0,0)$ 时,$f_x(0,0)=\lim\limits_{x\to 0}\dfrac{0-0}{x}=0$,所以 $f_x(x,y)=\begin{cases}\dfrac{y^3}{(x^2+y^2)^{\frac{3}{2}}},&(x,y)\neq(0,0)\\0,&(x,y)=(0,0)\end{cases}$.同理,$f_y(x,y)=\begin{cases}\dfrac{x^3}{(x^2+y^2)^{\frac{3}{2}}},&(x,y)\neq(0,0)\\0,&(x,y)=(0,0)\end{cases}$.

7. 求曲线 $\begin{cases}z=\dfrac{x^2+y^2}{2}\\y=1\end{cases}$ 在点 $(1,1,1)$ 处的切线对于 x 轴正向所成的倾角 α.

解:因为 $\dfrac{\partial z}{\partial x}\Big|_{(1,1)}=x\Big|_{(1,1)}=1$,故 $\tan\alpha=1$;又 $\alpha\in(0,\pi)$,从而可得 $\alpha=\dfrac{\pi}{4}$.

8. 设 $r=\sqrt{x^2+y^2+z^2}$,证明 $\dfrac{\partial^2 r}{\partial x^2}+\dfrac{\partial^2 r}{\partial y^2}+\dfrac{\partial^2 r}{\partial z^2}=\dfrac{2}{r}$.

证:由已知条件可求得 $\dfrac{\partial^2 r}{\partial x^2}=\dfrac{y^2+z^2}{(x^2+y^2+z^2)^{\frac{3}{2}}}$,$\dfrac{\partial^2 r}{\partial y^2}=\dfrac{x^2+z^2}{(x^2+y^2+z^2)^{\frac{3}{2}}}$,$\dfrac{\partial^2 r}{\partial z^2}=\dfrac{x^2+y^2}{(x^2+y^2+z^2)^{\frac{3}{2}}}$,则 $\dfrac{\partial^2 r}{\partial x^2}+\dfrac{\partial^2 r}{\partial y^2}+\dfrac{\partial^2 r}{\partial z^2}=\dfrac{2}{\sqrt{x^2+y^2+z^2}}=\dfrac{2}{r}$,故等式成立.

9. 已知两种相关商品 A,B 的需求量 Q_1,Q_2 和价格 P_1,P_2 之间的需求函数分别为 $Q_1=\dfrac{P_2}{P_1}$,$Q_2=\dfrac{P_1^2}{P_2}$.

求需求的直接价格偏弹性 E_{11} 和 E_{22},交叉价格偏弹性 E_{21} 和 E_{12}.（文）

解:$E_{11}=\dfrac{P_1}{Q_1}\dfrac{\partial Q_1}{\partial P_1}=-1$,$E_{12}=\dfrac{P_2}{Q_1}\dfrac{\partial Q_1}{\partial P_2}=1$,$E_{21}=\dfrac{P_1}{Q_2}\dfrac{\partial Q_2}{\partial P_1}=2$,$E_{22}=\dfrac{P_2}{Q_2}\dfrac{\partial Q_2}{\partial P_2}=-1$.

由 $E_{12}>0$ 和 $E_{21}>0$ 可知,这两种商品是替代品.

B 组

1. 关于函数 $f(x,y)=\begin{cases}xy,&xy\neq 0\\x,&y=0\\y,&x=0\end{cases}$,给出下列结论:

(1) $\dfrac{\partial f}{\partial x}\Big|_{(0,0)}=1$ (2) $\dfrac{\partial^2 f}{\partial x\partial y}\Big|_{(0,0)}=1$ (3) $\lim\limits_{(x,y)\to(0,0)}f(x,y)=0$ (4) $\lim\limits_{y\to 0}\lim\limits_{x\to 0}f(x,y)=0$

其中正确的个数为 （　　）(2020 考研真题)

(A) 4   (B) 3   (C) 2   (D) 1

解：由定义可求得 $\dfrac{\partial f}{\partial x}\bigg|_{(0,0)} = \lim\limits_{x\to 0}\dfrac{f(x,0)-f(0,0)}{x}=1$，故 (1) 正确；$\dfrac{\partial^2 f}{\partial x \partial y}\bigg|_{(0,0)}=\lim\limits_{y\to 0}\dfrac{f_x(0,y)-f_x(0,0)}{y}$，又 $f_x(0,y)=\infty$，代入可知 $\dfrac{\partial^2 f}{\partial x \partial y}\bigg|_{(0,0)}$ 不存在，故 (2) 不正确；分 $xy\neq 0, y=0, y=0$ 讨论，都有 $\lim\limits_{(x,y)\to(0,0)} f(x,y)=0$，故 (3) 正确；分 $xy\neq 0, x=0, y=0$ 讨论，都有 $\lim\limits_{y\to 0}\lim\limits_{x\to 0} f(x,y)=0$，故 (4) 正确. 综上，应选 B.

2. 设 $f(x,y)$ 具有一阶偏导数，且在任意的 (x,y) 都有 $\dfrac{\partial f(x,y)}{\partial x}>0, \dfrac{\partial f(x,y)}{\partial y}<0$，则

( )(2017 考研真题)

(A) $f(0,0)>f(1,1)$ (B) $f(0,0)<f(1,1)$
(C) $f(0,1)>f(1,0)$ (D) $f(0,1)<f(1,0)$

解：由 $\dfrac{\partial f(x,y)}{\partial x}>0, \dfrac{\partial f(x,y)}{\partial y}<0$ 分别可得 $f(1,0)>f(0,0), f(0,0)>f(0,1)$，故应选 D.

3. 设 $f(x,y)=\int_0^{xy} e^{-t^2} dt$，求 $\dfrac{x}{y}\cdot\dfrac{\partial^2 f}{\partial x^2}-2\dfrac{\partial^2 f}{\partial x \partial y}+\dfrac{y}{x}\cdot\dfrac{\partial^2 f}{\partial y^2}$.

解：$\dfrac{\partial^2 f}{\partial x^2}=-2xy^3 e^{-x^2 y^2}$，$\dfrac{\partial^2 f}{\partial y^2}=-2x^3 y e^{-x^2 y^2}$，$\dfrac{\partial^2 f}{\partial x \partial y}=e^{-x^2 y^2}-2x^2 y^2 e^{-x^2 y^2}$，故原式 $=-2e^{-x^2 y^2}$.

习题 9-3

A 组

1. 求函数 $z=\ln(1+x^2+y^2)$ 当 $x=1, y=2$ 时的全微分.

解：$\dfrac{\partial z}{\partial x}\bigg|_{(1,2)}=\dfrac{1}{3}, \dfrac{\partial z}{\partial y}\bigg|_{(1,2)}=\dfrac{2}{3}$，所以 $dz\bigg|_{\substack{x=1\\y=2}}=\dfrac{1}{3}dx+\dfrac{2}{3}dy$.

2. 求函数 $z=\dfrac{y}{x}$ 当 $x=2, y=1, \Delta x=0.1, \Delta y=-0.2$ 时的全增量和全微分.

解：全增量 $\Delta z=f(2.1,0.8)-f(2,1)=\dfrac{5}{42}\approx -0.119$，又 $\dfrac{\partial z}{\partial x}\bigg|_{(2,1)}=-\dfrac{1}{4}, \dfrac{\partial z}{\partial y}\bigg|_{(2,1)}=\dfrac{1}{2}$，

所以 $dz\bigg|_{\substack{x=2\\y=1}}=-\dfrac{1}{4}\cdot\Delta x+\dfrac{1}{2}\cdot\Delta y=-0.125$.

3. 设 $f(x,y,z)=\left(\dfrac{x}{y}\right)^z$，求 $df(1,1,1)$.

解：因为 $\dfrac{\partial f}{\partial x}\bigg|_{(1,1,1)}=1, \dfrac{\partial f}{\partial y}\bigg|_{(1,1,1)}=-1, \dfrac{\partial f}{\partial z}\bigg|_{(1,1,1)}=0$，所以 $df(1,1,1)=dx-dy$.

4. 求下列函数的全微分：

(1) $z=\sin(xy)$；(2) $z=\arctan\dfrac{y}{x}$；(3) $u=a^{x+yz}-\ln x^a (a>0)$；

(4) $u=xyz+\int_{yz}^{xy} f(t)dt$，其中 $f(t)$ 为连续函数.

解：(1) 因为 $\dfrac{\partial z}{\partial x}=y\cos(xy), \dfrac{\partial z}{\partial y}=x\cos(xy)$，所以 $dz=\cos(xy)[ydx+xdy]$；

(2) 因为 $\dfrac{\partial z}{\partial x}=\dfrac{-y}{x^2+y^2}, \dfrac{\partial z}{\partial y}=\dfrac{x}{x^2+y^2}$,所以 $\mathrm{d}z=\dfrac{1}{x^2+y^2}(-y\mathrm{d}x+x\mathrm{d}y)$;

(3) 求出 $\dfrac{\partial z}{\partial x}, \dfrac{\partial z}{\partial y}, \dfrac{\partial z}{\partial z}$,从而可得 $\mathrm{d}z=\left(a^{x+yz}\ln a-\dfrac{a}{x}\right)\mathrm{d}x+za^{x+yz}\ln a\mathrm{d}y+ya^{x+yz}\ln a\mathrm{d}z$;

(4) 求出 $\dfrac{\partial z}{\partial x}, \dfrac{\partial z}{\partial y}, \dfrac{\partial z}{\partial z}$,从而可得 $\mathrm{d}z=[yz+yf(xy)]\mathrm{d}x+[xz+xf(xy)-zf(yz)]\mathrm{d}y+[xy-yf(yz)]\mathrm{d}z$.

5. 讨论函数 $z=f(x,y)=\begin{cases}(x^2+y^2)\sin\dfrac{1}{\sqrt{x^2+y^2}}, & x^2+y^2\neq 0\\ 0, & x^2+y^2=0\end{cases}$ 在点$(0,0)$处

(1) 是否连续;(2) 偏导数是否存在;(3) 是否可微;(4) 偏导数是否连续. (理5文6)

(理5文6)解:(1) 由 $\lim\limits_{(x,y)\to(0,0)}(x^2+y^2)\sin\dfrac{1}{\sqrt{x^2+y^2}}=0$,又 $f(0,0)=0$,所以函数在点$(0,0)$处连续;

(2) $f_x(0,0)=\lim\limits_{x\to 0}\dfrac{x^2\sin\dfrac{1}{\sqrt{x^2}}}{x}=0$,同理 $f_y(0,0)=0$,所以函数在点$(0,0)$处偏导数存在;

(3) 因为 $\lim\limits_{(\Delta x,\Delta y)\to(0,0)}\dfrac{\Delta z-f_x(0,0)\Delta x-f_y(0,0)\Delta y}{\sqrt{(\Delta x)^2+(\Delta y)^2}}=0$,所以函数在点$(0,0)$处可微;

(4) 当$(x,y)\neq(0,0)$时,$f_x(x,y)=2x\sin\dfrac{1}{\sqrt{x^2+y^2}}-\cos\dfrac{1}{\sqrt{x^2+y^2}}\cdot\dfrac{x}{(x^2+y^2)^{\frac{1}{2}}}$,

因为 $\lim\limits_{\substack{(x,y)\to(0,0)\\y=x}}\cos\dfrac{1}{\sqrt{2x^2}}\cdot\dfrac{x}{\sqrt{2x^2}}$ 不存在,故 $\lim\limits_{(x,y)\to(0,0)}f_x(x,y)$ 不存在,同理 $\lim\limits_{(x,y)\to(0,0)}f_y(x,y)$ 不存在,所以函数在点$(0,0)$处的偏导数不连续.

5. 讨论函数 $f(x,y)=\begin{cases}\dfrac{xy}{\sqrt{x^2+y^2}}, & x^2+y^2\neq 0\\ 0, & x^2+y^2=0\end{cases}$ 在点$(0,0)$处的可微性. (文)

(文)解:由条件可知 $f_x(0,0)=f_y(0,0)=0$,又 $\lim\limits_{(\Delta x,\Delta y)\to(0,0)}\dfrac{\dfrac{\Delta x\Delta y}{\sqrt{(\Delta x)^2+(\Delta y)^2}}-0\cdot\Delta x-0\cdot\Delta y}{\sqrt{(\Delta x)^2+(\Delta y)^2}}$ 不存在,所以函数 $f(x,y)$ 在点$(0,0)$处不可微.

*6. 有一圆柱体受压后发生形变,它的半径由 20 cm 增大到 20.05 cm,高度由 100 cm 减少到 99 cm. 求此圆柱体体积变化的近似值. (理6文7)

解:由 $V=\pi r^2h$,求得 $\mathrm{d}V|_{(20,100)}=-200\pi$ cm^3,故 V 减小约 200π cm^3.

B 组

1. 设函数 $z=f(x,y)$ 在点(x_0,y_0)处有 $f_x(x_0,y_0)=a, f_y(x_0,y_0)=b$,则下列结论正确的是 ( ) (2012考研真题)

(A) $\lim\limits_{(x,y)\to(x_0,y_0)}f(x,y)$ 存在,但 $f(x,y)$ 在点(x_0,y_0)处不连续

(B) $f(x,y)$ 在点(x_0,y_0)处连续

(C) $dz = adx + bdy$

(D) $\lim\limits_{x \to x_0} f(x,y_0)$, $\lim\limits_{y \to y_0} f(x_0,y)$ 都存在,且相等

解: 由可微、可偏导、极限、连续的关系,应选 D.

2. 如果函数 $f(x,y)$ 在点 $(0,0)$ 处连续,那么下列命题正确的是 ( )(2012 考研真题)

(A) 若极限 $\lim\limits_{\substack{x \to 0 \\ y \to 0}} \dfrac{f(x,y)}{|x|+|y|}$ 存在,则 $f(x,y)$ 在点 $(0,0)$ 处可微

(B) 若极限 $\lim\limits_{\substack{x \to 0 \\ y \to 0}} \dfrac{f(x,y)}{x^2+y^2}$ 存在,则 $f(x,y)$ 在点 $(0,0)$ 处可微

(C) 若 $f(x,y)$ 在点 $(0,0)$ 处可微,则极限 $\lim\limits_{\substack{x \to 0 \\ y \to 0}} \dfrac{f(x,y)}{|x|+|y|}$ 存在

(D) 若 $f(x,y)$ 在点 $(0,0)$ 处可微,则极限 $\lim\limits_{\substack{x \to 0 \\ y \to 0}} \dfrac{f(x,y)}{x^2+y^2}$ 存在

解: 取 $f(x,y) = |x| + |y|$,故 A 错误;取 $f(x,y) = 1$,故 C、D 错误;

由 $\lim\limits_{\substack{x \to 0 \\ y \to 0}} \dfrac{f(x,y)}{x^2+y^2} = \lim\limits_{\substack{x \to 0 \\ y \to 0}} \dfrac{f(x,y)}{\sqrt{x^2+y^2}} \cdot \dfrac{1}{\sqrt{x^2+y^2}}$ 存在,故 $\lim\limits_{\substack{x \to 0 \\ y \to 0}} \dfrac{f(x,y)}{\sqrt{x^2+y^2}} = 0$,又 $f(0,0) = 0$,由可微定义知 $f(x,y)$ 在点 $(0,0)$ 处可微,故应选 B.

习题 9-4

A 组

1. 设 $z = \dfrac{y}{x}$,而 $x = e^t, y = 1 - \cos t$,求 $\dfrac{dz}{dt}$.

解: $\dfrac{dz}{dt} = \left(-\dfrac{y}{x^2}\right) \cdot e^t + \dfrac{1}{x} \cdot \sin t = (\sin t + \cos t - 1)e^{-t}$.

2. 设 $u = e^{x^2+y^2+z^2}$,而 $z = x^2 \sin y$,求 $\dfrac{\partial u}{\partial x}$.

解: $\dfrac{\partial u}{\partial x} = \dfrac{\partial u}{\partial x} + \dfrac{\partial u}{\partial z} \cdot \dfrac{\partial z}{\partial x} = 2x(1 + 2z \sin y) e^{x^2+y^2+z^2}$.

3. 设 $z = u^2 \ln v$,且 $u = \dfrac{x}{y}, v = 4x - 3y$,求 $\dfrac{\partial z}{\partial x}, \dfrac{\partial z}{\partial y}$.

解: 由链式法则得 $\dfrac{\partial z}{\partial x} = \dfrac{2x \ln(4x-3y)}{y^2} + \dfrac{4x^2}{(4x-3y)y^2}$, $\dfrac{\partial z}{\partial y} = -\dfrac{2x^2 \ln(4x-3y)}{y^3} - \dfrac{3x^2}{(4x-3y)y^2}$.

4. 设 $z = f(x,u,v)$,且 $u = 2x + y, v = xy$,其中 f 具有一阶连续偏导,求 dz.

解: 由链式法则得 $\dfrac{\partial z}{\partial x}, \dfrac{\partial z}{\partial y}$,故 $dz = (f_1' + 2f_2' + yf_3')dx + (f_2' + xf_3')dy$.

5. 求下列函数的一阶偏导数:

(1) $u = f(x^2 y, \sin x)$;(理)

(1) $u = f(x^2 - y^2, e^{xy})$;(文)

(2) $u = f\left(\dfrac{x}{y}, \dfrac{y}{z}\right)$;

(3) $u = f(x, xy, xyz)$.

解：(1)（理）$\dfrac{\partial u}{\partial x}=2xyf'_1+f'_2\cos x$，$\dfrac{\partial u}{\partial y}=x^2f'_1$；

(1)（文）$\dfrac{\partial u}{\partial x}=2xf'_1+y\mathrm{e}^{xy}f'_2$，$\dfrac{\partial u}{\partial y}=-2yf'_1+x\mathrm{e}^{xy}f'_2$；

(2) $\dfrac{\partial u}{\partial x}=\dfrac{1}{y}f'_s$，$\dfrac{\partial u}{\partial y}=-\dfrac{x}{y^2}f'_s+\dfrac{1}{z}f'_t$，$\dfrac{\partial u}{\partial z}=-\dfrac{y}{z^2}f'_t$；

(3) $\dfrac{\partial u}{\partial x}=f'_1+yf'_2+yzf'_3$，$\dfrac{\partial u}{\partial y}=xf'_2+xzf'_3$，$\dfrac{\partial u}{\partial z}=xyf'_3$.

6. 设 $z=x^3f\left(xy,\dfrac{y}{x}\right)$，而 $f(u,v)$ 具有二阶连续偏导，求 $\dfrac{\partial^2 z}{\partial y^2}$，$\dfrac{\partial^2 z}{\partial x\partial y}$.

解：$\dfrac{\partial z}{\partial x}=3x^2f\left(xy,\dfrac{y}{x}\right)+x^3\left(yf'_1-\dfrac{y}{x^2}f'_2\right)$，$\dfrac{\partial^2 z}{\partial x\partial y}=4x^3f'_1+2xf'_2+x^4yf''_{11}-yf''_{22}$，

$\dfrac{\partial z}{\partial y}=x^3\left(xf'_1+\dfrac{1}{x}f'_2\right)$，$\dfrac{\partial^2 z}{\partial y^2}=x^5f''_{11}+2x^3f''_{12}+xf''_{22}$.

7. 设 $z=f(x^2-y^2,\mathrm{e}^{xy})$，其中 f 具有二阶连续偏导数，求 $\dfrac{\partial z}{\partial x}$，$\dfrac{\partial z}{\partial y}$，$\dfrac{\partial^2 z}{\partial x\partial y}$.

解：$\dfrac{\partial z}{\partial x}=2xf'_1+y\mathrm{e}^{xy}f'_2$，$\dfrac{\partial z}{\partial y}=-2yf'_1+x\mathrm{e}^{xy}f'_2$，$\dfrac{\partial^2 z}{\partial x\partial y}=2x\dfrac{\partial f'_1}{\partial y}+(xy+1)\mathrm{e}^{xy}f'_2+$

$y\mathrm{e}^{xy}\dfrac{\partial f'_2}{\partial y}=-4xyf''_{11}+2(x^2-y^2)\mathrm{e}^{xy}f''_{12}+xy\mathrm{e}^{2xy}f''_{22}+\mathrm{e}^{xy}(1+xy)f'_2$.

8. 设 $z=\dfrac{y}{f(x^2-y^2)}$，其中 $f(u)$ 为可导函数，验证：$\dfrac{1}{x}\dfrac{\partial z}{\partial x}+\dfrac{1}{y}\dfrac{\partial z}{\partial y}=\dfrac{z}{y^2}$.

证：$\dfrac{\partial z}{\partial x}=\dfrac{-2xyf'}{f^2}$，$\dfrac{\partial z}{\partial y}=\dfrac{f+2y^2f'}{f^2}$，代入得 $\dfrac{1}{x}\dfrac{\partial z}{\partial x}+\dfrac{1}{y}\dfrac{\partial z}{\partial y}=\dfrac{1}{yf}=\dfrac{z}{y^2}$.

9. 设 $z=\dfrac{1}{x}f(xy)+y\varphi(x+y)$，$f,\varphi$ 具有二阶连续导数，求 $\dfrac{\partial^2 z}{\partial x\partial y}$.

解：$\dfrac{\partial z}{\partial x}=\dfrac{-1}{x^2}f(xy)+\dfrac{y}{x}f'(xy)+y\varphi'(x+y)$，$\dfrac{\partial^2 z}{\partial x\partial y}=yf''(xy)+\varphi'(x+y)+y\varphi''(x+y)$.

10. 设 $f(u)$ 具有二阶连续导数，且 $g(x,y)=f\left(\dfrac{y}{x}\right)+yf\left(\dfrac{x}{y}\right)$，求 $x^2\dfrac{\partial^2 g}{\partial x^2}-y^2\dfrac{\partial^2 g}{\partial y^2}$.

解：因为 $\dfrac{\partial g}{\partial x}=-f'\left(\dfrac{y}{x}\right)\cdot\dfrac{y}{x^2}+f'\left(\dfrac{x}{y}\right)$，则 $\dfrac{\partial^2 g}{\partial x^2}=\dfrac{y^2}{x^4}f''\left(\dfrac{y}{x}\right)+\dfrac{2y}{x^3}f'\left(\dfrac{y}{x}\right)+\dfrac{1}{y}f''\left(\dfrac{x}{y}\right)$；

因为 $\dfrac{\partial g}{\partial y}=\dfrac{1}{x}f'\left(\dfrac{y}{x}\right)+f\left(\dfrac{x}{y}\right)-\dfrac{x}{y}f'\left(\dfrac{x}{y}\right)$，则 $\dfrac{\partial^2 g}{\partial y^2}=\dfrac{1}{x^2}f''\left(\dfrac{y}{x}\right)+\dfrac{x^2}{y^3}f''\left(\dfrac{x}{y}\right)$，代入得原式 $=\dfrac{2y}{x}f'\left(\dfrac{y}{x}\right)$.

B 组

1. 设 $z=xf\left(\dfrac{y}{x}\right)+2yf\left(\dfrac{x}{y}\right)$，其中 $f\in\mathbf{C}^2$，且 $\dfrac{\partial^2 z}{\partial x\partial y}\bigg|_{x=a}=-by^2$，$a^3b=3$，其中 $a>0,b>0$，求 $f(x)$.（理1 文2）

（理1 文2）解：求导得 $\dfrac{\partial^2 z}{\partial x\partial y}$，则 $-\dfrac{y}{a^2}f''\left(\dfrac{y}{a}\right)-\dfrac{2a}{y^2}f''\left(\dfrac{a}{y}\right)=-by^2$，令 $x=\dfrac{y}{a}$，将 x 换成 $\dfrac{1}{x}$，

分别得 $xf''(x) + \dfrac{2}{x^2}f''\left(\dfrac{1}{x}\right) = 3x^2, \dfrac{2}{x^2}f''\left(\dfrac{1}{x}\right) + 4xf''(x) = \dfrac{6}{x^3}$,解得 $f(x) = -\dfrac{x^3}{6} + \dfrac{1}{3x^2} + C_1x + C_2$.

1. 已知函数 $u(x,y)$ 满足 $2\dfrac{\partial^2 u}{\partial x^2} - 2\dfrac{\partial^2 u}{\partial y^2} + 3\dfrac{\partial u}{\partial x} + 3\dfrac{\partial u}{\partial y} = 0$,求 a,b 的值,使得在变换 $u(x,y) = v(x,y)e^{ax+by}$ 下,上述等式可以化为 $v(x,y)$ 不含一阶偏导数的等式. (2019 考研真题)(文)

   (文) 解:求导得 $\dfrac{\partial^2 u}{\partial x^2},\dfrac{\partial u}{\partial y},\dfrac{\partial^2 u}{\partial y^2}$,代入等式得 $\begin{cases} 4a+3=0 \\ 3-4b=0 \end{cases}$,故 $a = -\dfrac{3}{4}, b = \dfrac{3}{4}$.

2. 设函数 $z = f(x,y)$ 的二阶偏导数存在,$\dfrac{\partial^2 z}{\partial x^2} = 2$,且 $f(x,0) = x^2, f_y'(x,y) = x$,求 $f(x,y)$. (理)

   解:由 $\dfrac{\partial^2 z}{\partial x^2} = 2$ 可得 $z(x,y) = x^2 + x\varphi(y) + \phi(y)$,又 $f(x,0) = x^2$,得 $\varphi(0) = 0, \phi(0) = 0$. 又 $f_y'(x,y) = x\varphi'(y) + \phi'(y)$,从而可得 $\varphi(y) = y, \phi(y) = 0$,故 $f(x,y) = x^2 + xy$.

3. 设 $u^2 = yz, v^2 = xz, w^2 = xy$,且 $f(u,v,w) = F(x,y,z)$ 具有连续偏导数,证明 $uf_u + vf_v + wf_w = xF_x + yF_y + zF_z$. (理)

   证:$F_x = f_u \cdot \dfrac{z}{2v} + f_w \cdot \dfrac{y}{2w}, F_y = f_u \cdot \dfrac{z}{2u} + f_w \cdot \dfrac{x}{2w}, F_z = f_u \cdot \dfrac{y}{2u} + f_v \cdot \dfrac{x}{2v}$,代入等式得证.

习题 9-5

A 组

1. 设函数 $y = y(x)$ 由方程 $\sin y + e^x = xy^2$ 确定,求 $\dfrac{dy}{dx}$.

   解:$\cos y \cdot \dfrac{dy}{dx} + e^x = y^2 + 2xy \cdot \dfrac{dy}{dx}$,解得 $\dfrac{dy}{dx} = \dfrac{y^2 - e^x}{\cos y - 2xy}$.

2. 设函数 $z = z(x,y)$ 由方程 $\dfrac{x}{z} = \ln\dfrac{z}{y}$ 确定,求 $\dfrac{\partial z}{\partial x}$.

   解:设 $F(x,y,z) = \dfrac{x}{z} - \ln\dfrac{z}{y}$,则 $F_x = \dfrac{1}{z}, F_z = -\dfrac{x}{z^2} - \dfrac{1}{z}$,代入公式得 $\dfrac{\partial z}{\partial x} = -\dfrac{F_x}{F_z} = \dfrac{z}{x+z}$.

3. 设 $z^3 - 3xyz = a^3$,求 $\dfrac{\partial^2 z}{\partial x \partial y}$.

   解:在等式两边分别对 x,y 求导,解得 $\dfrac{\partial z}{\partial x} = \dfrac{yz}{z^2 - xy}, \dfrac{\partial z}{\partial y} = \dfrac{xz}{z^2 - xy}$,故

   $$\dfrac{\partial^2 z}{\partial x \partial y} = \dfrac{\left(z + y\dfrac{\partial z}{\partial y}\right)(z^2 - xy) - yz\left(2z\dfrac{\partial z}{\partial y} - x\right)}{(z^2 - xy)^2} = \dfrac{z(z^4 - 2xyz^2 - x^2y^2)}{(z^2 - xy)^3}.$$

4. 设函数 $z = z(x,y)$ 由方程 $z^5 - xz^4 + yz^3 = 1$ 确定,求 $\dfrac{\partial z}{\partial x}\bigg|_{\substack{x=0 \\ y=0}}, \dfrac{\partial z}{\partial y}\bigg|_{\substack{x=0 \\ y=0}}$. (理)

   (理) 解:设 $F(x,y,z) = z^5 - xz^4 + yz^3 - 1$,则 $\dfrac{\partial z}{\partial x}\bigg|_{(0,0,1)} = -\dfrac{F_x}{F_z}\bigg|_{(0,0,1)} = \dfrac{1}{5}$,类似可得

$\dfrac{\partial z}{\partial y}\Big|_{(0,0,1)} = -\dfrac{1}{5}$.

4. 设 $x^2 + y^2 + z^2 - 4z = 0$, 求 $\dfrac{\partial^2 z}{\partial x^2}$. (文)

   (文) 解: 设 $F(x,y,z) = x^2 + y^2 + z^2 - 4z$, 代入公式得 $\dfrac{\partial z}{\partial x} = -\dfrac{F_x}{F_z} = -\dfrac{x}{z-2}$, 故 $\dfrac{\partial^2 z}{\partial x^2} = \dfrac{\partial}{\partial x}\left(-\dfrac{x}{z-2}\right) = \dfrac{(2-z)^2 + x^2}{(2-z)^3}$.

5. 设函数 $z = z(x,y)$ 由方程 $xz = \sin y + f(xy, z+y)$ 确定, 其中 f 具有一阶连续偏导, 求 $\mathrm{d}z$. (理5 文6)

   解: 由隐函数求导公式得 $\dfrac{\partial z}{\partial x} = \dfrac{-z + yf'_1}{x - f'_2}$, $\dfrac{\partial z}{\partial y} = \dfrac{\cos y + xf'_1 + f'_2}{x - f'_2}$, 所以 $\mathrm{d}z = \dfrac{1}{x - f'_2}[(yf'_1 - z)\mathrm{d}x + (\cos y + xf'_1 + f'_2)\mathrm{d}y]$.

6. 设 $u = f(x,y,z)$ 具有一阶连续偏导, $y = y(x)$ 及 $z = z(x)$ 分别由方程 $\mathrm{e}^{xy} - xy = 2$ 及 $\mathrm{e}^x = \displaystyle\int_0^{x-z} \dfrac{\sin t}{t}\mathrm{d}t$ 确定, 求 $\dfrac{\mathrm{d}u}{\mathrm{d}x}$. (理)

   (理) 解: 由 $\mathrm{e}^{xy} - xy = 2$, 解得 $\dfrac{\mathrm{d}y}{\mathrm{d}x} = \dfrac{y - y\mathrm{e}^{xy}}{x(\mathrm{e}^{xy} - 1)} = -\dfrac{y}{x}$; 由 $\mathrm{e}^x = \displaystyle\int_0^{x-z} \dfrac{\sin t}{t}\mathrm{d}t$, 解得 $\dfrac{\mathrm{d}z}{\mathrm{d}x} = \dfrac{\sin(x-z) - \mathrm{e}^x(x-z)}{\sin(x-z)}$, 从而可得 $\dfrac{\mathrm{d}u}{\mathrm{d}x} = f_x - \dfrac{y}{x}f_y + \left[1 - \dfrac{\mathrm{e}^x(x-z)}{\sin(x-z)}\right]f_z$.

7. 求下列函数的导数或偏导数:

   (1) 设 $\begin{cases} xu - yv = 0 \\ yu + xv = 1 \end{cases}$, 求 $\dfrac{\partial u}{\partial x}, \dfrac{\partial v}{\partial x}$ 及 $\dfrac{\partial u}{\partial y}, \dfrac{\partial v}{\partial y}$; (2) 设 $\begin{cases} x + y + z = 0 \\ x^2 + y^2 + z^2 = 1 \end{cases}$, 求 $\dfrac{\mathrm{d}x}{\mathrm{d}z}, \dfrac{\mathrm{d}y}{\mathrm{d}z}$;

   (3) 设 $\begin{cases} z = xf(x+y) \\ F(x,y,z) = 0 \end{cases}$, 求 $\dfrac{\mathrm{d}z}{\mathrm{d}x}$. (理)

   解: (1) 方程组两边对 x 求导, 得 $\begin{cases} u + x\dfrac{\partial u}{\partial x} - y\dfrac{\partial v}{\partial x} = 0, \\ y\dfrac{\partial u}{\partial x} + v + x\dfrac{\partial v}{\partial x} = 0, \end{cases}$ 解得 $\dfrac{\partial u}{\partial x} = -\dfrac{xu + yv}{x^2 + y^2}$, $\dfrac{\partial v}{\partial x} = \dfrac{yu - xv}{x^2 + y^2}$. 方程组两边对 y 求导, 得 $\begin{cases} x\dfrac{\partial u}{\partial y} - v - y\dfrac{\partial v}{\partial y} = 0, \\ u + y\dfrac{\partial u}{\partial y} + x\dfrac{\partial v}{\partial y} = 0, \end{cases}$ 解得 $\dfrac{\partial u}{\partial y} = \dfrac{xv - yu}{x^2 + y^2}$, $\dfrac{\partial v}{\partial y} = -\dfrac{xu + yv}{x^2 + y^2}$;

   (2) 方程组两边对 z 求导, 得 $\begin{cases} \dfrac{\mathrm{d}x}{\mathrm{d}z} + \dfrac{\mathrm{d}y}{\mathrm{d}z} + 1 = 0 \\ 2x\dfrac{\mathrm{d}x}{\mathrm{d}z} + 2y\dfrac{\mathrm{d}y}{\mathrm{d}z} + 2z = 0 \end{cases}$, 解得 $\dfrac{\mathrm{d}x}{\mathrm{d}z} = \dfrac{y - z}{x - y}$, $\dfrac{\mathrm{d}y}{\mathrm{d}z} = \dfrac{z - x}{x - y}$;

   (3) 方程组两边对 x 求导, 得 $\begin{cases} \dfrac{\mathrm{d}z}{\mathrm{d}x} = f(x+y) + x\left(1 + \dfrac{\mathrm{d}y}{\mathrm{d}x}\right)f' \\ F'_x + F'_y \cdot \dfrac{\mathrm{d}y}{\mathrm{d}x} + F'_z \cdot \dfrac{\mathrm{d}z}{\mathrm{d}x} = 0 \end{cases}$, 解得 $\dfrac{\mathrm{d}z}{\mathrm{d}x} =$

$$\frac{(f+xf')F'_y - xf'F'_x}{F'_y + xf'F'_z}.$$

8. 设函数 $y=y(x), x \in (-1,1)$ 由方程 $xy^2 + e^y - \cos(x+y^2) = 0$ 确定且 $y(0)=0$,求函数 $y(x)$ 的极大值. (理)

   解:由隐函数求导得 $\dfrac{dy}{dx} = -\dfrac{\sin(x+y^2) + y^2}{2xy + e^y + 2y\sin(x+y^2)}$,令 $\dfrac{dy}{dx} = 0$,得 $x=0, y=0$,

   又 $\dfrac{d^2y}{dx^2}\bigg|_{(0,0)} = -1 < 0$,从而可得函数 $y(x)$ 的极大值为 $y(0) = 0$.

9. 设函数 $z=f(x,y)$ 由方程 $F(x-y, y-z, z-x) = 0$ 确定, $F(u,v,w)$ 具有连续偏导数,且 $F'_v - F'_w \neq 0$,证明 $\dfrac{\partial z}{\partial x} + \dfrac{\partial z}{\partial y} = 1$. (理9 文7)

   证:方程两边分别对 x, y 求导,解得 $\dfrac{\partial z}{\partial x} = \dfrac{F'_1 - F'_3}{F'_2 - F'_3}, \dfrac{\partial z}{\partial y} = \dfrac{-F'_1 + F'_2}{F'_2 - F'_3}$,代入等式得证.

10. 设函数 $z=f(x,y)$ 由方程 $\varphi\left(x+\dfrac{z}{y}, y+\dfrac{z}{x}\right) = 0$ 确定,其中 $\varphi(u,v)$ 具有连续偏导数,证明 $x\dfrac{\partial z}{\partial x} + y\dfrac{\partial z}{\partial y} = z - xy$. (理10 文8)

    证:方程两边分别对 x, y 求导,解得 $\dfrac{\partial z}{\partial x} = \dfrac{-\varphi'_1 + \dfrac{z}{x^2}\varphi'_2}{\dfrac{1}{y}\varphi'_1 + \dfrac{1}{x}\varphi'_2}, \dfrac{\partial z}{\partial y} = \dfrac{\dfrac{z}{y^2}\varphi'_1 - \varphi'_2}{\dfrac{1}{y}\varphi'_1 + \dfrac{1}{x}\varphi'_2}$,代入等式得证.

B 组

1. 设函数 $z=z(x,y)$ 由方程 $e^{xyz} = \int_{xy}^{z} g(xy + z - t) dt$ 确定,其中 g 连续,求 $x\dfrac{\partial z}{\partial x} - y\dfrac{\partial z}{\partial y}$.

   解:令 $F(x,y,z) = e^{xyz} + \int_{z}^{xy} g(u) du$,由隐函数求导得 $\dfrac{\partial z}{\partial x}, \dfrac{\partial z}{\partial y}$,代入得 $x\dfrac{\partial z}{\partial x} - y\dfrac{\partial z}{\partial y} = 0$.

2. 设函数 $y=f(x,t)$,而 $t=t(x,y)$ 是由方程 $F(x,y,t)=0$ 所确定的函数,其中 f, F 都具有一阶连续偏导数,试证明 $\dfrac{dy}{dx} = \dfrac{\dfrac{\partial f}{\partial x}\dfrac{\partial F}{\partial t} - \dfrac{\partial f}{\partial t}\dfrac{\partial F}{\partial x}}{\dfrac{\partial f}{\partial t}\dfrac{\partial F}{\partial y} + \dfrac{\partial F}{\partial t}}$.

   证:设 $G(x,y) = y - f(x, t(x,y))$,则 $G_x(x,y) = -\dfrac{\partial f}{\partial x} - \dfrac{\partial f}{\partial t} \cdot \dfrac{\partial t}{\partial x}, G_y(x,y) = 1 - \dfrac{\partial f}{\partial t} \cdot \dfrac{\partial t}{\partial y}$,又 $\dfrac{\partial t}{\partial x} = -\dfrac{F_x}{F_t}, \dfrac{\partial t}{\partial y} = -\dfrac{F_y}{F_t}$,则 $\dfrac{dy}{dx} = -\dfrac{G_x}{G_y} = \dfrac{\dfrac{\partial f}{\partial x}\dfrac{\partial F}{\partial t} - \dfrac{\partial f}{\partial t}\dfrac{\partial F}{\partial x}}{\dfrac{\partial f}{\partial t}\dfrac{\partial F}{\partial y} + \dfrac{\partial F}{\partial t}}$,得证.

3. 若 $u=u(x,y)$ 由方程 $u=f(x,y,z,t), g(y,z,t)=0$ 和 $h(z,t)=0$ 确定(f,g,h 均为可微函数),求 $\dfrac{\partial u}{\partial x}, \dfrac{\partial u}{\partial y}$. (理)

   (理)解:对 $\begin{cases} u=f(x,y,z,t) \\ g(y,z,t)=0 \\ h(z,t)=0 \end{cases}$ 所确定的隐函数组求偏导,得 $\dfrac{\partial u}{\partial x} = f_x, \dfrac{\partial u}{\partial y} = f_y +$

$$\frac{-f_z \cdot g_y \cdot h_t + f_t \cdot g_y \cdot h_z}{g_z \cdot h_t - g_t \cdot h_z}.$$

3. 设 $u = f(x, y, z)$ 具有一阶连续偏导数,$y = y(x)$ 及 $z = z(x)$ 分别由方程 $e^{xy} - xy = 2$ 及 $e^x = \int_0^{x-z} \frac{\sin t}{t} dt$ 确定,求 $\frac{du}{dx}$. (文)

(文) 解：在 $e^{xy} - xy = 2, e^x = \int_0^{x-z} \frac{\sin t}{t} dt$ 两边对 x 求导,得 $\frac{dy}{dx} = -\frac{y}{x}, \frac{dz}{dx} = \frac{\sin(x-z) - e^x(x-z)}{\sin(x-z)}$,从而可得 $\frac{du}{dx} = f_x - \frac{y}{x} f_y + \left[1 - \frac{e^x(x-z)}{\sin(x-z)}\right] f_z$.

习题 9-6

A 组

1. 过点 $(1,0,0)$ 与 $(0,1,0)$ 且与 $z = x^2 + y^2$ 相切的平面方程为 （ ）（2018 考研数学真题）

(A) $z = 0$ 与 $x + y - z = 1$ (B) $z = 0$ 与 $2x + 2y - z = 2$

(C) $y = x$ 与 $x + y - z = 1$ (D) $y = x$ 与 $2x + 2y - z = 2$

解：设切点为 (x_0, y_0, z_0),过该点的切平面方程为 $2x_0 x + 2y_0 y - z + (-2x_0^2 - 2y_0^2 + z_0) = 0$. 代入点 $(1,0,0)$ 与 $(0,1,0)$ 及 $z_0 = x_0^2 + y_0^2$,得切平面分别为 $z = 0$ 与 $2x + 2y - z = 2$,故选 B.

2. 设曲面 S 由方程 $F(ax - bz, ay - cz) = 0$ 所确定,F 有连续偏导数,a, b, c 是不为零的常数,则曲面 S 上任一点的切平面都平行于直线 （ ）

(A) $\dfrac{x}{a} = \dfrac{y}{b} = \dfrac{z}{c}$ (B) $\dfrac{x}{b} = \dfrac{y}{c} = \dfrac{z}{a}$

(C) $\dfrac{x}{c} = \dfrac{y}{b} = \dfrac{z}{a}$ (D) $\dfrac{x}{c} = \dfrac{y}{a} = \dfrac{z}{b}$

解：曲面 S 的切平面法向量为 $\mathbf{n} = (aF_1', aF_2', -bF_1' - cF_2')$,由于 $\mathbf{n} \cdot \mathbf{l} = 0$,故选 B.

3. 求曲线 $x = \cos t, y = \sin 2t, z = \cos 3t$ 在 $t = \dfrac{\pi}{4}$ 处的切线方程.

解：$t = \dfrac{\pi}{4}$ 处的切点为 $\left(\dfrac{\sqrt{2}}{2}, 1, -\dfrac{\sqrt{2}}{2}\right)$,切向量为 $(1, 0, 3)$,故切线方程为 $\dfrac{x - \dfrac{\sqrt{2}}{2}}{1} = \dfrac{y-1}{0} = \dfrac{z + \dfrac{\sqrt{2}}{2}}{3}$.

4. 求曲线 $\begin{cases} y = 2x^2 \\ z = x^3 \end{cases}$ 在点 $(1,2,1)$ 处的切线与法平面方程.

解：切向量为 $(1, 4x, 3x^2)|_{x=1} = (1, 4, 3)$,故切线方程为 $\dfrac{x-1}{1} = \dfrac{y-2}{4} = \dfrac{z-1}{3}$,法平面方程为 $x + 4y + 3z - 12 = 0$.

5. 求曲线 $\begin{cases} x^2 + y^2 + z^2 = 4 \\ x^2 + y^2 = 2x \end{cases}$ 在点 $(1, 1, \sqrt{2})$ 处的切线与法平面方程.

解：点$(1,1,\sqrt{2})$处的切向量为$\left(1,0,-\dfrac{1}{\sqrt{2}}\right)$，故切线方程为$\dfrac{x-1}{1}=\dfrac{y-1}{0}=\dfrac{z-\sqrt{2}}{-\dfrac{\sqrt{2}}{2}}$，法平面方程为$2x-\sqrt{2}z=0$.

6. 在曲线$x=t,y=-t^2,z=t^3$上求一点，使得曲线在该点处的切线平行于平面$x+2y+z=4$.

   解：设切点为$(t_0,-t_0^2,t_0^3)$，则切向量为$(1,-2t_0,3t_0^2)$，又$(1,-2t_0,3t_0^2)\cdot(1,2,1)=0$，得$t_0=1$或$t_0=\dfrac{1}{3}$，从而可得所求点的坐标为$(1,-1,1)$或$\left(\dfrac{1}{3},-\dfrac{1}{9},\dfrac{1}{27}\right)$.

7. 求曲面$z=x^2-y^2$在点$(1,2,-3)$处的切平面方程.

   解：点$(1,2,-3)$处的法向量为$(2,-4,-1)$，故切平面方程为$2x-4y-z+3=0$.

8. 求曲面$e^z+xy=z+3$在点$(2,1,0)$处的切平面与法线方程.

   解：点$(2,1,0)$处的法向量为$(1,2,0)$，故切平面方程为$x+2y-4=0$，法线方程为$\dfrac{x-2}{1}=\dfrac{y-1}{2}=\dfrac{z}{0}$.

9. 在曲面$z=x^2+\dfrac{y^2}{2}$求一点，使得曲面在该点处的切平面平行于平面$2x+2y-z=0$，并求切平面方程.

   解：设切点为$\left(x_0,y_0,x_0^2+\dfrac{y_0^2}{2}\right)$，则法向量为$(2x_0,y_0,-1)$，又$\dfrac{2x_0}{2}=\dfrac{y_0}{2}=\dfrac{-1}{-1}$，得切点为$(1,2,3)$，切平面方程为$2x+2y-z-3=0$.

10. 求曲面$3x^2+y^2+z^2=16$上点$(-1,-2,3)$处的切平面与xOy面的夹角.

    解：对应点处法向量为$\boldsymbol{n}=(F_x,F_y,F_z)=(-6,-4,6)$，将法向量单位化得$\cos\gamma=\dfrac{3}{\sqrt{22}}$，即为所求.

11. 证明曲面$\sqrt{x}+\sqrt{y}+\sqrt{z}=\sqrt{a}\,(x,y,z,a>0)$上任一点的切平面在坐标轴上的截距之和为常数.

    证：设切点为(x_0,y_0,z_0)，则切平面方程为$\dfrac{1}{\sqrt{x_0}}(x-x_0)+\dfrac{1}{\sqrt{y_0}}(y-y_0)+\dfrac{1}{\sqrt{z_0}}(z-z_0)=0$，从而求出切平面在$x,y,z$轴上的截距，相加得截距之和为常数$a$，得证.

B 组

1. 试证：锥面$z=\sqrt{x^2+y^2}+3$的所有切平面都通过锥面的顶点.

   解：(x_0,y_0,z_0)处的切平面$x_0x+y_0y-(z_0-3)(z-3)=0$，锥面顶点$(0,0,3)$满足方程，得证.

2. 证明曲面$f(x-az,y-bz)=0$上任一点处的切平面均与直线$\dfrac{x}{a}=\dfrac{y}{b}=z$平行.

   解：切平面法向量为$\boldsymbol{n}=(f_1',f_2',-af_1'-bf_2')$，直线方向向量为$\boldsymbol{s}=\{a,b,1\}$，$\boldsymbol{s}\cdot\boldsymbol{n}=0$，故结论成立.

3. 设直线$L:\begin{cases}x+y+b=0\\x+ay-z-3=0\end{cases}$在平面$\pi$上，而平面$\pi$与曲面$z=x^2+y^2$相切于点$(1,$

$-2,5)$,求 a,b 的值.

解:曲面在 $(1,-2,5)$ 处的切平面方程为 $2x-4y-z-5=0$,将 L 的方程代入切平面方程,解得 $a=-5, b=-2$.

习题 9－7

A 组

1. 求函数 $f(x,y)=xe^{2y}$ 在点 $(1,0)$ 处沿方向 $\boldsymbol{l}=\{-3,4\}$ 的方向导数 $\dfrac{\partial f}{\partial \boldsymbol{l}}$.

   解: $\dfrac{\partial f}{\partial x}\Big|_{(1,0)}=1, \dfrac{\partial f}{\partial y}\Big|_{(1,0)}=2$, 又 $\boldsymbol{l}^0=\left\{\dfrac{-3}{5},\dfrac{4}{5}\right\}$,从而可得 $\dfrac{\partial f}{\partial \boldsymbol{l}}=1\cdot\left(-\dfrac{3}{5}\right)+2\cdot\dfrac{4}{5}=1$.

2. 求函数 $u=\ln(x+\sqrt{y^2+z^2})$ 在点 $A(1,0,1)$ 处沿 A 指向点 $B(2,-2,3)$ 的方向导数.

   解: $\dfrac{\partial u}{\partial x}\Big|_{(1,0,1)}=\dfrac{1}{2}, \dfrac{\partial u}{\partial y}\Big|_{(1,0,1)}=0, \dfrac{\partial u}{\partial z}\Big|_{(1,0,1)}=\dfrac{1}{2}$, 又 $\boldsymbol{AB}^0=\left\{\dfrac{1}{3},-\dfrac{2}{3},\dfrac{2}{3}\right\}$, 代入得 $\dfrac{\partial u}{\partial \boldsymbol{l}}\Big|_{(1,0,1)}=\dfrac{1}{2}$.

3. 求函数 $u=xy^2+z^3-xyz$ 在点 $P(1,1,1)$ 处沿曲面 $x^2+2y^2+z^2=4$ 在点 P 处外法向量方向的方向导数.

   解: $\dfrac{\partial u}{\partial x}\Big|_{(1,1,1)}=0, \dfrac{\partial u}{\partial y}\Big|_{(1,1,1)}=1, \dfrac{\partial u}{\partial z}\Big|_{(1,1,1)}=2$, 又外法向量为 $\boldsymbol{n}^0=\left\{\dfrac{1}{\sqrt{6}},\dfrac{2}{\sqrt{6}},\dfrac{1}{\sqrt{6}}\right\}$, 故 $\dfrac{\partial f}{\partial \boldsymbol{n}}=\dfrac{2}{3}\sqrt{6}$.

5. 函数 $f(x,y)=\dfrac{x^2+y^2}{2}$ 在点 $(1,1)$ 处的梯度 $\mathbf{grad}\,f(1,1)$.

   解: $f_x(x,y)=x, f_y(x,y)=y$, 所以 $\mathbf{grad}\,f(1,1)=\{x,y\}\big|_{(1,1)}=\{1,1\}$.

6. 求函数 $u=xy^2z$ 在点 $P(1,-1,2)$ 处的梯度.

   解: 由定义得 $\mathbf{grad}\,f(1,-1,2)=\{y^2z,2xyz,xy^2\}\big|_{(1,-1,2)}=\{2,-4,1\}$.

7. 函数 $u=\ln(x^2+y^2+z^2)$ 在点 $M(1,2,-2)$ 处的梯度 $\mathbf{grad}\,u\,|_M$.

   解: 由定义得 $\mathbf{grad}\,u\,|_M=\left\{\dfrac{2x}{x^2+y^2+z^2},\dfrac{2y}{x^2+y^2+z^2},\dfrac{2z}{x^2+y^2+z^2}\right\}\Big|_{(1,2,-2)}=\dfrac{2}{9}\{1,2,-2\}$.

8. 求函数 $u=x^2+y^2-z^2$ 在点 $M_1(1,0,1), M_2(0,1,0)$ 的梯度之间的夹角.

   解: $\mathbf{grad}\,u\,|_{M_1}=\{2,0,-2\}, \mathbf{grad}\,u\,|_{M_2}=\{0,2,0\}$, 故 $\cos\theta=0$, 所以夹角 $\theta=\dfrac{\pi}{2}$.

9. 设 $u=u(x,y,z)$ 是由方程 $e^{z+u}-xy-yz-zu=0$ 确定的可微函数,求 $u=u(x,y,z)$ 在点 $P(1,1,0)$ 处的方向导数的最小值.

   解: 由题意知, $\dfrac{\partial u}{\partial x}\Big|_{(1,1,0,1)}=1, \dfrac{\partial u}{\partial y}\Big|_{(1,1,0,1)}=1, \dfrac{\partial u}{\partial z}\Big|_{(1,1,0,1)}=0$, 故方向导数的最小值为 $-|\mathbf{grad}\,u|=-\sqrt{2}$.

B 组

1. xOy 平面上的一个动点从点 $(0,0)$ 开始,始终沿着函数 $f(x,y)=(x^2-2x+6)e^{x-2y}$ 的梯度方向运动,试求该动点的运动轨迹.

解：$\mathbf{grad}f=\{f_x,f_y\}$，则 $\dfrac{\mathrm{d}y}{\mathrm{d}x}=\dfrac{f_y}{f_x}$，故 $y=\displaystyle\int_0^x \dfrac{f_y}{f_x}\mathrm{d}x=-2x+2\ln(x^2+4)-2\arctan\dfrac{x}{2}-4\ln 2$.

2. 设函数 $f(x,y,z)=2x^2+2xy+2y^2-3z^2$，$\boldsymbol{l}=(1,-1,0)$，动点 P 在曲面 $x^2+2y^2+3z^2=1$ 上，求方向导数 $\left.\dfrac{\partial f}{\partial \boldsymbol{l}}\right|_P$ 的最大值.

解：$\left.\dfrac{\partial f}{\partial \boldsymbol{l}}\right|_P=\{4x+2y,4y,-6z\}\cdot\left\langle\dfrac{\sqrt{2}}{2},-\dfrac{\sqrt{2}}{2},0\right\rangle=\sqrt{2}(2x+y)-2\sqrt{2}y$，接下来 $F(x,y,z)=\sqrt{2}(2x+y)-2\sqrt{2}y$ 在限制条件 $x^2+2y^2+3z^2=1$ 下的最大值，故最大值为 $\sqrt{3}$.

习题 9-8

解答略.

习题 9-9

A 组

1. 求下列函数的极值：

(1) $f(x,y)=4(x-y)-x^2-y^2$；　　(2) $f(x,y)=(6x-x^2)(4y-y^2)$；

(3) $f(x,y)=\mathrm{e}^{2x}(x+y^2+2y)$；　　(4) $f(x,y)=x^3+8y^3-xy$；（2020 考研真题）

(5) $f(x,y)=x^3+y^3-3x^2-3y^2$；　　(6) $f(x,y)=x^2(2+y^2)+y\ln y$.

解：(1) 易得驻点 $(2,-2)$，又该点处 $AC-B^2=4>0$，$A=-2<0$，故极大值为 $f(2,-2)=8$；

(2) 易得驻点 $M_1(3,2)$，$M_2(0,0)$，$M_3(0,4)$，$M_4(6,0)$，$M_5(6,4)$，由充分条件得极大值为 $f(3,2)=36$；

(3) 易得驻点 $\left(\dfrac{1}{2},-1\right)$，由充分条件得极小值为 $f\left(\dfrac{1}{2},-1\right)=-\dfrac{\mathrm{e}}{2}$；

(4) 易得驻点 $(0,0)$ 或 $\left(\dfrac{1}{6},\dfrac{1}{12}\right)$，由充分条件得极小值为 $f\left(\dfrac{1}{6},\dfrac{1}{12}\right)=-\dfrac{1}{216}$；

(5) 易得驻点 $(0,0)$ 或 $(2,2)$，由充分条件得极小值为 $f(2,2)=-8$，极大值为 $f(0,0)=0$；

(6) 易得驻点 $\left(0,\dfrac{1}{\mathrm{e}}\right)$，由充分条件得极小值为 $f(0,\mathrm{e}^{-1})=-\mathrm{e}^{-1}$.

2. 设函数 $z=z(x,y)$ 由方程 $x^2-6xy+10y^2-2yz-z^2+18=0$ 确定，求函数 $z=z(x,y)$ 的极值.

解：易得驻点 $(9,3,3)$ 或 $(9,-3,-3)$，由充分条件得极小值为 $z(9,3)=3$，极大值为 $z(-9,-3)=-3$.

3. 求函数 $z=xy$ 在条件 $x+y=1$ 下的极大值.

解：化无条件极值，$z=x(1-x)$ 在 $x=\dfrac{1}{2}$ 时 $z(x)$ 取极大值，故极大值为 $z\left(\dfrac{1}{2},\dfrac{1}{2}\right)=\dfrac{1}{4}$.

4. 求二元函数 $f(x,y)=x^2y(4-x-y)$ 在直线 $x+y=6$，x 轴和 y 轴所围成的区域 D 上的最大值和最小值.

解：闭区域如右图所示，求得 D 内驻点为 $(2,1)$，且 $f(2,1)=4$. D 边界 $x=0$ 和 $y=0$ 上 $f(x,y)=0$，边界 $x+y=6$ 上 $f(x,$

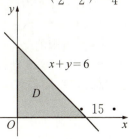

$y)=\varphi(x)=-2x^2(6-x)$,驻点为$(4,2)$,则$f(4,2)=-64$,故由比较知最大值为$f(2,1)=4$,最小值为$f(4,2)=-64$.

5. 在曲面 $z=\sqrt{x^2+y^2}$ 上求一点,使它到点$(1,\sqrt{2},3\sqrt{3})$的距离最短,并求最短距离.

    解:问题为求 $f(x,y,z)=(x-1)^2+(y-\sqrt{2})^2+(z-3\sqrt{3})^2$ 在 $z=\sqrt{x^2+y^2}(z\geqslant 0)$ 条件下的最小值. 由拉格朗日乘数法,得曲面上的点$(2,2\sqrt{2},2\sqrt{3})$,此时最短距离为$\sqrt{6}$.

6. 求过点$\left(2,1,\dfrac{1}{3}\right)$的平面,使它与三个坐标平面在第一卦限所围成立体的体积最小.

    解:设平面$\dfrac{x}{a}+\dfrac{y}{b}+\dfrac{z}{c}=1(a>0,b>0,c>0)$,$V=\dfrac{1}{6}abc$,问题为求 abc 在 $\dfrac{2}{a}+\dfrac{1}{b}+\dfrac{1}{3c}=1$ 下的最值. 由拉格朗日乘数法,得唯一驻点 $a=6,b=3,c=1$,故所求平面为 $\dfrac{x}{6}+\dfrac{y}{3}+\dfrac{z}{1}=1$.

7. 求函数 $f(x,y)=x^2+2y^2-x^2y^2$ 在区域 $D=\{(x,y)\mid x^2+y^2\leqslant 4,y\geqslant 0\}$ 上的最大值和最小值.

    解:D 内驻点为$(0,0),(\sqrt{2},1),(-\sqrt{2},1)$,则 $f(0,0)=0,f(\sqrt{2},1)=2,f(-\sqrt{2},1)=2$. D 边界 $y=0$ 上最大值在端点处取到,$f(2,0)=f(-2,0)=4$;边界 $x^2+y^2=4(y\geqslant 0)$ 上 $f(x,y)=x^4-5x^2+8$,驻点处$f(0,2)=8$. 故由比较得最大值为$f(0,2)=8$,最小值为 $f(0,0)=0$.

8. 在椭圆 $x^2+4y^2=4$ 上求一点,使其到直线 $2x+3y-6=0$ 的距离最短.

    解:问题为求 $d=\dfrac{|2x+3y-6|}{\sqrt{13}}$ 在 $x^2+4y^2=4$ 条件下的最小值. 由拉格朗日乘数法,得点$\left(\dfrac{8}{5},\dfrac{3}{5}\right)$处距离最短,$d_{\min}=\dfrac{1}{\sqrt{13}}$.

9. 设销售收入 R(单位:万元)与花费在两种广告宣传上的费用 x,y(单位:万元)之间的关系为 $R=\dfrac{200x}{x+5}+\dfrac{100y}{10+y}$,利润额相当于五分之一的销售收入,并要扣除广告费用,已知广告费用总预算金是 25 万元,试问如何分配两种广告费用可使利润最大?(文)

    (文)解:设利润为 L,有 $L=\dfrac{1}{5}R-x-y=\dfrac{40x}{x+5}+\dfrac{20y}{10+y}-x-y$,约束条件为 $x+y=25$. 由拉格朗日乘数法,得驻点为$(15,10)$,根据问题的意义及驻点唯一性可知,当投入广告费分别为 15 万和 10 万元时,利润最大.

B 组

1. 设 $f(x,y)$ 为连续函数,且 $\lim\limits_{\substack{x\to 0\\y\to 0}}\dfrac{f(x,y)-f(0,0)}{x^3+y^3-3x^2-3y^2}=1$,则   (   )

    (A) $f(0,0)$ 为 $f(x,y)$ 的极大值   (B) $f(0,0)$ 为 $f(x,y)$ 的极小值
    (C) $f(0,0)$ 不是 $f(x,y)$ 的极值   (D) 不能确定

    解:由极限的保号性可知 $f(x,y)-f(0,0)<0$,故 $f(0,0)$ 为 $f(x,y)$ 的极大值,应选 A.

2. 设 x,y,z 为实数,且满足关系式 $e^x+y^2+|z|=3$,试证 $e^x y^2 |z|\leqslant 1$.

    证:设 $X=e^x,Y=y^2,Z=|z|$,则问题为证明函数 $F(X,Y,Z)=XYZ$ 在 $X+Y+Z=3$

时的最大值为 1. 由拉格朗日乘数法,得 $X=1,Y=1,Z=1$,此时函数值最大为 1,即不等式 $e^x y^2 |z| \leqslant 1$ 成立.

3. 函数 $z=f(x,y)$ 的全增量 $\Delta z=(2x-3)\Delta x+(2y+4)\Delta y+o(\sqrt{(\Delta x)^2+(\Delta y)^2})$,且 $f(0,0)=0$.

   (1) 求 z 的极值;

   (2) 求 z 在 $x^2+y^2=25$ 上的最值;

   (3) 求 z 在 $x^2+y^2 \leqslant 25$ 上的最值.

   解:(1) 由 $z_x=2x-3, z_y=2y+4, f(0,0)=0$,得 $f(x,y)=x^2-3x+y^2+4y$. 易求 $z=f(x,y)$ 的驻点为 $\left(\dfrac{3}{2},-2\right)$,由充分条件得 $z=f\left(\dfrac{3}{2},-2\right)=-\dfrac{25}{4}$ 为极小值;

   (2) 令 $L(x,y,\lambda)=x^2-3x+y^2+4y+\lambda(x^2+y^2-25)$,由拉格朗日乘数法,解得驻点为 $(3,-4)$ 与 $(-3,4)$,则 $f(3,-4)=0, f(-3,4)=50$;

   (3) 由(1)(2)可知,z 在 $x^2+y^2 \leqslant 25$ 上的最大值为 $f(-3,4)=50$,最小值为 $z=f\left(\dfrac{3}{2},-2\right)=-\dfrac{25}{4}$.

4. 二元函数 $u(x,y)=75-x^2-y^2+xy$,其定义域为 $D=\{(x,y)|x^2+y^2-xy \leqslant 75\}$.

   (1) 设点 $M(x_0,y_0) \in D$,求过点 M 的方向向量 $\bm{l}=(\cos\alpha,\cos\beta)$,使 $\left.\dfrac{\partial u}{\partial l}\right|_M$ 为最大,并记此最大值为 $g(x_0,y_0)$;

   (2) 设点 M 在 D 的边界 $x^2+y^2-xy=75$ 上变动,求 $g(x_0,y_0)$ 的最大值. (理)

   解:(1) 梯度 $\bm{l}=(-2x_0+y_0, x_0-2y_0)$,此时方向导数最大,$g(x_0,y_0)=\sqrt{5x_0^2+5y_0^2-8x_0y_0}$;

   (2) D 内部驻点 $(x,y)=(0,0)$,且 $g(0,0)=0$. D 边界上,由拉格朗日乘数法,得 $(x_0,y_0)=\pm(5\sqrt{3},5\sqrt{3})$ 或 $(x_0,y_0)=\pm(5,-5)$,于是 $g[\pm(5\sqrt{3},5\sqrt{3})]=5\sqrt{6}, g[\pm(5,-5)]=15\sqrt{2}$,故梯度最大的点为 $M_0(x_0,y_0)=\pm(5,-5)$.

总复习题 9

1. 填空题

   (1) 设 $f\left(x+y,\dfrac{y}{x}\right)=x^2-y^2$,则 $f(x,y)=$ ＿＿＿＿＿.

   (2) 曲线 $\begin{cases} x^2+y^2+z^2=6 \\ x^2+y^2-z^2=4 \end{cases}$ 在点 $(1,2,1)$ 处的切线与 y 轴的夹角的余弦是 ＿＿＿＿＿.

   (3) 设函数 $f(x,y)$ 具有一阶连续偏导数,且 $df(x,y)=ye^y dx+x(1+y)e^y dy, f(0,0)=0$,则 $f(x,y)=$ ＿＿＿＿＿. (2017 考研真题)

   (4) 设 $f(u,v)$ 是二元可微函数,$z=f\left(\dfrac{y}{x},\dfrac{x}{y}\right)$,则 $x\dfrac{\partial z}{\partial x}-y\dfrac{\partial z}{\partial y}=$ ＿＿＿＿＿. (2007 考研真题)

   (5) 设函数 $f(x,y)$ 可微,且 $f(x+1,e^x)=x(x+1)^2, f(x,x^2)=2x^2\ln x$,则 $df(1,1)=$ ＿＿＿＿＿. (2020 考研真题)

   解:(1) 设 $u=x+y, v=\dfrac{y}{x}$,得 $f(u,v)=\dfrac{u^2(1-v)}{1+v}$,故 $f(x,y)=\dfrac{x^2(1-y)}{1+y}$.

(2) 曲线在点 $(1,2,1)$ 处的切向量为 $\left(1,-\dfrac{1}{2},0\right)$，故切线与 y 轴的夹角的余弦为 $\cos\beta = -\dfrac{\sqrt{5}}{5}$.

(3) 由条件知 $f_x(x,y) = ye^y$, $f_y(x,y) = x(1+y)e^y$, $f(0,0) = 0$，则 $f(x,y) = xye^y$.

(4) $\dfrac{\partial z}{\partial x} = f_1' \cdot \left(-\dfrac{y}{x^2}\right) + f_2' \cdot \dfrac{1}{y}, \dfrac{\partial z}{\partial y} = f_1' \cdot \dfrac{1}{x} + f_2' \cdot \left(-\dfrac{x}{y^2}\right)$，代入得原式 $= 2\left(-\dfrac{y}{x}f_1' + \dfrac{x}{y}f_2'\right)$.

(5) 在 $f(x+1,e^x) = x(x+1)^2, f(x,x^2) = 2x^2\ln x$ 两边分别对 x 求导，解上述方程组，得 $f_1'(1,1) = 0, f_2'(1,1) = 1$，故 $df(1,1) = dy$.

2. 选择题

(1) 函数 $f(x,y)$ 在点 (x_0,y_0) 处可微，是 $f(x,y)$ 在 (x_0,y_0) 可导的 (　　)

(A) 充要条件　　(B) 充分条件　　(C) 必要条件　　(D) 以上都不对

解：应选 B.

(2) 函数 $z = x^2 - xy + y^2$ 在点 $(1,1)$ 处沿 $\boldsymbol{l} = \left\{\dfrac{1}{4}, \dfrac{1}{4}\right\}$ 的方向导数 (　　)(理)

(A) 最大　　(B) 最小　　(C) 1　　(D) 0

(理)解：函数在点 $(1,1)$ 处的梯度 $\mathbf{grad}\, f(1,1) = (1,1)$ 与 $\boldsymbol{l}$ 方向相同，此时方向导数最大，故应选 A.

(2) 设函数 $z = f(x,y)$ 在点 $M_0(x_0,y_0)$ 处存在二阶偏导数，则函数在 M_0 点

(　　)(文)

(A) 一阶偏导数必连续；　　(B) 一阶偏导数不一定连续；

(C) 极限一定存在；　　(D) $z_{xy} = z_{yx}$.

(文)解：应选 B.

(3) 设 $f(x,y) = \begin{cases}(x^2+y^2)\sin\dfrac{1}{\sqrt{x^2+y^2}}, & (x,y) \neq (0,0) \\ 0, & (x,y) = (0,0)\end{cases}$，则 $f_y(0,0) = $ (　　)

(A) 0　　(B) 1　　(C) 2　　(D) -1

解：$f_y(0,0) = \lim\limits_{y \to 0}\dfrac{f(0,y)-f(0,0)}{y} = \lim\limits_{y \to 0}\dfrac{y^2\sin\dfrac{1}{\sqrt{y^2}}-0}{y} = 0$，故应选 A.

(4) 设 $f(x,y) = \begin{cases}\sqrt{x^2+y^2}+\dfrac{x^2 y}{x^4+y^2}, & (x,y) \neq (0,0) \\ 0, & (x,y) = (0,0)\end{cases}$，则 $f(x,y)$ 在 $(0,0)$ 点处

(　　)

(A) 连续，可偏导　　　　(B) 连续，不可偏导

(C) 不连续，可偏导　　　　(D) 不连续，不可微

解：$\lim\limits_{\substack{(x,y)\to(0,0)\\ y=kx^2}} f(x,y) = \lim\limits_{\substack{(x,y)\to(0,0)\\ y=kx^2}}\dfrac{kx^4}{x^4+k^2x^4} = \dfrac{k}{1+k^2}$，极限不存在，故应选 D.

(5) 设函数 $f(x)$ 具有二阶连续导数，且 $f(x) > 0, f'(0) = 0$，则函数 $z = f(x)\ln f(y)$ 在点 $(0,0)$ 处取得极小值的一个充分条件是 (　　)

(A) $f(0) > 1, f''(0) > 0$　　　　(B) $f(0) > 1, f''(0) < 0$

(C) $f(0)<1, f''(0)>0$ (D) $f(0)<1, f''(0)<0$

解：由极小值充分条件得 $A>0, AC-B^2>0$，计算可得答案选 A．

3. 求下列极限．

(1) $\lim\limits_{\substack{x\to 0 \\ y\to 0}} \dfrac{\sin(x^2 y)}{x^2+y^2}$； (2) $\lim\limits_{\substack{x\to +\infty \\ y\to +\infty}} \dfrac{x+y}{x^2+y^2}$； (3) $\lim\limits_{\substack{x\to 0 \\ y\to 0}} \dfrac{x^3 y}{x^6+y^2}$；

(4) $\lim\limits_{\substack{x\to 0 \\ y\to 0}} x\dfrac{\ln(1+xy)}{x+y}$；(理) (4) $\lim\limits_{\substack{x\to 0 \\ y\to 0}} \dfrac{2-\sqrt{xy+4}}{xy}$．(文)

解 (1) $\lim\limits_{\substack{x\to 0 \\ y\to 0}} \dfrac{\sin(x^2 y)}{x^2+y^2} = \lim\limits_{\substack{x\to 0 \\ y\to 0}} \dfrac{x^2 y}{x^2+y^2}$，又 $0\leqslant \left|\dfrac{x^2 y}{x^2+y^2}\right| \leqslant \left|\dfrac{x^2 y}{2xy}\right| = \left|\dfrac{x}{2}\right|$，所以

$\lim\limits_{\substack{x\to 0 \\ y\to 0}} \dfrac{\sin(x^2 y)}{x^2+y^2}=0$；

(2) 因为 $0\leqslant \left|\dfrac{x+y}{x^2+y^2}\right| \leqslant \left|\dfrac{1}{2y}\right|+\left|\dfrac{1}{2x}\right|$，由夹逼准则得 $\lim\limits_{\substack{x\to +\infty \\ y\to +\infty}} \dfrac{x+y}{x^2+y^2}=0$；

(3) $\lim\limits_{\substack{(x,y)\to (0,0) \\ y=kx^3}} \dfrac{x^3 y}{x^6+y^2} = \lim\limits_{\substack{x\to 0 \\ y=kx^3}} \dfrac{kx^6}{x^6+k^2 x^6} = \dfrac{k}{1+k^2}$，因为极限与路径有关，所以该极限不

存在；

(4) (理) 因为 $\lim\limits_{\substack{(x,y)\to (0,0) \\ y=0}} f(x,y)=0$，$\lim\limits_{\substack{(x,y)\to (0,0) \\ y=-\sin x}} f(x,y)=\lim\limits_{x\to 0}\dfrac{-x^3}{\frac{1}{6}x^3}=-6$，所以该极限不存

在；

(4) (文) $\lim\limits_{\substack{x\to 0 \\ y\to 0}} \dfrac{2-\sqrt{xy+4}}{xy} = \lim\limits_{\substack{x\to 0 \\ y\to 0}} \dfrac{-xy}{xy(2+\sqrt{xy+4})} = -\dfrac{1}{4}$．

4. 求下列函数的偏导数或全微分：

(1) 设 $z=(1+xy)^y$，求 $\dfrac{\partial z}{\partial x}, \dfrac{\partial z}{\partial y}$；

(2) 设 $u=f(x+y, xy)$，求 $\dfrac{\partial u}{\partial x}, \dfrac{\partial u}{\partial y}, \dfrac{\partial^2 u}{\partial x \partial y}$（$f$ 具有二阶连续偏导数）；

(3) 设 $\begin{cases} z=x^2+y^2 \\ x^2+2y^2+3z^2=20 \end{cases}$，求 $\dfrac{\mathrm{d}y}{\mathrm{d}x}, \dfrac{\mathrm{d}z}{\mathrm{d}x}$；(理)

(4) 设 $u=f(x+y, x-y)$，求 $\mathrm{d}u$；

(5) 设 $z=f(xz, z-y)$，求 $\mathrm{d}z$．

解：(1) $\dfrac{\partial z}{\partial x}=y^2(1+xy)^{y-1}, \dfrac{\partial z}{\partial y}=\dfrac{\partial}{\partial y}[\mathrm{e}^{y\ln(1+xy)}]=(1+xy)^y \cdot \left[\ln(1+xy)+\dfrac{xy}{1+xy}\right]$；

(2) $\dfrac{\partial u}{\partial x}=f'_1+yf'_2, \dfrac{\partial u}{\partial y}=f'_1+xf'_2, \dfrac{\partial^2 u}{\partial x \partial y}=f'_2+f''_{11}+(x+y)f''_{12}+xyf''_{22}$；

(3) 方程组两边对 x 求导，解得 $y'(x)=\dfrac{-6xz-x}{6yz+2y}, z'(x)=\dfrac{x}{3z+1}$；

(4) 因为 $\dfrac{\partial u}{\partial x}=f'_1+f'_2, \dfrac{\partial u}{\partial y}=f'_1-f'_2$，所以 $\mathrm{d}u=(f'_1+f'_2)\mathrm{d}x+(f'_1-f'_2)\mathrm{d}y$；

(5) 因为 $\dfrac{\partial z}{\partial x}=-\dfrac{zf'_1}{xf'_1+f'_2-1}, \dfrac{\partial z}{\partial y}=-\dfrac{-f'_2}{xf'_1+f'_2-1}$，所以 $\mathrm{d}z=\dfrac{zf'_1}{1-xf'_1-f'_2}\mathrm{d}x+$

$\dfrac{f'_2}{xf'_1+f'_2-1}\mathrm{d}y$.

5. 试证函数 $f(x,y)=\begin{cases} xy\sin\dfrac{1}{\sqrt{x^2+y^2}}, & (x,y)\neq(0,0) \\ 0, & (x,y)=(0,0) \end{cases}$ 在点$(0,0)$处连续且偏导数存在,但偏导数在点$(0,0)$处不连续,而f在点$(0,0)$处可微.

证:因为 $\lim\limits_{(x,y)\to(0,0)}xy\sin\dfrac{1}{\sqrt{x^2+y^2}}=0=f(0,0)$,所以函数在点$(0,0)$处连续. 因为 $\dfrac{\partial f}{\partial x}\bigg|_{(0,0)}=\lim\limits_{x\to 0}\dfrac{f(x,0)-f(0,0)}{x}=\lim\limits_{x\to 0}\dfrac{0}{x}=0$,同理$\dfrac{\partial f}{\partial y}\bigg|_{(0,0)}=0$,所以函数在点$(0,0)$处偏导数存在. 又$(x,y)\neq(0,0)$时,$f_x(x,y)=y\sin\dfrac{1}{\sqrt{x^2+y^2}}-\dfrac{x^2y}{(x^2+y^2)^{\frac{3}{2}}}\cos\dfrac{1}{\sqrt{x^2+y^2}}$,

则 $\lim\limits_{\substack{(x,y)\to(0,0)\\y=x}}\dfrac{x^2y}{(x^2+y^2)^{\frac{3}{2}}}\cos\dfrac{1}{\sqrt{x^2+y^2}}=\lim\limits_{x\to 0}\dfrac{1}{2\sqrt{2}}\cos\dfrac{1}{\sqrt{2x^2}}$,极限不存在,所以偏导数在点$(0,0)$处不连续. 又$\lim\limits_{(\Delta x,\Delta y)\to(0,0)}\dfrac{\Delta z-f_x(0,0)\Delta x-f_y(0,0)\Delta y}{\sqrt{(\Delta x)^2+(\Delta y)^2}}=\lim\limits_{(\Delta x,\Delta y)\to(0,0)}\dfrac{\Delta x\Delta y}{\sqrt{(\Delta x)^2+(\Delta y)^2}}=0$,故$f$在点$(0,0)$处可微.

6. 已知函数$f(x,y)$的二阶偏导数皆连续,且$f''_{xx}(x,y)=f''_{yy}(x,y)$,$f(x,2x)=x^2$,$f'_x(x,2x)=x$,试求$f''_{xx}(x,2x)$与$f''_{xy}(x,2x)$.

解:在$f(x,2x)=x^2$两边连续两次对x求导,得$5f''_{xx}(x,2x)+4f''_{xy}(x,2x)=2$;在$f'_x(x,2x)=x$两边对$x$求导,得$f''_{xx}(x,2x)+2f''_{xy}(x,2x)=1$. 故$f''_{xx}(x,2x)=0$,$f''_{xy}(x,2x)=\dfrac{1}{2}$.

7. 求曲线$\Gamma:x=\int_0^t\mathrm{e}^u\cos u\,\mathrm{d}u,y=2\sin t+\cos t,z=1+\mathrm{e}^{3t}$在$t=0$处的切线和法平面方程. (理)

解:易求切向量为$\boldsymbol{t}=(1,2,3)$,故切线方程为$\dfrac{x-0}{1}=\dfrac{y-1}{2}=\dfrac{z-2}{3}$,法平面方程为$x+2y+3z-8=0$.

8. 设$\boldsymbol{n}$是曲面$2x^2+3y^2+z^2=6$在点$P(1,1,1)$处指向外侧的法向量,求函数$u=\dfrac{1}{z}(6x^2+8y^2)^{\frac{1}{2}}$在此处沿方向$\boldsymbol{n}$的方向导数. (理)

(理)解:曲面外法向量为$\boldsymbol{n}^0=\dfrac{1}{\sqrt{14}}(2,3,1)$,又$\mathrm{grad}\,u(1,1,1)=\dfrac{1}{\sqrt{14}}(6,8,-14)$,故$\dfrac{\partial u}{\partial \boldsymbol{n}}\bigg|_P=\dfrac{11}{7}$.

8. 求由方程$x^2-6xy+10y^2-2yz-z^2+18=0$确定的函数$z=f(x,y)$的极值点和极值. (2004考研真题)(文)

(文)解:求得驻点为$(9,3),(-9,-3)$,由充分条件可知,极小值为$z(9,3)=3$,极大值为$z(-9,-3)=-3$.

9. 求函数$f(x,y)=x^3-y^3+3x^2+3y^2-9x$的极值.

解：驻点为 $M_1(1,2), M_2(1,0), M_3(-3,0), M_4(-3,2)$，由充分条件可知，极小值为 $f(1,0)=-5$，极大值为 $f(-3,2)=31$.

10. 求由方程 $x^2+y^2+z^2-2x+2y-4z-10=0$ 确定的函数 $z=f(x,y)$ 的极值.（理）

（理）解：曲面为球面，易知 $z=f(1,-1)=-2$ 为极小值，$z=f(1,-1)=6$ 为极大值.

10. 求表面积为 a^2 而体积最大的长方体的体积.（文）

（文）解：问题为求 $V=xyz$ 满足 $2(xy+yz+zx)=a^2$ 的最大值. 由拉格朗日乘数法，得 $V_{\max}=\dfrac{\sqrt{6}}{36}a^3$.

11. 将正数 12 分成三个正数 x,y,z 之和，使得 $u=x^3y^2z$ 为最大.

解：问题为求 $u=x^3y^2z$ 在 $x+y+z=12(x>0,y>0,z>0)$ 条件下的最大值. 由拉格朗日乘数法，得 $x=6, y=4, z=2$ 时 $u=x^3y^2z$ 最大，最大值为 $u_{\max}=6912$.

12. 已知曲线 $C: \begin{cases} x^2+2y^2-z=6 \\ 4x+2y+z=30 \end{cases}$，求 C 上的点到 xOy 坐标面距离的最大值.（2021考研真题）（理）

解：问题为求 $d=|z|$ 在 $x^2+2y^2-z=6, 4x+2y+z=30$ 条件下的最大值. 由拉格朗日乘数法，得 $d_{\max}=66$.

13. 设函数 $f(x,y)$ 可微，$\dfrac{\partial f(x,y)}{\partial x}=-f(x,y)$，且满足 $\lim\limits_{n\to\infty}\left[\dfrac{f\left(0,y+\dfrac{1}{n}\right)}{f(0,y)}\right]^n=e^{\cot y}$，$f\left(0,\dfrac{\pi}{2}\right)=1$，求函数 $f(x,y)$ 和全微分 $df\left(0,\dfrac{\pi}{2}\right)$.

解：整理得 $\lim\limits_{n\to\infty}\left[\dfrac{f\left(0,y+\dfrac{1}{n}\right)}{f(0,y)}\right]^n=e^{\frac{f'_y(0,y)}{f(0,y)}}$，故 $\dfrac{f'_y(0,y)}{f(0,y)}=\cot y$，又 $f\left(0,\dfrac{\pi}{2}\right)=1$，故 $f(0,y)=\sin y$. 由 $\dfrac{\partial f}{\partial x}=f(x,y)$，得 $f(x,y)=\varphi(y)e^x$，故 $f(x,y)=e^{-x}\sin y$，$df\left(0,\dfrac{\pi}{2}\right)=-dx$.

14. 设 $z=z(x,y)$ 是由方程 $x^2+y^2-z=\varphi(x+y+z)$ 确定的函数，其中 φ 具有二阶导数且 $\varphi'\neq -1$.

(1) 求 dz；

(2) 记 $u(x,y)=\dfrac{1}{x-y}\left(\dfrac{\partial z}{\partial x}-\dfrac{\partial z}{\partial y}\right)$，求 $\dfrac{\partial u}{\partial x}$.（2008年考研真题）

解：(1) 设 $F(x,y,z)=x^2+y^2-z-\varphi(x+y+z)$，由隐函数求导得 $dz=\dfrac{2x-\varphi'}{1+\varphi'}dx+\dfrac{2y-\varphi'}{1+\varphi'}dy$；

(2) 由 (1) 得 $\dfrac{\partial z}{\partial x}-\dfrac{\partial z}{\partial y}=\dfrac{2(x-y)}{1+\varphi'}$，从而可得 $\dfrac{\partial u}{\partial x}=\dfrac{-2}{(1+\varphi')^2}\left(1+\dfrac{\partial z}{\partial x}\right)\varphi''=-\dfrac{2(2x+1)\varphi''}{(1+\varphi')^3}$.

15. 设 $f(x,y)$ 是 $\mathbf{R}^2$ 上的一个可微函数，$\lim\limits_{\rho\to+\infty}\left(x\dfrac{\partial f}{\partial x}+y\dfrac{\partial f}{\partial y}\right)=\alpha>0$，其中 $\rho=\sqrt{x^2+y^2}$，α 为常数，试证明 $f(x,y)$ 在 $\mathbf{R}^2$ 上有最小值.（理）

证:由条件知,$\exists R_0 > 0$,当 $x^2 + y^2 > R_0^2$ 时,有 $x\dfrac{\partial f}{\partial x} + y\dfrac{\partial f}{\partial y} \geqslant \dfrac{\alpha}{2} > 0$. 设 $D = \{(x, y) \mid x^2 + y^2 \leqslant R_0^2\}$,则 $\exists (\xi, \eta) \in D$,有 $f(\xi, \eta) = \min\limits_{(x,y) \in D} \{f(x, y)\}$. 对 $\forall P(x, y) \in \mathbf{R}^2/D$,记 OP 连线与 ∂D 的交点为 $P_0(x_0, y_0)$,再令 $x = r\sin\theta, y = r\cos\theta$,则存在 $r_0 \in (R_0, r)$,使得

$$\begin{aligned}
f(x, y) - f(x_0, y_0) &= \left[\dfrac{\partial f}{\partial x}\bigg|_{(r_0\sin\theta, r_0\cos\theta)} \cdot \cos\theta + \dfrac{\partial f}{\partial y}\bigg|_{(r_0\sin\theta, r_0\cos\theta)} \cdot \sin\theta\right](r - R_0) \\
&= \left[\dfrac{\partial f}{\partial x}\bigg|_{(r_0\sin\theta, r_0\cos\theta)} \cdot r_0\cos\theta + \dfrac{\partial f}{\partial y}\bigg|_{(r_0\sin\theta, r_0\cos\theta)} \cdot r_0\sin\theta\right]\dfrac{r - R_0}{r_0} \\
&\geqslant \dfrac{1}{2}\dfrac{r - R_0}{r_0} > 0,
\end{aligned}$$

即有 $f(x, y) > f(x_0, y_0)$,从而有 $f(\xi, \eta) = \min\limits_{(x,y) \in \mathbf{R}^2}\{f(x, y)\}$.

第 10 章　重积分

本章是理科用《高等数学》第 9 章和文科用《微积分》第 8 章相应小节的习题解答.

习题 10-1

A 组

1. 用二重积分表示由 xOy 面,圆柱面 $x^2+y^2=4$ 和上半球面 $z=\sqrt{8-x^2-y^2}$ 围成的立体的体积.

   解:立体在 xOy 面上的投影区域 $D=\{(x,y)\mid x^2+y^2\leqslant 4\}$,该立体可看作以上半球面为顶面,以 D 为底的曲顶柱体,其体积可用二重积分表示为 $V=\iint\limits_{D}\sqrt{8-x^2-y^2}\,\mathrm{d}x\,\mathrm{d}y$.

2. 设 $I_1=\iint\limits_{D_1}(x^2+y^2)^2\mathrm{d}\sigma$,其中 D_1 是矩形闭区域:$-1\leqslant x\leqslant 1,-2\leqslant y\leqslant 2$;
   $I_2=\iint\limits_{D_2}(x^2+y^2)^2\mathrm{d}\sigma$,其中 D_2 是矩形闭区域:$0\leqslant x\leqslant 1,0\leqslant y\leqslant 2$.试利用二重积分的几何意义说明 I_1 与 I_2 之间的关系.

   解:I_1 表示以矩形闭区域 $D_1:-1\leqslant x\leqslant 1,-2\leqslant y\leqslant 2$ 为底,曲面 $z=(x^2+y^2)^2$ 为顶面的曲顶柱体的体积;I_2 表示以矩形闭区域 $D_2:0\leqslant x\leqslant 1,0\leqslant y\leqslant 2$ 为底,曲面 $z=(x^2+y^2)^2$ 为顶面的曲顶柱体的体积.由图形的对称性可知,$I_1=4I_2$.

3. 根据二重积分的的性质,比较下列积分的大小:

   (1) $I_1=\iint\limits_{D}(x+y)^2\mathrm{d}\sigma$ 与 $I_2=\iint\limits_{D}(x+y)^3\mathrm{d}\sigma$,其中积分区域 D 由 x 轴,y 轴与直线 $x+y=1$ 所围成;

   (2) $I_1=\iint\limits_{D}(x+y)^2\mathrm{d}\sigma$ 与 $I_2=\iint\limits_{D}(x+y)^3\mathrm{d}\sigma$,其中 $D=\{(x,y)\mid(x-2)^2+(y-1)^2\leqslant 1\}$;

   (3) $I_1=\iint\limits_{D}\ln(x+y)\mathrm{d}\sigma$ 与 $I_2=\iint\limits_{D}[\ln(x+y)]^2\mathrm{d}\sigma$,其中积分区域 D 是以三点 $(1,0),(1,1),(2,0)$ 为顶点的三角形区域;

   (4) $I_1=\iint\limits_{D}\sin(x+y)\mathrm{d}\sigma$ 与 $I_2=\iint\limits_{D}(x+y)\mathrm{d}\sigma$,其中 D 由 x 轴,y 轴与直线 $x+y=\dfrac{\pi}{2}$ 所围成;

   (5) $I_1=\iint\limits_{D}\ln^3(x+y)\mathrm{d}x\,\mathrm{d}y,I_2=\iint\limits_{D}(x+y)^3\mathrm{d}x\,\mathrm{d}y$ 与 $I_3=\iint\limits_{D}[\sin(x+y)]^3\mathrm{d}x\,\mathrm{d}y$,其中 D 由直线 $x=0,y=0,x+y=\dfrac{1}{2},x+y=1$ 所围成.

   解:(1) 由于在区域 D 内 $0<x+y<1$,则 $(x+y)^2>(x+y)^3$,故 $I_1=\iint\limits_{D}(x+y)^2\mathrm{d}\sigma>I_2=\iint\limits_{D}(x+y)^3\mathrm{d}\sigma$;

(2) 由于区域 $D=\{(x,y)\mid (x-2)^2+(y-1)^2\leqslant 1\}$ 位于直线 $x+y=1$ 的右上方,故在 D 内 $x+y>1$,则 $(x+y)^2<(x+y)^3$,故 $I_1=\iint\limits_{D}(x+y)^2\mathrm{d}\sigma<I_2=\iint\limits_{D}(x+y)^3\mathrm{d}\sigma$;

(3) 由于区域 D 位于直线 $x+y=1$ 的上方及直线 $x+y=2$ 的下方,故在 D 内 $1<x+y<2$,则 $0<\ln(x+y)<1$,$\ln(x+y)>\ln^2(x+y)$,故 $I_1=\iint\limits_{D}\ln(x+y)\mathrm{d}\sigma>I_2=\iint\limits_{D}[\ln(x+y)]^2\mathrm{d}\sigma$;

(4) 由于区域 D 位于直线 $x+y=0$ 的上方及直线 $x+y=\dfrac{\pi}{2}$ 的下方,故在 D 内 $0<x+y<\dfrac{\pi}{2}$,则 $0<\sin(x+y)<(x+y)$,故 $I_1=\iint\limits_{D}\sin(x+y)\mathrm{d}\sigma<I_2=\iint\limits_{D}(x+y)\mathrm{d}\sigma$;

(5) 由于区域 D 位于直线 $x+y=\dfrac{1}{2}$ 的上方及 $x+y=1$ 的下方,故在 D 内 $\dfrac{1}{2}<x+y<1<\dfrac{\pi}{2}$,则 $\ln(x+y)<0$,$0<\sin(x+y)<(x+y)$,即 $I_1<0$,$0<I_3<I_2$,故 $I_1<I_3<I_2$.

4. 利用二重积分的性质,估计下列积分的值:

(1) $I=\iint\limits_{D}\sin^2 x\sin^2 y\mathrm{d}\sigma$,其中积分区域 D 是矩形闭区域:$0\leqslant x\leqslant\pi,0\leqslant y\leqslant\pi$;

(2) $I=\iint\limits_{D}\mathrm{e}^{\sin x\cos y}\mathrm{d}x\mathrm{d}y$,其中 D 是圆形区域:$x^2+y^2\leqslant 4$;

(3) $I=\iint\limits_{D}\sqrt{x^2+y^2}\mathrm{d}x\mathrm{d}y$,其中 D 是矩形区域:$0\leqslant x\leqslant 1,0\leqslant y\leqslant 2$.

解:(1) 令 $f(x,y)=\sin^2 x\sin^2 y$,由于 $(x,y)\in D:0\leqslant x\leqslant\pi,0\leqslant y\leqslant\pi$,故 $0\leqslant f(x,y)\leqslant 1$,又 D 的面积为 π^2,由估值定理,得 $0\leqslant I\leqslant\pi^2$;

(2) 令 $f(x,y)=\mathrm{e}^{\sin x\cos y}$,在 $D:x^2+y^2\leqslant 4$ 上,$-1\leqslant\sin x\cos y\leqslant 1$,故 $\mathrm{e}^{-1}\leqslant f(x,y)\leqslant\mathrm{e}$,又 D 的面积为 4π,由估值定理,得 $4\pi\mathrm{e}^{-1}\leqslant I=\iint\limits_{D}\mathrm{e}^{\sin x\cos y}\mathrm{d}x\mathrm{d}y\leqslant 4\pi\mathrm{e}$;

(3) 在 $D:0\leqslant x\leqslant 1,0\leqslant y\leqslant 2$ 上,$0\leqslant\sqrt{x^2+y^2}\leqslant\sqrt{5}$,又 D 的面积为 2,由估值定理,得 $0\leqslant I=\iint\limits_{D}\sqrt{x^2+y^2}\mathrm{d}x\mathrm{d}y\leqslant 2\sqrt{5}$.

5. 设 $D=\{(x,y)\mid 0\leqslant x\leqslant 1,0\leqslant y\leqslant 1\}$,利用二重积分的性质,估计 $I=\iint\limits_{D}(x^2y+xy^2+1)\mathrm{d}\sigma$ 的范围.

解:令 $f(x,y)=x^2y+xy^2+1$,$D:0\leqslant x\leqslant 1,0\leqslant y\leqslant 1$,由 $f'_x(x,y)=2xy+y^2=0$,$f'_y(x,y)=x^2+2xy=0$,可知在区域 D 内无驻点. 在 $x=1,0\leqslant y\leqslant 1$ 时,$f(1,y)=y+y^2+1=\left(y+\dfrac{1}{2}\right)^2+\dfrac{3}{4}$,这时 $1\leqslant f(1,y)\leqslant 3$;在 $x=0,0\leqslant y\leqslant 1$ 时,$f(0,y)=1$;同理,在 $y=1,0\leqslant x\leqslant 1$ 时,这时 $1\leqslant f(x,1)\leqslant 3$;在 $y=0,0\leqslant x\leqslant 1$ 时,$f(x,0)=1$;故在 D 上,$1\leqslant f(x,y)\leqslant 3$,又区域 D 的面积为 1,由估值定理,得 $1\leqslant I=\iint\limits_{D}(x^2y+xy^2+$

1)$d\sigma \leqslant 3$.

B 组

1. 设 D_k 是圆域 $D=\{(x,y)\mid x^2+y^2\leqslant 1\}$ 的第 k 象限的部分,记 $I_k=\iint\limits_{D_k}(y-x)\mathrm{d}x\mathrm{d}y$,$(k=1,2,3,4)$,则 ( ) (2013 考研真题)

(A) $I_1>0$ (B) $I_2>0$ (C) $I_3>0$ (D) $I_4>0$

解法一:由于 D_1,D_3 是以直线 $y=x$ 为对称轴的图形,被积函数 $(y-x)$ 在以直线 $y=x$ 为对称轴的点上的函数值互为相反数,由物理意义可知薄板 D_1,D_3 的质量都为零,即 $I_1=I_3=0$. 又在 D_2 内,被积函数 $y-x>0$,因此其物理意义表示,I_2 为以被积函数 $(y-x)$ 为密度的薄板 D_2 的质量,即 $I_2>0$. 而在 D_4 内,被积函数 $y-x<0$,因此其物理意义表示,I_4 为以 $(y-x)$ 为密度的薄板 D_2 的质量的相反数,即 $I_4<0$. 综上,应选 B.

解法二:由极坐标,有 $I_k=\iint\limits_{D_k}(y-x)\mathrm{d}x\mathrm{d}y=\int_{(k-1)\frac{\pi}{2}}^{k\frac{\pi}{2}}\mathrm{d}\theta\int_0^1(\sin\theta-\cos\theta)r^2\mathrm{d}r=\frac{1}{3}\int_{\frac{k-1}{2}\pi}^{\frac{k}{2}\pi}(\sin\theta-\cos\theta)\mathrm{d}\theta=-\frac{1}{3}(\sin\theta+\cos\theta)\Big|_{\frac{k-1}{2}\pi}^{\frac{k}{2}\pi}$. 所以 $I_1=I_3=0$,$I_2=\frac{2}{3}\pi$,$I_4=-\frac{2}{3}\pi$,应选 B.

2. 设 $J_i=\iint\limits_{D_i}\mathrm{e}^{-(x^2+y^2)}\mathrm{d}x\mathrm{d}y$ $(i=1,2,3)$,其中 $D_1=\{(x,y)\mid x^2+y^2\leqslant R^2\}$,$D_2=\{(x,y)\mid x^2+y^2\leqslant 2R^2\}$,$D_3=\{(x,y)\mid |x|\leqslant R,|y|\leqslant R\}$,则 J_1,J_2,J_3 之间的大小次序为 ( )

(A) $J_1<J_2<J_3$ (B) $J_2<J_3<J_1$

(C) $J_1<J_3<J_2$ (D) $J_3<J_2<J_1$

解:由于 $f(x,y)=\mathrm{e}^{-(x^2+y^2)}>0$,$D_1\subset D_3\subset D_2$,由物理意义可知,$M_{D_1}<M_{D_3}<M_{D_2}$,因此对应的积分值有相同的大小次序,即 $J_1<J_3<J_2$,应选 C.

3. 证明不等式:$1\leqslant\iint\limits_D(\sin x^2+\cos y^2)\mathrm{d}\sigma\leqslant\sqrt{2}$,其中 $D=\{(x,y)\mid 0\leqslant x\leqslant 1,0\leqslant y\leqslant 1\}$.

(文)

证:因为积分区域 D 关于直线 $y=x$ 对称,所以有 $\iint\limits_D\cos y^2\mathrm{d}\sigma=\iint\limits_D\cos x^2\mathrm{d}\sigma$,即得 $\iint\limits_D(\sin x^2+\cos y^2)\mathrm{d}\sigma=\iint\limits_D(\sin x^2+\cos x^2)\mathrm{d}\sigma=\sqrt{2}\iint\limits_D\sin\left(x^2+\frac{\pi}{4}\right)\mathrm{d}\sigma$. 由于 $\sqrt{2}/2\leqslant\sin\left(x^2+\frac{\pi}{4}\right)\leqslant 1$ $(0\leqslant x\leqslant 1)$,由二重积分的性质,得 $\frac{\sqrt{2}}{2}\leqslant\iint\limits_D\sin\left(x^2+\frac{\pi}{4}\right)\mathrm{d}\sigma\leqslant 1$,因此证得 $1\leqslant\iint\limits_D(\sin x^2+\cos y^2)\mathrm{d}\sigma\leqslant\sqrt{2}$.

习题 10-2

A 组

1. 计算下列积分:

(1) $\iint\limits_D x\sqrt{y}\mathrm{d}\sigma$,其中 D 是由两条抛物线 $y=\sqrt{x}$,$y=x^2$ 所围成的闭区域;

(2) $\iint\limits_{D} e^{x+y} d\sigma$,其中 D 是由 $|x|+|y| \leqslant 1$ 所确定的闭区域；

(3) $\iint\limits_{D} \dfrac{2y}{1+x} dx dy$,其中 D 是由直线 $x=0, y=0, y=x-1$ 所围成的闭区域；

(4) $\iint\limits_{D} e^{-y^2} dx dy$,其中 D 是由直线 $x=0, y=x, y=1$ 所围成的闭区域；

(5) $\int_0^1 dy \int_y^1 x \sin \dfrac{y}{x} dx$.

解：(1) 原式 $=\int_0^1 x dx \int_{x^2}^{\sqrt{x}} \sqrt{y} dy = \int_0^1 x \cdot \dfrac{2}{3}\left[y^{\frac{3}{2}}\right]_{x^2}^{\sqrt{x}} dx = \dfrac{2}{3}\int_0^1 x(x^{\frac{3}{4}}-x^3) dx = \dfrac{6}{55}$；

(2) 原式 $=\int_{-1}^0 e^x dx \int_{-x-1}^{1+x} e^y dy + \int_0^1 e^x dx \int_{x-1}^{1-x} e^y dy = \int_{-1}^0 e^x(e^{1+x}-e^{-1-x}) dx + \int_0^1 e^x(e^{1-x} - e^{x-1}) dx = \int_{-1}^0 (e^{1+2x} - e^{-1}) dx + \int_0^1 (e^1 - e^{2x-1}) dx = e - e^{-1}$；

(3) 原式 $=\int_0^1 \dfrac{1}{1+x} dx \int_{x-1}^0 2y dy = \int_0^1 \dfrac{-(x-1)^2}{1+x} dx = \int_0^1 \left(-x+3-\dfrac{4}{1+x}\right) dx = \dfrac{5}{2} - 4\ln 2$；

(4) 原式 $=\int_0^1 e^{-y^2} dy \int_0^y dx = \int_0^1 y e^{-y^2} dy = -\dfrac{1}{2} e^{-y^2} \Big|_0^1 = \dfrac{1}{2}(1-e^{-1})$；

(5) 原式 $=\int_0^1 x dx \int_0^x \sin \dfrac{y}{x} dy = \int_0^1 x^2 \left[-\cos \dfrac{y}{x}\right]_0^x dx = (1-\cos 1) \int_0^1 x^2 dx = \dfrac{1}{3}(1-\cos 1)$.

2. 改变下列累次积分的积分次序：

(1) $\int_0^2 dy \int_{y^2}^{2y} f(x,y) dx$；

(2) $\int_1^2 dx \int_{2-x}^{\sqrt{2x-x^2}} f(x,y) dy$；

(3) $\int_0^2 dx \int_{\frac{x^2}{2}}^{x} f(x,y) dy + \int_2^{2\sqrt{2}} dx \int_0^{\sqrt{8-x^2}} f(x,y) dy$.

解：(1) 原式 $=\int_0^4 dx \int_{\frac{x}{2}}^{\sqrt{x}} f(x,y) dy$；

(2) 原式 $=\int_0^1 dy \int_{2-y}^{1+\sqrt{1-y^2}} f(x,y) dx$；

(3) 原式 $=\int_0^2 dy \int_{\sqrt{2y}}^{\sqrt{8-y^2}} f(x,y) dx$.

3. 利用极坐标,计算下列二重积分或累次积分：

(1) $\iint\limits_{D} e^{x^2+y^2} dx dy$,其中 $D = \{(x,y) \mid a^2 \leqslant x^2+y^2 \leqslant b^2\}, b > a > 0$；

(2) $\iint\limits_{D} \sqrt{a^2-x^2-y^2} dx dy$,其中 $D = \{(x,y) \mid x^2+y^2 \leqslant ax, a > 0\}$；

(3) $\iint\limits_{D} \arctan \dfrac{y}{x} dx dy$,其中 D 是由 $1 \leqslant x^2+y^2 \leqslant 4, y=x, y=0, x>0, y>0$ 所确定的区域；

(4) $\iint\limits_{D} \ln(x^2+y^2) dx dy$,其中 D 是由 $e^2 \leqslant x^2+y^2 \leqslant e^4$ 所确定的区域；

(5) $\int_0^2 dx \int_0^{\sqrt{4-x^2}} \sqrt{x^2+y^2} dy$.

解:(1) 原式 $=\int_0^{2\pi}d\theta\int_a^b e^{\rho^2}\rho d\rho = 2\pi\left[\frac{1}{2}e^{\rho^2}\right]_a^b = \pi(e^{b^2}-e^{a^2})$;

(2) 原式 $=\int_{-\frac{\pi}{2}}^{\frac{\pi}{2}}d\theta\int_0^{a\cos\theta}\sqrt{a^2-r^2}\,rdr = \frac{a^3}{3}\left(\pi-2\int_0^{\frac{\pi}{2}}\sin^3\theta d\theta\right) = \frac{a^3}{3}\left(\pi-\frac{4}{3}\right)$;

(3) 原式 $=\int_0^{\frac{\pi}{4}}\theta d\theta\int_1^2 \rho d\rho = \frac{1}{2}\cdot\frac{\pi^2}{16}\cdot\frac{1}{2}\cdot(4-1) = \frac{3\pi^2}{64}$;

(4) 原式 $=4\int_0^{\frac{\pi}{2}}d\theta\int_e^{e^2}\ln(\rho^2)\rho d\rho = \pi\int_{e^2}^{e^4}\ln t\,dt = \pi(3e^4-e^2)$;

(5) $I = \int_0^{\frac{\pi}{2}}d\theta\int_0^2 \rho^2 d\rho = \frac{\pi}{2}\cdot\frac{1}{3}\cdot(8-0) = \frac{4\pi}{3}$.

4. 选用适当的坐标系计算下列二重积分或累次积分:

(1) $\iint_D \sqrt{\frac{1-x^2-y^2}{1+x^2+y^2}}d\sigma$,其中 D 是由圆周 $x^2+y^2=1$ 及坐标轴所围成的在第一象限内的闭区域;

(2) $\iint_D (x^2+y^2)d\sigma$,其中 D 是由直线 $y=x$,$y=x+a$,$y=a$,$y=3a(a>0)$ 所围成的闭区域;

(3) $\iint_D \frac{\sin x}{x}dxdy$,其中 D 是由 $y=x$ 与 $y=x^2$ 所围成的闭区域;

(4) $\int_{\frac{1}{4}}^{\frac{1}{2}}dy\int_{\sqrt{y}}^{\sqrt{y}}e^{\frac{x}{y}}dx + \int_{\frac{1}{2}}^1 dy\int_y^{\sqrt{y}}e^{\frac{x}{y}}dx$;

(5) $\iint_D |y-x^2|dxdy$,其中 D 是由 $x=-1,x=1,y=0,y=1$ 所围成的闭区域.

解:(1) 原式 $=\int_0^{\frac{\pi}{2}}d\theta\int_0^1 \sqrt{\frac{1-\rho^2}{1+\rho^2}}\rho d\rho \xrightarrow{\rho^2=t} \frac{\pi}{4}\cdot\int_0^1\sqrt{\frac{1-t}{1+t}}dt \xrightarrow{u=\sqrt{\frac{1-t}{1+t}}} \frac{\pi}{4}\cdot\int_1^0 u\frac{-4u}{(1+u^2)^2}du \xrightarrow{\text{令}u=\tan v} \pi\int_0^{\frac{\pi}{4}}\frac{\tan^2 v}{\sec^4 v}\sec^2 v\,dv = \pi\int_0^{\frac{\pi}{4}}\sin^2 v\,dv = \frac{\pi}{8}(\pi-2)$;

(2) 原式 $=\int_a^{3a}dy\int_{y-a}^y (x^2+y^2)dx = \int_a^{3a}\left(2ay^2-a^2y+\frac{a^3}{3}\right)dy = 14a^4$;

(3) 原式 $=\int_0^1 \frac{\sin x}{x}dx\int_{x^2}^x dy = \int_0^1(\sin x - x\sin x)dx = -(\cos x)\big|_0^1 + \int_0^1 x\,d\cos x = 1-\sin 1$;

(4) 原式 $=\int_{\frac{1}{2}}^1 dx\int_{x^2}^x e^{\frac{y}{x}}dy = \int_{\frac{1}{2}}^1 x(e-e^x)dx = \frac{3}{8}e-\frac{1}{2}\sqrt{e}$;

(5) 原式 $=\iint_{D_1}(y-x^2)dxdy + \iint_{D_2}(x^2-y)dxdy = \int_{-1}^1 dx\int_{x^2}^1(y-x^2)dy + \int_{-1}^1 dx\int_0^{x^2}(x^2-y)dy = 2\int_0^1\left[\frac{1-x^4}{2}-x^2(1-x^2)\right]dx + 2\int_0^1\left(x^4-\frac{x^4}{2}\right)dx = 2\int_0^1\left(x^4-x^2+\frac{1}{2}\right)dx = \frac{11}{15}$.

5. 计算 $\iint_D x(x+y)dxdy$,其中 $D=\{(x,y)\mid x^2+y^2\leqslant 2, y\geqslant x^2\}$. (2015 考研真题)

解:由 $x^2+y^2=2, y=x^2$,解得交点坐标为 $(-1,1),(1,1)$,又 D 关于 y 轴对称,因此

$\iint\limits_D xy\,dx\,dy = 0$. 设 $D_1 = \{(x,y) \mid x^2+y^2 \leqslant 2, y \geqslant x^2, x \geqslant 0\}$, 则原式 $= \iint\limits_D x^2\,dx\,dy +$

$\iint\limits_D xy\,dx\,dy = 2\iint\limits_{D_1} x^2\,dx\,dy = 2\int_0^1 dx \int_{x^2}^{\sqrt{2-x^2}} x^2\,dy = 2\int_0^1 x^2(\sqrt{2-x^2} - x^2)\,dx = 2\int_0^1 x^2 \cdot$

$\sqrt{2-x^2}\,dx - \dfrac{2}{5} \xrightarrow{\text{令 } x = \sqrt{2}\sin u} 8\int_0^{\frac{\pi}{4}} \sin^2 u \cos^2 u\,du - \dfrac{2}{5} = \dfrac{\pi}{4} - \dfrac{2}{5}.$

6. 利用二重积分求下列各立体 Ω 的体积:

(1) Ω 是由平面 $x=0, y=0, x+y=1$ 所围成的柱体被平面 $z=0$ 及抛物面 $x^2+y^2 = 6-z$ 截得的立体;

(2) Ω 是以 xOy 面上的圆周 $x^2+y^2 = ax$ 围成的闭区域为底,以曲面 $z = x^2+y^2$ 为顶的曲顶柱体.

解:(1) 设 $D = \{(x,y) \mid 0 \leqslant x \leqslant 1, 0 \leqslant y \leqslant 1-x\}$, 则 $V = \iint\limits_D (6-x^2-y^2)\,dx\,dy =$

$\int_0^1 dx \int_0^{1-x} (6-x^2-y^2)\,dy = \int_0^1 \left(\dfrac{17}{3} - 5x - 2x^2 + \dfrac{4}{3}x^3\right) dx = \dfrac{17}{6}$;

(2) $V = \iint\limits_{D:x^2+y^2 \leqslant ax} (x^2+y^2)\,dx\,dy = 2\int_0^{\frac{\pi}{2}} d\theta \int_0^{a\cos\theta} \rho^3\,d\rho = \dfrac{a^4}{2}\int_0^{\frac{\pi}{2}} \cos^4\theta\,d\theta = \dfrac{3\pi a^4}{32}.$

7. 设 $f(u)$ 有连续的一阶导数,且 $f(0) = 0$,试求 $I = \lim\limits_{t \to 0^+} \dfrac{1}{t^3}\iint\limits_D f\sqrt{x^2+y^2}\,dx\,dy$,其中 $D: x^2 + y^2 \leqslant t^2$.

解:由于 $f(u)$ 为可微函数,所以 $\int_0^t \rho f(\rho)\,d\rho$ 可导,则 $I = \lim\limits_{t \to 0^+} \dfrac{\int_0^{2\pi} d\theta \int_0^t f(\rho)\rho\,d\rho}{t^3} =$

$\lim\limits_{t \to 0^+} \dfrac{2\pi \int_0^t f(\rho)\rho\,d\rho}{t^3} = \lim\limits_{t \to 0^+} \dfrac{2\pi t f(t)}{3t^2} = \dfrac{2\pi}{3} \lim\limits_{t \to 0^+} \dfrac{f(t)}{t} = \dfrac{2\pi}{3} \lim\limits_{t \to 0^+} \dfrac{f(t) - f(0)}{t - 0} = \dfrac{2\pi}{3} f'(0).$

8. 计算 $\iint\limits_D x e^{-y^2}\,d\sigma$,其中 D 是由曲线 $y = 4x^2, y = 9x^2$ 在第一象限内所围成的无界区域.

解:原式 $= \int_0^{+\infty} e^{-y^2}\,dy \int_{\frac{\sqrt{y}}{3}}^{\frac{\sqrt{y}}{2}} x\,dx = \dfrac{5}{72}\int_0^{+\infty} y e^{-y^2}\,dy = -\dfrac{5}{144} e^{-y^2}\Big|_0^{+\infty} = \dfrac{5}{144}.$

*9. 求由抛曲线 $y^2 = px, y^2 = qx (0 < p < q)$ 及双曲线 $xy = a, xy = b (0 < a < b)$ 所围成的区域的面积. (理)

(理)**解**:令 $\dfrac{y^2}{x} = u, xy = v$,则 $\dfrac{\partial(x,y)}{\partial(u,v)} = \dfrac{1}{\dfrac{\partial(u,v)}{\partial(x,y)}} = \dfrac{1}{\begin{vmatrix} -\dfrac{y^2}{x^2} & \dfrac{2y}{x} \\ y & x \end{vmatrix}} = \dfrac{-x}{3y^2} = -\dfrac{1}{3u}$,所围成

的区域: $D: p \leqslant u \leqslant q, a \leqslant v \leqslant b$,因此其面积为 $S = \iint\limits_D dx\,dy = \int_p^q du \int_a^b \dfrac{1}{3u}\,dv = \dfrac{1}{3}(b - $

$a)\int_p^q \dfrac{1}{u}\,du = \dfrac{1}{3}(b-a)\ln\dfrac{q}{p}.$

9. 设公司销售甲商品 x 个单位,乙商品 y 个单位的利润是由下式确定的: $p(x,y) = -(x-200)^2 - (y-100)^2 + 5\,000$,现已知一周销售甲商品的数量在 $150 \sim 200$,乙商品

的数量在 $80 \sim 100$ 之间变化,试求销售这两种商品一周的平均利润. (文)

(文)解:因为 x,y 的变化范围为区域 $D:150 \leqslant x \leqslant 200, 80 \leqslant y \leqslant 100$,则区域 D 的面积为 $\sigma = 50 \times 20 = 1\,000$,则这家公司销售这两种商品一周的平均利润是 $\frac{1}{\sigma}\iint\limits_{D} p(x,y)\mathrm{d}\sigma = \frac{1}{1\,000}\iint\limits_{D}[-(x-200)^2-(y-100)^2+5\,000]\mathrm{d}\sigma$. 因为 $\iint\limits_{D}[-(x-200)^2-(y-100)^2+5\,000]\mathrm{d}\sigma = -\iint\limits_{D}(x-200)^2\mathrm{d}\sigma - \iint\limits_{D}(y-100)^2\mathrm{d}\sigma + \iint\limits_{D} 5\,000\mathrm{d}\sigma = -\int_{80}^{100}\mathrm{d}y\int_{150}^{200}(x-200)^2\mathrm{d}x - \int_{150}^{200}\mathrm{d}x\int_{80}^{100}(y-100)^2\mathrm{d}y + 5\,000 \cdot 1\,000 = \left(-\frac{290}{3}+500\right)\times 10^4$, 故一周的平均利润是 $\frac{1}{\sigma}\iint\limits_{D} p(x,y)\mathrm{d}\sigma = \frac{1}{1\,000}\left(500-\frac{290}{3}\right)\times 10^4 \approx 4\,033$.

B 组

1. 计算下列二重积分:

   (1) $\iint\limits_{D} |\cos(x+y)|\mathrm{d}x\mathrm{d}y$, 其中 $D = \left\{(x,y)\ \middle|\ 0 \leqslant x \leqslant \frac{\pi}{2}, 0 \leqslant y \leqslant \frac{\pi}{2}\right\}$;

   (2) $\iint\limits_{D}(x-y)\mathrm{d}\sigma$, 其中 $D = \{(x,y)\ |\ (x-1)^2+(y-1)^2 \leqslant 2, y \geqslant x\}$.

   (1) 设 $D_1: 0 \leqslant x \leqslant \frac{\pi}{2}, 0 \leqslant y \leqslant \frac{\pi}{2}-x$, $D_2: 0 \leqslant x \leqslant \frac{\pi}{2}, \frac{\pi}{2}-x \leqslant y \leqslant \frac{\pi}{2}$, 则

   $I = \iint\limits_{D_1}\cos(x+y)\mathrm{d}x\mathrm{d}y - \iint\limits_{D_2}\cos(x+y)\mathrm{d}x\mathrm{d}y = \int_0^{\frac{\pi}{2}}\mathrm{d}x\int_0^{\frac{\pi}{2}-x}\cos(x+y)\mathrm{d}y - \int_0^{\frac{\pi}{2}}\mathrm{d}x\int_{\frac{\pi}{2}-x}^{\frac{\pi}{2}}\cos(x+y)\mathrm{d}y$

   $= \int_0^{\frac{\pi}{2}}(1-\sin x)\mathrm{d}x - \int_0^{\frac{\pi}{2}}(\cos x - 1)\mathrm{d}x = [x+\cos x]\Big|_0^{\frac{\pi}{2}} - [\sin x - x]\Big|_0^{\frac{\pi}{2}} = \pi - 2$.

   (2) $D = \left\{(\rho,\theta)\ \middle|\ 0 \leqslant \rho \leqslant 2(\sin\theta+\cos\theta), \frac{\pi}{4} \leqslant \theta \leqslant \frac{3\pi}{4}\right\} = \left\{(\rho,\theta)\ \middle|\ 0 \leqslant \rho \leqslant 2\sqrt{2}\sin\left(\theta+\frac{\pi}{4}\right), \frac{\pi}{4} \leqslant \theta \leqslant \frac{3\pi}{4}\right\}$, 则 $\iint\limits_{D}(x-y)\mathrm{d}\sigma = \int_{\frac{\pi}{4}}^{\frac{3\pi}{4}}\mathrm{d}\theta\int_0^{2(\sin\theta+\cos\theta)}(\cos\theta-\sin\theta)\rho^2\mathrm{d}\rho = \frac{8}{3}\int_{\frac{\pi}{4}}^{\frac{3\pi}{4}}(\cos\theta+\sin\theta)^3\mathrm{d}(\cos\theta+\sin\theta) = \frac{8}{3} \cdot \frac{1}{4}(\cos\theta+\sin\theta)^4\Big|_{\frac{\pi}{4}}^{\frac{3\pi}{4}} = -\frac{8}{3}$.

2. 设二元函数 $f(x,y) = \begin{cases} x^2, & |x|+|y| \leqslant 1 \\ \dfrac{1}{\sqrt{x^2+y^2}}, & 1 \leqslant |x|+|y| \leqslant 2 \end{cases}$, 计算 $\iint\limits_{D} f(x,y)\mathrm{d}\sigma$, 其中 $D = \{(x,y)\ |\ |x|+|y| \leqslant 2\}$.

   解:如右图所示,设 $D_1 = \{(x,y)\ |\ x+y \leqslant 2, x \geqslant 0, y \geqslant 0\}$,

   $D_1 = D_{11} + D_{12}$, 而 $\iint\limits_{D_{11}} f(x,y)\mathrm{d}\sigma = \iint\limits_{D_{11}} x^2 \mathrm{d}\sigma = \int_0^1\mathrm{d}x\int_0^{1-x} x^2\mathrm{d}y = \int_0^1 x^2(1-x)\mathrm{d}x = \frac{1}{12}$, $\iint\limits_{D_{12}} f(x,y)\mathrm{d}\sigma = \iint\limits_{D_{12}} \frac{1}{\sqrt{x^2+y^2}}\mathrm{d}\sigma = \int_0^{\frac{\pi}{2}}\mathrm{d}\theta\int_{\frac{1}{\sin\theta+\cos\theta}}^{\frac{2}{\sin\theta+\cos\theta}} 1\,\mathrm{d}\rho = \int_0^{\frac{\pi}{2}}\frac{1}{\sin\theta+\cos\theta}\mathrm{d}\theta =$

$$\int_0^{\frac{\pi}{2}} \frac{1}{\sqrt{2}\sin\left(\theta+\frac{\pi}{4}\right)}\mathrm{d}\theta = \int_0^{\frac{\pi}{2}} \frac{1}{\sqrt{2}}\csc\left(\theta+\frac{\pi}{4}\right)\mathrm{d}\theta = \sqrt{2}\ln(\sqrt{2}+1).$$ 因为函数 $f(x,y)$ 关于 x,y

均是偶函数，区域 D 关于 x,y 轴都对称，故 $\iint\limits_{D} f(x,y)\mathrm{d}x\mathrm{d}y = 4\iint\limits_{D_1} f(x,y)\mathrm{d}x\mathrm{d}y =$

$4\left[\iint\limits_{D_{11}} f(x,y)\mathrm{d}x\mathrm{d}y + \iint\limits_{D_{12}} f(x,y)\mathrm{d}x\mathrm{d}y\right] = 4\left[\frac{1}{12}+\sqrt{2}\ln(\sqrt{2}+1)\right] = \frac{1}{3}+4\sqrt{2}\ln(\sqrt{2}+1).$

3. 设 $f(x)$ 在 $[0,1]$ 上连续，证明 $\int_a^b \mathrm{d}y \int_a^y (y-x)^n f(x)\mathrm{d}x = \frac{1}{n+1}\int_a^b (b-x)^{n+1}f(x)\mathrm{d}x.$

证：$n > 0$ 时，等式左边 $= \int_a^b \mathrm{d}y \int_a^y (y-x)^n f(x)\mathrm{d}x = \int_a^b f(x)\mathrm{d}x \int_x^b (y-x)^n \mathrm{d}y = $

$\frac{1}{n+1}\int_a^b f(x)[(y-x)^{n+1}]_x^b \mathrm{d}x = \frac{1}{n+1}\int_a^b f(x)(b-x)^{n+1}\mathrm{d}x = $ 等式右边. 结论成立.

习题 10-3

A 组

1. 化三重积分 $I = \iiint\limits_{\Omega} f(x,y,z)\mathrm{d}x\mathrm{d}y\mathrm{d}z$ 为三次积分，其中积分区域 Ω 分别是：

(1) 由曲面与平面 $z = x^2+y^2, z = h(h > 0)$ 所围成的闭区域；

(2) 由抛物面 $z = 2-(x^2+y^2)$ 与平面 $z = 0, x = 0, y = 0, x+y = 1$ 所围成的闭区域；

(3) 由曲面 $z = x^2+2y^2$ 与 $z = 2-x^2$ 所围成的闭区域；

(4) 由球面 $x^2+y^2+z^2 = 1$ 与锥面 $z = \sqrt{x^2+y^2}$ 所围成的在 xOy 面上侧部分的闭区域.

解：(1) $I = \int_{-\sqrt{h}}^{\sqrt{h}} \mathrm{d}x \int_{-\sqrt{h-x^2}}^{\sqrt{h-x^2}} \mathrm{d}y \int_{x^2+y^2}^h f(x,y,z)\mathrm{d}z$;

(2) $I = \int_0^1 \mathrm{d}x \int_0^{1-x} \mathrm{d}y \int_0^{2-(x^2+y^2)} f(x,y,z)\mathrm{d}z$;

(3) 在 $z = x^2+2y^2$ 与 $z = 2-x^2$ 中消去 z，得闭区域在 xOy 面上的投影为 $x^2+y^2 \leqslant 1$，则 $I = \int_{-1}^1 \mathrm{d}x \int_{-\sqrt{1-x^2}}^{\sqrt{1-x^2}} \mathrm{d}y \int_{x^2+2y^2}^{2-x^2} f(x,y,z)\mathrm{d}z$;

(4) 在 $x^2+y^2+z^2 = 1$ 与锥面 $z = \sqrt{x^2+y^2}$ 中消去 z，得闭区域在 xOy 面上的投影为 $x^2+y^2 \leqslant \frac{1}{2}$，则 $I = \int_{-\frac{\sqrt{2}}{2}}^{\frac{\sqrt{2}}{2}} \mathrm{d}x \int_{-\sqrt{\frac{1}{2}-x^2}}^{\sqrt{\frac{1}{2}-x^2}} \mathrm{d}y \int_{\sqrt{x^2+y^2}}^{\sqrt{1-x^2-y^2}} f(x,y,z)\mathrm{d}z.$

2. 利用直角坐标计算下列三重积分：

(1) $\iiint\limits_{\Omega} xy^2z^3 \mathrm{d}x\mathrm{d}y\mathrm{d}z$，其中 Ω 是由平面 $x = 0, x = 1, y = 0, z = 0, z = 3$ 所围成的闭区域；

(2) $\iiint\limits_{\Omega} (x+2y+3z)\mathrm{d}x\mathrm{d}y\mathrm{d}z$，其中 Ω 是由平面 $x+y+z = 1$ 与三个坐标面所围成的空间区域；（2015 考研真题）

(3) $\iiint\limits_{\Omega} z^2 \mathrm{d}x\mathrm{d}y\mathrm{d}z$，其中 Ω 是由球面 $x^2+y^2+z^2 = 1$ 所围成的闭区域；（2009 考研真题）

(4) $\iiint\limits_{\Omega} xz \mathrm{d}x\mathrm{d}y\mathrm{d}z$，其中 Ω 是由平面 $z = 0, z = y, y = 1$ 与抛物柱面 $y = x^2$ 所围成的闭区

域.

解：(1) $\iiint\limits_{\Omega} xy^2z^3 \mathrm{d}x\mathrm{d}y\mathrm{d}z = \int_0^1 x\mathrm{d}x \int_0^2 y^2 \mathrm{d}y \int_0^3 z^3 \mathrm{d}z = \frac{1}{2} \cdot \frac{8}{3} \cdot \frac{81}{4} = 27$；

(2) 由轮换对称性，得 $\iiint\limits_{\Omega}(x+2y+3z)\mathrm{d}x\mathrm{d}y\mathrm{d}z = 6\iiint\limits_{\Omega} z\mathrm{d}x\mathrm{d}y\mathrm{d}z = 6\int_0^1 z\mathrm{d}z\iint\limits_{D_z}\mathrm{d}x\mathrm{d}y$，其中 D_z 为平面 $z=z$ 截空间区域 Ω 所得的截面，其面积为 $\frac{1}{2}(1-z)^2$，所以 $\iiint\limits_{\Omega}(x+2y+3z)\mathrm{d}x\mathrm{d}y\mathrm{d}z = 6\iiint\limits_{\Omega} z\mathrm{d}x\mathrm{d}y\mathrm{d}z = 6\int_0^1 z \cdot \frac{1}{2}(1-z)^2 \mathrm{d}z = 3\int_0^1 (z^3 - 2z^2 + z)\mathrm{d}z = \frac{1}{4}$；

(3) $\iiint\limits_{\Omega} z^2 \mathrm{d}x\mathrm{d}y\mathrm{d}z = 2\int_0^1 z^2 \mathrm{d}z \iint\limits_{D_z:x^2+y^2\leqslant 1-z^2}\mathrm{d}x\mathrm{d}y = 2\pi\int_0^1 z^2(1-z^2)\mathrm{d}z = \frac{4\pi}{15}$；

(4) $\iiint\limits_{\Omega} xz\mathrm{d}x\mathrm{d}y\mathrm{d}z = \int_{-1}^1 x\mathrm{d}x \int_{x^2}^1 \mathrm{d}y \int_0^y z\mathrm{d}z = \frac{1}{2}\int_{-1}^1 x\mathrm{d}x \int_{x^2}^1 y^2 \mathrm{d}y = \frac{1}{6}\int_{-1}^1 x(1-x^6)\mathrm{d}x = 0$.

3. 利用柱面坐标计算下列三重积分：

(1) $\iiint\limits_{\Omega}(x^2+y^2)z\mathrm{d}x\mathrm{d}y\mathrm{d}z$，其中 Ω 是由曲面 $z=x^2+y^2$ 与平面 $z=4$ 所围成的闭区域；

(2) $\iiint\limits_{\Omega}(x^2+y^2)\mathrm{d}x\mathrm{d}y\mathrm{d}z$，其中 Ω 是由 $z=\sqrt{x^2+y^2}$ 与 $z=a(a>0)$ 所围成的区域；

(3) $\iiint\limits_{\Omega}\frac{1}{\sqrt{z}}\mathrm{d}x\mathrm{d}y\mathrm{d}z$，其中 Ω 是由曲面 $z=4-x^2-y^2$ 与平面 $z=0$ 所围成的闭区域.

解：(1) $\iiint\limits_{\Omega}(x^2+y^2)z\mathrm{d}x\mathrm{d}y\mathrm{d}z = \int_0^{2\pi}\mathrm{d}\theta \int_0^2 \rho\mathrm{d}\rho \int_{\rho^2}^4 \rho^2 z\mathrm{d}z = \pi\int_0^2 \rho^3(16-\rho^4)\mathrm{d}\rho = 32\pi$；

(2) 原式 $= \int_0^{2\pi}\mathrm{d}\theta \int_0^a \rho^3 \mathrm{d}\rho \int_\rho^a \mathrm{d}z = 2\pi\int_0^a \rho^3(a-\rho)\mathrm{d}\rho = 2\pi\left(\frac{1}{4}a^5 - \frac{1}{5}a^5\right) = \frac{\pi a^5}{10}$；

(3) 原式 $= \int_0^{2\pi}\mathrm{d}\theta \int_0^2 \rho\mathrm{d}\rho \int_0^{4-\rho^2}\frac{1}{\sqrt{z}}\mathrm{d}z = 4\pi\int_0^2 \rho\sqrt{4-\rho^2}\mathrm{d}\rho = \frac{32\pi}{3}$.

4. 利用球面坐标计算下列三重积分：

(1) $\iiint\limits_{\Omega}(x^2+y^2+z^2)\mathrm{d}v$，其中 Ω 是由球面 $x^2+y^2+z^2=1$ 所围成的闭区域；

(2) $\iiint\limits_{\Omega} z\mathrm{d}v$，其中 Ω 是由不等式 $x^2+y^2+(z-a)^2 \leqslant a^2, x^2+y^2 \leqslant z^2$ 所确定的闭区域.

解：(1) 原式 $= \int_0^{2\pi}\mathrm{d}\theta \int_0^{\pi}\mathrm{d}\varphi \int_0^1 r^4 \sin\varphi \mathrm{d}r = \frac{4\pi}{5}$；

(2) 原式 $= \int_0^{2\pi}\mathrm{d}\theta \int_0^{\frac{\pi}{4}}\mathrm{d}\varphi \int_0^{2a\cos\varphi} r\cos\varphi \cdot r^2 \sin\varphi \mathrm{d}r = 2\pi\int_0^{\frac{\pi}{4}} \cos^5\varphi \sin\varphi \cdot \frac{16a^4}{4}\mathrm{d}\varphi = -8\pi a^4 \cdot \frac{1}{6}(\cos^6\varphi)\Big|_0^{\frac{\pi}{4}} = \frac{7\pi}{6}a^4$.

5. 把三重积分 $\iiint\limits_{\Omega} f(x,y,z)\mathrm{d}v$ 分别化为直角坐标系、柱面坐标系、球面坐标系下的三次积分，其中 Ω 是由 $x^2+y^2+z^2 \leqslant 4, z \geqslant \sqrt{3(x^2+y^2)}$ 所确定的闭区域.

解：在 $x^2+y^2+z^2=4, z=\sqrt{3(x^2+y^2)}$ 中消去 z，得闭区域在 xOy 面上的投影为 x^2+

$y^2 \leqslant 1$,则 $\iiint\limits_{\Omega} f(x,y,z)\mathrm{d}v = \int_{-1}^{1}\mathrm{d}x\int_{-\sqrt{1-x^2}}^{\sqrt{1-x^2}}\mathrm{d}y\int_{\sqrt{3(x^2+y^2)}}^{\sqrt{4-x^2-y^2}}f(x,y,z)\mathrm{d}z = \int_{0}^{2\pi}\mathrm{d}\theta\int_{0}^{1}\rho\mathrm{d}\rho\int_{\sqrt{3}\rho}^{\sqrt{4-\rho^2}} \cdot$

$f(\rho\cos\theta,\rho\sin\theta,z)\mathrm{d}z = \int_{0}^{2\pi}\mathrm{d}\theta\int_{0}^{\frac{\pi}{6}}\mathrm{d}\varphi\int_{0}^{2}f(r\sin\varphi\cos\theta,r\sin\varphi\sin\theta,r\cos\varphi)r^2\sin\varphi\mathrm{d}r.$

6. 选择适当的坐标系，计算下列三重积分：

(1) $\iiint\limits_{\Omega}(x^2+y^2)\mathrm{d}v$，其中 Ω 是由曲面 $x^2+y^2=2z$ 与平面 $z=2$ 所围成的闭区域；

(2) $\iiint\limits_{\Omega} z^2 \mathrm{d}x\mathrm{d}y\mathrm{d}z$，其中 Ω 是由椭球面 $\dfrac{x^2}{a^2}+\dfrac{y^2}{b^2}+\dfrac{z^2}{c^2}=1$ 所围成的空间闭区域；

(3) $\iiint\limits_{\Omega}\sqrt{x^2+y^2+z^2}\mathrm{d}v$，其中 Ω 是由球面 $x^2+y^2+z^2=z$ 所围成的闭区域；

(4) $\iiint\limits_{\Omega}(x^2+y^2+z^2)\mathrm{d}v$，其中 Ω 是由曲线 $\begin{cases}y^2=2z\\x=0\end{cases}$ 绕 z 轴旋转一周而成的曲面与平面 $z=4$ 所围成的立体.

解：(1) $\iiint\limits_{\Omega}(x^2+y^2)\mathrm{d}v = \int_{0}^{2\pi}\mathrm{d}\theta\int_{0}^{2}\rho^3\mathrm{d}\rho\int_{\frac{\rho^2}{2}}^{2}\mathrm{d}z = 2\pi\int_{0}^{2}\rho^3\left(2-\dfrac{1}{2}\rho^2\right)\mathrm{d}\rho = \dfrac{16\pi}{3}.$

(2) $\iiint\limits_{\Omega} z^2\mathrm{d}x\mathrm{d}y\mathrm{d}z = 2\int_{0}^{c}z^2\mathrm{d}z\iint\limits_{D_z:\frac{x^2}{a^2}+\frac{y^2}{b^2}\leqslant 1-\frac{z^2}{c^2}}\mathrm{d}x\mathrm{d}y = 2\pi ab\int_{0}^{c}z^2\left(1-\dfrac{z^2}{c^2}\right)\mathrm{d}z = \dfrac{4\pi abc^3}{15}.$

(3) $\iiint\limits_{\Omega}\sqrt{x^2+y^2+z^2}\mathrm{d}v = \int_{0}^{2\pi}\mathrm{d}\theta\int_{0}^{\frac{\pi}{2}}\mathrm{d}\varphi\int_{0}^{\cos\varphi}r^3\sin\varphi\mathrm{d}r = \dfrac{2\pi}{4}\int_{0}^{\frac{\pi}{2}}\cos^4\varphi\sin\varphi\mathrm{d}\varphi = \dfrac{\pi}{10}.$

(4) 由题意可知，Ω 是由曲面 $x^2+y^2=2z$ 与平面 $z=4$ 所围成的立体，则原式 $=\int_{0}^{2\pi}\mathrm{d}\theta\int_{0}^{2\sqrt{2}}\rho\mathrm{d}\rho\int_{\frac{\rho^2}{2}}^{4}(\rho^2+z^2)\mathrm{d}z = 2\pi\int_{0}^{2\sqrt{2}}\rho\left[\rho^2\left(4-\dfrac{1}{2}\rho^2\right)+\dfrac{1}{3}\left(64-\dfrac{\rho^6}{8}\right)\right]\mathrm{d}\rho = \dfrac{512\pi}{3}.$

7. 用三重积分计算由下列曲面所围成的立体 Ω 的体积：

(1) Ω 是由曲面 $z=x^2+y^2$ 与 $z=1$ 所围成的立体；

(2) Ω 是由曲面 $z=\sqrt{x^2+y^2}$ 与 $z=1+\sqrt{1-x^2+y^2}$ 所围成的立体；

(3) Ω 是由曲面 $z=4-x^2-\dfrac{1}{2}y^2$ 与 $z=3x^2+\dfrac{1}{4}y^2$ 所围成的立体；

(4) Ω 是由曲面 $z=4-x^2-\dfrac{1}{4}y^2$ 与 $z=3x^2+\dfrac{1}{4}y^2$ 所围成的立体.

解：(1) $V = \iiint\limits_{\Omega}\mathrm{d}v = \int_{0}^{2\pi}\mathrm{d}\theta\int_{0}^{1}\rho\mathrm{d}\rho\int_{\rho^2}^{1}\mathrm{d}z = 2\pi\int_{0}^{1}\rho(1-\rho^2)\mathrm{d}\rho = \dfrac{\pi}{2};$

(2) $V = \iiint\limits_{\Omega}\mathrm{d}v = \int_{0}^{2\pi}\mathrm{d}\theta\int_{0}^{\frac{\pi}{4}}\mathrm{d}\varphi\int_{0}^{2\cos\varphi}r^2\sin\varphi\mathrm{d}r = \dfrac{2\pi}{3}\int_{0}^{\frac{\pi}{4}}8\cos^3\varphi\sin\varphi\mathrm{d}\varphi = \dfrac{16\pi}{3}\left(-\dfrac{\cos^4\varphi}{4}\right)\bigg|_{0}^{\frac{\pi}{4}} = \pi;$

(3) 在 $z=\sqrt{5-x^2+y^2}$，$x^2+y^2=4z$ 中消去 z，得闭区域在 xOy 面上的投影为 $x^2+y^2\leqslant 4$，则 $V = \iiint\limits_{\Omega}\mathrm{d}v = \int_{0}^{2\pi}\mathrm{d}\theta\int_{0}^{2}\rho\mathrm{d}\rho\int_{\frac{\rho^2}{4}}^{\sqrt{5-\rho^2}}\mathrm{d}z = 2\pi\int_{0}^{2}\rho\left(\sqrt{5-\rho^2}-\dfrac{1}{4}\rho^2\right)\mathrm{d}\rho = \dfrac{2(5\sqrt{5}-4)\pi}{3};$

(4) 在 $z=4-x^2-\dfrac{1}{4}y^2$，$z=3x^2+\dfrac{1}{4}y^2$ 中消去 z，得闭区域在 xOy 面上的投影为 D：

$x^2+\dfrac{y^2}{8}\leqslant 1$,则 $V=\iiint\limits_{\Omega}\mathrm{d}v=\iint\limits_{D}\mathrm{d}x\,\mathrm{d}y\int_{3x^2+\frac{y^2}{4}}^{4-x^2-\frac{y^2}{4}}\mathrm{d}z=\iint\limits_{D}\left(4-4x^2-\dfrac{y^2}{2}\right)\mathrm{d}x\,\mathrm{d}y$. 令 $x=X,\dfrac{y}{2\sqrt{2}}=Y$,则 $D:x^2+\dfrac{y^2}{8}\leqslant 1$ 化为 $D_{XY}:X^2+Y^2\leqslant 1,J=2\sqrt{2}$,因此 $V=\iiint\limits_{\Omega}\mathrm{d}v=\iint\limits_{D:x^2+\frac{y^2}{8}\leqslant 1}\left(4-4x^2-\dfrac{y^2}{2}\right)\mathrm{d}x\,\mathrm{d}y=\iint\limits_{D_{XY}:X^2+Y^2\leqslant 1}(4-4X^2-4Y^2)2\sqrt{2}\,\mathrm{d}X\,\mathrm{d}Y=2\sqrt{2}\int_0^{2\pi}\mathrm{d}\theta\int_0^1\rho(4-4\rho^2)\mathrm{d}\rho=4\sqrt{2}\pi$.

8. 设有内壁形状为抛物面 $z=x^2+y^2$ 的容器,原来盛有 8π(cm) 的水,后来又注入 64π(cm) 的水,试问水面比原来升高了多少?

解: $V=\iiint\limits_{\Omega}\mathrm{d}v=\int_0^{2\pi}\mathrm{d}\theta\int_0^{\sqrt{z}}\rho\,\mathrm{d}\rho\int_{\rho^2}^{z}\mathrm{d}z=2\pi\int_0^{\sqrt{z}}\rho(z-\rho^2)\mathrm{d}\rho=\dfrac{\pi z^2}{2}$,因此 $z=\sqrt{\dfrac{2V}{\pi}}$,由 $V_1=8\pi$,解得水面高为 $z_1=\sqrt{\dfrac{16\pi}{\pi}}=4$;由 $V_2=(64+8)\pi=72\pi$,解得水面高为 $z_2=\sqrt{\dfrac{144\pi}{\pi}}=12$,则水面比原来升高了 $z_2-z_1=12-4=8$(cm).

B 组

1. 计算 $I=\iiint\limits_{\Omega}(x+y+z)^2\mathrm{d}v$,其中 $\Omega=\{(x,y,z)\mid x^2+y^2+z^2\leqslant R^2\}$.

解:由对称性可知,$I=\iiint\limits_{\Omega}(x^2+y^2+z^2)\mathrm{d}v=\int_0^{2\pi}\mathrm{d}\theta\int_0^{\pi}\mathrm{d}\varphi\int_0^R r^4\sin\varphi\,\mathrm{d}r=4\pi\dfrac{R^5}{5}=\dfrac{4\pi R^5}{5}$.

2. 计算 $\iiint\limits_{\Omega}(y-1)\sqrt{x^2+z^2}\,\mathrm{d}v$,其中闭区域 Ω 由不等式 $\sqrt{x^2+z^2}\leqslant y\leqslant 1+\sqrt{1-x^2-z^2}$ 所确定.

解:令 $\begin{cases}z=r\sin\varphi\cos\theta\\x=r\sin\varphi\sin\theta\\y=r\cos\varphi\end{cases}$,则 $\iiint\limits_{\Omega}(y-1)\sqrt{x^2+z^2}\,\mathrm{d}v=\int_0^{2\pi}\mathrm{d}\theta\int_0^1\rho^2\mathrm{d}\rho\int_{\rho}^{1+\sqrt{1-\rho^2}}(y-1)\mathrm{d}y=2\pi\int_0^1\rho^2(\rho-\rho^2)\mathrm{d}\rho=\dfrac{\pi}{10}$.

3. 设 $F(t)=\iiint\limits_{\Omega(t)}f(x^2+y^2+z^2)\mathrm{d}v$,其中 f 为可导函数,$\Omega(t)$ 由 $x^2+y^2+z^2\leqslant t^2$ 所确定,试求 $F'(t)$.

解: $F(t)=\iiint\limits_{\Omega:x^2+y^2+z^2\leqslant t^2}f(x^2+y^2+z^2)\mathrm{d}x\,\mathrm{d}y\,\mathrm{d}z=\int_0^{2\pi}\mathrm{d}\theta\int_0^{\pi}\mathrm{d}\varphi\int_0^t f(r^2)\cdot r^2\sin\varphi\,\mathrm{d}r=2\pi\cdot 2\int_0^t r^2 f(r^2)\mathrm{d}r=4\pi\int_0^t r^2 f(r^2)\mathrm{d}r$. 因 $f(t)$ 连续,故 $F(t)$ 可导,从而可得 $F'(t)=4\pi t^2 f(t^2)$.

习题 10 – 4

A 组

1. 设平面薄片所占闭区域为 D,求下列平面薄片的质心:

   (1) 位于两圆 $\rho=2\sin\theta$ 和 $\rho=4\sin\theta$ 之间均匀薄片;

   (2) 腰长为 a 的等腰直角三角形均匀薄片.

解:(1) 因为闭区域 D 对称于 y 轴,由对称性可知,质心 $(\bar{x},\bar{y})$ 必位于 y 轴上,于是得 $\bar{x} = 0$. 由 $\iint_D d\sigma = \pi \cdot 2^2 - \pi \cdot 1^2 = 3\pi, \iint_D y d\sigma = \iint_D \rho^2 \sin\theta d\rho d\theta = \int_0^\pi \sin\theta d\theta \int_{2\sin\theta}^{4\sin\theta} \rho^2 d\rho = 7\pi$, 则 $\bar{y} = \dfrac{\iint_D y d\sigma}{\iint_D d\sigma} = \dfrac{7\pi}{3\pi} = \dfrac{7}{3}$, 从而可得所求质心(形心)坐标为 $\left(0, \dfrac{7}{3}\right)$;

(2) 设等腰直角三角形的两直角边分别为 OA 和 OB,并设 OA 和 OB 所在的边为 x,y 轴,则斜边 AB 的方程为 $x + y = a$,显然,质心(形心)必在 $y = x$ 直线上,设质心为 $(\bar{x},\bar{y})$,则 $\bar{x} = \bar{y}$. 由质心公式,得 $\bar{x} = \iint_D x d\sigma \Big/ \iint_D d\sigma$,其中 D 是由 $0 \leqslant x \leqslant a, 0 \leqslant y \leqslant a-x$ 所确定的区域,于是 $\iint_D d\sigma = \dfrac{1}{2}a^2, \iint_D x d\sigma = \int_0^a dx \int_0^{a-x} x dy = \dfrac{1}{6}a^3$, 因此 $\bar{x} = \dfrac{1}{6}a^3 \Big/ \dfrac{1}{2}a^2 = \dfrac{1}{3}a, \bar{y} = \dfrac{1}{3}a$, 即质心坐标为 $\left(\dfrac{a}{3}, \dfrac{a}{3}\right)$.

2. 计算下列曲面所围立体的质心:

(1) $z = x^2 + y^2, z = 1, z = 2$,密度 $\mu = 1$;

(2) $x^2 + y^2 + z^2 = 2z$,其内部各点的密度的大小等于该点到坐标原点的距离的平方.

解:(1) 由对称性可知,其质(形)心必在 z 轴上,设质心为 $(0, 0, \bar{z})$,则 $\bar{z} = \dfrac{\iiint_\Omega z dv}{\iiint_\Omega dv} = \dfrac{\int_1^2 z dz \iint_{D_z} d\sigma}{\int_1^2 dz \iint_{D_z} d\sigma} = \dfrac{\pi \int_1^2 z^2 dz}{\pi \int_1^2 z dz} = \dfrac{14}{9}$,因此所求质心坐标为 $\left(0, 0, \dfrac{14}{9}\right)$;

(2) (如右图) 点 (x, y, z) 处的密度为 $\mu = x^2 + y^2 + z^2, M = \iiint_\Omega (x^2 + y^2 + z^2) dv = \int_0^{2\pi} d\theta \int_0^{\pi/2} d\varphi \int_0^{2\cos\varphi} r^4 \sin\varphi dr = 2\pi \int_0^{\pi/2} \dfrac{32}{5} \cos^5\varphi \sin\varphi d\varphi = -\dfrac{64}{5}\pi \cdot \dfrac{\cos^6\varphi}{6}\Big|_0^{\pi/2} = \dfrac{32}{15}\pi$,由对称性可知 $\bar{x} = \dfrac{\iiint_\Omega x\mu dv}{M} = 0, \bar{y} = \dfrac{\iiint_\Omega y\mu dv}{M} = 0$,则 $\bar{z} = \dfrac{\iiint_\Omega z(x^2 + y^2 + z^2) dv}{M} = \dfrac{\int_0^{2\pi} d\theta \int_0^{\pi/2} d\varphi \int_0^{2\cos\varphi} r^5 \cos\varphi \sin\varphi dr}{M} = \dfrac{2\pi \int_0^{\pi/2} \dfrac{32}{3} \cos^7\varphi \sin\varphi d\varphi}{M} = \dfrac{\dfrac{64\pi}{3} \cdot \dfrac{1}{8}}{\dfrac{32}{15}\pi} = \dfrac{5}{4}$,故其质心坐标为 $\left(0, 0, \dfrac{5}{4}\right)$.

3. 设物体所占闭区域及密度如下,求指定轴上的转动惯量:

(1) 平面薄片 $D = \left\{(x, y) \Big| \dfrac{x^2}{a^2} + \dfrac{y^2}{b^2} \leqslant 1\right\}$,密度 $\mu = 1$,求 I_y;

(2) 平面薄片 D 由抛物线 $y^2 = \dfrac{9}{2}x$ 与直线 $x = 2$ 所围成,密度 $\mu = 1$,求 I_x;

(3) 半径为 a 的均匀球体,过球心的一条轴 l 的转动惯量;

解:(1) 由对称性可知,所求转动惯量为 $I_y = \iint\limits_{D} \mu x^2 \, d\sigma = 4\int_0^a x^2 \, dx \int_0^{\frac{b}{a}\sqrt{a^2-x^2}} dy = \frac{4b}{a}\int_0^a x^2 \cdot \sqrt{a^2-x^2} \, dx = \frac{4b}{a}\int_0^{\frac{\pi}{2}} a^4 \sin^2\theta \cos^2\theta \, d\theta = 4a^3 b \cdot \frac{\pi}{16} = \frac{\pi a^3 b}{4}$;

(2) 由对称性可知,所求转动惯量为 $I_x = \iint\limits_{D} \mu y^2 \, d\sigma = 2\int_0^2 dx \int_{\frac{\sqrt{3}}{\sqrt{2}}}^{\frac{3}{\sqrt{2}}\sqrt{x}} y^2 \, dy = 2\int_0^2 \frac{1}{3}\left(\frac{3}{\sqrt{2}}\sqrt{x}\right)^3 dx = \frac{72}{5}$;

(3) 设半径为 a 的均匀球体的方程为 $x^2 + y^2 + z^2 = a^2$,密度为 μ,则球体对于 z 轴(过球心的一条轴 l)的转动惯量为 $I_z = \iiint\limits_{\Omega}(x^2+y^2)\mu \, dv = \mu \int_0^{2\pi} d\theta \int_0^{\pi} \sin^3\varphi \, d\varphi \int_0^a r^4 \, dr = 2\pi\mu \cdot 2 \cdot \frac{2}{3} \cdot \frac{a^5}{5} = \frac{8\pi\mu a^5}{15}$,由于球体的质量为 $M = \frac{4}{3}\mu\pi a^3$,则 $I_z = \frac{2a^2 M}{5}$.

4. 已知 xOy 平面内的曲线 $z = y^2$,将它绕 z 轴旋转一周得一旋转曲面,该曲面与平面 $z = 3$ 所围成的立体为 Ω,其密度函数为 $\mu = \sqrt{x^2+y^2}$,求 Ω 绕 z 轴的转动惯量.

解:旋转曲面方程为 $z = x^2 + y^2$,由对称性可知,Ω 对于 z 轴的转动惯量为 $I_z = \iiint\limits_{\Omega}(x^2+y^2)\sqrt{x^2+y^2} \, dv = \int_0^{2\pi} d\theta \int_0^{\sqrt{3}} \rho^4 \, d\rho \int_{\rho^2}^{3} dz = 2\pi \int_0^{\sqrt{3}} \rho^4 (3-\rho^2) \, d\rho = \frac{108\sqrt{3}\pi}{35}$.

5. 设有一高为 h、母线长为 l 的均匀圆锥体,又设有质量为 m 的质点在它的顶点上,试求圆锥体对该质点的引力.

解:设圆锥体的顶点在原点,z 轴为对称轴,则其方程为 $x^2 + y^2 = \frac{l^2-h^2}{h^2} z$. 另设所求引力为 $\boldsymbol{F} = (F_x, F_y, F_z)$,圆锥体的密度为 ρ_0(常数),则由圆锥体的对称性及质量分布的均匀性可知,$F_x = F_y = 0$,$dF_z = \frac{km\rho_0 \, dv}{(x^2+y^2+z^2)} \cdot \frac{z}{(x^2+y^2+z^2)^{\frac{1}{2}}} = \frac{km\rho_0 z \, dv}{(x^2+y^2+z^2)^{\frac{3}{2}}}$. 设 $\cos\varphi_0 = \frac{h}{l}$,则所求引力沿 z 轴的分量为 $F_z = \iiint\limits_{\Omega} \frac{k\rho_0 mz}{(x^2+y^2+z^2)^{\frac{3}{2}}} \, dv = k\rho_0 m \int_0^{2\pi} d\theta \int_0^{\varphi_0} \cos\varphi \sin\varphi \, d\varphi \int_0^{\frac{h}{\cos\varphi}} dr = 2\pi k\rho_0 mh \int_0^{\varphi_0} \sin\varphi \, d\varphi = 2\pi k\rho_0 mh(1 - \cos\varphi_0) = 2\pi k\rho_0 mh\left(1 - \frac{h}{l}\right)$,从而可得所求引力 $\boldsymbol{F} = \left\{0, 0, 2k\pi\rho_0 mh\left(1 - \frac{h}{l}\right)\right\}$.

B 组

1. 设有一半径为 R 的球体,P_0 是此球体表面上的一个定点,球体上任一点的密度与该点到 P_0 的距离的平方成正比(比例常数 $k > 0$),求球体的质心位置.

解:记球体为 Ω,以 Ω 的球心为原点 O,射线 OP_0 为正 x 轴建立直角坐标系,则点 P_0 的坐标为 $(R, 0, 0)$,球面方程为 $x^2 + y^2 + z^2 = R^2$. 设 Ω 的质心位置为 $(\bar{x}, \bar{y}, \bar{z})$,由对称性可知,$\bar{y} = 0, \bar{z} = 0, \bar{x} = \dfrac{\iiint\limits_{\Omega} x \cdot k[(x-R)^2 + y^2 + z^2] \, dV}{\iiint\limits_{\Omega} k[(x-R)^2 + y^2 + z^2] \, dV} = -\dfrac{R}{4}$,则球体的质心位置

为 $\left(-\dfrac{R}{4},0,0\right)$.

注意:本题也可将定点 P_0 设为原点,球心为 O',以射线 P_0O' 为正 z 轴建立直角坐标系,则球面方程为 $x^2+y^2+z^2=2Rz$,采用如上的方法即可求质心位置为 $(0,0,5R/4)$.

2. 设平面薄片的质量为 M,其重心到直线 l 的距离为 d,L 为过重心且平行于 l 的直线,若以直线 l 与 L 为轴,薄片关于它们的转动惯量分别为 I_l 与 I_L,证明:$I_l=I_L+d^2M$.

证:设 L 为 y 轴,重心为原点 $O(0,0)$,建立平面直角坐标系,则 l 为平行于 y 轴的直线:$x=d$. 由重心坐标公式可知,$\iint\limits_D \mu x\,\mathrm{d}\sigma=0$,因此 $I_l=\iint\limits_D \mu(x-d)^2\,\mathrm{d}\sigma=\iint\limits_D \mu x^2\,\mathrm{d}\sigma-2d\iint\limits_D \mu x\,\mathrm{d}\sigma+\iint\limits_D \mu d^2\,\mathrm{d}\sigma=I_y-0+d^2M=I_L+d^2M$. 结论成立.

总复习题 10

1. 填空题

   (1) 设 $D=\{(x,y)\mid x^2+y^2\leqslant 2x\}$,则 $\iint\limits_D \sqrt{2x-x^2-y^2}\,\mathrm{d}x\mathrm{d}y=\underline{\qquad}$.

   (2) $\int_0^1 \mathrm{d}y\int_y^1 \dfrac{\tan x}{x}\,\mathrm{d}x=\underline{\qquad}$. (2017 考研真题)

   (3) 二次积分 $\int_0^1 \mathrm{d}y\int_y^1\left(\dfrac{\mathrm{e}^{x^2}}{x}-\mathrm{e}^{y^2}\right)\mathrm{d}x=\underline{\qquad}$;(2014 考研真题)

   (4) 由曲面 $z=6-x^2-y^2$ 和 $z=\sqrt{x^2+y^2}$ 所围成的立体的体积为 $\underline{\qquad}$.(理)

   (5) 设 $I=\iiint\limits_{\substack{|x|\leqslant 1\\|y|\leqslant 1\\|z|\leqslant 1}}(\mathrm{e}^{y^2}\sin y^3+z^2\tan x+3)\mathrm{d}v$,则 $I=\underline{\qquad}$.(理)

解:(1) 由二重积分的几何意义可知,$\iint\limits_D \sqrt{2x-x^2-y^2}\,\mathrm{d}x\mathrm{d}y$ 等于半径为 1 的上半球体的体积,因此 $\iint\limits_D \sqrt{2x-x^2-y^2}\,\mathrm{d}x\mathrm{d}y=\dfrac{2}{3}\pi$.

(2) 原式 $=\int_0^1 \dfrac{\tan x}{x}\,\mathrm{d}x\int_0^x \mathrm{d}y=\int_0^1 \tan x\,\mathrm{d}x=-\ln|\cos x|\Big|_0^1=-\ln\cos 1$.

(3) $\int_0^1 \mathrm{d}y\int_y^1\left(\dfrac{\mathrm{e}^{x^2}}{x}-\mathrm{e}^{y^2}\right)\mathrm{d}x=\int_0^1\mathrm{d}y\int_y^1\dfrac{\mathrm{e}^{x^2}}{x}\,\mathrm{d}x-\int_0^1\mathrm{d}y\int_y^1 \mathrm{e}^{y^2}\,\mathrm{d}x$,由于 $\int_0^1\mathrm{d}y\int_y^1\dfrac{\mathrm{e}^{x^2}}{x}\,\mathrm{d}x=\int_0^1\mathrm{d}x\int_0^x \dfrac{\mathrm{e}^{x^2}}{x}\,\mathrm{d}y=\int_0^1 \mathrm{e}^{x^2}\,\mathrm{d}x$,$\int_0^1\mathrm{d}y\int_y^1 \mathrm{e}^{y^2}\,\mathrm{d}x=\int_0^1 \mathrm{e}^{y^2}(1-y)\,\mathrm{d}y=\int_0^1 \mathrm{e}^{y^2}\,\mathrm{d}y-\int_0^1 y\mathrm{e}^{y^2}\,\mathrm{d}y$,则原式 $=\int_0^1 \mathrm{e}^{x^2}\,\mathrm{d}x-\int_0^1 \mathrm{e}^{y^2}\,\mathrm{d}y+\int_0^1 y\mathrm{e}^{y^2}\,\mathrm{d}y=\int_0^1 y\mathrm{e}^{y^2}\,\mathrm{d}y=\dfrac{1}{2}[\mathrm{e}^{y^2}]_0^1=\dfrac{1}{2}(\mathrm{e}-1)$.

(4) 在 $z=6-x^2-y^2$ 和 $z=\sqrt{x^2+y^2}$ 中消去 z,解得 $\sqrt{x^2+y^2}=2$,即围成的立体 Ω 在 xOy 面上的投影区域 D_{xy} 为 $x^2+y^2\leqslant 4$. 于是 $V=\iiint\limits_\Omega \mathrm{d}v=\int_0^{2\pi}\mathrm{d}\theta\int_0^2\mathrm{d}\rho\int_\rho^{6-\rho^2}\rho\,\mathrm{d}z=2\pi\int_0^2 \rho(6-\rho^2-\rho)\,\mathrm{d}\rho=\dfrac{32}{3}\pi$. (或 $V=\iiint\limits_\Omega \mathrm{d}v=\iint\limits_{D_{xy}}\mathrm{d}x\mathrm{d}y\int_{\sqrt{x^2+y^2}}^{6-(x^2+y^2)}\mathrm{d}z=\iint\limits_{D_{xy}}[6-(x^2+y^2)-$

$$\sqrt{x^2+y^2}]\mathrm{d}x\,\mathrm{d}y = \int_0^{2\pi}\mathrm{d}\theta\int_0^2(6-r^2-r)r\,\mathrm{d}r = \frac{32}{3}\pi.)$$

(5) 由对称性可知，$I = \iiint\limits_{\substack{|x|\leqslant 1\\|y|\leqslant 1\\|z|\leqslant 1}}(\mathrm{e}^{y^2}\sin y^3 + z^2\tan x + 3)\mathrm{d}v = 0 + 3\iiint\limits_{\substack{|x|\leqslant 1\\|y|\leqslant 1\\|z|\leqslant 1}}\mathrm{d}v = 3\times 2\times 2\times 2 = 24.$

2. 选择题

(1) $I = \int_0^1 \mathrm{d}y\int_0^{\sqrt{1-y}}3x^2y^2\mathrm{d}x$，则交换积分次序后 $I =$ ( )

(A) $\int_0^1\mathrm{d}x\int_0^{\sqrt{1-x}}3x^2y^2\mathrm{d}y$ \qquad (B) $\int_0^{\sqrt{1-y}}\mathrm{d}x\int_0^1 3x^2y^2\mathrm{d}y$

(C) $\int_0^1\mathrm{d}x\int_0^{1-x^2}3x^2y^2\mathrm{d}y$ \qquad (D) $\int_0^1\mathrm{d}x\int_0^{1+x^2}3x^2y^2\mathrm{d}y$

解：$I = \int_0^1\mathrm{d}y\int_0^{\sqrt{1-y}}3x^2y^2\mathrm{d}x = \int_0^1\mathrm{d}x\int_0^{1-x^2}3x^2y^2\mathrm{d}y$，故应选 C；

(2) 设 $J_k = \iint\limits_{D_k}\sqrt[3]{x-y}\,\mathrm{d}x\,\mathrm{d}y(k=1,2,3)$，其中 $D_1 = \{(x,y)\mid 0\leqslant x\leqslant 1, 0\leqslant y\leqslant 1\}$，$D_2 = \{(x,y)\mid 0\leqslant x\leqslant 1, 0\leqslant y\leqslant \sqrt{x}\}$，$D_3 = \{(x,y)\mid 0\leqslant x\leqslant 1, x^2\leqslant y\leqslant 1\}$，则 ( )(2016 考研真题)(理 2 文 3)

(A) $J_1 < J_2 < J_3$ \qquad (B) $J_3 < J_1 < J_2$

(C) $J_2 < J_3 < J_1$ \qquad (D) $J_2 < J_1 < J_3$

(理 2 文 3) 解：利用积分区域关于直线 $y=x$ 的对称性和积分性质易知，$J_1 = \iint\limits_{D_1}\sqrt[3]{x-y}\,\mathrm{d}x\,\mathrm{d}y = 0, J_2 = \iint\limits_{D_2}\sqrt[3]{x-y}\,\mathrm{d}x\,\mathrm{d}y > 0, J_3 = \iint\limits_{D_3}\sqrt[3]{x-y}\,\mathrm{d}x\,\mathrm{d}y < 0$，因此 $J_3 < J_1 < J_2$，应选 B.

(2) 累次积分 $I = \int_0^{\frac{\pi}{2}}\mathrm{d}\theta\int_0^{\cos\theta}f(\rho\cos\theta,\rho\sin\theta)\rho\,\mathrm{d}\rho$ 可以写成 ( )(文)

(A) $\int_0^1\mathrm{d}y\int_0^{\sqrt{y-y^2}}f(x,y)\mathrm{d}x$ \qquad (B) $\int_0^1\mathrm{d}y\int_0^{\sqrt{1-y^2}}f(x,y)\mathrm{d}x$

(C) $\int_0^1\mathrm{d}x\int_0^1 f(x,y)\mathrm{d}y$ \qquad (D) $\int_0^1\mathrm{d}x\int_0^{\sqrt{x-x^2}}f(x,y)\mathrm{d}y$

(文) 解：积分区域 $D = \left\{(\rho,\theta)\,\Big|\,0\leqslant\theta\leqslant\frac{\pi}{2}, 0\leqslant\rho\leqslant\cos\theta\right\} = \{(x,y)\mid 0\leqslant x\leqslant 1, 0\leqslant y\leqslant\sqrt{x-x^2}\}$，故应选 D.

(3) 设 $D = \{(x,y)\mid x^2+y^2\leqslant 2x, x^2+y^2\leqslant 2y\}$，函数 $f(x,y)$ 在 D 上连续，则 $\iint\limits_D f(x,y)\mathrm{d}x\,\mathrm{d}y = $ ( )(2015 考研真题)(理 3 文 4)

(A) $\int_0^{\frac{\pi}{4}}\mathrm{d}\theta\int_0^{2\cos\theta}f(\rho\cos\theta,\rho\sin\theta)\rho\,\mathrm{d}\rho + \int_{\frac{\pi}{4}}^{\frac{\pi}{2}}\mathrm{d}\theta\int_0^{2\sin\theta}f(\rho\cos\theta,\rho\sin\theta)\rho\,\mathrm{d}\rho$

(B) $\int_0^{\frac{\pi}{4}}\mathrm{d}\theta\int_0^{2\sin\theta}f(\rho\cos\theta,\rho\sin\theta)\rho\,\mathrm{d}\rho + \int_{\frac{\pi}{4}}^{\frac{\pi}{2}}\mathrm{d}\theta\int_0^{2\cos\theta}f(\rho\cos\theta,\rho\sin\theta)\rho\,\mathrm{d}\rho$

(C) $2\int_0^1\mathrm{d}x\int_{1-\sqrt{1-x^2}}^x f(x,y)\mathrm{d}y$

(D) $2\int_0^1 dx \int_x^{\sqrt{2x-x^2}} f(x,y) dy$

(理 3 文 4) 解：根据图形可知，在极坐标系下该二重积分要分成两个积分区域：$D_1 = \left\{(\rho,\theta) \Big| 0 \leqslant \theta \leqslant \dfrac{\pi}{4}, 0 \leqslant \rho \leqslant 2\sin\theta\right\}$，$D_2 = \left\{(\rho,\theta) \Big| \dfrac{\pi}{4} \leqslant \theta \leqslant \dfrac{\pi}{2}, 0 \leqslant \rho \leqslant 2\cos\theta\right\}$，所以 $\iint\limits_D f(x,y) dx dy = \int_0^{\frac{\pi}{4}} d\theta \int_0^{2\sin\theta} f(\rho\cos\theta, \rho\sin\theta) \rho d\rho + \int_{\frac{\pi}{4}}^{\frac{\pi}{2}} d\theta \int_0^{2\cos\theta} f(\rho\cos\theta, \rho\sin\theta) \rho d\rho$，应选 B.

(4) 设有空间闭区域 $\Omega_1 = \{(x,y,z) \mid x^2 + y^2 + z^2 \leqslant R^2, z \geqslant 0\}$, $\Omega_2 = \{(x,y,z) \mid x^2 + y^2 + z^2 \leqslant R^2, x \geqslant 0, y \geqslant 0, z \geqslant 0\}$，则有 ( ) **(理)**

(A) $\iiint\limits_{\Omega_1} x \, dv = 4 \iiint\limits_{\Omega_2} x \, dv$ (B) $\iiint\limits_{\Omega_1} y \, dv = 4 \iiint\limits_{\Omega_2} y \, dv$

(C) $\iiint\limits_{\Omega_1} z \, dv = 4 \iiint\limits_{\Omega_2} z \, dv$ (D) $\iiint\limits_{\Omega_1} xyz \, dv = 4 \iiint\limits_{\Omega_2} xyz \, dv$

解：利用积分区域的对称性可知，$\iiint\limits_{\Omega_1} z \, dv = 4 \iiint\limits_{\Omega_2} z \, dv$，故应选 C.

(5) 设 Ω 是由曲面 $z = \sqrt{3(x^2 + y^2)}$ 与 $z = \sqrt{1 - x^2 - y^2}$ 所围成的空间区域，$\iiint\limits_{\Omega} z^2 \, dv$ 在球坐标系下化为累次积分是 ( ) **(理)**

(A) $\int_0^{2\pi} d\theta \int_0^{\frac{\pi}{3}} d\varphi \int_0^1 r^4 \sin\varphi \cos^2\varphi \, dr$

(B) $\int_0^{2\pi} d\theta \int_0^{\frac{\pi}{6}} d\varphi \int_0^1 r^4 \sin\varphi \cos^2\varphi \, dr$

(C) $\int_0^{2\pi} d\theta \int_0^{\frac{\pi}{3}} d\varphi \int_0^1 r^4 \sin\varphi \cos\varphi \, dr$

(D) $\int_0^{2\pi} d\theta \int_0^{\frac{\pi}{6}} d\varphi \int_0^1 r^4 \sin\varphi \cos\varphi \, dr$

解：$z = \sqrt{3(x^2 + y^2)}$ 的半顶角为 $\dfrac{\pi}{6}$，因此 $\iiint\limits_{\Omega} z^2 \, dv$ 在球坐标系下化为累次积分有 $\iiint\limits_{\Omega} z^2 \, dv = \int_0^{2\pi} d\theta \int_0^{\frac{\pi}{6}} d\varphi \int_0^1 r^4 \sin\varphi \cos^2\varphi \, dr$，应选 B.

3. 计算下列二重积分：

(1) $\iint\limits_D y\sqrt{1 + x^2 - y^2} \, dx dy$，其中 D 是由直线 $y = x, y = 1, x = -1$ 所围成的闭区域；

(2) $\iint\limits_D \sin(\sqrt{x^2 + y^2}) \, dx dy$，其中 D 是由 $\pi^2 \leqslant x^2 + y^2 \leqslant 4\pi^2$ 所确定的闭区域；

(3) $\iint\limits_D (x^2 + y^2 + x) \, dx dy$，其中 D 是圆环形区域 $1 \leqslant x^2 + y^2 \leqslant 2^2$. **(文)**

解：(1) 原式 $= \int_{-1}^{1} \left[\int_x^1 y\sqrt{1 + x^2 - y^2} \, dy\right] dx = -\dfrac{1}{3} \int_{-1}^{1} [\mid x \mid^3 - 1] dx = -\dfrac{2}{3} \int_0^1 (x^3 - 1) dx = \dfrac{1}{2}$;

(2) 原式 $=\int_0^{2\pi}\mathrm{d}\theta\int_\pi^{2\pi}\sin\rho\cdot\rho\mathrm{d}\rho=-2\pi\int_\pi^{2\pi}\rho\mathrm{d}\cos\rho=-6\pi^2$；

(3) D 关于 x 轴及 y 轴都对称，其中 x 是 y 的奇函数，故 $\iint\limits_D(x^2+y^2+x)\mathrm{d}x\mathrm{d}y=\iint\limits_D(x^2+y^2)\mathrm{d}x\mathrm{d}y=\int_0^{2\pi}\mathrm{d}\theta\int_1^2\rho^2\cdot\rho\mathrm{d}\rho=\int_0^{2\pi}\left[\frac{1}{4}\rho^4\right]_1^2\mathrm{d}\theta=\frac{15\pi}{2}$.

4. 设平面区域 $D=\{(x,y)\mid x^2+y^2\leqslant 2y\}$，计算 $\iint\limits_D(x+1)^2\mathrm{d}x\mathrm{d}y$.（2017 考研真题）

解：利用积分区域的对称性可知，$\iint\limits_D x\mathrm{d}x\mathrm{d}y=0$，故 $\iint\limits_D(x+1)^2\mathrm{d}x\mathrm{d}y=\iint\limits_D x^2\mathrm{d}x\mathrm{d}y+\iint\limits_D 1\mathrm{d}x\mathrm{d}y=\int_0^\pi\mathrm{d}\theta\int_0^{2\sin\theta}\rho^3\cos^2\theta\mathrm{d}\rho+\pi=\int_0^\pi 4\cos^2\theta\sin^4\theta\mathrm{d}\theta+\pi=8\int_0^{\frac{\pi}{2}}(1-\sin^2\theta)\sin^4\theta\mathrm{d}\theta+\pi=\frac{5\pi}{4}$.

5. 计算 $\iint\limits_D x[1+yf(x^2+y^2)]\mathrm{d}x\mathrm{d}y$，其中区域 D 是由 $y=x^3$，$y=-1$，$x=1$ 所围成的区域，且 $f(x)$ 为连续函数.

解：函数 $xyf(x^2+y^2)$ 关于 x 和 y 均为奇函数，添加辅助线 $y=-x^3$，将区域 D 分成关于 x 轴对称的区域 D_1 与关于 y 轴对称的区域 D_2，则 $\iint\limits_D xyf(x^2+y^2)\mathrm{d}x\mathrm{d}y=\iint\limits_{D_1} xyf(x^2+y^2)\mathrm{d}x\mathrm{d}y+\iint\limits_{D_2} xyf(x^2+y^2)\mathrm{d}x\mathrm{d}y=0+0=0$，$\iint\limits_D x\mathrm{d}x\mathrm{d}y=\iint\limits_{D_1} x\mathrm{d}x\mathrm{d}y+\iint\limits_{D_2} x\mathrm{d}x\mathrm{d}y=\iint\limits_{D_1} x\mathrm{d}x\mathrm{d}y+0=\int_0^1 x\mathrm{d}x\int_{-x^3}^{x^3}\mathrm{d}y=\int_0^1 2x^4\mathrm{d}x=\frac{2}{5}$.

6. 设 $\int_a^b\mathrm{d}x\int_{\varphi_1(x)}^{\varphi_2(x)}f(x,y)\mathrm{d}y=\int_0^\pi\mathrm{d}\theta\int_0^{2\sin\theta}f(\rho\cos\theta,\rho\sin\theta)\rho\mathrm{d}\rho$，求满足条件的 a,b，$\varphi_1(x),\varphi_2(x)$.

解：由于 $\int_0^\pi\mathrm{d}\theta\int_0^{2\sin\theta}f(\rho\cos\theta,\rho\sin\theta)\rho\mathrm{d}\rho=\int_{-1}^1\mathrm{d}x\int_{1-\sqrt{1-x^2}}^{1+\sqrt{1-x^2}}f(x,y)\mathrm{d}y=\int_a^b\mathrm{d}x\int_{\varphi_1(x)}^{\varphi_2(x)}f(x,y)\mathrm{d}y$，则可取 $a=-1,b=1,\varphi_1(x)=1-\sqrt{1-x^2}$，$\varphi_2(x)=1+\sqrt{1-x^2}$.

7. 设平面区域 $D=\{(x,y)\mid 1\leqslant x^2+y^2\leqslant 4,x\geqslant 0,y\geqslant 0\}$，计算 $\iint\limits_D\frac{x\sin(\pi\sqrt{x^2+y^2})}{x+y}\mathrm{d}x\mathrm{d}y$.

（2014 考研真题）

解法一：由轮换对称性得，原式 $=\iint\limits_D\frac{x\sin(\pi\sqrt{x^2+y^2})}{x+y}\mathrm{d}x\mathrm{d}y=\iint\limits_D\frac{y\sin(\pi\sqrt{x^2+y^2})}{x+y}\mathrm{d}x\mathrm{d}y=\frac{1}{2}\iint\limits_D\sin(\pi\sqrt{x^2+y^2})\mathrm{d}x\mathrm{d}y=\frac{1}{2}\int_0^{\frac{\pi}{2}}\mathrm{d}\theta\int_1^2 r\sin\pi r\mathrm{d}r\xrightarrow{\diamondsuit t=\pi r}\frac{1}{4\pi}\int_\pi^{2\pi}t\sin t\mathrm{d}t=-\frac{3}{4}$.

解法二：原式 $=\int_0^{\frac{\pi}{2}}\mathrm{d}\theta\int_1^2\frac{r\cos\theta\sin\pi r}{r(\cos\theta+\sin\theta)}r\mathrm{d}r=\int_0^{\frac{\pi}{2}}\frac{\cos\theta}{\cos\theta+\sin\theta}\mathrm{d}\theta\cdot\int_1^2 r\sin\pi r\mathrm{d}r=-\frac{3}{\pi}\int_0^{\frac{\pi}{2}}\frac{\cos\theta}{\cos\theta+\sin\theta}\mathrm{d}\theta$，其中 $\int_0^{\frac{\pi}{2}}\frac{\cos\theta}{\cos\theta+\sin\theta}\mathrm{d}\theta=\int_0^{\frac{\pi}{2}}\frac{\sin\theta}{\cos\theta+\sin\theta}\mathrm{d}\theta=\frac{1}{2}\int_0^{\frac{\pi}{2}}1\mathrm{d}\theta=\frac{\pi}{4}$，则原式 $=-\frac{3}{\pi}\cdot\frac{\pi}{4}=-\frac{3}{4}$.

8. 设平面区域 $D = \{(x,y) \mid x^2 + y^2 \leq 1, y \geq 0\}$，且连续函数 $f(x,y)$ 满足：$f(x,y) = y\sqrt{1-x^2} + x\iint\limits_D f(x,y) \mathrm{d}x \mathrm{d}y$，计算 $\iint\limits_D xf(x,y) \mathrm{d}x \mathrm{d}y$. (2020考研真题)

解：设 $\iint\limits_D f(x,y) \mathrm{d}x \mathrm{d}y = c$，则 $f(x,y) = y\sqrt{1-x^2} + cx$，由于区域 D 关于 y 轴对称，故 $\iint\limits_D x \mathrm{d}x \mathrm{d}y = 0$，则 $c = \iint\limits_D (y\sqrt{1-x^2} + cx) \mathrm{d}x \mathrm{d}y = \iint\limits_D y\sqrt{1-x^2} \mathrm{d}x \mathrm{d}y + c\iint\limits_D x \mathrm{d}x \mathrm{d}y = 2\iint\limits_{D_{右半}} y\sqrt{1-x^2} \mathrm{d}x \mathrm{d}y = 2\int_0^1 \sqrt{1-x^2} \mathrm{d}x \int_0^{\sqrt{1-x^2}} y \mathrm{d}y = \int_0^1 (1-x^2)\sqrt{1-x^2} \mathrm{d}x \xrightarrow{令 x = \sin t} \int_0^{\frac{\pi}{2}} \cos^4 t \mathrm{d}t = \frac{3\pi}{16}$，则 $f(x,y) = y\sqrt{1-x^2} + \frac{3\pi}{16}x$. 由于区域 D 关于 y 轴对称，故 $\iint\limits_D xf(x,y) \mathrm{d}x \mathrm{d}y = \iint\limits_D x\left(y\sqrt{1-x^2} + \frac{3\pi}{16}x\right) \mathrm{d}x \mathrm{d}y = \iint\limits_D xy\sqrt{1-x^2} \mathrm{d}x \mathrm{d}y + \iint\limits_D \frac{3\pi}{16}x^2 \mathrm{d}x \mathrm{d}y = \frac{3\pi^2}{128}$.

9. 设平面区域 D 是由 $x^2 + y^2 = 1$ 和直线 $y = x$ 及 x 轴在第一象限内所围成的部分，计算二重积分 $\iint\limits_D \mathrm{e}^{(x+y)^2}(x^2 - y^2) \mathrm{d}x \mathrm{d}y$. (2021考研真题)

解：$\iint\limits_D \mathrm{e}^{(x+y)^2}(x^2 - y^2) \mathrm{d}x \mathrm{d}y = \int_0^{\frac{\pi}{4}} \mathrm{d}\theta \int_0^1 \mathrm{e}^{r^2(1+\sin2\theta)} r^3 \cos2\theta \mathrm{d}r = \int_0^{\frac{\pi}{4}} \frac{\cos2\theta}{(1+\sin2\theta)^2} \mathrm{d}\theta \int_0^1 \mathrm{e}^{r^2(1+\sin2\theta)} \cdot r^3(1+\sin2\theta)^2 \mathrm{d}r$，令 $r^2(1+\sin2\theta) = t$，则其中，$\int_0^1 \mathrm{e}^{r^2(1+\sin2\theta)} r^3 (1+\sin2\theta)^2 \mathrm{d}r = \frac{1}{2}\int_0^{1+\sin2\theta} t \mathrm{e}^t \mathrm{d}t = \frac{1}{2}\left[(t-1)\mathrm{e}^t\right]_0^{1+\sin2\theta} = \frac{1}{2}(\sin2\theta \mathrm{e}^{1+\sin2\theta} + 1)$，故原式 $= \int_0^{\frac{\pi}{4}} \frac{\cos2\theta}{(1+\sin2\theta)^2} \cdot \frac{1}{2}(\sin2\theta \mathrm{e}^{1+\sin2\theta} + 1) \mathrm{d}\theta = \frac{1}{4}\int_0^{\frac{\pi}{4}} \frac{\sin2\theta \mathrm{e}^{1+\sin2\theta} + 1}{(1+\sin2\theta)^2} \mathrm{d}(1+\sin2\theta) = \frac{1}{4}\int_1^2 \left(\frac{u-1}{u^2}\mathrm{e}^u + \frac{1}{u^2}\right) \mathrm{d}u = \frac{1}{4}\int_1^2 \left[\left(\frac{1}{u}\mathrm{d}\mathrm{e}^u + \mathrm{e}^u \mathrm{d}\frac{1}{u}\right) - \mathrm{d}\frac{1}{u}\right] = \frac{1}{4}\left(\frac{1}{2}\mathrm{e}^2 - \mathrm{e} + \frac{1}{2}\right) = \frac{(\mathrm{e}-1)^2}{8}$.

10. 计算下列三重积分：(理)

(1) $\iiint\limits_\Omega z^2 \mathrm{d}x \mathrm{d}y \mathrm{d}z$，其中 Ω 由 $z = \sqrt{2 - x^2 - y^2}$ 与 $z = \sqrt{x^2 + y^2}$ 所围成；

(2) $\iiint\limits_\Omega z^2 \mathrm{d}x \mathrm{d}y \mathrm{d}z$，其中 Ω 是两个球体 $x^2 + y^2 + z^2 \leq 4$ 及 $x^2 + y^2 + z^2 \leq 4z$ 的公共部分；

(3) $\iiint\limits_\Omega z(x^2 + y^2) \mathrm{d}x \mathrm{d}y \mathrm{d}z$，其中 Ω 为 $1 \leq x^2 + y^2 + z^2 \leq 4, z \geq \sqrt{x^2 + y^2}$；

(4) $\iiint\limits_\Omega (x^2 + y^2 + z^2) \mathrm{d}x \mathrm{d}y \mathrm{d}z$，其中 Ω 为 $\frac{x^2}{a^2} + \frac{y^2}{b^2} + \frac{z^2}{c^2}$ 围成的闭区域.

解：(1) 在 $z = \sqrt{2 - x^2 + y^2}, z = \sqrt{x^2 + y^2}$ 中消去 z，得闭区域在 xOy 面上的投影为 $x^2 + y^2 \leq 1$，则原式 $= \int_0^{2\pi} \mathrm{d}\theta \int_0^1 r \mathrm{d}r \int_r^{\sqrt{2-r^2}} z^2 \mathrm{d}z = 2\pi \cdot \frac{1}{3}\int_0^1 \left[(2-r^2)^{\frac{3}{2}} - r^3\right] r \mathrm{d}r = \frac{4\pi}{15}(2\sqrt{2} - 1)$；

(2) 解方程组 $\begin{cases} x^2 + y^2 + z^2 = 4 \\ x^2 + y^2 + z^2 = 4z \end{cases}$，得 $z = 1$，用截面 $z = z$ 来截区域，当 $0 \leq z \leq 1$ 时，D_z：

$x^2+y^2\leqslant 4z-z^2$；当 $1\leqslant z\leqslant 2$ 时，$D_z:x^2+y^2\leqslant 4-z^2$，所以原式 $=\int_0^1 \mathrm{d}z\iint_{D_z}z^2\mathrm{d}x\mathrm{d}y+$
$\int_1^2\mathrm{d}z\iint_{D_z}z^2\mathrm{d}x\mathrm{d}y=\int_0^1\pi z^2\cdot(4z-z^2)\mathrm{d}z+\int_1^2\pi z^2\cdot(4-z^2)\mathrm{d}z=\dfrac{59\pi}{15}$；

(3) 球面坐标下 Ω 表示为 $0\leqslant\theta\leqslant 2\pi,0\leqslant\varphi\leqslant\dfrac{\pi}{4},1\leqslant r\leqslant 2$，则原式 $=$
$\int_0^{2\pi}\mathrm{d}\theta\int_0^{\frac{\pi}{4}}\mathrm{d}\varphi\int_1^2 r\cos\varphi\cdot r^2\sin^2\varphi\cdot r^2\sin\varphi\mathrm{d}r=2\pi\int_0^{\frac{\pi}{4}}\cos\varphi\sin^3\varphi\mathrm{d}\varphi\int_1^2 r^5\mathrm{d}r=\dfrac{21}{16}\pi$；

(4) $\Omega:\left\{(x,y,z)\,\Big|\,-c\leqslant z\leqslant c,\dfrac{x^2}{a^2}+\dfrac{y^2}{b^2}\leqslant 1-\dfrac{z^2}{c^2}\right\}$，因为 $D_z=\left\{(x,y)\,\Big|\,\dfrac{x^2}{a^2}+\dfrac{y^2}{b^2}\leqslant 1-\dfrac{z^2}{c^2}\right\}$，所以 $\iint_{D_z}\mathrm{d}x\mathrm{d}y=\pi ab\left(1-\dfrac{z^2}{c^2}\right)$，则 $\iiint_\Omega z^2\mathrm{d}x\mathrm{d}y\mathrm{d}z=2\int_0^c z^2\mathrm{d}z\iint_{D_z}\mathrm{d}x\mathrm{d}y=$
$2\int_0^c\pi ab\left(1-\dfrac{z^2}{c^2}\right)z^2\mathrm{d}z=\dfrac{4}{15}\pi abc^3$；同理，有 $\iiint_\Omega x^2\mathrm{d}x\mathrm{d}y\mathrm{d}z=\dfrac{4}{15}\pi a^3bc$，$\iiint_\Omega y^2\mathrm{d}x\mathrm{d}y\mathrm{d}z=\dfrac{4}{15}\pi ab^3c$，故原式 $=\dfrac{4}{15}\pi abc(a^2+b^2+c^2)$。

11. 已知 $\Omega=\{(x,y,z)\mid x^2+y^2+z^2\leqslant R^2\}$，积分 $\iiint_\Omega f(x^2+y^2+z^2)\mathrm{d}v=\int_0^R\varphi(x)\mathrm{d}x$，求满足条件的 $\varphi(x)$。（理）

解：由 $\iiint_\Omega f(x^2+y^2+z^2)\mathrm{d}v=\int_0^{2\pi}\mathrm{d}\theta\int_0^\pi\mathrm{d}\varphi\int_0^R f(r^2)\cdot r^2\sin\varphi\mathrm{d}r=\int_0^R 4\pi r^2 f(r^2)\mathrm{d}r=$
$\int_0^R 4\pi x^2 f(x^2)\mathrm{d}x=\int_0^R\varphi(x)\mathrm{d}x$，故 $\varphi(x)=4\pi x^2 f(x^2)$。

12. 设 $f(u)$ 为可微函数，且 $f(0)=0$，求 $\lim\limits_{t\to 0^+}\dfrac{\iiint_{x^2+y^2+z^2\leqslant t^2}f(\sqrt{x^2+y^2+z^2})\mathrm{d}v}{\pi t^4}$。（理）

解：由于 $f(u)$ 为可微函数，$f(0)=0$，故原式 $=\lim\limits_{t\to 0^+}\dfrac{\int_0^{2\pi}\mathrm{d}\theta\int_0^\pi\mathrm{d}\varphi\int_0^t f(r)r^2\sin\varphi\mathrm{d}r}{\pi t^4}=$
$\lim\limits_{t\to 0^+}\dfrac{4\int_0^t f(r)r^2\mathrm{d}r}{t^4}=\lim\limits_{t\to 0^+}\dfrac{f(t)}{t}=\lim\limits_{t\to 0^+}\dfrac{f(t)-f(0)}{t-0}=f'(0)$。

13. 设 $f(x)$ 为连续函数，Ω 是球体 $x^2+y^2+z^2\leqslant 1$，求证：$\iiint_\Omega f(z)\mathrm{d}v=\pi\int_{-1}^1 f(u)(1-u^2)\mathrm{d}u$。（理）

证：$\iiint_\Omega f(z)\mathrm{d}v=\int_{-1}^1 f(z)\iint_{D_z:x^2+y^2\leqslant 1-z^2}\mathrm{d}x\mathrm{d}y=\pi\int_{-1}^1 f(z)(1-z^2)\mathrm{d}z=\pi\int_{-1}^1 f(u)\cdot(1-u^2)\mathrm{d}u$。

14. 求半径为 a 的半球体的形心。（理）

解：设上半球体：$x^2+y^2+z^2\leqslant a^2(z\geqslant 0)$，由对称性可知，其形心必在 z 轴上，设形心为

$(0,0,\bar{z})$,则 $\bar{z} = \dfrac{\iiint\limits_{\Omega} z \, \mathrm{d}v}{\iiint\limits_{\Omega} \mathrm{d}v} = \dfrac{\int_0^a z \, \mathrm{d}z \iint\limits_{D_z} \mathrm{d}\sigma}{\dfrac{2}{3}\pi a^3} = \dfrac{\pi \int_0^a z(a^2 - z^2) \, \mathrm{d}z}{\dfrac{2}{3}\pi a^3} = \dfrac{3a}{8}$,因此所求形心坐标

为 $\left(0, 0, \dfrac{3a}{8}\right)$.

15. 求底半径为 a,高为 h,且密度 $\mu = 1$ 的均匀圆柱体对于过中心且平行于母线的轴的转动惯量.(理)

解:设半径为 a,高为 h 的均匀圆柱体的方程为 $x^2 + y^2 = a^2$,则球体对于 z 轴(过中心且平行于母线的轴)的转动惯量为 $I_z = \iiint\limits_{\Omega} (x^2 + y^2) \mu \, \mathrm{d}v = \int_0^{2\pi} \mathrm{d}\theta \int_0^a \rho^3 \, \mathrm{d}\rho \int_0^h \mathrm{d}z = 2\pi h \dfrac{a^4}{4} = \dfrac{\pi h a^4}{2}$.

第 11 章　曲线积分与曲面积分

本章是理科用《高等数学》第 10 章相应小节的习题解答.

习题 11-1

A 组

1. 计算下列对弧长的曲线积分：

(1) $\oint_L (x^2+y^2)^3 \mathrm{d}s$，其中 L 为 $\begin{cases} x=a\cos t \\ y=a\sin t \end{cases}$ $(0 \leqslant t \leqslant 2\pi)$；

(2) $\int_L (x+y)\mathrm{d}s$，其中 L 为上半圆周 $y=\sqrt{a^2-x^2}$ $(a>0)$；

(3) $\oint_L (x+y)\mathrm{d}s$，其中 L 为以点 $O(0,0), A(1,0), B(0,1)$ 为顶点的三角形闭折线；

(4) $\oint_L (|x|+|y|)\mathrm{d}s$，其中 L 为闭折线 $|x|+|y|=2$；

(5) $\oint_L e^{\sqrt{x^2+y^2}} \mathrm{d}s$，其中 L 为圆周 $x^2+y^2=a^2 (a>0)$，直线 $y=x$ 及 x 轴在第一象限内所围成的扇形的整个边界；

(6) $\oint_L [6xy+(x^2+y^2)^2]\mathrm{d}s$，其中 L 为圆周：$x^2+y^2=4$；

(7) $\int_\Gamma \dfrac{1}{x^2+y^2+z^2} \mathrm{d}s$，其中 Γ 为曲线 $x=e^t \cos t, y=e^t \sin t, z=e^t$ 上相应于 t 从 0 变到 2 的这段弧；

(8) $\oint_\Gamma (x^2+y^2+z^2)\mathrm{d}s$，其中 Γ 为球面 $x^2+y^2+z^2=\dfrac{9}{2}$ 与平面 $x+z=1$ 的交线.

解：(1) $\mathrm{d}s=a\mathrm{d}t$，原式 $=\int_0^{2\pi}(a^6 \cdot a)\mathrm{d}t=2\pi a^7$；

(2) $L: x=a\cos\theta, y=a\sin\theta, 0\leqslant \theta \leqslant \pi, \mathrm{d}s=a\mathrm{d}\theta$，再由对称性可知，原式 $=\int_L y\mathrm{d}s = \int_0^\pi a\sin\theta \cdot a\mathrm{d}\theta = 2a^2$；

(3) 原式 $=\oint_L (x+y)\mathrm{d}s = \int_{AO}+\int_{OB}+\int_{BA} = \int_0^1 x\mathrm{d}x + \int_0^1 y\mathrm{d}y + \int_0^1 (x+1-x)\sqrt{2}\mathrm{d}x = 1+\sqrt{2}$；

(4) 原式 $=\oint_L 2\mathrm{d}s = 2\times 4\times \sqrt{4+4}=16\sqrt{2}$；

(5) 原式 $=\int_{L_1: y=0} e^{\sqrt{x^2+y^2}}\mathrm{d}s + \int_{L_2: x^2+y^2=a^2} e^{\sqrt{x^2+y^2}}\mathrm{d}s + \int_{L_3: y=x} e^{\sqrt{x^2+y^2}}\mathrm{d}s = \int_0^a e^x \mathrm{d}x + \int_0^{\frac{\pi}{4}} e^a a\mathrm{d}\theta + \int_0^{\frac{\sqrt{2}}{2}a} e^{\sqrt{2}x}\sqrt{2}\mathrm{d}x = e^a\left(2+\dfrac{\pi a}{4}\right)-2$；

(6) $L: x=2\cos\theta, y=2\sin\theta, 0\leqslant \theta \leqslant 2\pi, \mathrm{d}s=2\mathrm{d}\theta$，再由对称性可知，原式 $=0+\int_0^{2\pi} 4^2 \cdot 2\mathrm{d}\theta = 64\pi$；

(7) $ds = \sqrt{3} e^t dt$，原式 $= \int_0^2 \frac{1}{2e^{2t}} \sqrt{3} e^t dt = \int_0^2 \frac{\sqrt{3}}{2} e^{-t} dt = \frac{\sqrt{3}}{2}(1 - e^{-2})$；

(8) 原式 $= \oint_\Gamma \frac{9}{2} ds$，显然 Γ 是球面 $x^2 + y^2 + z^2 = \frac{9}{2}$ 被平面 $x + z = 1$ 截出的交线，为圆，由于球心 $O(0,0,0)$ 到平面 $x + z = 1$ 的距离为 $d = \frac{1}{\sqrt{2}} = \frac{\sqrt{2}}{2}$，则 Γ 圆的半径为 $r = \sqrt{R^2 - d^2} = \sqrt{\frac{9}{2} - \frac{1}{2}} = 2$，因此 $\oint_\Gamma ds = 2\pi r = 4\pi$，原式 $= \frac{9}{2} \oint_\Gamma ds = 18\pi$。

2. 螺旋形弹簧一圈的方程为 $x = \cos t, y = \sin t, z = t$，其中 $0 \leqslant t \leqslant 2\pi$，其线密度为 $\rho(x, y, z) = x^2 + y^2 + z^2$，求它的质量。

解：$M = \oint_\Gamma (x^2 + y^2 + z^2) ds = \int_0^{2\pi} (1 + t^2) \sqrt{2} dt = \frac{2\sqrt{2}}{3} \pi (3 + 4\pi^2)$。

3. 设曲线 L 是半径为 R、中心角为 2α 的圆弧，其线密度为常数 μ，求 L 关于它的对称轴的转动惯量。

解：设圆弧的对称轴为 x 轴，建立圆弧的方程为 $x = R\cos t, y = R\sin t$，其中 $-\alpha \leqslant t \leqslant \alpha$，则 L 关于对称轴（x 轴）的转动惯量为 $J = \int_L y^2 \mu ds = 2\mu \int_0^\alpha R^2 \sin^2 t \cdot R dt = \mu R^3 (\alpha - \sin\alpha \cos\alpha)$。

B 组

1. 计算 $\oint_\Gamma x^2 ds$，其中 Γ 为圆周：$\begin{cases} x^2 + y^2 + z^2 = a^2 \\ x + y + z = 0 \end{cases}$ $(a > 0)$.

解：由轮换对称性可知，$\oint_\Gamma x^2 ds = \frac{1}{3} \oint_\Gamma (x^2 + y^2 + z^2) ds = \frac{a^2}{3} \oint_\Gamma ds = \frac{2}{3} \pi a^3$。

2. $\oint_\Gamma |y| ds$，其中 Γ 为球面 $x^2 + y^2 + z^2 = 2$ 与平面 $y = x$ 的交线。

解：$\Gamma: x = y = \sin t, z = \sqrt{2} \cos t, 0 \leqslant t \leqslant 2\pi$，故原式 $= \int_0^{2\pi} |\sin t| \sqrt{2} dt = 2\sqrt{2} \int_0^\pi \sin t dt = 4\sqrt{2}$。

3. 计算球面上的曲线三角形 $G: x^2 + y^2 + z^2 = a^2, x \geqslant 0, y \geqslant 0, z \geqslant 0$ 的边界线的形心坐标。

解：G 的长度为 $L = 3 \cdot \frac{1}{4} \cdot 2\pi a = \frac{3}{2} \pi a$，设形心坐标为 $(\bar{x}, \bar{y}, \bar{z})$，则 $\bar{x} = \frac{\oint_G x ds}{L} = \frac{2}{3\pi a} (\int_{L_1: x^2 + y^2 = a^2, x \geqslant 0, y \geqslant 0, z=0} x ds + \int_{L_2: y^2 + z^2 = a^2, y \geqslant 0, z \geqslant 0, x=0} x ds + \int_{L_3: x^2 + z^2 = a^2, x \geqslant 0, z \geqslant 0, y=0} x ds) = \frac{2}{3\pi a} [2 \cdot \int_0^{\frac{\pi}{2}} (a\cos t \cdot a dt)] = \frac{4a}{3\pi}$，由对称性可知，$\bar{x} = \bar{y} = \bar{z}$，则形心坐标为 $\left(\frac{4a}{3\pi}, \frac{4a}{3\pi}, \frac{4a}{3\pi}\right)$。

习题 11 - 2

A 组

1. 设 L_1 为 xOy 平面内直线 $x = a$ 上的一段，L_2 为直线 $y = b$ 上的一段，证明：$\int_{L_1} P(x, y) dx = 0, \int_{L_2} Q(x, y) dy = 0$.

证:$L_1: x = a$,则 $\mathrm{d}x = 0$,故 $\int_{L_1} P(x, y)\mathrm{d}x = 0$;$L_2: y = b$,则 $\mathrm{d}y = 0$,故 $\int_{L_2} Q(x, y)\mathrm{d}y = 0$.

2. 计算下列对坐标的曲线积分：

(1) $\int_L (x^2 - 2xy)\mathrm{d}x + (y^2 - 2xy)\mathrm{d}y$,其中 L 为抛物线 $y = x^2$ 上对应于 x 由 -1 增加到 1 的那一段；

(2) $\oint_L xy\mathrm{d}x$,其中 L 为圆周 $(x-a)^2 + y^2 = a^2 (a > 0)$ 及 x 轴所围成的在第一象限内的区域的整个边界(按逆时针方向绕行)；

(3) $\oint_L y\mathrm{d}x - x\mathrm{d}y$,其中 L 为椭圆 $\dfrac{x^2}{a^2} + \dfrac{y^2}{b^2} = 1$,方向为逆时针方向；

(4) $\oint_L \dfrac{(x+y)\mathrm{d}x - (x-y)\mathrm{d}y}{x^2 + y^2}$,其中 L 为圆周 $x^2 + y^2 = a^2$,方向为逆时针方向；

(5) $\int_L \dfrac{x^2\mathrm{d}y - y^2\mathrm{d}x}{x^{\frac{5}{3}} + y^{\frac{5}{3}}}$,其中 L 为星形线 $x = a\cos^3 t$,$y = a\sin^3 t (a > 0)$ 从点 $(a, 0)$ 到点 $(0, a)$ 位于第一象限的一段；

(6) $\int_\Gamma x\mathrm{d}x + y\mathrm{d}y + (x+y-1)\mathrm{d}z$,其中 Γ 为从点 $(1, 1, 1)$ 到点 $(2, 3, 4)$ 的一段直线；

(7) $\int_\Gamma y\mathrm{d}x + z\mathrm{d}y + x\mathrm{d}z$,其中 Γ 为 $x = a\cos t$,$y = a\sin t$,$z = bt$ 上对应于 $t = 0$ 到 $t = 2\pi$ 的一段弧；

(8) $\int_\Gamma -y^2\mathrm{d}x + x\mathrm{d}y + z^2\mathrm{d}z$,其中 Γ 为平面 $y + z = 2$ 与柱面 $x^2 + y^2 = 1$ 的交线,方向为从原点向 z 轴正向看去顺时针的方向.

解:(1) $L: y = x^2$,$x: -1 \to 1$,则原式 $= \int_{-1}^{1} [(x^2 - 2x^3) + (x^4 - 2x^3) 2x]\mathrm{d}x = -\dfrac{14}{15}$;

(2) $L = L_1 + L_2$,$L_1: y = 0$,$x: 0 \to 2a$,$L_2: x = a + a\cos t$,$y = a\sin t$,$t: 0 \to \pi$,则原式 $= \left(\int_{L_1} + \int_{L_2}\right) xy\mathrm{d}x = \int_0^{2a} 0\mathrm{d}x - \int_0^\pi (a + a\cos t)(a\sin t)^2 \mathrm{d}t = -a^3\left(\int_0^\pi \sin^2 t\mathrm{d}t + \int_0^\pi \sin^2 t\mathrm{d}\sin t\right) = -\dfrac{\pi}{2}a^3$;

(3) $L: x = a\cos t$,$y = b\sin t$,$t: 0 \to 2\pi$,则原式 $= \int_0^{2\pi}(-b\sin t \cdot a\sin t - a\cos t \cdot b\cos t)\mathrm{d}t = -2\pi ab$;

(4) $L: x = a\cos t$,$y = a\sin t$,$t: 0 \to 2\pi$,原式 $= \dfrac{1}{a^2}\oint_L (x+y)\mathrm{d}x - (x-y)\mathrm{d}y = \int_0^{2\pi}[(\cos t + \sin t)(-\sin t) - (\cos t - \sin t)\cos t]\mathrm{d}t = -2\pi$;

(5) $L: x = a\cos^3 t$,$y = a\sin^3 t (a > 0)$,$t: 0 \to \dfrac{\pi}{2}$,则原式 $= \dfrac{1}{a^{\frac{5}{3}}}\int_0^{\frac{\pi}{2}}\left[\dfrac{(a^2\cos^6 t \cdot 3a\sin^2 t\cos t) - (-a^2\sin^6 t \cdot 3a\cos^2 t\sin t)}{\cos^5 t + \sin^5 t}\right]\mathrm{d}t = 3a^{\frac{4}{3}}\int_0^{\frac{\pi}{2}}\cos^2 t\sin^2 t\mathrm{d}t = \dfrac{3\pi}{16}a^{\frac{4}{3}}$;

(6) $\Gamma: x = 1 + t$,$y = 1 + 2t$,$z = 1 + 3t$,$t: 0 \to 1$,则原式 $= \int_0^1 [(1+t) + 2(1+2t) + 3(1+$

$3t)]dt = \int_0^1 (6+14t)dt = 13$;

(7) 原式 $= \int_0^{2\pi}[(a\sin t)(-a\sin t) + bt(a\cos t) + b(a\cos t)]dt = -\pi a^2$;

(8) $\Gamma: x = \cos t, y = \sin t, z = 2 - \sin t, t: 2\pi \to 0$, 则原式 $= \int_{2\pi}^{0}[-\sin^2 t(-\sin t) + \cos^2 t + (2-\sin t)^2(-\cos t)]dt = -\pi$.

3. 计算 $\int_L (x+y)dx + (y-x)dy$, 其中 L 为:

(1) 抛物线 $x = y^2$ 上从点 $(1,1)$ 到点 $(4,2)$ 的一段;

(2) 先沿直线从点 $(1,1)$ 到点 $(1,2)$, 再沿直线到点 $(4,2)$ 的折线;

(3) 曲线 $x = 2t^2 + t + 1, y = t^2 + 1$ 上从点 $(1,1)$ 到点 $(4,2)$ 的一段弧.

解:(1) $L: x = y^2, y: 1 \to 2$, 则原式 $= \int_1^2 [(y^2+y)2y + (y-y^2)]dy = \int_1^2 (2y^3 + y^2 + y)dy = \frac{34}{3}$;

(2) $L = L_1 + L_2, L_1: x = 1, y: 1 \to 2, L_2: y = 2, x: 1 \to 4$, 则原式 $= \left(\int_{L_1} + \int_{L_2}\right)(x+y)dx + (y-x)dy = 0 + \int_1^2 (y-1)dy + \int_1^4 (x+2)dx + 0 = 14$;

(3) $L: x = 2t^2 + t + 1, y = t^2 + 1, t: 0 \to 1$, 则原式 $= \int_0^1 [(3t^2+t+2)(4t+1) - (t^2+t) \cdot 2t]dt = \int_0^1 (10t^3 + 5t^2 + 9t + 2)dt = \frac{32}{3}$.

4. 计算曲线积分 $I = \int_L \frac{-ydx + xdy}{x^2 + y^2}$, 其中 L 为:

(1) 从点 $A(-a, 0)$ 到点 $B(a, 0)$ 的上半圆周 $(a > 0)$;

(2) 从点 $A(-a, 0)$ 到点 $B(a, 0)$ 的下半圆周 $(a > 0)$.

解:(1) L: 上半圆周 $x^2 + y^2 = a^2, L: x = a\cos t, y = a\sin t, t: \pi \to 0$, 则 $I = \frac{1}{a^2}\int_\pi^0 [(-a\sin t) \cdot (-a\sin t) + a\cos t \cdot a\cos t]dt = \int_\pi^0 dt = -\pi$;

(2) L: 下半圆周 $x^2 + y^2 = a^2, L: x = a\cos t, y = a\sin t, t: \pi \to 2\pi$, 则 $I = \frac{1}{a^2}\int_\pi^{2\pi}[(-a\sin t) \cdot (-a\sin t) + a\cos t \cdot a\cos t]dt = \int_\pi^{2\pi} dt = \pi$.

5. 设有一平面力场 F, F 在任一点的大小等于该点到原点的距离的平方, 而方向与 y 轴正方向相反, 求质量为 m 的质点在力场 F 的作用下沿抛物线 $1 - x = y^2$ 从点 $(1,0)$ 移动到点 $(0,1)$ 时, F 所做的功.

解: $F = -(x^2 + y^2)J, L: x = 1 - y^2, y: 0 \to 1$, 则 F 所做的功为 $W = \int_L 0dx - (x^2 + y^2)dy = -\int_0^1 [(1-y^2)^2 + y^2]dy = -\frac{13}{15}$.

6. 在过点 $O(0,0)$ 和 $A(\pi, 0)$ 的曲线族 $y = a\sin x (a > 0)$ 中, 求一条曲线 L, 使沿该曲线从

点 O 到点 A 的积分 $I = \int_L (1+y^3)dx + (2x+y)dy$ 的值最小.

解:$L: y = a\sin x (a>0), x: 0 \to \pi$,则 $I = \int_L (1+y^3)dx + (2x+y)dy = \int_0^\pi [(1+a^3\sin^3 x) + (2x+a\sin x)a\cos x]dx = \pi + \frac{4}{3}a^3 + 2a\int_0^\pi x\,d\sin x = \pi + \frac{4}{3}a^3 - 4a.$

由 $I'(a) = 4a^2 - 4 = 0$,解得 $a=1$, $I''(a) = 8a > 0$,因此 $a=1$,即 $L: y = \sin x$ 时 I 的值最小.

B 组

1. 计算 $\oint_L \frac{dx+dy}{|x|+|y|}$,其中 L 为 $|x|+|y|=1$,取逆时针方向.

   解:$L = L_1 + L_2 + L_3 + L_4$, $L_1: y = 1-x, x: 1 \to 0$, $L_2: y = 1+x, x: 0 \to -1$, $L_3: y = -1-x, x: -1 \to 0$, $L_4: y = x-1, x: 0 \to 1$,则 $\oint_L \frac{dx+dy}{|x|+|y|} = \oint_L dx + dy = \left(\int_{L_1} + \int_{L_2} + \int_{L_3} + \int_{L_4}\right)dx + dy = \int_1^0 (1-1)dx + \int_0^{-1}(1+1)dx + \int_{-1}^0 (1-1)dx + \int_0^1 (1+1)dx = 0.$

2. 计算 $\int_\Gamma y^2 dx + z^2 dy + x^2 dz$, Γ 为两曲面 $x^2+y^2+z^2=4$ 与 $x^2+y^2=2x(z \geq 0)$ 的交线,从 Ox 轴正向看去为逆时针方向.

   解:$\Gamma: x = 1+\cos t, y = \sin t, z = \sqrt{2(1-\cos t)} = 2\sin\frac{t}{2}, t: 0 \to 2\pi$,则原式 $= \int_0^{2\pi}\left[\sin^2 t \cdot (-\sin t) + 2(1-\cos t)\cos t + (1+\cos t)^2\left(\cos\frac{t}{2}\right)\right]dt = \int_0^{2\pi}(1-\cos^2 t)\cdot d\cos t + 2\int_0^{2\pi}(\cos t - \cos^2 t)dt + \int_0^{2\pi} 4\cos^5\frac{t}{2}dt = -2\pi.$

3. 设曲线 Γ 的方程为 $\begin{cases} z = \sqrt{2-x^2-y^2} \\ z = x \end{cases}$,起点为 $A(0,\sqrt{2},0)$,终点为 $B(0,-\sqrt{2},0)$,计算曲线积分 $\int_\Gamma (y+z)dx + (z^2-x^2+y)dy + (x^2+y^2)dz.$ (2015 考研真题)

   解:$\Gamma: \begin{cases} x = \cos\theta, \\ y = \sqrt{2}\sin\theta, \\ z = \cos\theta, \end{cases} \theta: \frac{\pi}{2} \to -\frac{\pi}{2}$,则原式 $= \int_{\frac{\pi}{2}}^{-\frac{\pi}{2}}[-(\sqrt{2}\sin\theta+\cos\theta)\sin\theta + 2\sin\theta\cos\theta - (1+\sin^2\theta)\sin\theta]d\theta = \int_{-\frac{\pi}{2}}^{\frac{\pi}{2}} \sqrt{2}\sin^2\theta\,d\theta = \frac{\sqrt{2}}{2}\pi.$

习题 11-3

A 组

1. 利用曲线积分计算由星形线 $x = a\cos^3 t, y = a\sin^3 t$ 所围成的图形的面积.

   解:设 L 为星形线 $x = a\cos^3 t, y = a\sin^3 t$ 的正向,则 $t: 0 \to 2\pi$,则所求面积为 $A = \frac{1}{2}\oint_L x\,dy - y\,dx = \frac{1}{2}\int_0^{2\pi}(3a^2\cos^4 t\sin^2 t + 3a^2\sin^4 t\cos^2 t)dt = \frac{3a^2}{2}\int_0^{2\pi}\cos^2 t\sin^2 t\,dt = \frac{3\pi a^2}{8}.$

2. 利用格林公式计算下列曲线积分：

(1) $\oint_L y(e^x-1)dx + e^x dy$，其中 L 为直线 $x+y=1$ 及坐标轴围成的三角形的正向边界曲线；

(2) $\oint_L \sqrt{x^2+y^2}dx + y[xy+\ln(x+\sqrt{x^2+y^2})]dy$，其中 L 为以 $A(1,1), B(2,2)$ 和 $E(1,3)$ 为顶点的三角形的正向边界线；

(3) $\oint_L (xe^{x^2-y^2}-2y)dx - (ye^{x^2-y^2}-3x)dy$，其中 L 为 $y=|x|, y=2-|x|$ 围成的正方形区域的正向边界线；

(4) $\int_L (y^3 e^x - 2y)dx + (3y^2 e^x - 2)dy$，其中 L 为一条有向折线段 $\overrightarrow{OAB}$，$O(0,0), A(2,2), B(4,0)$ 为该折线段的顶点；

(5) $\int_L [\varphi(y)e^x - \pi y]dx + [\varphi'(y)e^x - \pi]dy$，其中 $\varphi(y)$ 具有连续导数，$\varphi(0)=0$，曲线 L 的极坐标方程为 $\rho = a(1-\cos\theta)(a>0, 0 \leq \theta \leq \pi)$，方向对应于 θ 从 0 到 π；

(6) $\int_{\overset{\frown}{AMO}} (e^x\sin y - my)dx + (e^x\cos y - m)dy$，其中 $\overset{\frown}{AMO}$ 为从点 $A(a,0)$ 至点 $O(0,0)$ 的上半圆周 $x^2+y^2=ax$.

解：(1) $P=y(e^x-1), Q=e^x$，由格林公式得，原式 $=\iint\limits_{D_L}(Q_x - P_y)dxdy = \iint\limits_{D_L}dxdy = \dfrac{1}{2}$；

(2) $P=\sqrt{x^2+y^2}, Q=xy^2+y\ln(x+\sqrt{x^2+y^2})$，$\dfrac{\partial P}{\partial y}=\dfrac{y}{\sqrt{x^2+y^2}}$，$\dfrac{\partial Q}{\partial x}=y^2+\dfrac{y}{\sqrt{x^2+y^2}}$，

由格林公式得，原式 $=\iint\limits_{D_L}(Q_x - P_y)dxdy = \iint\limits_{D_L} y^2 dxdy = \int_1^2 dx \int_x^{4-x} y^2 dy = \dfrac{25}{6}$；

(3) $P=xe^{x^2-y^2}-2y, Q=-ye^{x^2-y^2}+3x$，$\dfrac{\partial P}{\partial y}=-2xye^{x^2-y^2}-2$，$\dfrac{\partial Q}{\partial x}=-2xye^{x^2-y^2}+3$，由格林公式得，原式 $=\iint\limits_{D_L}(Q_x-P_y)dxdy = \iint\limits_{D_L} 5dxdy = 10$；

(4) $P=y^3 e^x - 2y, Q=3y^2 e^x - 2$，$\dfrac{\partial P}{\partial y}=3y^2 e^x - 2$，$\dfrac{\partial Q}{\partial x}=3y^2 e^x$，补有向线段 $\overrightarrow{BO}: y=0, x: 4\to 0$，设 D 为有向折线段 $\overrightarrow{OAB}$ 与 $\overrightarrow{BO}$ 围成的三角形区域，则由格林公式得，原式 $=\int_{L+\overrightarrow{BO}}(y^3 e^x-2y)dx+(3y^2 e^x-2)dy - \int_{\overrightarrow{BO}}(y^3 e^x-2y)dx+(3y^2 e^x-2)dy = -\iint\limits_{D_L} 2dxdy - \int_4^0 0 dx = -8$；

(5) $P=\varphi(y)e^x - \pi y, Q=\varphi'(y)e^x - \pi$，$\dfrac{\partial P}{\partial y}=\varphi'(y)e^x - \pi$，$\dfrac{\partial Q}{\partial x}=\varphi'(y)e^x$，设 $B(-2a, 0)$，补有向线段 $\overrightarrow{BO}: y=0, x: -2a \to 0$，设 D 为 L 与 $\overrightarrow{BO}$ 围成的区域，则由格林公式得，原式 $=\int_{L+\overrightarrow{BO}}[\varphi(y)e^x-\pi y]dx+[\varphi'(y)e^x-\pi]dy - \int_{\overrightarrow{BO}}[\varphi(y)e^x-\pi y]dx+[\varphi'(y)e^x-\pi]dy = \pi\iint\limits_D dxdy - \int_{-2a}^0 0 dx = \pi\int_0^\pi d\theta \int_0^{a(1-\cos\theta)} \rho d\rho = \pi\dfrac{a^2}{2}\int_0^\pi (1-\cos\theta)^2 d\theta = \dfrac{3}{4}\pi^2 a^2$；

(6) $P = e^x \sin y - my, Q = e^x \cos y - m, \dfrac{\partial P}{\partial y} = e^x \cos y - m, \dfrac{\partial Q}{\partial x} = e^x \cos y$,补有向线段 $\overrightarrow{OA}$:
$y = 0, x: 0 \to a$,设 D 为上半圆周 $\overset{\frown}{AMOL}$ 与 $\overrightarrow{OA}$ 围成的上半圆域,则由格林公式得,原式 =
$\left(\int_{\overset{\frown}{AMO}+\overrightarrow{OA}} - \int_{\overrightarrow{OA}}\right)(e^x \sin y - my)dx + (e^x \cos y - m)dy = m\iint_D dx\,dy - \int_0^a 0\,dx = \dfrac{1}{8}m\pi a^2.$

3. 设 $f(u)$ 为连续函数,证明 $\int_{(0,1)}^{(a,b)} f(x+y)(dx + dy) = \int_1^{a+b} f(u)du.$

证:$P = Q = f(x+y), \dfrac{\partial P}{\partial y} = f'(x+y) = \dfrac{\partial Q}{\partial x}$,因此积分与路径无关,则 $\int_{(0,1)}^{(a,b)} f(x+y)(dx + dy) = \int_0^a f(x+1)dx + \int_1^b f(a+y)dy$,其中 $\int_0^a f(x+1)dx \xrightarrow{\text{令 }x+1=u} \int_1^{a+1} f(u)du$,
$\int_1^b f(a+y)dy \xrightarrow{\text{令 }a+y=u} \int_{a+1}^{a+b} f(u)du$,因此 $\int_{(0,1)}^{(a,b)} f(x+y)(dx+dy) = \int_1^{a+1} f(u)du + \int_{a+1}^{a+b} f(u)du = \int_1^{a+b} f(u)du.$ 证毕.

4. 验证下列各式为某一函数 $u(x,y)$ 的全微分,并求出一个这样的函数 $u(x,y)$:
(1) $(x^2 + 2xy - y^2)dx + (x^2 - 2xy - y^2)dy$;
(2) $(3x^2 y + xe^x)dx + (x^3 - y\sin y)dy.$

解:(1) 令 $P = x^2 + 2xy - y^2, Q = x^2 - 2xy - y^2$,则 $\dfrac{\partial P}{\partial y} = 2x - 2y = \dfrac{\partial Q}{\partial x}$,因此存在函数 $u(x,y)$,使得 $du = (x^2 + 2xy - y^2)dx + (x^2 - 2xy - y^2)dy$,且 $u(x,y) = \int_{(0,0)}^{(x,y)}(x^2 + 2xy - y^2)dx + (x^2 - 2xy - y^2)dy = \int_0^x x^2 dx + \int_0^y(x^2 - 2xy - y^2)dy = \dfrac{1}{3}x^3 + x^2 y - xy^2 - \dfrac{1}{3}y^3$;

(2) 令 $P = 3x^2 y + xe^x, Q = x^3 - y\sin y$,则 $\dfrac{\partial P}{\partial y} = 3x^2 = \dfrac{\partial Q}{\partial x}$,因此存在函数 $u(x,y)$,使得 $du = (3x^2 y + xe^x)dx + (x^3 - y\sin y)dy$,且 $u(x,y) = \int_{(0,0)}^{(x,y)}(3x^2 y + xe^x)dx + (x^3 - y\sin y)dy = \int_0^x xe^x dx + \int_0^y (x^3 - y\sin y)dy = e^x(x-1) + 1 + x^3 y + y\cos y - \sin y.$

5. 证明下列曲线积分在有定义的单连通域内与路径无关,并计算积分值:
(1) $\int_{(0,0)}^{(2,3)} (2x\cos y - y^2 \sin x)dx + (2y\cos x - x^2 \sin y)dy$;
(2) $\int_{(0,1)}^{(2,3)} (x+y)dx + (x-y)dy.$

证:(1) 令 $P = 2x\cos y - y^2 \sin x, Q = 2y\cos x - x^2 \sin y$,则在单连通域 R^2 内恒有 $\dfrac{\partial P}{\partial y} = -2x\sin y - 2y\sin x = \dfrac{\partial Q}{\partial x}$,因此该曲线积分在 R^2 内与路径无关,原式 $= \int_0^2 2x\,dx + \int_0^3 (2y\cos 2 - 4\sin y)dy = 4 + 9\cos 2 + 4(\cos 3 - 1) = 9\cos 2 + 4\cos 3$;

(2) 令 $P = x + y, Q = x - y$,则在单连通域 $\mathbf{R}^2$ 内恒有 $\dfrac{\partial P}{\partial y} = 1 = \dfrac{\partial Q}{\partial x}$,因此该曲线积分在

$\mathbf{R}^2$ 内与路径无关，原式 $= \int_0^2 (x+1)dx + \int_1^3 (2-y)dy = 4 - 0 = 4$.

6. 计算 $I = \int_L \dfrac{y dx - x dy}{x^2 + y^2}$，其中 L 为：

   (1) 椭圆 $\dfrac{(x-2)^2}{2} + \dfrac{y^2}{3} = 1$ 的正向；

   (2) 正方形边界 $|x| + |y| = 1$ 的正向.

   解：(1) 记 L 所围成的闭区域为 D，则 $D: \dfrac{(x-2)^2}{2} + \dfrac{y^2}{3} \leqslant 1$，显然 $(0,0) \notin D$. 令 $P(x,y) = \dfrac{y}{x^2+y^2}$，$Q(x,y) = \dfrac{-x}{x^2+y^2}$，则当 $x^2 + y^2 \neq 0$ 时，有 $\dfrac{\partial Q}{\partial x} = \dfrac{x^2 - y^2}{(x^2+y^2)^2} = \dfrac{\partial P}{\partial y}$，因此在单连通域 D 内，由格林公式得，$I = \int_L \dfrac{y dx - x dy}{x^2 + y^2} = \iint_D \left(\dfrac{\partial Q}{\partial x} - \dfrac{\partial P}{\partial y}\right) dx dy = 0$；

   (2) $D: |x| + |y| \leqslant 1$，显然 $(0,0) \in D$. 取适当小的 $r > 0$，作位于 D 内的小圆周 $l: x^2 + y^2 = r^2$，l 的方向取逆时针方向，记由 L 和 l 所围成的区域为 D_1（复连通区域），应用格林公式，得 $\oint_L \dfrac{y dx - x dy}{x^2 + y^2} - \oint_l \dfrac{y dx - x dy}{x^2 + y^2} = \iint_D \left(\dfrac{\partial Q}{\partial x} - \dfrac{\partial P}{\partial y}\right) dx dy = 0$（注意格林公式的条件），

   所以 $\oint_L \dfrac{y dx - x dy}{x^2 + y^2} = \oint_l \dfrac{y dx - x dy}{x^2 + y^2} = \int_0^{2\pi} \dfrac{-r^2 \sin^2 \theta - r^2 \cos^2 \theta}{r^2} d\theta = -2\pi$.

7. 计算 $I = \oint_L \dfrac{(yx^3 + e^y)dx + (xy^3 + xe^y - 2y)dy}{9x^2 + 4y^2}$，其中 L 是椭圆 $\dfrac{x^2}{4} + \dfrac{y^2}{9} = 1$ 沿顺时针一周.

   解：设 $D_L: 9x^2 + 4y^2 \leqslant 36$，利用代入性、格林公式以及重积分的对称性，有 $I = \dfrac{1}{36} \oint_L (yx^3 + e^y)dx + (xy^3 + xe^y - 2y)dy = -\dfrac{1}{36} \iint_{D_L} [(y^3 + e^y) - (x^3 + e^y)] dx dy = -\dfrac{1}{36} \iint_{D_L} (y^3 - x^3) dx dy = 0$.

8. 设 L 为沿上半椭圆 $x^2 + xy + y^2 = 1 (y \geqslant 0)$ 上从点 $A(-1,0)$ 到点 $B(1,0)$ 的一段弧，计算 $\int_L [1 + (xy + y^2)\sin x]dx + [(xy + x^2)\sin y]dy$.

   解：将 L 的方程代入积分，得 $\int_L [1 + (xy + y^2)\sin x]dx + [(xy + x^2)\sin y]dy = \int_L [1 + (1 - x^2)\sin x]dx + [(1 - y^2)\sin y]dy = \int_{L + \overrightarrow{BA}} - \int_{\overrightarrow{BA}} = -\iint_D 0 dx dy - \int_1^{-1} [1 + (1 - x^2)\sin x]dx = 2$.

9. 设平面力场 $\mathbf{F} = (2xy^3 - y^2 \cos x)\mathbf{i} + (1 - 2y\sin x + 3x^2 y^2)\mathbf{j}$，求质点沿曲线 $L: 2x = \pi y^2$ 从点 $O(0,0)$ 移动到点 $\left(\dfrac{\pi}{2}, 1\right)$ 时，力 $\mathbf{F}$ 所做的功.

   解：$W = \int_L \mathbf{F} \cdot d\mathbf{r} = \int_L (2xy^3 - y^2 \cos x)dx + (1 - 2y\sin x + 3x^2 y^2)dy$，$L: x = \dfrac{1}{2}\pi y^2$，$y:$ $0 \to 1$，令 $P = 2xy^3 - y^2 \cos x$，$Q = 1 - 2y\sin x + 3x^2 y^2$，则在 $\mathbf{R}^2$ 内恒有 $\dfrac{\partial P}{\partial y} = 6xy^2 -$

$2y\cos x = \dfrac{\partial Q}{\partial x}$,因此该曲线积分在 R^2 内与路径无关. 故力 $\boldsymbol{F}$ 所做的功为 $W = \int_{(0,0)}^{(\frac{\pi}{2},1)} (2xy^3 - y^2\cos x)\mathrm{d}x + (1-2y\sin x + 3x^2y^2)\mathrm{d}y = \int_0^{\frac{\pi}{2}} 0\mathrm{d}x + \int_0^1 \left(1-2y+\dfrac{3\pi^2}{4}y^2\right)\mathrm{d}y = \dfrac{\pi^2}{4}$(功单位).

B 组

1. 已知平面闭区域 $D = \{(x,y) \mid 0 \leqslant x \leqslant \pi, 0 \leqslant y \leqslant \pi\}$,$L$ 为 D 的正向边界,证明:
$$\oint_L x\mathrm{e}^{\sin y}\mathrm{d}y - y\mathrm{e}^{-\sin x}\mathrm{d}x = \oint_L x\mathrm{e}^{-\sin y}\mathrm{d}y - y\mathrm{e}^{\sin x}\mathrm{d}x.$$

证:由格林公式得,$\oint_L x\mathrm{e}^{\sin y}\mathrm{d}y - y\mathrm{e}^{-\sin x}\mathrm{d}x = \iint_D (\mathrm{e}^{\sin y} + \mathrm{e}^{-\sin x})\mathrm{d}\sigma$,$\oint_L x\mathrm{e}^{-\sin y}\mathrm{d}y - y\mathrm{e}^{\sin x}\mathrm{d}x = \iint_D (\mathrm{e}^{-\sin y} + \mathrm{e}^{\sin x})\mathrm{d}\sigma$. 因为 D 关于 $y = x$ 对称,则由轮换对称性可得,$\iint_D (\mathrm{e}^{\sin y} + \mathrm{e}^{-\sin x})\mathrm{d}\sigma = \iint_D (\mathrm{e}^{\sin x} + \mathrm{e}^{-\sin y})\mathrm{d}\sigma$,得证.

2. 计算 $I = \oint_L \dfrac{x\mathrm{d}y - y\mathrm{d}x}{4x^2 + y^2}$,其中 L 是以 $(1,0)$ 为中心,R 为半径的圆周($R > 1$),并取逆时针方向.(2000 考研真题)

解:记 L 所围成的闭区域为 D,则 $D: (x-1)^2 + y^2 \leqslant R^2 (R > 1)$,显然 $(0,0) \in D$. 令 $P(x,y) = \dfrac{-y}{4x^2 + y^2}, Q(x,y) = \dfrac{x}{4x^2 + y^2}$,则当 $(x,y) \neq (0,0)$ 时,有 $\dfrac{\partial Q}{\partial x} = \dfrac{y^2 - 4x^2}{(4x^2 + y^2)^2} = \dfrac{\partial P}{\partial y}$. 取适当小的 $r > 0$,作位于 D 内的小椭圆周 $l: 4x^2 + y^2 = r^2$,取逆时针方向,记由 L 和 l 所围成的区域为 D_1(复连通区域),应用格林公式,得 $\oint_L \dfrac{x\mathrm{d}y - y\mathrm{d}x}{4x^2 + y^2} - \oint_l \dfrac{x\mathrm{d}y - y\mathrm{d}x}{4x^2 + y^2} = \iint_{D_1} 0\mathrm{d}x\mathrm{d}y = 0$,所以 $\oint_L \dfrac{x\mathrm{d}y - y\mathrm{d}x}{4x^2 + y^2} = \oint_l \dfrac{x\mathrm{d}y - y\mathrm{d}x}{4x^2 + y^2} = \dfrac{1}{r^2}\oint_l x\mathrm{d}y - y\mathrm{d}x = \dfrac{2}{r^2}\iint_{D_l} \mathrm{d}x\mathrm{d}y = \pi$.

习题 11-4

A 组

1. 计算下列曲面的表面积:
   (1) 半径为 R 的球面的表面积;
   (2) 抛物面 $z = 2 - (x^2 + y^2)$ 在 xOy 面上方部分的面积.

解:(1) 设半径为 R 的上半球面方程为 $z = \sqrt{R^2 - x^2 - y^2}$,它在 xOy 面上的投影区域为 $D = \{(x,y) \mid x^2 + y^2 \leqslant R^2\}$,$\dfrac{\partial z}{\partial x} = \dfrac{-x}{\sqrt{R^2 - x^2 - y^2}}$,$\dfrac{\partial z}{\partial y} = \dfrac{-y}{\sqrt{R^2 - x^2 - y^2}}$,则球的表面积为 $A = 2\iint_D \dfrac{R}{\sqrt{R^2 - x^2 - y^2}}\mathrm{d}x\mathrm{d}y = 2R\int_0^{2\pi}\mathrm{d}\theta \int_0^R \dfrac{1}{\sqrt{R^2 - \rho^2}}\rho\mathrm{d}\rho = 4\pi R^2$.

(2) 抛物面在 xOy 面上的投影区域为 $D = \{(x,y) \mid x^2 + y^2 \leqslant 2\}$,$\dfrac{\partial z}{\partial x} = -2x$,$\dfrac{\partial z}{\partial y} = -2y$,$\mathrm{d}S = \sqrt{1 + 4(x^2 + y^2)}\mathrm{d}x\mathrm{d}y$,则抛物面在 xOy 面上方部分的表面积为 $A = \iint_D \sqrt{1 + 4(x^2 + y^2)}\mathrm{d}x\mathrm{d}y = \int_0^{2\pi}\mathrm{d}\theta \int_0^{\sqrt{2}} \sqrt{1 + 4\rho^2}\,\rho\mathrm{d}\rho = 2\pi \cdot \dfrac{1}{12}(1 + 4\rho^2)^{\frac{3}{2}}\Big|_0^{\sqrt{2}} = \dfrac{13\pi}{3}$.

2. 计算下列对面积的曲面积分：

(1) $\iint\limits_{\Sigma} z \mathrm{d}S$，其中 Σ 为半球面 $x^2+y^2+z^2=R^2(y \geqslant 0)$；

(2) $\iint\limits_{\Sigma}(x+y+z)\mathrm{d}S$，其中 Σ 为球面 $x^2+y^2+z^2=a^2$ 上 $z \geqslant h(0<h<a)$ 的部分；

(3) $\iint\limits_{\Sigma}(x^2+y^2+z^2)\mathrm{d}S$，其中 Σ 为介于平面 $z=0$ 和 $z=H$ 之间的圆柱面 $x^2+y^2=R^2$；

(4) $\iint\limits_{\Sigma}(x+z)\mathrm{d}S$，其中 Σ 为平面 $x+z=1$ 位于柱面 $x^2+y^2=1$ 内的那部分；

(5) $\iint\limits_{\Sigma}(x^2+y^2)z\mathrm{d}S$，其中 Σ 为球面 $z=\sqrt{4-x^2-y^2}$；

(6) $\iint\limits_{\Sigma}(xy+yz+zx)\mathrm{d}S$，其中 Σ 为上半圆锥面 $z=\sqrt{x^2+y^2}$ 被柱面 $x^2+y^2=2x$ 截得的部分.

解：(1) 右半球面方程为 $y=\sqrt{R^2-x^2-z^2}$，它在 xOz 面上的投影区域为 $D=\{(x,z)\mid x^2+z^2\leqslant R^2\}$，$\dfrac{\partial y}{\partial x}=\dfrac{-x}{\sqrt{R^2-x^2-z^2}}$，$\dfrac{\partial y}{\partial z}=\dfrac{-z}{\sqrt{R^2-x^2-z^2}}$，面积微元为 $\mathrm{d}S=\dfrac{R}{\sqrt{R^2-x^2-z^2}}\mathrm{d}x\mathrm{d}z$，则 $\iint\limits_{\Sigma} z\mathrm{d}S=\iint\limits_{D}\dfrac{Rz}{\sqrt{R^2-x^2-z^2}}\mathrm{d}x\mathrm{d}z=0$；

(2) 上半球面方程为 $z=\sqrt{a^2-x^2-y^2}$，它在 xOy 面上的投影区域为 $D=\{(x,y)\mid x^2+y^2\leqslant a^2-h^2\}$，$\dfrac{\partial z}{\partial x}=\dfrac{-x}{\sqrt{a^2-x^2-y^2}}$，$\dfrac{\partial z}{\partial y}=\dfrac{-y}{\sqrt{a^2-x^2-y^2}}$，面积微元为 $\mathrm{d}S=\dfrac{a}{\sqrt{a^2-x^2-y^2}}\mathrm{d}x\mathrm{d}y$，利用对称性，则 $\iint\limits_{\Sigma}(x+y+z)\mathrm{d}S=\iint\limits_{\Sigma}z\mathrm{d}S=a\iint\limits_{D}\mathrm{d}x\mathrm{d}y=a\pi(a^2-h^2)$；

(3) 利用代入性可知，$\iint\limits_{\Sigma}(x^2+y^2+z^2)\mathrm{d}S=\iint\limits_{\Sigma}(R^2+z^2)\mathrm{d}S$，圆柱面 Σ（前后两片）：$x=\pm\sqrt{R^2-y^2}$，它们在 yOz 面上的投影区域都为 $D=\{(x,y)\mid -R\leqslant y\leqslant R, 0\leqslant z\leqslant H\}$，$\dfrac{\partial x}{\partial y}=\pm\dfrac{-y}{\sqrt{R^2-y^2}}$，$\dfrac{\partial x}{\partial z}=0$，面积微元同为 $\mathrm{d}S=\dfrac{R}{\sqrt{R^2-y^2}}\mathrm{d}y\mathrm{d}z$，利用对称性，则原式 $=2\iint\limits_{\Sigma_{\text{前}}}(R^2+z^2)\mathrm{d}S=2\iint\limits_{D}(R^2+z^2)\dfrac{R}{\sqrt{R^2-y^2}}\mathrm{d}y\mathrm{d}z=2\int_{-R}^{R}\dfrac{R}{\sqrt{R^2-y^2}}\mathrm{d}y\int_{0}^{H}(R^2+z^2)\mathrm{d}z=2R\left(\arcsin\dfrac{y}{R}\right)_{-R}^{R}\cdot\left(R^2H+\dfrac{1}{3}H^3\right)=2\pi RH\left(R^2+\dfrac{H^2}{3}\right)$；

(4) $\Sigma: z=1-x$，它在 xOy 面上的投影区域为 $D=\{(x,y)\mid x^2+y^2\leqslant 1\}$，面积微元为 $\mathrm{d}S=\sqrt{2}\mathrm{d}x\mathrm{d}y$，则原式 $=\iint\limits_{\Sigma}\mathrm{d}S=\sqrt{2}\iint\limits_{D}\mathrm{d}x\mathrm{d}y=\sqrt{2}\pi$；

(5) $\Sigma: z=\sqrt{4-x^2-y^2}$，它在 xOy 面上的投影区域为 $D=\{(x,y)\mid x^2+y^2\leqslant 4\}$，面积微元为 $\mathrm{d}S=\dfrac{2}{\sqrt{4-x^2-y^2}}\mathrm{d}x\mathrm{d}y$，则原式 $=\iint\limits_{\Sigma}(x^2+y^2)\sqrt{4-x^2-y^2}\mathrm{d}S=2\iint\limits_{D}(x^2+y^2)\mathrm{d}x\mathrm{d}y=2\int_{0}^{2\pi}\mathrm{d}\theta\int_{0}^{2}\rho^3\mathrm{d}\rho=16\pi$；

(6) 利用 Σ 关于 xOz 面的对称性,得 $\iint\limits_{\Sigma}(xy+yz+zx)\mathrm{d}S=\iint\limits_{\Sigma}zx\mathrm{d}S$, $\Sigma: z=\sqrt{x^2+y^2}$,它在 xOy 面上的投影区域为 $D=\{(x,y)\mid x^2+y^2\leqslant 2x\}$,面积微元为 $\mathrm{d}S=\sqrt{2}\,\mathrm{d}x\mathrm{d}y$,则

原式 $=\iint\limits_{\Sigma}zx\mathrm{d}S=\sqrt{2}\iint\limits_{D}x\sqrt{x^2+y^2}\,\mathrm{d}x\mathrm{d}y=2\sqrt{2}\int_{0}^{\frac{\pi}{2}}\mathrm{d}\theta\int_{0}^{2\cos\theta}\rho^3\cos\theta\,\mathrm{d}\rho=\frac{64\sqrt{2}}{15}$.

3. 求抛物面壳 $z=\frac{1}{2}(x^2+y^2)(0\leqslant z\leqslant 1)$ 的质量,此壳的面密度为 $\rho=z$.

解:抛物面壳 $\Sigma: z=\frac{1}{2}(x^2+y^2)(0\leqslant z\leqslant 1)$,它在 xOy 面上的投影区域为 $D=\{(x,y)\mid x^2+y^2\leqslant 2\}$,面积微元为 $\mathrm{d}S=\sqrt{1+x^2+y^2}\,\mathrm{d}x\mathrm{d}y$,则此壳的质量为 $M=\iint\limits_{\Sigma}z\mathrm{d}S=$

$\iint\limits_{D}\frac{1}{2}(x^2+y^2)\sqrt{1+x^2+y^2}\,\mathrm{d}x\mathrm{d}y=2\int_{0}^{\frac{\pi}{2}}\mathrm{d}\theta\int_{0}^{\sqrt{2}}\rho^3\sqrt{1+\rho^2}\,\mathrm{d}\rho=\frac{2\pi(6\sqrt{3}+1)}{15}$.

4. 求密度为常数 μ 的均匀半球壳 $z=\sqrt{a^2-x^2-y^2}$ 的质心坐标及其关于 z 轴的转动惯量.

解:利用 Σ 的对称性可知,质心在 z 轴上,均匀半球壳 $\Sigma: z=\sqrt{a^2-x^2-y^2}$,它在 xOy 面上的投影区域为 $D=\{(x,y)\mid x^2+y^2\leqslant a^2\}$,其面积为 $\iint\limits_{\Sigma}\mathrm{d}S=2\pi a^2$. 设质心坐标为 $(\bar{x},$

$\bar{y},\bar{z})=(0,0,\bar{z})$,则 $\bar{z}=\dfrac{\iint\limits_{\Sigma}z\mathrm{d}S}{\iint\limits_{\Sigma}\mathrm{d}S}=\dfrac{1}{2\pi a^2}\iint\limits_{D}\sqrt{a^2-x^2-y^2}\dfrac{a}{\sqrt{a^2-x^2-y^2}}\,\mathrm{d}x\mathrm{d}y=\dfrac{1}{2\pi a}\iint\limits_{D}\mathrm{d}x\mathrm{d}y=$

$\dfrac{1}{2\pi a}\pi a^2=\dfrac{a}{2}$,因此质心坐标 $(\bar{x},\bar{y},\bar{z})=\left(0,0,\dfrac{a}{2}\right)$,转动惯量 $I_z=\mu\iint\limits_{\Sigma}(x^2+y^2)\mathrm{d}S=$

$\mu\iint\limits_{D}(x^2+y^2)\dfrac{a}{\sqrt{a^2-x^2-y^2}}\,\mathrm{d}\sigma=\mu\int_{0}^{2\pi}\mathrm{d}\theta\int_{0}^{a}\dfrac{a}{\sqrt{a^2-\rho^2}}\rho^3\mathrm{d}\rho=2\pi\mu a\int_{0}^{\frac{\pi}{2}}a^3\sin^3\theta\,\mathrm{d}\theta=\dfrac{4}{3}\pi a^4\mu$.

5. 求面密度为常数 μ 的圆锥面 $z^2=x^2+y^2(0\leqslant z\leqslant a)$ 的质心坐标.

解:利用 Σ 的对称性可知,质心在 z 轴上,Σ 在 xOy 面上的投影区域为 $D=\{(x,y)\mid x^2+$

$y^2\leqslant a^2\}$. 设质心坐标为 $(\bar{x},\bar{y},\bar{z})=(0,0,\bar{z})$,则 $\bar{z}=\dfrac{\iint\limits_{\Sigma}z\mathrm{d}S}{\iint\limits_{\Sigma}\mathrm{d}S}=\dfrac{\iint\limits_{D}\sqrt{x^2+y^2}\sqrt{2}\,\mathrm{d}x\mathrm{d}y}{\iint\limits_{D}\sqrt{2}\,\mathrm{d}x\mathrm{d}y}=$

$\dfrac{\int_{0}^{2\pi}\mathrm{d}\theta\int_{0}^{a}\rho^2\mathrm{d}\rho}{\pi a^2}=\dfrac{2}{3}a$,即质心坐标为 $\left(0,0,\dfrac{2}{3}a\right)$.

B 组

1. 设曲面 $\Sigma:\mid x\mid+\mid y\mid+\mid z\mid=1$,计算 $\oiint\limits_{\Sigma}(x+\mid y\mid)\mathrm{d}S$.

解:设曲面 Σ 在第一卦限的部分为 $\Sigma_1: z=1-x-y$,它在 xOy 面上的投影区域为 $D_1=\{(x,y)\mid 0\leqslant x\leqslant 1,0\leqslant y\leqslant 1-x\}$,则利用 Σ 的对称性可知,$\oiint\limits_{\Sigma}(x+\mid y\mid)\mathrm{d}S=8\iint\limits_{\Sigma_1}y\mathrm{d}S=$

$$8\sqrt{3}\iint_{D_1} y\,d\sigma = 8\sqrt{3}\int_0^1 dx\int_0^{1-x} y\,dy = \frac{4}{3}\sqrt{3}.$$

2. 计算 $\iint_{\Sigma}(x^2+2x+y^2)dS$，其中 Σ 是锥面 $x^2+y^2=z^2$ 夹在两平面 $z=0,z=1$ 之间的部分.

   解：$\Sigma: z=\sqrt{x^2+y^2}$ $(0 \leqslant z \leqslant 1)$，它在 xOy 面上的投影区域为 $D=\{(x,y) \mid x^2+y^2 \leqslant 1\}$，面积微元为 $dS=\sqrt{2}\,dx\,dy$，则原式 $= \iint_{\Sigma}(x^2+y^2)dS = \sqrt{2}\iint_D(x^2+y^2)d\sigma = \sqrt{2}\int_0^{2\pi}d\theta\int_0^1\rho^3\,d\rho = \frac{\sqrt{2}}{2}\pi.$

3. 设 P 为椭球面 $S: x^2+y^2+z^2-yz=1$ 上的动点，若 S 在动点 P 处的切平面与 xOy 面垂直，求点 P 的轨迹 C，并计算曲面积分 $I=\iint_{\Sigma}\frac{(x+\sqrt{3})\mid y-2z\mid}{\sqrt{4+y^2+z^2-4yz}}dS$，其中 Σ 是椭球面 S 位于曲线 C 上方的部分. (2010 考研真题)

   解：(1) 点 $P(x,y,z)$ 处的切平面的法向量为 $\boldsymbol{n}=(2x,2y-z,2z-y)$，由题意得，$\boldsymbol{n}=(2x,2y-z,2z-y)\perp\boldsymbol{k}$，则 $2z-y=0$，即 $y=2z$. 又 P 为椭球面 S 上的点，则满足方程 $x^2+y^2+z^2-yz=1$，因此点 P 的轨迹 C 为 $\begin{cases} x^2+y^2+z^2-yz=1 \\ y=2z \end{cases}.$

   (2) 化简以上方程组得点 P 的轨迹 C 为 $\begin{cases} x^2+\frac{3}{4}y^2=1 \\ y=2z \end{cases}$，因此 $\Sigma: x^2+y^2+z^2-yz=1(2z\geqslant y)$，它在 xOy 面上的投影区域为椭圆：$D=\left\{(x,y) \mid x^2+\frac{3}{4}y^2 \leqslant 1\right\}.$ 对 S 的方程求关于 x,y 的偏导数，得 $2x+2z\frac{\partial z}{\partial x}-y\frac{\partial z}{\partial x}=0, 2y+2z\frac{\partial z}{\partial y}-z-y\frac{\partial z}{\partial y}=0,$ 解得 $\frac{\partial z}{\partial x}=\frac{-2x}{2z-y},$ $\frac{\partial z}{\partial y}=\frac{z-2y}{2z-y},$ 则面积微元为 $dS=\frac{\sqrt{4x^2+5y^2-8yz+5z^2}}{2z-y}dx\,dy=\frac{\sqrt{5-x^2-3yz}}{2z-y}dx\,dy.$ 利用 Σ 关于 yOz 面的对称性可知，$\iint_{\Sigma}\frac{x\mid y-2z\mid}{\sqrt{4+y^2+z^2-4yz}}dS=0,$ 则 $I=\iint_{\Sigma}\frac{(x+\sqrt{3})\mid y-2z\mid}{\sqrt{4+y^2+z^2-4yz}}dS = \sqrt{3}\iint_{\Sigma}\frac{2z-y}{\sqrt{4+(1+yz-x^2)-4yz}}dS = \sqrt{3}\iint_D\frac{2z-y}{\sqrt{5-x^2-3yz}}\cdot\frac{\sqrt{5-x^2-3yz}}{2z-y}dx\,dy = \sqrt{3}\iint_D dx\,dy = 2\pi.$

习题 11−5

1. 计算下列对坐标的曲面积分：

   (1) $\iint_{\Sigma} z\,dx\,dy$，其中 Σ 为上半球面 $z=\sqrt{4-x^2-y^2}$ 的上侧；

   (2) $\iint_{\Sigma}(x+z^2)dy\,dz-z\,dx\,dy$，其中 Σ 为旋转抛物面 $z=\frac{1}{2}(x^2+y^2)(0 \leqslant z \leqslant 2)$ 的下侧；

(3) $\iint\limits_{\Sigma}(x^2+y^2)dzdx+zdxdy$,其中 Σ 为 $z=\sqrt{x^2+y^2}(z\leqslant 1)$ 的下侧;

(4) $\iint\limits_{\Sigma}y^2dzdx$,其中 Σ 为圆柱面 $x^2+y^2=R^2$ 上由 $y\geqslant 0,0\leqslant z\leqslant 3$ 所确定的部分,取右侧$(R>0)$;

(5) $\iint\limits_{\Sigma}2(1+x)dydz$,其中 Σ 为 $x=y^2+z^2(0\leqslant x\leqslant 1)$ 的外侧;

(6) $\oiint\limits_{\Sigma}\dfrac{e^z}{\sqrt{x^2+y^2}}dxdy$,其中 Σ 为锥面 $z=\sqrt{x^2+y^2}$ 与平面 $z=1,z=2$ 所围成立体的表面,取外侧.

解:(1) Σ:上半球面 $z=\sqrt{4-x^2-y^2}$ 的上侧,它在 xOy 面上的投影为 $D_{xy}=\{(x,y)\mid x^2+y^2\leqslant 4\}$,则 $\iint\limits_{\Sigma}zdxdy=\iint\limits_{D_{xy}}\sqrt{4-x^2-y^2}dxdy=\dfrac{16\pi}{3}$;

(2) 分别将 Σ 的前、后两片记为 Σ_1,Σ_2,则 $\Sigma_1:x=\sqrt{2z-y^2}(0\leqslant z\leqslant 2)$,取前侧;$\Sigma_2:x=-\sqrt{2z-y^2}(0\leqslant z\leqslant 2)$,取后侧.$\Sigma_1,\Sigma_2$ 在 yOz 面上的投影区域同为 $D_{yz}=\{(y,z)\mid 0\leqslant y^2\leqslant 2z,0\leqslant z\leqslant 2\}$,则 $\iint\limits_{\Sigma}(x+z^2)dydz=\iint\limits_{\Sigma_1}(x+z^2)dydz+\iint\limits_{\Sigma_2}(x+z^2)dydz=\iint\limits_{D_{yz}}(\sqrt{2z-y^2}+z^2)dydz-\iint\limits_{D_{yz}}(-\sqrt{2z-y^2}+z^2)dydz=2\iint\limits_{D_{yz}}(\sqrt{2z-y^2})dydz=4\pi$. 又 Σ:抛物面 $z=\dfrac{1}{2}(x^2+y^2)(0\leqslant z\leqslant 2)$ 的下侧,它在 xOy 面上的投影为 $D_{xy}=\{(x,y)\mid x^2+y^2\leqslant 4\}$,则 $\iint\limits_{\Sigma}zdxdy=-\iint\limits_{D_{xy}}\dfrac{1}{2}(x^2+y^2)dxdy=-\dfrac{1}{2}\int_0^{2\pi}d\theta\int_0^2\rho^3d\rho=-4\pi$,因此原式$=4\pi+4\pi=8\pi$;

(3) 分别将 Σ 的左、右两片记为 Σ_1,Σ_2,则 $\Sigma_1:y=\sqrt{z^2-x^2}(0\leqslant z\leqslant 1)$,取右侧;$\Sigma_2:y=-\sqrt{z^2-x^2}(0\leqslant z\leqslant 1)$,取左侧.$\Sigma_1,\Sigma_2$ 在 xOz 面上的投影区域同为 $D_{xz}=\{(y,z)\mid -z\leqslant x\leqslant z,0\leqslant z\leqslant 1\}$,则 $\iint\limits_{\Sigma}(x^2+y^2)dzdx=\iint\limits_{\Sigma_1}(x^2+y^2)dzdx+\iint\limits_{\Sigma_2}(x^2+y^2)dzdx=\iint\limits_{D_{zx}}z^2dzdx-\iint\limits_{D_{zx}}z^2dzdx=0.$ 又 Σ:锥面 $z=\sqrt{x^2+y^2}(z\leqslant 1)$ 的下侧,它在 xOy 面上的投影为 $D_{xy}=\{(x,y)\mid x^2+y^2\leqslant 1\}$,则 $\iint\limits_{\Sigma}zdxdy=-\iint\limits_{D_{xy}}\sqrt{x^2+y^2}dxdy=-\int_0^{2\pi}d\theta\int_0^1\rho^2d\rho=-\dfrac{2\pi}{3}$,因此原式$=0-\dfrac{2}{3}\pi=-\dfrac{2\pi}{3}$;

(4) Σ:圆柱面 $y^2=R^2-x^2(y\geqslant 0,0\leqslant z\leqslant 3)$,取右侧,它在 xOz 面上的投影区域为 $D_{xz}=\{(x,z)\mid -R\leqslant x\leqslant R,0\leqslant z\leqslant 3\}$,则原式$=\iint\limits_{D_{zx}}(R^2-x^2)dzdx=\int_0^3 dz\int_{-R}^R(R^2-x^2)dx=4R^3$;

(5) Σ:抛物面 $x=y^2+z^2(0\leqslant x\leqslant 1)$ 的外侧,它在 yOz 面上的投影区域为 $D_{yz}=\{(y,z)\mid$

$y^2+z^2\leqslant 1\}$,则$\iint\limits_{D_{yz}}2(1+x)\mathrm{d}y\mathrm{d}z=-\iint\limits_{D_{yz}}2(1+\sqrt{y^2+z^2})\mathrm{d}y\mathrm{d}z=-2\int_0^{2\pi}\mathrm{d}\theta\int_0^1(1+\rho)\rho\mathrm{d}\rho=-3\pi$;

(6) 分别将 Σ 的上、下、侧三面记为 $\Sigma_1,\Sigma_2,\Sigma_3$,则 $\Sigma_1:z=2$,取上侧,它在 xOy 面上的投影区域为 $D_1=\{(x,y)\mid x^2+y^2\leqslant 4\}$;$\Sigma_2:z=1$,取下侧,它在 xOy 面上的投影区域为 $D_2=\{(x,y)\mid x^2+y^2\leqslant 1\}$;$\Sigma_3:z=\sqrt{x^2+y^2}$ $(1\leqslant z\leqslant 2)$,取下侧,它在 xOy 面上的投影区域为 $D_3=\{(x,y)\mid 1\leqslant x^2+y^2\leqslant 4\}$,则 $\oiint\limits_{\Sigma}\dfrac{\mathrm{e}^z}{\sqrt{x^2+y^2}}\mathrm{d}x\mathrm{d}y=\iint\limits_{\Sigma_1}\dfrac{\mathrm{e}^z}{\sqrt{x^2+y^2}}\mathrm{d}x\mathrm{d}y+$
$\iint\limits_{\Sigma_2}\dfrac{\mathrm{e}^z}{\sqrt{x^2+y^2}}\mathrm{d}x\mathrm{d}y+\iint\limits_{\Sigma_3}\dfrac{\mathrm{e}^z}{\sqrt{x^2+y^2}}\mathrm{d}x\mathrm{d}y=\iint\limits_{D_1}\dfrac{\mathrm{e}^2}{\sqrt{x^2+y^2}}\mathrm{d}x\mathrm{d}y-\iint\limits_{D_2}\dfrac{\mathrm{e}}{\sqrt{x^2+y^2}}\mathrm{d}x\mathrm{d}y-$
$\iint\limits_{D_3}\dfrac{\mathrm{e}^{\sqrt{x^2+y^2}}}{\sqrt{x^2+y^2}}\mathrm{d}x\mathrm{d}y=\int_0^{2\pi}\mathrm{d}\theta\int_0^2\mathrm{e}^2\mathrm{d}\rho-\int_0^{2\pi}\mathrm{d}\theta\int_0^1\mathrm{e}\mathrm{d}\rho-\int_0^{2\pi}\mathrm{d}\theta\int_1^2\mathrm{e}^\rho\mathrm{d}\rho=2\pi\mathrm{e}^2$.

2. 计算曲面积分 $I=\oiint\limits_{\Sigma}xz\mathrm{d}y\mathrm{d}z+yz\mathrm{d}z\mathrm{d}x+z\mathrm{d}x\mathrm{d}y$,其中 Σ 为球面 $x^2+y^2+z^2=1$ 的外侧.

解:分别将 Σ 的前后、右左、上下侧六个面记为 $\Sigma_1,\Sigma_2,\Sigma_3,\Sigma_4,\Sigma_5,\Sigma_6$,则
$\Sigma_{1,2}:x=\pm\sqrt{1-y^2-z^2}$,分别取前、后侧,它们在 yOz 面上的投影区域为 $D_{yz}:y^2+z^2\leqslant 1$;
$\Sigma_{3,4}:y=\pm\sqrt{1-x^2-z^2}$,分别取右、左侧,它们在 xOz 面上的投影区域为 $D_{xz}:x^2+z^2\leqslant 1$;
$\Sigma_{5,6}:z=\pm\sqrt{1-x^2-y^2}$,分别取上、下侧,它们在 xOy 面上的投影区域为 $D_{xy}:x^2+y^2\leqslant 1$. 因此 $I=\oiint\limits_{\Sigma}xz\mathrm{d}y\mathrm{d}z+\oiint\limits_{\Sigma}yz\mathrm{d}z\mathrm{d}x+\oiint\limits_{\Sigma}z\mathrm{d}x\mathrm{d}y$,其中 $\oiint\limits_{\Sigma}xz\mathrm{d}y\mathrm{d}z=\iint\limits_{\Sigma_1}xz\mathrm{d}y\mathrm{d}z+$
$\iint\limits_{\Sigma_2}xz\mathrm{d}y\mathrm{d}z=\iint\limits_{D_{yz}}z\sqrt{1-y^2-z^2}\mathrm{d}y\mathrm{d}z-\iint\limits_{D_{yz}}z(-\sqrt{1-y^2-z^2})\mathrm{d}y\mathrm{d}z=2\iint\limits_{D_{yz}}z\sqrt{1-y^2-z^2}\mathrm{d}y\mathrm{d}z=$
$0,\oiint\limits_{\Sigma}yz\mathrm{d}z\mathrm{d}x=\iint\limits_{\Sigma_3}yz\mathrm{d}z\mathrm{d}x+\iint\limits_{\Sigma_4}yz\mathrm{d}z\mathrm{d}x=\iint\limits_{D_{xz}}z\sqrt{1-x^2-z^2}\mathrm{d}x\mathrm{d}z-\iint\limits_{D_{xz}}z(-\sqrt{1-x^2-z^2})\mathrm{d}x\mathrm{d}z=$
$2\iint\limits_{D_{xz}}z\sqrt{1-x^2-z^2}\mathrm{d}y\mathrm{d}z=0,\oiint\limits_{\Sigma}z\mathrm{d}x\mathrm{d}y=\iint\limits_{\Sigma_5}z\mathrm{d}x\mathrm{d}y+\iint\limits_{\Sigma_6}z\mathrm{d}x\mathrm{d}y=\iint\limits_{D_{xy}}\sqrt{1-x^2-y^2}\mathrm{d}x\mathrm{d}y-$
$\iint\limits_{D_{xy}}(-\sqrt{1-x^2-y^2})\mathrm{d}x\mathrm{d}y=2\iint\limits_{D_{xy}}\sqrt{1-x^2-y^2}\mathrm{d}x\mathrm{d}y=\dfrac{4}{3}\pi$. 综上,$I=0+0+\dfrac{4}{3}\pi=\dfrac{4}{3}\pi$.

3. 计算
$$I=\iint\limits_{\Sigma}[f(x,y,z)+x]\mathrm{d}y\mathrm{d}z+[2f(x,y,z)+y]\mathrm{d}z\mathrm{d}x+[f(x,y,z)+z]\mathrm{d}x\mathrm{d}y,$$
其中 $f(x,y,z)$ 为连续函数,Σ 为平面 $x-y+z=1$ 在第四卦限部分的上侧.

解:由 $\Sigma:x-y+z=1$ 在第四卦限部分的上侧,故 Σ 在任一点处的法向量为 $\boldsymbol{n}=(1,-1,1)$,其单位法向量为 $\boldsymbol{e}_n=\dfrac{\sqrt{3}}{3}(1,-1,1)$. 又 $\mathrm{d}S=\sqrt{3}\mathrm{d}x\mathrm{d}y$,将原曲面积分化为第一类曲面积分,得 $I=\dfrac{\sqrt{3}}{3}\iint\limits_{\Sigma}[(f+x)-(2f+y)+(f+z)]\mathrm{d}S=\dfrac{\sqrt{3}}{3}\iint\limits_{\Sigma}(x-y+z)\mathrm{d}S=\iint\limits_{D_{xy}}\mathrm{d}x\mathrm{d}y=\dfrac{1}{2}$.

4. 求向量 $v=(yz,xz,xy)$ 穿过下列有向曲面 Σ 的流量：

(1) Σ 为圆柱面 $x^2+y^2=3(0\leqslant z\leqslant h)$ 的侧面的外侧；

(2) Σ 抛物面 $z=x^2+y^2(0\leqslant z\leqslant h)$ 的侧面的外侧.

解：向量 $v=(yz,xz,xy)$ 穿过有向曲面 Σ 的流量为 $I=\iint\limits_{\Sigma}yz\mathrm{d}y\mathrm{d}z+xz\mathrm{d}z\mathrm{d}x+xy\mathrm{d}x\mathrm{d}y$.

(1) Σ 为圆柱面 $x^2+y^2=3(0\leqslant z\leqslant h)$ 侧面的外侧，由于 Σ 与 xOy 面垂直，则 $\iint\limits_{\Sigma}xy\mathrm{d}x\mathrm{d}y=0$；$\Sigma$ 在 yOz 面上的投影区域为 $D_{yz}:-\sqrt{3}\leqslant y\leqslant\sqrt{3},0\leqslant z\leqslant h$，则 $\iint\limits_{\Sigma}yz\mathrm{d}y\mathrm{d}z=\iint\limits_{D_{yz}}yz\mathrm{d}y\mathrm{d}z-\iint\limits_{D_{yz}}yz\mathrm{d}y\mathrm{d}z=0$；$\Sigma$ 在 xOz 面上的投影区域 D_{xz} 为 $-\sqrt{3}\leqslant x\leqslant\sqrt{3},0\leqslant z\leqslant h$，则 $\iint\limits_{\Sigma}xz\mathrm{d}x\mathrm{d}z=\iint\limits_{D_{xz}}xz\mathrm{d}x\mathrm{d}z-\iint\limits_{D_{xz}}xz\mathrm{d}x\mathrm{d}z=0$，因此 $I=0+0+0=0$；

(2) Σ 为锥面 $z=x^2+y^2(0\leqslant z\leqslant h)$ 侧面的外侧，由于 Σ 在 yOz 面上的投影区域为 $D_{yz}:-\sqrt{z}\leqslant y\leqslant\sqrt{z},0\leqslant z\leqslant h$，则 $\iint\limits_{\Sigma}yz\mathrm{d}y\mathrm{d}z=\iint\limits_{D_{yz}}yz\mathrm{d}y\mathrm{d}z-\iint\limits_{D_{yz}}yz\mathrm{d}y\mathrm{d}z=0$；$\Sigma$ 在 xOz 面上的投影区域为 $D_{xz}:-\sqrt{z}\leqslant x\leqslant\sqrt{z},0\leqslant z\leqslant h$，则 $\iint\limits_{\Sigma}xz\mathrm{d}x\mathrm{d}z=\iint\limits_{D_{xz}}xz\mathrm{d}x\mathrm{d}z-\iint\limits_{D_{xz}}xz\mathrm{d}x\mathrm{d}z=0$；$\Sigma$ 在 xOy 面上的投影区域为 $D_{xy}:x^2+y^2\leqslant h$，取下侧，则 $\iint\limits_{\Sigma}xy\mathrm{d}x\mathrm{d}y=-\iint\limits_{D_{xy}:x^2+y^2\leqslant h}xy\mathrm{d}x\mathrm{d}y=0$，因此 $I=0+0+0=0$.

5. 求向径 r 穿过曲面 $z=1-\sqrt{x^2+y^2}(0\leqslant z\leqslant 1)$ 上侧的流量.

解：$r=(x,y,z)$，则向量 r 穿过有向曲面 Σ 的流量为 $I=\iint\limits_{\Sigma}x\mathrm{d}y\mathrm{d}z+y\mathrm{d}z\mathrm{d}x+z\mathrm{d}x\mathrm{d}y$.

Σ 在 yOz 面上的投影区域为 $D_{yz}:z-1\leqslant y\leqslant 1-z,0\leqslant z\leqslant 1$，则 $\iint\limits_{\Sigma}x\mathrm{d}y\mathrm{d}z=\iint\limits_{D_{yz}}(\sqrt{(1-z)^2-y^2})\mathrm{d}y\mathrm{d}z-\iint\limits_{D_{yz}}(-\sqrt{(1-z)^2-y^2})\mathrm{d}y\mathrm{d}z=2\iint\limits_{D_{yz}}(\sqrt{(1-z)^2-y^2})\mathrm{d}y\mathrm{d}z=\frac{\pi}{3}$；$\Sigma$ 在 xOz 面上的投影区域为 $D_{xz}:z-1\leqslant x\leqslant 1-z,0\leqslant z\leqslant 1$，则 $\iint\limits_{\Sigma}y\mathrm{d}x\mathrm{d}z=\iint\limits_{D_{xz}}\sqrt{(1-z)^2-x^2}\mathrm{d}x\mathrm{d}z-\iint\limits_{D_{xz}}[-\sqrt{(1-z)^2-x^2}]\mathrm{d}x\mathrm{d}z=2\iint\limits_{D_{xz}}\sqrt{(1-z)^2-x^2}\mathrm{d}x\mathrm{d}z=\frac{\pi}{3}$；$\Sigma:z=1-\sqrt{x^2+y^2}(0\leqslant z\leqslant 1)$ 在 xOy 面上的投影区域为 $D_{xy}:x^2+y^2\leqslant 1$，则 $\iint\limits_{\Sigma}z\mathrm{d}x\mathrm{d}y=\iint\limits_{D_{xy}}(1-\sqrt{x^2+y^2})\mathrm{d}x\mathrm{d}y=\frac{\pi}{3}$. 综上，$I=\frac{\pi}{3}+\frac{\pi}{3}+\frac{\pi}{3}=\pi$.

6. 把对坐标的曲面积分 $\iint\limits_{\Sigma}P(x,y,z)\mathrm{d}y\mathrm{d}z+Q(x,y,z)\mathrm{d}z\mathrm{d}x+R(x,y,z)\mathrm{d}x\mathrm{d}y$ 化成对面积的曲面积分：

(1) Σ 为平面 $3x+2y+2\sqrt{3}z=6$ 在第一卦限部分的上侧；

(2) Σ 为抛物面 $z=8-(x^2+y^2)$ 在 xOy 面上方部分的上侧.

解:(1) Σ 的法向量为 $\boldsymbol{e}_n = \dfrac{1}{5}(3,2,2\sqrt{3})$,则原式$=\iint\limits_{\Sigma} \dfrac{1}{5}(3P+2Q+2\sqrt{3}R)\mathrm{d}S$;

(2) Σ 的法向量为 $\boldsymbol{e}_n = \dfrac{1}{\sqrt{1+4(x^2+y^2)}}(2x,2y,1)$,则原式$=\iint\limits_{\Sigma} \dfrac{(2xP+2yQ+R)}{\sqrt{1+4x^2+4y^2}}\mathrm{d}S$.

B 组

1. 计算曲面积分 $\iint\limits_{\Sigma}(x-1)^3\mathrm{d}y\mathrm{d}z+(y-1)^3\mathrm{d}z\mathrm{d}x+(z-1)\mathrm{d}x\mathrm{d}y$,其中 Σ 是 $z=x^2+y^2(z \leqslant 1)$ 部分的上侧.(**2014 考研真题**)

解:分别将 Σ 的前后、右左、上侧五个面记为 $\Sigma_1,\Sigma_2,\Sigma_3,\Sigma_4,\Sigma_5$,则 $\Sigma_{1,2}:x=\pm\sqrt{z-y^2}$,分别取后、前侧,它们在 yOz 面上的投影同为 $D_{yz}:-\sqrt{z} \leqslant y \leqslant \sqrt{z},0 \leqslant z \leqslant 1$;$\Sigma_{3,4}:y=\pm\sqrt{z-x^2}$,分别取左、右侧,它们在 xOz 面上的投影同为 $D_{xz}:-\sqrt{z} \leqslant x \leqslant \sqrt{z},0 \leqslant z \leqslant 1$;$\Sigma_5:z=x^2+y^2(z \leqslant 1)$,分别取上侧,它们在 xOy 面上的投影为 $D_{xy}:x^2+y^2 \leqslant 1$.因此,$\iint\limits_{\Sigma}(x-1)^3\mathrm{d}y\mathrm{d}z = \iint\limits_{\Sigma_1}(x-1)^3\mathrm{d}y\mathrm{d}z + \iint\limits_{\Sigma_2}(x-1)^3\mathrm{d}y\mathrm{d}z = -\iint\limits_{D_{yz}}(\sqrt{z-y^2}-1)^3\mathrm{d}y\mathrm{d}z + \iint\limits_{D_{yz}}(-\sqrt{z-y^2}-1)^3\mathrm{d}y\mathrm{d}z = -2\iint\limits_{D_{yz}}[(\sqrt{z-y^2})^3 + 3\sqrt{z-y^2}]\mathrm{d}y\mathrm{d}z = -2\left(\dfrac{\pi}{8}+\dfrac{3\pi}{4}\right) = -\dfrac{7\pi}{4}$. 同理,可求得 $\iint\limits_{\Sigma}(y-1)^3\mathrm{d}z\mathrm{d}x = \iint\limits_{\Sigma}(x-1)^3\mathrm{d}y\mathrm{d}z = -\dfrac{7\pi}{4}$. 又 $\iint\limits_{\Sigma}(z-1)\mathrm{d}x\mathrm{d}y = \iint\limits_{\Sigma_5}(z-1)\mathrm{d}x\mathrm{d}y = \iint\limits_{D_{xy}}(x^2+y^2-1)\mathrm{d}x\mathrm{d}y = -\dfrac{\pi}{2}$,则原式 $= -\dfrac{7\pi}{4} \times 2 - \dfrac{\pi}{2} = -4\pi$.

2. 计算 $\iint\limits_{\Sigma}xy\mathrm{d}z\mathrm{d}x$,其中 Σ 是由 xOy 上的曲线 $x=\mathrm{e}^{y^2}(0 \leqslant y \leqslant a)$ 绕 x 轴旋转一周所成的旋转曲面的外侧.

解:$\Sigma:x=\mathrm{e}^{y^2+z^2}(1 \leqslant x \leqslant \mathrm{e}^{a^2})$ 指向外侧,则分别将 Σ 的左右两个面记为 $\Sigma_1,\Sigma_2:y=\pm\sqrt{\ln x - z^2}$,分别取右、左侧,它们在 xOz 面上的投影同为 $D_{xz}:-\sqrt{\ln x} \leqslant z \leqslant \sqrt{\ln x}$,$1 \leqslant x \leqslant \mathrm{e}^{a^2}$. 因此,$\iint\limits_{\Sigma}xy\mathrm{d}z\mathrm{d}x = \iint\limits_{\Sigma_1}xy\mathrm{d}z\mathrm{d}x + \iint\limits_{\Sigma_2}xy\mathrm{d}z\mathrm{d}x = \iint\limits_{D_{xz}}x\sqrt{\ln x - z^2}\mathrm{d}x\mathrm{d}z - \iint\limits_{D_{xz}}(-x\sqrt{\ln x - z^2})\mathrm{d}x\mathrm{d}z = 2\iint\limits_{D_{xz}}x\sqrt{\ln x - z^2}\mathrm{d}x\mathrm{d}z = \dfrac{\pi}{4}[(2a^2-1)\mathrm{e}^{2a^2}+1]$.

3. 计算 $\oiint\limits_{\Sigma} \dfrac{\mathrm{d}y\mathrm{d}z}{x} + \dfrac{\mathrm{d}z\mathrm{d}x}{y} + \dfrac{\mathrm{d}x\mathrm{d}y}{z}$,其中 Σ 为椭球面 $\dfrac{x^2}{a^2}+\dfrac{y^2}{b^2}+\dfrac{z^2}{c^2}=1$ 的外侧.

解:分别将 Σ 的上、下两个面记为 $\Sigma_1,\Sigma_2:z=\pm c\sqrt{1-\dfrac{x^2}{a^2}-\dfrac{y^2}{b^2}}$,分别取上、下侧,它们在 xOy 面上的投影同为 $D_{xy}:\dfrac{x^2}{a^2}+\dfrac{y^2}{b^2} \leqslant 1$,则 $\oiint\limits_{\Sigma} \dfrac{\mathrm{d}x\mathrm{d}y}{z} = \iint\limits_{\Sigma_1}\dfrac{\mathrm{d}x\mathrm{d}y}{z} + \iint\limits_{\Sigma_2}\dfrac{\mathrm{d}x\mathrm{d}y}{z} = \iint\limits_{D_{xy}}\dfrac{\mathrm{d}x\mathrm{d}y}{c\sqrt{1-\dfrac{x^2}{a^2}-\dfrac{y^2}{b^2}}} - \iint\limits_{D_{xy}}\dfrac{\mathrm{d}x\mathrm{d}y}{-c\sqrt{1-\dfrac{x^2}{a^2}-\dfrac{y^2}{b^2}}} = 2\iint\limits_{D_{xy}}\dfrac{\mathrm{d}x\mathrm{d}y}{c\sqrt{1-\dfrac{x^2}{a^2}-\dfrac{y^2}{b^2}}} \xlongequal{\text{令}\frac{x}{a}=X,\frac{y}{b}=Y}$

$2\iint\limits_{D:X^2+Y^2\leqslant 1}\dfrac{ab\mathrm{d}X\mathrm{d}Y}{c\sqrt{1-X^2-Y^2}} = \dfrac{2ab}{c}\int_0^{2\pi}\mathrm{d}\theta\int_0^1\dfrac{\rho\mathrm{d}\rho}{\sqrt{1-\rho^2}} = \dfrac{4\pi ab}{c} = \dfrac{4\pi abc}{c^2}$,同理可得 $\oiint\limits_{\Sigma}\dfrac{\mathrm{d}y\mathrm{d}z}{x} = \dfrac{4\pi abc}{a^2}$,$\oiint\limits_{\Sigma}\dfrac{\mathrm{d}z\mathrm{d}x}{y} = \dfrac{4\pi abc}{b^2}$. 因此,原式 $= 4\left(\dfrac{1}{a^2}+\dfrac{1}{b^2}+\dfrac{1}{c^2}\right)\pi abc$.

习题 11 - 6

A 组

1. 利用高斯公式计算下列对坐标的曲面积分:

(1) $\oiint\limits_{\Sigma}(x+y)\mathrm{d}y\mathrm{d}z+(y+z)\mathrm{d}z\mathrm{d}x+(z+x)\mathrm{d}x\mathrm{d}y$,其中 Σ 是边长为 a 的正方体表面的外侧;

(2) $\oiint\limits_{\Sigma}(z+xy^2)\mathrm{d}y\mathrm{d}z+(yz^2-xz)\mathrm{d}z\mathrm{d}x+x^2z\mathrm{d}x\mathrm{d}y$,其中 Σ 是球面 $x^2+y^2+z^2=2Rz(R>0)$ 的外侧;

(3) $\oiint\limits_{\Sigma}(x^2\cos\alpha+y^2\cos\beta+z^2\cos\gamma)\mathrm{d}S$,其中 Σ 是锥体 $x^2+y^2\leqslant z^2$,$0\leqslant z\leqslant h$ 的全表面,$\cos\alpha$,$\cos\beta$,$\cos\gamma$ 为此曲面外法线的方向余弦;

(4) $\iint\limits_{\Sigma}(x^2+1)\mathrm{d}y\mathrm{d}z-2y\mathrm{d}z\mathrm{d}x+3z\mathrm{d}x\mathrm{d}y$,其中 Σ 是由平面 $2x+y+2z=2$ 与三个坐标面围成的整个表面的外侧;(2016 考研真题)

(5) $\iint\limits_{\Sigma}(z^2+x)\mathrm{d}y\mathrm{d}z-z\mathrm{d}x\mathrm{d}y$,其中 Σ 是曲面 $z=\dfrac{1}{2}(x^2+y^2)$ 上介于 $0\leqslant z\leqslant 2$ 之间部分的下侧;

(6) $\iint\limits_{\Sigma}(\mathrm{e}^z+\cos x)\mathrm{d}y\mathrm{d}z+\dfrac{1}{y}\mathrm{d}z\mathrm{d}x+(\mathrm{e}^x+\cos z)\mathrm{d}x\mathrm{d}y$,其中 Σ 是由双曲线 $y^2-x^2=9(3\leqslant y\leqslant 5)$ 绕 y 轴旋转一周生成的旋转曲面,其法向量与 y 轴正向夹锐角.

解:(1) 设 Σ 围成的正方体区域为 Ω,由高斯公式,原式 $=\iiint\limits_{\Omega}(1+1+1)\mathrm{d}x\mathrm{d}y\mathrm{d}z = 3V_{\Omega} = 3a^3$;

(2) 由高斯公式,原式 $=\iiint\limits_{\Omega}(y^2+z^2+x^2)\mathrm{d}x\mathrm{d}y\mathrm{d}z = \int_0^{2\pi}\mathrm{d}\theta\int_0^{\frac{\pi}{2}}\sin\varphi\mathrm{d}\varphi\int_0^{2R\cos\varphi}r^4\mathrm{d}r = \dfrac{32\pi R^5}{15}$;

(3) 由高斯公式,原式 $=\iiint\limits_{\Omega}(2x+2y+2z)\mathrm{d}x\mathrm{d}y\mathrm{d}z = 2\iiint\limits_{\Omega}z\mathrm{d}x\mathrm{d}y\mathrm{d}z = 2\int_0^h z\mathrm{d}z\iint\limits_{D_z:x^2+y^2\leqslant z^2}\mathrm{d}x\mathrm{d}y = 2\pi\int_0^h z^3\mathrm{d}z = \dfrac{\pi h^4}{2}$;

(4) 由高斯公式,原式 $=\iiint\limits_{\Omega}(2x-2+3)\mathrm{d}x\mathrm{d}y\mathrm{d}z = \iiint\limits_{\Omega}(2x+1)\mathrm{d}x\mathrm{d}y\mathrm{d}z = \int_0^1(2x+1)\mathrm{d}x\int_0^{2(1-x)}\mathrm{d}y\int_0^{1-x-\frac{1}{2}y}\mathrm{d}z = \int_0^1(1-3x^2+2x^3)\mathrm{d}x = \dfrac{1}{2}$;

(5) 解法一:在曲面 Σ 上,有 $\cos\alpha = \dfrac{x}{\sqrt{1+x^2+y^2}}$,$\cos\gamma = \dfrac{-1}{\sqrt{1+x^2+y^2}}$. $\iint\limits_{\Sigma}(z^2+x)\mathrm{d}y\mathrm{d}z =$

$$\iint\limits_{\Sigma}(z^2+x)\cos\alpha\,\mathrm{d}S = \iint\limits_{\Sigma}(z^2+x)\frac{\cos\alpha}{\cos\gamma}\mathrm{d}x\mathrm{d}y = \iint\limits_{\Sigma}(z^2+x)(-x)\mathrm{d}x\mathrm{d}y,\text{所以}\iint\limits_{\Sigma}(z^2+x)\mathrm{d}y\mathrm{d}z -$$

$$z\mathrm{d}x\mathrm{d}y = \iint\limits_{\Sigma}[(z^2+x)(-x)-z]\mathrm{d}x\mathrm{d}y = -\iint\limits_{D_{xy}}\left\{\left[\frac{1}{4}(x^2+y^2)^2+x\right]\cdot(-x)-\frac{1}{2}(x^2+$$

$$y^2)\right\}\mathrm{d}x\mathrm{d}y = \iint\limits_{D_{xy}}\left[x^2+\frac{1}{2}(x^2+y^2)\right]\mathrm{d}x\mathrm{d}y = 8\pi;$$

解法二：设 $\Sigma_1: z=2\,(x^2+y^2\leqslant 4)$，取上侧，$\Sigma$ 与 Σ_1 所围成的空间区域为 $\Omega: \frac{1}{2}(x^2+y^2)\leqslant$

$z\leqslant 2$，Σ_1 在 xOy 面上的投影为 $D_{xy}: x^2+y^2\leqslant 4$，$\oiint\limits_{\Sigma+\Sigma_1}(z^2+x)\mathrm{d}y\mathrm{d}z-z\mathrm{d}x\mathrm{d}y = \iiint\limits_{\Omega}0\mathrm{d}v =$

0，由高斯公式，$\iint\limits_{\Sigma_1}(z^2+x)\mathrm{d}y\mathrm{d}z-z\mathrm{d}x\mathrm{d}y = \iint\limits_{\Sigma_1}-2\mathrm{d}x\mathrm{d}y = -2\iint\limits_{D_{xy}}\mathrm{d}x\mathrm{d}y = -8\pi$，所以原式 $=$

$\oiint\limits_{\Sigma+\Sigma_1}(z^2+x)\mathrm{d}y\mathrm{d}z-z\mathrm{d}x\mathrm{d}y - \iint\limits_{\Sigma_1}(z^2+x)\mathrm{d}y\mathrm{d}z-z\mathrm{d}x\mathrm{d}y = 0+8\pi = 8\pi;$

(6) $\Sigma: y^2-x^2-z^2=9(3\leqslant y\leqslant 5)$，设 $\Sigma_1: y=5\ (x^2+z^2\leqslant 16)$，取左侧，$\Sigma$ 与 Σ_1 所围

成的空间区域为 $\Omega: 3\leqslant y\leqslant 5, D_y: x^2+z^2\leqslant y^2-9$，则 $\iint\limits_{\Sigma+\Sigma_1}(\mathrm{e}^z+\cos x)\mathrm{d}y\mathrm{d}z+\frac{1}{y}\mathrm{d}z\mathrm{d}x+$

$(\mathrm{e}^x+\cos z)\mathrm{d}x\mathrm{d}y = -\iiint\limits_{\Omega}(-\sin x-\frac{1}{y^2}-\sin z)\mathrm{d}v = \iiint\limits_{\Omega}\frac{1}{y^2}\mathrm{d}v = \int_3^5\frac{1}{y^2}\mathrm{d}y\iint\limits_{D_y: x^2+z^2\leqslant y^2-9}\mathrm{d}x\mathrm{d}z =$

$\int_3^5\frac{\pi(y^2-9)}{y^2}\mathrm{d}y = \frac{4\pi}{5}, \iint\limits_{\Sigma_1}(\mathrm{e}^z+\cos x)\mathrm{d}y\mathrm{d}z+\frac{1}{y}\mathrm{d}z\mathrm{d}x+(\mathrm{e}^x+\cos z)\mathrm{d}x\mathrm{d}y = \frac{1}{5}\iint\limits_{\Sigma_1}\mathrm{d}z\mathrm{d}x =$

$-\frac{1}{5}\iint\limits_{D_{xz}}\mathrm{d}z\mathrm{d}x = -\frac{16\pi}{5}$，所以原式 $= \iint\limits_{\Sigma+\Sigma_1}(\mathrm{e}^z+\cos x)\mathrm{d}y\mathrm{d}z+\frac{1}{y}\mathrm{d}z\mathrm{d}x+(\mathrm{e}^x+\cos z)\mathrm{d}x\mathrm{d}y -$

$\iint\limits_{\Sigma_1}(\mathrm{e}^z+\cos x)\mathrm{d}y\mathrm{d}z+\frac{1}{y}\mathrm{d}z\mathrm{d}x+(\mathrm{e}^x+\cos z)\mathrm{d}x\mathrm{d}y = \frac{4\pi}{5}+\frac{16\pi}{5} = 4\pi.$

2. 求下列向量场的散度：

(1) $\boldsymbol{v}=xy\boldsymbol{i}+\cos(xy)\boldsymbol{j}+\sin(xz)\boldsymbol{k}$；

(2) $\boldsymbol{v}=4x\boldsymbol{i}-2xy\boldsymbol{j}+z^2\boldsymbol{k}$ 在点 $M(1,1,3)$ 处.

解：(1) 设 $P=xy, Q=\cos(xy), R=\sin(xz)$，则 $\mathrm{div}\boldsymbol{v} = y-x\sin(xy)+x\cos(xz)$；

(2) 设 $P=4x, Q=-2xy, R=z^2$，则 $\mathrm{div}\boldsymbol{v}(M) = (4-2x+2z)\big|_M = 8.$

3. 设流体的速度为 $\boldsymbol{v}(x,y,z)=x(y-z)\boldsymbol{i}+y(z-x)\boldsymbol{j}+z(x-y)\boldsymbol{k}$，$\Sigma$ 为椭球面 $\frac{x^2}{16}+\frac{y^2}{9}+$

$\frac{z^2}{4}=1$. 求在单位时间内流体流向 Σ 外侧的通量.

解：$\Phi = \iint\limits_{\Sigma}x(y-z)\mathrm{d}y\mathrm{d}z+y(z-x)\mathrm{d}z\mathrm{d}x+z(x-y)\mathrm{d}x\mathrm{d}y = \iiint\limits_{\Omega}(y-z+z-x+x-$

$y)\mathrm{d}v = 0.$

4. 设空间闭区域 Ω 由曲面 $z=a^2-x^2-y^2(a>0)$ 及平面 $z=0$ 所围成，Σ 为 Ω 的表面外

侧，V 为 Ω 的体积，试证明：$V=\oiint\limits_{\Sigma}x^2yz^2\mathrm{d}y\mathrm{d}z-xy^2z^2\mathrm{d}z\mathrm{d}x+z(1+xyz)\mathrm{d}x\mathrm{d}y$，并求出

V.

证：$\oiint_{\Sigma} x^2 yz^2 \mathrm{d}y\mathrm{d}z - xy^2z^2 \mathrm{d}z\mathrm{d}x + z(1+xyz)\mathrm{d}x\mathrm{d}y = \iiint_{\Omega}(1+2xyz)\mathrm{d}v = V_{\Omega} = V$. $V =$

$\iiint_{\Omega} 1 \mathrm{d}v = \int_0^{a^2} \mathrm{d}z \iint_{D_z} \mathrm{d}x\mathrm{d}y = \int_0^{a^2} \pi(a^2-z)\mathrm{d}z = \dfrac{\pi a^4}{2}$.

5. 设 Σ 是任一定向光滑闭曲面，证明：$\oiint_{\Sigma} x^2 z(x\mathrm{d}y\mathrm{d}z - y\mathrm{d}z\mathrm{d}x - z\mathrm{d}x\mathrm{d}y) = 0$.

证：对任一定向光滑闭曲面 Σ，由高斯公式，$\oiint_{\Sigma} x^2 z(x\mathrm{d}y\mathrm{d}z - y\mathrm{d}z\mathrm{d}x - z\mathrm{d}x\mathrm{d}y) =$

$\pm \iiint_{\Omega}(3x^2 z - x^2 z - 2x^2 z)\mathrm{d}v = 0$，证毕.

B 组

1. 求 $\iint_{\Sigma} x\mathrm{d}y\mathrm{d}z + (y^3+z)\mathrm{d}z\mathrm{d}x + z^3 \mathrm{d}x\mathrm{d}y$，其中曲面 $\Sigma: x = \sqrt{1-3y^2-3z^2}$，取前侧. (2018 考研真题)

解：设 $\Sigma_1: x = 0 \left(y^2+z^2 \leqslant \dfrac{1}{3}\right)$，取后侧，$\Sigma$ 与 Σ_1 所围成的前半椭球区域为 $\Omega: 0 \leqslant x \leqslant \dfrac{1}{3}(y^2+z^2)$，$(y,z): y^2+z^2 \leqslant \dfrac{1}{3}$，则原式 $= \iint_{\Sigma+\Sigma_1} x\mathrm{d}y\mathrm{d}z + (y^3+z)\mathrm{d}z\mathrm{d}x + z^3 \mathrm{d}x\mathrm{d}y -$

$\iint_{\Sigma_1} x\mathrm{d}y\mathrm{d}z + (y^3+z)\mathrm{d}z\mathrm{d}x + z^3\mathrm{d}x\mathrm{d}y = \iiint_{\Omega}(1+3y^2+3z^2)\mathrm{d}x\mathrm{d}y\mathrm{d}z - 0 =$

$\iint_{3y^2+3z^2 \leqslant 1} \mathrm{d}y\mathrm{d}z \int_0^{\sqrt{1-3y^2-3z^2}}(1+3y^2+3z^2)\mathrm{d}x = \iint_{3y^2+3z^2 \leqslant 1}\sqrt{1-3y^2-3z^2}(1+3y^2+3z^2)\mathrm{d}y\mathrm{d}z =$

$\int_0^{2\pi}\mathrm{d}\theta \int_0^{\frac{1}{\sqrt{3}}}\sqrt{1-3r^2}(1+3r^2)\cdot r\mathrm{d}r = \dfrac{14\pi}{45}$.

2. 设 $u(x,y,z), v(x,y,z)$ 是两个定义在闭区域 Ω 上的具有二阶连续偏导数的函数，$\dfrac{\partial u}{\partial \boldsymbol{n}}$，$\dfrac{\partial v}{\partial \boldsymbol{n}}$ 依次表示 $u(x,y,z), v(x,y,z)$ 沿 Σ 的外法线方向的方向导数，$\Delta = \dfrac{\partial}{\partial x^2} + \dfrac{\partial}{\partial y^2} + \dfrac{\partial}{\partial z^2}$ 称为拉普拉斯算子. 证明 $\iiint_{\Omega}(u\Delta v - v\Delta u)\mathrm{d}x\mathrm{d}y\mathrm{d}z = \oiint_{\Sigma}\left(u\dfrac{\partial v}{\partial \boldsymbol{n}} - v\dfrac{\partial u}{\partial \boldsymbol{n}}\right)\mathrm{d}S$，其中 Σ 是空间闭区间的整个边界曲面.

证：设 Σ 的外法线单位向量为 $\boldsymbol{n} = (\cos\alpha, \cos\beta, \cos\gamma)$，则 $\dfrac{\partial u}{\partial \boldsymbol{n}} = u_x\cos\alpha + u_y\cos\beta + u_z\cos\gamma$，

$\dfrac{\partial v}{\partial \boldsymbol{n}} = v_x\cos\alpha + v_y\cos\beta + v_z\cos\gamma$，因此 $\oiint_{\Sigma} u\dfrac{\partial v}{\partial \boldsymbol{n}}\mathrm{d}S = \oiint_{\Sigma}(uv_x\cos\alpha + uv_y\cos\beta + uv_z\cos\gamma)\mathrm{d}S =$

$\oiint_{\Sigma} uv_x\mathrm{d}y\mathrm{d}z + uv_y\mathrm{d}x\mathrm{d}z + uv_z\mathrm{d}x\mathrm{d}y = \iiint_{\Omega}[(u_x v_x + uv_{xx}) + (u_y v_y + uv_{yy}) + (u_z v_z +$

$uv_{zz})]\mathrm{d}x\mathrm{d}y\mathrm{d}z$，$\oiint_{\Sigma} v\dfrac{\partial u}{\partial \boldsymbol{n}}\mathrm{d}S = \oiint_{\Sigma}(vu_x\cos\alpha + vu_y\cos\beta + vu_z\cos\gamma)\mathrm{d}S = \oiint_{\Sigma} vu_x\mathrm{d}y\mathrm{d}z +$

$vu_y\mathrm{d}x\mathrm{d}z + vu_z\mathrm{d}x\mathrm{d}y = \iiint_{\Omega}[(u_x v_x + vu_{xx}) + (u_y v_y + vu_{yy}) + (u_z v_z + vu_{zz})]\mathrm{d}x\mathrm{d}y\mathrm{d}z$. 将

上面两式相减得，$\oiint\limits_{\Sigma}\left(u\dfrac{\partial v}{\partial n}-v\dfrac{\partial u}{\partial n}\right)\mathrm{d}S=\iiint\limits_{\Omega}[(u(v_{xx}+v_{yy}+v_{zz})-v(u_{xx}+u_{yy}+u_{zz})]\mathrm{d}x\mathrm{d}y\mathrm{d}z=\iiint\limits_{\Omega}(u\Delta v-v\Delta u)\mathrm{d}x\mathrm{d}y\mathrm{d}z$，即 $\iiint\limits_{\Omega}(u\Delta v-v\Delta u)\mathrm{d}x\mathrm{d}y\mathrm{d}z=\oiint\limits_{\Sigma}\left(u\dfrac{\partial v}{\partial n}-v\dfrac{\partial u}{\partial n}\right)\mathrm{d}S$，证毕.

习题 11－7

1. 利用斯托克斯公式计算下列曲线积分：

(1) $I=\oint_{\Gamma}y\mathrm{d}x+z\mathrm{d}y+x\mathrm{d}z$，其中 Γ 是球面 $x^2+y^2+z^2=1$ 与平面 $x+y+z=0$ 的交线，从 z 轴正向看去，取逆时针方向；

(2) $I=\oint_{\Gamma}(z-y)\mathrm{d}x+(x-z)\mathrm{d}y+(y-x)\mathrm{d}z$，其中 Γ 是从点 $(a,0,0)$ 经过点 $(0,a,0)$ 和点 $(0,0,a)$ 回到点 $(a,0,0)$ 的三角形；

(3) $I=\oint_{\Gamma}y^2\mathrm{d}x+z^2\mathrm{d}y+x^2\mathrm{d}z$，其中 Γ 是球面 $x^2+y^2+z^2=1$ 外侧位于第一卦限部分的正向边界；

(4) $I=\oint_{\Gamma}z^3\mathrm{d}x+x^3\mathrm{d}y+y^3\mathrm{d}z$，其中 Γ 是两抛物面 $z=2(x^2+y^2)$ 与 $z=3-x^2-y^2$ 的交线，从 z 轴正向看去，Γ 为逆时针方向一周.

解：(1) 取 Σ 为平面 $x+y+z=0$ 的上侧被 Γ 所围成的部分，则 Σ 的单位法向量为 $\boldsymbol{n}=\dfrac{1}{\sqrt{3}}(1,1,1)$，即 $\cos\alpha=\cos\beta=\cos\gamma=\dfrac{1}{\sqrt{3}}$. 按斯托克斯公式，有 $I=\dfrac{1}{\sqrt{3}}\iint\limits_{\Sigma}\begin{vmatrix}1&1&1\\\dfrac{\partial}{\partial x}&\dfrac{\partial}{\partial y}&\dfrac{\partial}{\partial z}\\y&z&x\end{vmatrix}\mathrm{d}S=\dfrac{1}{\sqrt{3}}\iint\limits_{\Sigma}-3\mathrm{d}S=-\sqrt{3}\pi$；

(2) 取 Σ 为三点 $(a,0,0),(0,a,0)$ 和 $(0,0,a)$ 所在的平面 $x+y+z=a$ 的上侧被 Γ 所围成的三角形部分，则 Σ 的单位法向量为 $\boldsymbol{n}=\dfrac{1}{\sqrt{3}}(1,1,1)$，即 $\cos\alpha=\cos\beta=\cos\gamma=\dfrac{1}{\sqrt{3}}$. 按斯托克斯公式，有 $I=\dfrac{1}{\sqrt{3}}\iint\limits_{\Sigma}\begin{vmatrix}1&1&1\\\dfrac{\partial}{\partial x}&\dfrac{\partial}{\partial y}&\dfrac{\partial}{\partial z}\\z-y&x-z&y-x\end{vmatrix}\mathrm{d}S=\dfrac{1}{\sqrt{3}}\iint\limits_{\Sigma}[3-(-3)]\mathrm{d}S=2\sqrt{3}\cdot\dfrac{\sqrt{3}}{4}\cdot(2a^2)=3a^2$；

(3) 取 Σ 为球面 $x^2+y^2+z^2=1$ 外侧位于第一卦限的部分，则 Σ 的单位法向量为 $\boldsymbol{n}=(x,y,z)$，即 $\cos\alpha=x,\cos\beta=y,\cos\gamma=z$. 按斯托克斯公式与轮换性，有 $I=\iint\limits_{\Sigma}\begin{vmatrix}x&y&z\\\dfrac{\partial}{\partial x}&\dfrac{\partial}{\partial y}&\dfrac{\partial}{\partial z}\\y^2&z^2&x^2\end{vmatrix}\mathrm{d}S=\iint\limits_{\Sigma}-(2yz+2xz+2xy)\mathrm{d}S=-6\iint\limits_{\Sigma}xy\mathrm{d}S=$

$$\iint\limits_{D:x^2+y^2\leqslant 1(x\geqslant 0,y\geqslant 0)} \frac{-6xy}{\sqrt{1-x^2-y^2}}\mathrm{d}x\,\mathrm{d}y = -2;$$

(4) Γ 化为 $\begin{cases} z=2 \\ x^2+y^2=1 \end{cases}$，取 Σ 为平面 $z=2, x^2+y^2\leqslant 1$ 的上侧部分，则 Σ 的单位法向量为 $\boldsymbol{n}=(0,0,1)$，即 $\cos\alpha=0,\cos\beta=0,\cos\gamma=1$. 按斯托克斯公式与轮换性，有 $I=$

$$\iint\limits_{\Sigma}\begin{vmatrix} 0 & 0 & 1 \\ \frac{\partial}{\partial x} & \frac{\partial}{\partial y} & \frac{\partial}{\partial z} \\ z^3 & x^3 & y^3 \end{vmatrix}\mathrm{d}S = \iint\limits_{\Sigma}3x^2\mathrm{d}S = 3\iint\limits_{D:x^2+y^2\leqslant 1}x^2\mathrm{d}x\,\mathrm{d}y = \frac{3}{2}\iint\limits_{D:x^2+y^2\leqslant 1}(x^2+y^2)\mathrm{d}x\,\mathrm{d}y = \frac{3\pi}{4}.$$

2. 求向量场 $\boldsymbol{A}=-y\boldsymbol{i}+x\boldsymbol{j}+2\boldsymbol{k}$ 沿闭曲线 C 的环流量：

   (1) C 为圆周 $x^2+y^2=1,z=0$，从 z 轴正向看 C 为逆时针方向；

   (2) C 为圆周 $(x+2)^2+y^2=1,z=0$，从 z 轴正向看 C 为顺时针方向.

解：(1) 取 Σ 为平面 $z=0, x^2+y^2\leqslant 1$ 的上侧部分，则 Σ 的单位法向量为 $\boldsymbol{n}=(0,0,1)$，即 $\cos\alpha=0,\cos\beta=0,\cos\gamma=1$. 按斯托克斯公式，所求环流量为 $I=\oint_C -y\mathrm{d}x+x\mathrm{d}y+2\mathrm{d}z=$

$$\iint\limits_{\Sigma}\begin{vmatrix} 0 & 0 & 1 \\ \frac{\partial}{\partial x} & \frac{\partial}{\partial y} & \frac{\partial}{\partial z} \\ -y & x & 2 \end{vmatrix}\mathrm{d}S = \iint\limits_{\Sigma}2\mathrm{d}S = 2\pi;$$

(2) 取 Σ 为平面 $z=0,(x+2)^2+y^2\leqslant 1$ 的下侧部分，则 Σ 的单位法向量为 $\boldsymbol{n}=(0,0,-1)$，即 $\cos\alpha=0,\cos\beta=0,\cos\gamma=-1$. 按斯托克斯公式，所求环流量为 $I=\oint_C -y\mathrm{d}x+x\mathrm{d}y+$

$$2\mathrm{d}z = \iint\limits_{\Sigma}\begin{vmatrix} 0 & 0 & -1 \\ \frac{\partial}{\partial x} & \frac{\partial}{\partial y} & \frac{\partial}{\partial z} \\ -y & x & 2 \end{vmatrix}\mathrm{d}S = -\iint\limits_{\Sigma}2\mathrm{d}S = -2\pi.$$

3. 求以下向量场的旋度：

   (1) $\boldsymbol{v}=x^2\boldsymbol{i}+y^2\boldsymbol{j}+z^2\boldsymbol{k}$；

   (2) $\boldsymbol{F}=(2z-3y)\boldsymbol{i}+(3x-z)\boldsymbol{j}+(y-2x)\boldsymbol{k}$.

解：(1) $\mathrm{rot}\boldsymbol{A}=\begin{vmatrix} \boldsymbol{i} & \boldsymbol{j} & \boldsymbol{k} \\ \frac{\partial}{\partial x} & \frac{\partial}{\partial y} & \frac{\partial}{\partial z} \\ x^2 & y^2 & z^2 \end{vmatrix}=0\boldsymbol{i}+0\boldsymbol{j}+0\boldsymbol{k}=(0,0,0)$；

(2) $\mathrm{rot}\boldsymbol{A}=\begin{vmatrix} \boldsymbol{i} & \boldsymbol{j} & \boldsymbol{k} \\ \frac{\partial}{\partial x} & \frac{\partial}{\partial y} & \frac{\partial}{\partial z} \\ 2z-3y & 3x-z & y-2x \end{vmatrix}=2\boldsymbol{i}-(-4)\boldsymbol{j}+6\boldsymbol{k}=(2,4,6)$.

4. 设向量场 $\boldsymbol{A}=(x^3-y^2)\boldsymbol{i}+(y^3-z^2)\boldsymbol{j}+(z^3-x^2)\boldsymbol{k}$，求：

   (1) 向量场 $\boldsymbol{A}$ 的旋度；

   (2) $\boldsymbol{A}$ 沿曲线 Γ 的环流量，其中 Γ 是圆柱面 $x^2+y^2=Rx$ 与半球面 $z=\sqrt{R^2-x^2-y^2}$ 的交线，从 z 轴正向看 Γ 为逆时针方向.

解：(1) $\mathbf{rotA} = \begin{vmatrix} \mathbf{i} & \mathbf{j} & \mathbf{k} \\ \dfrac{\partial}{\partial x} & \dfrac{\partial}{\partial y} & \dfrac{\partial}{\partial z} \\ x^3-y^2 & y^3-z^2 & z^3-x^2 \end{vmatrix} = 2(z,x,y);$

(2) 取 Σ 为球面 $z = \sqrt{R^2-x^2-y^2}$, $x^2+y^2 \leqslant Rx$ 的上侧部分, 则 Σ 的单位法向量为 $\mathbf{n} = \dfrac{1}{R}(x,y,z)$. 按斯托克斯公式与对称性, 所求环流量为 $I = \oint_\Gamma (x^3-y^2)\mathrm{d}x + (y^3-z^2)\mathrm{d}y +$

$(z^3-x^2)\mathrm{d}z = \dfrac{1}{R}\iint\limits_\Sigma \begin{vmatrix} x & y & z \\ \dfrac{\partial}{\partial x} & \dfrac{\partial}{\partial y} & \dfrac{\partial}{\partial z} \\ x^3-y^2 & y^3-z^2 & z^3-x^2 \end{vmatrix} \mathrm{d}S = \dfrac{2}{R}\iint\limits_\Sigma (xz+xy+yz)\mathrm{d}S =$

$\dfrac{2}{R}\iint\limits_\Sigma xz\,\mathrm{d}S = \dfrac{2}{R}\iint\limits_{D:x^2+y^2 \leqslant Rx} \dfrac{x\sqrt{R^2-x^2-y^2} \cdot R}{\sqrt{R^2-x^2-y^2}}\mathrm{d}x\mathrm{d}y = 2\iint\limits_{D:x^2+y^2 \leqslant Rx} x\,\mathrm{d}x\mathrm{d}y =$

$4\displaystyle\int_0^{\frac{\pi}{2}} \cos\theta\,\mathrm{d}\theta \int_0^{R\cos\theta} \rho^2\,\mathrm{d}\rho = \dfrac{1}{4}\pi R^3.$

B 组

1. 计算 $\oint_\Gamma (z+x+2y)\mathrm{d}x + (x+2y+2z)\mathrm{d}y + (y+z+2x)\mathrm{d}z$, 其中 Γ 为曲面 $z = \sqrt{x^2+y^2}$ 与 $z^2 = 2ax(a>0)$ 的交线, 其方向从 z 轴正向看是逆时针方向.

解：Γ 化为 $\begin{cases} z = \sqrt{x^2+y^2} \\ x^2+y^2 = 2ax \end{cases}$ 其方向从 z 轴正向看是逆时针方向. 取 Σ 为锥面 $z = \sqrt{x^2+y^2}$,

$(x^2+y^2 \leqslant 2ax)$ 的上侧部分, 则 Σ 的单位法向量为 $\mathbf{n} = \dfrac{1}{\sqrt{2(x^2+y^2)}}(-x,-y,z).$ 按

斯托克斯公式, 原式 $= \iint\limits_\Sigma \dfrac{-1}{\sqrt{2(x^2+y^2)}} \begin{vmatrix} x & y & -z \\ \dfrac{\partial}{\partial x} & \dfrac{\partial}{\partial y} & \dfrac{\partial}{\partial z} \\ z+x+2y & x+2y+2z & y+z+2x \end{vmatrix} \mathrm{d}S =$

$\iint\limits_\Sigma \dfrac{x+y-z}{\sqrt{2(x^2+y^2)}} \mathrm{d}S = \sqrt{2}\iint\limits_{D:x^2+y^2 \leqslant 2ax} \dfrac{x+y-\sqrt{x^2+y^2}}{\sqrt{2(x^2+y^2)}}\mathrm{d}x\mathrm{d}y =$

$\iint\limits_{D:x^2+y^2 \leqslant 2ax} \dfrac{x-\sqrt{x^2+y^2}}{\sqrt{x^2+y^2}}\mathrm{d}x\mathrm{d}y = 2\displaystyle\int_0^{\frac{\pi}{2}}(\cos\theta-1)\mathrm{d}\theta \int_0^{2a\cos\theta}\rho\,\mathrm{d}\rho = \left(\dfrac{8}{3}-\pi\right)a^2.$

2. 计算 $\oint_\Gamma (y^2-z^2)\mathrm{d}x + (2z^2-x^2)\mathrm{d}y + (3x^2-y^2)\mathrm{d}z$, 其中 Γ 为平面 $x+y+z=2$ 与柱面 $|x|+|y|=1$ 的交线, 其方向从 z 轴正向看是逆时针方向. (2001考研真题)

解：设 Σ 为平面 $x+y+z=2$ 的上侧, 且 $|x|+|y| \leqslant 1$, 则 Σ 的单位法向量为 $\mathbf{n} = \dfrac{1}{\sqrt{3}}(1,$

$1,1)$, 即 $\cos\alpha = \cos\beta = \cos\gamma = \dfrac{1}{\sqrt{3}}$, $D = \{(x,y) \mid |x|+|y| \leqslant 1\}$ 为 Σ 在 xOy 面上的投

影. 按斯托克斯公式及对称性,原式 $= \dfrac{1}{\sqrt{3}}\iint\limits_{\Sigma}\begin{vmatrix} 1 & 1 & 1 \\ \dfrac{\partial}{\partial x} & \dfrac{\partial}{\partial y} & \dfrac{\partial}{\partial z} \\ y^2-z^2 & 2z^2-x^2 & 3x^2-y^2 \end{vmatrix}\mathrm{d}S = \dfrac{1}{\sqrt{3}}\iint\limits_{\Sigma}(-8x-4y-6z)\mathrm{d}S = \dfrac{-2\sqrt{3}}{3}\iint\limits_{D:|x|+|y|\le 1}[4x+2y+3(2-x-y)]\sqrt{3}\,\mathrm{d}x\mathrm{d}y = -12\iint\limits_{D:|x|+|y|\le 1}\mathrm{d}x\mathrm{d}y = -24.$

总复习题 11

1. 填空题

   (1) $\displaystyle\int_L z\,\mathrm{d}s = $ _____,其中 L 为曲线 $x=t\cos t, y=t\sin t, z=t(0\le t\le \sqrt{2})$.

   (2) 设 $\Gamma: \begin{cases} x^2+y^2+z^2=5 \\ z=1 \end{cases}$,则 $\displaystyle\oint_\Gamma \dfrac{1}{x^2+y^2+z^2}\mathrm{d}s = $ _____.

   (3) 若曲线积分 $\displaystyle\int_L \dfrac{x\,\mathrm{d}x-ay\,\mathrm{d}y}{x^2+y^2-1}$ 在区域 $D=\{(x,y)\mid x^2+y^2<1\}$ 内与路径无关,则 $a = $ _____.

   (4) 设 $\boldsymbol{A} = \sin(xy)\boldsymbol{i}+\ln(x+y)\boldsymbol{j}+(2x+yz^4)\boldsymbol{k}$,则 $\mathrm{div}\boldsymbol{A} = $ _____.(2017 考研真题)

   (5) $\displaystyle\iint\limits_{\Sigma} x^2\,\mathrm{d}y\mathrm{d}z+y^2\,\mathrm{d}z\mathrm{d}x+z\,\mathrm{d}x\mathrm{d}y = $ _____,其中 Σ 是空间区域 $\{(x,y,z)\mid x^2+4y^2\le 4, 0\le z\le 2\}$ 的全表面的外侧.(2021 考研真题)

   解:(1) $\displaystyle\int_L z\,\mathrm{d}s = \int_0^{\sqrt{2}} t\sqrt{(\cos t-t\sin t)^2+(\sin t+t\cos t)^2+1}\,\mathrm{d}t = \int_0^{\sqrt{2}} t\sqrt{2+t^2}\,\mathrm{d}t = \dfrac{8-2\sqrt{2}}{3}.$

   (2) 解法一 Γ 化为 $\begin{cases} x^2+y^2=4 \\ z=1 \end{cases}$,则 $\displaystyle\oint_\Gamma \dfrac{1}{x^2+y^2+z^2}\mathrm{d}s = \dfrac{1}{5}\oint_\Gamma \mathrm{d}s = \dfrac{4\pi}{5}.$

   解法二 $\Gamma: x=2\cos\theta, y=2\sin\theta, z=1, 0\le\theta\le 2\pi$,则 $\displaystyle\oint_L \dfrac{\mathrm{d}s}{x^2+y^2+z^2} = \int_0^{2\pi} \dfrac{1}{5}\sqrt{4\sin^2\theta+4\cos^2\theta}\,\mathrm{d}\theta = \dfrac{2}{5}\int_0^{2\pi}\mathrm{d}\theta = \dfrac{4\pi}{5}.$

   (3) 令 $P(x,y) = \dfrac{x}{x^2+y^2-1}, Q(x,y) = \dfrac{-ay}{x^2+y^2-1}$,则 $\dfrac{\partial P}{\partial y} = \dfrac{-2xy}{(x^2+y^2-1)^2}, \dfrac{\partial Q}{\partial x} = \dfrac{2axy}{(x^2+y^2-1)^2}$,由 $\dfrac{\partial P}{\partial y} = \dfrac{\partial Q}{\partial x}$,得 $a=-1$.

   (4) $\mathrm{div}\boldsymbol{A} = y\cos(xy)+\dfrac{1}{x+y}+4yz^3.$

   (5) $\displaystyle\iint\limits_{\Sigma} x^2\,\mathrm{d}y\mathrm{d}z+y^2\,\mathrm{d}z\mathrm{d}x+z\,\mathrm{d}x\mathrm{d}y = \iiint\limits_{\Omega_\Sigma}(2x+2y+1)\mathrm{d}x\mathrm{d}y\mathrm{d}z = \iiint\limits_{\Omega_\Sigma}\mathrm{d}x\mathrm{d}y\mathrm{d}z = V_\Omega = 4\pi.$

2. 选择题

   (1) 设曲线积分 $\displaystyle\int_L x\varphi(y)\mathrm{d}x+x^2y\,\mathrm{d}y$ 与路径无关,其中 $\varphi(0)=0, \varphi(y)$ 有连续的导数,则

$\int_{(0,1)}^{(1,2)} x\varphi(y)\mathrm{d}x + x^2 y\mathrm{d}y =$ ( )

(A) 2　　　　　(B) 1　　　　　(C) $\dfrac{1}{2}$　　　　　(D) 3.

解：令 $P(x,y)=x\varphi(y),Q(x,y)=x^2 y$，则 $\dfrac{\partial P}{\partial y}=x\varphi'(y),\dfrac{\partial Q}{\partial x}=2xy$，由 $\dfrac{\partial P}{\partial y}=\dfrac{\partial Q}{\partial x}$，解得 $\varphi'(y)=2y$，积分得 $\varphi(y)=y^2+C$，将 $\varphi(0)=0$ 代入得 $=C=0$，则 $\varphi(y)=y^2$，因此 $\int_{(0,1)}^{(1,2)} x\varphi(y)\mathrm{d}x + x^2 y\mathrm{d}y = \int_{(0,1)}^{(1,2)} xy^2\mathrm{d}x + x^2 y\mathrm{d}y = \int_0^1 x\mathrm{d}x + \int_1^2 y\mathrm{d}y = \dfrac{1}{2}+\dfrac{3}{2}=2$，应选 A.

(2) 设 L 为沿曲线 $y=a\sin x$ 自 $(0,0)$ 至 $(\pi,0)$ 的弧段，$a>0$，使 $\int_L y^3\mathrm{d}x + (2x+y^2)\mathrm{d}y$ 的值最小，则 $a=$ ( )

(A) 2　　　　　(B) $\dfrac{1}{2}$　　　　　(C) 3　　　　　(D) 1.

解：$I(a)=\int_L y^3\mathrm{d}x + (2x+y^2)\mathrm{d}y = \int_0^\pi [a^3\sin^3 x + (2x+a^2\sin^2 x)a\cos x]\mathrm{d}x = a^3\int_0^\pi \sin^3 x\mathrm{d}x + 2a\int_0^\pi x\cos x\mathrm{d}x + a^3\int_0^\pi \sin^2 x\cos x\mathrm{d}x = \dfrac{4}{3}a^3 - 4a$，由 $I'(a)=4a^2-4=0$，解得 $a=1$，再由 $I''(a)=8a>0$，可知当 $a=1$ 时，$I(1)$ 为 $I(a)(a>0)$ 的最小值，故选 D.

(3) 设函数 $Q(x,y)=\dfrac{x}{y^2}$，如果对上半平面 $(y>0)$ 内的任一有向光滑闭曲线 C 都有 $\oint_\Gamma P(x,y)\mathrm{d}x + Q(x,y)\mathrm{d}y = 0$，则 $P(x,y)$ 可取为 ( )（2019 考研真题）

(A) $y-\dfrac{x^2}{y^3}$　　(B) $\dfrac{1}{y}-\dfrac{x^2}{y^3}$　　(C) $\dfrac{1}{x}-\dfrac{1}{y}$　　(D) $x-\dfrac{1}{y}$.

解：根据格林公式，$\oint_\Gamma P(x,y)\mathrm{d}x + Q(x,y)\mathrm{d}y = \iint_{D_L}(Q_x - P_y)\mathrm{d}x\mathrm{d}y = 0$，该式对上半平面 $(y>0)$ 内的任一有向光滑闭曲线 C 都成立，因此 $Q_x - P_y = 0$，则 $P_y=Q_x=\dfrac{1}{y^2}$，对 y 积分得 $P(x,y)=-\dfrac{1}{y}+C(x)$，不能选 A 与 B；又 $P(x,y)$ 对 $y>0$ 时（包括 $x=0$）须具有连续可导性，不能选 C；可取 $P(x,y)=x-\dfrac{1}{y}$，故选 D.

(4) 设曲面 Σ 是上半球面 $x^2+y^2+z^2=R^2(z\geqslant 0)$，曲面 Σ_1 是曲面 Σ 在第一卦限中的部分，则有 ( )

(A) $\iint_\Sigma x\mathrm{d}S = 4\iint_{\Sigma_1} x\mathrm{d}S$　　　　(B) $\iint_\Sigma y\mathrm{d}S = 4\iint_{\Sigma_1} y\mathrm{d}S$

(C) $\iint_\Sigma z\mathrm{d}S = 4\iint_{\Sigma_1} z\mathrm{d}S$　　　　(D) $\iint_\Sigma xyz\mathrm{d}S = 4\iint_{\Sigma_1} xyz\mathrm{d}S$.

解：利用第一型曲面积分具有对称性，可得 $\iint_\Sigma z\mathrm{d}S = 4\iint_{\Sigma_1} z\mathrm{d}S$，故选 C.

(5) 设 $u = xe^{y^4+z^8}$，Σ 为上半球面 $z = \sqrt{R^2-x^2-y^2}$ 的上侧，Σ_1 为 Σ 上 $x \geqslant 0$ 的部分，Σ_2 为 Σ 上 $y \geqslant 0$ 的部分，Σ_3 为 Σ 上 $x \geqslant 0, y \geqslant 0$ 的部分，则下列各式中正确的是 （　　）

(A) $\iint\limits_{\Sigma} u\,\mathrm{d}y\,\mathrm{d}z = 0$　　　　　　　　(B) $\iint\limits_{\Sigma} u\,\mathrm{d}y\,\mathrm{d}z = 2\iint\limits_{\Sigma_1} u\,\mathrm{d}y\,\mathrm{d}z$

(C) $\iint\limits_{\Sigma} u^2\,\mathrm{d}z\,\mathrm{d}x = 2\iint\limits_{\Sigma_2} u^2\,\mathrm{d}z\,\mathrm{d}x$　　　(D) $\iint\limits_{\Sigma} u\,\mathrm{d}x\,\mathrm{d}y = 4\iint\limits_{\Sigma_3} u\,\mathrm{d}x\,\mathrm{d}y$

解：由 $u = xe^{y^4+z^8}$ 关于 x 为奇函数，Σ 关于 yOz 面对称，则 $\iint\limits_{\Sigma} u\,\mathrm{d}y\,\mathrm{d}z = 2\iint\limits_{\Sigma_1} u\,\mathrm{d}y\,\mathrm{d}z$，故选 B.

3. 计算下列曲线积分：

(1) $I = \int_{\Gamma}(x^2+2y^2)\,\mathrm{d}s$，其中 Γ 为圆周 $\begin{cases} x^2+y^2+z^2=a^2(a>0) \\ x+y+z=0 \end{cases}$；

(2) $\int_L (2a-y)\,\mathrm{d}x + x\,\mathrm{d}y$，其中 L 为摆线 $x=a(t-\sin t), y=a(1-\cos t)$ 上对应 t 从 0 到 2π 的一段弧；

(3) $\int_L (e^x \sin y - 2y)\,\mathrm{d}x + (e^x \cos y - 2)\,\mathrm{d}y$，其中 L 为上半圆周 $x^2+y^2=2ax(y>0)$，沿逆时针方向；

(4) $I = \int_L \dfrac{(4x-y)\,\mathrm{d}x + (x+y)\,\mathrm{d}y}{4x^2+y^2}$，其中 L 为 $x^2+y^2=2$，沿逆时针方向．（2020 考研真题）

解：(1) 利用轮换性，可得 $I = \int_{\Gamma}(x^2+2y^2)\,\mathrm{d}s = \int_{\Gamma}(x^2+y^2+z^2)\,\mathrm{d}s = \int_{\Gamma}a^2\,\mathrm{d}s = 2\pi a^3$；

(2) 原式 $= \int_0^{2\pi}\{[2a-a(1-\cos t)]a(1-\cos t) + a(t-\sin t)a\sin t\}\,\mathrm{d}t = a^2\int_0^{2\pi}t\sin t\,\mathrm{d}t = -2\pi a^2$；

(3) 设 $A(2a,0), O(0,0), P=e^x\sin y - 2y, Q=e^x\cos y - 2$，则 $\dfrac{\partial P}{\partial y} = e^x\cos y - 2, \dfrac{\partial Q}{\partial x} = e^x\cos y$．补有向线段 $\overrightarrow{OA}: y=0, x: 0 \to 2a$，设 D 为上半圆周 L 与 $\overrightarrow{OA}$ 围成的为上半圆域，则应用格林公式，原式 $= \left(\int_{L+\overrightarrow{OA}} - \int_{\overrightarrow{OA}}\right)(e^x\sin y - 2y)\,\mathrm{d}x + (e^x\cos y - 2)\,\mathrm{d}y = 2\iint\limits_D \mathrm{d}x\,\mathrm{d}y - \int_0^{2a} 0\,\mathrm{d}x = \pi a^2$；

(4) 记 L 所围成的闭区域为 D，则 $D: x^2+y^2 \leqslant 2$，显然 $(0,0) \in D$．令 $P(x,y) = \dfrac{4x-y}{4x^2+y^2}, Q(x,y) = \dfrac{x+y}{4x^2+y^2}$，则除原点外，恒有 $\dfrac{\partial Q}{\partial x} = \dfrac{y^2-8xy-4x^2}{(4x^2+y^2)^2} = \dfrac{\partial P}{\partial y}$．取适当小的 $r>0$，作位于 D 内的小椭圆周 $l: 4x^2+y^2=r^2$，且 l 取逆时针方向，记由 L 和 l 所围区域为 D_1（复连通区域），则应用格林公式，得 $\oint_L \dfrac{(4x-y)\,\mathrm{d}x + (x+y)\,\mathrm{d}y}{4x^2+y^2} - \oint_l \dfrac{(4x-y)\,\mathrm{d}x+(x+y)\,\mathrm{d}y}{4x^2+y^2} = 0$，所以 $I = \oint_l \dfrac{(4x-y)\,\mathrm{d}x+(x+y)\,\mathrm{d}y}{4x^2+y^2} = \dfrac{1}{r^2}\oint_l (4x -$

$y)\mathrm{d}y+(x+y)\mathrm{d}x=\dfrac{2}{r^2}\iint\limits_{D_l}\mathrm{d}x\mathrm{d}y=\pi.$

4. 计算下列曲面积分

(1) $\iint\limits_{\Sigma}(x^2+y^2+z^2)\mathrm{d}S$，其中 Σ 为 $z=\sqrt{a^2-x^2-y^2}$；

(2) $\oiint\limits_{\Sigma}x^3\mathrm{d}y\mathrm{d}z+y^3\mathrm{d}z\mathrm{d}x+z^3\mathrm{d}x\mathrm{d}y$，其中 Σ 为球面 $x^2+y^2+z^2=a^2$ 的外侧；

(3) $\iint\limits_{\Sigma}(y^2-z)\mathrm{d}y\mathrm{d}z+(z^2-x)\mathrm{d}z\mathrm{d}x+(x^2-y)\mathrm{d}x\mathrm{d}y$，其中 Σ 为锥面 $z=\sqrt{x^2+y^2}$（$0\leqslant z<h$）的外侧；

(4) $\iint\limits_{\Sigma}\dfrac{x\mathrm{d}y\mathrm{d}z+y\mathrm{d}z\mathrm{d}x+z\mathrm{d}x\mathrm{d}y}{\sqrt{(x^2+y^2+z^2)^3}}$，其中 Σ 为曲面 $1-\dfrac{z}{5}=\dfrac{(x-2)^2}{16}+\dfrac{(y-1)^2}{9}$ （$z>0$）的上侧.

解：(1) 原式 $=\iint\limits_{\Sigma}a^2\mathrm{d}S=a^2\iint\limits_{\Sigma}\mathrm{d}S=a^2\cdot2\pi a^2=2\pi a^4$；

(2) 原式 $=3\iiint\limits_{\Omega_{\Sigma}}(x^2+y^2+z^2)\mathrm{d}x\mathrm{d}y\mathrm{d}z=3\int_0^{2\pi}\mathrm{d}\theta\int_0^{\pi}\sin\varphi\mathrm{d}\varphi\int_0^a r^4\mathrm{d}r=\dfrac{12}{5}\pi a^5$；

(3) 令 $\Sigma_1:z=h$，取上侧，则 Σ 与 Σ_1 围成封闭曲面，取外侧. 令 Σ 与 Σ_1 所围空间区域为 Ω，则原式 $=\left(\oiint\limits_{\Sigma+\Sigma_1}-\iint\limits_{\Sigma_1}\right)(y^2-z)\mathrm{d}y\mathrm{d}z+(z^2-x)\mathrm{d}z\mathrm{d}x+(x^2-y)\mathrm{d}x\mathrm{d}y=\iiint\limits_{\Omega}0\mathrm{d}x\mathrm{d}y\mathrm{d}z-\iint\limits_{x^2+y^2\leqslant h^2}(x^2-y)\mathrm{d}x\mathrm{d}y=-\iint\limits_{x^2+y^2\leqslant h^2}x^2\mathrm{d}x\mathrm{d}y=-\dfrac{\pi h^4}{4}$；

(4) 令 $r=\sqrt{x^2+y^2+z^2}$，$P=\dfrac{x}{r^3}$，$Q=\dfrac{y}{r^3}$，$R=\dfrac{z}{r^3}$，则 $\dfrac{\partial P}{\partial x}=\dfrac{r^3-3xr^2\cdot\dfrac{x}{r}}{r^6}=\dfrac{1}{r^3}-\dfrac{3x^2}{r^5}$；同理，$\dfrac{\partial Q}{\partial y}=\dfrac{1}{r^3}-\dfrac{3y^2}{r^5}$，$\dfrac{\partial R}{\partial z}=\dfrac{1}{r^3}-\dfrac{3z^2}{r^5}$，于是 $\dfrac{\partial P}{\partial x}+\dfrac{\partial Q}{\partial y}+\dfrac{\partial R}{\partial z}=0(r\neq 0)$. 作辅助曲面 $\Sigma_{\varepsilon}:x^2+y^2+z^2=\varepsilon^2$，取内侧，$\varepsilon$ 为足够小的正数，使得 Σ_{ε} 位于 Σ 的内部；以及 $\Sigma_1:z=0,\dfrac{(x-2)^2}{16}+\dfrac{(y-1)^2}{9}\leqslant 1,x^2+y^2\geqslant\varepsilon^2$，取下侧；$\Sigma_2:z=0,x^2+y^2\leqslant\varepsilon^2$，取上侧. 令 Ω 表示由 Σ 与 Σ_{ε}，Σ_1 所围成的立体域，令 Ω_1 表示由 Σ_{ε}，Σ_2 所围成的立体域，则原式 $=\left(\oiint\limits_{\Sigma+\Sigma_{\varepsilon}+\Sigma_1}-\iint\limits_{\Sigma_{\varepsilon}}-\iint\limits_{\Sigma_1}\right)\dfrac{x\mathrm{d}y\mathrm{d}z+y\mathrm{d}z\mathrm{d}x+z\mathrm{d}x\mathrm{d}y}{\sqrt{(x^2+y^2+z^2)^3}}\underline{\text{高斯公式}}\iiint\limits_{\Omega}\left(\dfrac{\partial P}{\partial x}+\dfrac{\partial Q}{\partial y}+\dfrac{\partial R}{\partial z}\right)\mathrm{d}V-\left(\iint\limits_{\Sigma_{\varepsilon}}+\iint\limits_{\Sigma_2}\right)\dfrac{x\mathrm{d}y\mathrm{d}z+y\mathrm{d}z\mathrm{d}x+z\mathrm{d}x\mathrm{d}y}{\sqrt{(x^2+y^2+z^2)^3}}=0-\dfrac{1}{\varepsilon^3}\iint\limits_{\Sigma_{\varepsilon}}x\mathrm{d}y\mathrm{d}z+y\mathrm{d}z\mathrm{d}x+z\mathrm{d}x\mathrm{d}y-0=-\dfrac{1}{\varepsilon^3}\left(\oiint\limits_{\Sigma_{\varepsilon}+\Sigma_2}x\mathrm{d}y\mathrm{d}z+y\mathrm{d}z\mathrm{d}x+z\mathrm{d}x\mathrm{d}y-\iint\limits_{\Sigma_2}x\mathrm{d}y\mathrm{d}z+y\mathrm{d}z\mathrm{d}x+z\mathrm{d}x\mathrm{d}y\right)\underline{\text{高斯公式}}-\dfrac{1}{\varepsilon^3}\left(-\iiint\limits_{\Omega_1}3\mathrm{d}V\right)=\dfrac{3}{\varepsilon^3}\cdot\dfrac{2}{3}\pi\varepsilon^3=2\pi.$

5. 设 $D \subset R^2$ 是有界单连通闭区域，$I(D) = \iint\limits_{D}(4-x^2-y^2)\mathrm{d}x\mathrm{d}y$ 取得最大值的积分区域记作 D_1.

(1) 求 $I(D_1)$ 的值；

(2) 计算 $I = \int_{L_1} \dfrac{(x\mathrm{e}^{x^2+4y^2}+y)\mathrm{d}x+(4y\mathrm{e}^{x^2+4y^2}-x)\mathrm{d}y}{x^2+4y^2}$，其中 L_1 为区域 D_1 的正向边界.

(2021 考研真题)

解：(1) 由二重积分的几何意义知，$I(D)$ 取得最大值当且仅当被积函数在 D 上大于等于零，故 $D_1: x^2+y^2 \leqslant 4$，则 $I(D_1) = \iint\limits_{D_1}(4-x^2-y^2)\mathrm{d}x\mathrm{d}y = \int_0^{2\pi}\mathrm{d}\theta\int_0^2(4-r^2)r\mathrm{d}r = 8\pi$；

(2) 令 $P = \dfrac{x\mathrm{e}^{x^2+4y^2}+y}{x^2+4y^2}, Q = \dfrac{4y\mathrm{e}^{x^2+4y^2}-x}{x^2+4y^2}$，则除原点外，恒有 $\dfrac{\partial P}{\partial y} = \dfrac{8xy\mathrm{e}^{x^2+4y^2}(x^2+4y^2-1)+(x^2-4y^2)}{(x^2+4y^2)^2} = \dfrac{\partial Q}{\partial x}$. 作辅助小椭圆线 $l_\varepsilon: x^2+4y^2 = \varepsilon^2$，取逆时针方向，其中 ε 为足够小的正数，使得 l_ε 位于 D_1 的内部. 令 D_ε 表示由 L_1 与 l_ε 所围成的区域，则 $I = \int_{L_1+l_\varepsilon^-}\dfrac{(x\mathrm{e}^{x^2+4y^2}+y)\mathrm{d}x+(4y\mathrm{e}^{x^2+4y^2}-x)\mathrm{d}y}{x^2+4y^2} - \int_{l_\varepsilon^-}\dfrac{(x\mathrm{e}^{x^2+4y^2}+y)\mathrm{d}x+(4y\mathrm{e}^{x^2+4y^2}-x)\mathrm{d}y}{x^2+4y^2} = 0 + \int_{l_\varepsilon}\dfrac{(x\mathrm{e}^{x^2+4y^2}+y)\mathrm{d}x+(4y\mathrm{e}^{x^2+4y^2}-x)\mathrm{d}y}{x^2+4y^2} = \dfrac{1}{\varepsilon^2}\int_{l_\varepsilon}(x\mathrm{e}^{x^2+4y^2}+y)\mathrm{d}x+(4y\mathrm{e}^{x^2+4y^2}-x)\mathrm{d}y = \dfrac{1}{\varepsilon^2}\iint\limits_{D_\varepsilon}[(8xy\mathrm{e}^{x^2+4y^2}-1)-(8xy\mathrm{e}^{x^2+4y^2}+1)]\mathrm{d}x\mathrm{d}y = \dfrac{-2}{\varepsilon^2}\iint\limits_{D_\varepsilon}\mathrm{d}x\mathrm{d}y = \dfrac{-2}{\varepsilon^2}\cdot\pi\dfrac{\varepsilon^2}{2} = -\pi$.

6. 设在半平面 $x>0$ 内有一力 $\boldsymbol{F} = -\dfrac{k}{\rho^3}(x\boldsymbol{i}+y\boldsymbol{j})$ 构成力场，其中 k 为常数，$\rho = \sqrt{x^2+y^2}$. 证明在此力场中场力 $\boldsymbol{F}$ 所做的功与所取的路径无关.

证：设 L 为此力场中任一路径，则场力 $\boldsymbol{F}$ 沿 L 所做的功为 $W = -k\int_{L_1}\dfrac{x\mathrm{d}x+y\mathrm{d}y}{\rho^3}$. 令 $P = \dfrac{x}{\rho^3}, Q = \dfrac{y}{\rho^3}$，则在半平面 $x>0$ 内(不含原点)，恒有 $\dfrac{\partial P}{\partial y} = \dfrac{-x\cdot 3\rho^2\dfrac{y}{\rho}}{\rho^6} = \dfrac{-3xy}{\rho^5} = \dfrac{\partial Q}{\partial x}$，因此在半平面 $x>0$ 内，该积分与所取的路径无关，证毕.

7. 求面密度为 1 的均匀锥面 $\dfrac{x^2}{a^2}+\dfrac{y^2}{a^2}-\dfrac{z^2}{b^2} = 0(0 \leqslant z \leqslant b)$ 对直线 $\dfrac{x}{1} = \dfrac{y}{0} = \dfrac{z-b}{0}$ 的转动惯量.

解：直线 $L: \dfrac{x}{1} = \dfrac{y}{0} = \dfrac{z-b}{0}$ 的方向向量为 $\boldsymbol{s} = (1,0,0)$，直线上有一点 $M_1(0,0,b)$，设点 $M(x,y,z) \in \sum : z = \dfrac{b}{a}\sqrt{x^2+y^2}(0 \leqslant z \leqslant b)$，则点 M 到直线 $L: \dfrac{x}{1} = \dfrac{y}{0} = \dfrac{z-b}{0}$ 的距

离为 $d = \dfrac{\begin{vmatrix} i & j & k \\ 1 & 0 & 0 \\ x & y & z-b \end{vmatrix}\text{的模}}{1} = \sqrt{y^2+(z-b)^2}$，$\sum: z = \dfrac{b}{a}\sqrt{x^2+y^2}$ $(0 \leqslant z \leqslant b)$ 在 xOy

面上的投影为 $x^2 + y^2 \leqslant a^2$，$\mathrm{d}S = \dfrac{\sqrt{a^2+b^2}}{a}\mathrm{d}x\mathrm{d}y$，则所求的转动惯量为：$I_L = \iint\limits_{\Sigma}[y^2 +$

$(z-b)^2]\mathrm{d}S = \iint\limits_{D}\left[y^2 + \left(\dfrac{b}{a}\sqrt{x^2+y^2} - b\right)^2\right]\dfrac{\sqrt{a^2+b^2}}{a}\mathrm{d}x\mathrm{d}y = \dfrac{\sqrt{a^2+b^2}}{a}\left[\dfrac{1}{2}\int_0^{2\pi}\mathrm{d}\theta\int_0^a \rho^3\mathrm{d}\rho + \right.$

$\left.\dfrac{b^2}{a^2}\int_0^{2\pi}\mathrm{d}\theta\int_0^a (\rho-a)^2\rho\mathrm{d}\rho\right] = \dfrac{a\sqrt{a^2+b^2}}{12}(3a^2+2b^2)\pi.$

8. 设薄片型物体 S 是圆锥面 $z = \sqrt{x^2+y^2}$ 被柱面 $z^2 = 2x$ 割下的有限部分，其上任一点的
密度为 $\rho(x,y,z) = 9\sqrt{x^2+y^2+z^2}$，记圆锥面与柱面的交线为 C.
(1) 求 C 在 xOy 面上的投影曲线的方程；
(2) 求 S 的质量 M. (2017 考研真题)

解：(1) 在方程 $z = \sqrt{x^2+y^2}$ 与 $z^2 = 2x$ 中消去 z，得 $x^2+y^2 = 2x$，则 C 在 xOy 面上的

投影曲线的方程为 $\begin{cases} x^2+y^2=2x \\ z=0 \end{cases}$；

(2) $S: z = \sqrt{x^2+y^2}$，则 S 在 xOy 面上的投影为 $D: x^2+y^2 \leqslant 2x$，$\mathrm{d}S = \sqrt{2}\mathrm{d}x\mathrm{d}y$，故 S

的质量 $M = \iint\limits_{S} 9\sqrt{x^2+y^2+z^2}\,\mathrm{d}S = \iint\limits_{D:x^2+y^2\leqslant 2x} 9\sqrt{2}\sqrt{x^2+y^2}\sqrt{2}\,\mathrm{d}x\mathrm{d}y = 18\iint\limits_{D}\sqrt{x^2+y^2}\,\mathrm{d}x\mathrm{d}y =$

64.

9. 设 Σ 是介于 $z=0, z=h$ 之间的柱面 $x^2+y^2=R^2$ 的外侧，求流场 $\boldsymbol{v} = x^2\boldsymbol{i} + y^3\boldsymbol{j} + z\boldsymbol{k}$ 在
单位时间通过 Σ 的通量.

解：令 $\Sigma_1: z=h$，取上侧；$\Sigma_2: z=0$，取下侧；Ω 为 $\Sigma, \Sigma_1, \Sigma_2$ 所围成的立体，则所求通量为

$Q = \iint\limits_{\Sigma} x^2\mathrm{d}y\mathrm{d}z + y^3\mathrm{d}z\mathrm{d}x + z\mathrm{d}x\mathrm{d}y = \left(\iint\limits_{\Sigma+\Sigma_1+\Sigma_2} - \iint\limits_{\Sigma_1} - \iint\limits_{\Sigma_2}\right) x^2\mathrm{d}y\mathrm{d}z + y^3\mathrm{d}z\mathrm{d}x + z\mathrm{d}x\mathrm{d}y = \iiint\limits_{\Omega}(2x+$

$3y^2+1)\mathrm{d}v - h\iint\limits_{D:x^2+y^2\leqslant R^2}\mathrm{d}x\mathrm{d}y - 0 = 3\iiint\limits_{\Omega}y^2\mathrm{d}v + V_{\Omega} - \pi R^2 h = 3\int_0^{2\pi}\mathrm{d}\theta\int_0^R r^3\sin^2\theta\,\mathrm{d}r\int_0^h\mathrm{d}z +$

$\pi R^2 h - \pi R^2 h = \dfrac{3\pi R^4 h}{4}.$

10. 求向量场 $\boldsymbol{A} = (x-z)\boldsymbol{i} + (x^3+yz)\boldsymbol{j} - 3xy^2\boldsymbol{k}$ 沿封闭曲线 $L: \begin{cases} z=2-\sqrt{x^2+y^2} \\ z=0 \end{cases}$，从 z
轴正向看去沿逆时针方向的环流量 Q.

解：由沿 $L: \begin{cases} z=2-\sqrt{x^2+y^2} \\ z=0 \end{cases}$，则 L 为平面圆周线 $L: x^2+y^2=4$，又沿逆时针方向，故

所求环流量 $Q = \oint_L (x-z)\mathrm{d}x + (x^3+yz)\mathrm{d}y - 3xy^2\mathrm{d}z = \oint_L x\mathrm{d}x + x^3\mathrm{d}y = \iint\limits_{D_L} 3x^2\mathrm{d}x\mathrm{d}y =$

$12\pi.$

11. 计算 $\oint_{\Gamma} y^2 dx + z^2 dy + x^2 dz$,其中 Γ 为曲线 $\begin{cases} x^2+y^2+z^2=a^2 \\ x^2+y^2=ax \end{cases}$ $(z \geqslant 0, a>0)$,从 x 轴正向看去,曲线 Γ 沿逆时针方向.

解:取 $\Sigma: x^2+y^2+z^2=a^2(z \geqslant 0)$ 的上侧,且 $x^2+y^2 \leqslant ax$,则 Σ 在 xOy 面上的投影为 $D: x^2+y^2 \leqslant ax$,$dS = \dfrac{a \, dx \, dy}{\sqrt{a^2-x^2-y^2}}$,$\Sigma$ 的单位法向量为 $\boldsymbol{n} = \dfrac{1}{a}(x,y,z) = (\cos\alpha, \cos\beta, \cos\gamma)$. 按斯托克斯公式与对称性,原式 $= \dfrac{1}{a}\iint_{\Sigma} \begin{vmatrix} x & y & z \\ \dfrac{\partial}{\partial x} & \dfrac{\partial}{\partial y} & \dfrac{\partial}{\partial z} \\ y^2 & z^2 & x^2 \end{vmatrix} dS = \dfrac{1}{a}\iint_{\Sigma} -(2yz+2xz+2xy)dS = \iint_{\Sigma} \dfrac{-2xz}{a} dS = \iint_{D} \dfrac{-2ax\sqrt{a^2-x^2-y^2}}{a\sqrt{a^2-x^2-y^2}} dx dy = \iint_{D} -2x \, dx \, dy = -\dfrac{\pi a^3}{4}$.

12. 设函数 $f(x,y)$ 满足 $\dfrac{\partial f(x,y)}{\partial x} = (2x+1)e^{2x-y}$,且 $f(0,y) = y+1$,L_t 是由点 $(0,0)$ 到点 $(1,t)$ 的光滑闭曲线,计算曲线积分 $I(t) = \int_{L_t} \dfrac{\partial f(x,y)}{\partial x} dx + \dfrac{\partial f(x,y)}{\partial y} dy$,并求 $I(t)$ 的最小值. (2016 考研真题)

解 (1) 对 $\dfrac{\partial f(x,y)}{\partial x} = (2x+1)e^{2x-y}$ 两边求 x 的积分,可得 $f(x,y) = \int (2x+1)e^{2x-y} dx = e^{-y}\left(\int x \, de^{2x} + \int e^{2x} dx\right) = e^{-y} \cdot xe^{2x} + \varphi(y) = xe^{2x-y} + \varphi(y)$,又 $f(0,y) = y+1$,故可得 $\varphi(y) = y+1$,因此 $f(x,y) = xe^{2x-y} + y + 1$,则 $\dfrac{\partial f(x,y)}{\partial y} = -xe^{2x-y} + 1$,$I(t) = \int_{L_t} \dfrac{\partial f(x,y)}{\partial x} dx + \dfrac{\partial f(x,y)}{\partial y} dy = \int_{L_t} (2x+1)e^{2x-y} dx + (1-xe^{2x-y}) dy$. 设 $P = (2x+1)e^{2x-y}$,$Q = 1-xe^{2x-y}$,则有 $\dfrac{\partial P}{\partial y} = -(2x+1)e^{2x-y} = \dfrac{\partial Q}{\partial x}$,所以此积分与路径无关,故 $I(t) = \int_0^1 (2x+1)e^{2x} dx + \int_0^t (1-e^{2-y}) dy = t + e^{2-t}$.

(2) $I(t) = t + e^{2-t}$,则 $I'(t) = 1 - e^{2-t}$,令 $I'(t) = 0$,可得 $t = 2$,而 $I''(t) = e^{2-t} > 0$,因此当 $t=2$ 时,$I(t)$ 有最小值,为 $I(2) = 2+1 = 3$.

第 12 章 无穷级数(文)

本章是文科用《微积分》第 11 章相应小结的习题解答.

习题 12-1

A 组

1. 写出下列级数的一般项:

(1) $2 + \dfrac{1}{2} + \dfrac{4}{3} + \dfrac{3}{4} + \dfrac{6}{5} + \cdots;$

(2) $\dfrac{1}{2\ln 2} + \dfrac{1}{3\ln 3} + \dfrac{1}{4\ln 4} + \dfrac{1}{5\ln 5} + \cdots;$

(3) $1 - \dfrac{1}{2!} + \dfrac{1}{4!} - \dfrac{1}{6!} + \cdots;$

(4) $\dfrac{a^2}{2} - \dfrac{a^3}{4} + \dfrac{a^4}{6} - \dfrac{a^5}{8} + \cdots.$

解:(1) 级数可写为 $\displaystyle\sum_{n=1}^{\infty} \dfrac{n+(-1)^{n-1}}{n}$,所以一般项为 $\dfrac{n+(-1)^{n-1}}{n}$;

(2) 级数可写为 $\displaystyle\sum_{n=1}^{\infty} \dfrac{1}{(n+1)\ln(n+1)}$,所以一般项为 $\dfrac{1}{(n+1)\ln(n+1)}$;

(3) 级数可写为 $\displaystyle\sum_{n=1}^{\infty} \dfrac{(-1)^{n-1}}{(2(n-1))!}$,所以一般项为 $\dfrac{(-1)^{n-1}}{(2(n-1))!}$;

(4) 级数可写为 $\displaystyle\sum_{n=1}^{\infty} (-1)^{n+1} \dfrac{a^{n+1}}{2n}$,所以一般项为 $(-1)^{n+1} \dfrac{a^{n+1}}{2n}$.

2. 根据级数收敛与发散的定义判别下列级数的敛散性,若收敛,求其和:

(1) $\displaystyle\sum_{n=1}^{\infty} \dfrac{1}{(2n-1)(2n+1)};$ (2) $\displaystyle\sum_{n=1}^{\infty} \ln \dfrac{n+1}{n};$ (3) $\displaystyle\sum_{n=1}^{\infty} (\sqrt{n} - \sqrt{n+1});$ (4) $\displaystyle\sum_{n=1}^{\infty} \dfrac{1}{(n+2)n}.$

解:(1) 部分和 $s_n = \displaystyle\sum_{k=1}^{n} \dfrac{1}{(2k-1)(2k+1)} = \dfrac{1}{2}\left(1 - \dfrac{1}{2n+1}\right)$,且 $\displaystyle\lim_{n\to\infty} s_n = \dfrac{1}{2}$,所以 $\displaystyle\sum_{n=1}^{\infty} \dfrac{1}{(2n-1)(2n+1)}$ 收敛,和为 $\dfrac{1}{2}$;

(2) 部分和 $s_n = \displaystyle\sum_{k=1}^{n} \ln \dfrac{k+1}{k} = \ln(n+1)$,$\displaystyle\lim_{n\to\infty} s_n = \infty$,所以 $\displaystyle\sum_{n=1}^{\infty} \ln \dfrac{n+1}{n}$ 发散;

(3) 部分和 $s_n = \displaystyle\sum_{k=1}^{n} (\sqrt{k} - \sqrt{k+1}) = 1 - \sqrt{n+1}$,且 $\displaystyle\lim_{n\to\infty} s_n = \infty$,所以 $\displaystyle\sum_{n=1}^{\infty} (\sqrt{n} - \sqrt{n+1})$ 发散;

(4) 部分和 $s_n = \displaystyle\sum_{k=1}^{n} \dfrac{1}{k(k+2)} = \dfrac{1}{2}\left(\dfrac{3}{2} - \dfrac{1}{n+1} - \dfrac{1}{n+2}\right)$,且 $\displaystyle\lim_{n\to\infty} s_n = \dfrac{3}{4}$,所以 $\displaystyle\sum_{n=1}^{\infty} \dfrac{1}{(n+2)n}$ 收敛,和为 $\dfrac{3}{4}$;

3. 判别下列级数的敛散性:

(1) $\displaystyle\sum_{n=1}^{\infty} \left(\dfrac{1}{2^n} - \dfrac{1}{3^n}\right);$ (2) $\displaystyle\sum_{n=1}^{\infty} \left(\dfrac{1}{n} - \dfrac{1}{3^n}\right);$ (3) $\displaystyle\sum_{n=1}^{\infty} \cos \dfrac{\pi}{4n-1};$ (4) $\displaystyle\sum_{n=1}^{\infty} \dfrac{1}{\sqrt[n]{3}}.$

解:(1) $\displaystyle\sum_{n=1}^{\infty} \dfrac{1}{2^n} = \displaystyle\sum_{n=1}^{\infty} \left(\dfrac{1}{2}\right)^n$ 是等比级数,则级数 $\displaystyle\sum_{n=1}^{\infty} \dfrac{1}{2^n}$ 收敛;同理,$\displaystyle\sum_{n=1}^{\infty} \dfrac{1}{3^n} = \displaystyle\sum_{n=1}^{\infty} \left(\dfrac{1}{3}\right)^n$ 是等

比级数,则级数 $\sum\limits_{n=1}^{\infty} \dfrac{1}{3^n}$ 收敛,所以 $\sum\limits_{n=1}^{\infty} \left(\dfrac{1}{2^n} - \dfrac{1}{3^n}\right)$ 收敛;

(2) $\sum\limits_{n=1}^{\infty} \dfrac{1}{n}$ 为调和级数,则级数发散; $\sum\limits_{n=1}^{\infty} \left(-\dfrac{1}{3^n}\right) = -\sum\limits_{n=1}^{\infty} \left(\dfrac{1}{3}\right)^n$ 是等比级数,则级数 $\sum\limits_{n=1}^{\infty} \left(-\dfrac{1}{3^n}\right)$ 收敛,所以 $\sum\limits_{n=1}^{\infty} \left(\dfrac{1}{n} - \dfrac{1}{3^n}\right)$ 发散;

(3) $\lim\limits_{n\to\infty} \cos\dfrac{\pi}{4n-1} = 1 \neq 0$,所以 $\sum\limits_{n=1}^{\infty} \cos\dfrac{\pi}{4n-1}$ 发散;

(4) $\lim\limits_{n\to\infty} \dfrac{1}{\sqrt[n]{3}} = 1 \neq 0$,所以 $\sum\limits_{n=1}^{\infty} \dfrac{1}{\sqrt[n]{3}}$ 发散.

B 组

1. 判别下列级数的敛散性,如果收敛,求其和:

   (1) $\sum\limits_{n=1}^{\infty} (\sqrt{n+2} - 2\sqrt{n+1} + \sqrt{n})$; (2) $\sum\limits_{n=1}^{\infty} \sin\dfrac{n}{2}\pi$.

解:(1) 部分和 $s_n = (\sqrt{n+2} - \sqrt{n+1}) - (\sqrt{2} - 1) = \dfrac{1}{\sqrt{n+2}+\sqrt{n+1}} - \dfrac{1}{\sqrt{2}+1}$, $\lim\limits_{n\to\infty} s_n = -\dfrac{1}{\sqrt{2}+1}$,所以 $\sum\limits_{n=1}^{\infty} (\sqrt{n+2} - 2\sqrt{n+1} + \sqrt{n})$ 收敛,其和为 $-\dfrac{1}{\sqrt{2}+1}$.

(2) $\lim\limits_{n\to\infty} \sin\dfrac{n}{2}\pi \neq 0$,所以 $\sum\limits_{n=1}^{\infty} \sin\dfrac{n}{2}\pi$ 发散.

2. 设级数 $\sum\limits_{n=1}^{\infty} u_n$ 发散,$\sum\limits_{n=1}^{\infty} v_n$ 收敛,证明级数 $\sum\limits_{n=1}^{\infty} (u_n \pm v_n)$ 必发散. 若这两个级数都发散,上述结论是否成立?举例说明.

解:假设 $\sum\limits_{n=1}^{\infty} (u_n \pm v_n)$ 收敛,由 $\sum\limits_{n=1}^{\infty} v_n$ 收敛,根据性质得 $\sum\limits_{n=1}^{\infty} [(u_n \pm v_n) \mp v_n] = \sum\limits_{n=1}^{\infty} u_n$ 收敛,与条件矛盾. 若级数 $\sum\limits_{n=1}^{\infty} u_n$ 发散,$\sum\limits_{n=1}^{\infty} v_n$ 发散,则级数 $\sum\limits_{n=1}^{\infty} (u_n \pm v_n)$ 不一定发散,例如取 $\sum\limits_{n=1}^{\infty} u_n = \sum\limits_{n=1}^{\infty} (-1)^n$,$\sum\limits_{n=1}^{\infty} v_n = \sum\limits_{n=1}^{\infty} (-1)^{n-1}$.

习题 12-2

A 组

1. 用比较审敛法或其极限形式讨论下列级数的敛散性:

   (1) $1 + \dfrac{1}{3} + \dfrac{1}{5} + \cdots + \dfrac{1}{(2n-1)} + \cdots$; (2) $\dfrac{1}{2 \cdot 5} + \dfrac{1}{3 \cdot 6} + \cdots + \dfrac{1}{(n+1)(n+4)} + \cdots$;

   (3) $\sum\limits_{n=1}^{\infty} \dfrac{1}{n\sqrt{n+1}}$; (4) $\sum\limits_{n=1}^{\infty} \dfrac{1}{1+a^n} (a>0)$;

   (5) $\sum\limits_{n=1}^{\infty} \dfrac{1}{n}\sin\dfrac{1}{\sqrt{n}}$; (6) $\sum\limits_{n=1}^{\infty} \ln\left(1+\dfrac{1}{n^2}\right)$.

解:(1) 因为 $\lim\limits_{n\to\infty} \dfrac{\frac{1}{2n-1}}{\frac{1}{n}} = \dfrac{1}{2}$,由比较审敛法的极限形式可知 $\sum\limits_{n=1}^{\infty} \dfrac{1}{2n-1}$ 发散;

(2) 因为 $\lim\limits_{n\to\infty}\dfrac{\dfrac{1}{(n+1)(n+4)}}{\dfrac{1}{n^2}}=1$，由比较审敛法的极限形式可知 $\sum\limits_{n=1}^{\infty}\dfrac{1}{(n+1)(n+4)}$ 收敛；

(3) 因为 $\lim\limits_{n\to\infty}\dfrac{\dfrac{1}{n\sqrt{n+1}}}{\dfrac{1}{n^{\frac{3}{2}}}}=1$，由比较审敛法的极限形式可知 $\sum\limits_{n=1}^{\infty}\dfrac{1}{n\sqrt{n+1}}$ 收敛；

(4) 当 $a>1$ 时，$\lim\limits_{n\to\infty}\dfrac{\dfrac{1}{1+a^n}}{\dfrac{1}{a^n}}=1$，$\sum\limits_{n=1}^{\infty}\dfrac{1}{1+a^n}=\sum\limits_{n=1}^{\infty}\left(\dfrac{1}{a}\right)^n$ 是等比为 $\dfrac{1}{a}$ 的等比级数，该级数收敛，由比较审敛法可知 $\sum\limits_{n=1}^{\infty}\dfrac{1}{1+a^n}$ 收敛；当 $0<a\leqslant 1$ 时，$\lim\limits_{n\to\infty}\dfrac{1}{1+a^n}\neq 0$，所以 $\sum\limits_{n=1}^{\infty}\dfrac{1}{1+a^n}$ 发散；

(5) 因为 $\lim\limits_{n\to\infty}\dfrac{\dfrac{1}{n}\sin\dfrac{1}{\sqrt{n}}}{\dfrac{1}{n^{\frac{3}{2}}}}=1$，由比较审敛法的极限形式可知 $\sum\limits_{n=1}^{\infty}\dfrac{1}{n}\sin\dfrac{1}{\sqrt{n}}$ 收敛；

(6) 因为 $\lim\limits_{n\to\infty}\dfrac{\ln\left(1+\dfrac{1}{n^2}\right)}{\dfrac{1}{n^2}}=1$，由比较审敛法的极限形式可知 $\sum\limits_{n=1}^{\infty}\ln\left(1+\dfrac{1}{n^2}\right)$ 收敛.

2. 用比值审敛法讨论下列级数的敛散性：

(1) $\sum\limits_{n=1}^{\infty}\dfrac{n^2+2}{3^n}$；(2) $\sum\limits_{n=1}^{\infty}\dfrac{n!}{10^n}$；(3) $\sum\limits_{n=1}^{\infty}\dfrac{3^n\cdot n!}{n^n}$；(4) $\sum\limits_{n=1}^{\infty}n\tan\dfrac{\pi}{3^{n+1}}$.

解：(1) 因为 $\lim\limits_{n\to\infty}\dfrac{\dfrac{(n+1)^2+2}{3^{n+1}}}{\dfrac{n^2+2}{3^n}}=\dfrac{1}{3}<1$，由比值审敛法可知 $\sum\limits_{n=1}^{\infty}\dfrac{n^2+2}{3^n}$ 收敛；

(2) 因为 $\lim\limits_{n\to\infty}\dfrac{\dfrac{(n+1)!}{10^{n+1}}}{\dfrac{n!}{10^n}}=+\infty>1$，由比值审敛法可知 $\sum\limits_{n=1}^{\infty}\dfrac{n!}{10^n}$ 发散；

(3) 因为 $\lim\limits_{n\to\infty}\dfrac{\dfrac{3^{n+1}\cdot(n+1)!}{(n+1)^{n+1}}}{\dfrac{3^n\cdot n!}{n^n}}=\lim\limits_{n\to\infty}\dfrac{3}{\left(\dfrac{n+1}{n}\right)^n}=\dfrac{3}{\mathrm{e}}>1$，由比值审敛法可知 $\sum\limits_{n=1}^{\infty}\dfrac{3^n\cdot n!}{n^n}$ 发散；

(4) 因为 $\lim\limits_{n\to\infty}\dfrac{(n+1)\tan\dfrac{\pi}{3^{n+2}}}{n\tan\dfrac{\pi}{3^{n+1}}}=\dfrac{1}{3}<1$，由比值审敛法可知 $\sum\limits_{n=1}^{\infty}n\tan\dfrac{\pi}{3^{n+1}}$ 收敛.

3. 用根值审敛法讨论下列级数的敛散性：

(1) $\sum\limits_{n=1}^{\infty}\left(\dfrac{n}{3n+1}\right)^n$；　(2) $\sum\limits_{n=1}^{\infty}\left(\dfrac{n}{3n-1}\right)^{2n-1}$；　(3) $\sum\limits_{n=1}^{\infty}\dfrac{2^n}{n^{\frac{n}{2}}}$；　(4) $\sum\limits_{n=1}^{\infty}\left(a+\dfrac{1}{n}\right)^n (a\geqslant 0)$.

解：(1) 因为 $\lim\limits_{n\to\infty}\sqrt[n]{\left(\dfrac{n}{3n+1}\right)^n}=\lim\limits_{n\to\infty}\dfrac{n}{3n+1}=\dfrac{1}{3}<1$，由根值审敛法可知 $\sum\limits_{n=1}^{\infty}\left(\dfrac{n}{3n+1}\right)^n$ 收敛；

(2) 因为 $\lim\limits_{n\to\infty}\sqrt[n]{\left(\dfrac{n}{3n-1}\right)^{2n-1}}=\dfrac{1}{9}<1$，由根值审敛法可知 $\sum\limits_{n=1}^{\infty}\left(\dfrac{n}{3n-1}\right)^{2n-1}$ 收敛；

(3) 因为 $\lim\limits_{n\to\infty}\sqrt[n]{\dfrac{2^n}{n^{\frac{n}{2}}}}=\lim\limits_{n\to\infty}\dfrac{2}{n^{\frac{1}{2}}}=0<1$，由根值审敛法可知 $\sum\limits_{n=1}^{\infty}\dfrac{2^n}{n^{\frac{n}{2}}}$ 收敛；

(4) $\lim\limits_{n\to\infty}\sqrt[n]{\left(a+\dfrac{1}{n}\right)^n}=a$，由根值审敛法可知，当 $a>1$ 时，$\sum\limits_{n=1}^{\infty}\left(a+\dfrac{1}{n}\right)^n$ 发散；当 $0\leqslant a<1$ 时，$\sum\limits_{n=1}^{\infty}\left(a+\dfrac{1}{n}\right)^n$ 收敛；当 $a=1$ 时，$\lim\limits_{n\to\infty}\left(1+\dfrac{1}{n}\right)^n=e>1$，$\sum\limits_{n=1}^{\infty}\left(a+\dfrac{1}{n}\right)^n$ 发散.

4. 用适当的方法讨论下列级数的敛散性：

(1) $\sum\limits_{n=2}^{\infty}\dfrac{1}{\sqrt{n}}\ln\dfrac{n+1}{n-1}$；　　　(2) $\sum\limits_{n=1}^{\infty}\dfrac{n!}{(2n)!}$；　　　(3) $\sum\limits_{n=1}^{\infty}\dfrac{1}{n\sqrt[n]{n}}$；

(4) $\sum\limits_{n=1}^{\infty}\dfrac{1}{na+b}(a>0,b>0)$；　(5) $\sum\limits_{n=1}^{\infty}\left(1-\cos\dfrac{\pi}{n}\right)$；　(6) $\sum\limits_{n=1}^{\infty}na^{n-1}(a>0)$.

解：(1) 因为 $\lim\limits_{n\to\infty}\dfrac{\dfrac{1}{\sqrt{n}}\ln\dfrac{n+1}{n-1}}{\dfrac{1}{n^{\frac{3}{2}}}}=2$，由比较审敛法的极限形式可知 $\sum\limits_{n=2}^{\infty}\dfrac{1}{\sqrt{n}}\ln\dfrac{n+1}{n-1}$ 收敛；

(2) 因为 $\lim\limits_{n\to\infty}\dfrac{\dfrac{(n+1)!}{(2n+2)!}}{\dfrac{n!}{(2n)!}}=\lim\limits_{n\to\infty}\dfrac{(n+1)!}{(2n+2)!}\dfrac{(2n)!}{n!}=\dfrac{1}{4}$，由比值审敛法可知 $\sum\limits_{n=1}^{\infty}\dfrac{n!}{(2n)!}$ 收敛；

(3) 因为 $\lim\limits_{n\to\infty}\dfrac{\dfrac{1}{n\sqrt[n]{n}}}{\dfrac{1}{n}}=1$，由比较审敛法的极限形式可知 $\sum\limits_{n=1}^{\infty}\dfrac{1}{n\sqrt[n]{n}}$ 发散；

(4) 因为 $\lim\limits_{n\to\infty}\dfrac{\dfrac{1}{na+b}}{\dfrac{1}{n}}=\dfrac{1}{a}$，由比较审敛法的极限形式可知 $\sum\limits_{n=1}^{\infty}\dfrac{1}{na+b}(a>0,b>0)$ 发散；

(5) 因为 $\lim\limits_{n\to\infty}\dfrac{1-\cos\dfrac{\pi}{n}}{\dfrac{1}{n^2}}=\dfrac{\pi^2}{2}$，由比较审敛法的极限形式可知 $\sum\limits_{n=1}^{\infty}\left(1-\cos\dfrac{\pi}{n}\right)$ 收敛；

(6) 因为 $\lim\limits_{n\to\infty}\dfrac{(n+1)a^n}{na^{n-1}}=a$，由比值审敛法可知，当 $a>1$ 时，$\sum\limits_{n=1}^{\infty}na^{n-1}$ 发散；当 $0<a<1$ 时，$\sum\limits_{n=1}^{\infty}na^{n-1}$ 收敛；当 $a=1$ 时，$\lim\limits_{n\to\infty}na^{n-1}\neq 0$，$\sum\limits_{n=1}^{\infty}na^{n-1}$ 发散.

5. 讨论下列级数的敛散性，若收敛，指出是绝对收敛还是条件收敛：

(1) $\sum\limits_{n=1}^{\infty}(-1)^{n-1}\dfrac{n}{3^{n-1}}$；

(2) $\sum\limits_{n=1}^{\infty}\dfrac{(-1)^{n-1}}{2^n}$；

(3) $\sum\limits_{n=1}^{\infty}(-1)^{n+1}\dfrac{2^{n^2}}{n!}$；

(4) $\sum\limits_{n=1}^{\infty}(-1)^{n+1}(\sqrt{n+1}-\sqrt{n})$.

解：(1) $\sum\limits_{n=1}^{\infty}\left|(-1)^{n-1}\dfrac{n}{3^{n-1}}\right|=\sum\limits_{n=1}^{\infty}\dfrac{n}{3^{n-1}}$，因为 $\lim\limits_{n\to\infty}\dfrac{\dfrac{n+1}{3^n}}{\dfrac{n}{3^{n-1}}}=\dfrac{1}{3}$，由比值审敛法可知 $\sum\limits_{n=1}^{\infty}\dfrac{n}{3^{n-1}}$ 收敛，所以 $\sum\limits_{n=1}^{\infty}(-1)^{n-1}\dfrac{n}{3^{n-1}}$ 绝对收敛；

(2) $\sum\limits_{n=1}^{\infty}\left|\dfrac{(-1)^{n-1}}{2^n}\right|=\sum\limits_{n=1}^{\infty}\dfrac{1}{2^n}$ 是等比为 $\dfrac{1}{2}$ 的等比级数，该级数收敛，所以 $\sum\limits_{n=1}^{\infty}\dfrac{(-1)^{n-1}}{2^n}$ 绝对收敛；

(3) $\sum\limits_{n=1}^{\infty}\left|(-1)^{n+1}\dfrac{2^{n^2}}{n!}\right|=\sum\limits_{n=1}^{\infty}\dfrac{2^{n^2}}{n!}$，因为 $\lim\limits_{n\to\infty}\dfrac{\dfrac{2^{(n+1)^2}}{(n+1)!}}{\dfrac{2^{n^2}}{n!}}=\infty$，所以 $\sum\limits_{n=1}^{\infty}\dfrac{2^{n^2}}{n!}$ 发散，又从数项变化可知 $\lim\limits_{n\to\infty}\dfrac{2^{n^2}}{n!}\neq 0$，所以 $\sum\limits_{n=1}^{\infty}(-1)^{n+1}\dfrac{2^{n^2}}{n!}$ 发散；

(4) $\sum\limits_{n=1}^{\infty}\left|(-1)^{n+1}(\sqrt{n+1}-\sqrt{n})\right|=\sum\limits_{n=1}^{\infty}\dfrac{1}{\sqrt{n+1}+\sqrt{n}}$，因为 $\lim\limits_{n\to\infty}\dfrac{\dfrac{1}{\sqrt{n+1}+\sqrt{n}}}{\dfrac{1}{\sqrt{n}}}=\dfrac{1}{2}$，由比较审敛法的极限形式可知 $\sum\limits_{n=1}^{\infty}\dfrac{1}{\sqrt{n+1}+\sqrt{n}}$ 发散. 对于交错级数 $\sum\limits_{n=1}^{\infty}(-1)^{n+1}(\sqrt{n+1}-\sqrt{n})$，满足：$u_n=\dfrac{1}{\sqrt{n+1}+\sqrt{n}}>\dfrac{1}{\sqrt{n+2}+\sqrt{n+1}}=u_{n+1}$，$\lim\limits_{n\to\infty}u_n=\lim\limits_{n\to\infty}\dfrac{1}{\sqrt{n+1}+\sqrt{n}}=0$，由莱布尼兹判别法可知 $\sum\limits_{n=1}^{\infty}\dfrac{(-1)^{n+1}}{\sqrt{n+1}+\sqrt{n}}$ 收敛，所以 $\sum\limits_{n=1}^{\infty}(-1)^{n+1}(\sqrt{n+1}-\sqrt{n})$ 条件收敛.

6. 若级数 $\sum\limits_{n=2}^{\infty}\left[\sin\dfrac{1}{n}-k\ln\left(1-\dfrac{1}{n}\right)\right]$ 收敛，则 $k=$ （　　）(2017 考研真题)

(A) 1　　　　　　(B) 2　　　　　　(C) -1　　　　　　(D) -2

解: $\sin\dfrac{1}{n}-k\ln\left(1-\dfrac{1}{n}\right)=\dfrac{1}{n}-\dfrac{1}{3!}\left(\dfrac{1}{n}\right)^3+o\left[\left(\dfrac{1}{n}\right)^3\right]-k\left[-\dfrac{1}{n}+\dfrac{1}{2}\left(\dfrac{1}{n}\right)^2+o\left[\left(\dfrac{1}{n}\right)^2\right]\right]=$
$(1+k)\dfrac{1}{n}-\dfrac{k}{2}\left(\dfrac{1}{n}\right)^2+o\left[\left(\dfrac{1}{n}\right)^2\right]$,所以选 C.

7. 证明:若 $\lim\limits_{n\to\infty}nu_n=a>0$,则 $\sum\limits_{n=1}^{\infty}u_n$ 发散.

   解:因为 $\lim\limits_{n\to\infty}nu_n=\lim\limits_{n\to\infty}\dfrac{u_n}{\dfrac{1}{n}}=a>0$,由比较审敛法的极限形式可知 $\sum\limits_{n=1}^{\infty}u_n$ 发散.

8. 设级数 $\sum\limits_{n=1}^{\infty}a_n(a_n\geqslant 0)$ 收敛,证明级数 $\sum\limits_{n=1}^{\infty}a_n^2$ 也收敛.

   解:因为级数 $\sum\limits_{n=1}^{\infty}a_n(a_n\geqslant 0)$ 收敛,所以 $\lim\limits_{n\to\infty}a_n=0$,又 $\lim\limits_{n\to\infty}\dfrac{a_n^2}{a_n}=\lim\limits_{n\to\infty}a_n=0$,由比较审敛法的极限形式,由 $\sum\limits_{n=1}^{\infty}a_n(a_n\geqslant 0)$ 收敛可得 $\sum\limits_{n=1}^{\infty}a_n^2$ 也收敛.

B 组

1. 讨论下列级数的敛散性:

   (1) $\sum\limits_{n=1}^{\infty}\dfrac{1}{(an^2+bn+c)^{\alpha}}(a>0,b>0)$; (2) $\sum\limits_{n=1}^{\infty}\dfrac{\sqrt{n+1}-\sqrt{n-1}}{n^{\alpha}}(\alpha\in\mathbf{R})$.

   解:(1) $\lim\limits_{n\to\infty}\dfrac{\dfrac{1}{(an^2+bn+c)^{\alpha}}}{\dfrac{1}{n^{2\alpha}}}=\dfrac{1}{a^{\alpha}}$,所以 $\sum\limits_{n=1}^{\infty}\dfrac{1}{(an^2+bn+c)^{\alpha}}$ 与 $\sum\limits_{n=1}^{\infty}\dfrac{1}{n^{2\alpha}}$ 有相同的敛散性,

   则当 $\alpha>\dfrac{1}{2}$ 时,$\sum\limits_{n=1}^{\infty}\dfrac{1}{(an^2+bn+c)^{\alpha}}$ 收敛;当 $\alpha\leqslant\dfrac{1}{2}$ 时,$\sum\limits_{n=1}^{\infty}\dfrac{1}{(an^2+bn+c)^{\alpha}}$ 发散;

   (2) $\sum\limits_{n=1}^{\infty}\dfrac{\sqrt{n+1}-\sqrt{n-1}}{n^{\alpha}}=2\sum\limits_{n=1}^{\infty}\dfrac{1}{n^{\alpha}(\sqrt{n+1}+\sqrt{n-1})}$,$\lim\limits_{n\to\infty}\dfrac{\dfrac{1}{n^{\alpha}(\sqrt{n+1}+\sqrt{n-1})}}{\dfrac{1}{n^{\frac{1}{2}+\alpha}}}=$

   $\dfrac{1}{2}$,所以 $\sum\limits_{n=1}^{\infty}\dfrac{\sqrt{n+1}-\sqrt{n-1}}{n^{\alpha}}$ 与 $\sum\limits_{n=1}^{\infty}\dfrac{1}{n^{\frac{1}{2}+\alpha}}$ 有相同的敛散性,则当 $\alpha>\dfrac{1}{2}$ 时,

   $\sum\limits_{n=1}^{\infty}\dfrac{\sqrt{n+1}-\sqrt{n-1}}{n^{\alpha}}$ 收敛;当 $\alpha\leqslant\dfrac{1}{2}$ 时,$\sum\limits_{n=1}^{\infty}\dfrac{\sqrt{n+1}-\sqrt{n-1}}{n^{\alpha}}$ 发散.

2. 设级数 $\sum\limits_{n=1}^{\infty}a_n^2$ 与 $\sum\limits_{n=1}^{\infty}b_n^2$ 都收敛,证明: $\sum\limits_{n=1}^{\infty}|a_nb_n|$,$\sum\limits_{n=1}^{\infty}(a_n+b_n)^2$ 及 $\sum\limits_{n=1}^{\infty}\dfrac{|a_n|}{n}$ 都收敛.

   解:因为级数 $\sum\limits_{n=1}^{\infty}a_n^2$ 与 $\sum\limits_{n=1}^{\infty}b_n^2$ 都收敛,则 $\sum\limits_{n=1}^{\infty}(a_n^2+b_n^2)$ 收敛,又 $|a_nb_n|\leqslant\dfrac{1}{2}(a_n^2+b_n^2)$,所以 $\sum\limits_{n=1}^{\infty}|a_nb_n|$ 收敛;又 $(a_n+b_n)^2=a_n^2+b_n^2+2a_nb_n$,所以 $\sum\limits_{n=1}^{\infty}(a_n+b_n)^2$ 收敛;又 $\dfrac{|a_n|}{n}\leqslant$ $\dfrac{1}{2}\left(\dfrac{1}{n^2}+a_n^2\right)$,所以 $\sum\limits_{n=1}^{\infty}\dfrac{|a_n|}{n}$ 收敛.

3. 设级数 $\sum\limits_{n=1}^{\infty} u_n$, $\sum\limits_{n=1}^{\infty} v_n$ 都收敛,且对任意的 n 都有 $u_n \leqslant w_n \leqslant v_n$,证明级数 $\sum\limits_{n=1}^{\infty} w_n$ 收敛.

解:因为级数 $\sum\limits_{n=1}^{\infty} u_n$, $\sum\limits_{n=1}^{\infty} v_n$ 都收敛,则 $\sum\limits_{n=1}^{\infty} (v_n - u_n)$ 收敛,又 $w_n - u_n \leqslant v_n - u_n$,则 $\sum\limits_{n=1}^{\infty} (w_n - u_n)$ 收敛,所以级数 $\sum\limits_{n=1}^{\infty} w_n$ 收敛.

4. 设 $\{u_n\}$ 是单调增加的有界数列,则下列级数中收敛的是　　　　　(　　)(2019 考研真题)

(A) $\sum\limits_{n=1}^{\infty} \dfrac{u_n}{n}$　　(B) $\sum\limits_{n=1}^{\infty} (-1)^n \dfrac{1}{u_n}$　　(C) $\sum\limits_{n=1}^{\infty} \left(1 - \dfrac{u_n}{u_{n+1}}\right)$　　(D) $\sum\limits_{n=1}^{\infty} (u_{n+1}^2 - u_n^2)$

解:A 选项中,取 $u_n = \dfrac{n-1}{n}$,此时 $\sum\limits_{n=1}^{\infty} \dfrac{u_n}{n}$ 发散;B 选项中,取 $u_n = \dfrac{n-1}{n}$,此时 $\sum\limits_{n=1}^{\infty} (-1)^n \dfrac{1}{u_n}$ 发散;C 选项中,取 $u_n = -\dfrac{1}{n}$,此时 $\sum\limits_{n=1}^{\infty} \left(1 - \dfrac{u_n}{u_{n+1}}\right)$ 发散;D 选项中,部分和 $S_n = u_{n+1}^2 - u_1^2$,极限存在. 综上,应选 D.

5. 若 $\sum\limits_{n=1}^{\infty} nu_n$ 绝对收敛,$\sum\limits_{n=1}^{\infty} \dfrac{v_n}{n}$ 条件收敛,则　　　　　(　　)(2019 考研真题)

(A) $\sum\limits_{n=1}^{\infty} u_n v_n$ 条件收敛　　　　　　(B) $\sum\limits_{n=1}^{\infty} u_n v_n$ 绝对收敛

(C) $\sum\limits_{n=1}^{\infty} (u_n + v_n)$ 收敛　　　　　　(D) $\sum\limits_{n=1}^{\infty} (u_n + v_n)$ 发散

解:取 $u_n = \dfrac{1}{n^3}$, $v_n = (-1)^n$,则选项 A、C 错误;取 $u_n = \dfrac{1}{n^3}$, $v_n = (-1)^n \dfrac{1}{\ln n}$,则选项 D 错误; $|u_n v_n| = \left| nu_n \cdot \dfrac{v_n}{n} \right| \leqslant |nu_n|$,所以选项 B 正确.

习题 12 - 3

A 组

1. 求下列幂级数的收敛半径和收敛域:

(1) $1 - x + \dfrac{x^2}{2^2} + \cdots + (-1)^n \dfrac{x^n}{n^2} + \cdots$;

(2) $x + 2^2 x^2 + 3^2 x^3 + \cdots + n^2 x^n + \cdots$;

(3) $\dfrac{x}{1} + \dfrac{x^2}{1 \times 3} + \dfrac{x^3}{1 \times 3 \times 5} + \cdots + \dfrac{x^n}{1 \times 3 \times \cdots \times (2n-1)} + \cdots$;

(4) $\dfrac{2}{2}x + \dfrac{2^2}{5}x^2 + \dfrac{2^3}{10}x^3 + \cdots + \dfrac{2^n}{n^2+1}x^n + \cdots$;

(5) $\dfrac{x}{3} + \dfrac{1}{2}\left(\dfrac{x}{2}\right)^2 + \dfrac{1}{3}\left(\dfrac{x}{3}\right)^3 + \cdots + \dfrac{1}{n}\left(\dfrac{x}{3}\right)^n + \cdots$;

(6) $\sum\limits_{n=0}^{\infty} \dfrac{(-1)^n x^{2n}}{(2n)!}$;　　(7) $\sum\limits_{n=1}^{\infty} \dfrac{2n-1}{2^n} x^{2n-1}$;　　(8) $\sum\limits_{n=1}^{\infty} \dfrac{(x-1)^n}{2^n n}$.

解:(1) 由 $\rho = \lim\limits_{n \to \infty} \left| \dfrac{a_{n+1}}{a_n} \right| = \lim\limits_{n \to \infty} \dfrac{\frac{1}{(n+1)^2}}{\frac{1}{n^2}} = 1$,故收敛半径为 $R = \dfrac{1}{\rho} = 1$. 当 $x = -1$ 时,级数

$\sum_{n=1}^{\infty}\dfrac{1}{n^2}$ 收敛;当 $x=1$ 时,级数为 $\sum_{n=1}^{\infty}\dfrac{(-1)^n}{n^2}$,由莱布尼兹判别法可知该交错级数收敛,所以该级数的收敛域为 $[-1,1]$;

(2) 由 $\rho=\lim\limits_{n\to\infty}\left|\dfrac{a_{n+1}}{a_n}\right|=\lim\limits_{n\to\infty}\dfrac{(n+1)^2}{n^2}=1$,故收敛半径为 $R=1$. 当 $x=-1$ 时,级数 $\sum_{n=1}^{\infty}(-1)^n n^2$ 发散;当 $x=1$ 时,级数 $\sum_{n=1}^{\infty}n^2$ 发散,所以该级数的收敛域为 $(-1,1)$;

(3) 由 $\rho=\lim\limits_{n\to\infty}\left|\dfrac{a_{n+1}}{a_n}\right|=\lim\limits_{n\to\infty}\dfrac{(2n-1)!!}{(2n+1)!!}=0$,故收敛半径为 $R=\infty$,所以该级数的收敛域为 $(-\infty,+\infty)$;

(4) 由 $\rho=\lim\limits_{n\to\infty}\left|\dfrac{a_{n+1}}{a_n}\right|=\lim\limits_{n\to\infty}\dfrac{\dfrac{2^{n+1}}{(n+1)^2+1}}{\dfrac{2^n}{n^2+1}}=2$,故收敛半径为 $R=\dfrac{1}{2}$. 当 $x=-\dfrac{1}{2}$ 时,级数为 $\sum_{n=1}^{\infty}\dfrac{(-1)^n}{n^2+1}$,由莱布尼兹判别法可知该交错级数收敛;当 $x=\dfrac{1}{2}$ 时,级数为 $\sum_{n=1}^{\infty}\dfrac{1}{n^2+1}$,由比较判别法可知该正项级数收敛,所以该级数的收敛域为 $\left[-\dfrac{1}{2},\dfrac{1}{2}\right]$;

(5) 由 $\rho=\lim\limits_{n\to\infty}\left|\dfrac{a_{n+1}}{a_n}\right|=\lim\limits_{n\to\infty}\dfrac{\dfrac{1}{(n+1)3^{n+1}}}{\dfrac{1}{n3^n}}=\dfrac{1}{3}$,故收敛半径为 $R=3$. 当 $x=3$ 时,级数 $\sum_{n=1}^{\infty}\dfrac{1}{n}$ 发散,当 $x=-3$ 时,级数为 $\sum_{n=1}^{\infty}\dfrac{(-1)^n}{n}$,由莱布尼兹判别法可知该交错级数收敛,所以该级数的收敛域为 $[-3,3)$;

(6) 该级数为缺项型幂级数,根据任意项级数的判别理论,讨论 $\lim\limits_{n\to\infty}\left|\dfrac{u_{n+1}(x)}{u_n(x)}\right|=\lim\limits_{n\to\infty}\left|\dfrac{\dfrac{(-1)^{n+1}x^{2n+2}}{(2n+2)!}}{\dfrac{(-1)^n x^{2n}}{(2n)!}}\right|=0$,故收敛半径为 $R=\infty$,所以原级数的收敛域为 $(-\infty,+\infty)$;

(7) 该级数为缺项型幂级数,根据任意项级数的判别理论,讨论 $\lim\limits_{n\to\infty}\left|\dfrac{u_{n+1}(x)}{u_n(x)}\right|=\lim\limits_{n\to\infty}\left|\dfrac{\dfrac{2n+1}{2^{n+1}}x^{2n+1}}{\dfrac{2n-1}{2^n}x^{2n-1}}\right|=\dfrac{|x|^2}{2}$. 当 $\dfrac{|x|^2}{2}<1$ 即 $|x|<\sqrt{2}$ 时,原级数收敛;当 $\dfrac{|x|^2}{2}>1$ 即 $|x|>\sqrt{2}$ 时,原级数发散,故收敛半径为 $R=\sqrt{2}$. 当 $x=\sqrt{2}$ 时,级数 $\sum_{n=1}^{\infty}\dfrac{2n-1}{\sqrt{2}}$ 发散;当 $x=-\sqrt{2}$ 时,级数 $-\sum_{n=1}^{\infty}\dfrac{2n-1}{\sqrt{2}}$ 级数发散,所以原级数的收敛域为 $(-\sqrt{2},\sqrt{2})$;

(8) 设 $t=x-1$，则原级数变为 $\sum_{n=1}^{\infty}\frac{t^n}{2^n n}$，由 $\rho=\lim_{n\to\infty}\left|\frac{a_{n+1}}{a_n}\right|=\lim_{n\to\infty}\frac{\frac{1}{2^{n+1}(n+1)}}{\frac{1}{2^n n}}=\frac{1}{2}$，得收敛半径为 $R=2$. 当 $t=-2$ 时,级数为 $\sum_{n=1}^{\infty}\frac{(-1)^n}{n}$，该交错级数收敛；当 $t=2$ 时,级数发散，所以级数 $\sum_{n=1}^{\infty}\frac{t^n}{2^n n}$ 的收敛域为 $[-2,2)$. 当 $t\in[-2,2)$ 即 $x\in[-1,3)$ 时,原级数收敛,所以原级数的收敛域为 $[-1,3)$.

2. 求下列幂级数在收敛域内的和函数：

(1) $\sum_{n=1}^{\infty}nx^{n-1}$； (2) $\sum_{n=1}^{\infty}\frac{x^{4n+1}}{4n+1}$； (3) $\sum_{n=0}^{\infty}\frac{x^{2n+1}}{2n+1}$； (4) $\sum_{n=0}^{\infty}2^n(2n+1)x^{2n}$.

解：(1) 由 $\rho=\lim_{n\to\infty}\left|\frac{a_{n+1}}{a_n}\right|=\lim_{n\to\infty}\frac{n+1}{n}=1$，故收敛半径 $R=\frac{1}{\rho}=1$. 当 $x=1$ 时,级数 $\sum_{n=1}^{\infty}n$ 发散；当 $x=-1$ 时,级数 $\sum_{n=1}^{\infty}n(-1)^{n-1}$ 发散,故原级数的收敛域为 $(-1,1)$. 设级数和函数为 $S(x)=\sum_{n=1}^{\infty}nx^{n-1}(-1<x<1)$，则 $\int_0^x S(t)dt=\sum_{n=1}^{\infty}x^n=\frac{x}{1-x}$，两边求导得 $s(x)=\left(\frac{x}{1-x}\right)'=\frac{1}{(1-x)^2}$，即 $s(x)=\frac{1}{(1-x)^2}, x\in(-1,1)$；

(2) 该级数为缺项型幂级数，根据任意项级数的判别理论，讨论 $\lim_{n\to\infty}\left|\frac{u_{n+1}(x)}{u_n(x)}\right|=\lim_{n\to\infty}\left|\frac{\frac{x^{4n+5}}{4n+5}}{\frac{x^{4n+1}}{4n+1}}\right|=|x|^4$. 当 $|x|^4<1$ 即 $|x|<1$ 时,原级数收敛；当 $|x|^4>1$ 即 $|x|>1$ 时,原级数发散；当 $x=1$ 时,级数 $\sum_{n=1}^{\infty}\frac{1}{4n+1}$ 发散；当 $x=-1$ 时,级数 $-\sum_{n=1}^{\infty}\frac{1}{4n+1}$ 发散,故级数的收敛域为 $(-1,1)$. 设级数和函数为 $s(x)=\sum_{n=1}^{\infty}\frac{x^{4n+1}}{4n+1}(-1<x<1)$，逐项求导得 $s'(x)=\sum_{n=1}^{\infty}x^{4n}=\frac{x^4}{1-x^4}$，对上式两端在 $[0,x]$ 上积分可得 $\int_0^x s'(t)dt=\int_0^x\frac{t^4}{1-t^4}dt$，所以 $s(x)=-x+\frac{1}{4}\ln\left(\frac{1+x}{1-x}\right)+\frac{1}{2}\arctan x(-1<x<1)$；

(3) 该级数为缺项型幂级数，根据任意项级数的判别理论，讨论 $\lim_{n\to\infty}\left|\frac{u_{n+1}(x)}{u_n(x)}\right|=\lim_{n\to\infty}\left|\frac{\frac{x^{2n+3}}{2n+3}}{\frac{x^{2n+1}}{2n+1}}\right|=|x|^2$. 当 $|x|^2<1$ 即 $|x|<1$ 时,原级数收敛；当 $|x|^2>1$ 即 $|x|>1$ 时,原级数发散；当 $x=1$ 时,级数 $\sum_{n=0}^{\infty}\frac{1}{2n+1}$ 发散；当 $x=-1$ 时,级数 $-\sum_{n=0}^{\infty}\frac{1}{2n+1}$ 发

散,故级数的收敛域为$(-1,1)$. 设级数和函数为 $s(x)=\sum_{n=0}^{\infty}\dfrac{x^{2n+1}}{2n+1}(-1<x<1)$,逐项求导得 $s'(x)=\dfrac{1}{1-x^2}$,对上式两端在 $[0,x]$ 上积分得 $\int_0^x s'(t)\mathrm{d}t=\int_0^x\dfrac{1}{1-t^2}\mathrm{d}t$,所以 $s(x)-s(0)=\dfrac{1}{2}\ln\left(\dfrac{1+x}{1-x}\right)$,且 $s(0)=0$,故 $s(x)=\dfrac{1}{2}\ln\left(\dfrac{1+x}{1-x}\right)(-1<x<1)$;

(4) 该级数为缺项型幂级数,根据任意项级数的判别理论,讨论 $\lim\limits_{n\to\infty}\left|\dfrac{u_{n+1}(x)}{u_n(x)}\right|=\lim\limits_{n\to\infty}\left|\dfrac{2^{n+1}(2n+3)x^{2n+2}}{2^n(2n+1)x^{2n}}\right|=2|x|^2$. 当 $2|x|^2<1$ 即 $|x|<\dfrac{1}{\sqrt{2}}$ 时,原级数收敛;当 $2|x|^2>1$ 即 $|x|>\dfrac{1}{\sqrt{2}}$ 时,原级数发散;当 $x=\pm\dfrac{1}{\sqrt{2}}$ 时,对应的同为发散级数 $\sum\limits_{n=0}^{\infty}(2n+1)$,故原级数的收敛域为 $\left(-\dfrac{1}{\sqrt{2}},\dfrac{1}{\sqrt{2}}\right)$. 设级数和函数为 $s(x)=\sum\limits_{n=0}^{\infty}2^n(2n+1)x^{2n},x\in\left(-\dfrac{1}{\sqrt{2}},\dfrac{1}{\sqrt{2}}\right)$,两边积分得 $\int_0^x s(t)\mathrm{d}t=\int_0^x\sum\limits_{n=0}^{\infty}2^n(2n+1)t^{2n}\mathrm{d}t=\sum\limits_{n=0}^{\infty}2^n x^{2n+1}=x\sum\limits_{n=0}^{\infty}(2x^2)^n=\dfrac{x}{1-2x^2}$,两边求导得 $s(x)=\dfrac{1+2x^2}{(1-2x^2)^2},x\in\left(-\dfrac{1}{\sqrt{2}},\dfrac{1}{\sqrt{2}}\right)$.

3. 求幂级数 $\sum\limits_{n=1}^{\infty}\dfrac{2n-1}{2^n}x^{2n-2}$ 的和函数,并求数项级数 $\sum\limits_{n=1}^{\infty}\dfrac{2n-1}{2^n}$ 的和.

解:该级数为缺项型幂级数,由任意项级数的判别理论,讨论 $\lim\limits_{n\to\infty}\left|\dfrac{u_{n+1}(x)}{u_n(x)}\right|=\lim\limits_{n\to\infty}\left|\dfrac{\frac{2n+1}{2^{n+1}}x^{2n}}{\frac{2n-1}{2^n}x^{2n-2}}\right|=\dfrac{|x|^2}{2}$. 当 $\dfrac{|x|^2}{2}<1$ 即 $|x|<\sqrt{2}$ 时,原级数收敛;当 $\dfrac{|x|^2}{2}>1$ 即 $|x|>\sqrt{2}$ 时,原级数发散;当 $x=\pm\sqrt{2}$ 时,对应的同为发散级数 $\sum\limits_{n=1}^{\infty}\dfrac{2n+1}{2}$,故原级数的收敛域为 $(-\sqrt{2},\sqrt{2})$. 设级数和函数为 $s(x)$,即 $s(x)=\sum\limits_{n=1}^{\infty}\dfrac{2n-1}{2^n}x^{2n-2},x\in(-\sqrt{2},\sqrt{2})$,两边积分得 $\int_0^x s(t)\mathrm{d}t=\sum\limits_{n=1}^{\infty}\dfrac{x^{2n-1}}{2^n}=\dfrac{x}{2-x^2}$,两边求导得 $s(x)=\dfrac{2+x^2}{(2-x^2)^2},x\in(-\sqrt{2},\sqrt{2})$.

B 组

1. 已知幂级数 $\sum\limits_{n=1}^{\infty}na_n(x-2)^n$ 的收敛区间为 $(-2,6)$,则 $\sum\limits_{n=1}^{\infty}a_n(x+1)^{2n}$ 的收敛区间为( )(2020 考研真题)

(A) $(-2,6)$ (B) $(-3,1)$ (C) $(-5,3)$ (D) $(-17,15)$

解:$\lim\limits_{n\to\infty}\dfrac{|(n+1)a_{n+1}(x-2)^{n+1}|}{|na_n(x-2)^n|}=\lim\limits_{n\to\infty}\left|\dfrac{a_{n+1}}{a_n}\right||x-2|=r|x-2|$,由 $r|x-2|<1$ 得 $r=\dfrac{1}{4}$. 所以 $\lim\limits_{n\to\infty}\dfrac{|a_{n+1}(x+1)^{2n+2}|}{|a_n(x+1)^{2n}|}=\lim\limits_{n\to\infty}\left|\dfrac{a_{n+1}}{a_n}\right||x+1|^2=\dfrac{1}{4}|x+1|^2<1$,即

$-3 < x < 1$,故应选 B.

2. 设 R 为幂级数 $\sum_{n=1}^{\infty} a_n x^n$ 的收敛半径,r 是实数,则 （　　）(2020 考研真题)

(A) $\sum_{n=1}^{\infty} a_n r^n$ 发散时,$|r| \geqslant R$ 　　　(B) $\sum_{n=1}^{\infty} a_n r^n$ 收敛时,$|r| \leqslant R$

(C) $|r| \geqslant R$ 时,则 $\sum_{n=1}^{\infty} a_n r^n$ 发散 　　　(D) $|r| \leqslant R$ 时,则 $\sum_{n=1}^{\infty} a_n r^n$ 收敛

解:R 为幂级数 $\sum_{n=1}^{\infty} a_n x^n$ 的收敛半径,则在 $(-R,R)$ 内 $\sum_{n=1}^{\infty} a_n x^n$ 收敛,所以 $\sum_{n=1}^{\infty} a_n r^n$ 发散时,$|r| \geqslant R$,故应选 A.

3. 求下列数项级数的和:

(1) $\sum_{n=1}^{\infty} \frac{1}{(n+1)2^n}$; 　　　　　　(2) $\sum_{n=1}^{\infty} (-1)^{n+1} \frac{n(n+1)}{2^n}$.

解:(1) 设 $s(x) = \sum_{n=1}^{\infty} \frac{1}{n+1} x^{n+1}$,收敛域为 $[-1,1)$. 两边求导得 $s'(x) = \sum_{n=1}^{\infty} x^n = \frac{x}{1-x}$,$x \in (-1,1)$,两边求积分得 $\int_0^x s'(t) dt = \int_0^x \frac{t}{1-t} dt = -x - \ln(1-x)$,$s(x) = -x - \ln(1-x)$,$x \in [-1,1)$,所以数项级数 $\sum_{n=1}^{\infty} \frac{1}{(n+1)2^n} = 2s\left(\frac{1}{2}\right) = 2\left(-\frac{1}{2} - \ln\left(1 - \frac{1}{2}\right)\right) = -1 + 2\ln 2$.

(2) 设 $s(x) = \sum_{n=1}^{\infty} n(n+1) x^{n-1}$,级数收敛域为 $(-1,1)$,则 $-1 < x < 1$ 时,和函数 $s(x) = \sum_{n=1}^{\infty} n(n+1) x^{n-1} = \left(\sum_{n=1}^{\infty} x^{n+1}\right)'' = \left(\frac{x^2}{1-x}\right)'' = \frac{2}{(1-x)^3}$,所以 $\sum_{n=1}^{\infty} (-1)^{n+1} \frac{n(n+1)}{2^n} = \frac{1}{2} s\left(-\frac{1}{2}\right) = \frac{8}{27}$.

4. 求幂级数 $1 + \sum_{n=1}^{\infty} (-1)^n \frac{1}{2n} x^{2n}$ $(|x| < 1)$ 的和函数.

解:级数收敛域为 $(-1,1)$,令 $s(x) = 1 + \sum_{n=1}^{\infty} (-1)^n \frac{1}{2n} x^{2n}$,两边求导得 $s'(x) = \sum_{n=1}^{\infty} (-1)^n x^{2n-1} = \frac{1}{x} \sum_{n=1}^{\infty} (-x^2)^n = \frac{1}{x} \cdot \frac{-x^2}{1+x^2} = \frac{-x}{1+x^2}$,两边积分得 $s(x) = 1 - \frac{1}{2} \ln(1+x^2)$,$-1 < x < 1$.

5. 设幂级数 $\sum_{n=0}^{\infty} a_n x^n$ 在 $x = 3$ 处条件收敛,求 $\sum_{n=1}^{\infty} n a_n (x-1)^{n+1}$ 的收敛区间.

解:因为 $\lim_{n \to \infty} \frac{(n+1)a_{n+1}}{n a_n} = \lim_{n \to \infty} \frac{a_{n+1}}{a_n}$,所以 $\sum_{n=0}^{\infty} a_n x^n$ 与 $\sum_{n=1}^{\infty} n a_n (x-1)^{n+1}$ 的收敛半径相同,由幂级数 $\sum_{n=0}^{\infty} a_n x^n$ 在 $x = 3$ 处条件收敛,得收敛半径 $R = 3$,所以 $\sum_{n=1}^{\infty} n a_n (x-1)^{n+1}$ 的收敛区间为 $-3 < x - 1 < 3$,即 $-2 < x < 4$.

习题 12-4

A 组

1. 将下列函数展开成 x 的幂级数,并求出其收敛域.

(1) $x\mathrm{e}^{-x^3}$;   (2) $\sin^2 x$;   (3) a^x;   (4) $\dfrac{1}{3+2x}$;

(5) $(1+x)\ln(1+x)$;   (6) $\arcsin x$;   (7) $\arctan\dfrac{2x}{1-x^2}$;   (8) $\displaystyle\int_0^x \dfrac{\sin t}{t}\mathrm{d}t$.

解:(1) 由于 $\mathrm{e}^x = \displaystyle\sum_{n=0}^{\infty} \dfrac{1}{n!}x^n\ (-\infty < x < +\infty)$,所以 $\mathrm{e}^{-x} = \displaystyle\sum_{n=0}^{\infty} \dfrac{(-1)^n}{n!}x^n\ (-\infty < x < +\infty)$,$x\mathrm{e}^{-x^3} = x\displaystyle\sum_{n=0}^{\infty} \dfrac{(-1)^n}{n!}x^{3n} = \displaystyle\sum_{n=0}^{\infty} \dfrac{(-1)^n}{n!}x^{3n+1},\ (-\infty < x < +\infty)$;

(2) $(\sin^2 x)' = \sin 2x = \displaystyle\sum_{n=1}^{\infty} \dfrac{(-1)^{n-1}2^{2n-1}}{(2n-1)!}x^{2n-1}\ (-\infty < x < +\infty)$,两边同时取 0 到 x 上的定积分得 $\sin^2 x = \displaystyle\sum_{n=1}^{\infty} \dfrac{(-1)^{n-1}2^{2n-1}}{(2n-1)!}\dfrac{x^{2n}}{2n} = \displaystyle\sum_{n=1}^{\infty} \dfrac{(-1)^{n-1}2^{2n-1}}{(2n)!}x^{2n}\ (-\infty < x < +\infty)$;

(3) $a^x = \mathrm{e}^{x\ln a} = \displaystyle\sum_{n=0}^{\infty} \dfrac{(\ln a)^n}{n!}x^n\ (-\infty < x < +\infty)$;

(4) $\dfrac{1}{3+2x} = \dfrac{1}{3}\dfrac{1}{1+\dfrac{2}{3}x} = \dfrac{1}{3}\displaystyle\sum_{n=0}^{\infty}\left(-\dfrac{2}{3}\right)^n x^n = \displaystyle\sum_{n=0}^{\infty}(-1)^n\dfrac{2^n}{3^{n+1}}x^n\ \left(-\dfrac{3}{2}<x<\dfrac{3}{2}\right)$;

(5) 当 $-1 < x < 1$ 时,$[(1+x)\ln(1+x)]' = \ln(1+x)+1 = 1 + \displaystyle\sum_{n=0}^{\infty}(-1)^n\dfrac{x^{n+1}}{n+1}\ (-1 < x \leqslant 1)$,则 $(1+x)\ln(1+x) = x + \displaystyle\sum_{n=1}^{\infty}(-1)^{n-1}\dfrac{x^{n+1}}{n(n+1)}\ (-1 < x \leqslant 1)$;

(6) $(\arcsin x)' = \dfrac{1}{\sqrt{1-x^2}} = (1-x^2)^{-\frac{1}{2}} = 1 + \displaystyle\sum_{n=1}^{\infty}\dfrac{1\cdot 3\cdots(2n-1)}{2^n n!}x^{2n}$,所以 $\arcsin x = x + \displaystyle\sum_{n=1}^{\infty}\dfrac{1\cdot 3\cdots(2n-1)}{2^n n!\,(2n+1)}x^{2n+1}\ (-1 < x < 1)$;

(7) $\left(\arctan\dfrac{2x}{1-x^2}\right)' = \dfrac{2}{1+x^2} = 2\displaystyle\sum_{n=0}^{\infty}(-1)^n x^{2n}\ (-1 < x < 1)$,积分得 $\arctan\dfrac{2x}{1-x^2} = 2\displaystyle\sum_{n=0}^{\infty}\dfrac{(-1)^n x^{2n+1}}{2n+1}\ (-1 < x < 1)$;

(8) 因为 $\left(\displaystyle\int_0^x \dfrac{\sin t}{t}\mathrm{d}t\right)' = \dfrac{\sin x}{x} = \displaystyle\sum_{n=0}^{\infty}\dfrac{(-1)^n}{(2n+1)!}x^{2n}\ (-\infty < x < +\infty)$,两边同时在 0 到 x 上积分,得 $\displaystyle\int_0^x \dfrac{\sin t}{t}\mathrm{d}t = \displaystyle\sum_{n=0}^{\infty}\dfrac{(-1)^n}{(2n+1)!(2n+1)}x^{2n+1}\ (-\infty < x < +\infty)$.

2. 已知 $\cos 2x - \dfrac{1}{(1+x)^2} = \displaystyle\sum_{n=0}^{\infty} a_n x^n\ (-1 < x < 1)$,求 a_n. (2018 考研真题)

解:$\cos 2x - \dfrac{1}{(1+x)^2} = \displaystyle\sum_{n=0}^{\infty}\dfrac{(-1)^n 2^{2n}}{(2n)!}x^{2n} + \displaystyle\sum_{n=0}^{\infty}(-1)^{n+1}(n+1)x^n = \displaystyle\sum_{n=0}^{\infty} a_n x^n\ (-1 < x <

1),根据展开式的唯一性,所以 $a_n = \begin{cases} 2k, & n=2k-1 \\ (-1)^k \dfrac{2^{2k}}{(2k)!} - (2k+1), & n=2k \end{cases}$.

3. 将函数 $f(x) = \sin x$ 展开成 $\left(x - \dfrac{\pi}{4}\right)$ 的幂级数.

解: $f(x) = \sin x = \sin\left(x - \dfrac{\pi}{4} + \dfrac{\pi}{4}\right) = \dfrac{\sqrt{2}}{2}\cos\left(x - \dfrac{\pi}{4}\right) + \dfrac{\sqrt{2}}{2}\sin\left(x - \dfrac{\pi}{4}\right) =$

$\dfrac{\sqrt{2}}{2}\left[1 + \left(x - \dfrac{\pi}{4}\right) - \dfrac{\left(x - \dfrac{\pi}{4}\right)^2}{2!} - \dfrac{\left(x - \dfrac{\pi}{4}\right)^3}{3!} + \dfrac{\left(x - \dfrac{\pi}{4}\right)^4}{4!} + \cdots\right]$ $(-\infty < x < +\infty)$.

4. 将函数 $f(x) = \dfrac{1}{x^2 + 4x + 3}$ 展开成 $(x-1)$ 的幂级数.

解: $f(x) = \dfrac{1}{2}\left(\dfrac{1}{x+1} - \dfrac{1}{x+3}\right) = \dfrac{1}{4}\dfrac{1}{1+\dfrac{x-1}{2}} - \dfrac{1}{8}\dfrac{1}{\dfrac{x-1}{4}+1} = \dfrac{1}{4}\sum_{n=0}^{\infty}\dfrac{(-1)^n}{2^n}(x-1)^n -$

$\dfrac{1}{8}\sum_{n=0}^{\infty}\dfrac{(-1)^n}{4^n}(x-1)^n = \dfrac{1}{4}\sum_{n=0}^{\infty}\left[\dfrac{(-1)^n}{2^n} - \dfrac{(-1)^n}{2^{2n+1}}\right](x-1)^n$, $-1 < x < 3$.

*5. 利用函数的幂级数展开式求下列各数的近似值(误差不超过 10^{-4}):

(1) $\sqrt[5]{245}$;   (2) $\cos 2°$.

解:(1) $\sqrt[5]{245} = \sqrt[5]{243+2} = 3\left(1 + \dfrac{2}{3^5}\right)^{\frac{1}{5}} = 3\left(1 + \dfrac{1}{5}\dfrac{2}{3^5} - \dfrac{1}{2!}\dfrac{1}{5}\dfrac{4}{5}\dfrac{2^2}{3^{10}} + \cdots\right)$, $|r_2| \leqslant$

$3\dfrac{1}{2!}\dfrac{1}{5}\dfrac{4}{5}\dfrac{2^2}{3^{10}}\left(1 + \dfrac{2}{3^5} + \left(\dfrac{2}{3^5}\right)^2 + \cdots\right) = \dfrac{8}{25}\dfrac{1}{3^9}\dfrac{1}{1-\dfrac{2}{3^5}} = \dfrac{8}{25}\dfrac{1}{3^4}\dfrac{1}{3^5-2} < 0.0001$,所以 $\sqrt[5]{245} \approx$

$3\left(1 + \dfrac{1}{5}\dfrac{2}{3^5}\right) \approx 3.0049$;

(2) $\cos 2° = \cos\dfrac{\pi}{90} = 1 - \dfrac{1}{2!}\left(\dfrac{\pi}{90}\right)^2 + \dfrac{1}{4!}\left(\dfrac{\pi}{90}\right)^4 + \cdots$, $|r_2| \leqslant \dfrac{1}{4!}\left(\dfrac{\pi}{90}\right)^4 < 0.0001$, 所以 $\cos 2° \approx 1 - \dfrac{1}{2!}\left(\dfrac{\pi}{90}\right)^2 \approx 0.9994$.

B 组

1. 将下列函数展开成 x 的幂级数,并求出其收敛域:

(1) $\ln(1-x-2x^2)$;   (2) $\dfrac{1}{4}\ln\dfrac{1+x}{1-x} + \dfrac{1}{2}\arctan x - x$;   (3) $\dfrac{x}{2+x-x^2}$.

解:(1) 令 $f(x) = \ln(1-x-2x^2)$,则 $f'(x) = \dfrac{-1-4x}{1-x-2x^2} = -\dfrac{2}{1-2x} + \dfrac{1}{1+x} =$

$-2\sum_{n=0}^{\infty}(2x)^n + \sum_{n=0}^{\infty}(-x)^n = \sum_{n=0}^{\infty}\left[-2^{n+1} + (-1)^n\right]x^n$, 积 分 得 $f(x) =$

$\sum_{n=0}^{\infty}\dfrac{[-2^{n+1}+(-1)^n]}{n+1}x^{n+1}$, $-\dfrac{1}{2} \leqslant x < \dfrac{1}{2}$;

(2) 令 $f(x) = \dfrac{1}{4}\ln\dfrac{1+x}{1-x} + \dfrac{1}{2}\arctan x - x$,则 $f'(x) = \dfrac{1}{1-x^4} - 1 = \sum_{n=1}^{\infty}x^{4n}$, 积分得 $f(x) =$

• 84 •

$\sum_{n=1}^{\infty} \dfrac{x^{4n+1}}{4n+1}, -1 < x < 1;$

(3) $f(x) = \dfrac{x}{2+x-x^2} = \dfrac{2}{3} \dfrac{1}{2-x} - \dfrac{1}{3} \dfrac{1}{1+x} = \dfrac{1}{3} \dfrac{1}{1-\frac{x}{2}} - \dfrac{1}{3} \dfrac{1}{1+x} = \dfrac{1}{3} \sum_{n=0}^{\infty} \left(\dfrac{x}{2}\right)^n -$

$\dfrac{1}{3} \sum_{n=0}^{\infty} (-x)^n = \sum_{n=1}^{\infty} \dfrac{1}{3} \left[\dfrac{1}{2^n} - (-1)^n\right] x^n, -1 < x < 1.$

2. 将 $f(x) = \dfrac{x-1}{4-x}$ 在点 $x_0 = 1$ 处展开成幂级数, 并求 $f^{(n)}(1)$.

解: $f(x) = \dfrac{x-1}{4-x} = (x-1) \dfrac{1}{3-(x-1)} = \dfrac{x-1}{3} \dfrac{1}{1-\frac{x-1}{3}} = \dfrac{x-1}{3} \sum_{n=0}^{\infty} \left(\dfrac{x-1}{3}\right)^n =$

$\sum_{n=0}^{\infty} \dfrac{1}{3^{n+1}} (x-1)^{n+1}$, 所以 $f^{(n)}(1) = \dfrac{n!}{3^n}$.

3. 若 $a_0 = 1, a_1 = 0, a_{n+1} = \dfrac{1}{n+1}(na_n + a_{n-1}), n = 1, 2, 3, \cdots, s(x)$ 为幂级数 $\sum_{n=0}^{\infty} a_n x^n$ 的和函数.

(1) 证明 $\sum_{n=0}^{\infty} a_n x^n$ 的收敛半径不小于 1;

(2) 证明 $(1-x)s'(x) - xs(x) = 0 (x \in (-1,1))$, 并求 $s(x)$ 的表达式. (2017 考研真题)

解: (1) 由 $a_{n+1} = \dfrac{1}{n+1}(na_n + a_{n-1})$ 可知 $a_{n+1} - a_n = -\dfrac{1}{n+1}(a_n - a_{n-1})$, 递推可得 $a_{n+1} -$

$a_n = \left(-\dfrac{1}{n+1}\right)\left(-\dfrac{1}{n}\right) \cdots \left(-\dfrac{1}{2}\right)(a_1 - a_0) = (-1)^{n+1} \dfrac{1}{(n+1)!}$, 故 $a_n = (a_n - a_{n-1}) + \cdots +$

$(a_2 - a_1) + a_1 = (-1)^n \dfrac{1}{(n)!} + (-1)^{n-1} \dfrac{1}{(n-1)!} + \cdots + (-1)^2 \dfrac{1}{2!}, a_n = \sum_{k=2}^{n} (-1)^k \dfrac{1}{k!} =$

$\sum_{k=0}^{n} (-1)^k \dfrac{1}{k!}$, 因此 $\lim_{n \to \infty} a_n = \mathrm{e}^{-1}$, 即 $\lim_{n \to \infty} \sqrt[n]{|a_n|} = (\mathrm{e}^{-1})^0 = 1$, 收敛半径 $R = 1$;

(2) 解方程 $(1-x)s'(x) - xs(x) = 0$ 得 $s(x) = \dfrac{C\mathrm{e}^{-x}}{1-x}$, 由 $s(0) = 1$ 得 $C = 1$, 所以 $s(x) =$

$\dfrac{\mathrm{e}^{-x}}{1-x}$.

总复习题 12

1. 填空题

(1) 对级数 $\sum_{n=1}^{\infty} u_n$, $\lim_{n \to \infty} u_n = 0$ 是它收敛的 _____ 条件.

(2) 部分和数列 $\{s_n\}$ 有界是正项级数 $\sum_{n=1}^{\infty} u_n$ 收敛的 _____ 条件.

(3) 若级数 $\sum_{n=1}^{\infty} u_n$ 绝对收敛, 则级数 $\sum_{n=1}^{\infty} u_n$ 必定 _____; 若级数 $\sum_{n=1}^{\infty} u_n$ 条件收敛, 则级

数 $\sum\limits_{n=1}^{\infty} |u_n|$ 必定 _____.

(4) 若 $\sum\limits_{n=0}^{\infty} a_n x^n$ 在 $x=-3$ 处条件收敛,则该幂级数的收敛半径 $R=$ _____.

(5) 幂级数 $\sum\limits_{n=0}^{\infty} \dfrac{(-1)^n}{(2n)!} x^n$ 在 $(0,+\infty)$ 内的和函数 $s(x)=$ _____. (2019 考研真题)

解:(1) 必要. (2) 充要. (3) 收敛,发散. (4) 3. (5) $\cos\sqrt{x}$.

2. 选择题

(1) 设有以下命题

① 若级数 $\sum\limits_{n=1}^{\infty}(u_{2n-1}+u_{2n})$ 收敛,则级数 $\sum\limits_{n=1}^{\infty}u_n$ 收敛.

② 若级数 $\sum\limits_{n=1}^{\infty}u_n$ 收敛,则级数 $\sum\limits_{n=1}^{\infty}u_{n+1\,000}$ 收敛.

③ 若 $\lim\limits_{n\to\infty}\dfrac{u_{n+1}}{u_n}=l>1$,则级数 $\sum\limits_{n=1}^{\infty}u_n$ 发散.

④ 若级数 $\sum\limits_{n=1}^{\infty}(u_n+v_n)$ 收敛,则级数 $\sum\limits_{n=1}^{\infty}u_n$ 和 $\sum\limits_{n=1}^{\infty}v_n$ 都收敛.

则以上命题中正确的是 ( )

(A) ①② (B) ②③ (C) ③④ (D) ①④

解:答案是 B.

(2) 设 α 是常数,则级数 $\sum\limits_{n=1}^{\infty}\left(\dfrac{\cos n\alpha}{n^3}-\dfrac{1}{n}\right)$ 是 ( )

(A) 绝对收敛的 (B) 条件收敛的 (C) 发散的 (D) 收敛与否与 α 有关

解:答案是 C.

(3) 设 $u_n>0(n=1,2,\cdots)$,若 $\lim\limits_{n\to\infty}n^2 u_n=l(0<l<+\infty)$,则级数 $\sum\limits_{n=1}^{\infty}(-1)^n u_n$ 是

( )

(A) 绝对收敛的 (B) 条件收敛的 (C) 发散的 (D) 不能确定其收敛性

解:答案是 A.

(4) 若级数 $\sum\limits_{n=1}^{\infty}(-1)^{n-1}\dfrac{x-a}{n}$ 在 $x>0$ 处发散,而在 $x=0$ 处收敛,则常数 $a=$ ( )

(A) 1 (B) -1 (C) 2 (D) -2

解:答案是 B.

(5) $\sum\limits_{n=0}^{\infty}(-1)^n\dfrac{2n+3}{(2n+1)!}=$ (2018 考研真题) ( )

(A) $\sin 1+\cos 1$ (B) $2\sin 1+\cos 1$ (C) $2\sin 1+2\cos 1$ (D) $3\sin 1+2\cos 1$

解:答案是 B.

3. 讨论下列级数的敛散性:

(1) $\sum\limits_{n=1}^{\infty}\dfrac{\ln n}{n+1}$;

(2) $\sum\limits_{n=1}^{\infty}\dfrac{(n!)^2}{2n^2}$;

(3) $\sum\limits_{n=1}^{\infty}(n+1)^2\sin\dfrac{\pi}{2^n}$;

(4) $\sum\limits_{n=1}^{\infty}[1+(-1)^{n-1}]\dfrac{1}{n}\sin\dfrac{1}{n}$.

解:(1) 因为 $\lim\limits_{n\to\infty}\dfrac{\dfrac{\ln n}{n+1}}{\dfrac{1}{n}}=\lim\limits_{n\to\infty}\ln n=\infty$,又 $\sum\limits_{n=1}^{\infty}\dfrac{1}{n}$ 发散,所以 $\sum\limits_{n=1}^{\infty}\dfrac{\ln n}{n+1}$ 发散;

(2) 因为 $\lim\limits_{n\to\infty}\dfrac{\dfrac{[(n+1)!]^2}{2(n+1)^2}}{\dfrac{(n!)^2}{2n^2}}=\infty>1$,所以 $\sum\limits_{n=1}^{\infty}\dfrac{(n!)^2}{2n^2}$ 发散;

(3) 因为 $\lim\limits_{n\to\infty}\dfrac{(n+2)^2\sin\dfrac{\pi}{2^{n+1}}}{(n+1)^2\sin\dfrac{\pi}{2^n}}=\dfrac{1}{2}<1$,所以 $\sum\limits_{n=1}^{\infty}(n+1)^2\sin\dfrac{\pi}{2^n}$ 收敛;

(4) 因为 $[1+(-1)^{n-1}]\dfrac{1}{n}\sin\dfrac{1}{n}\leqslant\dfrac{1}{n}\sin\dfrac{1}{n}$,且 $\sum\limits_{n=1}^{\infty}\dfrac{1}{n}\sin\dfrac{1}{n}$ 收敛,所以 $\sum\limits_{n=1}^{\infty}[1+(-1)^{n-1}]\dfrac{1}{n}\cdot\sin\dfrac{1}{n}$ 收敛.

4. 设正项级数 $\sum\limits_{n=1}^{\infty}u_n$ 和 $\sum\limits_{n=1}^{\infty}v_n$ 都收敛,证明级数 $\sum\limits_{n=1}^{\infty}(u_n+v_n)^2$ 也收敛.

解:由正项级数 $\sum\limits_{n=1}^{\infty}u_n$ 和 $\sum\limits_{n=1}^{\infty}v_n$ 都收敛,又因为 $\lim\limits_{n\to\infty}\dfrac{u_n^2}{u_n}=\lim\limits_{n\to\infty}u_n=0$,所以级数 $\sum\limits_{n=1}^{\infty}u_n^2$ 与 $\sum\limits_{n=1}^{\infty}v_n^2$ 都收敛,又 $(u_n+v_n)^2=u_n^2+v_n^2+2u_nv_n\leqslant 2(u_n^2+v_n^2)$,所以 $\sum\limits_{n=1}^{\infty}(u_n+v_n)^2$ 也收敛.

5. 讨论下列级数的绝对收敛性与条件收敛性:

(1) $\sum\limits_{n=1}^{\infty}(-1)^n\dfrac{\ln n}{\sqrt[3]{n}}$;

(2) $\sum\limits_{n=1}^{\infty}\dfrac{1}{n^2}\sin\dfrac{n\pi}{4}$;

(3) $\sum\limits_{n=1}^{\infty}(-1)^{n-1}\dfrac{2\cdot 4\cdot 6\cdots(2n)}{1\cdot 3\cdot 5\cdots(2n-1)}$;

(4) $\sum\limits_{n=1}^{\infty}(-1)^n\dfrac{(n+1)!}{n^{n+1}}$.

解:(1) 因为 $\lim\limits_{n\to\infty}\dfrac{\left|(-1)^n\dfrac{\ln n}{\sqrt[3]{n}}\right|}{\dfrac{1}{\sqrt[3]{n}}}=\lim\limits_{n\to\infty}\ln n=\infty$,又 $\sum\limits_{n=1}^{\infty}\dfrac{1}{\sqrt[3]{n}}$ 发散,所以 $\sum\limits_{n=1}^{\infty}\left|(-1)^n\dfrac{\ln n}{\sqrt[3]{n}}\right|$ 发散.

令 $f(x)=\dfrac{\ln x}{\sqrt[3]{x}}$,则 $f'(x)=\dfrac{1-\dfrac{1}{3}\ln x}{x^{\frac{4}{3}}}<0(x>e^3)$,$\lim\limits_{x\to+\infty}\dfrac{\ln x}{\sqrt[3]{x}}=0$,由莱布尼兹判别法可知 $\sum\limits_{n=1}^{\infty}(-1)^n\dfrac{\ln n}{\sqrt[3]{n}}$ 收敛,所以 $\sum\limits_{n=1}^{\infty}(-1)^n\dfrac{\ln n}{\sqrt[3]{n}}$ 条件收敛;

(2) 因为 $\left|\dfrac{1}{n^2}\sin\dfrac{n\pi}{4}\right|\leqslant\dfrac{1}{n^2}$,又 $\sum\limits_{n=1}^{\infty}\dfrac{1}{n^2}$ 收敛,所以 $\sum\limits_{n=1}^{\infty}\dfrac{1}{n^2}\sin\dfrac{n\pi}{4}$ 绝对收敛;

(3) $\lim\limits_{n\to\infty}\dfrac{2\cdot 4\cdot 6\cdots(2n)}{1\cdot 3\cdot 5\cdots(2n-1)}\neq 0$,所以 $\sum\limits_{n=1}^{\infty}(-1)^{n-1}\dfrac{2\cdot 4\cdot 6\cdots(2n)}{1\cdot 3\cdot 5\cdots(2n-1)}$ 发散;

(4) $\lim\limits_{n\to\infty}\dfrac{\left|(-1)^{n+1}\dfrac{(n+2)!}{(n+1)^{n+2}}\right|}{\left|(-1)^n\dfrac{(n+1)!}{n^{n+1}}\right|}=\lim\limits_{n\to\infty}\dfrac{(n+2)!}{(n+1)^{n+2}}\cdot\dfrac{n^{n+1}}{(n+1)!}=\lim\limits_{n\to\infty}\dfrac{n+2}{n+1}\left(\dfrac{n}{n+1}\right)^{n+1}=\dfrac{1}{e}<$

1,所以 $\sum_{n=1}^{\infty}(-1)^n \dfrac{(n+1)!}{n^{n+1}}$ 绝对收敛.

6. 设 $\sum_{n=1}^{\infty} u_n$ 收敛,$u_n \geqslant 0(n=1,2,\cdots)$,证明：

(1) $\sum_{n=1}^{\infty} u_n^3$ 收敛;

(2) $\sum_{n=1}^{\infty} \dfrac{\sqrt{u_n}}{n}$ 收敛.

证：(1) 由正项级数 $\sum_{n=1}^{\infty} u_n$ 收敛,又因为 $\lim_{n\to\infty} \dfrac{u_n^3}{u_n} = \lim_{n\to\infty} u_n^2 = 0$,所以级数 $\sum_{n=1}^{\infty} u_n^3$ 收敛;

(2) 由(1),又 $\dfrac{\sqrt{u_n}}{n} \leqslant \dfrac{1}{2}\left(\dfrac{1}{n^2} + u_n\right)$,所以 $\sum_{n=1}^{\infty} \dfrac{\sqrt{u_n}}{n}$ 收敛.

7. 求下列幂级数的收敛域：

(1) $\sum_{n=1}^{\infty} \dfrac{3^n + 4^n}{n} x^n$;

(2) $\sum_{n=1}^{\infty} \left(1 + \dfrac{1}{n}\right)^{n^2} x^n$;

(3) $\sum_{n=1}^{\infty} (\sqrt{n+1} - \sqrt{n}) 2^n x^{2n}$;

(4) $\sum_{n=1}^{\infty} \dfrac{(x+2)^n}{\sqrt{n}}$;

解：(1) 由 $\rho = \lim_{n\to\infty}\left|\dfrac{a_{n+1}}{a_n}\right| = \lim_{n\to\infty} \dfrac{\dfrac{3^{n+1}+4^{n+1}}{n+1}}{\dfrac{3^n+4^n}{n}} = 4$,故收敛半径 $R = \dfrac{1}{\rho} = \dfrac{1}{4}$. 当 $x = \dfrac{1}{4}$ 时,级数发散；当 $x = -\dfrac{1}{4}$ 时,级数收敛,所以该级数的收敛域为 $\left[-\dfrac{1}{4}, \dfrac{1}{4}\right)$;

(2) 由 $\rho = \lim_{n\to\infty} \sqrt[n]{|a_n|} = \lim_{n\to\infty}\left(1+\dfrac{1}{n}\right)^n = e$,故收敛半径 $R = \dfrac{1}{\rho} = \dfrac{1}{e}$. 当 $x = \dfrac{1}{e}$ 时,级数发散；同理,当 $x = -\dfrac{1}{e}$ 时,级数发散,所以该级数的收敛域为 $\left(-\dfrac{1}{e}, \dfrac{1}{e}\right)$;

(3) 该级数为缺项型幂级数,根据任意项级数的判别理论,讨论 $\lim_{n\to\infty}\left|\dfrac{u_{n+1}(x)}{u_n(x)}\right| =$

$\lim_{n\to\infty}\left|\dfrac{\dfrac{2^{n+1}}{\sqrt{n+2}+\sqrt{n+1}} x^{2n+2}}{\dfrac{2^n}{\sqrt{n+1}+\sqrt{n}} x^{2n}}\right| = 2|x|^2$. 当 $2|x|^2 < 1$ 即 $|x| < \dfrac{1}{\sqrt{2}}$ 时,原级数收敛；当

$2|x|^2 > 1$ 即 $|x| > \dfrac{1}{\sqrt{2}}$ 时,原级数发散,故收敛半径为 $R = \dfrac{1}{\sqrt{2}}$;当 $x = \pm\dfrac{1}{\sqrt{2}}$ 时,级数发散,故原级数的收敛域为 $\left(-\dfrac{1}{\sqrt{2}}, \dfrac{1}{\sqrt{2}}\right)$;

(4) 设 $t = x+2$,则原级数变为 $\sum_{n=1}^{\infty} \dfrac{t^n}{\sqrt{n}}$,由 $\rho = \lim_{n\to\infty}\left|\dfrac{a_{n+1}}{a_n}\right| = \lim_{n\to\infty} \dfrac{\dfrac{1}{\sqrt{n+1}}}{\dfrac{1}{\sqrt{n}}} = 1$,故收敛半径 $R =$

$\frac{1}{\rho}=1$. 当 $t=-1$ 时,级数收敛;当 $t=1$ 时,级数发散,所以级数 $\sum_{n=1}^{\infty}\frac{t^n}{\sqrt{n}}$ 的收敛域为 $[-1,1)$. 当 $t\in[-1,1)$ 即 $x\in[-3,-1)$ 时,原级数收敛,故原级数的收敛域为 $[-3,-1)$.

8. 求下列幂级数的和函数:

(1) $\sum_{n=1}^{\infty}\frac{(-1)^{n-1}}{2n-1}x^{2n-1}$; (2) $\sum_{n=1}^{\infty}\frac{n^2+1}{n}x^n$; (3) $\sum_{n=1}^{\infty}n(x-1)^n$; (4) $\sum_{n=1}^{\infty}\frac{x^{n+2}}{(n+1)(n+2)}$.

解:(1) 该级数为缺项型幂级数,根据任意项级数的判别理论,讨论 $\lim_{n\to\infty}\left|\frac{u_{n+1}(x)}{u_n(x)}\right|=\lim_{n\to\infty}\left|\frac{\frac{(-1)^n}{2n+1}x^{2n+1}}{\frac{(-1)^{n-1}}{2n-1}x^{2n-1}}\right|=|x|^2$. 当 $|x|^2<1$ 即 $|x|<1$ 时,原级数收敛;当 $|x|^2>1$ 即 $|x|>1$ 时,原级数发散. 当 $x=1$ 时,级数收敛;当 $x=-1$ 时,级数收敛,故原级数的收敛域为 $[-1,1]$. 设该级数的和函数为 $s(x)$,即 $s(x)=\sum_{n=1}^{\infty}\frac{(-1)^{n-1}}{2n-1}x^{2n-1}(-1\leqslant x\leqslant 1)$, 逐项求导得 $s'(x)=\sum_{n=1}^{\infty}(-1)^{n-1}x^{2n-2}=\sum_{n=1}^{\infty}(-x^2)^{n-1}=\frac{1}{1+x^2}$,$(-1<x<1)$,对上式两端同时在 $[0,x]$ 上积分可得 $\int_0^x s'(t)dt=\int_0^x\frac{1}{1+t^2}dt$,所以 $s(x)-s(0)=\arctan x$ 且 $s(0)=0$, 当 $x=\pm 1$ 时,原级数收敛,故 $s(x)=\arctan x(-1\leqslant x\leqslant 1)$;

(2) 原级数的收敛域为 $(-1,1)$,设 $s(x)=\sum_{n=1}^{\infty}\frac{n^2+1}{n}x^n=\sum_{n=1}^{\infty}nx^n+\sum_{n=1}^{\infty}\frac{1}{n}x^n(-1<x<1)$, 令 $s_1(x)=\sum_{n=1}^{\infty}nx^n,s_2(x)=\sum_{n=1}^{\infty}\frac{1}{n}x^n$, 则 $s_1(x)=x\sum_{n=1}^{\infty}nx^{n-1}=x\left(\sum_{n=1}^{\infty}x^n\right)'=x\left(\frac{x}{1-x}\right)'=\frac{x}{(1-x)^2}$; $s_2'(x)=\sum_{n=1}^{\infty}x^{n-1}=\frac{1}{1-x}$,则 $s_2(x)=-\ln(1-x)$. 故 $s(x)=\frac{x}{(1-x)^2}-\ln(1-x),(-1<x<1)$;

(3) 原级数的收敛域为 $(0,2)$,设 $s(x)=\sum_{n=1}^{\infty}n(x-1)^n$,则 $s(x)=(x-1)\sum_{n=1}^{\infty}n(x-1)^{n-1}=(x-1)\left(\sum_{n=1}^{\infty}(x-1)^n\right)'=(x-1)\left(\frac{x-1}{2-x}\right)'=\frac{x-1}{(2-x)^2}$;

(4) 原级数的收敛域为 $[-1,1]$,设 $s(x)=\sum_{n=1}^{\infty}\frac{x^{n+2}}{(n+1)(n+2)}(-1\leqslant x\leqslant 1)$,逐项求二阶导数得 $(s(x))''=\sum_{n=1}^{\infty}x^n=\frac{x}{1-x}$,则 $s(x)=x-\frac{x^2}{2}+(1-x)\ln(1-x)(-1<x<1)$, 所以 $s(x)=\begin{cases} x-\frac{x^2}{2}+(1-x)\ln(1-x), & x\in[-1,1) \\ \frac{1}{2}, & x=1 \end{cases}$.

9. 将函数 $f(x)=\ln\frac{x}{1+x}$ 展开成 $x-1$ 的幂级数,并指出其收敛域.

解： $f(x) = \ln\dfrac{x}{1+x} = \ln x - \ln(1+x) = \ln(1+(x-1)) - \ln 2 - \ln\left(1+\dfrac{x-1}{2}\right)$，又因为

$\ln(1+x) = \sum\limits_{n=0}^{\infty}\dfrac{(-1)^n}{n+1}x^{n+1}\ (-1 < x \leqslant 1)$，所以 $f(x) = \sum\limits_{n=0}^{\infty}\dfrac{(-1)^n}{n+1}(x-1)^{n+1} - \ln 2 -$

$\sum\limits_{n=0}^{\infty}\dfrac{(-1)^n}{n+1}\left(\dfrac{x-1}{2}\right)^{n+1} = -\ln 2 + \sum\limits_{n=1}^{\infty}\dfrac{(-1)^{n-1}}{n}\left(1-\dfrac{1}{2^n}\right)(x-1)^n\ (0 < x \leqslant 2)$.

10. 求幂级数 $\sum\limits_{n=1}^{\infty}(-1)^{n+1}n(n+1)x^n$ 的和函数 $s(x)$，并求数项级数 $\sum\limits_{n=1}^{\infty}(-1)^{n+1}\dfrac{n(n+1)}{2^n}$ 的和.

解： 级数收敛域为 $(-1,1)$，则 $s(x) = \sum\limits_{n=1}^{\infty}(-1)^{n+1}n(n+1)x^n = x\sum\limits_{n=1}^{\infty}(-1)^{n+1}n(n+1)x^{n-1}\ (-1 < x < 1)$，其中 $\sum\limits_{n=1}^{\infty}(-1)^{n+1}n(n+1)x^{n-1} = \sum\limits_{n=1}^{\infty}((-x)^{n+1})'' = \left(\dfrac{x^2}{1+x}\right)'' = \dfrac{2}{(1+x)^3}$，即 $s(x) = \dfrac{2x}{(1+x)^3}, x \in (-1,1)$，所以 $\sum\limits_{n=1}^{\infty}(-1)^{n+1}\dfrac{n(n+1)}{2^n} = s\left(\dfrac{1}{2}\right) = \dfrac{1}{\left(1+\dfrac{1}{2}\right)^3} = \dfrac{8}{27}$.

11. 设数列 $\{a_n\}$ 满足 $a_1 = 1, (n+1)a_{n+1} = \left(n+\dfrac{1}{2}\right)a_n$，证明：当 $|x| < 1$ 时，幂级数 $\sum\limits_{n=1}^{\infty}a_n x^n$ 收敛，并求其和函数.（2020 考研真题）

解： $\lim\limits_{n\to\infty}\dfrac{a_{n+1}}{a_n} = \lim\limits_{n\to\infty}\dfrac{n+\dfrac{1}{2}}{n+1} = 1$，所以收敛半径为 1，即当 $|x| < 1$ 时，幂级数 $\sum\limits_{n=1}^{\infty}a_n x^n$ 收敛.

令 $s(x) = \sum\limits_{n=1}^{\infty}a_n x^n$，则 $s'(x) = \sum\limits_{n=1}^{\infty}na_n x^{n-1} = \sum\limits_{n=1}^{\infty}(n+1)a_{n+1}x^n = a_0 + \sum\limits_{n=1}^{\infty}\left(n+\dfrac{1}{2}\right)a_n x^n = xs'(x) + \dfrac{1}{2}s(x) + 1$，解此微分方程可得 $s(x) = \dfrac{C}{\sqrt{1-x}} - 2$，由 $s(0) = 0$ 得 $C = 2$，所以 $s(x) = \dfrac{2}{\sqrt{1-x}} - 2$.

12. 设 $u_n(x) = e^{-nx} + \dfrac{1}{n(n+1)}x^{n+1}\ (n=1,2,\cdots)$，求级数 $\sum\limits_{n=1}^{\infty}u_n(x)$ 的收敛域与和函数.

（2021 考研真题）

解： $\sum\limits_{n=1}^{\infty}\left[e^{-nx} + \dfrac{1}{n(n+1)}x^{n+1}\right] = \sum\limits_{n=1}^{\infty}(e^{-x})^n + \sum\limits_{n=1}^{\infty}\dfrac{1}{n(n+1)}x^{n+1}$，收敛域为 $(0,1]$. 令

$s(x) = \sum\limits_{n=1}^{\infty}\left[e^{-nx} + \dfrac{1}{n(n+1)}x^{n+1}\right] = s_1(x) + s_2(x)$，则 $s_1(x) = \sum\limits_{n=1}^{\infty}(e^{-x})^n = \dfrac{e^{-x}}{1-e^{-x}}$，

$s_2(x) = \sum\limits_{n=1}^{\infty}\dfrac{1}{n(n+1)}x^{n+1} = (1-x)\ln(1-x) + x$，故

$s(x) = \begin{cases} \dfrac{e^{-x}}{1-e^{-x}} + (1-x)\ln(1-x) + x, & x \in (0,1) \\ \dfrac{e}{e-1}, & x = 1 \end{cases}$.

13. 将函数 $f(x)=\arctan\dfrac{1-2x}{1+2x}$ 展开成 x 的幂级数,并求级数 $\sum\limits_{n=1}^{\infty}\dfrac{(-1)^n}{2n+1}$ 的和.

解: $f'(x)=-\dfrac{2}{1+4x^2}=-2\sum\limits_{n=0}^{\infty}(-4x^2)^n=\sum\limits_{n=0}^{\infty}(-1)^{n+1}2^{2n+1}x^{2n}$,两边积分得 $f(x)-f(0)=\sum\limits_{n=0}^{\infty}(-1)^{n+1}2^{2n+1}\dfrac{x^{2n+1}}{2n+1}$,所以 $f(x)=\dfrac{\pi}{4}+\sum\limits_{n=0}^{\infty}(-1)^{n+1}2^{2n+1}\dfrac{x^{2n+1}}{2n+1}=\dfrac{\pi}{4}-2\sum\limits_{n=0}^{\infty}\dfrac{(-1)^n 4^n}{2n+1}x^{2n+1}\left(-\dfrac{1}{2}<x\leqslant\dfrac{1}{2}\right)$,$f\left(\dfrac{1}{2}\right)=\dfrac{\pi}{4}+\sum\limits_{n=0}^{\infty}(-1)^{n+1}\dfrac{1}{2n+1}$,所以 $\sum\limits_{n=1}^{\infty}(-1)^n\dfrac{1}{2n+1}=-1+\dfrac{\pi}{4}$.

第 13 章 无穷级数(理)

本章是理科用《高等数学》第 11 章相应小节的习题解答.

习题 13 - 1

A 组

1. 写出下列级数的一般项：

   (1) $\dfrac{1}{3} + \dfrac{2}{9} + \dfrac{3}{19} + \dfrac{4}{33} + \cdots$；

   (2) $\dfrac{1}{2\ln^2 2} - \dfrac{1}{3\ln^2 3} + \dfrac{1}{4\ln^2 4} - \dfrac{1}{5\ln^2 5} + \cdots$；

   (3) $\dfrac{1}{1\cdot 3} + \dfrac{1}{3\cdot 5} + \dfrac{1}{5\cdot 7} + \dfrac{1}{7\cdot 9} + \cdots$；

   (4) $1 + \dfrac{2}{2^2} + \dfrac{2\cdot 3}{3^2} + \dfrac{2\cdot 3\cdot 4}{4^2} + \cdots$；

   (5) $\dfrac{x^2}{2!} - \dfrac{x^3}{4!} + \dfrac{x^4}{6!} - \dfrac{x^5}{8!} + \cdots$.

   解：(1) $u_n = \dfrac{n}{2n^2+1}$；   (2) $u_n = (-1)^n \dfrac{1}{n\ln^2 n}, n = 2, 3, \cdots$；

   (3) $u_n = \dfrac{1}{(2n-1)(2n+1)}$；   (4) $u_n = \dfrac{n!}{n^2}$；   (5) $u_n = (-1)^{n+1} \dfrac{x^{n+1}}{(2n)!}$.

2. 根据级数收敛与发散的定义判别下列级数的敛散性，并求出收敛级数的和：

   (1) $\sum\limits_{n=1}^{\infty} \dfrac{1}{(5n-4)(5n+1)}$；   (2) $\sum\limits_{n=1}^{\infty} \dfrac{n}{3^n}$；

   (3) $\sum\limits_{n=1}^{\infty} (\sqrt{n} - \sqrt{n+1})$；   (4) $\sum\limits_{n=1}^{\infty} \dfrac{1}{n(n+1)(n+2)}$.

   解：(1) 令 $s_n = \dfrac{1}{5}\left(1 - \dfrac{1}{5n+1}\right)$，故 $\lim\limits_{n\to\infty} s_n = \dfrac{1}{5}$，所以原级数收敛，且收敛于 $\dfrac{1}{5}$；

   (2) 令 $s_n = \dfrac{1}{3} + \dfrac{2}{3^2} + \dfrac{3}{3^3} + \cdots + \dfrac{n}{3^n}$，则 $\dfrac{1}{3} s_n = \dfrac{1}{3^2} + \dfrac{2}{3^3} + \dfrac{3}{3^4} + \cdots + \dfrac{n}{3^{n+1}}$，两式相减可得 $\dfrac{2}{3} s_n = \dfrac{1}{2}\left(1 - \dfrac{1}{3^n}\right) - \dfrac{n}{3^{n+1}}$，故 $\lim\limits_{n\to\infty} s_n = \dfrac{3}{4}$，所以原级数收敛，且收敛于 $\dfrac{3}{4}$；

   (3) 令 $s_n = 1 - \sqrt{n+1}$，故 $\lim\limits_{n\to\infty} s_n = \infty$，所以原级数发散；

   (4) 令 $s_n = \dfrac{1}{2}\left(\dfrac{1}{2} + \dfrac{1}{n+1} - \dfrac{2}{n+1} + \dfrac{1}{n+2}\right)$，故 $\lim\limits_{n\to\infty} s_n = \dfrac{1}{4}$，所以原级数收敛，且收敛于 $\dfrac{1}{4}$.

3. 判别下列级数的敛散性：

   (1) $\sum\limits_{n=1}^{\infty} \left[(-1)^n \dfrac{1}{2^n} + \dfrac{4^n}{5^n}\right]$；   (2) $\sum\limits_{n=1}^{\infty} \left(\dfrac{1}{3n} - \dfrac{1}{3^n}\right)$；

(3) $\sum_{n=1}^{\infty} n^2\left(1-\cos\frac{1}{n}\right)$;

(4) $\sum_{n=1}^{\infty}\left(\frac{n}{1+n}\right)^n$.

解:(1) $\sum_{n=1}^{\infty}(-1)^n\frac{1}{2^n}$ 与 $\sum_{n=1}^{\infty}\frac{4^n}{5^n}$ 分别是公比为 $-\frac{1}{2}$ 与 $\frac{4}{5}$ 的几何级数,则两个级数均收敛,故原级数收敛;

(2) $\sum_{n=1}^{\infty}\frac{1}{3n}$ 发散,而 $\sum_{n=1}^{\infty}\frac{1}{3^n}$ 收敛,由收敛级数的性质可知原级数发散;

(3) $\lim_{n\to\infty}n^2\left(1-\cos\frac{1}{n}\right)=\lim_{n\to\infty}n^2\cdot\frac{1}{2n^2}=\frac{1}{2}\neq 0$,由级数收敛的必要条件可知原级数发散;

(4) $\lim_{n\to\infty}\left(\frac{n}{1+n}\right)^n=\lim_{n\to\infty}\frac{1}{\left(1+\frac{1}{n}\right)^n}=\frac{1}{e}\neq 0$,由级数收敛的必要条件可知原级数发散.

*4. 利用柯西审敛原理判别下列级数的敛散性:

(1) $\sum_{n=1}^{\infty}\frac{\sin 2^n}{2^n}$;

(2) $\sum_{n=1}^{\infty}\frac{1}{n^2}$.

解:(1) $|u_{n+1}+u_{n+2}+\cdots+u_{n+p}|\leqslant\frac{1}{2^{n+1}}+\frac{1}{2^{n+2}}+\cdots+\frac{1}{2^{n+p}}=\frac{1}{2^n}\left(1-\frac{1}{2^p}\right)<\frac{1}{2^n}$,所以对 $\forall\varepsilon>0$,不妨设 $\varepsilon<1$,则 $\exists N=[-\log_2\varepsilon]$,当 $n>N$ 时,对任意自然数 p,有 $|u_{n+1}+u_{n+2}+\cdots+u_{n+p}|<\varepsilon$ 成立,所以由柯西审敛原理可知原级数收敛;

(2) $|u_{n+1}+u_{n+2}+\cdots+u_{n+p}|<\frac{1}{n(n+1)}+\frac{1}{(n+1)(n+2)}+\cdots+\frac{1}{(n+p-1)(n+p)}=\frac{1}{n}-\frac{1}{n+p}<\frac{1}{n}$,所以对 $\forall\varepsilon>0$,$\exists N=\left[\frac{1}{\varepsilon}\right]$,当 $n>N$ 时,对任意自然数 p,有 $|u_{n+1}+u_{n+2}+\cdots+u_{n+p}|<\frac{1}{n}<\varepsilon$ 成立,所以由柯西审敛原理可知原级数收敛.

B 组

1. 判别下列级数的敛散性,如果收敛则求其和:

(1) $\sum_{n=2}^{\infty}\ln\left(1-\frac{1}{n^2}\right)$;

(2) $\sum_{n=1}^{\infty}\frac{1}{\sqrt{n(n+1)}(\sqrt{n+1}+\sqrt{n})}$;

(3) $\sum_{n=1}^{\infty}\arctan\frac{1}{2n^2}$;

(4) $\sum_{n=1}^{\infty}\frac{n^{n+\frac{1}{n}}}{\left(n+\frac{1}{n}\right)^n}$.

解:(1) 令 $u_n=\ln\frac{n^2-1}{n^2}=\ln\frac{n-1}{n}+\ln\frac{n+1}{n}$,则 $s_n=\ln\frac{n+1}{2n}$,故 $\lim_{n\to\infty}s_n=\ln\frac{1}{2}=-\ln 2$,所以原级数收敛,且收敛于 $-\ln 2$;

(2) 令 $u_n=\frac{1}{\sqrt{n(n+1)}(\sqrt{n+1}+\sqrt{n})}=\frac{\sqrt{n+1}-\sqrt{n}}{\sqrt{n(n+1)}}=\frac{1}{\sqrt{n}}-\frac{1}{\sqrt{n+1}}$,则 $s_n=1-\frac{1}{\sqrt{n+1}}$,故 $\lim_{n\to\infty}s_n=1$,所以原级数收敛,且收敛于 1;

(3) $\arctan\frac{1}{2n^2}=\arctan\frac{\frac{1}{n(n+1)}}{1+\frac{n-1}{n+1}}=\arctan\frac{\frac{n}{n+1}-\frac{n-1}{n}}{1+\frac{n}{n+1}\cdot\frac{n-1}{n}}=\arctan\frac{n}{n+1}-$

$\arctan\dfrac{n-1}{n}$,则 $s_n = \arctan\dfrac{n}{n+1}$,故 $\lim\limits_{n\to\infty} s_n = \lim\limits_{n\to\infty}\arctan\dfrac{n}{n+1} = \dfrac{\pi}{4}$,所以原级数收敛,且收敛于 $\dfrac{\pi}{4}$;

(4) $\lim\limits_{n\to\infty}\dfrac{n^{n+\frac{1}{n}}}{\left(n+\dfrac{1}{n}\right)^n} = \lim\limits_{n\to\infty}\dfrac{1}{\left(1+\dfrac{1}{n^2}\right)^n}\cdot\sqrt[n]{n} = 1 \neq 0$,所以原级数发散.

2. 若数列 $\{a_n\}$ 收敛于 a,证明级数 $\sum\limits_{n=1}^{\infty}(a_n - a_{n+1})$ 也收敛,且收敛于 $a_1 - a$.

证:令 $\sum\limits_{n=1}^{\infty}(a_n - a_{n+1})$ 的部分和为 s_n,则 $s_n = a_1 - a_2 + a_2 - a_3 + \cdots + a_n - a_{n+1} = a_1 - a_{n+1}$,故 $\lim\limits_{n\to\infty} s_n = a_1 - a$,所以该级数收敛,且收敛于 $a_1 - a$.

3. 设级数 $\sum\limits_{n=1}^{\infty} u_n$ 与 $\sum\limits_{n=1}^{\infty} v_n$ 均发散,试问:级数 $\sum\limits_{n=1}^{\infty}(u_n + v_n)$ 一定发散吗?又若 $u_n \geqslant 0, v_n \geqslant 0 (n=1,2,\cdots)$ 时,则能得出什么结论?

解:$\sum\limits_{n=1}^{\infty}(u_n + v_n)$ 不一定发散,例如 $\sum\limits_{n=1}^{\infty}(-1)^n$,$\sum\limits_{n=1}^{\infty}(-1)^{n+1}$ 发散,但是 $\sum\limits_{n=1}^{\infty}[(-1)^n + (-1)^{n+1}]$ 收敛. 若 $u_n \geqslant 0, v_n \geqslant 0$,则 $\sum\limits_{n=1}^{\infty}(u_n + v_n)$ 一定发散. 因为 $\sum\limits_{n=1}^{\infty} u_n$ 发散,由柯西审敛原理可知,$\exists \varepsilon_0$,对 $\forall N$,都存在 $n, m > N (n < m)$,使得 $\left|\sum\limits_{k=n+1}^{m} u_k\right| \geqslant \varepsilon_0$,从而可得 $\left|\sum\limits_{k=n+1}^{m}(u_k + v_k)\right| = \sum\limits_{k=n+1}^{m}(u_k + v_k) \geqslant \sum\limits_{k=n+1}^{m} u_k \geqslant \varepsilon_0$,所以 $\sum\limits_{n=1}^{\infty}(u_n + v_n)$ 发散.

习题 13-2

A 组

1. 用比较审敛法或其极限形式判别下列级数的敛散性:

(1) $\sum\limits_{n=1}^{\infty}\dfrac{1}{n\sqrt{n+2}}$;

(2) $\dfrac{1}{2\cdot 4} + \dfrac{1}{3\cdot 5} + \cdots + \dfrac{1}{(n+1)(n+3)} + \cdots$;

(3) $\sum\limits_{n=1}^{\infty}\sin\dfrac{1}{\sqrt{n}}$;

(4) $\sum\limits_{n=1}^{\infty}\left(1 - \cos\dfrac{\pi}{n}\right)$;

(5) $\sum\limits_{n=1}^{\infty}\dfrac{[2+(-1)^n]^n}{2^{2n+1}}$;

(6) $\sum\limits_{n=1}^{\infty}\left(\dfrac{1+n}{1+n^2}\right)^2$.

解:(1) 由于 $\dfrac{1}{n\sqrt{n+2}} < \dfrac{1}{n\sqrt{n}}$,且 $\sum\limits_{n=1}^{\infty}\dfrac{1}{n\sqrt{n}}$ 收敛,所以原级数收敛;

(2) 由于 $\dfrac{1}{(n+1)(n+3)} < \dfrac{1}{(n+1)^2}$,且 $\sum\limits_{n=1}^{\infty}\dfrac{1}{(n+1)^2}$ 收敛,所以原级数收敛;

(3) 由于 $\lim\limits_{n\to\infty}\dfrac{\sin\dfrac{1}{\sqrt{n}}}{\dfrac{1}{\sqrt{n}}} = 1$,且 $\sum\limits_{n=1}^{\infty}\dfrac{1}{\sqrt{n}}$ 发散,所以原级数发散;

(4) $\lim\limits_{n\to\infty}\dfrac{1-\cos\dfrac{\pi}{n}}{\dfrac{1}{n^2}}=\lim\limits_{n\to\infty}\dfrac{\dfrac{1}{2}\left(\dfrac{\pi}{n}\right)^2}{\dfrac{1}{n^2}}=\dfrac{\pi^2}{2}$,且 $\sum\limits_{n=1}^{\infty}\dfrac{1}{n^2}$ 收敛,所以原级数收敛;

(5) 由于 $\dfrac{[2+(-1)^n]^n}{2^{2n+1}}=\dfrac{1}{2}\cdot\left[\dfrac{1}{2}+(-1)^n\dfrac{1}{4}\right]^n\leqslant\dfrac{1}{2}\cdot\left(\dfrac{3}{4}\right)^n$,且 $\sum\limits_{n=1}^{\infty}\left(\dfrac{3}{4}\right)^n$ 收敛,所以原级数收敛;

(6) $\lim\limits_{n\to\infty}\left(\dfrac{1+n}{1+n^2}\right)^2\cdot n^2=\lim\limits_{n\to\infty}\left(\dfrac{n+n^2}{1+n^2}\right)^2=1$,且 $\sum\limits_{n=1}^{\infty}\dfrac{1}{n^2}$ 收敛,所以原级数收敛.

2. 用比值审敛法判别下列级数的敛散性:

(1) $\sum\limits_{n=1}^{\infty}n\tan\dfrac{\pi}{3^{n+1}}$; (2) $\sum\limits_{n=1}^{\infty}\dfrac{2^n}{n^{100}}$;

(3) $\sum\limits_{n=1}^{\infty}\dfrac{2^n\cdot n!}{n^n}$; (4) $\sum\limits_{n=1}^{\infty}\dfrac{a^n}{n^p}(a>0,p>0)$.

解:(1) $\lim\limits_{n\to\infty}\dfrac{(n+1)\tan\dfrac{\pi}{3^{n+2}}}{n\tan\dfrac{\pi}{3^{n+1}}}=\dfrac{1}{3}<1$,所以原级数收敛;

(2) $\lim\limits_{n\to\infty}\dfrac{2^{n+1}}{(n+1)^{100}}\cdot\dfrac{n^{100}}{2^n}=2>1$,所以原级数发散;

(3) $\lim\limits_{n\to\infty}\dfrac{2^{n+1}\cdot(n+1)!}{(n+1)^{n+1}}\cdot\dfrac{n^n}{2^n n!}=\lim\limits_{n\to\infty}\dfrac{2}{\left(1+\dfrac{1}{n}\right)^n}=\dfrac{2}{e}<1$,所以原级数收敛;

(4) $\lim\limits_{n\to\infty}\dfrac{a^{n+1}}{(n+1)^p}\cdot\dfrac{n^p}{a^n}=a$,由比值审敛法可知,$0<a<1$ 时原级数收敛;$a>1$ 时原级数发散;$a=1$ 时,级数为 $\sum\limits_{n=1}^{\infty}\dfrac{1}{n^p}$,故 $p>1$ 时原级数收敛,$0<p\leqslant 1$ 时原级数发散.

3. 用根值审敛法判别下列级数的敛散性:

(1) $\sum\limits_{n=1}^{\infty}\left(\dfrac{2n-1}{3n+1}\right)^n$; (2) $\sum\limits_{n=1}^{\infty}\dfrac{3+(-1)^n}{3^n}$;

(3) $\sum\limits_{n=1}^{\infty}\dfrac{3^n}{1+e^n}$; (4) $\sum\limits_{n=1}^{\infty}\dfrac{2^n}{n^{\frac{n}{2}}}$.

解:(1) $\lim\limits_{n\to\infty}\sqrt[n]{\left(\dfrac{2n-1}{3n+1}\right)^n}=\dfrac{2}{3}<1$,所以原级数收敛;

(2) $\lim\limits_{n\to\infty}\sqrt[n]{\dfrac{3+(-1)^n}{3^n}}=\dfrac{1}{3}<1$,所以原级数收敛;

(3) $\lim\limits_{n\to\infty}\sqrt[n]{\dfrac{3^n}{1+e^n}}=\dfrac{3}{e}>1$,所以原级数发散;

(4) $\lim\limits_{n\to\infty}\sqrt[n]{\dfrac{2^n}{n^{\frac{n}{2}}}}=\lim\limits_{n\to\infty}\dfrac{2}{\sqrt{n}}=0<1$,所以原级数收敛.

4. 用适当的方法判别下列级数的敛散性:

(1) $\sum_{n=1}^{\infty}(\sqrt{n^2+1}-\sqrt{n^2-1})$; (2) $\sum_{n=1}^{\infty}\dfrac{(2n)!}{2^{n(n+1)}}$;

(3) $\sum_{n=1}^{\infty}\left(\dfrac{1}{n^3}-\dfrac{\ln^n 3}{3^n}\right)$; (4) $\sum_{n=3}^{\infty}\dfrac{\ln n}{n^p}(p\geqslant 1)$.

解:(1) $\lim\limits_{n\to\infty}n(\sqrt{n^2+1}-\sqrt{n^2-1})=\lim\limits_{n\to\infty}\dfrac{2n}{\sqrt{n^2+1}+\sqrt{n^2-1}}=1$,且 $\sum_{n=1}^{\infty}\dfrac{1}{n}$ 发散,所以原级数发散;

(2) $\lim\limits_{n\to\infty}\dfrac{(2n+2)!}{2^{(n+1)(n+2)}}\cdot\dfrac{2^{n(n+1)}}{(2n)!}=\lim\limits_{n\to\infty}\dfrac{(2n+2)(2n+1)}{2^{2n+2}}=0<1$,所以原级数收敛;

(3) 由于 $\lim\limits_{n\to\infty}\sqrt[n]{\dfrac{\ln^n 3}{3^n}}=\dfrac{\ln 3}{3}<1$,故 $\sum_{n=1}^{\infty}\dfrac{\ln^n 3}{3^n}$ 收敛,而 $\sum_{n=1}^{\infty}\dfrac{1}{n^3}$ 收敛,所以原级数收敛;

(4) $p=1$ 时,$\lim\limits_{n\to\infty}\dfrac{\ln n}{n}\cdot n=\infty$,且 $\sum_{n=1}^{\infty}\dfrac{1}{n}$ 发散,所以级数 $\sum_{n=3}^{\infty}\dfrac{\ln n}{n}$ 发散;$p>1$ 时,令 $f(x)=\dfrac{\ln x}{x^p}$,显然 $f(x)$ 在 $x>3$ 时非负且连续,由于 $f'(x)=\dfrac{x^{p-1}(1-p\ln x)}{(x^p)^2}<0(x>\mathrm{e}^{\frac{1}{p}})$,故 $x>3$ 时 $f(x)$ 单调减少.由积分判别法可知,$\int_3^{+\infty}\dfrac{\ln x}{x^p}\mathrm{d}x=\dfrac{1}{1-p}\int_3^{+\infty}\ln x\,\mathrm{d}x^{1-p}=\dfrac{1}{3^{p-1}(1-p)^2}+\dfrac{1}{p-1}\cdot\dfrac{\ln 3}{3^{p-1}}$ 收敛,故 $\sum_{n=3}^{\infty}\dfrac{\ln n}{n^p}$ 也收敛.

5. 判别下列级数的敛散性,若收敛,是绝对收敛还是条件收敛?

(1) $\sum_{n=1}^{\infty}(-1)^{n-1}\dfrac{1}{\sqrt[3]{n+1}}$; (2) $\sum_{n=2}^{\infty}(-1)^{n+1}\dfrac{n-1}{3^{n+1}}$;

(3) $\sum_{n=1}^{\infty}(-1)^{n+1}\ln\dfrac{n+1}{n}$; (4) $\sum_{n=1}^{\infty}(-1)^{n+1}(\sqrt{n+1}-\sqrt{n})$;

(5) $\sum_{n=2}^{\infty}(-1)^{n+1}\dfrac{\ln n}{\sqrt{n}}$; (6) $\sum_{n=1}^{\infty}(-1)^{n+1}\dfrac{\cos n\alpha}{\sqrt{(n+1)^3}}$.

解:(1) 由于 $\lim\limits_{n\to\infty}\dfrac{1}{\sqrt[3]{n+1}}\cdot\sqrt[3]{n}=1$,故 $\sum_{n=1}^{\infty}\dfrac{1}{\sqrt[3]{n+1}}$ 发散.令 $u_n=\dfrac{1}{\sqrt[3]{n+1}}$,显然 u_n 单调递减,且 $\lim\limits_{n\to\infty}\dfrac{1}{\sqrt[3]{n+1}}=0$,所以原级数收敛且为条件收敛;

(2) 由于 $\lim\limits_{n\to\infty}\dfrac{n}{3^{n+2}}\cdot\dfrac{3^{n+1}}{n-1}=\dfrac{1}{3}<1$,故 $\sum_{n=2}^{\infty}\dfrac{n-1}{3^{n+1}}$ 收敛,所以原级数绝对收敛;

(3) 由于 $\lim\limits_{n\to\infty}n\ln\dfrac{n+1}{n}=1$,故 $\sum_{n=1}^{\infty}\ln\dfrac{n+1}{n}$ 发散.令 $u_n=\ln\dfrac{n+1}{n}$,显然 u_n 单调递减,且 $\lim\limits_{n\to\infty}u_n=0$,所以原级数收敛且为条件收敛;

(4) 由于 $\lim\limits_{n\to\infty}(\sqrt{n+1}-\sqrt{n})\cdot\sqrt{n}=\lim\limits_{n\to\infty}\dfrac{\sqrt{n}}{\sqrt{n+1}+\sqrt{n}}=\dfrac{1}{2}$,故 $\sum_{n=1}^{\infty}(\sqrt{n+1}-\sqrt{n})$ 发散. 令 $u_n=\sqrt{n+1}-\sqrt{n}=\dfrac{1}{\sqrt{n+1}+\sqrt{n}}$,显然 u_n 单调递减,且 $\lim\limits_{n\to\infty}u_n=0$,所以原级数收敛且为条件收敛;

(5) 由于 $\lim\limits_{n\to\infty}\dfrac{\ln n}{\sqrt{n}}\sqrt{n}=\infty$,故 $\sum\limits_{n=2}^{\infty}\dfrac{\ln n}{\sqrt{n}}$ 发散. 令 $u_n=\dfrac{\ln n}{\sqrt{n}}$,显然 u_n 单调递减,且 $\lim\limits_{n\to\infty}u_n=0$,所以原级数收敛且为条件收敛;

(6) 由于 $\left|\dfrac{\cos n\alpha}{\sqrt{(n+1)^3}}\right|\leqslant\dfrac{1}{\sqrt{n^3}}$,且 $\sum\limits_{n=1}^{\infty}\dfrac{1}{\sqrt{n^3}}$ 收敛,故 $\sum\limits_{n=1}^{\infty}\dfrac{|\cos n\alpha|}{\sqrt{(n+1)^3}}$ 收敛,所以原级数绝对收敛.

6. 若 $\sum\limits_{n=1}^{\infty}|a_n|$ 收敛, $\lim\limits_{n\to\infty}b_n=1$,证明 $\sum\limits_{n=1}^{\infty}a_nb_n$ 收敛.

证:由于 $\lim\limits_{n\to\infty}\left|\dfrac{a_nb_n}{a_n}\right|=\lim\limits_{n\to\infty}|b_n|=1$,且 $\sum\limits_{n=1}^{\infty}|a_n|$ 收敛,故 $\sum\limits_{n=1}^{\infty}|a_nb_n|$ 收敛,所以 $\sum\limits_{n=1}^{\infty}a_nb_n$ 收敛.

7. 已知级数 $\sum\limits_{n=1}^{\infty}a_n(a_n\geqslant 0)$ 收敛,证明级数 $\sum\limits_{n=1}^{\infty}a_n^2$ 也收敛.

证: $\lim\limits_{n\to\infty}\dfrac{a_n^2}{a_n}=\lim\limits_{n\to\infty}a_n=0$,且 $\sum\limits_{n=1}^{\infty}a_n$ 收敛,由比较审敛法可知, $\sum\limits_{n=1}^{\infty}a_n^2$ 也收敛.

8. 利用级数收敛的必要条件证明: $\lim\limits_{n\to\infty}\dfrac{n^n}{(n!)^2}=0$.

证:由于 $\lim\limits_{n\to\infty}\dfrac{(n+1)^{n+1}}{[(n+1)!]^2}\cdot\dfrac{(n!)^2}{n^n}=\lim\limits_{n\to\infty}\dfrac{\left(1+\dfrac{1}{n}\right)^n}{n+1}=0<1$,故 $\sum\limits_{n=1}^{\infty}\dfrac{n^n}{(n!)^2}$ 收敛,所以 $\lim\limits_{n\to\infty}\dfrac{n^n}{(n!)^2}=0$.

B 组

1. 判别下列级数的敛散性:

(1) $\sum\limits_{n=1}^{\infty}\dfrac{q^n n!}{n^n}(q>0)$;

(2) $\sum\limits_{n=1}^{\infty}\dfrac{a^n}{1+a^{2n}}(a>0)$;

(3) $\sum\limits_{n=1}^{\infty}\tan^n\left(\theta+\dfrac{1}{n}\right)$, $\theta\in\left(0,\dfrac{\pi}{2}\right)$;

(4) $\sum\limits_{n=1}^{\infty}\left(\dfrac{b}{a_n}\right)^n$, $a_n\to a(n\to\infty)$, $a_n,a,b>0$, $a\neq b$.

解:(1) 由于 $\lim\limits_{n\to\infty}\dfrac{q^{n+1}(n+1)!}{(n+1)^{n+1}}\cdot\dfrac{n^n}{q^n n!}=\dfrac{q}{\mathrm{e}}$,当 $0<q<\mathrm{e}$ 时,级数收敛;当 $q>\mathrm{e}$ 时,原级数发散;当 $q=\mathrm{e}$ 时,令 $u_n=\dfrac{\mathrm{e}^n n!}{n^n}$,则 $\dfrac{u_{n+1}}{u_n}=\dfrac{\mathrm{e}}{\left(1+\dfrac{1}{n}\right)^n}>1$,故 $\lim\limits_{n\to\infty}u_n\neq 0$,所以原级数发散;

(2) 当 $0<a<1$ 时,由于 $\lim\limits_{n\to\infty}\dfrac{a^{n+1}}{1+a^{2n+2}}\cdot\dfrac{1+a^{2n}}{a^n}=a<1$,原级数收敛;当 $a>1$ 时,由于 $\lim\limits_{n\to\infty}\dfrac{a^{n+1}}{1+a^{2n+2}}\cdot\dfrac{1+a^{2n}}{a^n}=\dfrac{1}{a}<1$,原级数收敛. 所以当 $a>0$ 且 $a\neq 1$ 时,原级数收敛;当

$a=1$ 时,原级数 $\sum\limits_{n=1}^{\infty}\dfrac{1}{2}$ 显然发散;

(3) $\lim\limits_{n\to\infty}\sqrt[n]{\tan^n\left(\theta+\dfrac{1}{n}\right)}=\tan\theta$,当 $0<\theta<\dfrac{\pi}{4}$ 时,原级数绝对收敛;当 $\dfrac{\pi}{4}<\theta<\dfrac{\pi}{2}$ 时,原级数发散;当 $\theta=\dfrac{\pi}{4}$ 时, $\lim\limits_{n\to\infty}\tan^n\left(\dfrac{\pi}{4}+\dfrac{1}{n}\right)=\lim\limits_{n\to\infty}e^{n\ln\tan\left(\dfrac{\pi}{4}+\dfrac{1}{n}\right)}=e^2\neq 0$,故原级数发散;

(4) 由于 $\lim\limits_{n\to\infty}\sqrt[n]{\left(\dfrac{b}{a_n}\right)^n}=\dfrac{b}{a}$,当 $a>b$ 时,原级数收敛;当 $a<b$ 时,原级数发散.

2. 已知正项级数 $\sum\limits_{n=1}^{\infty}a_n$ 收敛,证明: $\sum\limits_{n=1}^{\infty}a_n^2$, $\sum\limits_{n=1}^{\infty}\sqrt{a_na_{n+1}}$ 及 $\sum\limits_{n=1}^{\infty}\dfrac{|a_n|}{n}$ 都收敛.

证:由于正项级数 $\sum\limits_{n=1}^{\infty}a_n$ 收敛,故 $\lim\limits_{n\to\infty}a_n=0$. 由于 $\lim\limits_{n\to\infty}\dfrac{a_n^2}{a_n}=\lim\limits_{n\to\infty}a_n=0$,且 $\sum\limits_{n=1}^{\infty}a_n$ 收敛,故 $\sum\limits_{n=1}^{\infty}a_n^2$ 也收敛. 由于 $\sqrt{a_na_{n+1}}\leqslant\dfrac{a_n+a_{n+1}}{2}$,且 $\sum\limits_{n=1}^{\infty}a_n$ 收敛,故 $\sum\limits_{n=1}^{\infty}\dfrac{a_n+a_{n+1}}{2}$ 收敛,所以 $\sum\limits_{n=1}^{\infty}\sqrt{a_na_{n+1}}$ 也收敛. 由于 $2\dfrac{|a_n|}{n}\leqslant a_n^2+\dfrac{1}{n^2}$,而 $\sum\limits_{n=1}^{\infty}a_n^2$ 及 $\sum\limits_{n=1}^{\infty}\dfrac{1}{n^2}$ 收敛,故 $\sum\limits_{n=1}^{\infty}\dfrac{|a_n|}{n}$ 也收敛.

3. 已知级数 $\sum\limits_{n=1}^{\infty}u_n$, $\sum\limits_{n=1}^{\infty}v_n$ 都收敛,且对任意的 n 都有 $u_n\leqslant w_n\leqslant v_n$,证明:级数 $\sum\limits_{n=1}^{\infty}w_n$ 收敛.

证:由于 $u_n\leqslant w_n\leqslant v_n$,故 $0\leqslant w_n-u_n\leqslant v_n-u_n$. 由于级数 $\sum\limits_{n=1}^{\infty}u_n$, $\sum\limits_{n=1}^{\infty}v_n$ 都收敛,则 $\sum\limits_{n=1}^{\infty}(v_n-u_n)$ 收敛,故 $\sum\limits_{n=1}^{\infty}(w_n-u_n)$ 收敛,所以 $\sum\limits_{n=1}^{\infty}w_n$ 收敛.

习题 13-3

A 组

1. 求下列幂级数的收敛半径与收敛域:

(1) $\sum\limits_{n=1}^{\infty}\dfrac{3^n}{n^2+1}x^n$;   (2) $\sum\limits_{n=1}^{\infty}\dfrac{2^{n+1}}{\sqrt{n+1}}x^{2n+1}$;

(3) $\sum\limits_{n=0}^{\infty}\dfrac{(n!)^2}{(2n)!}x^n$;   (4) $\sum\limits_{n=1}^{\infty}\dfrac{(x-1)^n}{2^n n}$;

(5) $\sum\limits_{n=1}^{\infty}\dfrac{(-1)^{n-1}}{n(2n-1)}x^{2n}$;   (6) $\sum\limits_{n=1}^{\infty}\dfrac{3^n+(-2)^n}{n}(2x+1)^n$.

解:(1) 令 $a_n=\dfrac{3^n}{n^2+1}$,则 $\lim\limits_{n\to\infty}\dfrac{a_{n+1}}{a_n}=3$,故 $R=\dfrac{1}{3}$. 当 $x=\dfrac{1}{3}$ 时, $\sum\limits_{n=1}^{\infty}\dfrac{1}{n^2+1}$ 收敛;当 $x=-\dfrac{1}{3}$ 时, $\sum\limits_{n=1}^{\infty}\dfrac{(-1)^n}{n^2+1}$ 收敛,所以原幂级数的收敛域为 $\left[-\dfrac{1}{3},\dfrac{1}{3}\right]$;

(2) 由于 $\lim\limits_{n\to\infty}\dfrac{\dfrac{2^{n+2}}{\sqrt{n+2}}x^{2n+3}}{\dfrac{2^{n+1}}{\sqrt{n+1}}x^{2n+1}}=2x^2$,当 $2x^2<1$ 时,原幂级数绝对收敛;当 $2x^2>1$ 时,原幂

级数发散,故收敛半径 $R=\frac{\sqrt{2}}{2}$. 当 $x=\pm\frac{\sqrt{2}}{2}$ 时, $\sum\limits_{n=1}^{\infty}\frac{2^{n+1}}{\sqrt{n+1}}x^{2n+1}$ 均发散,所以原幂级数的收敛域为 $\left(-\frac{\sqrt{2}}{2},\frac{\sqrt{2}}{2}\right)$;

(3) 令 $a_n=\frac{(n!)^2}{(2n)!}$,则 $\lim\limits_{n\to\infty}\frac{a_{n+1}}{a_n}=\frac{1}{4}$,故收敛半径 $R=4$. 当 $x=4$ 时,由于 $\frac{u_{n+1}}{u_n}=\frac{[(n+1)!]^2}{(2n+2)!}\cdot\frac{4^{n+1}}{4^n}\cdot\frac{(2n)!}{(n!)^2}=\frac{2(n+1)}{2n+1}>1$,级数 $\sum\limits_{n=0}^{\infty}\frac{(n!)^2}{(2n)!}4^n$ 发散;当 $x=-4$ 时,由于 $\lim\limits_{n\to\infty}\left|\frac{(n!)^2}{(2n)!}(-4)^n\right|\ne 0$,级数 $\sum\limits_{n=0}^{\infty}\frac{(n!)^2}{(2n)!}(-4)^n$ 发散,所以原幂级数的收敛域为 $(-4,4)$;

(4) 令 $a_n=\frac{1}{2^n n}$,则 $\lim\limits_{n\to\infty}\frac{a_{n+1}}{a_n}=\frac{1}{2}$,故收敛半径 $R=2$. 当 $x=3$ 时,$\sum\limits_{n=1}^{\infty}\frac{2^n}{2^n n}$ 发散;当 $x=-1$ 时,$\sum\limits_{n=1}^{\infty}\frac{(-1)^n 2^n}{2^n n}$ 收敛,所以原幂级数的收敛域为 $[-1,3)$;

(5) 由于 $\lim\limits_{n\to\infty}\left|\frac{(-1)^n}{(n+1)(2n+1)}\cdot\frac{n(2n-1)}{(-1)^{n-1}}x^2\right|=x^2$,所以原级数的收敛半径 $R=1$. 当 $x^2<1$ 时,$\sum\limits_{n=1}^{\infty}\frac{(-1)^{n-1}}{n(2n-1)}x^{2n}$ 绝对收敛;当 $x^2>1$ 时,$\sum\limits_{n=1}^{\infty}\frac{(-1)^{n-1}}{n(2n-1)}x^{2n}$ 发散;当 $x=\pm 1$ 时,交错级数 $\sum\limits_{n=1}^{\infty}\frac{(-1)^{n-1}}{n(2n-1)}$ 满足莱布尼兹判别法,故收敛,所以原幂级数的收敛域为 $[-1,1]$;

(6) 令 $a_n=\frac{3^n+(-2)^n}{n}\cdot 2^n$,由于 $\lim\limits_{n\to\infty}\frac{3^{n+1}+(-2)^{n+1}}{n+1}\cdot\frac{n}{3^n+(-2)^n}2=6$,故收敛半径 $R=\frac{1}{6}$. 当 $x=-\frac{1}{3}$ 时,$\sum\limits_{n=1}^{\infty}\frac{1+\left(-\frac{2}{3}\right)^n}{n}$ 发散;当 $x=-\frac{2}{3}$ 时,$\sum\limits_{n=1}^{\infty}(-1)^n\frac{1+\left(-\frac{2}{3}\right)^n}{n}$ 收敛,所以原幂级数的收敛域为 $\left[-\frac{2}{3},-\frac{1}{3}\right)$.

2. 求下列幂级数在收敛域内的和函数:

(1) $\sum\limits_{n=1}^{\infty}\frac{(-1)^{n-1}}{2n-1}x^{2n-1}$; (2) $\sum\limits_{n=1}^{\infty}n(n+1)x^n$; (3) $\sum\limits_{n=1}^{\infty}\frac{x^n}{n(n+1)}$; (4) $\sum\limits_{n=1}^{\infty}2^n(2n+1)x^{2n}$.

解:(1) 由于 $\lim\limits_{n\to\infty}\left|\frac{(-1)^n}{2n+1}\cdot\frac{2n-1}{(-1)^{n-1}}\cdot x^2\right|=x^2$,故 $x^2<1$ 时,原级数绝对收敛,$x^2>1$ 时,原级数发散;$x=\pm 1$ 时,原级数均收敛,所以原级数的收敛域为 $[-1,1]$. 令 $s(x)=\sum\limits_{n=1}^{\infty}\frac{(-1)^{n-1}}{2n-1}x^{2n-1}$,则 $s'(x)=\sum\limits_{n=1}^{\infty}(-1)^{n-1}x^{2n-2}=\frac{1}{1+x^2}$,$-1<x<1$. 对两边同在区间 $[0,x]$ 上积分可得,$s(x)=\arctan x$,$-1<x<1$. 由于和函数的连续性,且 $\arctan x$ 在 $x=\pm 1$ 时有定义,所以 $s(x)=\arctan x\ (-1\leqslant x\leqslant 1)$;

(2) 由于 $\lim\limits_{n\to\infty}\frac{(n+1)(n+2)}{n(n+1)}=1$,故 $R=1$,且 $x=\pm 1$ 时,原级数均发散,所以原级数的

收敛域为$(-1,1)$. 令 $s(x)=\sum\limits_{n=1}^{\infty}n(n+1)x^n$, 则 $s(x)=x\sum\limits_{n=1}^{\infty}(x^{n+1})''=x\left(\dfrac{x^2}{1-x}\right)''=\dfrac{2x}{(1-x)^3}$, 所以 $s(x)=\dfrac{2x}{(1-x)^3}(|x|<1)$;

(3) 由于 $\lim\limits_{n\to\infty}\dfrac{n(n+1)}{(n+1)(n+2)}=1$, 故 $R=1$, 且 $x=\pm 1$ 时, 原级数均收敛, 所以原级数的收敛域为 $[-1,1]$. 令 $s(x)=\sum\limits_{n=1}^{\infty}\dfrac{x^n}{n(n+1)}$, 则 $s(x)=\sum\limits_{n=1}^{\infty}\left(\dfrac{1}{n}-\dfrac{1}{n+1}\right)x^n$, 其中 $s_1(x)=\sum\limits_{n=1}^{\infty}\dfrac{x^n}{n}=\sum\limits_{n=1}^{\infty}\int_0^x x^{n-1}dx=\int_0^x\dfrac{1}{1-x}dx=-\ln(1-x), -1<x<1$; $s_2(x)=\sum\limits_{n=1}^{\infty}\dfrac{x^n}{n+1}=\dfrac{1}{x}\sum\limits_{n=1}^{\infty}\int_0^x x^n dx=\dfrac{1}{x}\int_0^x\dfrac{x}{1-x}dx=-\dfrac{1}{x}[\ln(1-x)+x], -1<x<1, x\neq 0$; $s(x)=\dfrac{1-x}{x}\ln(1-x)+1, -1<x<1, x\neq 0$. 由于级数在 $x=\pm 1$ 处收敛, 且和函数具有连续性, 故 $s(-1)=-2\ln 2+1, s(1)=1, s(0)=0$, 所以
$$s(x)=\begin{cases}\dfrac{1-x}{x}\ln(1-x)+1, & -1\leqslant x<1, x\neq 0\\ 1, & x=1\\ 0, & x=0\end{cases};$$

(4) 由于 $\lim\limits_{n\to\infty}\dfrac{2^{n+1}(2n+3)}{2^n(2n+1)}x^2=2x^2$, 故 $x^2<\dfrac{1}{2}$ 时, 原级数绝对收敛, $x^2>\dfrac{1}{2}$ 时, 原级数发散; $x=\pm\dfrac{\sqrt{2}}{2}$ 时, 原级数均发散, 所以该幂级数的收敛域为 $\left(-\dfrac{\sqrt{2}}{2},\dfrac{\sqrt{2}}{2}\right)$. 令 $s(x)=\sum\limits_{n=1}^{\infty}2^n(2n+1)x^{2n}$, 则 $s(x)=\sum\limits_{n=1}^{\infty}2^n(x^{2n+1})'=\left(\sum\limits_{n=1}^{\infty}2^n x^{2n+1}\right)'=\left(\dfrac{2x^3}{1-2x^2}\right)'=\dfrac{2x^2(3-2x^2)}{(1-2x^2)^2}$. 所以 $s(x)=\dfrac{2x^2(3-2x^2)}{(1-2x^2)^2}\left(-\dfrac{\sqrt{2}}{2}<x<\dfrac{\sqrt{2}}{2}\right)$.

3. 求幂级数 $\sum\limits_{n=0}^{\infty}\dfrac{(n+1)^2}{n!}x^n$ 的和函数, 并求数项级数 $\sum\limits_{n=0}^{\infty}\dfrac{(n+1)^2}{n!}$ 的和.

解: 由于 $\lim\limits_{n\to\infty}\dfrac{(n+2)^2}{(n+1)!}\cdot\dfrac{n!}{(n+1)^2}=0$, 故收敛域为 $(-\infty,+\infty)$. 令 $s(x)=\sum\limits_{n=0}^{\infty}\dfrac{(n+1)^2}{n!}x^n$, 则 $s(x)=\sum\limits_{n=0}^{\infty}\dfrac{n^2}{n!}x^n+\sum\limits_{n=0}^{\infty}\dfrac{2n}{n!}x^n+\sum\limits_{n=0}^{\infty}\dfrac{1}{n!}x^n$, 其中 $\sum\limits_{n=0}^{\infty}\dfrac{1}{n!}x^n=e^x$, $\sum\limits_{n=0}^{\infty}\dfrac{2n}{n!}x^n=2x\sum\limits_{n=1}^{\infty}\dfrac{1}{(n-1)!}x^{n-1}=2xe^x$, $\sum\limits_{n=0}^{\infty}\dfrac{n^2}{n!}x^n=\sum\limits_{n=1}^{\infty}\dfrac{n-1+1}{(n-1)!}x^n=x^2\sum\limits_{n=2}^{\infty}\dfrac{1}{(n-2)!}x^{n-2}+x\sum\limits_{n=1}^{\infty}\dfrac{1}{(n-1)!}x^{n-1}=(x^2+x)e^x$. 所以 $s(x)=(1+3x+x^2)e^x(-\infty<x<+\infty)$; $\sum\limits_{n=0}^{\infty}\dfrac{(n+1)^2}{n!}=s(1)=5e$.

4. 求下列数项级数的和:

(1) $\sum\limits_{n=1}^{\infty}\dfrac{n}{2^{n-1}}$;

(2) $\sum\limits_{n=0}^{\infty}\dfrac{(-1)^n}{3n+1}$.

解:(1) 构造幂级数 $\sum_{n=1}^{\infty} nx^{n-1}$,令其和函数 $s(x) = \sum_{n=1}^{\infty} nx^{n-1}$,$|x|<1$,则 $s(x) = \sum_{n=1}^{\infty}(x^n)' = (\sum_{n=1}^{\infty} x^n)' = \left(\dfrac{x}{1-x}\right)' = \dfrac{1}{(1-x)^2}$,$|x|<1$,所以 $\sum_{n=1}^{\infty} \dfrac{n}{2^{n-1}} = s\left(\dfrac{1}{2}\right) = 4$;

(2) 令 $s(x) = \sum_{n=0}^{\infty} \dfrac{(-1)^n}{3n+1} x^{3n+1}$,$-1<x\leqslant 1$,则 $s'(x) = \sum_{n=0}^{\infty} (-1)^n x^{3n} = \dfrac{1}{1+x^3}$,$|x|<1$,对两边积分可得 $s(x) = \dfrac{1}{3}\ln(1+x) - \dfrac{1}{6}\ln(x^2-x+1) + \dfrac{1}{\sqrt{3}}\left(\arctan\dfrac{2x-1}{\sqrt{3}} + \arctan\dfrac{1}{\sqrt{3}}\right)$.

因为级数在 $x=1$ 处收敛,且 $s(x)$ 在 $x=1$ 处有定义,故 $s(x) = \dfrac{1}{3}\ln(1+x) - \dfrac{1}{6}\ln(x^2-x+1) + \dfrac{1}{\sqrt{3}}\left(\arctan\dfrac{2x-1}{\sqrt{3}} + \arctan\dfrac{1}{\sqrt{3}}\right)$,$-1<x\leqslant 1$. 所以 $\sum_{n=0}^{\infty} \dfrac{(-1)^n}{3n+1} = s(1) = \dfrac{1}{3}\ln 2 + \dfrac{\pi}{3\sqrt{3}}$.

B 组

1. 设幂级数 $\sum_{n=0}^{\infty} a_n x^n$ 在 $x=-1$ 处条件收敛,求 $\sum_{n=1}^{\infty} na_n(x-1)^{n+1}$ 的收敛区间.

   解:由于 $\sum_{n=0}^{\infty} a_n x^n$ 在 $x=-1$ 处条件收敛,故 $\sum_{n=0}^{\infty} a_n x^n$ 的收敛半径 $R=1$. 由于 $\sum_{n=1}^{\infty} na_n(x-1)^{n+1}$ 与 $\sum_{n=1}^{\infty} na_n x^{n+1}$ 的收敛半径相同,且级数求导后收敛半径不变,故 $\sum_{n=1}^{\infty} na_n(x-1)^{n+1}$ 的收敛半径也为 1,则其收敛区间为 $(0,2)$.

2. 设幂级数 $\sum_{n=0}^{\infty} a_n x^n$ 与 $\sum_{n=0}^{\infty} b_n x^n$ 的收敛半径别为 R_1,R_2,讨论下列幂级数的收敛半径:

   (1) $\sum_{n=0}^{\infty} a_n x^{2n}$; (2) $\sum_{n=0}^{\infty} (a_n+b_n)x^n$.

   解:(1) 设 $\sum_{n=0}^{\infty} a_n x^{2n}$ 的收敛半径为 R,则当 $|x|<\sqrt{R_1}$ 时,$\sum_{n=0}^{\infty} a_n x^{2n}$ 绝对收敛;当 $|x|>\sqrt{R_1}$ 时,$\sum_{n=0}^{\infty} a_n x^{2n}$ 发散,所以 $R=\sqrt{R_1}$;

   (2) 设 $\sum_{n=0}^{\infty} (a_n+b_n)x^n$ 的收敛半径是 R,则 $R_1 \neq R_2$ 时,当 $|x|<\min(R_1,R_2)$,$\sum_{n=0}^{\infty}(a_n+b_n)x^n$ 绝对收敛;当 $|x|>\min(R_1,R_2)$,$\sum_{n=0}^{\infty}(a_n+b_n)x^n$ 发散,故此时 $R=\min(R_1,R_2)$. 但当 $R_1=R_2$ 时,$\sum_{n=0}^{\infty}(a_n+b_n)x^n$ 的收敛半径有可能增加,故其收敛半径 $R \geqslant \min(R_1,R_2)$.

3. 求幂级数 $\sum_{n=0}^{\infty} \dfrac{4n^2+4n+3}{2n+1} x^{2n}$ 的收敛域及和函数. (2012 考研真题)

   解:由于 $\lim_{n\to\infty} \dfrac{4(n+1)^2+4(n+1)+3}{2n+3} \cdot \dfrac{2n+1}{4n^2+4n+3} x^2 = x^2$,故 $x^2<1$ 时,原级数绝对收敛;$x^2>1$ 时,原级数发散;$x=\pm 1$ 时,原级数均发散,所以原级数的收敛域为 $(-1,1)$.

令 $s(x) = \sum_{n=0}^{\infty} \frac{4n^2+4n+3}{2n+1} x^{2n}$，则 $s(x) = \sum_{n=0}^{\infty} 2nx^{2n} + \sum_{n=0}^{\infty} x^{2n} + \sum_{n=0}^{\infty} \frac{2}{2n+1} x^{2n}$，其中 $\sum_{n=0}^{\infty} 2nx^{2n} = x \sum_{n=0}^{\infty} (x^{2n})' = x \left(\frac{1}{1-x^2}\right)' = \frac{2x^2}{(1-x^2)^2}$，$\sum_{n=0}^{\infty} x^{2n} = \frac{1}{1-x^2}$，$|x|<1$. $\sum_{n=0}^{\infty} \frac{2}{2n+1} x^{2n} = \frac{2}{x} \sum_{n=0}^{\infty} \int_0^x x^{2n} dx = \frac{2}{x} \int_0^x \frac{1}{1-x^2} dx = \frac{1}{x} \ln \frac{1+x}{1-x}$，$0<|x|<1$. 由于 $0<|x|<1$ 时，$s(x) = \frac{1+x^2}{(1-x^2)^2} + \frac{1}{x} \ln \frac{1+x}{1-x}$；$x=0$ 时，$s(0)=3$，故所求和函数为

$$s(x) = \begin{cases} \dfrac{1+x^2}{(1-x^2)^2} + \dfrac{1}{x} \ln \dfrac{1+x}{1-x}, & 0<|x|<1 \\ 3, & x=0 \end{cases}.$$

习题 13 – 4

A 组

1. 将下列函数展开成 x 的幂级数，并指出展开式成立的区间：

   (1) $(1+x)e^{-x}$；

   (2) $\sin^2 x$；

   (3) a^x；

   (4) $\dfrac{x}{(1-x)(1-x^2)}$；

   (5) $\arctan \dfrac{2x}{1-x^2}$；

   (6) $\int_0^x e^{-t^2} dt$.

解：(1) $(1+x)e^{-x} = (1+x) \sum_{n=0}^{\infty} \frac{1}{n!} (-x)^n = 1 + \sum_{n=2}^{\infty} \frac{(-1)^{n-1}(n-1)}{n!} x^n$，$-\infty<x<+\infty$；

(2) $\sin^2 x = \dfrac{1-\cos 2x}{2} = \dfrac{1}{2} - \dfrac{1}{2} \sum_{n=0}^{\infty} \frac{(-1)^n}{(2n)!} (2x)^{2n} = \sum_{n=1}^{\infty} (-1)^{n-1} \frac{2^{2n-1}}{(2n)!} x^{2n}$，$-\infty<x<+\infty$；

(3) $a^x = e^{\ln a^x} = e^{x \ln a} = \sum_{n=0}^{\infty} \frac{1}{n!} (x \ln a)^n = \sum_{n=0}^{\infty} \frac{(\ln a)^n}{n!} x^n$，$-\infty<x<+\infty$；

(4) $\dfrac{x}{(1-x)(1-x^2)} = -\dfrac{1}{4} \cdot \dfrac{1}{1-x} + \dfrac{1}{2} \cdot \dfrac{1}{(1-x)^2} - \dfrac{1}{4} \cdot \dfrac{1}{1+x}$，其中 $\dfrac{1}{(1-x)^2} = \left(\dfrac{1}{1-x}\right)' = \left(\sum_{n=0}^{\infty} x^n\right)' = \sum_{n=1}^{\infty} nx^{n-1}$，$|x|<1$. 故原式 $= -\dfrac{1}{4} \sum_{n=0}^{\infty} x^n - \dfrac{1}{4} \sum_{n=0}^{\infty} (-x)^n + \dfrac{1}{2} \sum_{n=1}^{\infty} nx^{n-1} = \dfrac{1}{4} \sum_{n=0}^{\infty} [2n+1-(-1)^n] x^n$，$-1<x<1$；

(5) $\left(\arctan \dfrac{2x}{1-x^2}\right)' = \dfrac{2}{1+x^2} = 2 \sum_{n=0}^{\infty} (-x^2)^n$，$|x|<1$，对两边积分可得，$\arctan \dfrac{2x}{1-x^2} = 2 \sum_{n=0}^{\infty} \dfrac{(-1)^n}{2n+1} x^{2n+1}$，$-1<x<1$；

(6) $\left(\int_0^x e^{-t^2} dt\right)' = e^{-x^2} = \sum_{n=0}^{\infty} \dfrac{(-1)^n}{n!} x^{2n}$，$-\infty<x<+\infty$，对两边积分可得，$\int_0^x e^{-t^2} dt = \sum_{n=0}^{\infty} \dfrac{(-1)^n}{n!} \dfrac{x^{2n+1}}{2n+1}$，$(-\infty<x<+\infty)$.

2. 将函数 $f(x)=\ln x$ 展开成 $(x-3)$ 的幂级数.

解：令 $x-3=t$，则 $\ln x=\ln(3+t)=\ln 3+\ln\left(1+\dfrac{t}{3}\right)=\ln 3+\sum\limits_{n=1}^{\infty}\dfrac{(-1)^{n-1}}{3^n\cdot n}t^n=\ln 3+$
$\sum\limits_{n=1}^{\infty}\dfrac{(-1)^{n-1}}{3^n\cdot n}(x-3)^n, 0<x\leqslant 6.$

3. 将函数 $f(x)=\dfrac{1}{x^2-3x-4}$ 展开成 $(x-1)$ 的幂级数.

解：令 $x-1=t$，则 $\dfrac{1}{x^2-3x-4}=\dfrac{1}{(t-3)(t+2)}=\dfrac{1}{5}\left(\dfrac{1}{t-3}-\dfrac{1}{t+2}\right)$，其中 $\dfrac{1}{t-3}=-\dfrac{1}{3}\cdot$
$\dfrac{1}{1-\dfrac{t}{3}}=-\dfrac{1}{3}\sum\limits_{n=0}^{\infty}\dfrac{t^n}{3^n},\left|\dfrac{t}{3}\right|<1;\dfrac{1}{t+2}=\dfrac{1}{2}\cdot\dfrac{1}{1+\dfrac{t}{2}}=\dfrac{1}{2}\sum\limits_{n=0}^{\infty}(-1)^n\dfrac{t^n}{2^n},\left|\dfrac{t}{2}\right|<1.$ 故
$\dfrac{1}{x^2-3x-4}=\dfrac{1}{5}\left[-\dfrac{1}{3}\sum\limits_{n=0}^{\infty}\dfrac{t^n}{3^n}-\dfrac{1}{2}\sum\limits_{n=0}^{\infty}(-1)^n\dfrac{t^n}{2^n}\right]=-\dfrac{1}{5}\sum\limits_{n=0}^{\infty}\left[\dfrac{1}{3^{n+1}}+\dfrac{(-1)^n}{2^{n+1}}\right](x-1)^n,$
$-1<x<3.$

4. 证明级数 $\sum\limits_{n=0}^{\infty}\dfrac{x^n}{(n+1)!}=\dfrac{1}{x}(e^x-1)(x\neq 0)$，并证明 $\sum\limits_{n=0}^{\infty}\dfrac{n}{(n+1)!}=1.$

证：由于 $e^x=\sum\limits_{n=0}^{\infty}\dfrac{1}{n!}x^n,-\infty<x<+\infty$，故 $\sum\limits_{n=0}^{\infty}\dfrac{x^n}{(n+1)!}=\dfrac{1}{x}\sum\limits_{n=0}^{\infty}\dfrac{x^{n+1}}{(n+1)!}=\dfrac{1}{x}(e^x-$
$1)(x\neq 0).\sum\limits_{n=0}^{\infty}\dfrac{n}{(n+1)!}=\sum\limits_{n=0}^{\infty}\dfrac{n+1-1}{(n+1)!}=\sum\limits_{n=0}^{\infty}\dfrac{1}{n!}-\sum\limits_{n=0}^{\infty}\dfrac{1}{(n+1)!}=e-(e-1)=1.$

*5. 利用函数的幂级数展开式求下列各数的近似值（误差不超过 10^{-4}）：

(1) $\sqrt[5]{240}$；　　　　　　　　　　(2) $\cos 2°$.

解：(1) $\sqrt[5]{240}=\sqrt[5]{243-3}=3\left(1-\dfrac{1}{3^4}\right)^{\frac{1}{5}}$. 利用 $(1+x)^m=1+mx+\dfrac{m(m-1)}{2!}x^2+\cdots$，有
$\left(1-\dfrac{1}{3^4}\right)^{\frac{1}{5}}=1-\dfrac{1}{5}\left(\dfrac{1}{3^4}\right)-\dfrac{2}{25}\left(\dfrac{1}{3^4}\right)^2-\dfrac{6}{125}\left(\dfrac{1}{3^4}\right)^3-\cdots,\mid r_2\mid=\left|\dfrac{2}{25}\left(\dfrac{1}{3^4}\right)^2+\dfrac{6}{125}\left(\dfrac{1}{3^4}\right)^3+\cdots\right|<$
$\dfrac{2}{25}\left(\dfrac{1}{3^4}\right)^2\left(1+\dfrac{1}{3^4}+\left(\dfrac{1}{3^4}\right)^2+\cdots\right)\leqslant\dfrac{2}{25}\left(\dfrac{1}{3^4}\right)^2\dfrac{1}{1-\dfrac{1}{3^4}}<10^{-4}$，故取两项并在计算时取五位小

数，得 $\sqrt[5]{340}\approx 3\left(1-\dfrac{1}{5}\left(\dfrac{1}{3^4}\right)\right)\approx 2.9926;$

(2) 由于 $\cos 2°=\cos\dfrac{\pi}{90}\approx 1-\dfrac{1}{2!}\left(\dfrac{\pi}{90}\right)^2+\dfrac{1}{4!}\left(\dfrac{\pi}{90}\right)^4+\cdots,\mid r_2\mid\leqslant u_3=\dfrac{1}{4!}\left(\dfrac{\pi}{90}\right)^4<10^{-7},$

故取两项并在计算时取五位小数，得 $\cos 2°\approx 1-\dfrac{1}{2!}\left(\dfrac{\pi}{90}\right)^2\approx 0.9994.$

B 组

1. 将下列函数展开成 x 的幂级数，并求出其收敛域：

(1) $f(x)=\ln(1+x-2x^2)$；　　　(2) $f(x)=\arctan x+\dfrac{1}{2}\ln\dfrac{1+x}{1-x}.$

解：(1) 由于 $\ln(1+x-2x^2)=\ln[(2x+1)(1-x)]=\ln(2x+1)+\ln(1-x)$，其中 $\ln(2x+$

$1) = \sum_{n=0}^{\infty}(-1)^n \frac{2^{n+1}}{n+1}x^{n+1}, -1 < 2x \leq 1; \ln(1-x) = -\sum_{n=0}^{\infty}\frac{1}{n+1}x^{n+1}, -1 \leq x < 1.$

故 $\ln(1+x-2x^2) = \sum_{n=0}^{\infty}\frac{(-1)^n 2^{n+1}-1}{n+1}x^{n+1} = \sum_{n=1}^{\infty}\frac{(-1)^{n-1}2^n-1}{n}x^n, x \in \left(-\frac{1}{2}, \frac{1}{2}\right].$

(2) $f'(x) = \frac{1}{1+x^2} + \frac{1}{1-x^2} = \sum_{n=0}^{\infty}(-x^2)^n + \sum_{n=0}^{\infty}(x^2)^n = \sum_{n=0}^{\infty}[(-1)^n+1]x^{2n}, |x| <$

1. 对两边积分可得,$f(x) = \sum_{n=0}^{\infty}[(-1)^n+1]\frac{x^{2n+1}}{2n+1} = \sum_{n=0}^{\infty}\frac{2}{4n+1}x^{4n+1}, -1 < x < 1.$

2. 将 $f(x) = \frac{1-x}{x-4}$ 在点 $x_0 = 1$ 处展开成 $(x-1)$ 的幂级数,并求 $f^{(n)}(1)$.

解:令 $x-1 = t$,则 $f(x) = \frac{-t}{t-3} = \frac{1}{3} \cdot \frac{t}{1-\frac{t}{3}} = \frac{t}{3}\sum_{n=0}^{\infty}\left(\frac{t}{3}\right)^n = \sum_{n=0}^{\infty}\frac{t^{n+1}}{3^{n+1}} = \sum_{n=1}^{\infty}\frac{1}{3^n}(x-1)^n,$

$-2 < x < 4. f^{(0)}(1) = f(1) = 0, f^{(n)}(1) = \frac{n!}{3^n}, n = 1,2,3\cdots$

3. 若 $f(x) = \sum_{n=0}^{\infty}a_n x^n, x \in (-R, R)$,证明:

   (1) $f(x)$ 是偶函数时,必有 $a_{2k-1} = 0, (k=1,2,3\cdots)$;

   (2) $f(x)$ 是奇函数时,必有 $a_{2k} = 0, (k=0,1,2,\cdots)$.

证:(1) 若 $f(x)$ 是偶函数,则 $f(x) = f(-x)$,而 $f(-x) = \sum_{n=0}^{\infty}a_n(-x)^n, x \in (-R, R)$,

所以 $\sum_{n=0}^{\infty}a_n x^n = \sum_{n=0}^{\infty}a_n(-x)^n$,则 $a_{2k-1} = -a_{2k-1}$,故 $a_{2k-1} = 0, (k=1,2,3\cdots)$;

(2) 若 $f(x)$ 是奇函数,则 $f(x) = -f(-x)$,而 $f(-x) = \sum_{n=0}^{\infty}a_n(-x)^n, x \in (-R, R)$,

所以 $\sum_{n=0}^{\infty}a_n x^n = -\sum_{n=0}^{\infty}a_n(-x)^n$,则 $a_{2k} = -a_{2k}$,故 $a_{2k} = 0, (k=0,1,2,3\cdots)$.

4. 设 $f(x) = \begin{cases} \frac{1+x^2}{x}\arctan x, & x \neq 0 \\ 1, & x = 0 \end{cases}$,试将 $f(x)$ 展开成 x 的幂级数,并求级数 $\sum_{n=1}^{\infty}\frac{(-1)^n}{1-4n^2}$ 的和.

解:$(\arctan x)' = \frac{1}{1+x^2} = \sum_{n=0}^{\infty}(-x^2)^n, -1 < x < 1$,两边积分可得,$\arctan x = \sum_{n=0}^{\infty}(-1)^n\frac{x^{2n+1}}{2n+1}, -1 < x < 1$. 由于级数在 $x = \pm 1$ 处收敛,且 $\arctan x$ 在 $x = \pm 1$ 处连续,所以展开式在 $x = \pm 1$ 处成立. $x \neq 0$ 时,$f(x) = \frac{1+x^2}{x}\arctan x = \frac{1+x^2}{x}\sum_{n=0}^{\infty}(-1)^n\frac{x^{2n+1}}{2n+1} = 1 + 2\sum_{n=1}^{\infty}(-1)^n\frac{x^{2n}}{1-4n^2}; x = 0$ 时,$f(0) = 1$. 所以,$f(x) = 1 + 2\sum_{n=1}^{\infty}(-1)^n\frac{x^{2n}}{1-4n^2}, x \in [-1,1], \sum_{n=1}^{\infty}\frac{(-1)^n}{1-4n^2} = \frac{1}{2}[f(1)-1] = \frac{\pi}{4} - \frac{1}{2}.$

习题 13-5

A 组

1. 下列周期函数 $f(x)$ 的周期为 2π，试将 $f(x)$ 展开成傅里叶级数，如果 $f(x)$ 在 $[-\pi, \pi)$ 上的表达式为：

   (1) $f(x) = \begin{cases} -\dfrac{\pi}{4}, & -\pi \leqslant x < 0 \\ \dfrac{\pi}{4}, & 0 \leqslant x < \pi \end{cases}$；

   (2) $f(x) = \begin{cases} 0, & -\pi \leqslant x < 0 \\ 1, & 0 \leqslant x < \pi \end{cases}$；

   (3) $f(x) = 3x^2 + 1 \ (-\pi \leqslant x < \pi)$；

   (4) $f(x) = \begin{cases} x, & -\pi \leqslant x < 0 \\ 1, & x = 0 \\ 2x, & 0 < x < \pi \end{cases}$.

   解：(1) $f(x)$ 在 $x \neq k\pi$ 处连续，在 $x = k\pi$ 处间断. $a_0 = \dfrac{1}{\pi}\int_{-\pi}^{\pi} f(x)\mathrm{d}x = -\dfrac{1}{\pi}\int_{-\pi}^{0}\dfrac{\pi}{4}\mathrm{d}x + \dfrac{1}{\pi}\int_{0}^{\pi}\dfrac{\pi}{4}\mathrm{d}x = 0, a_n = \dfrac{1}{\pi}\int_{-\pi}^{\pi} f(x)\cos nx\,\mathrm{d}x = -\dfrac{1}{\pi}\int_{-\pi}^{0}\dfrac{\pi}{4}\cos nx\,\mathrm{d}x + \dfrac{1}{\pi}\int_{0}^{\pi}\dfrac{\pi}{4}\cos nx\,\mathrm{d}x = 0, b_n = \dfrac{1}{\pi}\int_{-\pi}^{\pi} f(x)\sin nx\,\mathrm{d}x = -\dfrac{1}{\pi}\int_{-\pi}^{0}\dfrac{\pi}{4}\sin nx\,\mathrm{d}x + \dfrac{1}{\pi}\int_{0}^{\pi}\dfrac{\pi}{4}\sin nx\,\mathrm{d}x = \dfrac{1}{2n}[1-(-1)^n]$. 所以 $f(x) = \sum\limits_{n=1}^{\infty}\dfrac{1}{2n-1}\sin(2n-1)x, x \neq k\pi, k=0, \pm 1, \pm 2, \cdots$

   (2) $f(x)$ 在 $x \neq k\pi$ 处连续，在 $x = k\pi$ 处间断. $a_0 = \dfrac{1}{\pi}\int_{-\pi}^{\pi}f(x)\mathrm{d}x = \dfrac{1}{\pi}\int_{0}^{\pi}\mathrm{d}x = 1, a_n = \dfrac{1}{\pi}\int_{-\pi}^{\pi}f(x)\cos nx\,\mathrm{d}x = \dfrac{1}{\pi}\int_{0}^{\pi}\cos nx\,\mathrm{d}x = 0, b_n = \dfrac{1}{\pi}\int_{-\pi}^{\pi}f(x)\sin nx\,\mathrm{d}x = \dfrac{1}{\pi}\int_{0}^{\pi}\sin nx\,\mathrm{d}x = \dfrac{1}{n\pi}[1-(-1)^n]$. 所以 $f(x) = \dfrac{1}{2} + \dfrac{2}{\pi}\sum\limits_{n=1}^{\infty}\dfrac{\sin(2n-1)x}{2n-1}, x \neq k\pi, k = 0, \pm 1, \pm 2, \cdots$

   (3) $f(x)$ 在 $(-\infty, +\infty)$ 上连续. $a_0 = \dfrac{1}{\pi}\int_{-\pi}^{\pi}f(x)\mathrm{d}x = \dfrac{1}{\pi}\int_{-\pi}^{\pi}(3x^2+1)\mathrm{d}x = 2\pi^2 + 2, a_n = \dfrac{1}{\pi}\int_{-\pi}^{\pi}f(x)\cos nx\,\mathrm{d}x = \dfrac{1}{\pi}\int_{-\pi}^{\pi}(3x^2+1)\cos nx\,\mathrm{d}x = (-1)^n\dfrac{12}{n^2}, b_n = \dfrac{1}{\pi}\int_{-\pi}^{\pi}f(x)\sin nx\,\mathrm{d}x = \dfrac{1}{\pi}\int_{-\pi}^{\pi}(3x^2+1)\sin nx\,\mathrm{d}x = 0.$ 所以 $f(x) = \pi^2 + 1 + 12\sum\limits_{n=1}^{\infty}\dfrac{(-1)^n}{n^2}\cos nx, -\infty < x < +\infty.$

   (4) $f(x)$ 在 $x \neq k\pi$ 处连续，在 $x = k\pi$ 处间断. $a_0 = \dfrac{1}{\pi}\int_{-\pi}^{\pi}f(x)\mathrm{d}x = \dfrac{1}{\pi}\int_{-\pi}^{0}x\,\mathrm{d}x + \dfrac{1}{\pi}\int_{0}^{\pi}2x\,\mathrm{d}x = \dfrac{1}{2}\pi, a_n = \dfrac{1}{\pi}\int_{-\pi}^{\pi}f(x)\cos nx\,\mathrm{d}x = \dfrac{1}{\pi}\int_{-\pi}^{0}x\cos nx\,\mathrm{d}x + \dfrac{1}{\pi}\int_{0}^{\pi}2x\cos nx\,\mathrm{d}x = \dfrac{1}{n^2\pi}[(-1)^n - 1], b_n = \dfrac{1}{\pi}\int_{-\pi}^{\pi}f(x)\sin nx\,\mathrm{d}x = \dfrac{1}{\pi}\int_{-\pi}^{0}x\sin nx\,\mathrm{d}x + \dfrac{1}{\pi}\int_{0}^{\pi}2x\sin nx\,\mathrm{d}x = (-1)^{n+1}\dfrac{3}{n}.$ 所以 $f(x) = \dfrac{\pi}{4} + \sum\limits_{n=1}^{\infty}\left[\dfrac{(-1)^n - 1}{n^2\pi}\cos nx + \dfrac{3(-1)^{n+1}}{n}\sin nx\right], x \neq k\pi, k = 0, \pm 1, \pm 2, \cdots$

2. 设周期函数 $f(x)$ 的周期为 2π，且 $f(x)$ 可积，证明 $f(x)$ 的傅里叶系数为 $a_n =$

$\frac{1}{\pi}\int_{c}^{c+2\pi}f(x)\cos nx\,\mathrm{d}x\,(n=0,1,2,\cdots),b_{n}=\frac{1}{\pi}\int_{c}^{c+2\pi}f(x)\sin nx\,\mathrm{d}x\,(n=1,2,\cdots)$,其中 c 为任意实数.

证：由题设可知，$f(x)\cos nx$ 与 $f(x)\sin nx$ 是周期为 2π 的周期函数，则利用定积分的周期性可知，$\int_{c}^{c+2\pi}f(x)\cos nx\,\mathrm{d}x = \int_{0}^{2\pi}f(x)\cos nx\,\mathrm{d}x$，$\int_{c}^{c+2\pi}f(x)\sin nx\,\mathrm{d}x = \int_{0}^{2\pi}f(x)\sin nx\,\mathrm{d}x$，解得 $a_{n}=\frac{1}{\pi}\int_{c}^{c+2\pi}f(x)\cos nx\,\mathrm{d}x\,(n=0,1,2,\cdots),b_{n}=\frac{1}{\pi}\int_{c}^{c+2\pi}f(x)\sin nx\,\mathrm{d}x\,(n=1,2,\cdots)$.

3. 设函数 $f(x)=x^{2},x\in[0,\pi]$，将其展开为正弦级数.

   解：对函数进行奇延拓和周期延拓，则其傅里叶系数为 $a_{n}=0,n=0,1,2,\cdots$，$b_{n}=\frac{2}{\pi}\int_{0}^{\pi}x^{2}\sin nx\,\mathrm{d}x=(-1)^{n+1}\frac{2\pi}{n}+\frac{4}{n^{3}\pi}[(-1)^{n}-1]$. 所以 $f(x)=2\pi\sum_{n=1}^{\infty}\frac{(-1)^{n+1}}{n}\sin nx-\frac{8}{\pi}\sum_{n=1}^{\infty}\frac{1}{(2n-1)^{3}}\sin(2n-1)x$，$0\leqslant x<\pi$.

4. 将函数 $f(x)=\mathrm{sgn}\,x\,(-\pi<x<\pi)$ 展开成傅里叶级数，并利用展开式求 $\sum_{n=0}^{\infty}\frac{(-1)^{n}}{1+2n}$ 的和.

   解：由题意可知，$f(x)$ 在 $(-\pi,\pi)$ 上是奇函数，则有 $a_{n}=0,n=0,1,2,\cdots,b_{n}=\frac{2}{\pi}\int_{0}^{\pi}\mathrm{sgn}\,x\sin nx\,\mathrm{d}x=\frac{2}{\pi}\int_{0}^{\pi}\sin nx\,\mathrm{d}x=\frac{2}{n\pi}[1-(-1)^{n}]$. 由于 $f(x)$ 仅在 $x=0$ 处不连续，且 $\frac{f(0-0)+f(0+0)}{2}=0$，故 $\mathrm{sgn}\,x=\frac{4}{\pi}\sum_{k=0}^{\infty}\frac{\sin(2k+1)x}{2k+1}$. 令 $x=\frac{\pi}{2}$，得 $\frac{4}{\pi}\sum_{k=0}^{\infty}\frac{(-1)^{k}}{1+2k}=\frac{4}{\pi}\sum_{n=0}^{\infty}\frac{(-1)^{n}}{1+2n}=1$，所以 $\sum_{n=0}^{\infty}\frac{(-1)^{n}}{1+2n}=\frac{\pi}{4}$.

5. 将函数 $f(x)=x^{3}\,(0\leqslant x\leqslant\pi)$ 展开成余弦级数.

   解：对函数进行偶延拓和周期延拓，则其傅里叶系数为 $b_{n}=0,n=1,2,\cdots,a_{0}=\frac{2}{\pi}\int_{0}^{\pi}f(x)\,\mathrm{d}x=\frac{2}{\pi}\int_{0}^{\pi}x^{3}\,\mathrm{d}x=\frac{\pi^{3}}{2}$，$a_{n}=\frac{2}{\pi}\int_{0}^{\pi}f(x)\cos nx\,\mathrm{d}x=\frac{2}{\pi}\int_{0}^{\pi}x^{3}\cos nx\,\mathrm{d}x=\frac{2}{\pi}\left[\frac{6}{n^{4}}+(-1)^{n}\left(\frac{3\pi^{2}}{n^{2}}-\frac{6}{n^{4}}\right)\right]$. 所以 $f(x)=\frac{\pi^{3}}{4}+\frac{2}{\pi}\sum_{n=1}^{\infty}\left[\frac{6}{n^{4}}+(-1)^{n}\left(\frac{3\pi^{2}}{n^{2}}-\frac{6}{n^{4}}\right)\right]\cos nx$，$x\in[0,\pi]$.

6. 已知 $f(x)=\mathrm{e}^{x}$ 在 $(-\pi,\pi)$ 上以 2π 为周期的傅里叶级数的和函数为 $s(x)$，则 $s(-2)=$ _____，$s(0)=$ _____，$s(\pi)=$ _____.

   解：由题设可知，$x=-2,x=0$ 是 $f(x)$ 的连续点，$x=\pi$ 是 $f(x)$ 的间断点，则根据狄利克雷收敛定理可知，$s(-2)=\mathrm{e}^{-2},s(0)=1,s(\pi)=\frac{1}{2}(\mathrm{e}^{\pi}+\mathrm{e}^{-\pi})$.

B 组

1. 设函数为 $f(x)=\frac{\pi}{2}\frac{\mathrm{e}^{x}+\mathrm{e}^{-x}}{\mathrm{e}^{\pi}-\mathrm{e}^{-\pi}}$.

   (1) 在 $[-\pi,\pi]$ 上将 $f(x)$ 展开成傅里叶级数；

   (2) 求级数 $\sum_{n=1}^{\infty}\frac{(-1)^{n}}{1+(2n)^{2}}$ 的和.

解:$f(x)$是偶函数,所以$b_n=0, n=1,2,\cdots$,则$a_n=\frac{2}{\pi}\int_0^\pi \frac{\pi}{2}\frac{e^x+e^{-x}}{e^\pi-e^{-\pi}}\cos nx\, dx=$

$\frac{1}{e^\pi-e^{-\pi}}\int_0^\pi \cos nx\, d(e^x-e^{-x})=(-1)^n+\frac{n(e^x+e^{-x})}{e^\pi-e^{-\pi}}\sin nx\Big|_0^\pi-\frac{n^2}{e^\pi-e^{-\pi}}\int_0^\pi(e^x+$

$e^{-x})\cos nx\, dx=(-1)^n-n^2 a_n$,解得$a_n=\frac{(-1)^n}{1+n^2}, n=0,1,2,\cdots$,所以$f(x)=\frac{1}{2}+$

$\sum_{n=1}^\infty \frac{(-1)^n}{1+n^2}\cos nx, -\pi\leqslant x\leqslant \pi$. 因此$f\left(\frac{\pi}{2}\right)=\frac{\pi}{2}\cdot\frac{e^{\frac{\pi}{2}}+e^{-\frac{\pi}{2}}}{e^\pi-e^{-\pi}}=\frac{1}{2}+\sum_{k=1}^\infty \frac{(-1)^{2k}}{1+(2k)^2}\cdot(-1)^k$,

故$\sum_{n=1}^\infty \frac{(-1)^n}{1+(2n)^2}=\frac{\pi}{2}\cdot\frac{1}{e^{\frac{\pi}{2}}-e^{-\frac{\pi}{2}}}-\frac{1}{2}$.

2. 设$f(x)$是周期为2π的函数,它在一个周期上的表达式为$f(x)=\begin{cases}x, & 0\leqslant x<\pi \\ x+2\pi, & -\pi\leqslant x<0\end{cases}$,展开成傅里叶级数为$\frac{a_0}{2}+\sum_{n=1}^\infty(a_n\cos nx+b_n\sin nx)$.

(1) 求系数a_0,并证明$a_n=0$;

(2) 求傅里叶级数的和函数$s(x)$及$s(2\pi)$的值.

解:(1) $a_0=\frac{1}{\pi}\int_{-\pi}^0(x+2\pi)dx+\frac{1}{\pi}\int_0^\pi x\, dx=2\pi$. $a_n=\frac{1}{\pi}\int_{-\pi}^0(x+2\pi)\cos nx\, dx+$

$\frac{1}{\pi}\int_0^\pi x\cos nx\, dx=0$.

(2) $f(x)$在$x=2k\pi$处间断,在其余点处均连续,则根据狄利克雷收敛定理可知,$s(x)=$
$\begin{cases}f(x), & x\neq 2k\pi \\ \pi, & x=2k\pi\end{cases}, k=0,\pm 1,\pm 2,\cdots; s(2\pi)=\pi$.

习题 13-6

A 组

1. 设$f(x)$是周期为6的周期函数,它在$[-3,3)$上的表达式为$f(x)=\begin{cases}2x+1, & -3\leqslant x<0 \\ 1, & 0\leqslant x<3\end{cases}$,将$f(x)$展开成傅里叶级数.

解:$f(x)$在$x\neq 3(2k+1)$处连续,在$x=3(2k+1)$处间断,$k=0,\pm 1,\pm 2,\cdots$,则$a_0=$

$\frac{1}{3}\int_{-3}^0(2x+1)dx+\frac{1}{3}\int_0^3 dx=-1, a_n=\frac{1}{3}\int_{-3}^0(2x+1)\cos\frac{n\pi x}{3}dx+\frac{1}{3}\int_0^3\cos\frac{n\pi x}{3}dx=$

$\frac{6}{n^2\pi^2}[1-(-1)^n], b_n=\frac{1}{3}\int_{-3}^0(2x+1)\sin\frac{n\pi x}{3}dx+\frac{1}{3}\int_0^3\sin\frac{n\pi x}{3}dx=(-1)^{n+1}\frac{6}{n\pi}$. 所以

$f(x)=-\frac{1}{2}+\sum_{n=1}^\infty\left\{\frac{6}{n^2\pi^2}[1-(-1)^n]\cos\frac{n\pi x}{3}+(-1)^{n+1}\frac{6}{n\pi}\sin\frac{n\pi x}{3}\right\}, x\neq 3(2k+1)$,
$k=0,\pm 1,\pm 2,\cdots$.

2. 将函数$f(x)=10-x(5<x<15)$展开成傅里叶级数.

解:对$f(x)$进行周期延拓,延拓后的周期函数在$x\neq 5(2k+1)$处连续,在$x=5(2k+1)$

处间断,$k=0,\pm 1,\pm 2,\cdots$,则$a_0=\frac{1}{5}\int_5^{15}f(x)dx=\frac{1}{5}\int_5^{15}(10-x)dx=0, a_n=$

$\frac{1}{5}\int_5^{15} f(x)\cos\frac{n\pi x}{5}dx = \frac{1}{5}\int_5^{15}(10-x)\cos\frac{n\pi x}{5}dx = 0, b_n = \frac{1}{5}\int_5^{15} f(x)\sin\frac{n\pi x}{5}dx = \frac{1}{5}\int_5^{15}(10-x)\sin\frac{n\pi x}{5}dx = (-1)^n\frac{10}{n\pi}$. 所以 $f(x) = \frac{10}{\pi}\sum_{n=1}^{\infty}\frac{(-1)^n}{n}\sin\frac{n\pi}{5}x, 5 < x < 15$.

3. 将函数 $f(x) = x - 1 (0 \leqslant x \leqslant 2)$ 展开成周期为 4 的余弦级数.

   解：对 $f(x)$ 进行偶延拓和周期延拓，延拓后的周期函数处处连续，则 $a_0 = \int_0^2 f(x)dx = \int_0^2(x-1)dx = 0, a_n = \int_0^2 f(x)\cos\frac{n\pi}{2}x dx = \int_0^2(x-1)\cos\frac{n\pi}{2}x dx = \frac{4}{n^2\pi^2}[(-1)^n - 1]$, $b_n = 0$. 所以 $f(x) = -\frac{8}{\pi^2}\sum_{n=1}^{\infty}\frac{1}{(2n-1)^2}\cos\frac{(2n-1)}{2}\pi x, x \in [0,2]$.

4. 将函数 $f(x) = x^2 (0 \leqslant x \leqslant 2)$ 展开成周期为 4 的正弦级数.

   解：对 $f(x)$ 进行奇延拓和周期延拓，延拓后的周期函数在 $x \neq 2(2k+1)$ 处连续，在 $x = 2(2k+1)$ 处间断，$k = 0, \pm 1, \pm 2, \cdots$，则 $a_n = 0, n = 0,1,2,\cdots; b_n = \int_0^2 x^2\sin\frac{n\pi}{2}x dx = (-1)^{n+1}\frac{8}{n\pi} + \frac{16}{n^3\pi^3}[(-1)^n - 1]$. 所以 $f(x) = \frac{8}{\pi}\sum_{n=1}^{\infty}\left[\frac{(-1)^{n+1}}{n} + (-1)^n\frac{2}{n^3\pi^2} - \frac{2}{n^3\pi^2}\right]\sin\frac{n\pi}{2}x$, $x \in [0,2)$.

5. 设 $f(x) = \begin{cases} 1 - \frac{x}{2}, & 0 \leqslant x \leqslant 2 \\ 0, & 2 < x < 4 \end{cases}$ 的傅里叶级数为 $S(x) = \frac{a_0}{2} + \sum_{n=1}^{\infty} a_n\cos\frac{n\pi x}{4}$，其中 $a_0 = \frac{1}{2}\int_0^4 f(x)dx, a_n = \frac{1}{2}\int_0^4 f(x)\cos\frac{n\pi x}{4}dx (n = 1,2,\cdots)$，则 $s(-5) = $ _____, $s(-9) = $ _____.

   解：该傅里叶级数是对函数 $f(x)$ 进行了偶延拓和周期延拓后的周期函数的余弦级数，$x = -5$ 和 $x = -9$ 是延拓后周期函数的连续点，则根据狄利克雷收敛定理可知，$s(-5) = f(3) = 0, s(-9) = f(1) = \frac{1}{2}$.

*6. 设 $f(x)$ 是周期为 2 的周期函数，它在 $[-1,1)$ 上的表达式为 $f(x) = e^{-x}$，将其展开成复数形式的傅里叶级数.

   解：$c_n = \frac{1}{2}\int_{-1}^{1} e^{-x} \cdot e^{-in\pi x}dx = (-1)^n\frac{1 - in\pi}{1 + n^2\pi^2}sh1, f(x) = \sum_{n=-\infty}^{+\infty}(-1)^n\frac{1 - in\pi}{1 + n^2\pi^2}sh1 \cdot e^{in\pi x} (x \neq 2k+1, k = 0, \pm 1, \pm 2, \cdots)$.

B 组

1. 设函数 $f(x)$ 是周期为 2 的周期函数，且一个周期内的表达式为 $f(x) = \begin{cases} x + x^2, & -1 < x \leqslant 0 \\ x - x^2, & 0 < x \leqslant 1 \end{cases}$，将 $f(x)$ 展开成傅里叶级数，并求级数 $\sum_{n=1}^{\infty}\frac{(-1)^{n-1}}{(2n-1)^3}$ 的和.

   解：$a_0 = \int_{-1}^{1} f(x)dx = \int_{-1}^{0}(x+x^2)dx + \int_0^1(x-x^2)dx = 0, a_n = \int_{-1}^{1} f(x)\cos n\pi x dx = \int_{-1}^{0}(x+x^2)\cos n\pi x dx + \int_0^1(x-x^2)\cos n\pi x dx = 0, b_n = \int_{-1}^{1} f(x)\sin n\pi x dx = \int_{-1}^{0}(x+x^2)\sin n\pi x dx + \int_0^1(x-x^2)\sin n\pi x dx = [1-(-1)^n]\frac{4}{n^3\pi^3}$. 所以 $f(x) = $

$\frac{8}{\pi^3}\sum_{n=1}^{\infty}\frac{1}{(2n-1)^3}\sin(2n-1)\pi x$, $-\infty<x<+\infty$；令 $x=\frac{1}{2}$，则 $f\left(\frac{1}{2}\right)=\frac{8}{\pi^3}\sum_{n=1}^{\infty}\frac{1}{(2n-1)^3}\sin\frac{(2n-1)\pi}{2}=\frac{1}{4}$，故 $\sum_{n=1}^{\infty}\frac{(-1)^{n-1}}{(2n-1)^3}=\frac{\pi^3}{32}$.

2. 设函数 $f(x)$ 是周期为 2 的周期函数，且 $f(x)=\begin{cases}2, & -1<x\leqslant 0\\ x^2, & 0<x\leqslant 1\end{cases}$，设其傅里叶级数的和函数为 $s(x)$，求 $s(1)$，$s\left(\frac{3}{2}\right)$，$s\left(\frac{5}{2}\right)$.

解：$x=1$，$x=\frac{3}{2}$，$x=\frac{5}{2}$ 分别是周期函数 $f(x)$ 的间断点、连续点、连续点，所以 $s(1)=\frac{3}{2}$，$s\left(\frac{3}{2}\right)=2$，$s\left(\frac{5}{2}\right)=\frac{1}{4}$.

总复习题 13

1. 填空题

(1) $\lim_{n\to\infty}u_n=0$ 是级数 $\sum_{n=1}^{\infty}u_n$ 收敛的 _____ 条件.

解：必要，例如调和级数 $\sum_{n=1}^{\infty}\frac{1}{n}$ 发散，但是 $\lim_{n\to\infty}\frac{1}{n}=0$.

(2) 若级数 $\sum_{n=1}^{\infty}\frac{(x-a)^n}{\sqrt{n}}$ 的收敛域为 $[4,6)$，则常数 $a=$ _____.

解：原级数的收敛半径 $R=\lim_{n\to\infty}\frac{\sqrt{n+1}}{\sqrt{n}}=1$，故 $|x-a|<1$ 时，级数收敛，故 $a=5$.

(3) 若 $\sum_{n=0}^{\infty}a_n(x+1)^n$ 在 $x=-3$ 处条件收敛，则该幂级数的收敛半径 $R=$ _____.

解：由已知可知该级数的收敛半径 $R=|-3+1|=2$.

(4) 数项级数 $\sum_{n=0}^{\infty}\frac{2n+1}{2^n}$ 的和为 _____.

解：设 $S(x)=\sum_{n=0}^{\infty}(2n+1)x^{2n}$，收敛域为 $(-1,1)$，则 $s(x)=\sum_{n=0}^{\infty}(2n+1)x^{2n}=\left(\sum_{n=0}^{\infty}x^{2n+1}\right)'=\left(\frac{x}{1-x^2}\right)'=\frac{1+x^2}{(1-x^2)^2}$，$|x|<1$. 故 $\sum_{n=0}^{\infty}\frac{2n+1}{2^n}=s\left(\frac{1}{\sqrt{2}}\right)=6$.

(5) 函数 $f(x)=x^2e^{x^2}$ 在 $(-\infty,+\infty)$ 内展成 x 的幂级数是 _____.

解：由于 $e^x=\sum_{n=0}^{\infty}\frac{1}{n!}x^n$，$|x|<+\infty$，故 $e^{x^2}=\sum_{n=0}^{\infty}\frac{1}{n!}x^{2n}$，所以 $x^2e^{x^2}=\sum_{n=0}^{\infty}\frac{1}{n!}x^{2n+2}$，$|x|<+\infty$.

2. 选择题

(1) 设 $\{u_n\}$ 是数列，则下列命题正确的是 （   ）(2011 考研真题)

  (A) 若 $\sum_{n=1}^{\infty}u_n$ 收敛，则 $\sum_{n=1}^{\infty}(u_{2n-1}+u_{2n})$ 收敛

  (B) 若 $\sum_{n=1}^{\infty}(u_{2n-1}+u_{2n})$ 收敛，则 $\sum_{n=1}^{\infty}u_n$ 收敛

(C) 若 $\sum_{n=1}^{\infty} u_n$ 收敛,则 $\sum_{n=1}^{\infty} (u_{2n-1} - u_{2n})$ 收敛;

(D) 若 $\sum_{n=1}^{\infty} (u_{2n-1} - u_{2n})$ 收敛,则 $\sum_{n=1}^{\infty} u_n$ 收敛

解:由级数的性质可知,若 $\sum_{n=1}^{\infty} u_n$ 收敛,加括号后所得的级数 $\sum_{n=1}^{\infty} (u_{2n-1} + u_{2n})$ 也收敛,故选 A. 选项 B 反例为 $u_n = (-1)^{n-1}$;选项 C 反例为 $u_n = (-1)^{n-1} \frac{1}{n}$;选项 D 反例为 $u_n = 1$.

(2) 下列命题

① 若 $\sum_{n=1}^{\infty} u_n$ 发散,则必有 $\lim_{n \to \infty} u_n \neq 0$

② 若 $\sum_{n=1}^{\infty} (u_{2n-1} + u_{2n})$ 收敛,则 $\sum_{n=1}^{\infty} u_n$ 必收敛

③ 若 $\sum_{n=1}^{\infty} u_n$ 收敛,$\sum_{n=1}^{\infty} v_n$ 发散,则 $\sum_{n=1}^{\infty} (u_n + v_n)$ 必发散

④ 若 $\sum_{n=1}^{\infty} u_n$ 发散,则 $\sum_{n=1}^{\infty} (u_n + 1\ 000)$ 发散

其中正确的命题个数是 ( )

(A) 1 个   (B) 2 个   (C) 3 个   (D) 4 个

解:命题①错误,例如调和级数 $\sum_{n=1}^{\infty} \frac{1}{n}$ 发散,但是 $\lim_{n \to \infty} \frac{1}{n} = 0$. 命题②错误,例如 $\sum_{n=1}^{\infty} u_n = \sum_{n=1}^{\infty} (-1)^{n-1} = 1 - 1 + 1 - 1 + \cdots$. 命题③正确,由级数收敛的性质可知. 命题④错误,例如 $\sum_{n=1}^{\infty} u_n = \sum_{n=1}^{\infty} (-1\ 000)$,但是 $\sum_{n=1}^{\infty} (u_n + 1\ 000)$ 收敛. 综上,应选 A.

(3) 设数项级数 $\sum_{n=1}^{\infty} a_n$ 及 $\sum_{n=1}^{\infty} b_n$,则 ( )

(A) 若 $\lim_{n \to \infty} a_n b_n = 0$,则 $\sum_{n=1}^{\infty} a_n$ 与 $\sum_{n=1}^{\infty} b_n$ 至少有一个收敛

(B) 若 $\lim_{n \to \infty} a_n b_n = 1$,则 $\sum_{n=1}^{\infty} a_n$ 与 $\sum_{n=1}^{\infty} b_n$ 至少有一个发散

(C) 若 $\lim_{n \to \infty} \frac{a_n}{b_n} = 0$,则 $\sum_{n=1}^{\infty} b_n$ 收敛 $\Rightarrow \sum_{n=1}^{\infty} a_n$ 收敛

(D) 若 $\lim_{n \to \infty} \frac{a_n}{b_n} = \infty$,则 $\sum_{n=1}^{\infty} b_n$ 发散 $\Rightarrow \sum_{n=1}^{\infty} a_n$ 发散

解:选项 B 正确,由于 $\lim_{n \to \infty} a_n b_n = 1$,则 $\lim_{n \to \infty} a_n$,$\lim_{n \to \infty} b_n$ 至少有一个不存在或不为 0,则 $\sum_{n=1}^{\infty} a_n$ 与 $\sum_{n=1}^{\infty} b_n$ 至少有一个发散;选项 A 可取反例 $a_n = b_n = \frac{1}{\sqrt{n}}$;选项 C 可取反例 $a_n = \frac{1}{n}$,$b_n = (-1)^n \frac{1}{\sqrt{n}}$;选项 D 可取反例 $a_n = (-1)^n \frac{1}{\sqrt{n}}$,$b_n = \frac{1}{n}$.

(4) 设常数 $\lambda > 0$,且级数 $\sum\limits_{n=1}^{+\infty} a_n^2$ 收敛,则级数 $\sum\limits_{n=1}^{+\infty} (-1)^n \dfrac{|a_n|}{\sqrt{n^2+\lambda}}$ （ ）

(A) 发散　　　　(B) 条件收敛　　　(C) 绝对收敛　　　(D) 收敛性与 λ 有关

解：由于 $\dfrac{1}{n^2+\lambda} + a_n^2 \geq 2\dfrac{|a_n|}{\sqrt{n^2+\lambda}}$,且 $\sum\limits_{n=1}^{+\infty} a_n^2, \sum\limits_{n=1}^{+\infty} \dfrac{1}{n^2+\lambda}$ 均收敛,则由比较审敛法可知,$\sum\limits_{n=1}^{+\infty} \dfrac{|a_n|}{\sqrt{n^2+\lambda}}$ 也收敛,故 $\sum\limits_{n=1}^{+\infty} (-1)^n \dfrac{|a_n|}{\sqrt{n^2+\lambda}}$ 绝对收敛. 故选 C.

(5) 设函数 $f(x)$ 以 2π 为周期,且在一个周期上的表达式为 $f(x) = \begin{cases} -1, & -\pi \leq x \leq 0 \\ x^3 + 1, & 0 < x < \pi \end{cases}$, $s(x)$ 为 $f(x)$ 的傅里叶级数的和函数,则 （ ）

(A) $s(-4) = -1$　　(B) $s(-\pi) = -1$　　(C) $s(0) = 0$　　(D) $s(\pi) = 1 + \pi^3$

解：$x = 0, x = \pm\pi$ 是 $f(x)$ 的间断点,$x = -4$ 是 $f(x)$ 的连续点,则由狄利克雷收敛定理,$s(0) = 0, s(\pm\pi) = \dfrac{-1 + \pi^3 + 1}{2} = \dfrac{\pi^3}{2}, s(-4) = f(-4 + 2\pi) = (-4 + 2\pi)^3 + 1$. 故选 C.

3. 判断下列正项级数的敛散性：

(1) $\sum\limits_{n=2}^{\infty} \dfrac{\ln n}{n^2}$;　(2) $\sum\limits_{n=1}^{\infty} \dfrac{(n+1)!}{n^{n+1}}$;　(3) $\sum\limits_{n=1}^{\infty} \dfrac{1}{\sqrt{n}} \sin\dfrac{2}{\sqrt{n}}$;　(4) $\sum\limits_{n=1}^{\infty} \left(a + \dfrac{1}{n}\right)^n (a \geq 0)$.

解：(1) $\lim\limits_{n \to \infty} \dfrac{\ln n}{n^2} \cdot n^{\frac{3}{2}} = \lim\limits_{n \to \infty} \dfrac{\ln n}{\sqrt{n}} = 0$,故原级数收敛;

(2) $\lim\limits_{n \to \infty} \dfrac{(n+2)!}{(n+1)^{n+2}} \cdot \dfrac{n^{n+1}}{(n+1)!} = \lim\limits_{n \to \infty} \dfrac{n+2}{n+1} \cdot \dfrac{1}{\left(1 + \dfrac{1}{n}\right)^{n+1}} = \dfrac{1}{e} < 1$,故原级数收敛;

(3) $\lim\limits_{n \to \infty} \dfrac{1}{\sqrt{n}} \sin\dfrac{2}{\sqrt{n}} \cdot n = 2$,故原级数发散;

(4) $\lim\limits_{n \to \infty} \sqrt[n]{\left(a + \dfrac{1}{n}\right)^n} = a$,则 $a > 1$ 时原级数发散,$0 \leq a < 1$ 时原级数收敛. $a = 1$ 时,$\lim\limits_{n \to \infty} \left(1 + \dfrac{1}{n}\right)^n = e \neq 0$,故 $\sum\limits_{n=1}^{\infty} \left(1 + \dfrac{1}{n}\right)^n$ 发散. 综上,$a \geq 1$ 时原级数发散,$0 \leq a < 1$ 时原级数收敛.

4. 设 $\lim\limits_{n \to \infty} n u_n = 0$,且级数 $\sum\limits_{n=2}^{\infty} n(u_n - u_{n-1})$ 收敛,证明级数 $\sum\limits_{n=1}^{\infty} u_n$ 也收敛.

证：令级数 $\sum\limits_{n=2}^{\infty} n(u_n - u_{n-1})$ 与 $\sum\limits_{n=1}^{\infty} u_n$ 的前 n 项部分和分别为 s_n 与 σ_n,则 $s_n = 2(u_2 - u_1) + 3(u_3 - u_2) + \cdots + n(u_n - u_{n-1}) + (n+1)(u_{n+1} - u_n) = -u_1 + (n+1)u_{n+1} - \sigma_n$. 由于级数 $\sum\limits_{n=2}^{\infty} n(u_n - u_{n-1})$ 收敛,则 $\lim\limits_{n \to \infty} s_n$ 存在,且 $\lim\limits_{n \to \infty} n u_n = 0$,故 $\lim\limits_{n \to \infty} \sigma_n$ 存在,所以级数收敛.

5. 讨论下列级数的绝对收敛性与条件收敛性：

(1) $\sum\limits_{n=2}^{\infty} (-1)^n \dfrac{\ln n}{\sqrt{n}}$;　　　　　　　(2) $\sum\limits_{n=1}^{\infty} \dfrac{1}{n^2} \sin\dfrac{n\pi}{4}$;

(3) $\sum_{n=1}^{\infty}(-1)^{n-1}\dfrac{(n)!}{(2n)!}$； (4) $\sum_{n=1}^{\infty}(-1)^{n-1}\dfrac{1}{n^{p+\frac{1}{n}}}(p>1)$.

解：(1) 由于 $\lim\limits_{n\to\infty}\dfrac{\ln n}{\sqrt{n}}\cdot\sqrt{n}=\infty$，故 $\sum_{n=2}^{\infty}\dfrac{\ln n}{\sqrt{n}}$ 发散，而 $\lim\limits_{n\to\infty}\dfrac{\ln n}{\sqrt{n}}=0$，且 $\left\{\dfrac{\ln n}{\sqrt{n}}\right\}$ 单调递减，所以 $\sum_{n=2}^{\infty}(-1)^n\dfrac{\ln n}{\sqrt{n}}$ 收敛，且为条件收敛；

(2) $\left|\dfrac{1}{n^2}\sin\dfrac{n\pi}{4}\right|\leqslant\dfrac{1}{n^2}$，且 $\sum_{n=1}^{\infty}\dfrac{1}{n^2}$ 收敛，故 $\sum_{n=1}^{\infty}\left|\dfrac{1}{n^2}\sin\dfrac{n\pi}{4}\right|$ 收敛，即原级数绝对收敛；

(3) $\lim\limits_{n\to\infty}\dfrac{(n+1)!}{(2n+2)!}\cdot\dfrac{(2n)!}{(n)!}=0<1$，故 $\sum_{n=1}^{\infty}\dfrac{(n)!}{(2n)!}$ 收敛，即原级数绝对收敛；

(4) $\lim\limits_{n\to\infty}\dfrac{1}{n^{p+\frac{1}{n}}}\cdot n^p=1$，且 $p>1$，故 $\sum_{n=1}^{\infty}\dfrac{1}{n^{p+\frac{1}{n}}}$ 收敛，即原级数绝对收敛.

6. 求下列幂级数的收敛域：

(1) $\sum_{n=1}^{\infty}n!\left(\dfrac{x}{n}\right)^n$； (2) $\sum_{n=1}^{\infty}\left(1+\dfrac{1}{n}\right)^{n^2}x^{2n}$； (3) $\sum_{n=1}^{\infty}(\sqrt{n+1}-\sqrt{n})2^nx^n$； (4) $\sum_{n=1}^{\infty}\dfrac{(x+2)^n}{n\cdot 3^n}$.

解：(1) $\lim\limits_{n\to\infty}\dfrac{n!}{n^n}\cdot\dfrac{(n+1)^{n+1}}{(n+1)!}=\mathrm{e}$，故收敛半径 $R=\mathrm{e}$. $x=\mathrm{e}$ 时，$(n+1)!\left(\dfrac{\mathrm{e}}{n+1}\right)^{n+1}\bigg/n!\left(\dfrac{\mathrm{e}}{n}\right)^n=\dfrac{\mathrm{e}}{\left(1+\dfrac{1}{n}\right)^n}>1$，故 $\sum_{n=1}^{\infty}n!\left(\dfrac{\mathrm{e}}{n}\right)^n$ 发散；$x=-\mathrm{e}$ 时，$\lim\limits_{n\to\infty}n!\left(\dfrac{-\mathrm{e}}{n}\right)^n\neq 0$，故 $\sum_{n=1}^{\infty}n!\left(\dfrac{-\mathrm{e}}{n}\right)^n$ 发散. 所以，原幂级数的收敛域为 $(-\mathrm{e},\mathrm{e})$；

(2) $\lim\limits_{n\to\infty}\sqrt[n]{\left(1+\dfrac{1}{n}\right)^{n^2}x^{2n}}=\mathrm{e}x^2$，当 $\mathrm{e}x^2>1$ 即 $|x|>\dfrac{1}{\sqrt{\mathrm{e}}}$ 时，原幂级数发散；当 $\mathrm{e}x^2<1$ 即 $|x|<\dfrac{1}{\sqrt{\mathrm{e}}}$ 时，原幂级数绝对收敛；$x=\pm\dfrac{1}{\sqrt{\mathrm{e}}}$ 时，由于 $\lim\limits_{n\to\infty}\left(1+\dfrac{1}{n}\right)^{n^2}x^{2n}=\lim\limits_{n\to\infty}\dfrac{\left(1+\dfrac{1}{n}\right)^{n^2}}{\mathrm{e}^n}=\mathrm{e}^{-\frac{1}{2}}\neq 0$，故此时级数发散. 所以，原幂级数的收敛域为 $\left(-\dfrac{1}{\sqrt{\mathrm{e}}},\dfrac{1}{\sqrt{\mathrm{e}}}\right)$；

(3) $\lim\limits_{n\to\infty}\dfrac{(\sqrt{n+2}-\sqrt{n+1})2^{n+1}}{(\sqrt{n+1}-\sqrt{n})2^n}=2$，故收敛半径 $R=\dfrac{1}{2}$. $x=\dfrac{1}{2}$ 时，$\sum_{n=1}^{\infty}(\sqrt{n+1}-\sqrt{n})=\sum_{n=1}^{\infty}\dfrac{1}{\sqrt{n+1}+\sqrt{n}}$ 发散；$x=-\dfrac{1}{2}$ 时，$\sum_{n=1}^{\infty}(-1)^n(\sqrt{n+1}-\sqrt{n})=\sum_{n=1}^{\infty}(-1)^n\dfrac{1}{\sqrt{n+1}+\sqrt{n}}$ 收敛. 所以，原幂级数的收敛域为 $\left[-\dfrac{1}{2},\dfrac{1}{2}\right)$；

(4) $\lim\limits_{n\to\infty}\sqrt[n]{\dfrac{1}{n\cdot 3^n}}=\dfrac{1}{3}$，故收敛半径 $R=3$. 当 $x=1$ 时，$\sum_{n=1}^{\infty}\dfrac{3^n}{n\cdot 3^n}$ 发散；当 $x=-5$ 时，$\sum_{n=1}^{\infty}(-1)^n\dfrac{3^n}{n\cdot 3^n}$ 收敛. 所以，原幂级数的收敛域为 $[-5,1)$.

7. 试讨论级数 $\sum_{n=1}^{\infty}\left(\int_0^{\frac{1}{n}}\dfrac{\sqrt{x}}{1+x^2}\mathrm{d}x\right)$ 的敛散性.

解：$0 < \int_0^{\frac{1}{n}} \frac{\sqrt{x}}{1+x^2} \mathrm{d}x \leqslant \int_0^{\frac{1}{n}} \sqrt{x} \, \mathrm{d}x = \frac{2}{3} n^{-\frac{3}{2}}$，由比较审敛法可知，原级数收敛.

8. 求幂级数 $\sum\limits_{n=1}^{\infty} (n+1)^2 x^n$ 的和函数 $s(x)$，并求数项级数 $\sum\limits_{n=1}^{\infty} \frac{(n+1)^2}{2^n}$ 的和.

解：$R = \lim\limits_{n \to \infty} \frac{(n+1)^2}{(n+2)^2} = 1$，且 $x = \pm 1$ 时，级数发散，故级数的收敛域为 $(-1,1)$. 令 $s(x) = \sum\limits_{n=1}^{\infty} (n+1)^2 x^n, x \in (-1,1)$，则 $\sum\limits_{n=1}^{\infty} (n+1)^2 x^n = \sum\limits_{n=1}^{\infty} n(n+1) x^n + \sum\limits_{n=1}^{\infty} (n+1) x^n$，$\sum\limits_{n=1}^{\infty} n(n+1) x^n = x \left(\sum\limits_{n=1}^{\infty} x^{n+1} \right)'' = x \left(\frac{x^2}{1-x} \right)'' = \frac{2x}{(1-x)^3}$，$\sum\limits_{n=1}^{\infty} (n+1) x^n = \left(\sum\limits_{n=1}^{\infty} x^{n+1} \right)' = \left(\frac{x^2}{1-x} \right)' = \frac{2x-x^2}{(1-x)^2}$. 所以 $s(x) = \frac{2x}{(1-x)^3} + \frac{2x-x^2}{(1-x)^2}, x \in (-1,1)$；$\sum\limits_{n=1}^{\infty} \frac{(n+1)^2}{2^n} = s\left(\frac{1}{2} \right) = 11$.

9. 将函数 $f(x) = \arctan \frac{1+x}{1-x}$ 展开成 x 的幂级数，并求级数 $\sum\limits_{n=1}^{\infty} \frac{(-1)^n}{2n+1}$ 的和.

解：$f'(x) = \left(\arctan \frac{1+x}{1-x} \right)' = \frac{1}{1+x^2} = \sum\limits_{n=0}^{\infty} (-x^2)^n$，$|x| < 1$，对两边积分得，$\arctan \frac{1+x}{1-x} - \frac{\pi}{4} = \sum\limits_{n=0}^{\infty} \frac{(-1)^n}{2n+1} x^{2n+1} (-1 \leqslant x < 1)$，故 $\arctan \frac{1+x}{1-x} = \frac{\pi}{4} + \sum\limits_{n=0}^{\infty} \frac{(-1)^n}{2n+1} x^{2n+1} (-1 \leqslant x < 1)$. 令 $x = -1$，可得 $\sum\limits_{n=1}^{\infty} \frac{(-1)^n}{2n+1} = \frac{\pi}{4} - 1$.

10. 设有两条抛物线 $y_1 = nx^2 + \frac{1}{n}, y_2 = (n+1)x^2 + \frac{1}{n+1}$，记它们交点的横坐标的绝对值为 a_n.

(1) 求这两条抛物线所围图形的面积 S_n；

(2) 求级数 $\sum\limits_{n=1}^{\infty} \frac{S_n}{a_n}$ 的和.

解：(1) $a_n = \sqrt{\frac{1}{n(n+1)}}$，$S_n = \int_{-a_n}^{a_n} (y_1 - y_2) \, \mathrm{d}x = \frac{4}{3n(n+1) \sqrt{n(n+1)}}$；

(2) $\sum\limits_{n=1}^{\infty} \frac{S_n}{a_n} = \sum\limits_{n=1}^{\infty} \frac{4}{3n(n+1)} = \frac{4}{3}$.

11. 设数列 $\{a_n\}$ 满足 $a_1 > 2, a_{n+1} = \frac{a_n^2}{2(a_n-1)}, n = 1, 2, \cdots$.

(1) 求证 $\lim\limits_{n \to \infty} a_n$ 存在，并求之；

(2) 求幂级数 $\sum\limits_{n=1}^{\infty} \frac{a_n}{n} x^n$ 的收敛半径及收敛域.

解：(1) 由已知得 $a_1 > 2$，假设 $a_n > 2$，则 $a_{n+1} - 2 = \frac{(a_n-2)^2}{2(a_n-1)} > 0$，所以 $a_n > 2, n = 1, 2, \cdots. a_{n+1} - a_n = \frac{-a_n(a_n-2)}{2(a_n-1)} < 0$，所以 $\{a_n\}$ 单调递减. 综上，$\{a_n\}$ 单调递减且有下

界,故极限存在. 令 $\lim\limits_{n\to\infty}a_n=a$,对等式 $a_{n+1}=\dfrac{a_n^2}{2(a_n-1)}$ 两边取极限,解得 $a=2$,所以 $\lim\limits_{n\to\infty}a_n=2$.

(2) $R=\lim\limits_{n\to\infty}\dfrac{a_n}{n}\cdot\dfrac{n+1}{a_{n+1}}=1$. $x=1$ 时,由于 $\dfrac{a_n}{n}>\dfrac{2}{n}$,故 $\sum\limits_{n=1}^{\infty}\dfrac{a_n}{n}$ 发散;$x=-1$ 时,$\left\{\dfrac{a_n}{n}\right\}$ 单调递减,且 $\lim\limits_{n\to\infty}\dfrac{a_n}{n}=0$,故 $\sum\limits_{n=1}^{\infty}(-1)^n\dfrac{a_n}{n}$ 收敛. 所以幂级数的收敛域为 $[-1,1)$.

12. 将函数 $f(x)=2+|x|\ (-1\leqslant x\leqslant 1)$ 展开成以 2 为周期的傅里叶级数,并求级数 $\sum\limits_{n=1}^{\infty}\dfrac{1}{n^2}$ 的和.

解:将函数进行周期延拓,则延拓后的周期函数的傅里叶系数为 $a_0=\int_{-1}^{1}(2+|x|)\mathrm{d}x=5$,$a_n=\int_{-1}^{1}f(x)\cos n\pi x\,\mathrm{d}x=\int_{-1}^{1}(2+|x|)\cos n\pi x\,\mathrm{d}x=\dfrac{2}{(n\pi)^2}[(-1)^n-1]$,$b_n=0$. 所以 $f(x)=\dfrac{5}{2}-\dfrac{4}{\pi^2}\left(\dfrac{1}{1^2}\cos\pi x+\dfrac{1}{3^2}\cos 3\pi x+\cdots\right)$,$-1\leqslant x\leqslant 1$. 令 $x=0$,则 $f(0)=\dfrac{5}{2}-\dfrac{4}{\pi^2}\left(\dfrac{1}{1^2}+\dfrac{1}{3^2}+\dfrac{1}{5^2}+\cdots\right)$,$-1\leqslant x\leqslant 1$,故 $\dfrac{1}{1^2}+\dfrac{1}{3^2}+\dfrac{1}{5^2}+\cdots=\dfrac{\pi^2}{8}$. 令 $s=\sum\limits_{n=1}^{\infty}\dfrac{1}{n^2}=\dfrac{1}{1^2}+\dfrac{1}{2^2}+\cdots+\dfrac{1}{n^2}+\cdots$,则 $\dfrac{1}{4}s=\dfrac{1}{2^2}+\dfrac{1}{4^2}+\cdots+\dfrac{1}{(2n)^2}+\cdots$,所以 $s=\dfrac{\pi^2}{6}$.

第 14 章 微分方程

本章是理科用《高等数学》第 12 章和文科用《微积分》第 10 章相应小节的习题解答.

习题 14-1

A 组

1. 指出下列微分方程的阶数,并判断是否为线性微分方程:

   (1) $y' + y\sin x = \cos^2 x$;   (2) $xy' - x^2 \ln y = 3x^2$;
   (3) $xy'' + x^2 y' + x^3 y = x^4$;   (4) $xy'' - 2yy' = x^2$;
   (5) $xy''' + 2y = x^2 y^2$;   (6) $y''' + x^2 y' + xy = \sin x$.

   解:(1) 一阶,线性;(2) 一阶,非线性;(3) 二阶,线性;(4) 二阶,非线性;(5) 三阶,非线性;(6) 三阶,线性.

2. 指出下列各题中各函数是不是已知微分方程的解,如果是解,请指出是通解还是特解:

   (1) $xy' = 2y, y = 5x^2$;   (2) $(x+y)dx + xdy = 0, y = \dfrac{C-x^2}{2x}$;
   (3) $y'' = x^2 + y^2, y = \dfrac{1}{x}$;   (4) $y'' - 2y' + y = 0, y = xe^x$;
   (5) $y'' - 4y' + 3y = 0, y = C_1 e^x + C_2 e^{3x}$;

   解:(1) 是特解;(2) 是通解;(3) 不是方程的解;(4) 是特解;(5) 是通解.

3. 设函数 $y = (1+x)^2 u(x)$ 是方程 $y' - \dfrac{2}{x+1} y = (x+1)^3$ 的通解,求 $u(x)$.

   解:将 y, y' 代入方程,得到 $u'(x) = x+1$,所以 $u(x) = \dfrac{x^2}{2} + x + C$.

4. 设曲线上点 $P(x,y)$ 处的法线与 x 轴的交点为 Q,且线段 PQ 被 y 轴平分,试写出该曲线所满足的微分方程.

   解:曲线在 (x,y) 处的法线为 $Y - y = -\dfrac{1}{y'}(X - x)$,又 PQ 被 y 轴平分,故 $yy' + 2x = 0$.

5. 用微分方程表示一物理命题:某种气体的气压 P 对于温度 T 的变化率与气压成正比,与气温的平方成反比.(理)

   (理)解:该物理过程对应的微分方程为 $\dfrac{dp}{dT} = k\dfrac{p}{T^2}$,$k$ 为比例系数.

5. 某林区实行封山养林,现有木材 10 万 m^3,如果在每一时刻 t 木材的变化率与当时木材的数量成正比($k>0$ 为比例常数).设木材数量 P 与时间 t 的函数关系为 $P = P(t)$,若 10 年后该林区的木材数量为 20 万 m^3,用微分方程表示木材数量 $P(t)$ 满足的关系式.(文)

   (文)解:$\dfrac{dP}{dt} = kP$ 且 $P|_{t=0} = 10, P|_{t=10} = 20$.

6. 已知曲线 $y = f(x)$ 过点 $\left(0, -\dfrac{1}{2}\right)$,且其上任一点 (x,y) 处的斜率为 $x\ln(1+x^2)$,求 $f(x)$.

   解:已知 $y' = x\ln(1+x^2)$,过点 $\left(0, -\dfrac{1}{2}\right)$,解得 $f(x) = \dfrac{1}{2}(1+x^2)\ln(1+x^2) - \dfrac{1}{2}(1+$

x^2).

B 组

1. 验证函数 $y = x\left(\int \dfrac{e^x}{x} dx + C\right)$ 是微分方程 $xy' - y = xe^x$ 的通解.

   证:将 y, y' 代入微分方程成立,又函数中含有一个任意常数,故结论成立.

2. 设物体 A 从点 $(0,1)$ 出发,其速度大小为常数 v,沿 y 轴正向运动,物体 B 从点 $(-1,0)$ 与 A 同时出发,其速度大小为 $2v$,方向始终指向 A. 试建立物体 B 的运动轨迹所满足的微分方程,并写出初始条件.(1993 考研真题)

   解:$\begin{cases} x\dfrac{d^2 y}{dx^2} + \dfrac{1}{2}\sqrt{1+\left(\dfrac{dy}{dx}\right)^2} = 0 \\ y(-1) = 0, y'(-1) = 1 \end{cases}$.

习题 14-2

A 组

1. 求下列微分方程的特解:(理 1 文 2)

   (1) $yy' = x^2, y(2) = 1$;　　　　(2) $y' = x^2(1+y^2), y(0) = 0$;

   (3) $dx + e^x y dy = 0, y(0) = 1$;　　(4) $\cos u du - \sin v dv = 0, u\left(\dfrac{\pi}{2}\right) = \dfrac{\pi}{2}$;

   (5) $y\sqrt{1-x^2} dy = dx, y(0) = \pi$;　(6) $\sqrt{1-y^2} dx + y\sqrt{1-x^2} dy = 0, y(0) = 0$;

   (7) $y' = 2\sqrt{y} \ln x, y(e) = 1$;　　(8) $y' = (1-y^2)\tan x, y(0) = 2$.

   解:(1) 对两边积分,得 $\int y dy = \int x^2 dx$,解得 $y^2 = \dfrac{2x^3}{3} + C$,又 $y(2) = 1$,故 $y^2 = \dfrac{2x^3}{3} - \dfrac{13}{3}$;

   (2) 对两边积分,得 $\int \dfrac{1}{1+y^2} dy = \int x^2 dx$,解得 $\arctan y = \dfrac{x^3}{3} + C$,又 $y(0) = 0$,故 $y = \tan\left(\dfrac{x^3}{3}\right)$;

   (3) 对两边积分,得 $\int y dy = \int \dfrac{-1}{e^x} dx$,解得 $y^2 = 2e^{-x} + C$,又 $y(0) = 1$,故 $y^2 = 2e^{-x} - 1$;

   (4) 由 $\int \cos u du = \int \sin v dv$,得 $\sin u = -\cos v + C$,又 $u\left(\dfrac{\pi}{2}\right) = \dfrac{\pi}{2}$,故 $\sin u + \cos v = 1$;

   (5) 由 $\int y dy = \int \dfrac{1}{\sqrt{1-x^2}} dx$,得 $y^2 = 2\arcsin x + C$,又 $y(0) = \pi$,故 $y^2 = 2\arcsin x + \pi^2$;

   (6) 分离变量分别积分,得 $\sqrt{1-y^2} = \arcsin x + C$,又 $y(0) = 0$,故 $\sqrt{1-y^2} = \arcsin x + 1$;

   (7) 分离变量分别积分,得 $\sqrt{y} = x\ln x - x + C$,又 $y(e) = 1$,故 $y = (x\ln x - x + 1)^2$;

   (8) 分离变量分别积分,得 $\dfrac{1}{2}\ln\left|\dfrac{1+y}{1-y}\right| = -\ln|\cos x| + \ln C_1$,又 $y(0) = 2$,故 $y = \dfrac{3 + \cos^2 x}{3 - \cos^2 x}$.

2. 求下列微分方程的通解:(理 2 文 1)

   (1) $y' = 3x^2 y$;　　(1) $y' = 2y$;　　　　(2) $3x^2 + 5x - 5y' = 0$;

(3) $\sec^2 x \tan y\, dx + \sec^2 y \tan x\, dy = 0$;   (3) $\dfrac{dy}{dx} = 1 + x + y^2 + xy^2$;

(4) $\dfrac{dy}{dx} = 10^{x+y}$;   (5) $(y+1)^2 \dfrac{dy}{dx} + x^3 = 0$;   (6) $y\, dx + (x^2 - 4x)\, dy = 0$.

解:(1) 分离变量分别积分,得 $\int \dfrac{1}{y} dy = \int 3x^2 dx$, 解得 $\ln|y| = x^3 + C_1$, 即 $y = Ce^{x^3}$;

(1) 分离变量分别积分,得 $\int \dfrac{1}{y} dy = \int 2 dx$, 解得 $\ln|y| = 2x + C_1$, 即 $y = Ce^{2x}$;

(2) 分离变量分别积分,得 $\int 5 dy = \int (3x^2 + 5x) dx$, 解得 $y = \dfrac{1}{2}x^2 + \dfrac{1}{5}x^3 + C$;

(3) 分离变量分别积分,得 $\int \sec 2x\, dx = \int -\sec 2y\, dy$, 得通解为 $\tan x \tan y = C$;

(3) 分离变量分别积分,得 $\int \dfrac{1}{1+y^2} dy = \int (1+x) dx$, 得通解为 $y = \tan\left(x + \dfrac{1}{2}x^2 + C\right)$;

(4) 分离变量分别积分,得 $\int 10^{-y} dy = \int 10^x dx$, 解得 $10^{-y} + 10^x = C$;

(5) 分离变量分别积分,得 $\int (y+1)^2 dy = \int -x^3 dx$, 解得 $3x^4 + 4(y+1)^3 = C$;

(6) 分离变量分别积分,得 $\int \dfrac{1}{y} dy = \int \dfrac{1}{-x^2+4x} dx$, 解得 $(x-4)y^4 = Cx$.

3. 设质量为 m 的物体在某种介质内受重力 G 的作用自由下坠,其间还受到介质的浮力 B 与阻力 R 的作用,已知阻力 R 与下坠速度 v 成正比,比例系数为 λ,即 $R = \lambda v$,试求该落体的速度与位移的函数关系.(理)

解:设 t 时刻位移为 $x(t)$,则 $m\dfrac{dv}{dt} = G - B - \lambda v$,且 $\dfrac{dv}{dt} = \dfrac{dv}{dx} v$,$v(0) = 0$,解得特解为 $-\dfrac{v}{\lambda} - \dfrac{G-B}{\lambda^2}\ln\left(\dfrac{G-B-\lambda v}{G-B}\right) = \dfrac{x}{m}$.

4. 若连续函数 $f(x)$ 满足关系式 $f(x) = \int_0^{2x} f\left(\dfrac{t}{2}\right) dt + \ln 2$,求 $f(x)$.(理)

(理)解:对所给等式两边求导,得 $f'(x) = 2f(x)$,又 $f(0) = \ln 2$,得 $f(x) = e^{2x}\ln 2$.

4. 设某商品的需求量 q 关于价格 p 的弹性为 $\dfrac{Eq}{Ep} = \dfrac{p}{p-30}$,并已知 $p = 20$ 时,$q = 60$,求需求函数 $q = \varphi(p)$.(文)

(文)解:由题设可知,$\dfrac{p}{q} q' = \dfrac{p}{p-30}$,又 $p = 20$ 时,$q = 60$,解得需求函数为 $q = -6(p-30)$.

5. 某养殖场可以最多容纳 500 头奶牛,2021 年养殖奶牛 50 头,假设奶牛数量的增长率满足 $\dfrac{dN}{dt} = 0.001(K-N)N$,求 2 年后养殖场奶牛的数量. 若养殖场奶牛数量达到 450 头,需要多久?(理)

解:分离变量分别积分,得 $\int \dfrac{dN}{(K-N)N} = \int 0.001 dt$,又 $N(0) = 50$,故 $\dfrac{1}{K}\ln\left|\dfrac{N-K}{N}\right| = \dfrac{t}{1\,000} + \ln 2$,将 $t = 2$ 代入,解得 $N = 116$. 若 $N = 450$,解得 $t = 8.8$.

B 组

1. 设 $y=y(x)$ 可导,$y(0)=2$,令 $\Delta y=y(x+\Delta x)-y(x)$,且 $\Delta y=\dfrac{xy}{1+x^2}\Delta x+o(\Delta x)$,求 $y(x)$.

   解:由已知可得 $\dfrac{dy}{dx}=\dfrac{xy}{1+x^2}$,又 $y(0)=2$,解得原方程的特解为 $y=2\sqrt{1+x^2}$.

2. 设微分方程为 $x^2y'\cos y+1=0$,且满足条件 $x\to\infty$ 时 $y\to\dfrac{1}{3}\pi$,求方程的特解.(理B2 文A6)

   (理B2 文A6) **解**:方程 $x^2y'\cos y+1=0$ 的通解为 $\sin y=\dfrac{1}{x}+C$,又 $\lim\limits_{x\to\infty}y=\dfrac{\pi}{3}$,则 $y=\arcsin\left(\dfrac{\sqrt{3}}{2}+\dfrac{1}{x}\right)$.

2. 有一圆锥形的塔,底半径为 R,高为 $h(h>R)$,现沿塔身建一登上塔顶的楼梯,要求楼梯曲线在每一点的切线与过该点垂直于平面 xOy 的直线的夹角为 $\dfrac{\pi}{4}$,楼梯入口在点 $(R,0,0)$,试求楼梯曲线的方程.(文)

   (文) **解**:设曲线任一点 $P(x,y,z)$,塔面方程为 $z=-\dfrac{h}{R}\sqrt{x^2+y^2}+h$,又设 $x=r(\theta)\cos\theta,y=r(\theta)\sin\theta,z=h-\dfrac{h}{R}r(\theta)(0\leqslant\theta\leqslant 2\pi)$,则 $\cos\dfrac{\pi}{4}=\dfrac{\left|\dfrac{h}{R}r'(\theta)\right|}{\sqrt{r'^2(\theta)+r^2(\theta)+\dfrac{h^2}{R^2}r'^2(\theta)}}$,通解为 $r=C_1 e^{-\dfrac{R}{\sqrt{h^2-R^2}}\theta}$.又 $\theta=0,r=R$,故 $r=Re^{-\dfrac{R}{\sqrt{h^2-R^2}}\theta}$,从而得到楼梯曲线方程.

3. 设 n 为正整数,$y=y_n(x)$ 是方程 $xy'-(n+1)y=0$ 满足条件 $y_n(1)=\dfrac{1}{n(n+1)}$ 的解.

   (1) 求 $y_n(x)$;

   (2) 求级数 $\sum\limits_{n=1}^{\infty}y_n(x)$ 的收敛域及和函数.(2021考研真题)

   解:(1) 解可分离变量微分方程 $xy'-(n+1)y=0$,得 $y_n(x)=\dfrac{1}{n(n+1)}x^{n+1}$.

   (2) 令 $a_n=\dfrac{1}{n(n+1)}$,则 $R=\lim\limits_{n\to\infty}\dfrac{a_n}{a_{n+1}}=1$,当 $x=\pm 1$ 时级数收敛,故收敛域为 $[-1,1]$.此时 $S(x)=\sum\limits_{n=1}^{\infty}\dfrac{1}{n(n+1)}x^{n+1}=\sum\limits_{n=1}^{\infty}\left(\dfrac{1}{n}-\dfrac{1}{n+1}\right)x^{n+1}=(1-x)\ln(1-x)+x,x\in(-1,1)$,故 $S(x)=\begin{cases}(1-x)\ln(1-x)+x, & x\in[-1,1)\\ 1, & x=1\end{cases}$.

习题 14-3

A 组

1. 求下列齐次方程的通解:

(1) $x\dfrac{\mathrm{d}y}{\mathrm{d}x} = y + \sqrt{x^2 - y^2}\ (x > 0)$； (2) $\left(x\dfrac{\mathrm{d}y}{\mathrm{d}x} - y\right)\arctan\dfrac{y}{x} = x$；

(3) $\dfrac{\mathrm{d}y}{\mathrm{d}x} = \dfrac{y}{x}(1 + \ln y - \ln x)$； (4) $(y + x)\mathrm{d}y = (y - x)\mathrm{d}x$；

(5) $\left(x + y\cos\dfrac{y}{x}\right)\mathrm{d}x - x\cos\dfrac{y}{x}\mathrm{d}y = 0$； (6) $y' = \mathrm{e}^{\frac{y}{x}} + \dfrac{y}{x}$.

解：(1) 方程整理为 $\dfrac{\mathrm{d}y}{\mathrm{d}x} = \dfrac{y}{x} + \sqrt{1 - \left(\dfrac{y}{x}\right)^2}\ (x > 0)$，令 $u = \dfrac{y}{x}$，则 $\dfrac{\mathrm{d}y}{\mathrm{d}x} = u + x\dfrac{\mathrm{d}u}{\mathrm{d}x}$，分离变量并分别积分得 $\arcsin u = \ln x + C$，故原方程的通解为 $\arcsin\dfrac{y}{x} = \ln x + C$；

(2) 方程整理为 $\left(\dfrac{\mathrm{d}y}{\mathrm{d}x} - \dfrac{y}{x}\right)\arctan\dfrac{y}{x} = 1$，令 $u = \dfrac{y}{x}$，则 $\dfrac{\mathrm{d}y}{\mathrm{d}x} = u + x\dfrac{\mathrm{d}u}{\mathrm{d}x}$，解得 $C\sqrt{x^2 + y^2} = \mathrm{e}^{\frac{y}{x}\arctan\frac{y}{x}}$；

(3) 方程整理为 $\dfrac{\mathrm{d}y}{\mathrm{d}x} = \dfrac{y}{x}\left(1 + \ln\dfrac{y}{x}\right)$，令 $u = \dfrac{y}{x}$，则 $\dfrac{\mathrm{d}y}{\mathrm{d}x} = u + x\dfrac{\mathrm{d}u}{\mathrm{d}x}$，解得 $y = x\mathrm{e}^{Cx}$；

(4) 方程整理为 $\dfrac{\mathrm{d}y}{\mathrm{d}x} = \dfrac{\dfrac{y}{x} - 1}{\dfrac{y}{x} + 1}$，令 $u = \dfrac{y}{x}$，则 $\dfrac{\mathrm{d}y}{\mathrm{d}x} = u + x\dfrac{\mathrm{d}u}{\mathrm{d}x}$，解得 $\mathrm{e}^{-\arctan\frac{y}{x}} = C\sqrt{x^2 + y^2}$；

(5) 方程整理为 $\dfrac{\mathrm{d}y}{\mathrm{d}x} = \dfrac{1 + \dfrac{y}{x}\cos\dfrac{y}{x}}{\cos\dfrac{y}{x}}$，令 $u = \dfrac{y}{x}$，则 $\dfrac{\mathrm{d}y}{\mathrm{d}x} = u + x\dfrac{\mathrm{d}u}{\mathrm{d}x}$，解得 $\sin\dfrac{y}{x} = \ln|x| + C$；

(6) 令 $u = \dfrac{y}{x}$，则 $\dfrac{\mathrm{d}y}{\mathrm{d}x} = u + x\dfrac{\mathrm{d}u}{\mathrm{d}x}$，解得 $y = -x\ln|C - \ln|x||$.

2. 求下列微分方程的特解：

(1) $\dfrac{x}{1+y}\mathrm{d}x - \dfrac{y}{1+x}\mathrm{d}y = 0,\ y|_{x=0} = 0$；

(2) $y' = \dfrac{x}{y} + \dfrac{y}{x},\ y|_{x=-1} = 2$；

(3) $\dfrac{\mathrm{d}y}{\mathrm{d}x} = 2\sqrt{\dfrac{y}{x}} + \dfrac{y}{x},\ y(1) = 4$；

(4) $xy' + y(\ln x - \ln y) = 0,\ y(1) = \mathrm{e}^3$；(2015 考研题)（理 4 文 5）

(4) $xy' - y = \sqrt{x^2 - y^2},\ y(1) = 1/2$.（文）

解：(1) 方程整理为 $(1+x)x\mathrm{d}x = y(1+y)\mathrm{d}y$，分离变量并对两边积分得 $\int y(1+y)\mathrm{d}y = \int(1+x)x\mathrm{d}x$，又 $y|_{x=0} = 0$，故原方程的特解为 $\dfrac{y^2}{2} + \dfrac{y^3}{3} = \dfrac{x^2}{2} + \dfrac{x^3}{3}$；

(2) 令 $u = \dfrac{y}{x}$，方程化为 $u + x\dfrac{\mathrm{d}u}{\mathrm{d}x} = \dfrac{1}{u} + u$，解得 $y^2 = 2x^2(\ln|x| + C)$，又 $y|_{x=-1} = 2$，故原方程的特解为 $y^2 = 2x^2(\ln x + 2)$；

(3) 令 $u = \dfrac{y}{x}$，方程化为 $u + x\dfrac{\mathrm{d}u}{\mathrm{d}x} = 2\sqrt{u} + u$，解得 $\sqrt{\dfrac{y}{x}} = \ln|x| + C$，又 $y(1) = 4$，故原

方程的特解为 $\sqrt{\dfrac{y}{x}} = 2 + \ln x$；

(4)(理4文5) 方程整理为 $y' + \dfrac{y}{x}\ln\dfrac{x}{y} = 0$，令 $u = \dfrac{y}{x}$，则 $\dfrac{\mathrm{d}y}{\mathrm{d}x} = u + x\dfrac{\mathrm{d}u}{\mathrm{d}x}$，解得 $\ln\dfrac{y}{x} = Cx + 1$，又 $y(1) = \mathrm{e}^3$，故原方程的特解为 $y = x\mathrm{e}^{2x+1}$；

(4)(文) 令 $u = \dfrac{y}{x}$，换元后方程化为 $\dfrac{\mathrm{d}u}{\mathrm{d}x} = \dfrac{\sqrt{1-u^2}}{x}$，解得 $\arcsin u = \ln|x| + C$，又 $y(1) = 1/2$，故原方程的特解 $\arcsin\dfrac{x}{y} = \dfrac{\pi}{6} + \ln|x|$.

3. 已知 $y = \dfrac{x}{\ln x}$ 是微分方程 $y' = \dfrac{y}{x} + \varphi\left(\dfrac{x}{y}\right)$ 的解，则 $\varphi\left(\dfrac{x}{y}\right)$ 的表达式为 (2003 考研真题)

( )

(A) $-\dfrac{y^2}{x^2}$ \qquad (B) $\dfrac{y^2}{x^2}$ \qquad (C) $-\dfrac{x^2}{y^2}$ \qquad (D) $\dfrac{x^2}{y^2}$

解：将 y, y' 代入微分方程，解得 $\varphi(\ln x) = -\dfrac{1}{\ln^2 x}$，则 $\varphi\left(\dfrac{x}{y}\right) = -\left(\dfrac{y}{x}\right)^2$，故选 A.

4. 在 xOy 平面上有一曲线 L，曲线 L 绕 x 轴旋转一周形成一旋转曲面，假设由 O 点出发的光线经此旋转曲面形状的凹镜反射后都与 x 轴平行，求曲线 L 的方程. (理)

解：如右图所示，设 $M(x, y)$，易得 $AO = AN - ON = MN\cot\alpha - OP = \dfrac{y}{y'} - x$，而 $OM = \sqrt{x^2 + y^2}$，于是 $\sqrt{x^2 + y^2} = \dfrac{y}{y'} - x$，解此齐次方程得 $y^2 = 2C\left(x + \dfrac{C}{2}\right)$.

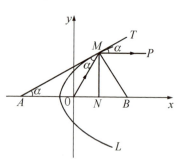

B 组

1. 设函数 $f(x)$ 在 $[1, +\infty)$ 上连续，若由曲线 $y = f(x)$ 与直线 $x = 1, x = t(t > 1)$ 及 x 轴所围成的平面图形绕 x 轴旋转一周所成的旋转体体积为 $V(t) = \dfrac{\pi}{3}[t^2 f(t) - f(1)]$，求 $y = f(x)$ 所满足的微分方程，并求该方程满足条件 $y\big|_{x=2} = \dfrac{2}{9}$ 的解. (理)

(理)**解**：由条件知 $\pi\int_1^t f^2(x)\mathrm{d}x = \dfrac{\pi}{3}[t^2 f(t) - f(1)]$，对两边求导得 $f^2(t) = \dfrac{2}{3}tf(t) + \dfrac{1}{3}t^2 f'(t)$，即 $\dfrac{\mathrm{d}y}{\mathrm{d}x} = 3\left(\dfrac{y}{x}\right)^2 - 2\cdot\dfrac{y}{x}$，解得 $\ln\dfrac{u-1}{u} = 3\ln t + C$，又 $y\big|_{x=2} = \dfrac{2}{9}$，故特解为 $y = \dfrac{x}{1+x^3}$.

1. 设有联结点 $O(0,0)$ 和 $A(1,1)$ 的一段向上凸的曲线弧 $\overset{\frown}{OA}$，对于 $\overset{\frown}{OA}$ 上任一点 $P(x, y)$，曲线弧 $\overset{\frown}{OP}$ 与直线段 $\overline{OP}$ 所围图形的面积为 x^2，求曲线弧 $\overset{\frown}{OA}$ 的方程. (文)

(文)**解**：设曲线弧 $\overset{\frown}{OA}$ 的方程为 $y = y(x)$，由题意得 $\int_0^x y(x)\mathrm{d}x - \dfrac{1}{2}xy = x^2$，对两边求导得 $y - \dfrac{1}{2}y - \dfrac{1}{2}xy' = 2x$，又过点 $A(1,1)$，故曲线弧 $\overset{\frown}{OA}$ 的方程为 $y = x(1 - 4\ln x)$.

2. 设 $y(x)$ 是区间 $\left(0, \dfrac{3}{2}\right)$ 内的可导函数, 且 $y(1)=0$, 点 P 是曲线 $L: y=y(x)$ 上任意一点, L 在点 P 处的切线与 y 轴相交于点 $(0, Y_P)$, 法线与 x 轴相交于点 $(X_P, 0)$, 若 $X_P = Y_P$, 求 L 上点的坐标 (x, y) 满足的方程.

解: 设 L 为 $y=y(x)$, $P(x, y)$ 处的切线为 $Y-y=y'(X-x)$, 法线为 $Y-y=-\dfrac{1}{y'}(X-x)$, 故 $Y_P = y - xy'$, $X_P = x + yy'$. 从而有 $x + yy' = y - xy'$, 又 $y(1) = 0$, 解此齐次方程得 L 满足的方程为 $\ln(x^2+y^2) + 2\arctan\dfrac{y}{x} = 0$, $x \in \left(0, \dfrac{3}{2}\right)$.

习题 14 - 4

A 组

1. 求下列微分方程的通解:

(1) $\dfrac{dy}{dx} = x^2 - \dfrac{y}{x}$; (2) $\dfrac{dy}{dx} + y = e^{-x}$; (3) $y' + y\cos x = e^{-\sin x}$;

(4) $(x^2 - 1)y' + 2xy - \cos x = 0$; (5) $\dfrac{dy}{dx} + 2xy = 4x$; (6) $\dfrac{dy}{dx} = \dfrac{y^3}{1 - 2xy^2}$.

解: (1) 方程整理为 $\dfrac{dy}{dx} + \dfrac{y}{x} = x^2$, 其中 $p(x) = \dfrac{1}{x}$, $q(x) = x^2$, 代入公式得 $y = \dfrac{x^3}{4} + \dfrac{C}{x}$;

(2) 方程为一阶线性微分方程, 其中 $p(x) = 1$, $q(x) = e^{-x}$, 代入公式得 $y = e^{-x}(x + C)$;

(3) 方程为一阶线性微分方程, 其中 $p(x) = \cos x$, $q(x) = e^{-\sin x}$, 代入公式得 $y = e^{-\sin x}(x + C)$;

(4) 方程整理为 $y' + \dfrac{2x}{x^2-1}y = \dfrac{\cos x}{x^2-1}$, 其中 $p(x) = \dfrac{2x}{x^2-1}$, $q(x) = \dfrac{\cos x}{x^2-1}$, 代入公式得 $y = \dfrac{\sin x + C}{x^2 - 1}$;

(5) 方程为一阶线性微分方程, 其中 $p(x) = 2x$, $q(x) = 4x$, 解得 $y = 2 + Ce^{-x^2}$;

(6) 方程整理为 $\dfrac{dx}{dy} + \dfrac{2}{y}x = \dfrac{1}{y^3}$, 其中 $p(y) = \dfrac{2}{y}$, $q(y) = \dfrac{1}{y^3}$, 解得 $x = \dfrac{1}{y^2}(\ln|y| + C)$.

2. 求下列微分方程的特解:

(1) $\dfrac{dy}{dx} + 2xy + x = e^{-x^2}$, $y(0) = 2$; (2) $xy' = x\cos x - 2\sin x - 2y$, $y(\pi) = 0$;

(3) $dy = 2x(x^2 + y)dx$, $y(1) = -1$; (4) $y dx + (x - 3y^2)dy = 0$, $y(1) = 1$.

解: (1) 方程为一阶线性微分方程, 其中 $p(x) = 2x$, $q(x) = e^{-x^2} - x$, 从而有 $y = (x + C)e^{-x^2} - \dfrac{1}{2}$, 又 $y(0) = 2$, 故特解为 $y = \left(x + \dfrac{5}{2}\right)e^{-x^2} - \dfrac{1}{2}$;

(2) 方程整理为 $y' + \dfrac{2y}{x} = \cos x - \dfrac{2\sin x}{x}$, 其中 $p(x) = \dfrac{2}{x}$, $q(x) = \cos x - \dfrac{2\sin x}{x}$, 则 $y = \left(1 - \dfrac{4}{x^2}\right)\sin x + \dfrac{4}{x}\cos x + \dfrac{C}{x^2}$, 又 $y(\pi) = 0$, 故特解为 $y = \left(1 - \dfrac{4}{x^2}\right)\sin x + \dfrac{4}{x}\cos x + \dfrac{4\pi}{x^2}$;

(3) 方程整理为 $y' - 2xy = 2x^3$, 其中 $p(x) = -2x$, $q(x) = 2x^3$, 从而有 $y = Ce^{x^2} - x^2 - $

1,又 $y(1)=-1$,代入得特解为 $y=e^{x^2-1}-x^2-1$;

(4) 方程整理为 $\dfrac{dx}{dy}+\dfrac{x}{y}=3y$,其中 $p(y)=\dfrac{1}{y}$,$q(y)=3y$,从而有 $x=y^{-1}(y^3+C)$,又 $y(1)=1$,代入得特解为 $y=\sqrt{x}$.

3. 求下列伯努利方程的特解:

(1) $y'=y-y^4$,$y(0)=\dfrac{1}{2}$;　　　　(2) $x^2y'-xy=y^2$,$y(1)=1$;

(3) $xy'+4y=x^4y^2$,$y(1)=1$;　　　　(4) $y'+\dfrac{1}{3}y=\dfrac{1}{3}(1-2x)y^4$,$y(0)=-1$.

解:(1) 方程两边同除以 y^4,整理得 $y^{-4}y'-y^{-3}=-1$,令 $p(x)=y^{-3}$,则方程为 $p'+3p=3$,解得通解为 $y^{-3}=Ce^{-3x}+1$,又 $y(0)=\dfrac{1}{2}$,故原方程的特解为 $y^3=(1+7e^{-3x})^{-1}$;

(2) 方程两边同除以 y^2,整理得 $y^{-2}y'-\dfrac{1}{xy}=x^{-2}$,令 $p(x)=y^{-1}$,则方程为 $p'+\dfrac{p}{x}=-\dfrac{1}{x^2}$,解得通解为 $y^{-1}=\dfrac{1}{x}(-\ln|x|+C)$,又 $y(1)=1$,故原方程的特解为 $y=-\dfrac{x}{1-\ln|x|}$;

(3) 方程两边同除以 y^2,整理得 $y^{-2}y'+\dfrac{4}{xy}=x^3$,令 $p(x)=y^{-1}$,则方程为 $p'-\dfrac{4p}{x}=-x^3$,解得通解为 $y^{-1}=-x^4(\ln|x|+C)$,又 $y(1)=1$,故原方程的特解为 $y=-\dfrac{1}{x^4(\ln|x|-1)}$;

(4) 方程两边同除以 y^4,整理得 $y^{-4}y'+\dfrac{1}{3}y^{-3}=\dfrac{1}{3}(1-2x)$,令 $p(x)=y^{-3}$,则方程为 $p'-\dfrac{4p}{x}=-x^3$,解得通解为 $y^{-3}=-(2x+1)+Ce^x$,又 $y(0)=-1$,故原方程的特解为 $y^3=-(2x+1)^{-1}$.

4. 设 $f(x)$ 有一阶连续的导数,并且满足 $2\displaystyle\int_0^x(x+1-t)f'(t)dt=x^2-1+f(x)$,求 $f(x)$.(理)

(理)解:将积分方程整理成 $2xf(x)-2x+2\displaystyle\int_0^x(1-t)f'(t)dt=x^2-1+f(x)$,且 $f(0)=1$,两边同时对 x 求导,得 $f'(x)+2f(x)=2(x+1)$,解得方程的特解为 $f(x)=x+\dfrac{1}{2}+\dfrac{1}{2}e^{-2x}$.

4. 设 $f(x)$ 是连续函数,并且满足 $f(x)+2\displaystyle\int_0^x f(t)dt=x^2$,求 $f(x)$.(文)

(文)解:对方程两边求导得 $f'(x)+2f(x)=2x$,又 $f(0)=0$,故 $f(x)=\dfrac{1}{2}e^{-2x}+x-\dfrac{1}{2}$.

5. 设 $y=e^x$ 是微分方程 $xy'+p(x)y=x$ 的一个解,求此微分方程满足初始条件 $y(\ln 2)=0$ 的特解.(理 A5 文 B3)

(理 A5 文 B3) 解:将 $y=e^x$ 代入方程 $xy'+p(x)y=x$,得 $p(x)=x(e^{-x}-1)$,则原方程记为 $y'+(e^{-x}-1)y=1$,又 $y(\ln 2)=0$,故原方程的特解为 $y=e^x-e^{x+e^{-x}-\frac{1}{2}}$.

5. $y_1=(1+x^2)^2-\sqrt{1+x^2}$,$y_2=(1+x^2)^2+\sqrt{1+x^2}$ 是微分方程 $y'+p(x)y=q(x)$ 的两个解,则 $q(x)=$ ( ) (2016考研真题)(文)

    (A) $3x(1+x^2)$ (B) $-3x(1+x^2)$ (C) $\dfrac{x}{1+x^2}$ (D) $-\dfrac{x}{1+x^2}$

    解:由解的性质可知,$y_2-y_1=2\sqrt{1+x^2}$ 为对应齐次线性微分方程的解,将 $y_2-y_1=2\sqrt{1+x^2}$ 代入方程 $y'+p(x)y=0$ 解得 $p(x)=-\dfrac{x}{1+x^2}$,又 $\dfrac{1}{2}(y_1+y_2)=(1+x^2)^2$ 为原方程的解,代入原方程解得 $q(x)=3x(1+x^2)$,故选 A.

6. 设函数 $f(u)$ 具有连续导数且 $z=f(e^x\cos y)$ 满足 $\cos y\dfrac{\partial z}{\partial x}-\sin y\dfrac{\partial z}{\partial y}=(4z+e^x\cos y)e^x$,若 $f(0)=0$,求 $f(u)$ 的表达方式.(文)

    解:令 $u=e^x\cos y$,则 $\dfrac{\partial z}{\partial x}=e^x\cos y f'(u)$,$\dfrac{\partial z}{\partial y}=-e^x\sin y f'(u)$,代入整理得 $f'(u)=4f(u)+u$,又 $f(0)=0$,所以 $f(u)=\dfrac{1}{16}(e^{4u}-4u-1)$.

7. 设某公司的净资产在营运过程中,像银行的存款一样,以年5%的连续复利产生利息而使总资产增长,同时,公司还必须以每年 200 百万元人民币的数额连续地支付职工的工资.
    (1) 列出描述公司净资产 W(以百万元为单位)的微分方程;
    (2) 假设公司的初始净资产为 W_0(百万元),求公司净资产 $W(t)$;
    (3) 描绘出当 W_0 分别为 3 000,4 000 和 5 000 时的解曲线.(文)

    解:(1) 由题设有 $\dfrac{dW}{dt}=0.05W-200$,令 $\dfrac{dW}{dt}=0$,则得平衡解 $W_0=4\,000$;
    (2) 解上述方程,得 $W=4\,000+Ce^{0.05t}$,又 $W|_{t=0}=W_0$,故 $W=4\,000+(W_0-4\,000)e^{0.05t}$;
    (3) 若 $W_0=4\,000$,则 $W=4\,000$ 即平衡解;若 $W_0=5\,000$,则 $W=4\,000+1\,000e^{0.05t}$;若 $W_0=3\,000$,则 $W=4\,000-1\,000e^{0.05t}$.

B 组

1. 设 y_1,y_2 是一阶线性微分方程 $y'+p(x)y=q(x)$ 的两个特解,若存在常数 λ,μ 使得 $\lambda y_1-\mu y_2$ 是对应的齐次方程的解,则 ( ) (2010考研真题)

    (A) $\lambda=\dfrac{1}{2}$,$\mu=\dfrac{1}{2}$ (B) $\lambda=-\dfrac{1}{2}$,$\mu=-\dfrac{1}{2}$

    (C) $\lambda=\dfrac{2}{3}$,$\mu=\dfrac{1}{3}$ (D) $\lambda=\dfrac{2}{3}$,$\mu=\dfrac{2}{3}$

    解:将 y_1,y_2,$\lambda y_1+\mu y_2$ 代入方程 $y'+p(x)y=q(x)$,得 $\lambda q(x)+\mu q(x)=q(x)$,则 $\lambda+\mu=1$;将 $\lambda y_1-\mu y_2$ 代入方程 $y'+p(x)y=0$,整理得 $(\lambda-\mu)q(x)=0$,则 $\lambda-\mu=0$. 解方程组 $\begin{cases}\lambda+\mu=1\\\lambda-\mu=0\end{cases}$,得 $\lambda=\mu=\dfrac{1}{2}$,故选 A.

2. 设函数 $f(x)$ 在 $(0,+\infty)$ 内连续,$f(1)=\dfrac{5}{2}$,且对所有 $x,t\in(0,+\infty)$,满足条件

$\int_1^{xt} f(u)\mathrm{d}u = t\int_1^x f(u)\mathrm{d}u + x\int_1^t f(u)\mathrm{d}u$,求 $f(x)$.（理）

（理）解：在 $\int_1^{xt} f(u)\mathrm{d}u = t\int_1^x f(u)\mathrm{d}u + x\int_1^t f(u)\mathrm{d}u$ 的两边对 x 求导，得 $tf(xt) = tf(x) + \int_1^t f(u)\mathrm{d}u$，继续在两边对 t 求导，得 $f'(t) = \frac{5}{2t}$，又 $f(1) = \frac{5}{2}$，所以 $f(x) = \frac{5}{2}\ln x + \frac{5}{2}$.

2. 设 $y = y(x)$ 在 $(-\infty, +\infty)$ 内具有二阶导数，且 $y' \neq 0$，$x = x(y)$ 是 $y = y(x)$ 的反函数.

  (1) 试将 $x = x(y)$ 所满足的微分方程 $\dfrac{\mathrm{d}^2 x}{\mathrm{d}y^2} + (y + \sin x)\left(\dfrac{\mathrm{d}x}{\mathrm{d}y}\right)^3 = 0$ 变换为 $y = y(x)$ 满足的微分方程；

  (2) 求变换后的微分方程满足初始条件 $y(0) = 0, y'(0) = \dfrac{3}{2}$ 的解.（2003 考研真题）（文）

解：(1) $\dfrac{\mathrm{d}x}{\mathrm{d}y} = \dfrac{1}{\frac{\mathrm{d}y}{\mathrm{d}x}}$，$\dfrac{\mathrm{d}^2 x}{\mathrm{d}y^2} = -\dfrac{1}{\left(\frac{\mathrm{d}y}{\mathrm{d}x}\right)^3} \cdot \dfrac{\mathrm{d}^2 y}{\mathrm{d}x^2}$，代入方程得 $\dfrac{\mathrm{d}^2 y}{\mathrm{d}x^2} - y = \sin x$；

(2) 由 $y(0) = 0, y'(0) = \dfrac{3}{2}$，故所求特解为 $y = \mathrm{e}^x - \mathrm{e}^{-x} - \dfrac{1}{2}\sin x$.

3. 设函数 $f(u)$ 具有连续导数且 $z = f(\mathrm{e}^x \cos y)$ 满足 $\cos y \dfrac{\partial z}{\partial x} - \sin y \dfrac{\partial z}{\partial y} = (4z + \mathrm{e}^x \cos y)\mathrm{e}^x$. 若 $f(0) = 0$，求 $f(u)$ 的表达方式.（理）

解：令 $u = \mathrm{e}^x \cos y$，则 $\dfrac{\partial z}{\partial x} = f'(u)\mathrm{e}^x \cos y$，$\dfrac{\partial z}{\partial y} = -f'(u)\mathrm{e}^x \sin y$，得 $f'(u) = 4f(u) + u$，又 $f(0) = 0$，故 $f(u) = \dfrac{1}{16}(\mathrm{e}^{4u} - 4u - 1)$.

习题 14-5

A 组

1. 求下列全微分方程的通解：

  (1) $(5x^4 + 3xy^2 - y^3)\mathrm{d}x + (3x^2 y - 3xy^2 + y^2)\mathrm{d}y = 0$；

  (2) $\left(x + \dfrac{y}{x^2}\right)\mathrm{d}x - \dfrac{1}{x}\mathrm{d}y = 0$；(3) $(y + \mathrm{e}^y)\mathrm{d}x + x(1 + \mathrm{e}^y)\mathrm{d}y = 0$；

  (4) $\left(3x^2 \tan y - \dfrac{2y^3}{x^3}\right)\mathrm{d}x + \left(x^3 \sec^2 y + 4y^3 + \dfrac{3y^2}{x^2}\right)\mathrm{d}y = 0$；

  (5) $\left(\dfrac{x}{\sqrt{x^2 + y^2}} + \dfrac{1}{x} + \dfrac{1}{y}\right)\mathrm{d}x + \left(\dfrac{y}{\sqrt{x^2 + y^2}} + \dfrac{1}{y} - \dfrac{x}{y^2}\right)\mathrm{d}y = 0$.

解：(1) 因为 $\dfrac{\partial P}{\partial y} = \dfrac{\partial Q}{\partial x} = 6xy - 3y^2$，所以该方程为全微分方程，则 $u(x, y) = \int_0^x 5x^4 \mathrm{d}x + \int_0^y (3x^2 y - 3xy^2 + y^2)\mathrm{d}y = x^5 + \dfrac{3}{2}x^2 y^2 - xy^3 + \dfrac{1}{3}y^3$，故原方程的通解为 $x^5 + \dfrac{3}{2}x^2 y^2 - xy^3 + \dfrac{1}{3}y^3 = C$；

(2) 因为 $\dfrac{\partial P}{\partial y}=\dfrac{1}{x^2},\dfrac{\partial Q}{\partial x}=\dfrac{1}{x^2}$,所以该方程为全微分方程,则 $u(x,y)=\displaystyle\int_1^x\left(x+\dfrac{1}{x^2}\right)\mathrm{d}x+\displaystyle\int_1^y\left(-\dfrac{1}{x}\right)\mathrm{d}y=\dfrac{1}{2}x^2-\dfrac{y}{x}+\dfrac{1}{2}$,故原方程的通解为 $\dfrac{1}{2}x^2-\dfrac{y}{x}=C$;

(3) 因为 $\dfrac{\partial P}{\partial y}=1+\mathrm{e}^y,\dfrac{\partial Q}{\partial x}=1+\mathrm{e}^y$,则该方程为全微分方程,所以 $u(x,y)=\displaystyle\int_0^x 1\mathrm{d}x+\displaystyle\int_0^y x(1+\mathrm{e}^y)\mathrm{d}y=xy+x\mathrm{e}^y$,故原方程的通解为 $xy+x\mathrm{e}^y=C$;

(4) 因为 $\dfrac{\partial P}{\partial y}=3x^2\sec^2 y-\dfrac{6y^2}{x^3},\dfrac{\partial Q}{\partial x}=3x^2\sec^2 y-\dfrac{6y^2}{x^3}$,所以该方程为全微分方程,则 $u(x,y)=\displaystyle\int_1^x 0\mathrm{d}x+\displaystyle\int_0^y\left(x^3\sec^2 y+4y^3+\dfrac{3y^2}{x^2}\right)\mathrm{d}y=x^3\tan y+\dfrac{y^3}{x^2}+y^4$,故原方程的通解为 $x^3\tan y+\dfrac{y^3}{x^2}+y^4=C$;

(5) 因为 $\dfrac{\partial P}{\partial y}=\dfrac{-xy}{\sqrt{(x^2+y^2)^3}}-\dfrac{1}{y^2},\dfrac{\partial Q}{\partial x}=\dfrac{-xy}{\sqrt{(x^2+y^2)^3}}-\dfrac{1}{y^2}$,所以该方程为全微分方程,则 $u(x,y)=\displaystyle\int_1^x\left(\dfrac{x}{\sqrt{x^2+1}}+\dfrac{1}{x}+1\right)\mathrm{d}x+\displaystyle\int_1^y\left(\dfrac{y}{\sqrt{x^2+y^2}}+\dfrac{1}{y}-\dfrac{x}{y^2}\right)\mathrm{d}y=\sqrt{x^2+y^2}+\ln|x|+\ln|y|+\dfrac{x}{y}-\sqrt{2}-1$,故原方程的通解为 $\sqrt{x^2+y^2}+\ln|x|+\ln|y|+\dfrac{x}{y}=C.$

2. 求下列微分方程的特解:

(1) $(y+2xy^2)\mathrm{d}x+(x+2x^2 y)\mathrm{d}y=0,y(1)=1$;

(2) $4x^3 y^3\mathrm{d}x+3x^4 y^2\mathrm{d}y=0,y(1)=1$;

(3) $2x(1+\sqrt{x^2-y})\mathrm{d}x-\sqrt{x^2-y}\mathrm{d}y=0,y(0)=-1$;

(4) $(1+y^2\sin 2x)\mathrm{d}x-y\cos 2x\mathrm{d}y=0,y(0)=3$;

(5) $(1+\mathrm{e}^{\frac{x}{y}})\mathrm{d}x+\mathrm{e}^{\frac{x}{y}}\left(1-\dfrac{x}{y}\right)\mathrm{d}y=0,y(0)=1.$

解:(1) 易知该方程为全微分方程,则 $u(x,y)=\displaystyle\int_0^x 0\mathrm{d}x+\displaystyle\int_0^y(x+2x^2 y)\mathrm{d}y=xy+x^2 y^2$,又 $y(1)=1$,故原方程的特解为 $xy+x^2 y^2=2$;

(2) 易知该方程为全微分方程,则 $u(x,y)=\displaystyle\int_0^x 0\mathrm{d}x+\displaystyle\int_0^y 3x^4 y^2\mathrm{d}y=x^4 y^3$,又 $y(1)=1$,故原方程的特解为 $x^4 y^3=1$;

(3) 易知该方程为全微分方程,则 $u(x,y)=\displaystyle\int_0^x 2x(1+\sqrt{x^2})\mathrm{d}x+\displaystyle\int_0^y -\sqrt{x^2-y}\mathrm{d}y=x^2+\dfrac{2}{3}(x^2-y)^{\frac{3}{2}}$,又 $y(1)=1$,故原方程的特解为 $x^2+\dfrac{2}{3}(x^2-y)^{\frac{3}{2}}=\dfrac{2}{3}$;

(4) 易知该方程为全微分方程,则 $u(x,y)=\displaystyle\int_0^x 1\mathrm{d}x+\displaystyle\int_0^y -y\cos 2x\mathrm{d}y=x-\dfrac{1}{2}y^2\cos 2x$,又 $y(0)=3$,故原方程的特解为 $x-\dfrac{1}{2}y^2\cos 2x=-\dfrac{9}{2}$;

(5) 设 $P(x,y)=1+\mathrm{e}^{\frac{x}{y}},Q(x,y)=\mathrm{e}^{\frac{x}{y}}\left(1-\dfrac{x}{y}\right)$,易知该方程为全微分方程,则 $u(x,y)=$

$\int_1^y 1 dy + \int_0^x (1+e^{\frac{x}{y}}) dx = x + y e^{\frac{x}{y}} - 1$,又 $y(0)=1$,故原方程的特解为 $x + y e^{\frac{x}{y}} = 1$.

B 组

1. 已知方程 $(6y + x^2 y^2) dx + (8x + x^3 y) dy = 0$ 的两边乘以 $y^3 f(x)$ 后便成为全微分方程,试求出可导函数 $f(x)$,并解此微分方程.

    解:设 $P(x,y) = y^3(6y + x^2 y^2)f(x)$,$Q(x,y) = y^3(8x + x^3 y)f(x)$,则 $\frac{\partial P}{\partial y} = \frac{\partial Q}{\partial x}$,即 $(24y^3 + 5x^2 y^4)f(x) = (8y^3 + 3x^2 y^4)f(x) + y^3(8x + x^3 y)f'(x)$,从而求得 $f(x) = C_1 x^2$,进而可得 $u(x,y) = 2x^3 y^4 + \frac{1}{5} x^5 y^5$,故通解为 $2x^3 y^4 + \frac{1}{5} x^5 y^5 = C$.

习题 14-6

A 组

1. 求下列微分方程的通解:

    (1) $y'' = e^{3x} + \sin x$;   (2) $y'' = 1 + y'^2$;   (3) $y'' = 2yy'$;

    (4) $y'' + (y')^2 = \frac{1}{2} e^{-y}$;(理4文5) (4) $y'' = (y')^2 = \frac{1}{2} e^{-y}$;(文)

    (5) $(1 + e^x) y'' + y' = 0$.(理5文6)

    解:(1) 方程为 $y^{(n)} = f(x)$ 型,故进行连续两次不定积分即可,得通解为 $y = \frac{1}{9} e^{3x} - \sin x + C_1 x + C_2$;

    (2) 设 $y' = p$,代入方程得 $\frac{dp}{dx} = 1 + p^2$,分离变量积分得 $y' = \tan(x + C_1)$,故原方程的通解为 $y = -\ln|\cos(x + C_1)| + C_2$;

    (3) 设 $y' = p$,代入得 $p \frac{dp}{dy} - 2yp = 0$,分离变量积分得 $y' = y^2 + C_1$,继续解分离变量方程得通解为 $y = D_1 \tan(D_1 x + D_2)$;

    (4)(理4文5)设 $y' = p$,代入得 $x^2 p' = p^2$,分离变量积分得 $y' = \frac{x}{1 + C_1 x}$,故原方程的通解为 $y = \frac{1}{C_1}\left(x - \frac{1}{C_1} \ln|1 + C_1 x|\right) + C_2$;

    (4)(文)设 $y' = p$,代入得 $p \frac{dp}{dy} + p^2 = \frac{1}{2} e^{-y}$,解伯努利方程得 $y' = \sqrt{e^{-2y}(e^y + C_1)}$,继续分离变量积分得通解为 $4(e^y + C_1) = (x + C)^2$;

    (5) 设 $y' = p$,代入得 $(1 + e^x) p' = -p$,分离变量积分得 $y' = C_1(e^{-x} + 1)$,继续积分得通解为 $y = C_1(x - e^{-x}) + C_2$.

2. 求下列微分方程的特解:

    (1) $y'' + y'^2 = 2e^{-y}$ 且 $y(0) = 0, y'(0) = 2$;

    (2) $y'' = \frac{3}{2} y^2$ 且 $y|_{x=0} = 1, y'|_{x=0} = 1$;

    (3) $y'' + \frac{y'^2}{1-y} = 0$ 且 $y|_{x=0} = 2, y'|_{x=0} = 1$;

(4) $xy''+3y'=0$ 且 $y|_{x=1}=1, y'|_{x=1}=-2$;

(5) $y''=y'+x$ 且 $y|_{x=0}=2, y'|_{x=0}=0$.

解:(1) 设 $y'=p$,代入方程整理得 $\dfrac{\mathrm{d}p}{\mathrm{d}y}+p=2\mathrm{e}^{-y}p^{-1}$,又 $p(0)=2$,解上述伯努利方程得 $y'=2\mathrm{e}^{-\frac{y}{2}}$,继续分离变量积分,且 $y(0)=0$,故特解为 $y=\ln(x^2+2x+1)$;

(2) 设 $y'=p$,代入方程整理得 $p\dfrac{\mathrm{d}p}{\mathrm{d}y}=\dfrac{3}{2}y^2$,又 $p(1)=1$,解得 $y'=y^{\frac{3}{2}}$,方程为可分离变量方程,且 $y|_{x=0}=1$,故特解为 $y=\dfrac{4}{(x-2)^2}$;

(3) 设 $y'=p$,代入方程整理得 $p\dfrac{\mathrm{d}p}{\mathrm{d}y}+\dfrac{p^2}{1-y}=0$,又 $p(2)=1$,解得 $y'=y-1$,方程为可分离变量方程,且 $y|_{x=0}=2$,故特解为 $y=1+\mathrm{e}^x$;

(4) 设 $y'=p$,代入方程整理得 $xp'+3p=0$,方程为可分离变量方程,又 $p(1)=-2$,解得 $y'=-\dfrac{2}{x^3}$,且 $y|_{x=1}=1$,故特解为 $y=\dfrac{1}{x^2}$;

(5) 设 $y'=p$,代入方程整理得 $xp'=p+x$,此为一阶线性微分方程,又 $p(2)=0$,解得 $y'=x\ln\dfrac{x}{2}$,且 $y|_{x=0}=2$,故特解为 $y=\mathrm{e}^x-\dfrac{x^2}{2}-x+1$.

B 组

1. 求 $xyy''+x(y')^2-yy'=0$ 的通解.

解:令 $yy'=u$,则 $\dfrac{\mathrm{d}u}{\mathrm{d}x}=yy''+(y')^2$,原方程化为 $x\dfrac{\mathrm{d}u}{\mathrm{d}x}=u$,解得 $u=C_1x$,即 $yy'=C_1x$,所以原方程的通解为 $y^2=C_1x^2+C_2$.

2. 已知 $y_1=\mathrm{e}^x, y_2=u(x)\mathrm{e}^x$ 是二阶微分方程 $(2x-1)y''-(2x+1)y'+2y=0$ 的两个解,若 $u(-1)=\mathrm{e}, u(0)=-1$,求 $u(x)$,并写出该微分方程的通解. (2016 考研真题)(理)

(理)解:将 y_2, y_2', y_2'' 代入微分方程 $(2x-1)y''-(2x+1)y'+2y=0$,可得 $(2x-1)u''(x)+(2x-3)u'(x)=0$,这是可降阶的微分方程,解得 $u(x)=C_1\mathrm{e}^{-x}(-2x-1)+C_2$,再将 $u(-1)=\mathrm{e}, u(0)=-1$ 代入,得 $u(x)=-(2x+1)\mathrm{e}^{-x}$,所以通解为 $y=C_1\mathrm{e}^x+C_2(2x+1)$.

2. 设函数 $y=f(x)$ 由参数方程 $\begin{cases} x=2t+t^2 \\ y=\varphi(x) \end{cases}$ $(t>-1)$ 所确定,且 $\dfrac{\mathrm{d}^2y}{\mathrm{d}x^2}=\dfrac{3}{4(1+t)}$,其中 $\varphi(t)$ 具有二阶导数,曲线 $y=\varphi(t)$ 与 $y=\displaystyle\int_1^{t^2}\mathrm{e}^{-u^2}\mathrm{d}u+\dfrac{3}{2\mathrm{e}}$ 在 $t=1$ 处相切.求函数 $y=\varphi(t)$. (2011 考研真题)(理总复习题 8 文 2)

(理总复习题 8 文 2)解:由题设可得 $\dfrac{\mathrm{d}^2y}{\mathrm{d}x^2}=\dfrac{(1+t)\varphi''(t)-\varphi'(t)}{4(1+t)^3}$,则 $\dfrac{(1+t)\varphi''(t)-\varphi'(t)}{4(1+t)^3}=\dfrac{3}{4(1+t)}$,整理得 $(1+t)\varphi''(t)-\varphi'(t)=3(1+t)^2$,解此可降阶的微分方程得 $\varphi'(t)=(1+t)(3t+C_1)$,于是 $\varphi(t)=t^3+\dfrac{3+C_1}{2}t^2+C_1t+C_2$,又 $\varphi(1)=\dfrac{3}{2\mathrm{e}}, \varphi'(1)=\dfrac{2}{\mathrm{e}}$,故 $C_1=\dfrac{1}{\mathrm{e}}-3, C_2=2$.从而可得 $\varphi(t)=t^3+\dfrac{1}{2\mathrm{e}}t^2+\left(\dfrac{1}{\mathrm{e}}-3\right)t+2$.

习题 14-7

A 组

1. 判断下列函数在其定义区间内是线性相关还是线性无关:

   (1) x, x^2;   (2) $e^x \cos 2x, \sin 2x$;   (3) $\sin^2 x, \cos^2 x$;

   (4) $\sin 2x, \cos x \sin x$;   (5) $e^{x^2}, x e^{x^2}$;   (6) $\ln \frac{1}{x^2}, \ln x^3$.

   解:(1) $\dfrac{x}{x^2} = \dfrac{1}{x} \neq$ 常数,所以 x, x^2 线性无关;

   (2) $\dfrac{e^x \cos 2x}{\sin 2x} = e^x \cot 2x \neq$ 常数,所以 $e^x \cos 2x, \sin 2x$ 线性无关;

   (3) $\dfrac{\sin^2 x}{\cos^2 x} = \tan^2 x \neq$ 常数,所以 $\sin^2 x, \cos^2 x$ 线性无关;

   (4) $\dfrac{\sin 2x}{\cos x \sin x} = 2 =$ 常数,所以 $\sin 2x, \cos x \sin x$ 线性相关;

   (5) $\dfrac{e^{x^2}}{x e^{x^2}} = \dfrac{1}{x} \neq$ 常数,所以 $e^{x^2}, x e^{x^2}$ 线性无关;

   (6) $\dfrac{\ln \frac{1}{x^2}}{\ln x^3} = -\dfrac{2}{3} =$ 常数,所以 $\ln \dfrac{1}{x^2}, \ln x^3$ 线性相关.

2. 验证 $y_1 = \cos \omega x$ 及 $y_2 = \sin \omega x$ 都是方程 $y'' + \omega^2 y = 0$ 的解,并写出该方程的通解.

   解:因为 $\dfrac{y_1}{y_2} \neq$ 常数,即 y_1, y_2 线性无关,所以通解为 $y = C_1 \cos \omega x + C_2 \sin \omega x$.

3. 验证 $y_1 = e^{x^2}$ 及 $y_2 = x e^{x^2}$ 都是方程 $y'' - 4xy' + (4x^2 - 2)y = 0$ 的解,并写出该方程的通解.

   解:易证 y_1, y_2 为方程的解,因为 $\dfrac{y_1}{y_2} \neq$ 常数,即 y_1, y_2 线性无关,所以原方程的通解为 $y = (C_1 + C_2 x) e^{x^2}$.

4. 已知 $y_1 = 3, y_2 = 3 + x^2, y_3 = 3 + x^2 + e^x$ 都是微分方程 $(x^2 - 2x)y'' - (x^2 - 2)y' + (2x - 2)y = 6x - 6$ 的解,求此方程的通解.

   解:由条件知 $y_2 - y_1 = x^2, y_3 - y_2 = e^x$ 是对应齐次方程的两个特解,且线性无关,故对应齐次线性微分方程的通解为 $C_1 e^x + C_2 x^2$,所以原方程的通解为 $y = C_1 e^x + C_2 x^2 + 3$.

5. 验证 $y = C_1 e^{C_2 - 3x} - 1$ 是 $y'' - 9y = 9$ 的解,并说明它不是通解,其中 C_1, C_2 是两个任意常数.

   解:将 y_1, y_1'' 代入方程得左边 $=$ 右边,但 $y = C_1 e^{C_2 - 3x} - 1 = C e^{-3x} - 1$ 仅有一个独立任意常数,故它是方程的解但不是通解.

6. 验证 $y = \dfrac{1}{x}(C_1 e^x + C_2 e^{-x}) + \dfrac{1}{2} e^x$ (C_1, C_2 是两个任意常数) 是方程 $xy'' + 2y' - xy = e^x$ 的通解.

   解:将 y, y'' 代入方程得左边 $=$ 右边,又 y 有两个独立任意常数,故 y 是方程的通解.

B 组

1. 设 $y_1 = xe^x + e^{2x}$,$y_2 = xe^x + e^{-x}$,$y_3 = xe^x + e^{2x} - e^{-x}$ 是某二阶线性非齐次方程的解,求该方程的通解.

   解:$y_3 - y_1 = -e^{-x}$,$y_3 - y_2 = e^{2x} - 2e^{-x}$,故通解为 $y = C_1(y_3 - y_1) + C_2(y_3 - y_2) + y_3$,整理得 $y = C_1 e^{2x} + C_2 e^{-x} + xe^x + e^{2x} - e^{-x}$.

2. 已知线性非齐次方程 $y'' + p(x)y' + q(x)y = f(x)$ 的三个解为 y_1, y_2, y_3,且 $y_2 - y_1$ 与 $y_3 - y_1$ 线性无关,证明 $(1 - C_1 - C_2)y_1 + C_1 y_2 + C_2 y_3$ 是方程的通解.

   证:$(1 - C_1 - C_2)y_1 + C_1 y_2 + C_2 y_3 = y_1 + C_1(y_2 - y_1) + C_2(y_3 - y_1)$,由解的结构得证.

习题 14-8

A 组

1. 求下列微分方程的通解:

   (1) $y'' + 5y' + 6y = 0$;　　(2) $16y'' - 24y' + 9y = 0$;　　(3) $y'' + y = 0$;

   (4) $y'' + 8y' + 25y = 0$;　　(5) $4y'' - 20y' + 25y = 0$;　　(6) $y'' - 4y' + 5y = 0$;

   (7) $y^{(4)} + 5y'' - 36y = 0$;　　(8) $y''' - 4y'' + y' + 6y = 0$;　　(9) $y^{(5)} + 2y''' + y' = 0$.

   解:(1) 特征方程为 $r^2 + 5r + 6 = 0$,特征根为 $r_1 = -2, r_2 = -3$,故通解为 $y = C_1 e^{-2x} + C_2 e^{-3x}$;

   (2) 特征方程为 $16r^2 - 24r + 9 = 0$,特征根为 $r_1 = r_2 = \dfrac{3}{4}$,故通解为 $y = (C_1 + C_2 x)e^{\frac{3x}{4}}$;

   (3) 特征方程为 $r^2 + 1 = 0$,特征根为 $r_{1,2} = \pm i$,故通解为 $y = C_1 \cos x + C_2 \sin x$;

   (4) 特征方程 $r^2 + 8r + 25 = 0$,特征根为 $r_{1,2} = -4 \pm 3i$,通解为 $y = e^{-4x}(C_1 \cos 3x + C_2 \sin 3x)$;

   (5) 特征方程为 $4r^2 - 20r + 25 = 0$,特征根为 $r_1 = r_2 = \dfrac{5}{2}$,故通解为 $y = (C_1 + C_2 x)e^{\frac{5x}{2}}$;

   (6) 特征方程为 $r^2 - 4r + 5 = 0$,特征根为 $r_{1,2} = 2 \pm i$,故通解为 $y = e^{2x}(C_1 \cos x + C_2 \sin x)$;

   (7) 特征方程为 $r^4 + 5r^2 - 36 = 0$,特征根为 $r_{1,2} = \pm 3i, r_3 = 2, r_4 = -2$,故通解为 $y = C_1 e^{2x} + C_2 e^{-2x} + C_3 \cos 3x + C_4 \sin 3x$;

   (8) 特征方程为 $r^3 - 4r^2 + r + 6 = 0$,特征根为 $r_1 = -1, r_2 = 2, r_3 = 3$,故通解为 $y = C_1 e^{-x} + C_2 e^{2x} + C_3 e^{3x}$;

   (9) 特征方程为 $r^5 + 2r^3 + r = 0$,特征根为 $r_{1,2} = r_{3,4} = \pm i, r_5 = 0$,故通解为 $y = C_1 + (C_2 + C_3 x)\cos x + (C_4 + C_5 x)\sin x$.

2. 求下列微分方程满足初始条件的特解:

   (1) $4y'' + 4y' + y = 0$ 且满足 $y|_{x=0} = 2, y'|_{x=0} = 0$;

   (2) $y'' + 4y' + 29y = 0$ 且满足 $y|_{x=0} = 0, y'|_{x=0} = 15$.

   解:(1) 特征方程为 $4r^2 + 4r + 1 = 0$,解得 $r_1 = r_2 = -\dfrac{1}{2}$,故通解为 $y = (C_1 + C_2 x)e^{-\frac{x}{2}}$.

   又 $y|_{x=0} = 2, y'|_{x=0} = 0$,代入通解得 $C_1 = 2, C_2 = 1$,所以原方程的特解为 $y = (2 + x)e^{-\frac{x}{2}}$;

   (2) 特征方程为 $r^2 + 4r + 29 = 0$,解得 $r_{1,2} = -2 \pm 5i$,故通解为 $y = e^{-2x}(C_1 \cos 5x + C_2 \sin 5x)$. 又 $y|_{x=0} = 0, y'|_{x=0} = 15$,代入通解解得 $C_1 = 0, C_2 = 3$,所以原方程的特解为 $y = 3e^{-2x} \sin 5x$.

3. 已知一个四阶常系数齐次线性微分方程的四个线性无关的特解为 $y_1=e^x, y_2=xe^x, y_3=\cos2x, y_4=3\sin2x$,求这个四阶微分方程及其通解.

   解:由题意知方程的特征根为 $r_{1,2}=\pm 2i, r_3=r_4=1$,则特征方程为 $(r-1)^2(r^2+4)=0$,所以微分方程为 $y^{(4)}-2y^{(3)}+5y''-8y'+4y=0$,通解为 $y=(C_1+C_2)e^x+C_3\cos2x+C_4\sin2x$.

4. 求三阶常系数齐次线性微分方程 $y'''-2y''+y'-2y=0$ 的通解.(2010考研真题)

   解:方程的特征方程为 $r^3-2r^2+r-2=0$,解得 $r_1=2, r_{2,3}=\pm i$,故通解为 $y=C_1e^{2x}+C_2\cos x+C_3\sin x$.

5. 求微分方程 $y'''-y=0$ 的通解.(2021考研真题)

   解:原方程的特征方程为 $r^3-1=0$,解得 $\lambda_1=1, \lambda_{2,3}=-\dfrac{1}{2}\pm\dfrac{\sqrt{3}}{2}i$,故原方程的通解为 $y=C_1e^x+e^{-\frac{x}{2}}\left(C_2\cos\dfrac{\sqrt{3}}{2}x+C_3\sin\dfrac{\sqrt{3}}{2}x\right)$,其中 C_1, C_2, C_3 为任意常数.

B 组

1. 设数列 $\{a_n\}$ 满足条件 $a_0=3, a_1=1, a_{n-2}-n(n-1)a_n=0(n\geqslant 2)$,$S(x)$ 是幂级数 $\sum\limits_{n=0}^{\infty}a_nx^n$ 的和函数.

   (1) 证明 $S''(x)-S(x)=0$;

   (2) 求 $S(x)$ 的表达式.(2013考研真题)

   解:(1) $S(x)=\sum\limits_{n=0}^{\infty}a_nx^n, S'(x)=\sum\limits_{n=0}^{\infty}a_{n+1}\cdot(n+1)x^n, S''(x)=\sum\limits_{n=0}^{\infty}a_{n+2}\cdot(n+2)(n+1)x^n$,由 $a_{n+2}=\dfrac{1}{(n+2)(n+1)}a_n$,可得 $S''(x)-S(x)=0$;

   (2) $S''(x)-S(x)=0$ 的特征方程为 $r^2-1=0$,解得 $r=\pm 1$,故通解为 $y=C_1e^x+C_2e^{-x}$.又 $S(0)=a_0=3, S'(0)=a_1=1$,从而可得 $C_1=2, C_2=1$,故 $S(x)=2e^x+e^{-x}$.

2. 设函数 $y=f(x)$ 满足 $y''+2y'+5y=0$ 且有 $y|_{x=0}=1, y'|_{x=0}=-1$.

   (1) 求 $y=f(x)$ 的表达式;

   (2) 设 $a_n=\displaystyle\int_{n\pi}^{+\infty}f(x)dx$,求 $\sum\limits_{n=1}^{\infty}a_n$.(2020年考研真题)

   解:(1) 特征方程为 $r^2+2r+5=0$,解得 $r_{1,2}=-1\pm 2i$,故原方程的通解为 $y=e^{-x}(C_1\cos2x+C_2\sin2x)$.又 $C_1=1, C_2=0$,则 $y=f(x)=e^{-x}\cos2x$;

   (2) $a_n=\displaystyle\int_{n\pi}^{+\infty}e^{-x}\cos2x\,dx=\dfrac{1}{5}(-e^{-x}\cos2x+2e^{-x}\sin2x)\Big|_{n\pi}^{+\infty}=\dfrac{1}{5}e^{-n\pi}$,所以 $\sum\limits_{n=1}^{\infty}a_n=\dfrac{1}{5}\sum\limits_{n=1}^{\infty}e^{-n\pi}=\dfrac{1}{5}\dfrac{1}{e^{\pi}-1}$.

3. 设函数 $y(x)$ 满足 $y''+2y'+ky=0$,其中 $0<k<1$.

   (1) 证明反常积分 $\displaystyle\int_0^{+\infty}y(x)dx$ 收敛;

   (2) 若 $y|_{x=0}=1, y'|_{x=0}=1$,求 $\displaystyle\int_0^{+\infty}y(x)dx$ 的值.(2016考研真题)(理)

   (1) 证:解方程 $y''+2y'+by=0$,得 $y(x)=C_1e^{r_1x}+C_2e^{r_2x}$,其中 $r_{1,2}=-1\pm\sqrt{1-k}$.

计算 $\int_0^{+\infty} y(x)\,\mathrm{d}x = \int_0^{+\infty}(C_1\mathrm{e}^{r_1 x}+C_2\mathrm{e}^{r_2 x})\,\mathrm{d}x = -\dfrac{C_1}{r_1}-\dfrac{C_2}{r_2}(r_{1,2}<0)$,故 $\int_0^{+\infty}y(x)\,\mathrm{d}x$ 收敛；

(2) 解：将 $y(0)=1, y'(0)=1$ 代入，得 $C_1 = \dfrac{2+\sqrt{1-k}}{2\sqrt{1-k}}, C_2 = \dfrac{-2+\sqrt{1-k}}{2\sqrt{1-k}}$，故

$\int_0^{+\infty} y(x)\,\mathrm{d}x = \dfrac{3}{k}.$

习题 14 - 9

A 组

1. 下列微分方程具有何种形式的特解？

    (1) $y''+4y'-5y=x$；　　　(2) $y''+4y'=x$；　　　(3) $y''+y=2\mathrm{e}^x$；

    (4) $y''+y=x^2\mathrm{e}^x$；　　　(5) $y''+y=\sin 2x$；　　　(6) $y''+y=3\sin x$.

    解：(1) 特征方程为 $r^2+4r-5=0$，解得 $r_1=-5, r_2=1$，又 $f(x)=\mathrm{e}^{0\cdot x}\cdot x$，其中 $\lambda=0$，故特解形式为 $y^*=b_0 x+b_1$；

    (2) 特征方程为 $r^2+4r=0$，解得 $r_1=0, r_2=-4$，又 $f(x)=\mathrm{e}^{0\cdot x}\cdot x$，其中 $\lambda=0$，故特解形式为 $y^*=x(b_0 x+b_1)$；

    (3) 特征方程为 $r^2+1=0$，解得 $r_{1,2}=\pm\mathrm{i}$，又 $f(x)=2\mathrm{e}^x$，其中 $\lambda=1$，故特解形式为 $y^*=b_0\mathrm{e}^x$；

    (4) 特征方程为 $r^2+1=0$，解得 $r_{1,2}=\pm\mathrm{i}$，又 $f(x)=x^2\mathrm{e}^x$，其中 $\lambda=1$，故特解形式为 $y^*=(b_0 x^2+b_1 x+b_2)\mathrm{e}^x$；

    (5) 特征方程为 $r^2+1=0$，解得 $r_{1,2}=\pm\mathrm{i}$，又 $f(x)=\mathrm{e}^{0\cdot x}(1\cdot\sin 2x+0\cdot\cos 2x)$，其中 $\lambda+\mathrm{i}\omega=2\mathrm{i}$，故特解形式为 $y^*=b_0\cos 2x+b_1\sin 2x$；

    (6) 特征方程为 $r^2+1=0$，解得 $r_{1,2}=\pm\mathrm{i}$，又 $f(x)=\mathrm{e}^{0\cdot x}(1\cdot\sin x+0\cdot\cos x)$，其中 $\lambda+\mathrm{i}\omega=\mathrm{i}$，故特解形式为 $y^*=x(b_0\cos x+b_1\sin x)$.

2. 求下列微分方程的通解：

    (1) $y''+y'+2y=x^2-3$；　　　(2) $y''+a^2 y=\mathrm{e}^x$；

    (3) $y''+y=(x-2)\mathrm{e}^{3x}$；　　　(4) $y''-6y'+9y=\mathrm{e}^x\cos x$.

    解：(1) 对应齐次方程的通解为 $Y(x)=\mathrm{e}^{-\frac{x}{2}}\left(C_1\cos\dfrac{\sqrt{7}}{2}x+C_2\sin\dfrac{\sqrt{7}}{2}x\right)$，由待定系数法得非齐次方程的特解为 $y^*=\dfrac{1}{2}x^2-\dfrac{1}{2}x-\dfrac{7}{4}$，故通解为 $y=\mathrm{e}^{-\frac{x}{2}}\left(C_1\cos\dfrac{\sqrt{7}}{2}x+C_2\sin\dfrac{\sqrt{7}}{2}x\right)+\dfrac{1}{2}x^2-\dfrac{1}{2}x-\dfrac{7}{4}$；

    (2) 对应齐次方程的通解为 $Y(x)=C_1\cos ax+C_2\sin ax$，由待定系数法得非齐次方程的特解为 $y^*=\dfrac{\mathrm{e}^x}{1+a^2}$，故通解为 $y=C_1\cos ax+C_2\sin ax+\dfrac{\mathrm{e}^x}{1+a^2}$；

    (3) 对应齐次方程的通解为 $Y(x)=C_1\cos x+C_2\sin x$，由待定系数法得非齐次方程的特解为 $\left(\dfrac{1}{10}x-\dfrac{13}{50}\right)\mathrm{e}^{3x}$，故通解为 $y=C_1\cos x+C_2\sin x+\left(\dfrac{1}{10}x-\dfrac{13}{50}\right)\mathrm{e}^{3x}$；

    (4) 对应齐次方程的通解为 $Y(x)=\mathrm{e}^{3x}(C_1+C_2 x)$，由待定系数法得非齐次线性方程的

特解为 $e^x\left(\dfrac{3}{25}\cos x-\dfrac{4}{25}\sin x\right)$,故通解为 $y=e^{3x}(C_1+C_2 x)+e^x\left(\dfrac{3}{25}\cos x-\dfrac{4}{25}\sin x\right)$.

3. 求下列微分方程的特解:

    (1) $y''-3y'+2y=5, y\big|_{x=0}=1, y'\big|_{x=0}=2$;

    (2) $y''-y=4xe^x, y\big|_{x=0}=0, y'\big|_{x=0}=1$.

    解:(1) 对应齐次方程的通解为 $Y(x)=C_1 e^x+C_2 e^{2x}$,设特解为 $y^*=a$,代入解得 $a=\dfrac{5}{2}$,故通解为 $y=C_1 e^x+C_2 e^{2x}+\dfrac{5}{2}$. 又 $y\big|_{x=0}=1, y'\big|_{x=0}=2$,所以特解为 $y=-5e^x+\dfrac{7}{2}e^{2x}+\dfrac{5}{2}$;

    (2) 对应齐次方程的通解为 $Y(x)=C_1 e^x+C_2 e^{-x}$,设特解为 $y^*=x(ax+b)e^x$,代入解得 $a=1, b=-1$,故通解为 $y=C_1 e^x+C_2 e^{-x}+x(x-1)e^x$. 又 $y\big|_{x=0}=1, y'\big|_{x=0}=2$,所以特解为 $y^*=e^x-e^{-x}+e^x(x^2-x)$.

4. 设二阶常系数线性微分方程 $y''+\alpha y'+\beta y=\gamma e^x$ 的一个特解为 $y=e^{2x}+(1+x)e^x$,试确定常数 α,β,γ,并求该方程的通解.

    解:由题意知特解中齐次方程的通解为 $Y(x)=C_1 e^{2x}+C_2 e^x$,非齐次特解为 $y^*=xe^x$. 由于特征根 $r_1=2, r_2=1$,故齐次方程为 $y''-3y'+2y=0$,将 $y^*, (y^*)', (y^*)''$ 代入得 $y''-3y'+2y=-e^x$,故 $\alpha=-3, \beta=2, \gamma=-1$,通解为 $y=C_1 e^x+C_2 e^{2x}+xe^x$.

5. 设 $f(x)=\sin x-\displaystyle\int_0^x(x-t)f(t)dt$,其中 $f(x)$ 为连续函数,求 $f(x)$.

    解:积分方程两边连续两次对 x 求导,得 $f''(x)=-\sin x-f(x)$,且 $f(0)=1, f'(0)=1$,求此二阶常系数非齐次线性微分方程的特解,有 $f(x)=\dfrac{1}{2}\sin x+\dfrac{1}{2}x\cos x$.

B 组

1. 求方程 $y''+a^2 y=\sin x$ 的通解,其中常数 $a>0$.

    解:$y''+a^2 y=0$ 通解为 $y_1(x)=C_1 \sin ax+C_1 \cos ax$,又非齐次项为 $\sin x$,所以

    (1) $a\neq 1$ 时,设特解为 $y_1(x)=A\sin x+B\cos x$,代入得 $A=0, B=\dfrac{1}{a^2-1}$,故通解为 $y=C_1\cos ax+C_2\sin ax+\dfrac{1}{a^2-1}\sin x$;

    (2) $a=1$ 时,设特解为 $y_1(x)=x(A\sin x+B\cos x)$,代入得 $A=-\dfrac{1}{2}, B=0$,故通解为 $y=C_1\cos x+C_2\sin x-\dfrac{1}{2}x\cos x$.

2. 设 $y=y(x)$ 是二阶常系数微分方程 $y''+py'+qy=e^{3x}$ 满足初始条件 $y(0)=y'(0)=0$ 的特解,求极限 $\displaystyle\lim_{x\to 0}\dfrac{\ln(1+x^2)}{y(x)}$. (2002 考研真题)

    解:由 $y(0)=y'(0)=0$ 得 $y''(0)=e^0=1$,连续应用两次洛必达法则有 $\displaystyle\lim_{x\to 0}\dfrac{\ln(1+x^2)}{y(x)}=2$.

3. 设函数 $f(x), g(x)$ 满足 $f'(x)=g(x), g'(x)=2e^x-f(x)$ 且 $f(0)=0, g(0)=2$,求

$\int_0^\pi \left[\dfrac{g(x)}{1+x} - \dfrac{f(x)}{(1+x)^2}\right] \mathrm{d}x$. (2001 考研真题)(理总复习题 12 文 3)

解:由题设知 $f''(x) + f(x) = 2e^x$ 且 $f(0)=0, f'(0)=2$,解得 $f(x) = \sin x - \cos x + e^x$,故 $\int_0^\pi \left[\dfrac{g(x)}{1+x} - \dfrac{f(x)}{(1+x)^2}\right]\mathrm{d}x = \int_0^\pi \left[\dfrac{f'(x)}{1+x} - \dfrac{f(x)}{(1+x)^2}\right]\mathrm{d}x = \dfrac{1+e^\pi}{1+\pi}$.

习题 14 - 10

A 组

1. 求下列欧拉方程的通解:

   (1) $x^2 y'' + y = 3x^2$; (2) $x^2 y'' - xy' + 2y = x \ln x$;

   (3) $y'' + \dfrac{1}{x}y' - \dfrac{1}{x^2}y = e^x$; (4) $x^2 y'' + xy' - y = \ln^2 x$.

   解:(1) 令 $x = e^t$,整理得 $\dfrac{\mathrm{d}^2 y}{\mathrm{d}t^2} - \dfrac{\mathrm{d}y}{\mathrm{d}t} + y = 3e^{2t}$,所以原方程的通解为 $y = \sqrt{x}\left(C_1 \cos\left(\dfrac{\sqrt{3}}{2}\ln x\right) + C_2 \sin\left(\dfrac{\sqrt{3}}{2}\ln x\right)\right) + x^2$;

   (2) 令 $x = e^t$,整理得 $\dfrac{\mathrm{d}^2 y}{\mathrm{d}t^2} - 2\dfrac{\mathrm{d}y}{\mathrm{d}t} + 2y = te^t$,所以原方程的通解为 $y = x(C_1 \cos(\ln x) + C_2 \sin(\ln x)) + x\ln x$;

   (3) 方程整理为 $x^2 y'' + xy' - y = x^2 e^x$,令 $x = e^t$,则 $\dfrac{\mathrm{d}^2 y}{\mathrm{d}t^2} - y = e^{2t+e^t}$,所以原方程的通解为 $y = C_1 x + \dfrac{C_2}{x} + e^x\left(1 - \dfrac{1}{x}\right)$;

   (4) 令 $x = e^t$,整理得 $\dfrac{\mathrm{d}^2 y}{\mathrm{d}t^2} - y = t^2$,所以原方程的通解为 $y = \dfrac{C_1}{x} + C_2 x - \ln^2 x - 2$.

2. 用常数变易法求下列微分方程的通解:

   (1) $y'' - 3y' + 2y = \sin e^{-x}$; (2) $y'' - 2y' + y = \dfrac{e^x}{x}$;

   (3) $y'' + y = 2\sec^3 x$; (4) $y'' + y = \csc x$.

   解:(1) 对应齐次方程的通解为 $y = C_1 e^x + C_2 e^{2x}$,令方程的特解为 $y_0(x) = C_1(x)e^x + C_2(x)e^{2x}$,代入得 $C_1(x) = -x, C_2(x) = -\sin e^{-x}$,故原方程的通解为 $y = C_1 e^x + C_2 e^{2x} - e^{2x}\sin e^{-x}$;

   (2) 对应齐次方程的通解为 $y = C_1 e^x + C_2 x e^x$,令原方程的特解为 $y_0(x) = C_1(x)e^x + C_2(x)xe^x$,代入得 $C_1(x) = -x, C_2(x) = \ln|x|$,故原方程的通解为 $y = e^x(C_1 + C_2 x + x\ln|x|)$;

   (3) 对应齐次方程的通解为 $y = C_1 \cos x + C_2 \sin x$,令原方程的特解为 $y_0(x) = C_1(x)\cos x + C_2(x)\sin x$,代入得 $C_1(x) = -\sec^2 x, C_2(x) = 2\tan x$,故原方程的通解为 $y = C_1 \cos x + C_2 \sin x - \dfrac{\cos 2x}{\cos x}$;

   (4) 对应齐次方程的通解为 $y = C_1 \cos x + C_2 \sin x$,令原方程的特解为 $y_0(x) = C_1(x)\cos x + C_2(x)\sin x$,代入得 $C_1(x) = -x, C_2(x) = \ln|\sin x|$,故原方程的通解为

$y = C_1\cos 3x + C_2\sin 3x - x\cos x + \sin x \cdot \ln|\sin x|.$

3. 求二阶变系数线性齐次方程 $y'' - 2xy' - 4y = 0$ 满足初始条件 $y|_{x=0} = 0, y'|_{x=0} = 1$ 的特解.

解: 这里 $P(x) = -2x, Q(x) = -4$, 可设 $y = a_0 + a_1 x + a_2 x^2 + a_3 x^3 + a_4 x^4 + \cdots + a_n x^n + \cdots = \sum_{n=0}^{\infty} a_n x^n$, 又 $a_0 = 0, a_1 = 1$, 则 $y' = \sum_{n=1}^{\infty} n a_n x^{n-1} = x + 2a_2 x + 3a_3 x^2 + 4a_4 x^3 + \cdots + n a_n x^{n-1} + \cdots, y'' = \sum_{n=2}^{\infty} n(n-1) a_n x^{n-2} = 2a_2 + 3 \cdot 2 a_3 x + \cdots + n \cdot (n-1) a_n x^{n-2} + \cdots$, 代入方程, 解得 $a_{2k+1} = \frac{1}{k!}, a_{2k} = 0, k \in \mathbb{Z}^+$, 故原方程的和特解为 $y(x) = x + x^3 + \frac{x^5}{2!} + \cdots + \frac{x^{2k+1}}{k!} + \cdots = x e^{x^2}.$

4. 试用幂级数解法求下列微分方程的通解:

   (1) $(x+1)y' - y = x^2 - 2x$;   (2) $(1-x)y' + y = x^2$.

解: (1) 设 $y = a_0 + a_1 x + a_2 x^2 + a_3 x^3 + a_4 x^4 + \cdots + a_n x^n + \cdots = \sum_{n=0}^{\infty} a_n x^n$, 将 y', y'' 代入方程, 解得 $a_0 = C, a_1 = C, a_2 = -1, a_3 = \frac{2}{3}, a_4 = -\frac{1}{3}, a_5 = \frac{1}{5}, a_6 = -\frac{2}{15}, \cdots$, 故原方程的通解为 $y = C(1+x) - x^2 + \frac{2}{3}x^3 - \frac{1}{3}x^4 + \frac{1}{5}x^5 - \frac{2}{15}x^6 + \cdots$;

(2) 设 $y = a_0 + a_1 x + a_2 x^2 + a_3 x^3 + a_4 x^4 + \cdots + a_n x^n + \cdots = \sum_{n=0}^{\infty} a_n x^n$, 将 y', y'' 代入方程, 解得 $a_0 = C, a_1 = C, a_2 = 0, a_n = \frac{2}{n(n-1)}, (n \geq 3)$, 故原方程的通解为 $y = C(1-x) + x^3 \left[\frac{1}{3} + \frac{1}{6}x + \cdots + \frac{2}{(n+2)(n+3)} x^n + \cdots \right].$

5. 用幂级数解法求 $y' = y^2 + x^3$ 满足初始条件 $y|_{x=0} = \frac{1}{2}$ 的特解.

解: 设 $y = a_0 + a_1 x + a_2 x^2 + a_3 x^3 + a_4 x^4 + \cdots + a_n x^n + \cdots = \sum_{n=0}^{\infty} a_n x^n$, 由已知得 $a_0 = \frac{1}{2}$, 将 y', y'' 代入方程, 解得 $a_0 = C, a_1 = \frac{1}{4}, a_2 = \frac{1}{8}, a_3 = \frac{1}{16}, a_4 = \frac{9}{32}, \cdots$, 故原方程的特解为 $y^* = \frac{1}{2} + \frac{1}{4}x + \frac{1}{8}x^2 + \frac{1}{16}x^3 + \frac{9}{32}x^4 + \cdots.$

B 组

1. 适当选取函数 $v(x)$, 作变量代换 $y = v(x)u$, 将 y 关于 x 的微分方程 $y'' + \sqrt{x} y' + \frac{1}{4}\left(\frac{1}{\sqrt{x}} + x - 36\right) y = x e^{-\frac{1}{3}x^{\frac{3}{2}}}$ 化成 u 关于 x 的形如 $u'' + \lambda u = f(x)$ 的微分方程, 求出常数 λ, 函数 $f(x)$ 及原方程的通解.

解: 由条件得 $\frac{dy}{dx} = v'(x)u + v(x)\frac{du}{dx}$, 所以 $\frac{d^2 y}{dx^2} = v''(x)u + 2v'(x)\frac{du}{dx} + v(x)\frac{d^2 u}{dx^2}$, 则 $v''(x)u + 2v'(x)\frac{du}{dx} + v(x)\frac{d^2 u}{dx^2} + \left(v'(x)u + v(x)\frac{du}{dx}\right)x^{\frac{1}{2}} + \frac{1}{4}(x^{-\frac{1}{2}} + x - 36)v(x)u =$

$xe^{-\frac{1}{3}x^{\frac{3}{2}}}$, 整理得 $\dfrac{v'(x)}{v(x)} + \dfrac{x^{\frac{1}{2}}}{2} = 0$, 取 $v(x) = e^{-\frac{1}{3}x^{\frac{3}{2}}}$, 计算得 $\lambda = -9$. 于是原方程化为微分方程 $y'' + y'x^{\frac{1}{2}} + \dfrac{1}{4}(x^{-\frac{1}{2}} + x - 36)y = xe^{-\frac{1}{3}x^{\frac{3}{2}}}$, 即 $u'' - 9u = xe^{-\frac{1}{3}x^{\frac{3}{2}}}$, 故原方程的通解为 $y = \left(C_1 e^{3x} + C_2 e^{-3x} - \dfrac{x}{9}\right)e^{-\frac{1}{3}x^{\frac{3}{2}}}$, 此时 $f(x) = xe^{-\frac{1}{3}x^{\frac{3}{2}}}$.

2. 设 $f(x)$ 在 $[1, +\infty)$ 上二阶连续可导, $f(1) = 0, f'(1) = 1$, 函数 $z = (x^2 + y^2)f(x^2 + y^2)$ 满足 $\dfrac{\partial^2 z}{\partial x^2} + \dfrac{\partial^2 z}{\partial y^2} = 0$, 求 $f(x)$.

解: 设 $t = x^2 + y^2$, 则 $z = tf(t)$, 从而有 $\dfrac{\partial^2 z}{\partial x^2} = 4x^2 z''(t) + 2z'(t)$, $\dfrac{\partial^2 z}{\partial y^2} = 4y^2 z''(t) + 2z'(t)$, 故 $\dfrac{\partial^2 z}{\partial x^2} + \dfrac{\partial^2 z}{\partial y^2} = 4(x^2 + y^2)z''(t) + 4z'(t) = 0$, 即 $tz''(t) + z'(t) = 0$ 且满足 $z(1) = 0, z'(1) = 1$, 解得 $f(x) = \dfrac{\ln x}{x}$, $x \in [1, +\infty)$.

习题 14 - 11

A 组

1. 求下列一阶差分方程的通解:

   (1) $y_{n+1} - 5y_n = 0$; (2) $y_{n+1} - 3y_n = 2$;

   (3) $y_{n+1} + 2y_n = 3n^2 + 5n - 1$; (4) $y_{n+1} - 3y_n = 2^n$.

   解: (1) 特征方程为 $\lambda - 5 = 0$, 解得 $\lambda = 5$, 故通解为 $y_n = C5^n$;

   (2) 特征方程为 $\lambda - 3 = 0$, 解得 $\lambda = 3$, 设特解为 $y^*(n) = A$, 代入得 $A = -1$, 故通解为 $y(n) = C3^n - 1$;

   (3) 特征方程为 $\lambda + 2 = 0$, 解得 $\lambda = -2$, 设特解为 $y^*(n) = An^2 + Bn + C$, 代入得 $A = 1$, $B = 1, C = -1$, 故通解为 $y(n) = C(-2)^n - 1 + n + n^2$;

   (4) 由特征方程解得 $\lambda = 3$, 设特解为 $y^*(n) = A \cdot 2^n$, 代入得 $A = -1$, 故通解为 $y(n) = C3^n - 2^n$.

2. 求下列二阶差分方程的通解:

   (1) $y_{n+2} + 3y_{n+1} + 2y_n = 0$; (2) $y_{n+2} - y_{n+1} - 2y_n = 4$; (3) $y_{n+2} + 2y_{n+1} + y_n = 3^n$.

   解: (1) 特征方程为 $\lambda^2 + 3\lambda + 2 = 0$, 解得 $\lambda_1 = -2, \lambda_2 = -1$, 故通解为 $y_n = C_1(-1)^n + C_2(-2)^n$;

   (2) 特征方程为 $\lambda^2 - \lambda - 2 = 0$, 解得 $\lambda_1 = 2, \lambda_2 = -1$, 故齐次方程的通解为 $y_n = C_1(-1)^n + C_2 2^n$. 设特解为 $y^*(n) = A$, 代入解得 $A = -2$, 所以微分方程的通解为 $y(n) = C_1 2^n + C_2(-1)^n - 2$;

   (3) 由特征方程 $\lambda^2 + 2\lambda + 1 = 0$ 解得 $\lambda_1 = \lambda_2 = -1$, 故齐次方程的通解为 $y_n = (C_1 + C_2 n)(-1)^n$. 设特解为 $y^*(n) = A \cdot 3^n$, 代入解得 $A = \dfrac{1}{16}$, 所以微分方程的通解为 $y(n) = (C_1 + C_2 n)(-1)^n + \dfrac{1}{16}3^n$.

3. 求差分方程 $y_{n+2} + 3y_{n+1} - 4y_n = n$ 满足条件解 $y_0 = 0, y_1 = 1$ 的特解.

解：由 $\lambda^2+3\lambda-4=0$ 解得 $\lambda_1=-4,\lambda_2=1$，故齐次方程的通解为 $y_n=C_1(-4)^n+C_2$. 设 $y^*(n)=n(A\cdot n+B)$，代入解得 $A=-\dfrac{7}{50},B=\dfrac{1}{10}$. 又 $y_0=0,y_1=1$，代入得特解为

$$y(n)=-\dfrac{26}{125}(-4)^n+\dfrac{26}{125}+n\left(-\dfrac{7}{50}+\dfrac{n}{10}\right).$$

B 组

求下列差分方程的通解：

(1) $y_{n+1}-\dfrac{1}{2}y_n=\left(\dfrac{1}{2}\right)^n$；

(2) $y_{n+1}-y_n=2^n n$；

(3) $\Delta^2 y_n-y_n=5$；

(4) $y_{n+2}-2y_{n+1}+2y_n=e^n$.

解：(1) 由 $\lambda-\dfrac{1}{2}=0$，得 $\lambda=\dfrac{1}{2}$，故齐次方程的通解为 $y_n=C\left(\dfrac{1}{2}\right)^n$. 设特解为 $y^*(n)=An\cdot\left(\dfrac{1}{2}\right)^n$，代入解得 $A=1$，故微分方程的通解为 $y(n)=C\left(\dfrac{1}{2}\right)^n+n\left(\dfrac{1}{2}\right)^{n-1}$；

(2) 由 $\lambda-1=0$，得 $\lambda=1$，故齐次方程的通解为 $y_n=C$. 设特解为 $y^*(n)=(An+B)2^n$，代入解得 $A=1,B=-2$，故微分方程的通解为 $y(n)=C+2^n(-2+n)$；

(3) 原方程即 $y_{n+2}-2y_{n+1}=5$. 由 $\lambda-2=0$，得 $\lambda=2$，故齐次方程的通解为 $y_n=C2^n$. 设特解为 $y^*(n)=A$，代入原方程解得 $A=-5$，故微分方程的通解为 $y(n)=C2^n-5$；

(4) 由 $\lambda^2-2\lambda+2=0$，得 $\lambda_{1,2}=1\pm i$，故齐次方程的通解为 $y_n=\sqrt{2^n}\left(C_1\cos\dfrac{n\pi}{4}+C_2\sin\dfrac{n\pi}{4}\right)$. 又可求得 $y^*(n)=\dfrac{e^n}{e^2-2e+2}$，故微分方程的通解为 $y(n)=2^{\frac{n}{2}}\left(C_1\cos\dfrac{n\pi}{4}+C_2\sin\dfrac{n\pi}{4}\right)+\dfrac{e^n}{e^2-2e+2}$.

总复习 14

1. 填空题

(1) 微分方程 $y^4+5y''-36y=0$ 的阶数为 _____．

(2) 微分方程 $\dfrac{\mathrm{d}y}{\mathrm{d}x}=y^2$ 的通解为 _____．（理）

(3) 微分方程 $y'+y=e^{-x}\cos x$ 满足条件 $y(0)=0$ 的特解为 _____．（理）

(3) 微分方程 $\dfrac{\mathrm{d}y}{\mathrm{d}x}=(x+y)^2$ 的通解为 _____．（文）

(4) 微分方程 $y''+2y'+3y=0$ 的通解为 _____．（理）

(4) 设 $y=e^{2x}+(1+x)e^x$ 是二阶常系数线性微分方程 $y''+\alpha y'+\beta y=\gamma e^x$ 的一个特解，则 $\alpha^2+\beta^2+\gamma^2=$ _____．（文）

(5) 以 $y=3xe^{2x}$ 为一个特解的二阶常系数齐次线性微分方程是 _____．
（理 5 文 2）

(5) 设 $f(x)$ 满足 $f''(x)+af'(x)+f(x)=0(a>0),f(0)=m,f'(0)=n$，则 $\displaystyle\int_0^{+\infty}f(x)\mathrm{d}x=$ _____．（2020 考研真题）（文）

解：(1) 2.

(2) 方程为可分离变量微分方程,通解为 $-\dfrac{1}{y} = x + C$.

(3)(理) 方程为一阶线性微分方程,又 $y(0)=0$,故特解为 $y = e^{-x}\sin x$.

(3)(文) 设 $u = x+y$,则方程化为 $\dfrac{du}{dx} - 1 = u^2$,故通解为 $x = \arctan(x+y) + C$.

(4)(理) 方程为二阶常系数齐次线性微分方程,通解为 $y = e^{-x}[C_1\cos(\sqrt{2}x) + C_2\sin(\sqrt{2}x)]$.

(4)(文) 分析条件知特征根为 $r_1=2, r_2=1$,从而可得 $\alpha=-3, \beta=2$,又 $y^* = xe^x$ 是特解,代入得 $\gamma=-1$,所以 $\alpha^2+\beta^2+\gamma^2 = 14$.

(5)(理5文2) 由特解知特征根为 $r_1=r_2=2$,故所求微分方程为 $y''-4y'+4y=0$.

(5)(文) 特征方程为 $\lambda^2 + a\lambda + \lambda = 0$,解得 $\lambda^2 + a\lambda + \lambda = 0$,分 $a>2, a=2, 0<a<2$ 讨论可得 $\lim\limits_{x\to +\infty} f(x) = \lim\limits_{x\to +\infty} f'(x) = 0$,从而可得 $\int_0^{+\infty} f(x)dx = -\int_0^{+\infty}[f''(x) + af'(x)]dx = am + n$.

2. 选择题

(1) 函数 $y = C_1 e^{C_2-x}$(C_1, C_2 是任意常数) 是微分方程 $y''-2y'-3y=0$ 的 ( )
   (A) 通解　　　　　　　　　　　(B) 特解
   (C) 不是解　　　　　　　　　　(D) 是解,但既不是通解,也不是特解

   解: $y = C_1 e^{C_2-x} = Ce^{-x}$,是原方程的解,又仅有一个独立的任意常数,故选 D.

(2) 已知函数 $y(x)$ 满足微分方程 $xy' = y\ln\dfrac{y}{x}$,且当 $x=1$ 时,$y=e^2$,则当 $x=-1$ 时,$y=$ ( )
   (A) -1　　(B) 0　　(C) 1　　(D) e^{-1}

   解: 方程为齐次方程,通解为 $y = xe^{Cx+1}$,又 $y(1)=e^2$,得 $C=1$,易见 $y(-1)=-1$,故选 A.

(3) 微分方程 $y''-5y'+6y = e^x\sin x + 6$ 的特解形式可设为 ( )
   (A) $xe^x(a\cos x + b\sin x) + c$
   (B) $ae^x\sin x + b$
   (C) $e^x(a\cos x + b\sin x) + c$
   (D) $ae^x\cos x + b$

   解: 特征根为 $r_1=6, r_2=-1$,又 $f_1(x) = e^x\sin x$ 时,特解为 $y_1 = e^x(a\cos x + b\sin x)$; $f_2(x)=6$ 时,特解为 $y_2 = c$,故选 C.

(4) 设 $y = \dfrac{1}{2}e^{2x} + \left(x-\dfrac{1}{3}\right)e^x$ 是二阶常系数非齐次线性微分方程 $y''+ay'+by = ce^x$ 的一个特解,则 ( ) (2015 考研真题)
   (A) $a=-3, b=2, c=-1$
   (B) $a=3, b=2, c=-1$
   (C) $a=-3, b=2, c=1$
   (D) $a=3, b=2, c=1$

   解: 由条件知齐次方程的通解为 $Y(x) = C_1 e^{2x} + C_2 e^x$,非齐次方程的特解为 $y^* = xe^x$,从而求得 $a=-3, b=2, c=-1$,故选 A.

(5) 若 $y_1 = (1+x^2)^2 - \sqrt{1+x^2}$,$y_2 = (1+x^2)^2 + \sqrt{1+x^2}$ 是微分方程 $y' + p(x)y = q(x)$ 的两个解,则 $q(x) = $ ( ) (2016 考研真题)
   (A) $3x(1+x^2)$　　(B) $-3x(1+x^2)$　　(C) $\dfrac{x}{1+x^2}$　　(D) $-\dfrac{x}{1+x^2}$

解：显然 $y_2 - y_1 = 2\sqrt{1+x^2}$ 为对应齐次线性微分方程的解，代入解得 $p(x) = -\dfrac{x}{1+x^2}$，又 $\dfrac{1}{2}(y_1+y_2) = (1+x^2)^2$ 为非齐次方程的解，代入原方程解得 $q(x) = 3x(1+x^2)$，故选 A.

3. 求下列方程的通解：

(1) $\left(2x\sin\dfrac{y}{x} + 3y\cos\dfrac{y}{x}\right)dx - 3x\cos\dfrac{y}{x}dy = 0$；

(2) $\dfrac{dy}{dx} + \dfrac{1}{x}y = x^2 y^6$；

(3) $(1+x^2)y'' = 2xy'$.

解：(1) 方程整理为 $\dfrac{dy}{dx} = \dfrac{2\sin\dfrac{y}{x} + \dfrac{3y}{x}\cos\dfrac{y}{x}}{3\cos\dfrac{y}{x}}$，令 $u = \dfrac{y}{x}$，化为可分离方程，得通解为 $\sin\dfrac{y}{x} = Cx^{\frac{2}{3}}$；

(2) 方程两边同除以 y^6，得 $y^{-6}y' + \dfrac{1}{x}y^{-5} = x^2$，此为伯努利方程，令 $p(x) = y^{-5}$，得通解为 $y^{-5} = Cx^5 + \dfrac{5}{3}x^3$；

(3) 方程为 $y'' = f(x, y')$ 型，设 $y' = p$，解得原方程的通解为 $y = C_1 x + \dfrac{C_1}{3}x^3 + C_2$.

4. 求下列微分方程的通解或特解：(理)

(1) $y' + \dfrac{y}{x} = e^x$；

(2) $(x^2 - y)dx - (x-y)dy = 0$；

(3) $y'' - 3y' + 2y = 2xe^x$；(2010 考研真题)

(4) $yy'' + y'^2 = 0, y|_{x=0} = 1, y'|_{x=0} = \dfrac{1}{2}$；(2002 考研真题)

(5) $xy' + 2y = x\ln x, y(1) = -\dfrac{1}{9}$. (2005 考研真题)

解：(1) 方程为一阶线性微分方程，且 $p(x) = \dfrac{1}{x}, q(x) = e^x$，故通解为 $y = \dfrac{1}{x}(xe^x - e^x + C)$；

(2) 方程为全微分方程，则 $u(x,y) = \displaystyle\int_0^x x^2 dx + \int_0^y -(x-y)dy = \dfrac{x^3}{3} - xy + \dfrac{y^2}{2}$，故原方程的通解为 $\dfrac{x^3}{3} - xy + \dfrac{y^2}{2} = C$；

(3) 对应齐次方程的通解为 $Y(x) = C_1 e^x + C_2 e^{2x}$，又非齐次方程的特解形式为 $y^* = x(-x-2)e^x$，故原方程的通解为 $y = C_1 e^x + C_2 e^{2x} - (x+2)xe^x$；

(4) 设 $y' = p$，代入方程得 $\dfrac{dp}{p} = -\dfrac{1}{y}dy$，由 $y'|_{x=0} = \dfrac{1}{2}$ 得 $C_1 = \dfrac{1}{2}$，故 $p = \dfrac{1}{2y}$，即 $y' = \dfrac{1}{2y}$，且由 $y|_{x=0} = 1$ 得 $C_2 = 1$，故原方程的特解为 $y^2 = x + 1$ 或 $y = \sqrt{x+1}$；

(5) 原方程整理为 $y' + \dfrac{2}{x}y = \ln x$，又 $y(1) = -\dfrac{1}{9}$，故原方程的特解为 $y = \dfrac{x}{3}\ln x - \dfrac{1}{9}x$.

4. 求微分方程 $y'' + y' - y = \sin 3x + 2\cos 3x$ 的一个特解.（文）

解：对应齐次方程的特征方程为 $r^2 + r - 1 = 0$，解得特征根为 $r_{1,2} = \dfrac{1 \pm \sqrt{5}}{2}$，故可设特解为 $y^* = a\cos 3x + b\sin 3x$，代入得 $y^* = -\dfrac{1}{109}(4\sin 3x + 23\cos 3x)$.

5. 求符合下列要求的微分方程：

(1) 以 $y^2 = 2Cx$ 为通解的微分方程；

(2) 以 $y = C_1 e^x + C_2 e^{2x}$ 为通解的微分方程；

(3) 以 $y = C_1 e^x + C_2 \cos 2x + C_3 \sin 2x$（$C_1, C_2, C_3$ 为任意常数）为通解的三阶常系数齐次线性微分方程；(2008 考研真题)（理）

(3) 以 $y_1 = e^x$, $y_2 = 2xe^x$, $y_3 = \cos 2x$, $y_4 = 3\sin 2x$ 为特解的最低阶常系数齐次线性微分方程；（文）

(4) 以 $y_1 = x$, $y_2 = x^2$ 为解的二阶齐次线性微分方程.（文）

解：(1) 在 $y^2 = 2Cx$ 两边求导，得 $yy' = C$，将 $C = yy'$ 代入原等式，得方程为 $2xy' = y$；

(2) 由条件可知特征根为 $r_1 = 1, r_2 = 2$，故符合要求的微分方程为 $y'' - 3y' + 2y = 0$；

(3)（理）由条件可知特征根为 $r_1 = 1, r_{2,3} = \pm 2i$，对应齐次方程的特征方程为 $(r-1)(r^2+4) = 0$，故符合要求的微分方程为 $y''' - y'' + 4y' - 4y = 0$；

(3)（文）由题设可知齐次微分方程的特征方程的根为 $r_1 = r_2 = 1, r_{3,4} = \pm 2i$，从而可得特征方程为 $(r-1)^2(r^2+4) = 0$，故所求方程为 $y^{(4)} - 2y''' + 5y'' - 8y' + 4y = 0$；

(4) 由题设可知方程的通解为 $y = C_1 x + C_2 x^2$，对等式两边求一阶、二阶导数可得 $\begin{cases} y' = C_1 + 2C_2 x \\ y'' = 2C_2 \end{cases}$，解得 $\begin{cases} C_1 = y' - xy'' \\ C_2 = \dfrac{y''}{2} \end{cases}$，将 C_1、C_2 代入通解可得 $x^2 y'' - 2xy' + 2y = 0$.

6. 列车在平直钢轨上以 50 km/h 的速度行驶，遇到紧急情况刹车，制动时获得的加速度为 -0.4 m/s^2，求制动后列车的运动规律.（理）

（理）解：设列车开始制动后 t s 内行驶了 s m，由题意得 $\dfrac{d^2 s}{dt^2} = -0.4$，又 $s'(0) = \dfrac{125}{9}$，$s(0) = 0$，所以制动后列车的运动规律为 $s(t) = -0.2t^2 + \dfrac{125}{9}t$.（50 km/h $= \dfrac{125}{9}$ km/h）

6. 某商品的需求量 Q 对价格 P 的弹性为 $-P\ln 3$，若该商品的最大需求量为 1 200（即 $P = 0$ 时，$Q = 1\,200$）（P 的单位为元，Q 的单位为 kg），试求需求量 Q 与价格 P 的函数关系.（文）

（文）解：由条件可知 $\dfrac{P}{Q} \cdot \dfrac{dQ}{dP} = -P\ln 3$，分离变量求解方程，得 $Q = Ce^{-P\ln 3}$（C 为任意常数）. 由 $Q|_{P=0} = 1\,200$，得 $C = 1\,200$，故 $Q = 1\,200 \times 3^{-P}$.

7. 已知方程 $(6y + x^2 y^2)dx + (8x + x^3 y)dy = 0$ 的两边乘以 $y^3 f(x)$ 后便成为全微分方程，试求出可导函数 $f(x)$，并解此微分方程.（理）

解：设 $P(x,y) = (6y + x^2 y^2)y^3 f(x)$，$Q(x,y) = (8x + x^3 y)y^3 f(x)$，由 $\dfrac{\partial P}{\partial y} = \dfrac{\partial Q}{\partial x}$，得 $2f(x) = xf'(x)$，解得 $f(x) = C_1 x^2$，解全微分方程得通解为 $2x^3 y^4 + \dfrac{1}{5} x^5 y^5 = C$.

8. 设函数 $y=f(x)$ 由参数方程 $\begin{cases} x=2t+t^2 \\ y=\varphi(t) \end{cases}$ $(t>-1)$ 所确定,且 $\dfrac{d^2y}{dx^2}=\dfrac{3}{4(1+t)}$,其中 $\varphi(t)$ 具有二阶导数,且 $\varphi(1)=\dfrac{5}{2}$,$\varphi'(1)=6$. 求函数 $y=\varphi(t)$.(2011考研真题)(文)

   解:由 $\dfrac{d^2y}{dx^2}=\dfrac{\varphi''(t)(2+2t)-2\varphi'(t)}{(2+2t)^3}$,$\dfrac{d^2y}{dx^2}=\dfrac{3}{4(1+t)}$,得 $\varphi''(t)-\dfrac{1}{1+t}\varphi'(t)=3(1+t)$,

   又 $\varphi(1)=\dfrac{3}{2e}$,$\varphi'(1)=e^{-t^2}2t|_{t=1}=2e^{-1}$,故特解为 $\varphi(t)=t^3+\dfrac{1}{2e}t^2+\left(\dfrac{1}{e}-3\right)t+2$.

9. 函数 $f(u)$ 二阶连续可导,$z=f(e^x\cos y)$ 满足 $\dfrac{\partial^2 z}{\partial x^2}+\dfrac{\partial^2 z}{\partial y^2}=(4z+e^x\cos y)e^{2x}$,若 $f(0)=0$,$f'(0)=0$,求 $f(u)$ 的表达式.(2014考研真题)

   解:$\dfrac{\partial^2 z}{\partial x^2}=f''(u)(e^x\cos y)^2+f'(u)e^x\cos y$,$\dfrac{\partial^2 z}{\partial y^2}=f''(u)(e^x\sin y)^2-f'(u)e^x\cos y$,故 $f''(u)-4f(u)=u$,又由 $f(0)=0$,$f'(0)=0$,所以 $f(u)=\dfrac{1}{16}e^{2u}-\dfrac{1}{16}e^{-2u}-\dfrac{1}{4}u$.

10. 已知微分方程 $y'+y=f(x)$,其中 $f(x)$ 是 **R** 上的连续函数.
    (1) 当 $f(x)=x$ 时,求微分方程 $f(x)$ 的通解;
    (2) 当 $f(x)$ 是为周期为 T 的函数时,证明方程存在唯一的以 T 为周期的解.(2018考研真题)

    (1) 解:解一阶微分方程 $y'+y=x$,可得通解为 $y=x-1+Ce^{-x}$;

    (2) 证:方程 $y'+y=f(x)$ 的通解为 $y=e^{-x}\left(\int f(x)e^x dx+C\right)$,又 $y(x+T)=e^{-x}\left(e^{-T}\int_0^T f(t)e^t dt+\int_0^x f(u)e^u du+Ce^{-T}\right)$(令 $t=u+T$),令 $y(x)=y(x+T)$,解得

    $C=\dfrac{\int_0^T f(t)e^t dt}{e^T-1}$,即方程存在唯一的以 T 为周期的解.

11. 若函数 $f(x)$ 满足方程 $f''(x)+f'(x)-2f(x)=0$ 及 $f''(x)+f(x)=2e^x$,求 $f(x)$.(2012考研真题)

    解:$f''(x)+f'(x)-2f(x)=0$ 的通解为 $f(x)=C_1e^x+C_2e^{-2x}$,代入 $f''(x)+f(x)=2e^x$,比较系数可得 $C_1=1$,$C_2=0$,所以 $f(x)=e^x$.